高等学校规划教材

"十二五" 江苏省高等学校重点教材

无机非金属材料工学

潘志华　主　编
胡秀兰　副主编

U0231251

Scientific
and Engineering
Principles
for Manufacture
of Inorganic non-metallic
Materials

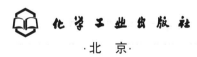

化学工业出版社

·北 京·

本书主要介绍无机非金属材料生产的过程和原理，在以单元操作为线索着重介绍各种无机非金属材料制造过程中涉及的带有普遍性的共同规律和特点的基础上，以典型代表性无机非金属材料为线索，分别介绍了几种无机非金属材料（水泥和其他无机胶凝材料、混凝土、陶瓷、玻璃、耐火材料等）在制造过程中涉及的基本概念、原料性质和要求、配合比设计、产品性能、国家标准、质量控制、物质变化、生产过程工艺特点等相关知识。

　　本书可作为高等学校无机非金属材料工程专业学生教材使用，也可作为土木工程等相近专业学生和工程技术人员的参考用书。

图书在版编目（CIP）数据

无机非金属材料工学/潘志华主编 . —北京：化学工业出版社，2015.12（2024.11重印）
高等学校规划教材
"十二五"江苏省高等学校重点教材
ISBN 978-7-122-25588-4

Ⅰ.①无…　Ⅱ.①潘…　Ⅲ.①无机非金属材料-高等学校-教材　Ⅳ.①TB321

中国版本图书馆 CIP 数据核字（2015）第 299123 号

责任编辑：窦　臻　　　　　　　　文字编辑：李　玥
责任校对：战河红　　　　　　　　装帧设计：尹琳琳

出版发行：化学工业出版社（北京市东城区青年湖南街 13 号　邮政编码 100011）
印　　装：北京天宇星印刷厂
787mm×1092mm　1/16　印张 21½　字数 536 千字　2024 年 11 月北京第 1 版第 7 次印刷

购书咨询：010-64518888（传真：010-64519686）　售后服务：010-64518899
网　　址：http://www.cip.com.cn
凡购买本书，如有缺损质量问题，本社销售中心负责调换。

定　　价：49.00 元

随着我国改革开放基本国策的深入推进和国民经济的快速发展，无机非金属材料行业也得到迅速发展，与此同时，社会和行业对无机非金属材料工程专业的技术人才的需求也日益增长。据不完全统计，目前我国设有材料科学与工程专业的大学有近百所，其中大部分都设有无机非金属材料工程专业。无机非金属材料工学是我国全日制高等院校无机非金属材料工程专业学生的一门专业主干课程，为了满足本专业学生和本行业工程技术人员的需求，我们在江苏省教育厅的统一部署下组织相关人员编撰了本教材。

本教材分为两篇，第1篇8章，第2篇5章，总共13章。第1篇主要介绍无机非金属材料生产的过程和原理，以单元操作为线索，着重介绍了各种无机非金属材料制造过程中涉及的带有普遍性的共同规律和特点；第2篇则以典型代表性无机非金属材料为线索，分别介绍了几种无机非金属材料（水泥和其他无机胶凝材料、混凝土、陶瓷、玻璃、耐火材料等）在制造过程中涉及的基本概念、原料性质和要求、配合比设计、产品性能、国家标准、质量控制、物质变化、生产过程工艺特点等相关知识。本教材力求使学生通过本课程的学习，比较全面系统地掌握无机非金属材料生产相关的制备原理和生产工艺以及工程使用等方面的知识，并强调理论知识点与实际生产过程的对应和结合。

本书由南京工业大学潘志华担任主编，胡秀兰担任副主编，倪亚茹和冯永宝共同参与编写。编写内容分工如下：潘志华编写绪论、第1篇第1章至第3章和第6章、第2篇第1章和第2章；胡秀兰编写第1篇第4章、第5章和第7章、第2篇第3章；倪亚茹编写第1篇第8章和第2篇第4章；冯永宝编写第2篇第5章。

在本书出版之前可以见到若干版本的《无机非金属材料工学》教材，它们无论是框架结构，还是内容配置以及知识点的分布等，都各有千秋。在本书编撰过程中作者吸取和借鉴了已有版本的特长和优点，也巧妙地化解了一些问题。在内容的安排上，鉴于水泥混凝土行业的发展规模以及水泥与混凝土的紧密联系，本书特别强化了水泥和混凝土方面的知识。同时，作为教科书，为了方便学生的复习，在每章结尾部分都附加了一定数量的思考题。

本书在编写过程中得到了多个部门和领导的关心和指导，在数次讨论过程中，杨南如教授就本书的框架结构、内容安排等一系列问题提出了许多有益的意见和建议，对本教材的编撰起到了画龙点睛的作用，使编者深受启发；沈晓冬教授认真审阅了书稿，并提出若干具体意见，为书稿的修改完善提供了重要参考；另外，本书在编撰和出版过程中得到了江苏省教育厅和南京工业大学的大力支持，谨在此一并表示衷心感谢。

由于受到编者水平和编撰时间的限制，本书中可能存在诸多不妥之处，恳请读者和同行专家予以批评指正，以便再版时及时纠正。

编者

2015 年 9 月于南京

目录
Contents

第1篇
生产过程原理

第1章　概述

第2章 原料

第3章 粉体制备

第4章　成型

第5章　干燥

第6章　煅烧

第7章 烧成

第8章 熔化

第2篇
代表性无机非金属材料

第1章　水泥和其他无机胶凝材料

第2章 混凝土

第3章 陶瓷

第4章 玻璃

第5章 耐火材料

绪 论

如果说书籍是人类文明发展的阶梯的话，那么，材料就是人类文明发展的基石。人类文明的发展依赖于材料的使用，新材料的诞生则在很大程度上推动了人类文明的进步。在人类文明发展史上，工具的使用被公认为人类与动物之间根本性的区别之一。由于工具的诞生，人类的生活方式从被动获取转变为主动制作或获取，生产效率大大提高。而工具的背后起支撑作用的正是材料。当然，不同的材料对应不同的工具，也就对应不同的生产效率。以至于人们常用材料的种类和名称来划分或代表人类社会发展的不同时代，如旧石器时代、新石器时代、青铜时代、铁器时代、水泥时代、钢时代、硅时代、功能材料时代等。作为科学技术高度发达、生产效率空前高涨的现代社会的信息时代，究其后台背景其实也是材料——硅材料和功能性材料，尤其是芯片材料。随着人类社会的进步和科学技术的发展，材料的数量不断积累，成千上万，甚至不计其数。正是这些默默无闻的材料支撑着人类的日常生活和社会生产活动。基于迄今为止的认知，无机非金属材料只是世界上已知材料当中的一部分，除此之外，还有金属材料和有机高分子材料。从材料的获取途径不难知道，有的材料是可以天然获取的，但有的材料是需要人工制造的。更重要的是，有的材料是属于未来的新材料，即现在还没有，需要人类去研究和开发。因此，如何高效地开展材料的制造，如何有效地实施材料的利用以及如何及时地研究开发出新的材料和新的制造方法，便自然成为科技工作者和莘莘学子不得不思考的问题和使命。不过，找到这些问题的答案并非一朝一夕之功，也非一招一式之举，可能需要付出一生的努力，甚至需要几代人前赴后继的接力。毫无疑问，作为追寻这些答案的第一步应该是认识材料，认识无机非金属材料。

0.1 无机非金属材料的定义与分类

无机非金属材料（inorganic nonmetallic materials）是以某些元素的氧化物、碳化物、氮化物、卤素化合物、硼化物以及硅酸盐、铝酸盐、磷酸盐、硼酸盐等物质组成的材料，是除有机高分子材料和金属材料以外的所有材料的统称。无机非金属材料是 20 世纪 40 年代以后，随着现代科学技术的发展从传统的硅酸盐材料演变而来的，是与有机高分子材料和金属材料并列的三大材料之一。

在晶体结构上，无机非金属材料的元素结合力主要为离子键、共价键或离子-共价混合键。这些化学键所特有的高键能、高键强赋予了这一大类材料高强度、高硬度、耐磨损、耐腐蚀、高熔点和良好的抗氧化性等基本属性，以及宽广的导电性、隔热性、透光性及良好的铁电性、铁磁性和压电性等特殊功能性。

　　无机非金属材料品种繁多，用途各异，因而迄今为止并没有一个统一而完善的分类方法。出于认识和研究的需要，通常把它们分为传统的（普通的）和现代的（新型的或特殊的）无机非金属材料两大类。

　　传统的无机非金属材料是工业和基本建设所必需的基础材料。如水泥、玻璃、陶瓷、耐火材料，等等。其中，水泥是一种重要的建筑材料；耐火材料与高温技术用途广泛，尤其用于与钢铁工业的发展关系密切的窑炉用材料；各种规格的平板玻璃、仪器玻璃和普通的光学玻璃以及日用陶瓷、卫生陶瓷、建筑陶瓷、化工陶瓷和电瓷等产量大、用途广，与工业生产和人们的日常生活息息相关。其他产品，如搪瓷、磨料（碳化硅、氧化铝等）、铸石（辉绿岩、玄武岩等）、碳素材料、非金属矿（石棉、云母、大理石等）也都属于传统的无机非金属材料。

　　新型无机非金属材料是指 20 世纪中期以后发展起来的、具有特殊性能和用途的材料。它们是现代新技术和新产业、传统工业技术改造、现代国防和生物医学，尤其是现代信息技术产业不可或缺的物质基础，主要有各种功能陶瓷（functional ceramics）、非晶态材料（noncrystal materials）、人工晶体（artificial crystals）、无机涂层（inorganic coatings）、无机纤维（inorganic fibers）等。

　　在无机非金属材料中，水泥、陶瓷、耐火材料、玻璃等传统材料的主要成分均为硅酸盐，因而长期以来，在学术界和产业界习惯上将传统无机非金属材料统称为硅酸盐材料。而实际上现代无机非金属材料在化学组成上已经远远超出了硅酸盐化合物的范围，甚至扩展到了其他氧化物、氮化物、硼化物、碳化物、硫化物和钛酸盐、铝酸盐、磷酸盐等几乎所有无机化合物。甚至还有相当一些无机材料在组成上完全不含或仅少量含有氧化硅组分，如刚玉瓷、镁质耐火材料、磷酸盐和硼酸盐光学玻璃等。更有不少制品（如氧化锆陶瓷）的组成中，氧化硅反倒成为最有害的杂质，生产中必须严格加以控制。所以，再用硅酸盐材料来概括所有的无机材料，尤其是现代无机非金属材料，显然不够全面和确切。但在国际上，由于陶瓷历史最悠久且应用广泛，在学术界和产业界仍然沿用陶瓷（ceramics）来作为无机非金属材料的代名词。

0.2　无机非金属材料发展简史

　　传统的硅酸盐材料一般是指以天然的硅酸盐矿物（黏土、石英、长石等）为主要原料，经高温烧制而成的一大类材料，故又称窑业材料，包括日用陶瓷、一般工业用陶瓷、普通玻璃、水泥、耐火材料，也包括石灰、石膏等。这类材料具有非常悠久的历史，从远古旧石器时代的石器工具，原始部落所制作的粗陶器，我国商代开始出现的原始瓷器和上釉的彩陶，东汉时期的青瓷，经过唐、宋、元、明、清不断发展，已达到相当高的制作技术和艺术水平，并成为中华民族的瑰宝。与此并行发展的耐火材料（黏土质和硅质材料），从青铜器时代、铁器时代到近代钢铁工业的兴起，都起过关键的作用。距今五六千年的古埃及文物中即发现有绿色玻璃珠饰品，我国白色玻璃珠亦有近三千年的历史。17 世纪以来，由于用工业纯碱代替天然草木灰与硅石、石灰石等矿物原料生产钠钙硅酸盐玻璃，各种日用玻璃和技术玻璃迅速进入普通家庭、建筑物和工业领域。

　　在距今五六千年的史前和古代建筑中已大量使用石灰和石膏等气硬性胶凝材料，公元初期就有了水硬性石灰和火山灰胶凝材料。但是，用人工方法工业化生产硅酸盐水泥，还只有一百多年的历史。19 世纪初，英国人 J. Aspdin 发明了用天然黏土质原料和石灰质原料经高温煅烧制造波特兰水泥（Portland cement）的方法，标志着工业化人工制造水硬性胶凝材料的开始。

20 世纪中期以后，随着微电子、航天、能源、计算机、激光、通信、光电子、传感、红外、生物医学和环境保护等新技术的兴起，各行业都对无机非金属材料提出了越来越高的要求，促进了性能更为优良以及有特殊功能的新型陶瓷、玻璃、耐火材料、水泥、涂层、磨料等制造技术的飞速发展。

0.3　无机非金属材料的地位和作用

无机非金属材料是国家建设和人民生活中不可缺少的重要物质基础。人类发展的历史证明，材料是社会进步的物质基础和先导，也是人类文明进步的里程碑。纵观人类利用材料的历史，可以清楚地看到，每一种重要材料的发现和利用，都会把人类支配和改造自然的能力提高到一个新的水平，给社会生产力和人类生活带来巨大的变化，把人类物质文明和精神文明推向更高的水平。半导体材料的出现，对电子工业的发展具有巨大的推动作用，计算机小型化和功能的提高，与锗、硅等半导体材料密切相关；钢铁冶炼发展过程中的每一次重大演变都有赖于耐火材料新品种的推出；碱性空气转炉成功的关键之一，是由于开发了白云石耐火材料；平炉成功的一个重要因素是生产出了具有高荷重软化温度的硅砖，耐急冷急热的镁铬砖的发明促进了全碱性平炉的发展。近年来，钢铁冶炼新技术，如大型高炉高风温热风炉、复吹氧气转炉、铁水预处理和炉外精炼、连续铸钢等，都无一例外地依赖于优质高效耐火材料的产业化；玻璃瓶罐、器皿、保温瓶、工艺美术品等，已成为人们生活用品的一部分；窗玻璃、平板玻璃、空心玻璃砖、饰面板和隔声、隔热的泡沫玻璃在现代建筑中得到了普遍的应用；钢化玻璃、磨光玻璃、夹层玻璃、高质量的平板玻璃，应用于各种交通工具的挡风窗和门窗；各种颜色信号玻璃在海、陆、空交通中起着"指挥员"的作用；电真空玻璃和照明玻璃，充分利用了玻璃的气密、透明、绝缘、易于密封和容易抽真空等特性，是制造电子管、电视机、电灯等不可取代的材料；光学玻璃用作制造光学仪器的核心部件，被广泛应用于科研、国防、工业生产、测量等各方面；显微镜、望远镜、照相机、光谱仪和各种复杂的光学仪器，大大地改变了科学研究的条件和方法；玻璃化学仪器是化学、生物学、医学、物理学工作者最基本的实验用具；玻璃大型设备及管道，是化学工业耐蚀、耐温的优良器材；光导纤维的出现，改变了整个通信体系，使"信息高速公路"的设想成为现实；玻璃纤维、玻璃棉及其纺织品，是电器绝缘、化工过滤和隔声、隔热、耐蚀的优良材料，它们与各种树脂复合制成的玻璃钢等复合材料，质量轻、强度高、耐蚀、耐热，广泛用于绝缘器件和各种设备壳体的制造。

新型结构陶瓷、功能陶瓷由于其优越的高强度、高硬度、抗氧化、耐磨损、耐高温、耐化学侵蚀等特性，成为先进热机的耐热、耐磨部件的良好的候选材料；超导陶瓷的出现成为现代物理学和材料科学的重大突破；生物陶瓷由于其优良的生物相容性和生物活性等特殊性能，已广泛应用于生物医学工程中；人工晶体、无机涂层、无机纤维等先进材料已逐渐成为现代尖端科学技术的重要组成部分。

不言而喻，无机非金属材料工业在国民经济中占有重要的和先行的地位，其发展速度通常高于国民经济发展的总平均速度。以水泥为例，20 世纪 50～60 年代，水泥增长的先行弹性系数（水泥产值递增率/国民生产总值递增率）是：美国 1.60；苏联 1.48～1.74；日本 1.38～2.02；联邦德国 1.18～1.38；法国 1.17～1.27。在"一五"期间，我国以水泥、玻璃、陶瓷为主的传统无机非金属材料工业先行弹性系数为 1.83。三年调整时期，传统无机非金属材料工业的先行弹性系数为 1.91。从 1980 年到 1995 年我国国民经济生产总值基本上翻了两番，水泥的总产量从 1980 年的 7986 万吨增加到了 1995 年的 44560 万吨，增加到 5.58 倍。

0.4　无机非金属材料的工业进展

　　随着人类文明和科学技术的飞速发展，无机非金属材料工业产生了巨大的飞跃，取得了重大的进展。在第一次产业革命期间问世的水泥工业，经过一个多世纪的研究与创新，工艺和设备不断改进，间歇式的土窑烧制水泥熟料已成为历史。以电力的广泛应用为重要特征的第二次产业革命的兴起，进一步推动了水泥生产设备的更新。1877 年回转窑（rotary kiln）烧制水泥熟料新技术的诞生，促进了单筒冷却机（rotary cooler）、立式磨（vertical mill）以及单仓钢球磨（ball mill）等新设备的问世，有效地提高了水泥的产量和质量。到 19 世纪末至 20 世纪初，其他工业的发展带动了水泥工艺技术和生产设备的不断改造与更新。1910 年立窑（shaft kiln）首次实现了机械化连续生产；1928 年出现了较大幅度降低水泥热耗、提高窑产量的立波尔窑（Lepol kiln）。在第二次世界大战后，以原子能、电子计算机、空间技术和生物工程的发明和应用为主要标志的第三次产业革命引起了水泥工业的剧变。20 世纪 50～60 年代，悬浮预热器窑（dry process kiln with suspension preheater）的出现和电子计算机在水泥工业中的应用，使水泥热耗大幅度降低，水泥制造设备也不断更新换代。特别是 1971 年日本引进联邦德国的悬浮预热器技术以后开发的水泥窑外分解技术（precalcining technology），实现了水泥工业的重大突破，使干法生产的熟料质量显著提高。到 20 世纪 70 年代中期，先进的水泥厂通过电子计算机和自动化的控制仪表等设备，采用全厂集中控制、巡回检查的方式，在生料、烧成车间以及包装发运、矿山开采等环节分别实现了自动控制。近 70 年来，水泥生产规模进一步扩大，新型干法生产占据了决定性的主导地位，生产效率显著提高，单机能力达到了日产 8000～10000t 熟料的水平，熟料热耗（heat consumption of clinker）降低到了 3000kJ/kg 熟料以下。同时由于新型粉磨技术的发展，水泥生产电耗降低到 100kW·h/kg 水泥以下。此外，为配合干法生产的需要，在均化、环保、自动化以及余热发电等项技术的应用方面都取得了新的成就，使水泥生产条件发生了显著变化。

　　我国是制造陶器最早的国家之一，也是发明瓷器最早的国家。远在 5000 年前我国就建造了烧制陶器的竖穴窑、横穴窑，随后又建造了升焰式圆窑和方窑。在 2500 年前的战国时期，我国南方建造了烧制陶瓷的倾斜式龙窑，北方建造了半倒焰式的馒头窑。龙窑可以利用烟气来预热制品，又可利用产品余热来预热空气。龙窑和馒头窑最高烧成温度可达 1300℃，并可控制还原气氛。自宋代（距今约 1000 年）起，山东淄博、陕西耀州等地，部分馒头窑已用煤作燃料来焙烧瓷器，明代（距今约 600 年）在福建德化创建了阶级窑，明末清初（距今约 400 年）在江西景德镇创建了蛋形窑（简称景德镇窑），这些窑中烧出了著名的中国瓷器。这些窑对欧洲有很大的影响，英国的纽卡斯尔窑（Newcastle kiln）及德国的卡斯勒窑（Kassler kiln），就是仿照景德镇窑设计的。馒头窑是倒焰窑炉的前身，龙窑是隧道窑（tunnel kiln）的前身。机械化的隧道窑是 1899 年由法国的福基罗（Faugeron）创建成功，用于烧制陶器，其后德国用于烧制瓷器，经过逐渐改进发展成为现代化的隧道窑，并且正在向快速烧成和自动化方向发展。近代发展起来的辊道窑使窑内温度分布更加均匀，从而使建筑砖生产的热效率和生产自动化水平进一步提高。

　　机制平板玻璃自 20 世纪问世以来，有诸多生产方法，如有槽法、无槽法、平拉法、对辊法和格拉威伯尔法，它们都属于传统生产工艺。1957 年，英国人皮尔金顿（Pilkington）发明了浮法玻璃生产工艺（PB 法），并获得了专利权。皮尔金顿公司于 1959 年建厂，生产出质量可与磨光玻璃相媲美的浮法玻璃，拉制速度数倍乃至数十倍于传统生产工艺。1963 年美国、日本等玻璃工业发达国家，争先恐后地向该公司购买 PB 法专利，纷纷建立了浮法玻璃生产线，在极短的时间内浮法玻璃取代了昂贵的磨光玻璃，占领了市场，满足了汽车制造工业的要求，使连续磨光玻璃生产线淘汰殆尽。随着浮法玻璃生产成本的降低，可生产品种的扩大（厚度 0.5～50mm），又逐步取代了平板玻璃的传统工艺，成为世界上生产平板玻璃最先进的工艺方法。随着浮法生产工艺的发展，玻璃熔窑规模趋于大型化，目前平板玻璃熔窑的日熔化能力已普遍达到 400～700t 级，有的已达 900t 级。浮法玻璃工艺线生产管理的自动化程度也不断地提高，许多浮法生产线不同程度地实现了以计算机和监视装置控制的自动化生产，有的实现了全部自动化。

　　总之，无机非金属材料工业的发展经历了漫长的历史时期。生产工艺和设备已由手工操作发展为机械化程度高并配有计算机的自动控制系统；工人已从繁重和恶劣的劳动环境中解放出来，生产品种日益丰富，劳动生产率大大提高；先进的、自动化程度高的生产工艺、设备及新技术的成功应用，大大减轻了无机非金属材料工业对生态环境的污染。可以预言，随着科学技术的进一步发展，无机非金属材料工业将不断改善其环境协调性，并且利用其对工业废弃物的巨大消化能力，成为环境保护中不可或缺的重要工业。

0.5　无机非金属材料工学的研究对象和任务

　　未来科学技术，尤其是高技术的发展，对各种无机非金属材料提出了更多、更高和更新的要求。先进陶瓷从原来的多相结构到趋向于单相结构，又趋向于更复杂的多相复合结构；纳米陶瓷的研究正向纵深发展，有望得到性能更好的纳米陶瓷制品；陶瓷强化与增韧的研究取得了明显的成就，新发展的纳米陶瓷和陶瓷的晶界应力设计可望成为解决陶瓷脆性问题的有效途径；先进功能陶瓷的精细复合原理及其工艺的研究为人们所瞩目，无机非金属材料逐步向多功能和良好的环境协调性方向发展；兼具感知和驱动功能于一身的机敏陶瓷研究正在启动，多功能和机敏无机涂层的研究具有极大的发展前景；生物陶瓷和仿生研究将为人类自身造福，非晶态材料的制备逐步摆脱传统工艺，向氧化物以外的化合物方向发展；溶胶-凝胶法——在不需要高温的条件下制备玻璃的技术正日益受到重视。这种工艺的应用对于平板玻璃表面进行处理加工，非晶功能薄膜传感器元件的制造，以及各种非晶态涂层、多孔膜的制备都具有潜在的价值。采用新的工艺设备，高效地生产优质的传统玻璃产品，或对它们作深度加工、表面处理、施加变色涂层以求达到具有智能化的节能效果等，也是玻璃未来的发展目标。玻璃超导体、玻璃快离子和质子导体、热释电微晶玻璃、非线性光学玻璃的进一步开发将成为玻璃研究的重要任务。

　　仿生技术和材料复合新技术的不断发展，使材料科学家试图用新的眼光去寻觅水硬性胶凝材料的配方，以期开发出能替代钢材和塑料的制品。而由水泥和超细材料以及一些高强纤维组成的高强胶凝材料即 DSP 材料的开发成功，使水泥基材料的韧性、拉伸强度和断裂柔度提高到了一个崭新的高度。DSP 材料基本上可以很好地替代铸石、橡胶和钢材用作衬里材料，甚至已成功地用于生产工程零部件，如起子、水泥窑的勺式喂料装置和生产车床的冲压模具等。而与此相类似的 MDF 水泥，由于其强度和刚度可与铝合金媲美，且具有有机玻璃的韧性，因此可作为某些特殊领域的功能性材料。此外，采用碱激发方法生产的混合水泥，可大量利用工业废渣，降低水泥成本和保护环境；活性贝利特水泥、硫铝酸盐-贝利特水泥和阿利尼特水泥的研究成功，将大幅度降低水泥工业的能耗；磷酸钙水泥的研究和开发有望用于生物硬组织的修补。

总之，材料科学的发展前景是从宏观到微观，从定性研究进入定量描述，为新材料的探索和最大限度地使用现有材料提供科学依据。无机非金属材料工学的任务就是不断利用材料科学及其他相邻学科的发展成就，实现按使用性能要求来设计和制造材料的目标，如各种精密测试分析技术的不断发展，将有助于按预定性能来设计材料的组成和结构形态。无机非金属材料的跨学科发展，特别是与有机高分子材料的跨学科结合已日渐明显。无机非金属材料的制备正处于从经验积累向材料科学型转变阶段。无机非金属材料生产工艺也将向节能化、大型化、自动化和环境协调化方向迈进，同时将带动原料预均化技术、粉料均化技术、高功能破碎、高效粉磨技术以及为之服务的自动化技术和环境保护技术的全面配套发展，一个崭新的无机非金属材料工业即将展现在人们的面前。

第 1 篇

生产过程原理

第 1 章 概 述

无机非金属材料、金属材料和有机高分子材料通常被人们称作三大材料。与另外两大类材料相比，无机非金属材料表现出明显不同的特性：耐高温性、化学稳定性、高强度、高硬度、电绝缘性和脆性。作为一种产品形式的无机非金属材料通常都是需要由一种或几种天然原料经过必要的预处理和配合比设计，然后再借助于强化条件下的物理或化学反应，再配以适当的后加工，进而最终完成制造过程，并表现出许多类同之处。不过，就某一种无机非金属材料而言，它们的制造过程之间也表现出明显的区别，即个性。了解无机非金属材料生产过程的共性和个性，有利于我们更好地认识无机非金属材料及其制造技术。因此，本篇将结合几种代表性的无机非金属材料，从原料和加工工艺等环节分析和阐述无机非金属材料生产过程的共性与个性。

1.1 无机非金属材料生产过程的共性

1.1.1 原料

无机非金属材料的大宗产品，如水泥、玻璃、砖瓦、陶瓷、耐火材料的原料（raw materials）大多来自储量丰富的天然非金属矿物，如石英砂（SiO_2）、黏土（$Al_2O_3 \cdot 2SiO_2 \cdot 2H_2O$）、长石（$K_2O \cdot Al_2O_3 \cdot 6SiO_2$）、铝矾土（$Al_2O_3 \cdot nH_2O$）、石灰石（$CaCO_3$）、白云石（$CaCO_3 \cdot MgCO_3$）、硅灰石（$CaO \cdot SiO_2$）、硅线石（$Al_2O_3 \cdot SiO_2$）等。其中，黏土质原料是依赖度最高的一种天然原料，主要化学成分为 Al_2O_3 和 SiO_2。

据统计，氧、硅、铝三者的总量占地壳中元素总量的 90%。其中，除天然砂和软质黏土外都是比较坚硬的岩石。可见，一方面用于制造无机非金属材料的原料储量丰富，分布广泛，另一方面天然的矿物原料因形成的地质年代和条件的不同在成分和结构上都存在很大的差别，进而在加工性能上也表现出较大的差别。大多数的无机非金属材料生产过程中对原料的化学和物理特性都有一定的技术要求。

单一品种的天然原料往往不能直接用来制造无机非金属材料产品，绝大部分都是要根据原料的化学成分和目标产品的化学成分，通过计算来得到几种原料的配合比，即配料，来获得半成品生料。

1.1.2 干燥

干燥过程（drying process）包括原料的干燥和半成品的干燥，它们都属于预处理工序。无机非金属材料生产过程中采用的原料基本上都是天然矿产或工业副产品，或多或少地含有天然水分，需要干燥。而一些半成品，出于成型加工的需要，在成型过程中会再次引入水分，在进入高温煅烧工序之前必须再次预先干燥。就原料而言，干燥的主要目的是除去水分以便于储存、运输和计量。而对于半成品而言，干燥的主要目的在于坯体定形以便于储存和搬运，同时为后续高温煅烧做准备，防止含水坯体直接进入高温环境而发生炸裂。可以说，原料的干燥操作几乎伴随每一种无机非金属材料的制备过程，而对于那些最终产品为具有特定形状的产品的制造过程，必须经历半成品的成型工艺，往往就会伴随半成品的干燥。譬如，水泥生产中的主要原料石灰石、黏土、铁粉，以及矿渣、煤炭等辅助原料都是要干燥的；陶瓷、砖瓦、玻璃、耐火材料生产中的黏土、石英砂等主要原料也是需要干燥的；而陶瓷坯体、耐火砖坯体等半成品也是需要干燥的。

需要说明的是，在有些材料的制造过程中对原料的处理并不总是一开始就干燥的。譬如，水泥的生产历来就有干法生产和湿法生产两种最典型的方法。其中，干法生产中所有的原料都要经过干燥处理，而在湿法生产中并不是所有原料都要干燥，而是大部分原料直接以天然含水状态进入配料工序，同时还要补充添加水分。不过，尽管如此，当原料进入半成品配合料阶段时，仍然需要再次经历干燥工序。特别需要提醒的一点是，随着干法生产水泥技术和装备的高度、快速发展，同时出于节能的考虑，水泥的湿法生产技术在全世界基本上已经停用。另外，有时为了粉碎、均化、混合又常常要往原料中加水制成浆体，而制成后的料浆在后续工序中又要经历脱水烘干。有些成型方法要在粉料中加水方能完成（如陶瓷中的可塑成型和注浆成型），成型后的制品必须经过干燥，才能进入烧成。干燥作业中对象和水分含量并不相同，但是干燥的目的都是要从物料和制品中将水分除去，所以，干燥过程遵循相同的原理，如热量的传递、水分的蒸发、加热的方式、空气的温度和流速对水分蒸发的影响、干燥过程中坯体的体积变化等，这是干燥作业中的共同问题。

1.1.3　粉碎与储运

原料大多来自天然的硬质矿物，多数为块状，必须对其实施破碎（crushing）和粉磨（grinding）操作，再利用粉料配料，以最大程度接近目标材料的化学成分，然后才能进行各种成型和高温煅烧等各种物理或化学的处理，并使其最终成为产品。因此，原料的粉碎也几乎是伴随每一种无机非金属材料制造过程的带有共同性的单元操作。粉体颗粒的大小、级配、形状及其均匀性往往直接影响产品的质量和产量，也决定了采用设备的性质。随着机械化和自动化水平的提高，对产品质量要求和原料的均匀性要求越来越高。而天然矿物往往均匀性差，当前水泥工业采取种种措施进行原料的预均化，陶瓷工业则成立了许多原料公司，通过对原料进行加工、成分检验、掺和、改性，提供标准化、系列化的陶瓷原料粉。

不仅如此，原料的储运也是各种无机非金属材料生产过程中不可缺少的一环。无论是进场块状原料的储运，还是经过干燥、粉碎之后的粉体原料，甚至经过成型之后的半成品坯体等，只要牵涉到由上一道工序转向下一道工序，都会离不开物料的运输。尤其是为了确保下一道工序的连续供料，以避免出现下游设备的非正常停机，生产过程中又要求物料必须有足够的储备，这就牵涉到储存环节。

近年来发展起来的特种陶瓷和玻璃的生产多数由高纯度和高细度的原料合成，或采用具有设计化学组成的人工合成原料，因此，粉体的合成也逐渐成为重要的一环。

1.1.4　成型

在大多数的场合，无机非金属材料的制造通常需要经历由粉体原料转变成半成品的成型过程（forming process）。成型的目的对于不同的产品和不同的生产方法，并不完全相同，可能是最终产品形状的要求，也可能是因为生产过程中加工工艺的需要。成型的方法很多，所基于的原理也各不相同，但是，它们的任务是相同的，都是将粉体制成某种特定的形状，使其成为具有一定机械强度和准确尺寸的坯体。譬如，陶瓷、耐火材料生产中则往往将配制好的原料泥浆一次制成成品要求的坯体，对外形尺寸具有较高的要求；而立窑水泥生产中必须首先将生料粉制成适宜尺寸的料球，然后才能入窑煅烧，此时对料球尺寸的精度要求并不高。

1.1.5　高温加热

由于无机非金属材料工业所用原料的稳定性和耐高温性，要使它们相互反应生成新的高度稳定的物质，必须要在较高的温度（一般在 1000℃ 以上）下才能快速进行反应，因此，大部分无机非金属材料生产都有加热过程（high temperature processing, or thermal treatment），而且是整个生产的核心过程，一般都在用耐火材料砌筑的窑炉中进行。尽管不同产品的加热方式和目的有所不同，如石灰石（$CaCO_3$）的煅烧是为了使其分解，得到活性的 CaO；水泥生料的煅烧是为了使石灰质原料和黏土质原料之间发生化学反应，合成具有水硬性的水泥熟料矿物；玻璃工业中的加热是为了获得无气泡结核的均质熔体，而晶化又是为了使熔体变成晶体；陶瓷的烧结是为了让黏土分解、长石熔化，然后和其他组分反应生成新的矿物和液相，最终形成坚硬的烧结体。但是，它们在加热过程中所遵循的基本原理是相同的：如热的传递，气体的流动，物质的传递，熔体、气体对炉体的侵蚀，气氛的影响等等。

在高温过程中，加热所需的热量通常来自燃料的燃烧，因此，燃料的品种、质量和燃烧的条件直接影响温度、温度分布的均匀性以及燃料的消耗。能否合理地组织燃料燃烧是决定质量、产量和成本的主要因素。水泥生产中的燃料灰分还直接进入产品之中，对产品的性能产生直接影响。

1.2　无机非金属材料生产过程的个性

无机非金属材料的生产过程具有许多共同点，但是，由于无机非金属材料品种繁多，因此具体的生产工艺过程往往并不完全相同，同一生产过程中的作用机理也往往不同，所采用的设备差别也很大，要求也不同。为便于分析，可以将无机非金属材料的加工工艺过程分解为几个简单过程。如将粉体的制备过程以 P 表示，热处理过程以 H 表示，成型过程以 F 表示。相应地，某种无机非金属材料的生产过程就可能表示为 P-H-P，H-P-F，P-H-F，P-F-H 等不同的组合。

1.2.1　胶凝材料类

胶凝材料（cementitious materials）生产的核心目的是合成具有胶凝性的矿物，这个过程一般是高温过程，其次，各种原料在配合之前必须进行破碎和粉磨，成品往往也为粉状，所以，产品往往需要二次粉磨。如水泥生产过程中，先是将各种原料破碎、粉磨，然后配合成生料，再经高温煅烧制成熟料，熟料再与一些必要的添加物配合共同磨细之后便成为水泥（cement）。因此，水泥的生产过程可以用 P-H-P 来表示。而水泥的使用，即混凝土（concrete）的制备则只是一个单独的成型过程，可以用 F 来表示。

石灰是由石灰石（limestone）煅烧而来的。石灰石的煅烧一般在竖窑中进行。为了便于煅烧，一般选用石灰石大块，所以，石灰生产一般只有破碎工序，而没有粉磨过程。

天然石膏（gypsum）的化学分子式为 $CaSO_4 \cdot 2H_2O$，本身不具备胶凝性。要使天然石膏产生胶凝性必须使其转变成半水石膏等其他形式的石膏。二水石膏在 100～200℃下加热即可逐渐转变成半水石膏。生产中通常将原料磨成细粉在特定的设备上炒制即可得到胶凝性石膏。

碳化硅（SiC）磨料的生产和水泥生产过程很相似，是将石英砂与石油焦炭粉经混合在电阻炉中加热至 2500℃以上，由固相、气固相反应生成 SiC，放出 CO，然后将大块的 SiC 晶体粉碎，并经分级处理，制成各种细度的磨料。

1.2.2 玻璃、玻璃纤维、铸石、人工晶体类

玻璃（glass）是由高黏度的硅酸盐熔融体急冷而成的。同样首先必须将各种原料粉碎成粉体，经配料、熔化，最后冷却固化而成型。玻璃的生产过程可以表示为 P-H-F。如果将熔融体直接拉成丝，便可制得各种玻璃纤维（glass fiber）。玻璃纤维具有高强度、高绝缘性和优良的保温性能。玻纤的生产过程仍然可以表示为 P-H-F。玻璃作为采光材料、日用器件、美术品、化学仪器和各种特殊容器，还有一个很重要的工序是后加工，也称深加工。后加工分热加工和冷加工两大类。热加工主要有热应力钢化、夹层、灯工、热喷涂、烤花等等，冷加工包括碾磨抛光、雕刻、喷花、蚀刻、制镜等等。

如果将熔融体冷却到一定的温度，或将玻璃块重新加热到一定温度，使其晶化，则能形成微晶玻璃和各种多晶体、单晶体，由此制成的微晶玻璃与普通玻璃相比具有更高的强度和韧性。同样，熔注耐火材料具有高致密度和优良的抗高温侵蚀性能，人造宝石具有高硬度和优良的光学性能。铸石是由辉绿岩、玄武岩、高炉渣等熔融、浇注成形、再晶化而成，具有高耐磨性。有些人工晶体，如人造氟云母、锂云母、多晶 CaF_2 等都是先制成熔体，然后形成晶体，因此，这类材料的特点是在玻璃工艺的基础上再加一道晶化工序，可表示为 P-H-F-H。

1.2.3 砖瓦、陶瓷、耐火材料类

砖瓦（bricks）、陶器（ceramics）工业是最古老的工业，它是利用天然微细矿物黏土的可塑性、易烧结性，经各种成型方法制成坯体，再经高温烧制而成的。此类产品的工艺过程的组合一般可以表示为 P-F-H。这里的热处理过程称烧成或烧结，它是通过粉体间的固相反应，或形成液相产生固液反应、气固反应，使粉体间产生牢固的连接而具有强度。它不要求完全合成某种矿物，主要是通过各种反应把原来的粉末烧结在一起，所以，制品常有各种原料的残余相，有反应物、析出物，有固相、液相、气相，是一个结构复杂的烧结体。根据烧结体致密度的不同，可分陶器、半瓷器（炻器）、瓷器等。

为了防渗漏、易于清洗、美化制品，陶瓷表面通常需要上一层釉（glaze），称为施釉工序。釉坯的匹配、施釉技术的好坏对产品质量影响很大，釉可以施在坯体上一次烧成，也可以施在已烧好的素坯上，二次烧成。这层釉实际上是玻璃体，所以，这类陶瓷可以说是烧结体和玻璃体所组成的复合材料。

搪瓷（enamel）和各种涂层技术与陶瓷的上釉很类似，只是它们是将无机非金属材料的釉层施在金属基体上，是无机非金属材料和金属的复合。

耐火材料（refractory）的制造过程与陶瓷的制造过程非常相似，都可以用 P-F-H 表示。但是，它们之间的化学成分相差甚远。耐火材料大多数是由高耐火性晶相组成，

如 Al_2O_3、莫来石、死烧 MgO 等，只有很少一点液相起粘接作用。高温耐火材料甚至完全没有液相，而是由固相烧结而成，如由刚玉砖、重结晶 SiC，或反应烧结 Si_3N_4、Si_3N_4 结合 SiC 等。

第二次世界大战后发展起来的特种陶瓷用量不大，但对性能的要求很高，特别强调某种功能。如装置瓷、集成电路的基片要求高的电绝缘性，高温结构陶瓷要求高强度、高韧性和耐高温性，磁性瓷的高磁导率和其他一些磁性参数，铁电、压电和半导体陶瓷则必须满足各种敏感参量和电参量之间的稳定关系。因此，虽然它们的生产工艺过程和普通陶瓷基本相同，但在原料的制备、成型方法和烧成手段上引进了很多新内容，除所用原料大多是人工合成的纯度很高的化工产品外，还要根据性能的要求进行严格的配料。另外，这些原料大多是瘠性料，自身难以成型，往往要加各种有机黏结剂方可进行成型，如热压注法、轧膜法、喷射法、冷等静压法。在陶瓷的烧结上也需要采取特殊的措施，如反应烧结、热压烧结、热等静压烧结等等。

近代发展起来的磨具和碳素工业，其生产工艺过程与陶瓷很接近，只是它们所用的原料与陶瓷不同。陶瓷磨具是将不同颗粒度的磨料和陶瓷原料混炼在一起，经成型后烧成不同形状和尺寸的陶瓷结合磨具。碳素材料是很重要的电极材料和各种电工元件，也是一种重要的耐火材料。它是利用各种碳素原料（天然石墨或炭粉石墨化而来）加有机胶结物（如沥青、树脂等）胶结成型，然后经焙烧而成的。

1.3 无机非金属材料的几种典型生产工艺流程

1.3.1 水泥生产工艺流程

水泥的生产工艺流程（cement manufacturing process）按生料制备方法的不同可分为干法（dry process）与湿法（wet process）两大类。原料经烘干、粉碎制成生料粉，然后喂入窑内煅烧成熟料的方法称为干法；原料加水进入生料磨制成生料浆，再喂入水泥窑煅烧成熟料的方法即为湿法。根据原料和生料的制备方法以及入窑生料的状态，水泥生产方法还可以再继续细分为半干法和半湿法。基于干法生料制备和生料粉均化技术的进步以及新型干法回转窑水泥煅烧技术的进步，同时为满足水泥生产的低能耗要求，新型干法回转窑生产技术，即带悬浮预热器和窑外分解炉的干法回转窑水泥生产技术，基本上已经成为全世界水泥生产的主流方式。新型干法水泥生产的工艺流程如图 1-1-1 所示。

1.3.2 玻璃生产工艺流程

玻璃的品种很多，其化学成分相差较大，成型方法各不相同，规模大小相差很悬殊。图 1-1-2 为规模最大、工艺最复杂、使用设备最多的浮法生产平板玻璃的生产线示意图。

1.3.3 陶瓷生产工艺流程

由于陶瓷的品种繁多，原料大多就地取材，变化大，成型方法多，有一次烧成、二次烧成、三次烧成之分，有上釉产品和无釉产品，所以生产工艺流程类型很多，在此不作一一赘述。图 1-1-3 是日用陶瓷彩釉墙地砖一次烧成生产工艺流程示意图。

1.3.4 耐火材料生产工艺流程

耐火材料的品种也很多，图 1-1-4 是多孔性耐火材料的制备工艺流程示意图。

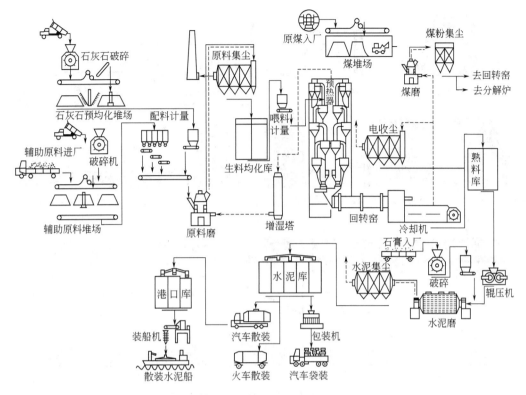

图 1-1-1　窑外分解干法水泥生产工艺流程示意图

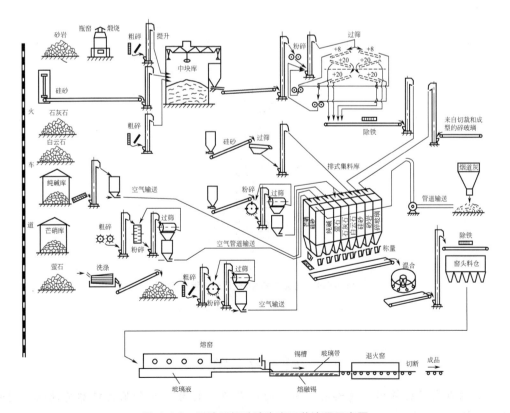

图 1-1-2　浮法平板玻璃生产工艺流程示意图

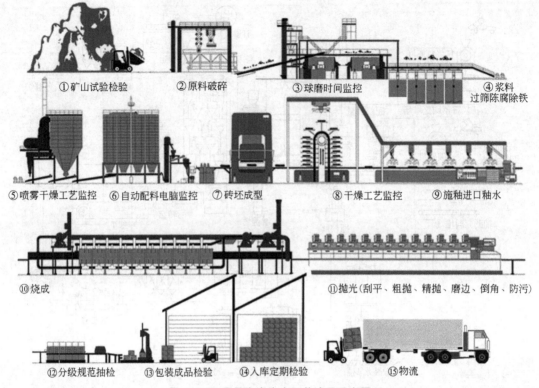

①矿山试验检验　②原料破碎　③球磨时间监控　④浆料过筛陈腐除铁

⑤喷雾干燥工艺监控　⑥自动配料电脑监控　⑦砖坯成型　⑧干燥工艺监控　⑨施釉进口釉水

⑩烧成　⑪抛光(刮平、粗抛、精抛、磨边、倒角、防污)

⑫分级规范抽检　⑬包装成品检验　⑭入库定期检验　⑮物流

图 1-1-3　日用陶瓷生产工艺流程示意图

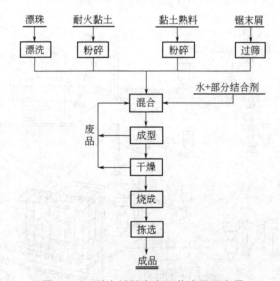

图 1-1-4　耐火材料生产工艺流程示意图

思 考 题

1. 无机非金属材料指的是哪些材料？是不是所有的无机非金属材料都是硅酸盐材料？典型的无机非金属材料有哪些？

2. 与金属材料和有机材料相比，无机非金属材料的组成和性能表现为哪些特点？

3. 无机非金属材料在人类生活和社会文明发展中所占据的地位和产生的作用？

4. 各种无机非金属材料在性能和生产工艺上主要表现有哪些共同或相似之处？又有哪些明显的不同之处？

第2章 原料

原料是材料生产的基础，其作用主要是为产品结构、组成及性能提供合适的化学成分和加工处理过程所需的各种工艺性能。优质原料是制造高质量产品的首要保障。无机非金属材料工业使用的原料品种繁多，按来源可分为天然原料和化工原料两大类。天然矿物或岩石原料，由于成因和产状的不同使其组成和性质差异较大。化工原料也往往因为制造工厂采用的原料或生产方法的差异使其组成和性质不完全一致。因此，掌握原料的组成、特性及其与产品性能和生产工艺的相互关系，对于合理地选择原料，节约资源，物尽其用极为重要。

2.1 原料总论

陶瓷工业中使用的原料品种繁多，其中最主要的是黏土质原料，可分为天然原料及化工原料。前者是天然岩石或矿物，往往共生或混入不同的杂质矿物，使化学组成不纯，因此只使用天然原料已不能满足陶瓷工业生产的要求。而且随着陶瓷工业的发展，新型陶瓷材料及新的品种不断涌现，人们对化工原料的品种及数量的要求越来越多。例如：配制色坯、色釉和制品的表面装饰都需要化工原料；某些功能陶瓷材料以及具有耐高温、高硬度、高强度的结构陶瓷材料等都需要使用纯度较高的化工原料。化工原料是指将天然原料通过化学方法或物理方法进行加工提纯，使化学组成得以富集，以达到一定性能和纯度要求的原料。

影响陶瓷产品性能、质量的因素很多，归纳起来可以分为两类：一类是与原料质量有关的因素；另一类是与生产过程有关的因素。前者是影响产品性能和质量的内因，是根本的因素；后者是外因，是变化的条件。一般说来，缺少符合质量标准的原料，要制造性能合格、质量高的产品是十分困难的，甚至是不可能的。

原料质量和生产过程这类因素对陶瓷产品质量的影响并不是相互孤立的。原料的组成、物理性质和工艺性质都会影响生产过程的安排。生产方法与过程若选择恰当，各工序控制严格，则质量稍差的原料也可以制造出合格的产品。因此，一方面应正确选择原料，另一方面应发挥主观能动性，从生产的方法与工艺过程着手，积极地采取措施，以期获得优质、高产、低成本的陶瓷产品。

对陶瓷工业用原料应注意的是其标准化的重要性。所谓陶瓷原料标准化是指对天然原料的原矿进行加工精制，进行分选、除杂质、粉碎和掺和等处理，严格按矿物组成、化学组成和颗粒组成等特征化指标的不同并考虑使用的要求实行合理分级，以供陶瓷厂家选用。不同等级的原料有不同的质量标准。这样既可满足陶瓷厂家的要求，又使自然资源得到了充分合理的利用，避免了乱采乱挖、浪费资源的现象。更重要的是陶瓷厂家避免了原料质量经常波动而导致的产品质量的不稳定，影响生产管理及经济效益。

制造硅酸盐水泥的主要原料是石灰质原料和黏土质原料。我国黏土质原料及煤炭灰分中一般含 Al_2O_3 较高，而 Fe_2O_3 含量不足。因此，使用天然原料的水泥厂，绝大部分需用铁质校正原料，即采用石灰质原料、黏土质原料和铁质校正原料进行配料。当黏土中 SiO_2 含量不足时，可用高硅原料如砂岩、砂子等进行校正；当黏土中 Al_2O_3 含量偏低时，可掺入高铝原料如铝矾土、煤渣、粉煤灰、煤矸石渣等。

随着工业生产的发展，综合利用工业渣已成为水泥工业的一项重大任务。目前，粉煤灰、硫酸渣、高炉矿渣等已用作水泥原料或混合材料。另外，如赤泥、油页岩渣、电石渣、钢渣等也正逐步得到利用。近来，用煤矸石、石煤等代替黏土质原料已取得一定的效果。

相对于陶瓷和水泥生产用原料，玻璃使用的原料种类比较多。玻璃配合料大体由 7～12 种组分组成，而配合料的主体则由 4～6 种组分组成。主体原料系指往玻璃中引入各种组成氧化物的原料，如石英砂、石灰石、长石、纯碱、硼酸、铅化合物、钡化合物等。按所引入氧化物在玻璃结构中的作用，可分为玻璃形成氧化物的原料、中间体氧化物的原料、网络外体氧化物的原料；按所引入氧化物的性质，可分为酸性氧化物原料、碱金属氧化物原料、碱土金属氧化物原料。配合料中的其余组成部分，是使玻璃获得某些必要性质和加速熔制过程的原料，称为玻璃的辅助原料。其用量少，但作用不可忽视。根据在玻璃中作用的不同，辅助原料分为澄清剂、助熔剂、着色剂、脱色剂、乳浊剂、氧化剂、还原剂等。

一般认为，具有高熔点的单质或化合物可以作为耐火材料的原料，同时，在一定的条件下能够相互结合形成具有高熔点的矿物的物质同样可以成为耐火材料的原料，可以是天然的，也可以是人工的。

实际生产中用来生产耐火材料的原料主要有铝质原料、硅质原料、钙镁质等，属于 $CaO-MgO-Cr_2O_3-Al_2O_3-ZrO_2-TiO_2-SiO_2$ 系。在该系统中，熔点高于 2000℃ 的主要有以下化合物：CaO、MgO、Al_2O_3、Cr_2O_3、ZrO_2、$CaCr_2O_4$、$MgCr_2O_4$、$MgAl_2O_4$、$CaZrO_3$、Ca_3SiO_5、Ca_2SiO_4。

用来生产耐火材料的化合物的选择标准，除了必须考虑熔点外，还要看这些化合物的技术经济指标，特别是它们在自然界中存在的数量及分布情况。作为目前生产耐火材料的原料，最有现实意义的是某些元素的碳化物、氧化物以及某些稀有元素的氧化物、碳化物、氮化物及硫化物。

2.2　黏土类原料

2.2.1　黏土

黏土是构成地表的主要物质组分，仅从字面上看，黏土似乎并没有什么难以理解的地方，黏土就是黏性土壤。然而，从地质学的角度看，黏土是自然界中的岩石受到周围环境因素的各种侵蚀作用，如风化、水蚀、撞击、碾压、搬迁等等，并且经历漫长的地质过程沉积而成的。同样都是被称作黏土的物质，区域不同，埋藏深度不同，它们的地质成因各不相同，其组成和性能也就各不相同，因此各路学科和相关学者对黏土的认识颇不一致。有些强调黏土的矿物学特征，认为黏土是由含水的铝硅酸盐矿物组成的，有些则强调结构上的特征，认为黏土主要由<$2\mu m$（土壤学）或$4\mu m$（地质学）的黏粒组成，还有的则强调黏土的物理性质。总之，黏土实际上是一群物质而不是一种物质，或者可以认为，黏土实际上是一个很庞大很复杂的体系。

黏土应具有以下四个基本特征。

① 颗粒特征　组成黏土的矿物颗粒很细小，它主要由直径<0.002mm的黏粒组成。

② 矿物特征　一切黏土均含大量的黏土矿物，即含水铝硅酸盐矿物，它们一般集中于黏粒内。有些偏粗，有些偏细，这与其物质结构有关。

③ 可加工特征　具有独特的物理化学-工艺性质，如可塑性、黏结性、稀释性、烧结性、耐火性及吸水膨胀性等。

不同成分的黏土所表现的特性亦不相同，例如高岭土可显示高耐火性，而膨润土的突出性质则是可塑性、黏结性和吸水膨胀性。但不管何种黏土，凡调水后均能形成软泥，塑造成型，高温下又能烧成致密坚硬的石状物质，这种性质构成了陶瓷工业生产的基础。

④ 气硬特征　黏土结团以后，可形成泥岩、页岩、泥板岩等半硬质岩石。

黏土类原料是陶瓷、玻璃、耐火材料和水泥工业的主要原料之一。它为陶瓷生产提供必需的可塑性、悬浮性和烧结性，其用量常达40%以上。质地较纯的高岭土可用于制造无碱玻璃、仪器玻璃和黏土质耐火材料。黏土类原料为水泥生产提供合适的SiO_2和Al_2O_3。通常，生产1t水泥熟料需要0.3~0.4t黏土质原料。

2.2.2　黏土的成因及其分类

黏土是一种或多种含水铝硅酸盐矿物的混合体。主要由铝硅酸盐类岩石，如长石、伟晶花岗岩等经过长期地质年代的自然风化或热液蚀变作用而形成，含有未风化的岩石碎屑、石英砂、黄铁矿、有机物等杂质。无一定熔点，也没有固定的化学组成。黏土常见的分类方法参见表1-2-1。

表 1-2-1　常见的几种黏土的分类方法

分类方法	类别	特　征
按成因分类	原生黏土	也称一次黏土或残留黏土，母岩风化后残留在原地而形成 特点：质地较纯，颗粒稍粗，可塑性较差，耐火度较高
	次生黏土	也称二次黏土或沉积黏土，由风化形成的黏土受风雨作用迁移到其他地点沉积而形成的黏土层 特点：颗粒细，杂质多，可塑性较好，耐火度较差
按可塑性分类	高塑性土	又称软质黏土、球状或结合黏土 特点：分散度大，多呈疏松或板状，如膨润土、木节土等
	低塑性土	又称硬质黏土 特点：分散度小，呈致密块状或石状，如叶蜡石、瓷石等
按耐火性分类	耐火黏土	耐火度在1580℃以上，含杂质较少，灼烧后多呈白色、灰色或淡黄色，为瓷器、耐火制品的主要原料
	难熔黏土	耐火度为1350~1580℃，含易熔杂质在10%~15%，可用作炻器、陶器、耐酸制品、装饰砖及瓷砖的原料
	易熔黏土	耐火度在1350℃以下，含有大量的各种杂质，多用于建筑砖瓦和粗陶等制品
按矿物分类	高岭石类	如苏州土、紫木节土
	蒙脱石类	包括叶蜡石类黏土，如辽宁黑山和福建连城膨润土
	伊利石类	包括水云母类黏土，如河北章村土
	水铝英石类	如唐山A、B、C级矾土

2.2.3 黏土的组成

2.2.3.1 化学组成

黏土的主要化学成分（chemical composition）为 SiO_2、Al_2O_3 和结晶水，还有少量碱金属氧化物（K_2O、Na_2O）、碱土金属氧化物（CaO、MgO）、着色氧化物（Fe_2O_3、TiO_2）等。

在陶瓷生产中，根据化学组成可以初步判断黏土的一些性能，如含 $Al_2O_3>36\%$ 的黏土难烧结；如 SiO_2 含量 $>70\%$，则该黏土中含有石英；如 K_2O 和 Na_2O 总含量 $>2\%$ 者则可能是水云母质黏土，其烧结温度较低；Fe_2O_3 含量 $>0.8\%$ 时，可导致制品呈灰白色、黄色，甚至暗红色；$TiO_2>0.2\%$ 时，制品在还原气氛下烧成时易呈黄色。

作为水泥生产的主要原料之一，黏土的化学成分及碱含量是衡量黏土质量的主要指标。一般要求所用黏土质原料中 SiO_2 含量与 Al_2O_3 和 Fe_2O_3 含量之比为 2.5～3.5，Al_2O_3 与 Fe_2O_3 含量之比为 1.5～3.0。否则就要在配料中引进硅质或铝质校正原料，造成配料工艺的复杂化。黏土中一般都含有碱，是由云母、长石等风化、伴生、夹杂而带入的。风化程度越大，淋溶作用越完全，一般碱含量越低，如华南的红壤；反之，碱含量就高，如华北的黄土。为使水泥熟料中碱含量小于 1.3%，应控制黏土中碱的含量小于 4.0%。当生产大坝水泥或采用悬浮预热器窑生产水泥时，黏土中的碱含量一般控制在 3.0% 以下。

2.2.3.2 矿物组成

黏土的矿物组成（mineral composition, or mineral constitute）指黏土主要由哪些矿物构成。常见黏土主要为高岭石类、蒙脱石类和伊利石类三大类别。高岭石（$Al_2O_3 \cdot 2SiO_2 \cdot 2H_2O$）是最常见的黏土矿物，以此矿物为主要成分的纯净黏土称为高岭土。它的吸附能力小，可塑性和结合性较差，杂质少、白度高、耐火度高。

蒙脱石（$Al_2O_3 \cdot 4SiO_2 \cdot nH_2O$，$n>2$）遇水体积膨胀形成胶状物，具有很强的吸附和阳离子交换能力。以蒙脱石为主要矿物的黏土称为膨润土，其颗粒细小，可塑性极强，能提高坯料可塑性和干坯强度，但杂质多、收缩大、烧结温度低。

伊利石属水云母类矿物，是云母水解成高岭石的中间产物。一般可塑性低，干燥后强度小，干燥收缩小，烧结温度较低，一般在 800℃ 左右开始烧结，完全烧结温度在 1000～1150℃。

此外，与黏土伴生的一些非黏土矿物，如长石、云母、铁质及钛质矿物、碳酸盐、硫酸盐等，通常以细小晶粒及其集合体的形式分散于黏土中，对黏土的性能、制品的质量产生不利的影响，可通过淘洗、磁选等方法除去。黏土中的有机物，如褐煤、蜡、腐殖酸衍生物等，会使黏土呈灰至黑等各种颜色，但一般不影响陶瓷制品的颜色，因为它们在高温煅烧过程中会因燃烧而除去。

2.2.3.3 颗粒组成

黏土的颗粒组成（particle size distribution）指黏土中不同大小颗粒的百分比含量。黏土矿物颗粒很细，其直径一般小于 1～2μm。蒙脱石、伊利石类黏土比高岭石类细小。非黏土矿物如石英、长石等杂质一般是较粗的颗粒。因此，通过淘洗等手段富集细颗粒部分可获得较纯的黏土。通常，黏土的颗粒越细，可塑性越强，干坯强度越高，干燥收缩也越大。

测定黏土颗粒大小的方法有光学显微镜、电子显微镜、水簸法、浑浊计法、吸附法等等，最常用的方法是筛分析（60μm 以上）与沉降法（1～50μm）。

2.2.4 黏土的工艺性质

黏土的组成和工艺性质是生产中合理选择黏土原料的重要指标。黏土原料的工艺性质主要取决于其化学、矿物与颗粒组成。

2.2.4.1 可塑性

可塑性（plasticity）是指黏土与适量水混炼后形成的泥团，在外力作用下，可塑造成各种形状而不开裂，当外力除去以后，仍能保持该形状不变的性能。通常用塑性指数或塑性指标来表示可塑性的好坏。将黏土泥浆开始出现塑性表现时对应的水分含量（百分数）称为黏土的塑限，将泥浆开始表现出液态性质所对应的水分含量称为液限。而将黏土的液限与塑限之间的差值称为塑性指数。当水分含量增大时，黏土首先进入塑限，然后才进入液限，因此黏土的液限在数值上大于其塑限。塑性指标是指在工作水分下，泥料受外力作用最初出现裂纹时应力与应变的乘积。

黏土具有可塑性的原因有多种解释，但都与黏土颗粒和水的相互作用有关。只有当物料水分适中时，才能在黏土颗粒周围形成一定厚度的连续水膜，黏土的可塑性才最好。黏土颗粒越细，有机质含量越高，可塑性越好。此外，黏土颗粒吸附的阳离子浓度大、半径小、电价高（如 Ca^{2+}、H^+）者，则吸附水膜较厚，可塑性较好。

2.2.4.2 离子交换性

黏土粒子由于表面层的断键和晶格内部离子的不等价置换而带电，它能吸附溶液中的异性离子，这种被吸附的离子又可被其他离子所置换，这种性质称为黏土的离子交换性（ionexchange character）。离子交换能力的大小可用离子交换容量即 pH＝7 时每 100g 干黏土所吸附的阳离子或阴离子的物质的量来表示。其大小和黏土的种类、带电机理、结晶度和分散度等因素有关，并且对黏土泥料的各种工艺性质有一定的影响。

2.2.4.3 触变性

黏土泥浆或可塑泥团在静置以后变稠或凝固，当受到搅拌或振动时，黏度降低而流动性增加，再放置一段时间后又能恢复原来的状态，这种性质称为触变性（thixotropy）。

工业生产中，触变性的大小可用厚化度来表示。泥浆厚化度指泥浆放置 30min 和 30s 后的相对黏度之比；泥团厚化度则指静置一定时间后，球体或圆锥体压入泥团达一定深度时剪切强度增加的百分数。

颗粒表面荷电是黏土产生触变性的主要原因。因此，影响黏土颗粒电荷性质的各种因素，如矿物组成、颗粒大小和形状、水分含量、电解质种类与用量，以及泥浆（或可塑泥料）的温度等也会对泥浆的触变性产生影响。

在陶瓷生产中通常希望泥料具有合适的触变性。触变性过大，注浆成型后易变形，并且给管道输送带来困难；触变性过小，生坯强度不够，则可能影响成型、脱模与修坯的质量。

2.2.4.4 膨化性

黏土加水后体积膨胀的性质称为膨化性。膨化性（dilatability）产生的原因主要是由于黏土颗粒层间吸水膨胀和颗粒表面水膜的形成而引起的固相体积增大。膨化性的大小可用膨胀容来表示。膨胀容通常是指 1g 干黏土吸水膨胀后的体积（cm^3）。黏土的矿物组成、离子交换能力、表面结构特性、液体介质的极性等因素均会影响其膨化性能。

2.2.4.5 收缩

黏土经 110℃干燥后，由于自由水及吸附水排出所引起的颗粒间距离减小而产生的体积收缩，称为干燥收缩（dry shrinkage）。干燥后的黏土经高温煅烧，由于脱水、分解、熔化等一系列的物理化学变化而导致的体积进一步收缩，称之为烧成收缩（sintering shrinkage）。两种收缩之和即为黏土泥料的总收缩。

由于干燥收缩是以试样干燥前的原始长度为基础，而烧成收缩是以试样干燥后的长度为基准，因此黏土试样的总收缩 $S_{总}$ 并不等于干燥收缩 $S_干$ 与烧成收缩 $S_烧$ 之和。其相互关系可表示如下：

$$S_烧 = (S_总 - S_干)/(100 - S_干) \times 100\%\qquad(1\text{-}2\text{-}1)$$

测定收缩是研制模型及制作生坯尺寸时的依据。坯体的配方不同，其收缩也不同。在干燥与烧成中，收缩太大将由于应力而导致坯体开裂。此外，同一个坯体水平收缩与垂直收缩、上部与底部的收缩也略有不同，在制模时应予以注意。

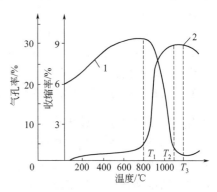

图 1-2-1　黏土加热过程中气孔率
和收缩率的变化

1—气孔率；　2—收缩率

2.2.4.6　烧结性能

黏土是多种矿物的混合物，没有固定的熔点。当黏土试样加热到 800℃ 以上时，体积开始剧烈收缩，气孔率明显减少，其对应温度称为开始烧结（sintering）温度 T_1。温度继续升高，液相量增加，气孔率降至最低，收缩率最大，其对应温度称为烧结温度 T_2。若继续升温，试样将因液相太多而发生变形，其对应的最低温度称为软化温度 T_3，T_3 与 T_2 的温度差即烧结范围。气孔率和收缩率随加热温度的变化关系见图 1-2-1。

烧结范围的大小主要取决于黏土中熔剂矿物的种类和数量。优质高岭土的烧结范围可达 200℃，伊利石类黏土仅为 50~80℃。为便于控制，陶瓷生产中通常要求黏土具有 100~150℃ 以上或更宽的烧结范围。

2.3　石英类原料

2.3.1　石英类原料的种类和性质

自然界中的 SiO_2 结晶矿物统称为石英。常见的石英类原料如下。

（1）石英砂　石英砂（quartz sand）又称硅砂，是石英岩、长石等受水、碳酸酐以及温度变化等作用，逐渐分解风化由水流冲击沉积而成的。质地纯净的硅砂为白色，一般硅砂因含有铁的氧化物和有机质，多呈淡黄色、浅灰色或红褐色。

优质的硅砂是理想的玻璃工业原料。硅砂的质量主要由其化学组成、颗粒组成和矿物组成来评定。硅砂的成分主要是 SiO_2，并含有少量的 Al_2O_3、K_2O、Fe_2O_3 等杂质，而 Fe_2O_3、Cr_2O_3 和 TiO_2 等是极其有害的成分，它们均能使玻璃着色而影响其透明度。

硅砂的颗粒组成对原料制备、玻璃熔制、蓄热室的堵塞均有重要影响，是评价硅砂质量的重要指标。在同种硅砂中，颗粒大小不同，其铁铝含量不同，如粒度越小，铁铝含量越高。因此，熔制玻璃用硅砂的颗粒直径应在 0.15~0.8mm，其中 0.25~0.5mm 的颗粒应不少于 90%，0.1mm 以下的应不超过 5%。

硅砂中伴生矿物的种类和含量与确定矿源和选择原料的精选方式有直接关系。有些伴生矿物如长石、高岭石、白云石等对玻璃无害；有些矿物如赤铁矿、钛铁矿等能使玻璃强烈地着色；有些重矿物如铬铁矿等由于熔点高，化学组成稳定，使玻璃难以熔化而形成黑点和疙瘩，必须加以注意。

（2）脉石英　脉石英（vein quartz）属火成岩。外观呈纯白色，半透明，呈油脂光泽，断口呈贝壳状，SiO_2 含量高达 99%，是生产日用细瓷、耐火硅砖的良好原料。

（3）砂岩　砂岩（sandstone）是石英颗粒和黏性物质在高压下胶结而成的一种碎屑沉积岩。根据胶结物不同，分为黏土质砂岩（含 Al_2O_3 较多）、长石质砂岩（含 K_2O 较多）

和钙质砂岩（含 CaO 较多）。砂岩外观多呈淡黄色、淡红色，铁染现象严重的呈红色。

（4）石英岩 石英岩（quartzite）是一种变质岩。系硅质砂岩经变质作用，石英颗粒再结晶的岩石。SiO_2 含量＞97％，尽管硬度大，不易粉碎，仍是制造陶瓷和高级玻璃制品的良好原料。

（5）其他 除上述一些石英之外，成矿过程中由于溶液沉积作用，使 SiO_2 填充在岩石裂隙中，形成隐晶质的玉髓（quartzine）和燧石（flint）。玉髓呈钟乳状、葡萄状产出，燧石呈结核状和瘤状产出，另有玛瑙（agate）是由玉髓与石英或蛋白石（opal）构成。上述三种隐晶质石英，因其硬度高，可作研磨材料、球磨机内衬等，质量好的燧石也可作陶瓷原料。

2.3.2 石英的晶型转化

石英类原料在加热过程中会发生复杂的多晶转变，同时伴随体积变化，这是使用石英类原料时必须注意的一个重要性质。其晶型间相互转变温度和体积变化情况见图 1-2-2。

石英的晶型转化（crystalline modification）规律可用于指导硅砖、陶瓷和玻璃制品的生产及使用。重建性转变即 α-石英、α-鳞石英、α-方石英间的转变，尽管体积变化大，但由于转化速率慢，对制品的稳定性影响并不大。位移性转变即

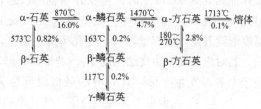

图 1-2-2 石英晶型转变温度和体积变化情况

图 1-2-2 中纵向系列间的转变，比如 α-鳞石英、β-鳞石英和 γ-鳞石英之间的转变，由于其转变速率快，较小的体积变化就可能由于不均匀应力而引起制品开裂，影响产品质量。因此，硅砖生产中加入矿化剂的目的就是为了提高产品中鳞石英含量，减少方石英生成量，以减少位移性转变所引起的体积变化。

掌握石英的晶型转化规律对于指导生产具有重要的实际意义。一方面，在使用石英类制品时，可以通过控制升温和冷却速率，来避免体积效应引起的开裂；另一方面，利用其热膨胀效应，比如将石英原料在 1000℃进行预烧，又有利于石英类原料的破碎。

2.3.3 石英类原料的作用

石英类原料是无机非金属材料工业的重要原料之一，其部分应用领域、主要作用和质量品质要求见表 1-2-2 所示。

表 1-2-2 石英类原料的应用领域、主要作用和品质要求

应用领域	主要作用	品质要求
玻璃工业	提供玻璃生产必需的 SiO_2 成分	SiO_2 含量≥98％；Fe_2O_3≤0.2％
耐火材料	硅砖及硅质耐火制品的主要原料	SiO_2 含量≥96％；Al_2O_3、TiO_2 碱性氧化物等杂质总含量≤2％
陶瓷工业	加快坯体干燥、增加坯体机械强度、提高釉的耐磨和耐化学侵蚀性	SiO_2 含量≥90％
水泥工业	硅质校正原料，补充 SiO_2 成分不足	SiO_2 含量 70％～90％，稍含燧石

注：品质要求只考虑一般产品的生产，不包括特种玻璃或其他特种材料。

2.4 长石类原料

2.4.1 长石类原料的种类和性质

长石（feldspar）是一种常见的造岩矿物，约占地壳总质量的50％，是架状结构的碱金属或碱土金属的铝硅酸盐。根据其结构特点，可将长石类矿物分为如下四种基本类型，见

表 1-2-3 所示。

表 1-2-3　长石的基本类型及理论化学组成

名称	化学式	相对密度	熔点/℃	理论化学组成/%					
				SiO_2	Al_2O_3	CaO	K_2O	Na_2O	BaO
钠长石	$Na[AlSi_3O_8]$	2.60~2.65	1100	68.6	19.6	—	—	11.8	—
钾长石	$K[AlSi_3O_8]$	2.56~2.59	1150	64.7	18.4	—	16.9	—	—
钙长石	$Ca[Al_2Si_2O_8]$	2.74~2.76	1550	43.0	36.9	20.1	—	—	—
钡长石	$Ba[Al_2Si_2O_8]$	3.37	1725	32.0	27.1	—	—	—	40.9

自然界中长石的种类很多，大多是上述几种基本矿物的固溶物。比如，钠长石与钙长石以任何比例混溶形成的连续固溶体系列，即常见的斜长石；钾长石与钠长石在高温条件下能混溶形成连续固溶体，但在低温下，混溶性降低。生产中一般所称的钾长石或钠长石，实际上是含钾或钠为主的钾钠长石固溶体。常用的长石类型及其特点可参考表 1-2-4。

表 1-2-4　常用的长石类型及特点

类型	钾钠长石族			斜长石族
	透长石	正长石	微斜长石	斜长石
基本特点	钠长石含量≥50%，单斜晶系，生成温度 900~950℃，产于喷出岩	钠长石含量≥30%，单斜晶系，生成温度 650~900℃，产于侵入岩和变质岩	钠长石含量≥20%，三斜晶系，生成温度650℃以下，多产于伟晶岩和变质岩	钠长石和钙长石形成的连续固溶体

2.4.2　长石的作用

长石类矿物是玻璃和陶瓷工业的主要原料之一。由于在提供 Al_2O_3 的同时，也引入 Na_2O、K_2O 等成分，减少了纯碱用量，因此在一般玻璃的生产中得到广泛的应用。在陶瓷坯料中，长石是促进坯体烧结的主要熔剂性矿物；在釉料和色料中，它又是形成玻璃的主要成分。但是长石类矿物在自然界中多数是以各类岩石的集合体产出，共生矿物多，成分波动大。因此，不同工业对所用长石的品质要求不尽相同，参见表 1-2-5 所示。

表 1-2-5　长石在陶瓷及玻璃工业中的主要作用和品质要求简表

领域	主要作用	品质要求
陶瓷工业	提供碱金属氧化物，有利于降低烧成温度 长石熔体能熔解黏土及石英等原料，促进莫来石的形成和长大，提高坯体的机械强度和化学稳定性 长石熔体填充于各颗粒间，促进坯体致密化，提高陶瓷制品的透光度	长石熔化温度≤1230℃ Al_2O_3 含量为 15%~20% K_2O+Na_2O 含量>13% Fe_2O_3 含量<0.5%
玻璃工业	引入 Al_2O_3 的主要原料，同时引入 Na_2O、K_2O	Al_2O_3>16%；Fe_2O_3<0.3%；R_2O>12%

2.4.3　长石的代用原料

天然矿物中优质的长石资源并不多，工业生产中常使用一些长石的代用品。常用的长石代用原料及其品质要求参见表 1-2-6 所示。

表 1-2-6　常用的长石代用原料及其品质要求

领域	代用原料	代用原料品质要求
玻璃工业	高岭土	Al_2O_3>30%，Fe_2O_3<0.4%，使用前应细磨
	叶蜡石	Al_2O_3>25%，SiO_2<70%，Fe_2O_3<0.4%

续表

领域	代用原料	代用原料品质要求
陶瓷工业	伟晶花岗岩	$Fe_2O_3 < 0.5\%$，$R_2O > 8\%$，$SiO_2 < 30\%$，$CaO < 2\%$，$K_2O/Na_2O > 2$
	霞石正长岩	$R_2O > 8\%$，当含铁量较高时，通过精选才能使用
	酸性玻璃熔岩	$R_2O > 8\%$，钛、铁等着色氧化物尽可能较少
	含锂矿物	$R_2O > 8\%$，锰、铁等着色氧化物尽可能较少

2.5 钙质原料

2.5.1 钙质原料的种类和性质

钙质原料（calcareous raw material）是制造硅酸盐水泥和石灰的主要原料，也是陶瓷和玻璃工业生产中引入 CaO 成分的主要物质。常见钙质原料的种类和性质见表 1-2-7。

表 1-2-7 常见钙质原料的种类和性质

种类	基 本 性 质
方解石	属三方晶系，菱面体，有时呈粒状或板状，一般为乳白或无色，随杂质含量而呈灰白色、淡黄色、红褐色等色，理论组成为 CaO 56%，CO_2 44%，玻璃光泽，性脆
石灰石	石灰岩的俗称，主要矿物是方解石，含有白云石、石英、黏土等杂质，是一种具有微晶或潜晶结构的化学与生物化学沉积岩，无解理，多呈灰白色、黄色，一般呈块状，结构致密，性脆，密度 $2.6 \sim 2.8 \text{g/cm}^3$
泥灰岩	也称凝灰岩，系碳酸钙和黏土物质同时沉积所形成的均匀混合的沉积岩，硬度低于石灰岩，颜色从黄色到灰黑色，耐压强度通常小于 100MPa
白垩	由海洋生物外壳与贝壳堆积而成，主要是由隐晶或无定形细粒疏松的碳酸钙组成，色白、发亮的白垩中碳酸钙含量可达 90% 以上，白垩中常夹有软或硬白裂礓石（主要为 $CaCO_3$）、红黏土和燧石等
硅灰石	又名板石，是链状结构的似辉石类矿物，产于石灰岩与酸性岩浆的接触带，由 CaO 与 SiO_2 高温反应而生成，化学通式为 $CaO \cdot SiO_2$，理论化学组成为 CaO 48.25%，SiO_2 51.75%，组成中的钙很容易被铁、锰或锶呈类质同象取代，常与透辉石、方解石、石英等矿物共生，相对密度 $2.8 \sim 3.0$，熔点 1540℃，呈针状、纤维状和致密块状

2.5.2 钙质原料在生产中的作用及其品质要求

生产 1t 水泥熟料通常需要约 $1.2 \sim 1.3t$ 石灰石原料，因此，钙质原料的化学成分及其杂质含量对水泥熟料的煅烧和质量影响极大。例如，为消除方镁石膨胀造成的水泥安定性不良，要求熟料中氧化镁的含量小于 5.0%，在生产中则必须控制石灰石中氧化镁的含量小于 3.0%。同样，对石灰石原料中的碱和燧石含量等都有相应的限制。水泥工业对钙质原料品质要求参见表 1-2-8 所示。陶瓷工业使用的 CaO 主要来源于较纯的石灰石、方解石和硅灰石等，主要目的是增加坯体及釉料中熔剂矿物的含量，降低产品的烧成温度。硅灰石还可作为日用瓷、低损耗无线电陶瓷、火花塞及磨具、釉料等的主要原料。由于其本身不含挥发分，反应过程也没有气体放出，干燥收缩、烧成收缩以及热膨胀系数小，有利于陶瓷快速烧成。在玻璃工业中，钙质原料的主要作用是增加玻璃的化学稳定性和机械强度。但通常要求钙质原料中 CaO 含量大于 50%，有害着色物质 Fe_2O_3 的含量小于 0.15%。

表 1-2-8 钙质原料的质量指标　　　　　　　　　　　　　　单位：%

类别	CaO	MgO	R_2O	SO_3	燧石或石英
一级品石灰石	>48	<2.5	<1.0	<1.0	<4.0
二级品石灰石	$45 \sim 48$	<3.0	<1.0	<1.0	<4.0
泥灰岩	$35 \sim 45$	<3.0	<1.2	<1.0	<4.0

2.5.3　钙质工业废渣

除天然钙质原料外，电石渣、糖滤泥、碱渣、白泥等都可在水泥生产中使用。电石渣是化工厂乙炔发生车间消解石灰排出的含水约 $85\%\sim90\%$ 的消石灰浆。1t 电石约可产生 1.15t 干渣。电石渣由 80% 以上的 $10\sim50\mu m$ 的颗粒组成，不必磨细，但流动性较差。使用湿法水泥窑生产会影响窑的产量和煤耗，必须考虑料浆脱水处理。碳酸法制糖厂的糖滤泥、氨碱法制碱厂的碱渣以及造纸厂的白泥，其主要成分都是碳酸钙，均可用作钙质原料，但应注意其中杂质对水泥生产过程和质量的影响。

2.6　铝质原料

高铝质原料主要用于制造高铝陶瓷、高铝质耐火材料和高铝水泥。常用的高铝质原料主要有高铝矾土及硅线石族矿物。

2.6.1　高铝矾土

高铝矾土按其成因可分为沉积和风化两种类型。沉积型矾土主要由斜方晶系的一水硬铝石 $\alpha\text{-}Al_2O_3\cdot H_2O$（又称水铝石），一水软铝石 $\gamma\text{-}Al_2O_3\cdot H_2O$（也称波美石、水铝矿）等一水型矿物组成。风化型矾土主要矿物为三水铝石（又称三水铝矿）$Al_2O_3\cdot 3H_2O$ 等。高铝矾土常含有 Fe_2O_3、SiO_2、TiO_2 及碳酸盐等杂质。在生产高铝水泥时，通常要求矾土中 Al_2O_3 含量$>70\%$，$SiO_2<10\%$，$TiO_2<5\%$，$Al_2O_3/SiO_2>7$；耐火材料工业对高铝矾土进行等级划分的情况参见表 1-2-9。

表 1-2-9　耐火材料高铝矾土等级的划分

等级	Al_2O_3/%	Fe_2O_3/%	CaO/%	耐火度/℃
特级	>75	<2.0	<0.5	>1770
一级	$70\sim75$	<2.5	<0.6	>1770
二级	$60\sim70$	<2.5	<0.6	>1770
三级	$55\sim60$	<2.5	<0.6	>1770
四级	$45\sim55$	<2.5	<0.7	>1770

2.6.2　硅线石族

硅线石（sillimanite）族矿物是由氧化铝质水成岩受变质作用而形成的，均存在于变质岩中，包括硅线石、蓝晶石和红柱石三种同质异形体。硅线石、蓝晶石大多产于区域变质岩，红柱石则产于接触变质岩内。矿床中含量一般在 $10\%\sim40\%$，因此，需要选矿后才能使用。三种矿物的化学式均为 $Al_2O_3\cdot SiO_2$，理论化学组成为 Al_2O_3 62.93%，SiO_2 37.07%，但晶体结构、阳离子配位和物理性质还是互有差别。

2.7　镁质原料

镁质原料是生产镁质耐火材料、镁质胶凝材料的主要原料，也是陶瓷和玻璃工业常用的熔剂原料之一。常用镁质原料的种类和性质参见表 1-2-10 所示。

表 1-2-10　常用镁质原料的种类和性质

性质	菱镁矿	白云石	滑石	透辉石
化学式	$MgCO_3$	$CaMg(CO_3)_2$	$Mg_3[Si_4O_{10}](OH)_2$	$CaMg[Si_2O_6]$

性质	菱镁矿	白云石	滑石	透辉石
MgO 含量/%	47.8	21.9	31.88	18.5
晶系	三方	三方	单斜	单斜
相对密度	2.9~3.1	2.8~2.9	2.7~2.8	3.3
莫氏硬度	4~4.5	3.5~4	1	6~7
颜色	灰白色、淡红色	灰白色、淡黄色	白色、淡绿色、浅黄色	浅绿色或浅灰色
共生矿物	菱铁矿	石英、方解石、黄铁矿	透闪石、绿泥石、菱镁矿、白云石	磁铁矿或含铁、锰的矿物
结晶习性	菱面体	菱面体	六方或菱形板状	短柱状
产状	细粒致密块状	粒状、致密块状	粗鳞片状或细鳞片致密块状	粒状、柱状、放射状

在耐火材料工业，高温煅烧菱镁石、白云石可获得 MgO（也称方镁石）或 CaO 和 MgO。由于其晶格能和熔点都很高，可用于生产普通镁砖、直接结合镁砖等以 MgO 为主要晶相的镁质耐火制品或者以 CaO 和 MgO 为主要成分的白云石耐火材料。

尽管长石含碱金属氧化物，是陶瓷工业最常用的熔剂原料，但是，钙质、镁质等含碱土金属的矿物原料也常常作为熔剂原料使用。例如，用菱镁矿代替部分长石，可降低坯料的烧结温度，减少液相量；在釉料中加入 MgO，可提高釉层的弹性及热稳定性。此外，滑石等还是生产镁质瓷的主要原料。

白云石和菱镁矿是玻璃生产中引入 MgO 的主要原料。用 MgO 代替部分 CaO，可改善玻璃成形性能，提高玻璃的化学稳定性和机械强度。由于菱镁矿含 Fe_2O_3 较高，一般首选白云石作为引入 MgO 的原料，只有当所引入的 MgO 仍不足时才考虑菱镁矿。白云石用作玻璃原料时其品质要求为：$MgO > 20\%$，$CaO < 32\%$，$Fe_2O_3 < 0.15\%$。

菱镁矿、白云石等镁质原料在适当温度煅烧分解后可获得活性较高的 MgO，这种 MgO 可以与水和氯盐作用，生成具有一定强度的水硬性镁质胶凝材料。

2.8 其他原料

2.8.1 含钠原料

Na_2O 能提供游离氧使玻璃结构中 O/Si 比值增加，降低玻璃黏度，是良好的助熔剂。但是，Na_2O 也会增加玻璃的热膨胀系数，降低其热稳定性、化学稳定性和机械强度，所以不宜过多引入，在普通玻璃中一般不超过 18%。

虽然长石类矿物也能引入 Na_2O 或 K_2O，但往往不能满足玻璃生产的需求。因此，通常使用纯碱或芒硝作为引入 Na_2O 的主要原料。有时也采用一部分氢氧化钠和硝酸钠。

（1）纯碱　微细白色粉末，易潮解、结块，应储存在通风干燥的库房内。放置较久的纯碱通常含有 9%～10% 的水分，在使用时必须进行水分的测定。纯碱的质量要求：$Na_2CO_3 > 98\%$，$NaCl < 1\%$，$Na_2SO_4 < 0.1\%$，$Fe_2O_3 < 0.1\%$。

天然碱是干涸碱湖的沉积盐，一般含 Na_2CO_3 34%～69%，Na_2SO_4 17%～28%，可作为纯碱的代用原料。但是，天然碱成分不稳定且其脱水和除 NaCl 等问题限制了其利用价值。

（2）芒硝　有无水芒硝（Na_2SO_4）和含水芒硝（$Na_2SO_4 \cdot 10H_2O$）两类。芒硝不仅可以代替碱，还是常用的澄清剂。为降低其分解温度常加入还原剂（主要为炭粉、煤粉等）。

与纯碱相比，使用芒硝有如下缺点：①分解和反应温度高，热耗大；②易侵蚀耐火材料并产生芒硝泡；③需使用还原剂，且用量过多时 Fe_2O_3 会被还原成 FeS 和生成 Fe_2S_3，与多硫化钠形成棕色的着色团——硫铁化钠，而使玻璃着成棕色；④纯碱和芒硝的理论 Na_2O 含量分别为 58.53% 和 43.7%，即芒硝中有效 Na_2O 含量较低。因此，使用纯碱引入 Na_2O 较芒硝为好。但由于芒硝具有澄清作用，因而生产中经常将 2%～3% 的芒硝与纯碱联合使用。对芒硝的质量要求是：$Na_2SO_4 > 85\%$，$NaCl < 2\%$，$CaSO_4 < 4\%$，$Fe_2O_3 < 0.3\%$，$H_2O < 5\%$。

（3）氢氧化钠　俗称苛性钠，白色结晶脆性固体，极易吸收空气中的水分与二氧化碳，变成碳酸钠；易溶于水，有腐蚀性。近年来瓶罐玻璃厂常采用 50% 的氢氧化钠溶液代替部分纯碱引入一定量的 Na_2O，可以湿润配合料，降低粉尘，防止分层，缩短熔化过程。在粒化配合料中同时用作黏结剂。

（4）硝酸钠　又称硝石，我国所用的都是化工产品，相对分子质量 85，相对密度 2.25，Na_2O 含量 36.5%。硝酸钠是无色或浅黄色六角形的结晶。在湿空气中能吸水潮解，易溶于水。熔点 318℃，加热至 350℃，则分解放出氧气，继续加热，则生成的亚硝酸钠又分解放出氮气和氧气。

在制造铅玻璃等需要氧化气氛的熔制条件时，必须用硝酸钠引入一部分 Na_2O。硝酸钠也是澄清剂、脱色剂和氧化剂。硝酸钠一般纯度较高，质量要求是：$NaNO_3 > 98\%$，$Fe_2O_3 < 0.01\%$，$NaCl < 1\%$。

2.8.2　含硼原料

含硼原料主要提供玻璃和陶瓷工业所需要的 B_2O_3 物质，降低陶瓷釉料的熔融温度和高温黏度，使釉面光滑平整。在硼硅酸盐玻璃中 B_2O_3 可以 $[BO]_3$ 和 $[BO]_4$ 为结构单元与硅氧四面体共同组成结构网络，降低玻璃的膨胀系数，提高玻璃的热稳定性、化学稳定性和机械性能，增加玻璃的折射率，改善玻璃光泽。工业生产中使用的含硼原料主要有以下几种。

（1）硼砂　硼砂学名为四硼酸钠，化学式为 $Na_2B_4O_7 \cdot 10H_2O$，是单斜晶系柱状或板状的无色透明晶体，集合体为粒状或土块状。通常产于盐湖或含硼盐湖的干涸沉积物中，与石盐、天然碱、芒硝、石膏、方解石和黏土等矿物共生。相对密度 1.69～1.72，莫氏硬度 2～2.5，也可以从氢氧化钠和硼酸溶液或热分解钠硼解石而生成，是一种水溶性的硼酸盐。

硼砂加热到 60℃ 即脱水变为五水硼砂（$Na_2B_4O_7 \cdot 5H_2O$），加热到 90℃ 以上变为二水硼砂，130℃ 以上可继续脱水成为一水硼砂，加热至 350～460℃ 则失去全部结晶水成为无水硼砂，继续加热至 741℃ 就熔化成透明玻璃状物质。熔融的硼砂较易溶解各种金属氧化物，生成各种不同颜色的偏硼酸的复盐。如硼砂与氧化铜反应呈蓝色；与 Cr_2O_3 反应呈绿色；与 MnO_2 反应呈紫色。故陶瓷着色剂或配釉用的熔块常用硼砂作原料，就是利用这种呈色或助熔的效应。

（2）硼酸　硼酸（H_3BO_3），相对分子质量为 61.82，相对密度 1.44，是白色鳞片状三斜结晶，具有特殊光泽，触之有脂肪感觉，易溶于水，加热至 100℃ 则失水而部分分解转变为偏硼酸（HBO_2）。在 140～160℃ 时转变为四硼酸（$H_2B_4O_7$），继续加热则完全转变为熔融的 B_2O_3。在熔制玻璃时，B_2O_3 的挥发量与玻璃的组成、水分含量、熔制温度和熔炉气氛等有关，一般为本身质量的 5%～15%。在熔制含硼玻璃时，应根据玻璃的化学分析确定 B_2O_3 的挥发量，并在计算配合料时予以校正。

（3）含硼矿物　硼酸和硼砂价格都比较贵。使用天然含硼矿物经过精选后引入 B_2O_3 在经济上较为合算。我国辽宁、吉林、青海、西藏等省有丰富的硼矿资源。天然的含硼矿物主要有硼镁石（$2MgO \cdot B_2O_3 \cdot H_2O$）、钠硼解石（$NaCaB_5O_9 \cdot 8H_2O$）和硅钙硼石 $[Ca_2B_2(SiO_4)_2(OH)_2]$ 等。

2.8.3　铁质原料

在硅酸盐水泥生产中通常用钙质原料来提供 CaO，用黏土质原料来同时提供 SiO_2 和 Al_2O_3，也提供部分 Fe_2O_3。但是，通常情况下黏土质原料中 Fe_2O_3 比较少，不能满足硅酸盐水泥生产对 Fe_2O_3 的要求。因此，绝大部分水泥厂需要使用氧化铁含量大于 40% 的铁质校正性铁质原料，比如低品位铁矿石、炼铁厂尾矿、硫铁矿渣等。

硫铁矿渣是硫酸厂工业废渣，呈红褐色粉末状，通常 Fe_2O_3 的含量大于 50%，是水泥厂最常用的铁质校正原料。此外，铜矿渣与铅矿渣中含有较多的 FeO，不仅可作为铁质校正原料，还能降低烧成温度和液相黏度，促进熟料烧成。

2.8.4　辅助性原料

2.8.4.1　澄清剂

凡是在玻璃熔制过程中能分解产生气体，或能降低玻璃黏度促使玻璃熔体中气泡排出的物质均称为澄清剂（refining agent）。常用的澄清剂可分为以下三类。

（1）氧化砷和氧化锑　氧化砷和氧化锑均为白色粉末，它们在单独使用时将升华挥发，仅起鼓泡作用，与硝酸盐组合使用时，能在低温吸收氧气，在高温放出氧气而起澄清作用。由于 As_2O_3 的粉状和蒸气都是极毒物质，目前已很少使用，大都改用 Sb_2O_3。

（2）硫酸盐原料　主要有硫酸钠，它在高温时分解逸出气体而起澄清作用，玻璃厂大都采用此类澄清剂。

（3）氟化物类原料　主要有萤石（CaF_2）及氟硅酸钠（Na_2SiF_6）。它们以降低玻璃液黏度而起澄清作用。对耐火材料侵蚀较大，产生的气体（HF、SiF_4）污染环境，目前已限制使用。

2.8.4.2　着色剂和脱色剂

（1）着色剂　着色剂（colorizing agent）的作用主要在于使待着色物质对光线产生选择性吸收。生产陶瓷、彩色玻璃和彩色水泥时都要使用着色剂。着色剂依其作用机理主要可分为以下三类。

① 离子着色剂

a. 锰化合物：软锰矿（MnO_2）、氧化锰（Mn_2O_3）、高锰酸钾（$KMnO_4$）等都属于这类着色剂。在氧化气氛下，Mn_2O_3 可使玻璃着成紫色，若还原气氛则转变成 MnO 着为无色。

b. 钴化合物：绿色粉末状氧化亚钴（CoO）、深紫色的 Co_2O_3 和灰色的 Co_3O_4 等也是常见的着色剂。CoO 是比较稳定的强着色剂，不受气氛影响，能使玻璃着成天蓝色。

c. 铬化合物：主要有重铬酸钾（$K_2Cr_2O_7$）、铬酸钾（K_2CrO_4）等。铬酸盐在熔制过程中分解成为 Cr_2O_3，在还原条件下使玻璃着成绿色，在氧化条件下使玻璃着成黄绿色，在强氧化条件下着成淡黄色至无色。

d. 铜化合物：蓝绿色晶体 $CuSO_4 \cdot 5H_2O$、黑色粉末 CuO、红色结晶粉末 Cu_2O。CuO 能使玻璃着成湖蓝色。添加 SnO_2 作为还原剂，能改善铜红着色。

② 胶体着色剂

a. 金化合物：在着色剂 $AuCl_3$ 溶液中加入 SnO_2 可获得颜色较稳定的红色玻璃。

b. 银化合物：硝酸银、氧化银、碳酸银。其中以 $AgNO_3$ 所得颜色最为均匀，添加

SnO_2 能改善玻璃的银黄着色。

③ 化合物着色剂　包括硒与硫化镉。单体硒可使玻璃着成肉红色；CdSe 可使玻璃着成红色；CdS 可使玻璃着成黄色；Se 与 CdS 的不同比例可使玻璃着成由黄色到红色的系列颜色。

（2）脱色剂　通常，脱色剂（decolorizing agent）也具有较强的着色能力，其主要作用在于减弱铁、铬等氧化物对玻璃着色的影响，按作用机理主要分为物理脱色和化学脱色两类。

物理脱色即在材料中加入一定数量的能产生互补色的着色剂，使颜色互补而消色，常用的物理脱色剂有 Se、MnO_2、NiO、Co_2O_3 等。

化学脱色即借助于脱色剂的氧化作用，使玻璃等被有机物沾染的黄色消除，或使着色能力强的低价铁氧化物变成着色能力较弱的三价铁氧化物，以便进一步使用物理脱色法消色，使玻璃的透光度增加。常用的化学脱色剂有 As_2O_3、Sb_2O_3、Na_2S、CeO_2 和硝酸盐等。

2.8.4.3　氧化剂和还原剂

在熔制玻璃时能释出氧的原料称氧化剂（oxidizing agent），能吸收氧的原料称还原剂（reducing agent）。它们能给出氧化性或还原性的熔制条件。常用的氧化剂主要有硝酸盐（硝酸钠、硝酸钾、硝酸钡）、氧化铈、As_2O_3、Sb_2O_3 等，常用的还原剂主要有碳（煤粉、焦炭、木屑）、酒石酸钾和氧化锡等。

2.8.4.4　乳浊剂

使熔体降温时析出的晶体、气体或分散粒子出现折射率的差别，在光线的反射和衍射作用下，引起光线散射从而产生乳浊现象的物质称为乳浊剂（opacifier）。乳浊剂可用于生产乳浊玻璃，掺入陶瓷釉料中可保证釉层的覆盖能力。

陶瓷釉料常用的乳浊剂有：

① 悬浮乳浊剂　不溶于或难溶于釉中，以细粒状态悬浮于釉层。如 SnO_2、CeO_2、ZrO_2、Sb_2O_3 等。

② 析出式乳浊剂　使釉熔体冷却时析出微晶而引起乳浊。如 $ZrSiO_4$、TiO_2 等。

③ 胶体乳浊剂　碳、硫、磷、氟均以胶体状态存在，促使釉层乳浊。

玻璃工业还必须考虑透光性，因此，乳浊剂的选择与釉料有所不同。常用的乳浊剂有氟化物（萤石、氟硅酸钠）、磷酸盐（磷酸钙、骨灰、磷灰石）等。

2.8.4.5　合成原料

（1）氧化铝　Al_2O_3 有多种结晶形态，但主要有三种，即 γ-Al_2O_3、β-Al_2O_3 和 α-Al_2O_3。氧化铝的晶型转化关系如图 1-2-3 所示。

α-Al_2O_3 俗称刚玉，属三方晶系。它是三种形态中最稳定的晶型，一直稳定到熔点。自然界中只存在 α-Al_2O_3，如天然刚玉、红宝石、蓝宝石等矿物。

β-Al_2O_3 实际上是一种 Al_2O_3 含量很高的多铝酸盐矿物。它们的化学组成可以近似地用 $RO \cdot 6Al_2O_3$ 和 $R_2O \cdot 11Al_2O_3$ 来表示。其中 RO 指 CaO、BaO 及 SrO 等碱土金属氧化物；R_2O 指 Na_2O、K_2O 及 Li_2O 等碱金属氧化物。

γ-Al_2O_3 是低温形态，在 1050～1500℃ 范围内不可逆地转化为 α-Al_2O_3。它在自然界中不存在，只能用人工方法制取。

氧化铝陶瓷在高温氧化物陶瓷中属化学性质稳定、机械强度较高的一种材料，唯熔点相对比较低，只有 2050℃，荷重软化温度在 1860℃，限制了它的使用范围。

氧化铝在高温下化学稳定性很好，耐强碱和强酸腐蚀，也可耐一般金属及金属氧化物高温熔体的腐蚀,因此被广泛地应用于冶炼各种纯的稀贵金属、特种合金和制作激光玻璃的坩埚和器皿。由于它在各种氧化或还原气氛中稳定,因此在高温下仍可作为结构材料,部分替代贵金属铂,而作为玻璃纤维中的拉丝模或代替铂坩埚等,还可在化工工业中用作各种反应器皿和反应管道、化工泵。另外,常将它作为加热炉炉管和高温炉衬。氧化铝还可用来代替红宝石单晶作仪表轴承等。

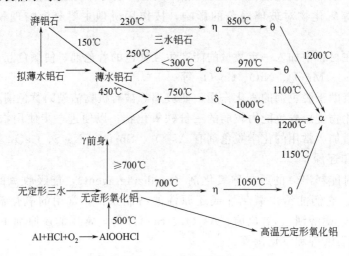

图 1-2-3　Al_2O_3 的晶型转化关系

(2) 氧化锆　二氧化锆有三种晶型,即单斜晶型、四方晶型和立方晶型。天然二氧化锆和用化学方法得到的二氧化锆在常温下都属单斜晶型。1100℃左右转变成四方晶型,这个转变是可逆的,伴随有 7% 左右的体积变化。由单斜 ZrO_2 转变为四方 ZrO_2,体积收缩。冷却时由四方 ZrO_2 转变为单斜 ZrO_2,体积膨胀,且转变温度约为 1000℃。四方晶型的 ZrO_2 加热到 2370℃时,出现立方晶型。三种晶型的 ZrO_2 密度各为:单斜型 5.68g/cm³,四方型 6.10g/cm³,立方型 6.27g/cm³。

纯 ZrO_2 熔点为 2715℃,用 15%(摩尔分数)的 CaO 或 MgO 稳定的 ZrO_2 熔点为 2500℃。

(3) 氧化钛　氧化钛（TiO_2）主要用于搪瓷、陶瓷釉料、色料及电子陶瓷材料。以氧化钛为主的陶瓷,具有高介电常数。氧化钛也是合成一系列铁电和非铁电钛酸盐的主要原料。

氧化钛是一种细分散的白色或微带黄色的粉末。氧化钛的形态有锐钛矿、板钛矿、金红石三种。它们的性质列于表 1-2-11。由于氧化钛可以反射可见光的几乎全部波长,所以有高度白色和光辉,是白色颜料中最好的一种,因此氧化钛粉料也叫作钛白粉。

表 1-2-11　氧化钛各种形态的性质

名称	晶系	密度 / (g/cm³)	莫氏硬度	折射率		温度/℃		热膨胀系数 /×10⁻⁶K⁻¹	介电常数（室温,1MHz）
				n_g	n_p	熔融	转化为金红石		
锐钛矿	四方	3.9	5～6	2.55	2.49	—	915	4.7～8.2	31
板钛矿	斜方	3.9～4.0	5～6	2.70	2.58	—	650	14.5～22.9	78
金红石	四方	4.2～4.3	6	2.90	2.61	1830	—	7.1～9.2	⊥c 轴 89 //c 轴 173

由表 1-2-11 可见,氧化钛的三种形态中以金红石的性能最好,特别是它的介电常数很大。除了介电常数大是氧化钛（金红石）的一个特点外,它还有另外一个突出特性,就是在

加热过程中容易被部分还原，在晶体中形成氧缺位的缺陷结构。当还原时，氧就以分子状态跑掉，为了维持电中性，一部分 Ti^{4+} 就捕获多余下来的电子——$[Ti^{4+}+e]$，而形成色心。

（4）碳酸钡　元素周期表第二主族元素的氧化物就是碱土金属氧化物。该族元素氧化物的通性是容易和水起作用，在空气中不易储存。因此对 Ca、Sr、Ba 的氧化物来说，一般都直接用它们的碳酸盐做原料（也有用草酸盐的）。这有两个好处，其一是碳酸盐是稳定的，不会和水起作用，易于储存；其二是碳酸盐加热时分解出的氧化物活性较大，有利于化学反应。

碳酸钡（$BaCO_3$）在电子陶瓷的生产中是合成 $BaTiO_3$ 铁电体的主要原料，也是钡长石瓷料中构成主晶相——钡长石 $BaO \cdot Al_2O_3 \cdot 2SiO_2$ 的原料。此外，它还作为降低烧结温度的熔剂而加入到瓷料中去。

$BaCO_3$ 是有毒的白色粉末，叫作毒重石，但它在水中几乎不溶解，在稀酸中也不溶解，因此对人体是无害的。

碳酸钡有三种结晶形态，常温时属斜方晶型（γ），$a=5.314$，$b=8.904$，$c=6.430$；$811\sim982℃$ 时属六方晶型（β）；$982℃$ 以上属四方晶型（α），相对密度 4.43，分解温度 $1360℃$。

（5）碳化硅　SiC 结晶体主要有两种晶型，一种是 α-SiC，属六方晶型，是高温稳定型；另一种是 β-SiC，属等轴晶系，是低温稳定型。β-SiC 向 α-SiC 的转变开始于 $2100℃$ 或略低的温度，转变速率很慢；到 $2400℃$ 转变迅速。SiC 是共价键化合物，Si 与 C 原子之间以共价键结合，每一种原子都以紧密圆球状排列，互相占据对方四面体空隙，形成牢固紧密的结构。

SiC 化学稳定性很高，对硝酸与氢氟酸混合液稳定，在高温下碱及其盐能使之分解。$1400℃$ 开始与水蒸气反应，到 $1700\sim1800℃$ 强烈反应：

$$SiC+2H_2O(g) \longrightarrow SiO_2+CH_4 \uparrow$$

Cl_2 能在 $600℃$ 与 SiC 作用，在 $900℃$ 发生以下反应：

$$SiC+2Cl_2 \longrightarrow SiCl_4+C$$

到 $1100\sim1200℃$ 生成以下产物：

$$SiC+4Cl_2 \longrightarrow SiCl_4+CCl_4$$

$1350℃$ 时 SiC 在氧气中被显著氧化生成 SiO_2。SiO_2 或进一步反应得到的产物能在 SiC 表面形成保护薄膜，阻止氧化向内部扩展，可以减缓其氧化速率。

纯 SiC 是无色高阻的绝缘体，而掺杂的 SiC 就具有半导体性质，且是负温度系数。

SiC 是共价键性极强的化合物，在高温状态下仍保持高的键合强度，高温强度大、抗蠕变、耐磨、热膨胀系数小、热稳定性好，耐腐蚀性优良，是良好的高温结构材料。

（6）氮化硅　Si_3N_4 有两种晶型，一种是 α-Si_3N_4，呈针状结晶体；另一种是 β-Si_3N_4，呈颗粒状结晶体，两者均属六方晶系。α 相结构的内部应变比 β 相高，故自由能比 β 相高。

将高纯硅在 $1200\sim1300℃$ 下氮化，可得到白色或灰白色的 α-Si_3N_4，而在 $1450℃$ 左右氮化时，可得到 β-Si_3N_4。α-Si_3N_4 在 $1400\sim1600℃$ 下加热，会转变成 β-Si_3N_4。α 相和 β 相的显微硬度分别为 $(10\sim16)\times10^3MPa$ 和 $(24.5\sim32.65)\times10^3MPa$。

Si_3N_4 具有较高硬度，仅次于金刚石、立方氮化硼和碳化硼等。Si_3N_4 耐磨，具有自润滑性，可作为机械密封材料，但它的脆性较大。

Si_3N_4 抗热震性优良，它的热膨胀系数仅为 $2.53\times10^{-6}℃^{-1}$，比 MgO、Al_2O_3 低得多。热导率为 $18.44W/(m \cdot K)$，比较高，再加上 Si_3N_4 强度高，所以具有良好的抗热震性

能，除微晶玻璃、氧化铍等少数几种材料外，一般陶瓷的抗热震性均不及它。

Si_3N_4 化学性质稳定，1200℃以下不被氧化，1200～1600℃表面形成氧化保护膜阻止进一步氧化。在中性、真空或还原气氛中，Si_3N_4 结构可以稳定保持到1870℃，接近其分解温度1900℃。Si_3N_4 几乎不受各种无机酸的腐蚀，常温下不受强碱作用，但受熔碱侵蚀。Si_3N_4 不会被铝、铅、锡、银、黄铜、镍等很多种金属或合金熔体浸润，耐腐蚀；但会被镁、镍铬合金、不锈钢等熔体腐蚀。

思 考 题

1. 无机非金属材料生产中最常用的原料有哪些？

2. 黏土的四大基本特征是什么？

3. 黏土的类别及其相应的分类依据是什么？

4. 简述黏土的化学组成特点及水泥和陶瓷生产对黏土质原料化学组成的基本要求。

5. 简述黏土的矿物组成特点及其与工艺性能之间的关系。

6. 石英类原料主要有哪些？主要用于哪些材料的生产？

7. 长石类原料的种类有哪些？主要应用于哪些产业？

8. 简述常见钙质原料的组成和性质特点及其主要应用产业。

9. 简述高铝质原料的种类、组成、性质特点和主要应用产业。

10. 简述镁质原料的种类、组成、性质特点和主要应用产业。

11. 无机非金属材料产业中常用的其他原料主要有哪些？各自的性质特点和对应的产业分别有哪些？

第3章 粉体制备

3.1 破碎

破碎（crushing）是对块状固体物料施用机械作用，克服物质的内聚力，使之由大块状物料转变为小块状物料的物理作业过程。

工业生产部门破碎的物料多为脆性材料，往往在很小的变形下就发生破坏。但也有些物料具有较高的韧性和塑性，它们的破碎需要采取特殊措施。

破碎作业的目的在于减小块状物料的粒度，从能量的角度看，破碎过程实际上是一个能量转变过程。不同的工业部门中破碎作业有着不同的意义，如陶瓷、玻璃、水泥行业都要求把块状原料破碎到一定粒度以下以便进入后续粉磨工序；冶金行业则需要将矿石破碎到指定粒度，才能实施剔除杂质的选矿或冶炼作业。

3.1.1 破碎的方式

根据作用方式的不同，破碎方法有挤压、劈裂、折断、磨剥和冲击五种（如图1-3-1所示）。

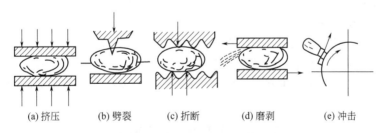

(a) 挤压　　　(b) 劈裂　　　(c) 折断　　　(d) 磨剥　　　(e) 冲击

图 1-3-1　不同的破碎方式

上述五种方法，挤压所需力较大，劈裂和折断因其作用力较集中，所需力仅为挤压的1/10左右。冲击属瞬时动载荷，对脆性物料有较好的破碎效果，但工作部件磨损较大。磨剥的破碎效率较低，但对一些具有明显解理面的矿物，这种方式有利于破碎产品且保持矿物原有晶体形态。实际生产中使用的各种破碎机械往往是同时兼有几种形式的作用，以某种作用为主，其他作用为辅。选择机型应注意使破碎机作用方式与被破碎物料的强度、硬度、韧性等性质相适应。

3.1.2 破碎比

破碎比（curshing rate）是原料和破碎产品的粒度之比，表征破碎作业前后粒度的变化程度，反映破碎作业的破碎能力。如果用 D_i 和 D_o 分别表示进出破碎机物料的平均粒度，则破碎机的平均破碎比可以表示为 $I = D_i/D_o$。

通常所说的破碎比是平均破碎比，指破碎前后物料的平均粒径之比。为方便起见，通常采用公称破碎比的概念，即破碎机的进料口宽度与出料口宽度之比。对任一破碎机而言，平均破碎比一般会低于公称破碎比。

实际生产过程中，往往是多台破碎设备串联作业，形成多级破碎流程，以获得更高的破碎比。在这种情况下，原料的初始粒度与最终破碎产品之比叫总破碎比，其值可由各级破碎设备破碎比的连乘积求得。即：

$$I_\text{总} = \prod_{j>1}^{n} I_j \tag{1-3-1}$$

通常总破碎比是根据工艺流程的要求确定的，如已知破碎机的破碎比，则可由总破碎比求得所需破碎级数，即破碎机的台数。

3.1.3　粒度表示方法

粒度（particle size）表征颗粒状物体所占空间范围的几何尺度，是颗粒物料的基本性质之一。工程上涉及的颗粒物料种类很多，且制备方式、粒度测定方法各异，因而有多种粒径的定义及相应的表示方法。

（1）单颗粒粒径　对单个不规则几何形状的颗粒，确定粒度最直观的方法是测定其三维尺寸。将颗粒以最大稳定度（重心最低）置于一平面，假想其外切长方体，以该长方体的长（l）、宽（b）、高（h）定义为颗粒的三维尺寸。以这种方式定义的粒径在大块物料的破碎作业中很有意义。

国外有些厂家生产的破碎机即以颗粒的三维尺寸来规定其设备的最大给料粒度。用多维尺寸表征粒度虽然信息量丰富，但不够简明。工程实践中多用二维尺度定义颗粒。

对于尺寸细小的粉体，有时用带测微计的光学显微镜直接测量颗粒投影面的二维尺寸 l 和 b。用筛分方法测得的实际上也是二维尺寸。

可以通过简单的数学处理方法将颗粒的多维尺寸转化为一维尺寸。如三轴算术平均粒径、三轴几何平均粒径等。

球形体具有各向同性的几何性质。在涉及颗粒粒度、形状、表面积等因素的实际单元操作和处理中，球形体颗粒易于进行数学处理，所以，常与同质、同体积或同表面积球体的粒径作等量代换，定义各种其他形状颗粒的当量粒径。表 1-3-1 是一些常见的单颗粒粒径的定义及计算式。

表 1-3-1　单颗粒粒径的计算方法

粒径表示法	粒径计算公式	粒径表示法	粒径计算公式
长轴径	L	三轴调和平均粒径	$\dfrac{3}{\dfrac{1}{l} + \dfrac{1}{b} + \dfrac{1}{h}}$
短轴径	B		
二轴算术平均粒径	$(l+b)/2$	等体积球当量粒径	$(6V/\pi)^{1/3}$
三轴算术平均粒径	$(l+b+h)/3$	等表面积球当量粒径	$(S/\pi)^{1/2}$
		表面积平均粒径	$(lb+bh+hl)/3$
三轴几何平均粒径	$(lbh)^{1/3}$	投影圆当量粒径	$(4A/\pi)^{1/2}$

注：l 为长；b 为宽；h 为高；V 为体积；S 为表面积；A 为投影圆面积。

（2）颗粒群平均直径　计量和表达颗粒群在某一单元操作中整体的粒度效应，需要建立颗粒群平均粒径（meandiameter of particle sets）的概念，即以等粒度同质量的理想颗粒群描述实际颗粒群。如两者在指定过程的粒度效应完全等效，则此理想颗粒群的粒径即为实际颗粒群的平均粒径。

工程上确定颗粒群的平均粒径，一般是先测定颗粒群的粒度参数，即颗粒群样品的质量、粒径范围以及各粒径颗粒对应的颗粒量，再选用某种统计公式计算出颗粒群平均粒径。

实际的测定方法有两种，即计量各颗粒对应的颗粒个数或颗粒质量。相应的统计计算也采用两种基准，即个数基准和质量基准。不同基准的平均粒径计算式不同，但彼此可换算。常用的颗粒群计算式见表 1-3-2。

表 1-3-2　平均直径的 $f(d)$ 函数形式

表示方法		个数基准	质量基准
加权平均	个数平均粒径	$\sum(nd)/\sum n$	$\sum(wd^2)/\sum(wd^3)$
	长度平均粒径	$\sum(nd^2)/\sum(nd)$	$\sum(wd)/\sum(wd^2)$
	面积平均粒径	$\sum(nd^3)/\sum(nd^2)$	$\sum w/\sum(wd)$
	体积平均粒径	$\sum(nd^4)/\sum(nd^3)$	$\sum(wd)/\sum w$
平均面积粒径		$[\sum(nd^2)/\sum(n)]^{1/2}$	$[\sum(wd)/\sum(wd^3)]^{1/2}$
平均体积粒径		$[\sum(nd^3)/\sum(n)]^{1/3}$	$[\sum w/\sum(wd^3)]^{1/3}$
调和平均粒径		$\sum n/\sum(n/d)$	$\sum(wd^3)/(wd^4)$
几何平均粒径		$\sum(n\ln d)/\sum n$	$\sum[(wd^3)\ln(w/d^2)]/\sum(wd^4)$

有学者提出用定义函数的方法求得平均粒径，如已知某颗粒群的粒度分布：$(d_1，n_1)$、$(d_2，n_2)$、…、$(d_k，n_k)$，这里 n_i 是粒径 d_i 的颗粒量与样品总颗粒量的比值。如以颗粒 d_i 自变量定义某一物理量函数 $f(d_i)$，且此物理量对颗粒群中各粒级颗粒具有加和性，则颗粒群整体的物理量可表示为 $\sum n_i f(d_i)$，如有某粒径 D 对应的函数 $f(D)$ 满足：

$$f(D)=\sum n_i f(d_i) \tag{1-3-2}$$

则 D 即为该颗粒群对于物理量 f 的平均粒径。由于 $f(d)$ 的函数形式已知，D 值可由上式直接解出。显然，这样求得的平均粒径具有前述的等效性，容易验证表 1-3-2 中的各平均粒径可写出相应的 $f(d)$ 函数式，但这样得到的表达式多无明晰的物理意义。

3.1.4　破碎设备

常见的破碎设备主要有颚式破碎机、圆锥式破碎机、辊式破碎机、锤式破碎机、反击式破碎机和笼式破碎机。

颚式破碎机（jaw crusher）有简摆式和复摆式之分，简摆颚式破碎机的破碎比一般为 3～6，复摆颚式破碎机的破碎比一般为 6～10。颚式破碎机的生产能力随设备规格的大小而异。通常适宜于破碎中等硬度和中等强度以下的脆性岩石，如中硬石灰石。另外，颚式破碎机结构简单，进口尺寸大，多用于多级破碎流程中的初级破碎。

圆锥式破碎机（conic crusher）主要有旋回式粗碎机和菌形中/细碎机两大类。其中旋回式破碎机进口尺寸大，破碎比为 4～5，设备运转平稳，适宜于扁平状物料的初级破碎。菌形圆锥破碎机破碎比大，可用来破碎熟料或作为石灰石的二级破碎。

辊式破碎机（roll crusher）主要依靠辊子对料块的挤压作用使物料破碎。辊式破碎机进口尺寸并不大，破碎比一般为 3～8，适用于硬度不大的石灰石和黏土的破碎。辊式破碎机作业时噪声小，扬尘少。

锤式破碎机（rotary hammer crusher）和反击式破碎机（impact crusher）都是利用冲击作用使块状物料破碎的，具有破碎比高、生产能力大的特点，破碎比可达 10～15，适用于脆性物料的二级破碎，也可用于煤和塑料的破碎。

笼式粉碎机（cage crusher）也是冲击型破碎机，其主要破碎机构是转笼，由若干钢棒按同心圆分布焊接在多层圆盘上构成。这种破碎机的一个重要特点是其破碎产物中细物料较多，故称粉碎机。笼式破碎机的破碎比较大，一般可高达 30～40。

3.2 粉磨

粉磨（grinding）与破碎同属粉碎（comminution）作业，可视作粉碎的两个不同作业阶段，破碎在前，粉磨在后。粉磨作业的原料粒度一般在 10～20mm，其产品的粒度则视具体的工艺要求而定，通常为数十微米，最细可至 $2\sim3\mu m$，特殊需要场合也可能低至纳米级。

3.2.1 球磨机的工作原理、特点及类型

球磨机（ball mill）的主体部分是一圆柱状筒体，其内装有研磨体和被磨物料，研磨体的装载量一般为筒内有效容积的 $25\%\sim50\%$，工作时筒体在传动机构的带动下绕其水平纵轴旋转。按旋转速率的快慢，筒体内研磨体可能出现三种基本运动状况，见图 1-3-2。转速太慢时，研磨体与

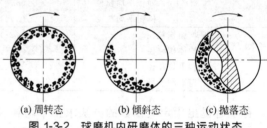

(a) 周转态   (b) 倾斜态   (c) 抛落态

图 1-3-2　球磨机内研磨体的三种运动状态

筒壁间摩擦力太小，仅被带到相当于动摩擦角的高度就沿壁下滑，即所谓"倾斜态"，物料只受到研磨作用，缺少冲击作用，粉磨效果不佳；转速过大时，在高离心力的作用下研磨体贴附于筒壁与筒体同步回转，呈"周转态"，研磨体对物料基本上没有冲击和研磨作用；只有转速适中时，研磨体被提升到一定高度后抛落下来，研磨体的运动呈"抛落态"，其冲击和研磨作用均比较强，粉磨效果最好。

就个体而言，研磨体的实际运动状态更为复杂，有多种运动形式。但其总体对物料的综合作用主要还是冲击和研磨。入磨物料就是在这种冲击和研磨作用下被磨细的。

与其他类型的研磨机械相比，球磨机具有以下优点：

① 对物料适应性强，可广泛使用于各行各业；
② 粉碎比大，可达 300 以上，且产品细度调节灵活方便；
③ 既可湿法作业，又能干法作业，还可干燥、粉磨、混合操作兼行；
④ 结构简单坚固，操作可靠，维修管理方便，可长期连续运行；
⑤ 密封性好，可负压操作。

球磨机在性能上也存在一些需要克服和改进的不足之处：

① 功耗大，粉碎效率低，据称球磨机的能量效率只有 2% 左右；
② 体型庞大，占地占空间，设备布置受局限；
③ 需配备昂贵的减速系统；
④ 研磨体、内衬金属消耗量大；
⑤ 运转期间产生重度噪声。

球磨机有多种规格类型，分类方法也很多，按照研磨体形式主要有钢球磨、棒球磨和砾石磨。

钢球磨：磨机内部装载的研磨体是钢球或钢段，是使用最普遍的一种球磨机。

棒球磨：磨机的前置仓内装载的是钢棒，后置仓内才是钢球或钢段，是对普通球磨机的一种改良，主要目的是增大磨机前置仓对块状物料的冲击力，以弥补球段冲击能的不足。

砾石磨：以砾石、卵石、瓷球等非铁材料为研磨体，用花岗岩、橡胶或瓷料做衬板，其主要特点是粉磨产品中不会混入铁，适用于白水泥及陶瓷生产中原料、半成品的粉磨。

3.2.2 粉磨作业流程

常见的粉磨作业流程有开路（open circuit）和闭路（closed circuit）两种。开路系统无分级设备，物料一次性通过磨机，出磨物料即为产品。闭路系统配有分级设备，出磨物料须经分级设备分选，合格细粉即为产品，粗粉返回磨机再次粉磨。

多台粉磨设备串联运行时，构成多级粉磨流程，其中串联的每台设备为一级。多级粉磨系统也有开路和闭路之分。

开路系统流程简单，设备少，操作简便，基建投资少。但是，物料必须全部达到合格细度才能卸出，容易产生过粉磨现象，并在磨内形成缓冲垫层，妨碍粗料进一步磨细。因而开路系统粉磨效率低，电耗高，产量低。

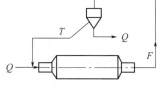

图 1-3-3 循环负荷示意图

闭路系统可以消除过粉磨现象，可在一定范围内调节产品细度，且能提高粉磨效率和产量。但是，闭路系统流程复杂，设备多，基建投资大，操作管理复杂。

在闭路系统中，分级机的回料量 T 与成品量 Q 之比，以百分数计称为磨机的循环负荷 K（见图 1-3-3）。各种不同粉磨系统的循环负荷一般在 $50\%\sim300\%$。

对球磨机而言，循环负荷与磨机长度有关，磨机越长则出磨物料越细，循环负荷率就越小；反之磨机越短则出磨物料越粗，磨机循环负荷就越大。

3.2.3 影响磨机产量的主要因素

影响磨机产量的因素主要包括设备因素、物料因素和操作因素，分述如下。

(1) 入磨物料的性质　入磨物料的性质主要表现为粒度、易磨性、温度和水分四个方面。入磨物料粒度大，则研磨体的尺寸也要相应增大，而研磨体个数减少削弱了粉磨效果，从而降低了产量，增加了电耗。易磨性是表征物料粉磨难易程度的物理参数，易磨性好产量高，反之则产量就低。入磨物料的温度如高于常温，则有多余热量带入磨内，致使磨内温度升高，物料易磨性下降，温度越高则此现象越严重。入磨物料水分应适中有利于粉磨。水分过大易使细颗粒黏附在研磨体和衬板上，形成"物料垫"削弱粉磨效果，或出现堵塞和"饱磨"现象。水分过少则影响磨内散热，易产生"窜磨"跑粗现象。适宜的物料水分为 $1\%\sim1.5\%$。不过，在大量水的辅助作用下，磨机进入湿式粉磨模式情况就不一样了。由于物料呈料浆状不会产生黏附，而且水分对粉磨过程产生助磨作用，磨机的粉磨效率不但不会降低反而会提高。

(2) 助磨剂　在粉磨过程中添加少量助磨剂（grinding aid），可以消除细粉黏附和聚集现象，提高粉磨效率，降低电耗，提高产量。

(3) 粉磨产品细度　产品要求越细，则磨机产量越低。

(4) 设备和流程　设备规格越大产量越高，此外，设备内部结构配置如各仓长度、衬板、隔仓板的形式等均对粉磨过程有影响。不同的粉磨流程也在很大程度上影响磨机的产量，一般情况下，闭路流程产量高于开路流程。

（5）研磨体　研磨体的材质、形状、大小、装填量、级配以及补充情况等会显著影响磨机产量。

（6）干法磨机通风　良好的磨内通风可冷却磨内物料，改善易磨性，及时排出水蒸气，增加细粒物料的流速，使之及时卸出磨机。这些都有利于提高粉磨效率和增加产量。但是，磨机内风速并不是越大越好，存在一个适宜的风速范围。

（7）干法磨水冷却　主要是磨内雾化喷水，可有效带出磨内热量，消除静电凝聚，有利于提高产量。但是，喷水量很有讲究，至少不能造成黏附。

（8）磨机的操作　喂料量适当且均衡稳定是提高产品质量的重要保障。先进的操作方法、完善的管理制度有利于提高产品质量。

3.2.4　超细粉磨

20 世纪 80 年代以来，新材料、复合材料领域对超纯超细原料及产品的迫切需求使超细粉碎技术得到迅速发展，其应用领域也日渐广泛。目前，超细粉（ultrafine powder）的一般概念是指粒径在 $10\mu m$ 以下的粉体物料，要求更高的场合甚至意味着纳米数量级的微粉。

用于制备超细粉体的超细磨机主要有机械式和流能式两类。较常见的机械式超细磨机有振动磨、搅拌磨和冲击磨。

振动磨（vibration mill）通过研磨腔体的振动，使入磨物料在研磨体强烈的碰撞、挤压及研磨作用下得以粉碎，其产品粒度可细至数微米。这种磨机多用于硬度不高的天然矿物、化工原料、填料等脆性物料的超细粉碎，如充以液氮，还能进行深冷粉碎。振动磨有多种结构形式和规格，能适应干法和湿法工艺以及连续或分批作业流程等多种要求。

搅拌磨（stirred mill）的粉碎机构由固定的研磨腔体和装在其轴心的搅拌器构成，研磨腔内加入物料和研磨体。工作时搅拌器旋转，带动研磨体运动，对物料施加粉碎力。由于输入功率只用于搅拌研磨体，其能量效率较振动磨高。搅拌磨可用于干法和湿法工艺，在干法工艺中常与空气分级机构成闭路流程，产品粒度可小于 $3\mu m$。湿法工艺多采用开路流程，产量较高，产品粒度一般小于 $5\sim6\mu m$。

冲击磨（impact mill）的结构特征是具有围绕水平或竖直转轴高速旋转的回转工作件，借助回转件的强烈冲击，使入磨物料与其他固定工作件碰撞、摩擦而粉碎。虽然名冠"冲击"，但其粉碎机制中包含着较强的挤压和磨剥效应，某些机型甚至还采取了剪切力大于冲击力的结构设计，使之不仅能粉碎低硬的脆性物料，还能用于纤维状物料或塑性固形物的粉碎。

机械式超细磨机普遍存在着因工作部件与物料接触所致的机械磨损和物料污染问题，此外，由于部件材质和结构性能方面的限制，通常只能粉碎低硬物料。

流能式超细磨（jet mill）在处理高硬或易燃易爆物料以及强黏结性物料方面，明显优于机械式磨机，其产品的细度、纯度、粒度分布等指标也更为优越，因而是目前主要的超细粉碎设备。由于多以压缩空气、过热蒸汽或惰性气体等气体作为工作介质，又被称为气流磨。

喷嘴是气流磨最主要的组成部分，其作用是将流动介质的压力能转换成速度能，产生高速气流，使物料颗粒相互之间或颗粒与固定板发生激烈的冲击碰撞而粉碎。喷嘴气速以马赫数（声速的倍数）M 表示，现代气流磨的 M 值一般为 $1.5\sim3$。

气流磨的结构形式很多，较为常见的有扁平式、循环管式和流化床式。前两者具有自行分级功能，后者采用逆向喷射机构并配设涡轮式超细分级机，形成粉碎分级一体化，具有更高的能量效率和分级精度，且磨损轻、污染少。

3.3　分级

3.3.1　分级和分级效率

分级就是对由不同粒径的颗粒构成的松散物料按粒度大小进行分选的一种单元操作。实际生产过程中，粉状原料或产品通常需满足一定的粒度要求，如果不能达到规定指标，则必须进行分级作业，将其中符合粒度要求的物料分选出来，不合格物料重新加工。粉磨过程中配置适当的分级设备，构成闭路系统后将对粉碎过程产生较大促进作用，可提高粉磨设备的工作效率，降低能耗，提高产品的品质等级。目前工程上所用的分级机械设备主要可以分为筛分分级和流能分级两大类。通常用分级效率来表征分级设备工作效率，一般采用的分级效率有两种，即牛顿分级效率和部分分级效率。

3.3.1.1　牛顿分级效率

当分级设备将粉状物料分为粗、细两个组分时，可以用牛顿分级效率表示和评价设备的工作效率。其定义式为：

$$\eta_n = \frac{粗组分中实有粗粒量}{原料中实有粗粒量} + \frac{细组分中实有细粒量}{原料中实有细粒量} - 1 \tag{1-3-3}$$

如定义 F 为原料量，A 为粗组分量，B 为细组分量，a、b、c 分别为原料、粗组分、细组分中的粗粒比率，则上式可表为：

$$\eta_n = \frac{Ab}{Fa} + \frac{B(1-c)}{F(1-a)} - 1 = \eta_A + \eta_B - 1 \tag{1-3-4}$$

考虑物料的平衡关系：

$$F = A + B, Fa = Ab + Bc$$

则有：$\dfrac{A}{F} = \dfrac{a-c}{b-c}$，$\dfrac{B}{F} = \dfrac{b-a}{b-c}$，代入牛顿分级效率定义式，经整理有：

$$\eta_n = \frac{(b-a)(a-c)}{a(1-a)(b-c)} \times 100\% \tag{1-3-5}$$

可以证明牛顿分级效率 η_n 在数值上正好等于加入分级机的物料中能进行理想分级的部分物料所占的百分数，因而牛顿分级效率能比较好地反映分级机的总体工作情况。

3.3.1.2　部分分级效率

部分分级效率用于描述局部分级效率，即具有连续粒度分布物料的任一粒径 ξ 对应的分级效率，能更为详尽地反映分级作业的状况。

如已知原料、粗组分、细组分的对应物料量 F、A、B，以及各部分物料对应的频率分布函数 $f_F(\xi)$、$f_A(\xi)$、$f_B(\xi)$，这里 $f(\xi)$ 表示各部分物料中粒径为 ξ 的物料量占该部分物料量的比例，是一个以 ξ 为自变量的连续函数。由简单的平衡关系：

$$R_A = A/F, R_B = B/F, R_A + R_B = 1$$

可以写出：

$$f_F(\xi) = R_A f_A(\xi) + R_B f_B(\xi) \tag{1-3-6}$$

该式的意义就是原料中粒径为 ξ 的物料量等于粗组分和细组分中同样粒径的物料量之和。如此，我们可以定义粗组分和细组分的分离函数：

$$T_A(\xi) = R_A f_A(\xi)/f_F(\xi), T_B(\xi) = R_B f_B(\xi)/f_F(\xi)$$

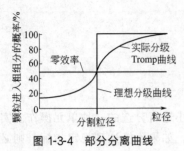

图 1-3-4　部分分离曲线

由于有：$T_A(\xi)+T_B(\xi)=1$，两者知一即可，习惯上多取粗组分的 $T_A(\xi)$ 函数为标准，故略去其下标 A 记为 $T(\xi)$，并称其为 Tromp 函数，$T(\xi)$ 对粒径 ξ 的变化曲线叫做部分分离曲线，表征分级过程中各粒径颗粒进入粗组分的概率，见图 1-3-4。

图中 50% 水平线与 $T(\xi)$ 曲线交点对应的粒径记作 d_{50}，表示该粒径颗粒进入粗组分和细组分的概率相等。

3.3.2　固体颗粒的筛分分级

筛分（sieving）是一种应用较广泛的分级作业，将散状颗粒物料置于具有一定筛孔尺寸的筛面上，通过筛面和物料间的相对运动，使物料以筛孔尺寸为标准划分为筛上物和筛下物。采用多级筛分则可使物料划分为多种粒度级别。

筛分的方法有干法（dry process）和湿法（wet process）两种。对于非黏性或粒度较粗的干物料，多采用干法筛分；对潮湿及夹带泥质的物料，或粒度较细的物料则多采用湿法筛分。在特殊情况下，也采用筛面和物料同时处于水中的筛分方法。

筛分机械的工作部件是筛面，其材质多为低碳钢、锰钢等金属。近年来橡胶筛面发展迅速，还出现了聚氨酯筛面。金属筛面有棒条筛、冲孔板筛、编织网筛三种形式，前两者用于粗粒物料筛分，编织网筛则用于粉料或浆料筛分。橡胶和树脂筛面有钢质内芯涂覆成型和直接成型两种，具有耐磨性好、寿命长、噪声低、质量轻、易于拆装的优点。

标准筛是测定粒度分布的标准筛具，其筛孔尺寸严格按规定的系列标准排列。我国现行标准筛采用 ISO 制，筛孔为正方形，筛孔边长尺寸以 2 的平方根为公比呈等比排列。最细的筛孔尺寸为 45μm。工业上常见的筛分机械有固定筛、摇动筛、振动筛、回转筛四种类型。

筛面有效面积是表征筛面质量的重要指标，其定义为筛孔总净面积和筛面面积之比。有效面积越大，筛分效率越高。实际筛分过程中，粒径小于筛孔尺寸的细颗粒常常仅有一部分能通过筛孔排出，另一部分则混杂于筛上粗颗粒中，难以通过。

事实上，颗粒通过筛孔是一个随机事件。考虑筛孔尺寸为 a，筛网丝直径为 s，颗粒直径为 d 的情况，如图 1-3-5，颗粒与筛网在其垂直方向出现相对运动时，仅当颗粒质心处于虚线范围内时，才可能通过筛孔。据此可以写出颗粒在垂直方向通过筛孔的概率：

$$P=(a-d)^2/(a+s)^2 \tag{1-3-7}$$

由上式可见，d 越接近筛孔尺寸 a，通过的概率越小。如果筛面倾斜，筛孔的有效尺寸会减小，过筛概率还会进一步降低。

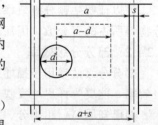

图 1-3-5　颗粒通过概率

通常把粒度为 $(0.7\sim1.1)a$ 的颗粒看作难筛颗粒，给料中难筛颗粒含量越高，筛分作业越困难。物料和筛面间相对运动取决于筛面的振幅和频率。如参数不当，物料分散不充分容易堵塞筛孔，降低过筛概率。此外，物料的水分、筛孔的形状、加料的均匀性及料层厚度等都会对筛分过程产生较大的影响。

流能分级机也有干法和湿法两类，干法以空气或其他气体作工作介质，湿法则以水作工作介质。实际使用中的流能分级设备有重力式分级机、粗分级机、离心式分级机、旋风式分级机、螺旋分级机、圆锥分级机和水力旋流分级机等。

3.4　超微粉合成

与通常意义上的粉状物料不同，超微粉（ultrafine powder）的粒度要小得多，一般为 1～100nm。这样细微的颗粒，目前尚不能用机械粉碎方法获得。当物质微细化到这种程度时，将表现出与原固体颗粒显著不同的性质，成为物质的新状态，所谓"超微粉"就是基于这一认识提出的新概念。

一般认为"体积效应"和"表面效应"两者之一显著出现的颗粒叫超微颗粒。体积效应是指固体颗粒的体积小到某一程度时，其某些性能与同质大颗粒相比出现较大差异的现象，如大颗粒金属粉具有连续的导电能带，而超微金属颗粒的电子能级却是离散的。表面效应则是指颗粒物质表面原子与内部原子的数量之比达到不可忽略的程度时，导致其某些物性发生改变的现象，如熔点下降、晶体结构异常等。

超微颗粒的制备工艺可分为物理法和化学法两类。物理法主要为构筑法，即通过各元素的原子、分子的凝聚生成超微粉，化学法则是借助于化学反应直接生成超微粉产物。

3.4.1　化学反应法

化学反应法多以固相物质为原料，利用氧化还原反应、固体热分解反应、固相反应等化学方法制备超微粉。氧化还原反应常用于合成金属或金属氧化物微粉，如金属硅可先氧化成四氯化硅，然后在锌蒸气中还原成硅金属微粉。

在常温常压下不易氧化的物质，可借助水热氧化装置，在水热条件下氧化合成微粉。如以 Al-Zr 合金合成 Al_2O_3-ZrO_2 系微粉，就是在压力为 100MPa，温度为 250～700℃ 条件下使之氧化从而获得单斜晶体氧化锆微粉，粉末粒径为 25nm 左右。改变温度和压力则还可以获得平均粒径为 110～120nm 的 α-Al_2O_3 微粉。

热分解法是利用晶体的热分解反应来制备微粉，其产品粒度可通过调节反应速率加以控制，反应速率快时，成核数量多，粒度小，反之则粒度较粗。

固相反应的最小反应单元取决于固体物质颗粒的大小，反应在接触部位所限的区域内进行，生成相对反应进程有重要影响。此外，如反应在高温条件下进行，则接触部位反应物的扩散凝集易导致颗粒粗大化。故以固相反应制备超微粉，须先将反应物制成超微粉，再通过固相反应合成新的超微粉。

3.4.2　冷冻干燥法

首先制备含有金属离子的盐溶液，然后将溶液雾化成微小液滴，同时进行急速冷冻使之固化，获得冻结液滴，再经升华将水分完全汽化，成为溶质无水盐，最后在低温下煅烧即可合成超微粉。

图 1-3-6 所示的是盐水溶液体系的压力-温度相图，可以清楚地反映出冷冻及升华过程。设盐水溶液的初始状态为点①，经急速冷冻至状态点②，成为冰与盐的固体混合物。再将体系恒温减压至状态点③，该点的压力低于四相共存点 E。随后恒压升温至状态点④，将蒸汽相排出体系，成为无水盐超微粉体。

3.4.3　喷雾干燥法

用雾化喷嘴将盐溶液处理为雾状，随即进行干燥和捕集，捕集物可直接或经热处理后作

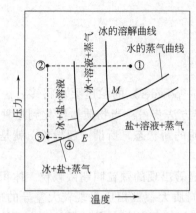

图 1-3-6 盐水溶液体系的压力-温度曲线

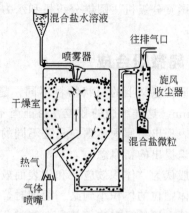

图 1-3-7 喷雾干燥法微粉制备装置

为产物颗粒。图 1-3-7 所示的装置可用于制备软铁氧体超微颗粒。以镍、铁、锌的硫酸盐制成混合溶液，经雾化干燥、捕集后得到粒径为 $10\sim20\mu m$ 的混合硫酸盐颗粒。将此颗粒在 $800\sim1000℃$ 下焙烧即可得镍、锌、铁氧体超微粉。

3.4.4 生成物沉淀法

生成物沉淀法是以溶液为原料，利用沉淀或水解反应制备超微粉的化学类方法。

溶液中的离子 A^+ 和 B^- 的浓度超过其浓度积 $[A^+][B^-]$ 时，A^+ 和 B^- 开始结合，进而形成晶格，当晶格生长到一定程度时发生重力沉降，将此沉淀物过滤、洗涤、干燥，再反应形成微粉。用沉淀法制备微粉的关键是控制沉淀物的粒径和组成均一性。目前应用较为广泛的是共沉淀法和化合物沉淀法。

3.4.4.1 共沉淀法

共沉淀（coprecipitation）是一种沉淀从溶液中析出时，引起某些可溶性物质一起沉淀的现象。从制备微粉的角度，希望溶液中的金属离子能同时沉淀，以获得组成均匀的沉淀物颗粒。但由于溶液中的沉淀生成条件因不同金属而异，让组成材料的多种离子同时沉淀十分困难。共沉淀法多以氢氧化物、碳酸盐、硫酸盐等作为原料。pH 值是影响沉淀的重要因素，在沉淀过程中不同金属离子随 pH 值上升按满足沉淀条件的顺序依次沉淀。为了抑制这种分别沉淀的倾向，共沉淀法采用先提高沉淀剂（氢氧化钠或氨水溶液）的浓度，再导入金属盐溶液的操作方式，使溶液中金属离子同时满足沉淀条件，同时辅之以激烈的搅拌。这些措施虽然可以在一定程度上防止分别沉淀，但在进行由沉淀物向产物转化的加热反应时，仍不能保证其组成的均匀性。要靠共沉淀法使微量成分均匀分布在主成分中，参与沉淀的金属离子的 pH 值大致应在 3 以内。

3.4.4.2 化合物沉淀法

化合物沉淀法可弥补共沉淀法的缺点，其溶液中的金属离子是以具有与配比组成相等的化学计量组成的化合物形成沉淀的，因而，沉淀物一般具有在原子尺度上的均匀组成。不过要得到最终产物，还需进行热处理，其组成均匀性可能由于加热过程中出现热稳定性不同的中间产物而受到影响。

3.4.4.3 醇盐水解法

金属醇盐属有机金属化合物，其通式为 $M(OR)_x$，其中 R 是烷基。金属醇盐可与水反应生成氧化物、氢氧化物、水合物等沉淀。这种水解反应一般进行得很快，只有个别情况例外。如沉淀为氧化物，可直接干燥成为成品微粉，氢氧化物水合物沉淀则需经焙烧才能获得氧化物微粉。

金属醇盐可由金属在保护性气氛下直接与醇反应得到。不能直接与醇反应的金属可用该金属的卤化物与醇反应。例如合成 $BaTiO_3$ 微粉，其初始原料是 Ba 和 Ti 的醇盐；Ba 醇盐可由金属 Ba 和醇直接反应获得，钛醇盐则由四氯化钛在 NH_3 存在条件下和醇反应获得。反应结束后再将溶剂换成苯，过滤掉副产物 NH_4Cl 以提高钛醇盐的纯度。两种醇盐按 Ba：Ti=1：1 的摩尔比例混合，进行 2h 左右环流，再向这种溶液中逐步加入蒸馏水，一面搅拌一面进行水解，即可得到白色结晶的 $BaTiO_3$ 超微粉沉淀。这样制得的 $BaTiO_3$ 微粉不仅具有化学计量组成，而且其一次颗粒的粒径只为 $10\sim15nm$。

一般说来，因醇盐结合成的粉末的粒径不依物质而变化，几乎都由 $10\sim100nm$ 的微粉颗粒构成。

3.4.5 蒸发-凝聚法

蒸发-凝聚法（evaporation-condensation process）属于以固体物质为原料的物理方法。目前比较普遍的做法是先将金属粗粉原料在惰性气氛中加热，使之熔融、蒸发。气化的金属原子被周围的惰性气体冷却，凝聚成原子的集合体，形成微细颗粒。用这种方法可制备出最小粒径为 2nm 的超微颗粒，并且颗粒的粒径可由加热温度和冷却速率调节。温度低冷却速率大则粒度较小，反之则粒度较大。

使金属熔融的加热方式有多种，如电阻加热法、等离子体喷射法、高频感应法、电子束法、激光束法、等离子体溅射法等。

长期以来，蒸发-凝聚法主要用于制备金属超微颗粒，但近年来，也有人借助于此法制备出无机化合物、有机化合物及复合金属超微颗粒。

3.4.6 气相反应法

气相法以金属卤化物、氢氧化钠、有机金属化合物的气相物质为原料，通过热分解反应及化学反应制备生成超微粉。

激光法是比较成功的气相合成法之一，图 1-3-8 就是激光法微粉合成装置示意图。装置所产生的二氧化碳激光束的入射方向与反应气流成垂直方向。其最大输出功率 150kW，波

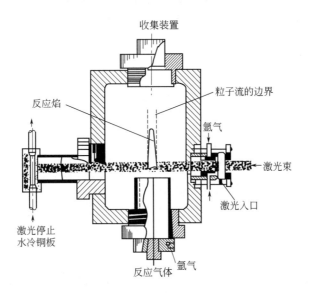

图 1-3-8 激光法微粉合成装置示意图

长 $10.6\mu m$。工作时激光束射到原料气流上时，在反应室内形成反应焰，超微粉即在反应焰内生成，用氩气流作载体可将微粉收集在微过滤器上。

激光合成法的特点是杂质含量少，可生成超纯微粉，且合成条件容易控制。例如用 SiH_4 可以合成 Si、SiC、Si_3N_4 三种超微粉，其反应式如下：

$$SiH_4(g) \longrightarrow Si(s) + 2H_2(g)$$
$$3SiH_4(g) + 4NH_3(g) \longrightarrow Si_3N_4(s) + 12H_2(g)$$
$$SiH_4(g) + CH_4(g) \longrightarrow SiC(s) + 4H_2(g)$$
$$2SiH_4(g) + C_2H_4(g) \longrightarrow 2SiC(s) + 6H_2(g)$$

所得到的颗粒都是球型，Si 粒子的平均粒径为 50nm，Si_3N_4 粒子的平均粒径为 10～20nm，SiC 粒子的平均粒径 18～26nm，所得的 Si 和 Si_3N_4 微粉均属高纯粉，SiC 微粉则为富 Si 或富 C 粉，所有的颗粒都凝聚成链状。

思 考 题

1. 在无机非金属材料生产中粉体制备工序的目的主要有哪些？

2. 物料粉碎的作用方式有哪些？

3. 什么是破碎比？多级破碎体系的总破碎比与各级分破碎比之间有什么关系？

4. 粉体颗粒的粒度表示方法有哪些？

5. 球磨机作为一种粉磨设备优缺点如何？

6. 什么是粉磨的开路流程？什么是闭路流程？

7. 开路流程和闭路流程各自的优缺点如何？

8. 影响磨机产量的因素主要有哪些？

9. 超细粉磨的含义是什么？机械超细粉磨主要借助于哪些粉磨设备？

10. 简述分级的含义及为什么要分级。

11. 什么是牛顿分级效率？什么是部分分级效率？如何计算？

12. 什么是超微粉？超微粉的制备方法主要有哪些？

第4章 成型

成型（forming）是将配合料制成的浆体、可塑泥团、半干粉料或融熔体，经适当的手段和设备变成一定形状制品的过程。无机非金属材料的成型基本上由两个步骤组成：第一步是使可流动变形的物料成为所需要的形状，第二步是通过不同的机制使其定形。第一步主要是研究在外力作用下物料流动与变形的规律，第二步则主要涉及凝固规律，表现为以下几种形式：

（1）各种无机胶凝材料浆体（如水泥、石灰、石膏等）是由胶凝材料和水作用形成新的水化产物而使浆体凝固的。此类材料定形时间较长，其强度随时间的延长而不断增加。

（2）陶瓷泥浆（ceramic slip）在石膏模中的定形是由于石膏模将泥浆的水分吸去，使体系由黏塑性体变成具有高屈服值的可塑体而初步定形，随后通过干燥进一步定形。

（3）陶瓷泥料的可塑成型主要是靠黏土的可塑性，即当外力作用时泥料变形，外力除去后泥料能抵御自重下的变形而定形。它们在随后的干燥中，随着水分的不断除去，黏土颗粒的进一步靠近，强度进一步提高。

（4）压制的坯料是靠强大的压力使含有一定黏性颗粒的物料在模具内非常紧密地靠拢，使它们之间产生范德华力和氢键，从而使制品具有一定的强度，成型和定形同时完成。陶瓷成型只提供一个半成品强度，其最终强度还要通过烧成达到。

（5）熔融体（如玻璃、铸石等）的定形，则完全依靠成型后期玻璃的黏度随着温度的降低迅速增长，以至达到完全"冻凝"的程度而定形。

本章在介绍流变学的基本知识后，分别叙述处于不同流变状态体系的成型原理、影响因素、不同的成型方法及所用的设备。

4.1 成型过程中的流变特性

流变学（rheology）是研究实际材料（不同于刚体、虎克体、牛顿体等理想材料）在外力作用下所发生的应力与应变，特别是与时间因素有关的流动。而成型就是利用各种外力使浆体、泥团或熔体产生流动、变形达到所需的形状。所以，物料流动的快慢、变形的难易、作用力的大小和变形量之间的关系、每个制品达到所需形状的时间等都是成型过程中所关心的问题。因此，流变学的基本概念、确定的体系、研究建立起来的模型和公式以及在各种条件下引申出来的结论，对成型制度的确定、影响因素的分析以及成型新方法的开拓都有较大的指导意义。本节简单介绍一些流变学的基本内容及其在成型中的应用。

4.1.1 三种基本变形及三种理想体的流变模型

真实物体在外力作用下都将发生变形，按性质的不同可分为弹性变形、黏性流动和塑性流动。

4.1.1.1 弹性变形

如果应力和应变间存在着一一对应关系，且它们互为单值函数，当应力消除以后，变形亦随之消失，这种形变称为弹性变形（elastic deformation）。只发生弹性变形的理想体称为弹性体。如果弹性体的应力和应变间成正比关系，则这种物体就称为线弹性体，也称胡克体，可用弹性元件即弹簧来表示，如图 1-4-1(a) 所示。如以 σ 表示应力，ε 表示伸长，则：

$$\sigma = E\varepsilon \tag{1-4-1}$$

式中，E 为与弹性有关的常量（弹性模量）。

4.1.1.2 黏性流动

黏性流动（viscous flow）是具有黏性的实际流体（又称黏性流体）的运动。由于黏性作用，流体质点黏附在物体表面上，形成流体不滑移现象（即相对速率为零），因而产生摩擦阻力和能量耗散。同时，当流体流过钝体时，物体后部表面附近的流体受到阻滞、减速，并从表面分离，从而形成低压旋涡区（即尾流）和压差阻力。此外，黏性流动内部也有内摩擦和能量耗散。在高速黏性流动中，这种机械能损失导致热量大量产生，而动量交换的同时必然发生质量交换。因此，黏性流动往往同传热传质现象联系在一起。

黏性流动是自然界和工程技术中普遍存在的流动过程。例如，近地面和水面的大气边界层中的空气流动，空气绕过飞机、汽车和地面建筑物的流动，水绕桥墩、船舶和近海结构物的流动，流体在管道和涡轮机械中的流动，机器轴承中润滑液的流动，人体血管中血液的流动等都是黏性流动。

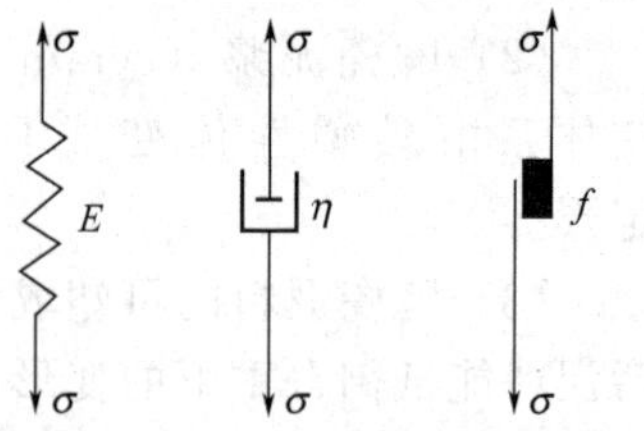

(a) 弹性元件　(b) 黏性元件　(c) 塑性元件

图 1-4-1　三种基本元件

液体在剪切应力的作用下，剪切应变将随时间而不断增加，这种变形称为黏性流动。如果剪切应力与剪切应变的速率成正比，则这种理想体为牛顿流体，可用黏性元件即黏壶来表示，如图 1-4-1(b) 所示，一个带孔的活塞在充满牛顿流体的圆筒中运动，其流变方程如下：

$$\tau = \eta\gamma \tag{1-4-2}$$

式中　τ——剪切应力；

$\quad\quad\gamma$——剪切应变速率；

$\quad\quad\eta$——黏性有关的常量，称为黏度系数。

4.1.1.3 塑性流动

还有一类理想体，当剪切应力 σ 小于某一极限值 f（屈服应力）时不发生剪切应变 ε，当剪切应力达到该极限值时，就立即发生极大的剪切应变，这种形变称为塑性流动（plastic flow），这种材料称刚塑性体，也称塑性体。它可用塑性元件即滑块模型来表示，见图 1-4-1(c)，其应力和应变的关系可表示如下：

当 $\sigma < f$ 时，$\varepsilon = 0$；

当 $\sigma = f$ 时，ε 可为任意值，直到 ∞。

材料发生黏性流动或塑性流动所产生的变形，在外力除去以后将仍然保留，这种变形在工程上通称为塑性变形（plastic deformation），所以一般所说的塑性变形实际上应包括塑性流动和黏性流动所产生的变形。

成型主要利用材料的塑性流动和黏性流动，具有一定弹性的材料在成型中往往存在弹性变形，这种变形在成型完成后（即外力除去后）会回弹。如粉料加压成型时，脱模后的制品比模具的尺寸稍大，玻璃碗钢化时也有回弹等。

4.1.2　胀流性流体与假塑性流体

实际流体很少完全符合牛顿流体的情况，它们的剪切应力 τ 与剪切应变速率 γ 之间的关系可写成以下通式：

$$\tau = \eta \left(\frac{\mathrm{d}\gamma}{\mathrm{d}t}\right)^n = \eta \dot{\gamma}^n \tag{1-4-3}$$

当 $n=1$ 时，该材料称为牛顿流体（Newtonian liquid）；当 $n<1$ 时，称为假塑性流体；当 $n>1$ 时，称为胀流性流体，后两种也称为非牛顿流体。

牛顿流体的黏度系数 η 等于剪应力 τ 与剪切应变速率 $\dot{\gamma}$ 的比值，如果对非牛顿流体也做同样处理，则：

$$\eta_a = \frac{\tau}{\dot{\gamma}} = \eta \gamma^{n-1} \tag{1-4-4}$$

η_a 称为表观黏度，牛顿体的表观黏度和黏度是一致的，它不随剪切应变速率变化而变化，但胀流性流体的表观黏度和黏度是不一致的，它随剪切应变速率的增大而增加，而假塑性流体的表观黏度则随剪切应变速率的增大而降低。

一些非塑性材料如氧化铝、石英等的悬浮液往往具有胀流性。一般陶瓷泥浆在剪切速率不很高时为假塑性。具有明显假塑性的釉浆在加压喷出时，低黏度有利于喷出，一旦喷到制品上后，黏度增大，有利于釉在坯体表面的滞留。

4.1.3　流变模型与本构方程

以上三种理想体，实际是不存在的，真实的材料往往或多或少同时具有以上两种或三种变形，其流变模型可用三种基本元件通过各种串联及并联方式组成。

某些材料，例如油漆、水泥浆等，从流动性方面来看似乎是黏性流体，但它刷在垂直面上的薄层，却可以承受一定的剪切应力而不致流下，又具有固体的性质。对于这种材料可以用图 1-4-2 所示的流变模型来描述，又称宾汉体（Bingham body）模型。

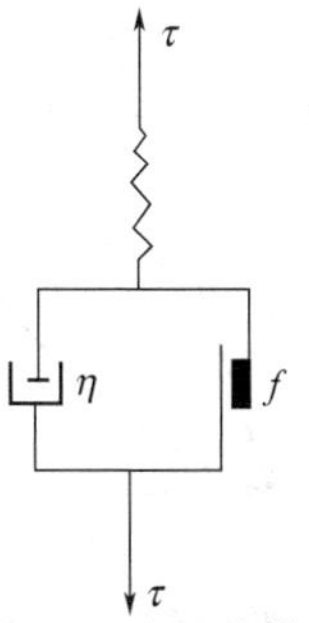

当剪切力 $\tau <$ 屈服应力 f 时，塑性元件不发生变形，与之并联的黏性元件也只能保持不变。这时，弹性元件的变形就是整个系统的变形，因此：

$$\tau = G\gamma \tag{1-4-5}$$

图 1-4-2　宾汉体模型

当 $\tau > f$ 时，$(\tau - f)$ 这个力就会使黏壶发生变形。设弹性元件的剪应变为 γ_1，黏性元件的剪应变为 γ_2，系统的总应变为 γ。则：

$$\begin{cases} \tau = G\gamma_1 \\ \tau - f = \eta \gamma_2 \\ \gamma = \gamma_1 + \gamma_2 \end{cases} \tag{1-4-6}$$

由上述三式消去 γ_1、γ_2，可得宾汉体在 $\tau \geq f$ 时的流变方程：

$$\tau + \frac{\eta}{G}\dot{\tau} = f + \eta\dot{\gamma} \qquad (1\text{-}4\text{-}7)$$

当 τ＝常量时，上式可改写为：

$$\tau - f = \eta\dot{\gamma} \qquad (1\text{-}4\text{-}8)$$

以上的流变方程也称本构方程，它说明材料中任一点的应力状态和应变状态之间有着密切的关系，可以用以下的通式来表示。

$$f(\sigma, \varepsilon) = 0 \qquad (1\text{-}4\text{-}9)$$

这种函数关系当然和材料的性质有关，是由材料的本质与构造决定的，所以称为本构方程。如果经过测试能建立起某种材料的本构方程，那就能计算出某种受力情况下材料变形的大小，或产生多大的变形需要多大的力。下面介绍几种典型的流变模型及它们的流变状态，如图 1-4-3 所示。

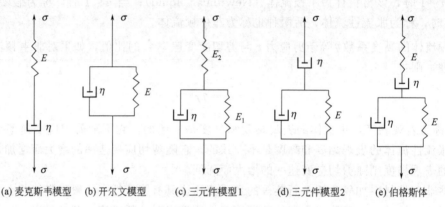

(a) 麦克斯韦模型　(b) 开尔文模型　(c) 三元件模型1　(d) 三元件模型2　(e) 伯格斯体

图 1-4-3　几种典型的流变模型

以麦克斯韦模型表示的材料称麦克斯韦体（Maxwell-liquid），它主要以黏性流动为主，本质上是液体。开尔文体（Kelvin-solid）则以弹性变形为主，本质上是固体。三元件模型 1 代表一种黏弹性固体，而模型 2 则代表一种黏弹性液体。伯格斯体即是麦克斯韦体和开尔文体的串联，还是具有液体性质。

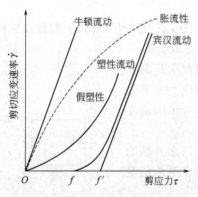

图 1-4-4　不同类型的流动曲线

要确定一个体系的流变特性，首先要经过各种测试，建立起这个体系的流变模型，再推导出它的流变方程，然后才可以进行各种运算，并用于解决实际问题。流变学在塑料的成型中已得到普遍应用，在无机非金属材料的成型中有待进一步推广。

玻璃熔体成型是从高温黏稠状态到完全固化，黏度变化极大，材料内部结构也有所不同，因此各阶段的流变模型也是不同的。高温阶段属黏性流体，随着温度的降低变至麦克斯韦体，到软化点以下的退火温度范围转变为伯格斯体，继续冷却变为三元件模型 2，最后变为三元件模型 1。

4.1.4　流动曲线、应力曲线和应变曲线

从材料的本构方程可作出以下几种曲线。

4.1.4.1　流动曲线

以应力对应变速率作图得出的曲线称流动曲线，图 1-4-4 为几种典型体的流动曲线。由

流动曲线可知在某应力下某种材料流动速率的快慢及黏度、表观黏度的大小。

4.1.4.2 应力曲线和应变曲线

应力随时间变化的曲线称应力曲线，应变随时间变化的曲线称应变曲线，图 1-4-5 是麦克斯韦体的应力和应变曲线，从这对曲线可见当应力随时间变化时应变随时间的变化情况。成型时可根据这些曲线得知加多少力后，经多少时间才能达到所要求的变形量。

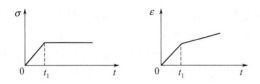

图 1-4-5　麦克斯韦体的应力与应变曲线

4.1.5 徐变曲线和松弛曲线

徐变曲线和松弛曲线是特别情况下的应变曲线和应力曲线，材料的徐变和应力松弛问题是成型中的一个重要问题。

4.1.5.1 徐变曲线

它表示在应力不变时，应变随时间的变化曲线，即 $\sigma=$ 常量时的 $\varepsilon\text{-}t$ 曲线，如图 1-4-6 所示。可见麦克斯韦体和宾汉体在一定的应力下，会不断变形，所以本质上是液体，而开尔文体的变形在缓慢增大，并以弹性变形为极限，所以本质上是固体，所不同的是这种固体有推迟弹性效应。

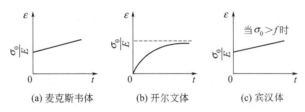

图 1-4-6　徐变曲线

陶瓷泥料经可塑成型后还是属于宾汉体，在干燥过程中，一些大型坯体在自重的作用下还会继续发生变形，以致竖向尺寸减少量大于横向，为克服这个问题，制品的竖向放尺一般要大于横向。

4.1.5.2 松弛曲线

在一定变形的情况下，应力随时间变化的曲线，即 ε 为常量时的 $\sigma\text{-}t$ 曲线，如图 1-4-7 所示。可见麦克斯韦体和伯克斯体能产生应力松弛，但开尔文体和三元件模型 1 的应力保持为某一常量，所以开尔文体和三元件模型 1 是一种非松弛体。

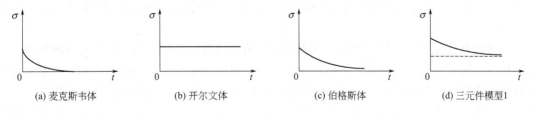

图 1-4-7　松弛曲线

玻璃在成型中，由黏性体向固体转化时，因内外温差大，制品的内外层到达固体的时间不一样，当较高温度的内层收缩固化时，对早已固化的外层产生压应力，而自身受到拉应力。当各层温度都达到室温时（属三元件模型体1），内外层存在较大的内应力，它永久存在于玻璃中不会松弛，这种应力称为永久应力。只有当重新加热到应力能松弛的状态（伯克斯体）时，这种应力才能消失，这就是退火的基本原理。

4.1.6 触变性与反触变性

触变性是指在剪切应力保持一定时，表观黏度随着剪切应力作用时间的持续而减小，剪切应变速率不断增加的性质。或者，当剪切应变速率保持不变时，剪切应力将逐渐下降。具有这种性质的材料称为正触变材料。相反，表观黏度随着应力作用时间的持续而增加的称为反触变性。

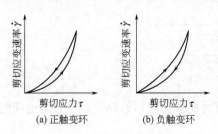

图 1-4-8 触变环曲线

触变性的大小可用触变环的大小和方向来表示，如图 1-4-8 所示。当对某种材料进行搅动时，剪应力从小到大变化时，其表观黏度从大到小变化，然后从高剪切力的情况下逐步下降，表观黏度也下降。但由于高剪切速率时已破坏了触变结构，其表观黏度要比上升时小，曲线在上升曲线的左侧下降，当剪切力完全除去时，表观黏度要比完全静止时小，只有经过一段时间后才又恢复原状，这就形成了一个环线，以环面积的大小可间接说明触变性的大小，其走向可表明触变的性质，逆时针走向的是正触变，顺时针走向的代表反触变。

浆体是否有触变性与成型密切相关，具有正触变性的泥浆在搅拌时黏度小，一旦静止时，黏度不断增大，影响它在模内的流动，严重时会使管道堵塞。但泥料的触变性可增加抵抗变形的能力，帮助定形。在注浆成型中，触变性结构可增加泥浆的渗水性，所以一般要求成型泥料要有一定的触变性，但不要太大。

值得注意的是不要将具有正触变的材料和假塑性材料、反触变材料和胀流性材料混合起来，假塑性材料的表观黏度随剪应力的增大而降低，但在此剪应力下，表观黏度不会随时间变化，而触变性则是表观黏度随剪应力作用的持续时间的增加而减小的。

4.2 浆料的成型

4.2.1 成型的工艺原理

采用此种成型方法的浆料大多属于黏塑性体，其中液相是连续的（如水泥砂浆、混凝土浆、陶瓷泥浆、耐火材料浇注料等），它们成型时的基本过程是浆体在模具中流动，在短期内充满模型，使其具有模型的形状，然后经脱水（陶瓷浆）或水化（混凝土），使其成为自重下不致变形的坯体，即可脱模，并在随后的继续干燥或水化过程中变成接近完全的固体（弹性体）。

这类材料在成型中，最重要的是要控制浆体的流动度，流动度差的浆体成型速率慢，并且不能很好地充满模型，影响产品的产量和质量。但如果靠增加液相量来提高流动度又会影响材料的强度，注浆成型时增加脱水的困难，泥浆容易沉淀。解决的办法是兼顾各方面要求选择适宜的流动度，最好能加些外加剂对浆体进行改性，使其在含水率较低的情况下达到较高的流动度。流动度的大小，主要决定于液相自身的黏度、固相颗粒含量、颗粒大小和形状、液固相之间的作用状况等，凡是对以上各点有影响的各种外界条件都对成型过程有影响，如温度、水化时间、外加剂的使用等。

从流变学的观点来看，这种浆体大多属于宾汉体类型，因此，需要克服一定的屈服值才能开始流动，流动的快慢则决定于浆体的黏度，屈服值的大小主要决定于固体颗粒的含量、大小、形状以及固体颗粒和液相结合的状态，以及液相自身的黏度。

4.2.2　陶瓷注浆成型

将陶瓷配合料制成能流动的浆体，注入模型，依靠模具的脱水（或其他特别的）作用而成型的都称注浆成型（ceramic slip casting）。此法适合成型各种形状复杂的不规则的空心薄壁制品和一些特殊的空实结合的制品，如壶、花瓶、卫生陶瓷、电器元件等。

4.2.2.1　注浆成型工艺原理

（1）注浆成型基本方法　陶瓷注浆成型的基本方法分空心注浆（hollow casting）和实心注浆（solid casting）两种，图 1-4-9 是空心注浆示意图。将泥浆注满石膏模后放置一定时间，待模型内壁黏附一定厚度的坯体后，将余浆倒出，坯体形状在模型内固定下来，待注件在模中进一步脱水收缩后，脱模取出。该方法适用于浇注小型薄壁坯体，如陶瓷坩埚、花瓶等。

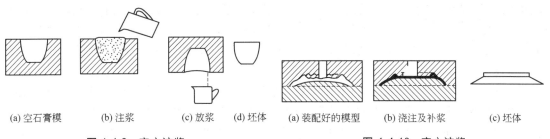

| (a) 空石膏模 | (b) 注浆 | (c) 放浆 | (d) 坯体 | (a) 装配好的模型 | (b) 浇注及补浆 | (c) 坯体 |

图 1-4-9　空心注浆　　　　　　　　　　图 1-4-10　实心注浆

实心注浆又称双面注浆，见图 1-4-10。模型从两面吸取泥浆中的水分，直到模心内腔吸满为止，脱模后是一个实心的物体。

（2）注浆过程的物理、化学变化　采用石膏模注浆成型时，既发生物理脱水过程，也出现化学凝聚过程。可以认为毛细管力是泥浆脱水的动力，这种动力取决于毛细管半径分布和表面张力。而注浆过程的阻力来自模型和坯体厚度的增加。化学凝聚过程是由于石膏与泥浆中的 Na-黏土和水玻璃发生了离子交换反应，使得靠近石膏表面的一层泥浆变成絮凝状态，颗粒呈棚架结构有利于排水，减少泥坯的阻力。

$$\text{Na-黏土} + CaSO_4 + Na_2SiO_4 \longrightarrow \text{Ca-黏土} + CaSiO_3 + Na_2SO_4 \tag{1-4-10}$$

（3）成型速率　成型速率可由阿德柯克推导出来的吸浆速率公式来计算：

$$\frac{dL}{dt} = N \frac{P}{s^2} \frac{1}{\eta} \times \frac{1}{L} \tag{1-4-11}$$

式中　L——坯体厚度，m；

　　　s——坯体中固体颗粒的比表面积，m^2/kg；

　　　t——吸浆时间，s；

　　　P——泥浆与模型之间的压力差，MPa；

　　　η——水的黏度，$Pa \cdot s$；

　　　N——常数，与坯体疏松度及泥浆浓度有关。

因此，提高吸浆速率的方法是：减少模型的阻力；减少坯料的阻力；提高吸浆过程的推动力。在一般的注浆方法中，压力差来源于毛细管力，若采用外力提高压力差，必然有效地推动吸浆过程加速进行，这就是强化注浆的基本原理。

（4）强化注浆　强化注浆包括压力注浆、离心注浆、真空注浆、成组注浆、热浆注浆、电泳注浆、热压铸成型等，其主要目的是缩短成型时间，提高劳动生产效率，同时也有利于提高坯体质量。

① 压力注浆　采用加大泥浆压力的方法，来加速水分扩散，从而加速吸浆速率。加压方法最简单的就是提高盛浆桶的位置，利用泥浆的位能提高泥浆压力。这种方式所增的压力一般较小，在0.5MPa以下。也可用压缩空气将泥浆压入模型，一般来说，压力越大，成型速率越快，生坯强度越高。但是，压力的加大量受到模具等因素的约束。根据泥浆压力的大小，压力注浆可分为微压注浆（压力一般在0.03～0.05MPa以下，石膏模型）、中压注浆（压力在0.15～0.4MPa，强度较高的石膏模型、树脂模型）和高压注浆（大于2MPa，必须采用高强度树脂模具）。

② 离心注浆　离心注浆是使模型在旋转情况下注浆，泥浆受离心力作用紧靠模壁形成致密的坯体，泥浆中的气泡因为比较轻，在模型旋转时，多集中在中间，最后破裂排出，因此也可以提高吸浆速率与制品的品质。离心注浆具有厚度均匀、坯体致密的优点，但颗粒尺寸波动不能太大，否则会出现大颗粒集中在模表面的不均匀分布，造成坯体组织不均匀、收缩不一致的现象。模型转速要视产品大小而定，一般小于100r/min。此工艺适于旋转体类型模型注浆。

③ 真空注浆　真空注浆是利用在模型外抽取真空或将紧固的模型放入真空室中负压操作，以降低模外压力来增加模型内外压力差，从而提高注浆成型的质量和速率，增加致密度，缩短吸浆时间。真空度为0.4MPa时，坯体形成时间为常压下的1/2以下；真空度为0.665MPa时，坯体形成时间仅为常压下的1/4。真空注浆时要注意缓慢抽真空和进气，模型强度要求较高，否则容易出现缺陷或损坏模型。

④ 成组注浆　成组注浆是将许多模型叠放起来，由一个连通的进浆通道来进浆，再分别注入各个模型内。为了防止通道因吸收泥浆而堵塞，在通道内可涂上琼脂溶液的热矿物油，不使吸附泥浆。国内不少企业成型鱼盘、洗面器时多采用成组注浆。

⑤ 热浆注浆　热浆注浆是在模型两端设置电极，当泥浆注满后，接上交流电，利用泥浆中的少量电解质的导电性来加热泥浆，把泥浆升温到50℃左右，可降低泥浆黏度，加快吸浆速率。当泥浆温度由15℃升至55℃时，泥浆的黏度可降低50%～60%，注浆成型速率可提高32%～42%。

⑥ 电泳注浆　电泳注浆是根据泥浆中的黏土粒子（带有负电荷）在电流作用下能向阳极移动，把坯料带往阳极而沉积在金属模的内表面而成型的原理工作的。注浆所用的模型一般用铝、镍、镀铝的铁等材料来制造。操作电压为120V，电流（直流电）密度约为0.01A/cm²，金属模的内表面需涂上甘油与矿物油组成的涂料，利用反向电流使其脱模。用电泳注浆成型的坯体，结构很均匀，坯体生成的速率比石膏模成型时要快9倍左右，但对铸造大型陶瓷制品目前尚有困难，有待继续研究。主要影响因素为电压、电流、成型时间、泥浆浓度及电解质含量等。

⑦ 热压铸成型　热压铸工艺是把坯料烧结成瓷后粉碎，再加入工艺黏结剂加热化浆，并在一定温度压力下铸造成型脱蜡烧成，这样物件的物理化学变化少，收缩小，造成缺陷的可能性极少。而且产品尺寸精确，结构致密，各种异形产品都能成型，成型后无需干燥，生

坯强度大，便于机械化生产。常用于特制陶瓷成型。

（5）特种注浆成型　注浆成型工艺中新近发展的特种注浆成型的方法很多，溶胶-凝胶法是其中发展较快的一种。溶胶-凝胶法根据具体情况也有许多方法。

① 直接凝固注模成型

a. 基本原理　这种方法也叫原位凝固法，是由瑞士 Gauckler 教授发明的。其原理是基于分散在液体介质中的微细陶瓷颗粒所受作用力主要有颗粒双电层斥力和范氏引力，而重力、惯性力等影响很小。根据胶体化学理论，胶体颗粒在介质中的总势能取决于双电层排斥力和范氏引力能。当介质 pH 值发生变化时，颗粒表面电荷随之变化。在远离等电点（IEP）时，颗粒表面形成的双电层斥力起主导作用，使胶粒呈分散状态，为低黏度、高分散、流动性好的悬浮体。此时当增加与颗粒表面电荷相反的离子浓度，使双电层压缩，或者通过改变 pH 值至等电点时，均可使颗粒排斥能减小或为零，而范氏引力占优势，这样会使总势能显著下降。对于稀悬浮体（固体含量少），这种吸引能将使颗粒团聚，但体系仍为流态；而对于高固相体积分数（＞50％）的悬浮体，即可形成具有一定强度、网络状的凝固坯体。综合上述原理，即在浓悬浮体中引入生物酶，通过控制酶对底物进行催化分解反应，即可改变浆料的 pH 值或增加反离子浓度压缩双电层至等电点，达到悬浮体原位凝固的目的。

b. 工艺过程　首先通过选择合适的分散剂制得固相体积分数大于50％的高浓度悬浮体。加入活性酶进行催化反应，在注模前悬浮体应保持低的温度（＜5℃），然后将浆料注入非多孔性模具内。注模后，通过提高温度促使酶催化反应，从而改变浆料的 pH 值至导电点或增加反离子浓度，使悬浮体凝固。凝固的时间取决于酶的浓度和浆料的浓度，变化范围可从几十分钟到几个小时。凝固的坯体经脱模、干燥或加工，不经过脱去有机结合剂可直接烧结。

② 凝胶注模成型

a. 基本原理　凝胶注模法工艺是1990年美国橡树岭国家重点实验室的 Mark A. Janney 教授等人首先发明的。其原理是：将低黏度高固相体积分数的悬浮体，在催化剂和引发剂的作用下，使浆料中的有机单体交联聚合成三维网络结构，从而使浓悬浮体原位固化成型。

b. 工艺过程　首先加入适量的分散剂和单体-交联剂制成预混溶液，再加入陶瓷粉料混磨，制成固相体积分数＞50％的且具有良好的流动性的浆料。然后加入引发剂，搅拌均匀，除去气泡，进行浇注。浆料中有机单体在一定条件下发生原位聚合反应，形成坚固的交联结构聚合溶剂凝胶，使坯体定型。然后经脱模，在相对湿度为50％～80％下干燥。用该法所浇注成的注件尺寸准确，光洁度较高，也可进行机械加工。经烧除有机结合剂，再进行烧结得到产品。

4.2.2.2　注浆成型对泥浆的要求

① 流动性好　即泥浆的黏度要小，能保证泥浆在输送管道内顺畅流动，并可充分流注到模型的各个部位。

② 稳定性好　泥浆久置后各组分颗粒不会沉淀。

③ 具有适当的触变性　如本章第1节所述，泥浆的触变性太大，则易静止稠化，不便浇注；而触变性太小，则生坯易软塌。

④ 含水量要少　在保证流动性的前提下，尽可能地减少泥浆的含水量，这样可缩短注浆时间，增加坯体强度，降低干燥收缩，缩短生产周期，延长石膏模的使用寿命。

⑤ 滤过性能好　使泥浆中的水分能顺利地通过附着在模型壁上的泥层而被模型吸收。一般可通过改变泥浆中瘠性原料和塑性原料的含量来调整泥浆的滤过性。

⑥ 强度好　形成的坯体要有足够的强度。

4.2.2.3 陶瓷泥浆的流变性及外加剂的作用

陶瓷泥浆的流变特性接近宾汉体，图 1-4-11 为卫生陶瓷泥浆和球土泥浆的流动曲线，由图可见陶瓷泥浆的流变特性接近宾汉体，只是其表观黏度在屈服值以后不是立即为一常数，而是有一个由大变小的过渡阶段。Worrall 建议用式（1-4-12）表示黏土类泥浆的流变方程：

$$\tau - f = \eta_0 \gamma + \frac{gb}{a\gamma + b} \gamma \qquad (1\text{-}4\text{-}12)$$

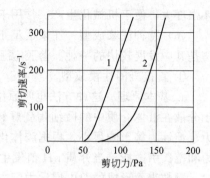

图 1-4-11 泥浆流动曲线
1—卫生瓷泥浆（1.53）；
2—球土泥浆（1.34）
（括号中数值为泥浆相对密度）

式中 τ——剪切应力；

f——屈服值；

γ——剪切速率；

η_0——塑性黏度；

a，b，g——材料常数。

当剪切速率相当大时，$\dfrac{gb}{a\gamma + b}\gamma$ 变为 $\dfrac{gb}{a}$，式（1-4-12）可改写为：

$$\tau - f = \eta_0 \gamma + \frac{gb}{a} \qquad (1\text{-}4\text{-}13)$$

即相当于宾汉体流变方程，只是它的屈服值为 $f + \dfrac{gb}{a}$。从泥浆结构来解释，这种流动阻力来自于黏土颗粒间存在的吸引力。黏土颗粒和水之间也存在亲和力，只有当剪切力大于颗粒间的吸引力时才能使泥浆流动，当剪切力进一步加大逐步破坏颗粒和水的亲和力后，才能充分体现液体的流动状态。球土泥浆中含有的是纯的黏土颗粒，以上这些作用都较强烈，所以屈服值大，弯曲部分的范围也大。卫生陶瓷泥浆中的黏土含量一般只有 30%～40%，其他为长石、石英等瘠性材料，所以颗粒间的结合力及颗粒-水的亲和力都有所减弱，因此流动度大大增加。

陶瓷泥浆往往具有一定的触变性。黏土类陶瓷泥浆具有触变性的原因是：黏土类矿物大多是板状颗粒，在板面上往往带有负电荷，而端面处则有一定的正电荷，端-板面相互吸引，形成"棚架"结构。很多水被包围在棚架中，不能自由流动，所以泥浆流动性差。这种结构随着搅动而逐步打开，一旦静置时又渐渐恢复。

由注浆成型对泥浆的要求中看出，有几点是相互矛盾的，如流动度要大往往要加入较多的水，但这就难以满足含水量要少、泥浆要稳定的要求；滤过性能好就要适当增加泥浆中的瘠性料，但这样泥浆的稳定性及形成坯体后的强度就会下降。要解决这些矛盾就要寻找各种外加剂，使同样含水量的泥浆变稀的外加剂称为稀释剂。它也可使同样流动度的泥浆含水量减少，故又称减水剂。

按照以上的分析，所用的稀释剂应该是一种电解质，所以有时也称稀释剂为电解质。它能溶于水，并在水中离解为正、负离子，使黏土颗粒板面吸附正离子，颗粒端面吸引负离子，可使端面正电荷中和，甚至使电荷改性，结果大大减弱了棚架作用。包裹在棚架中的水变成自由水，泥浆黏度大大降低。正离子一般为水化能力较强的 Na^+，它置换水化能力差、吸引力强的 Ca^{2+} 后，使黏土颗粒的 ζ 电位提高，颗粒间斥力增加，泥浆悬浮性更好。而负离子往往是能遮蔽端面，并能和 Ca^{2+} 反应生成难溶的盐类，以降低泥浆中的 Ca^{2+} 浓度。所以，作为稀释剂的电解质大多要符合以下条件：

① 具有水化能力大的一价阳离子，如 Na^+。

② 能直接离解或水解而提供足够 OH^-，使分散系统呈碱性。

③ 它的阴离子能与黏土中的有害离子形成难溶的盐类或稳定的络合物。

水玻璃、碳酸钠、焦磷酸钠、腐殖酸钠、单宁酸钠、六偏磷酸钠等都符合以上条件。当吸附 Ca^{2+} 的黏土泥浆中加入这些电解质时，会发生以下反应：

$$Ca\text{-}黏土 + NaCO_3 \longrightarrow Na\text{-}黏土 + CaCO_3 \downarrow \tag{1-4-14}$$

$$Ca\text{-}黏土 + Na_2SiO_3 \longrightarrow Na\text{-}黏土 + CaSiO_3 \downarrow \tag{1-4-15}$$

$$Ca\text{-}黏土 + R\text{-}COONa \longrightarrow Na\text{-}黏土 + R\text{-}COO\text{-}Ca \tag{1-4-16}$$

还有一种高分子聚合电解质也能起稀释作用，作为稀释剂用的聚合物分子量较低，能溶于水，如聚丙烯酸的钠盐或铵盐，这种稀释剂不但能起稀释作用，还能增强坯体的强度。

4.2.2.4　注浆成型的模具

注浆成型主要依靠多孔模具的脱水作用，所以，模具（mould）的好坏在成型中起很重要的作用。常压浇注用的石膏模具是由半水石膏 $\left(CaSO_4 \cdot \dfrac{1}{2}H_2O\right)$ 加过量的水调成石膏浆经浇注、硬化、干燥而制成的。它和建筑石膏的制备过程近似，只是加的水量大于建筑石膏，气孔率高于建筑石膏。

石膏模具的质量和石膏的纯度、石膏炒制的方法和温度控制、石膏浆搅拌的均匀性等因素关系很大。不纯的石膏往往含有硬石膏（$CaSO_4$）、方解石或菱镁石等杂质，影响模具的强度。半水石膏有 α 型和 β 型之分，β-半水石膏是在空气中常压炒制的，晶面孔隙裂纹多、强度低，吸水性强。α-半水石膏是在蒸汽存在的条件下，加压蒸煮而得，它的晶粒很少有孔隙和裂纹，制得的模具强度高，但吸水性稍差。很多厂将 α、β 两种石膏混合使用，效果较好。在石膏中加入有稀释和增强作用的有机添加剂（腐殖酸钠、聚氯乙烯等）可改善石膏模的质量。

压力注浆要求模具有较高的强度，特别是高压注浆，一般石膏模具强度不够，要用特制的微孔树脂模具。

4.2.3　混凝土和耐火混凝土浆体的密实成型

要使混凝土混合料顺利地在模型内流动，混合料必须具有较大的流动性，否则不易产生内部及外部流动，制品既无法成型，混凝土也是疏松的。使混合料获得流动性的比较方便的方法是增加用水量，即增大水灰比。而混凝土水灰比过大，不但使混合料在运输、浇灌和密实成型过程中容易产生离析，在密实成型以后还会产生严重的泌水现象，而且水分蒸发以后，在混凝土内部遗留较多的孔隙，严重降低了混凝土的强度及其他有关的性能。由此可见，在混凝土的成型和密实之间存在着矛盾，密实成型工艺就是要研究解决这一矛盾。

4.2.3.1　混凝土混合料振动密实成型

振动密实成型（vibro-casting）时的混凝土混合料是在搅拌后不久，水泥的水化反应尚处于初期，生成的凝胶体还不丰富时存在于混合料内的粗细不匀的固体颗粒。在这种情况下施加振动，颗粒不断受到冲击力的作用而引起颤动。颗粒的颤动在不同的时间内此起彼落，但由于颗粒的总数极大，因此，事实上就相当于经常有一定数量的颗粒在颤动。这种颤动使混合料的物理力学性质起了变化。首先，剪切应力作用使所生成的胶体由凝胶转化为溶胶；其次是振源所做的功将颗粒的接触点松开，从而破坏了由于毛细管压力所产生的颗粒间的黏结力，以及由于颗粒直接接触而产生的机械啮合力，这就使内阻力大大降低，最后使混合料部分或全部地液化，具有接近重质液体的性质。这样一个流变过程本质上是一个由宾汉体转化为接近于牛顿流体的振动变稀过程。

混凝土混合料的振动液化效率，用其液化后所具有的表观黏度来衡量。无振动作用时，混合料基本上是宾汉体，即

$$\tau = \tau_0 + \eta \frac{dV}{dy} \tag{1-4-17}$$

式中　τ_0——混凝土的极限剪切应力；

　　　η——混凝土混合料的塑性黏度；

　　　$\dfrac{dV}{dy}$——混凝土混合料的速度梯度。

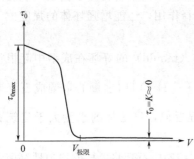

图 1-4-12　极限剪应力与速度的关系

根据实验结果可知，混合料的极限剪应力 τ_0 在某个极限速度 $V_{极限}$ 以前为速度的函数，逾此则为常数，此常数值一般甚小，趋于零（如图 1-4-12 所示）。

即　　　$\tau_0 = f(V)$　　　$(V < V_{极限})$ 　　(1-4-18)

　　　$\tau_0 = K \approx 0$　　　$(V \geqslant V_{极限})$ 　　(1-4-19)

由此可见，当混凝土混合料内某点颗粒的实际运动速度大于 $V_{极限}$ 时，则此点就完全液化，当混合料大部分颗粒的运动速度都大于 $V_{极限}$ 时，则整个体系接近于完全液化。混合料的 $V_{极限}$ 主要决定于振动频率和振幅，另外也与水泥的种类和细度、水灰比、骨料的表面性质、级配及粒度、介质的温度有关。

使混凝土混合料中的颗粒在强迫振动作用下具有一定的速度是振动成型的基本问题。频率和振幅是振动的两个基本参数。对于一定的混凝土混合料，振幅和频率的数值应该选得互相协调，使颗粒振动衰减小，并在振动过程中不致出现静止状态。振幅与混合料的颗粒大小及组成有关，振幅过大或过小都会降低振动效果。

强迫振动的频率如接近混合料的固有频率，则产生共振，这时衰减最小，振幅可达最大。在一般情况下，硅酸盐水泥混凝土混合料在不同振动频率时，颗粒的实际振动极限速度及相应的极限振幅与振动加速度应不低于表 1-4-1 所列的数值，否则混合料不能液化，不能达到理想的振实效果。

表 1-4-1　混凝土混合料的振动极限速度、振幅和加速度

振动频率 /（次/min）	极限振幅 /cm	极限速度 /（cm/s）	极限加速度 /（m/s²）
1500	0.037	5.5	8.3
3000	0.014	3.3	10.0
4500	00006	2.8	12.6
6000	0.004	2.5	15.0

注：硅酸盐水泥，坍落度为 1～2cm，水泥用量为 250kg/m³。

振动成型机械是使混凝土混合料产生振动的振源。根据所用的动力可分为：电动、内燃机驱动、气动和液压传动四种；按振动频率的大小可分为：高频（8000～15000 次/min）、中频（4500～8000 次/min）和低频（1500～4500 次/min）三种；按振动方式可分为：振动台、内部振动器、表面振动器和附着式振动器四种。

4.2.3.2　压制密实成型

混凝土混合料的振动，在一般情况下，可以获得较好的密实成型效果。但是，还存在一

些不足之处，如整体振动时能量使用不够合理，而且能耗很大，其中干硬性混合料的振动耗能更大，振动时间也较长，振幅衰减大，作用范围减少，密实速率随时间推移迅速下降，通常很难达到较高的密实度。若粗骨料颗粒卡牢，骨架排列不合理，更加不易密实。

压制密实成型（compacting process）工艺，不是将能量分布到混凝土的整个体积，而是集中在局部区域内。此外，此工艺使混凝土发生剪切位移的阻力较小，所以颗粒较易发生移动。这样，在外部压力的作用下，混合料即发生排气和体积压缩过程，并逐渐波及其整体，最终达到较好的密实成型效果。随压力的大小及混合料性能的不同，有时压制工艺仅起密实成型作用，有时则在脱水的同时达到上述目的。

压制成型工艺一般有压制、压轧、挤压和振动加压、振动压轧、振动挤压及振动模压等方法。压制密实工艺制度包括成型压力、压制延续时间及加压方式。

为达到不同作用的成型，压力值相差很大，作为与其他成型方法配合的辅助措施时，约为 0.1MPa 至数兆帕；作为单一措施的压制工艺，则应采用高压，约为 1MPa 至数十兆帕。

由于单纯压制工艺所需的成型压力较大，故一般只适于成型小型制品，如煤渣砖、灰砂砖等。以标准砖（240mm×115mm×53mm）为例，若成型压力为 15MPa，则总压力也需四十余吨。若成型大型制品，总压力可达数千吨，将使设备复杂化。

一般情况下，砖的密实度随着成型压力的提高而增大。如图 1-4-13 所示，起初体积密度增长较快，后来逐渐减慢，这是由于颗粒间摩擦力不断增加，孔隙率不断减小所致。压力增至一定数值（P_j）后，体积密度反而略有减小的趋势。这是因为混凝土内余留的空气过分受压，在卸除外部压力后，发生膨胀，以致孔隙扩大，体积密度降低。这一压力称为极限成型压力（P_j）。超过这一压力时，制品就会产生层裂现象。极限压力的大小与制品在压制过程中残留的空气量及物料颗粒状况有关，极限成型压力越大，制品强度也越高。

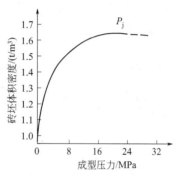

图 1-4-13　砖坯容重与压力的关系

由于压力在料层中是逐层传递的，所以随着料层深度的增加，压力逐渐减弱，靠近冲模的料层最紧，离冲模较远的料层较松。加压时间越短，加压速度越快，制品厚度越大时，这种现象就越明显。因而为了使制品有足够的密实度和匀质性，加压时除了要有一定的成型压力，还要有适当的加压时间和加压方式。

加压时间，一般以比较缓慢为宜。这样，混合料中的气体在压力向下传递的过程中较易排出。

加压方式，一般有一次加压、二次加压或多次加压；单面加压和双面加压等几种。双面加压可获得较均匀的结构，比单面加压效果好，但加压机构较为复杂。两次或多次加压比一次加压效果好。已经压实的制品，不能重复压制，以防止再次泌水、表面粘皮、层裂及强度下降。

4.2.3.3　离心脱水密实成型

离心密实成型是流动性混凝土混合料成型工艺中的一种机械脱水密实成型工艺。它是由离心力将混合料挤向模壁，从而排出混合料中的空气和多余的水分（20%～30%），使其密实并获得较高的强度。此种工艺适用于制造不同直径及长度的管状制品，例如管材、电杆及管桩等。

（1）离心混凝土（centrifugal concrete）结构的形成　在离心过程中，混凝土混合料在离心力及其他外力（重力、冲击振动）作用下，粗、细骨料和水泥粒子沿着离心力方向运动，也可视为沉降，结果把部分多余水分挤出来，混凝土的密实度提高了，同时也产生了内外分层。

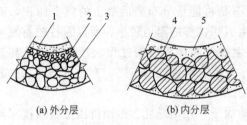

图 1-4-14　离心混凝土结构分层情况示意图
1—水泥浆层；　2—砂浆层；　3—混凝土层；
4—骨料；　5—水膜层

混凝土混合料就其组成来讲，可近似地认为是一个多相的悬浮系统，即粗骨料与砂浆、砂与水泥浆、水泥与水等三个悬浮系统。在离心时，这三个系统将分别产生沉降和密实。如果用 v_1 表示粗骨料在砂浆中的沉降速率，v_2 为砂在水泥浆中的沉降速率，v_3 是水泥在水泥浆中的沉降速率，那么随沉降速率的不同，将得到不同的混凝土结构和性能。

混凝土在离心沉降密实后明显地分成混凝土层、砂浆层和水泥浆层，这种现象称为外分层。而在粗骨料之间因水泥、砂子沉降形成水膜层的现象，称为内分层。如图 1-4-14 所示。

综上所述，混凝土混合料在离心以后，将产生下列主要变化。

① 密实度提高　混凝土混合料坍落度一般为 $5\sim7cm$，含水量 $180\sim250kg/m^3$，水灰比为 $0.4\sim0.5$。经离心后，排出水分 $20\%\sim30\%$，水灰比降低至 $0.3\sim0.4$，混凝土的密实度显著提高。

② 外分层　混凝土的结构为里层是水泥浆，外层是混凝土，中间是砂浆层。这种混凝土结构，在一般情况下，强度都要低于与离心后配合比和密实度相同的匀质混凝土。这是因为在受荷时，混凝土层因具有较高的弹性模量而将承受较大的荷载，砂浆与净浆弹性模量低而承受的力小，因而在总荷载比上述匀质混凝土小的情况下即遭破坏。由于破坏了毛细通道的水泥浆层具有较高的抗渗性，因此，在一定限度内，外分层对保证混凝土的抗渗性是有利的。

③ 内分层　当骨料沉降达到稳定状态后，由于水泥粒子继续沉降的原因，在骨料颗粒的底表面处将形成水膜层，从而局部破坏了骨料颗粒与水泥石之间的黏结力。因此，内分层对混凝土的强度、抗渗性是非常不利的。

（2）离心制度的确定　混凝土的分层现象除与原材料和混合料的性质有关外，离心制度也是一项重要的影响因素。离心制度主要指各个阶段的离心速度和离心时间。此外分层投料对离心制度、混凝土性能也有很大影响。

① 离心速度　离心速度一般按慢、中、快三挡速度变化。慢速为布料阶段，其主要目的是在离心力的作用下，使混合料均匀分布并初步成型。快速为密实阶段，其主要目的是在离心力作用下使混合料充分密实。中速则为必要的过渡阶段，不仅是由慢速到快速的调速过程，而且还可在继续布料及缓和增速的过程中达到减弱内外分层的目的。

a. 布料阶段转速（慢速）$N_慢$ 的确定　在离心过程中布料阶段转速不宜很大，慢速转速的选取要考虑到能使混凝土混合料易沿模壁均匀分布，同时物料在旋转过程中又不下落。此时的转速为 $N_慢$，即：

$$N_慢 = K\frac{30}{\sqrt{r}} \tag{1-4-20}$$

式中　r——制品的内半径，m；

　　　K——经验系数，$K=1.45\sim2.0$。

在生产中还要根据具体条件进行调整，一般慢速 $N_慢$ 约为 $80\sim150\text{r/min}$。

b. 密实成型阶段转速 $N_快$ 的确定　密实成型阶段转速应由制品的截面尺寸和密实混合料所需的压力来决定。$N_快$ 的计算公式：

$$N_快 = 10000\sqrt{11.2\frac{p_0}{r_2^2 - \dfrac{r_1^3}{r_2}}} \tag{1-4-21}$$

式中　p_0——混合料作用在钢模单位面积的压力，MPa，p_0 值一般取 $0.05\sim0.1\text{MPa}$；

r_1，r_2——分别为制品的内外半径，cm。

根据制品直径的不同，转速 $N_快$ 一般为 $400\sim900\text{r/min}$。

c. 过滤阶段转速（中速）$N_中$ 的确定　实验表明，最佳 $N_中$ 和 $N_快$ 存在着以下关系：

$$N_中 = N_快/\sqrt{2} \tag{1-4-22}$$

目前生产中采用的中速为 $250\sim400\text{r/min}$。

② 离心延续时间　离心过程中各阶段的延续时间，一般由实验来确定。其延续时间的长短，对制品质量的影响起较大作用。

a. 慢速时间的确定　慢速阶段所需时间主要随管径大小和投料方式而变化，一般控制在 $2\sim5\text{min}$。

b. 快速时间的确定　快速阶段是混凝土密实结构形成的关键阶段，因此合理选择快速时间，应有利于提高混凝土强度和生产率，并改善混凝土的性能，故快速延续时间一般为 $15\sim25\text{min}$。

c. 中速时间确定　中速时间的确定应尽量减少甚至克服离心力的突增，使混合料能很好地分布就位，提高制品的密实度和抗渗性。中速时间一般控制在 $2\sim5\text{min}$。

4.3　可塑成型

采用此法成型的成型料称为可塑泥料，可塑泥料是由固相、液相和少量气相组成的弹塑性系统。当它受到外力作用而发生变形时，既有弹性性质，又出现塑性形变阶段，它可以在应力作用下模制成所需要的形状，当模制应力消除后能够保持那个形状。利用模具或刀具等运动所产生的外力（如压力、剪切、挤压等）使可塑泥料产生塑性变形而制成某种形状的制品，称为可塑成型。

可塑成型是一种古老的成型方法，我国古代采用手工拉坯制造陶瓷制品就是最原始的可塑法。常用的可塑成型方法有挤压法（黏土砖、各种陶瓷棍棒以及某些水泥制品）、车坯法（电瓷）、湿压法（包括旋坯法、滚压法、冷模湿压法等生产各种日用陶瓷）、雕塑、手拉坯（工艺美术品等）。

4.3.1　可塑泥料的流变特性

从流变学的观点来看，可塑泥团属于宾汉体，只是由于它的含水量低，固体含量大，所以有很高的屈服值，成型后能克服自重的影响而不变形。

可塑泥团的流变性很难用回转黏度计进行连续测定，因为在圆筒和泥团之间有一定程度的滑移，而且变形很大时，泥团容易开裂，因此，常用剪切应力和剪切应变图来表示。图 1-4-15 为三种不同含水量的塑性黏土在荷重速率较大时的应力-应变曲线。从开始加载到屈

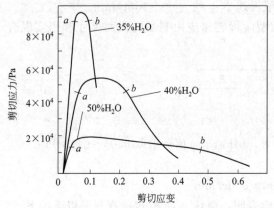

图 1-4-15　塑性黏土的应力-应变图

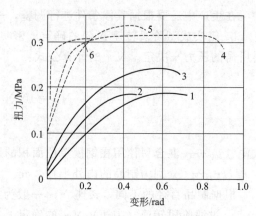

图 1-4-16　可塑成型方法与坯料的流变性质
1～3—旋坯用；　4—挤压用；　5—拉坯用；　6—手塑用

服点 a，变形是弹性的。在这个范围中，如果应力作用了一个很短的时刻就被除去，泥团会恢复原来的尺寸，当应力增加到超过屈服点时，则产生塑性流动，并且在出现裂纹（b 点）以前，有一个不可忽视的变形。一般认为适合于操作的泥团，应该有一个足够的屈服值，以防偶然的变形；还要有一个足够大的允许变形量（延伸量），以便成型时不发生破裂。一般可近似地用屈服值和允许变形量的乘积来表示泥料的成型能力。对于某种泥料来说，在合适的水分下，这个乘积可达到最大值，也就具有最好的成型能力。

　　不同的可塑成型方法对泥料上述两个参数的要求是不同的。在挤压或拉坯成型时，要求泥料的屈服值大些，使坯体形状稳定。在石膏模内旋坯或滚压成型时，由于坯体在模型中停留时间较长，受应力作用的次数较多，屈服值可以低些。手工成型的泥料允许变形量可小些，因为工人可根据泥料的特性来适应它。机械成型时则要求允许变形量大些，以降低废品率。图 1-4-16 为几种不同成型方法对坯料所加扭力测定的结果。由图可知，三种旋坯泥料的屈服值较小，而挤压法和拉坯法较大。

4.3.2　可塑成型的方法

4.3.2.1　挤压（挤出）成型

　　将塑性泥料投入真空挤压成型机，泥料在螺旋或活塞的挤压下不断向前，经机头的模具不断挤出，其形状决定于模具的内部形状。

　　挤制的压力主要决定于机头喇叭口的锥度（见图 1-4-17），如果锥角 α 过小，则挤出泥段或坯体不紧密，强度低。如果锥角过大，则阻力太大。根据实践经验，当机嘴出口直径 d 在 10mm 以下时，α 角约为 $12°$～$13°$，当 d 在 10mm 以上时，α 角为 $17°$～$20°$；挤制较粗坯体，坯料塑性较强时，α 角可增大到 $20°$～$30°$。另外，挤嘴出口直径 d 和机筒直径 D 之比越小则对泥料挤制的压力越大。一般比值在 $1/2$～$1/1.6$ 范围内。

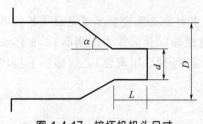

图 1-4-17　挤坯机机头尺寸

　　为了使挤出的泥段或坯体表面光滑、质量均匀，机嘴出口处应有一段定型带，其长度 L 根据机嘴出口直径 d 而定，一般 $L=(2$～$2.5)d$。若此带过短，则挤出的泥段会产生弹性膨胀，导致出现横向裂纹，且挤出的泥段易摆动。若此带过长，则内应力增加，容易出现纵向裂纹。

挤出速率主要决定于主轴转速和加料快慢。出料太快时，由于弹性后效，坯体容易变形。

挤压法成型对泥料的要求较高，具体如下。

① 粉料细度和形状：细度要求较细，外形圆润。

② 溶剂、增塑剂、黏结剂等用量要适当，同时必须使泥料高度均匀，否则挤压的坯体质量不好。

挤压法的优点是：污染小，操作易于自动化，可连续生产，效率高；适合管状、棒状、蜂窝状产品的生产。但挤嘴及模具结构复杂，加工精度要求高。由于溶剂和结合剂较多，因此坯体在干燥和烧成时收缩较大，性能受到影响。

4.3.2.2　旋坯成型

旋坯成型的设备是辘轳旋压机。它是将定量泥料置于石膏模内，利用型刀进行旋压成型。模内泥料受型刀挤压和剪切作用，坯泥沿石膏模型工作面形成所需形状的坯体。此方法主要适用于生产日用瓷的碗、盘、碟及陶器的缸、盆、罐、坛等制品，也用于鱼盘、壶类制品，其特点是生产效率高。

4.3.2.3　滚压成型

滚压成型是从旋坯成型发展而来。它是把型刀改为滚压头。滚压头和模型各自绕定轴转动，将投放在模型内的塑性泥料延展压制成坯体，而坯体的外形和尺寸完全取决于滚压头与模面所形成的"空腔"。滚压法可分为阳模滚压和阴模滚压。

滚压成型与旋坯成型相比，其优点是坯体致密度高，机械强度大，变形较小，劳动强度低，易于机械化、自动化生产。

4.3.2.4　塑压成型

塑压成型又称兰姆成型法（Ram process）。目前在我国日用陶瓷工业中已有厂家采用。它是将可塑泥料放在模型内在常温下压制成坯的方法。它的上下模一般为蒸压型的 α-半水石膏（制模时的膏水比约为 100：37）模型，内部盘绕一根多孔性纤维管，可以通压缩空气以及抽真空。安装时应将上下模之间留有 0～25mm 左右的空隙，以便扫除余泥。塑压成型的成型工艺如下：

① 将切至一定厚度的塑性泥团置于底模上；

② 上下模抽真空，挤压成型；

③ 向底模内通压缩空气，促使坯体与底模迅速脱离，同时，从上模中抽真空将坯体吸附在上模上；

④ 向上模内通压缩空气，使坯体脱模承放在托板上；

⑤ 上下模通压缩空气，使模型内水分渗出，用布擦去。

塑压成型的优点是适合于成型各种异型盘、碟类制品，如鱼盘、方盘、多角形盘及内外表面有花纹的制品。同时，由于成型时施以一定的压刀，坯体的致密度较旋坯法、滚压法都高。缺点是石膏模的使用寿命短，容易破损。目前国外已经采用多孔树脂模、多孔金属模等高强度模型，但此法只能成型板、盘等形状简单的扁平制品。

4.3.2.5　轧膜成型

轧膜成型（roll forming）是新发展起来的一种可塑成型方法，在特种陶瓷生产中较为普遍，适宜生产 1mm 以下的薄片状制品。

轧膜成型是将准备好的坯料，拌以一定量的有机黏结剂（一般采用聚乙烯醇），置于两辊轴之间进行辊轧，通过调节轧辊间距，经过多次轧辊，最后达到所要求的厚度。轧好的坯片，需经冲切工序制成所需要的坯件。但不宜过早地把轧辊调近，急于得到薄片坯体，因为这样会使坯料和结合剂混合不均，坯件质量不好。

轧辊成型时，坯料只是在厚度和前进方向受到碾压，在宽度方向受力较小，因此，坯料和黏结剂不可避免地会出现定向排列。干燥和烧结时，横向收缩大，易出现变形和开裂，坯体性能上也会出现各向异性。这是轧膜成型无法消除的问题。

对于厚度要求在 0.08mm 以下的超薄片，轧膜成型是很难轧制的，质量也不易控制。

4.3.2.6 注塑成型

注塑成型又称注射成型，是瘠性物料与有机添加剂混合加压挤制的成型方法，它是由塑料工业移植过来的。德国在 1939 年、美国在 1948 年先后将其用于陶瓷制品的成型，日本也于 1960 年采用这种工艺成型氧化铝陶瓷。目前各种形状复杂的高温工程陶瓷（如 SiC、Si_3N_4、BN 等）的制作都开始采用这种成型技术。

（1）坯料的制备 注塑成型采用的坯料不含水。它由陶瓷瘠性粉料和结合剂（热塑性树脂）、润滑剂、增塑剂等有机添加剂构成。坯料的制备过程是：将上述组分按一定配比加热混合，干燥固化后进行粉碎造粒，得到可以塑化的粒状坯料。常用的有机添加剂列于表 1-4-2 中。有机添加剂的灰分和碳含量要低，以免脱脂时产生气泡或开裂。

表 1-4-2 注塑成型用有机添加剂

种类	添加剂
结合剂	聚苯乙烯、聚乙烯、聚丙烯、醋酸纤维素、丙烯酸树脂、乙烯-醋酸乙烯酯树脂、聚乙烯醇
增塑剂	二乙基酞酸盐、二丁基酞酸盐、二辛基酞酸盐、脂肪酸酯、植物油、邻苯二甲酸二乙酯、动物油、邻苯二甲酸二丁酯或二辛酯
润滑剂	硬脂酸、硬脂酸金属盐、矿物油、石蜡、微晶石蜡、天然石蜡
辅助剂	分解温度不同的几种树脂、萘等升华物质、天然植物油

坯料中有机物的含量直接影响坯料的成型性能及烧结收缩性能。提高有机物含量，可使成型性能得到改善，但会使烧成收缩增大。为提高制品的精确度，要求尽量减少有机物用量。但为使坯料具有足够的流动性，必须使粉末粒子完全被树脂包裹住，通常有机物含量约在 20%～30%，特殊的可高达 50% 左右。

（2）注塑成型设备 注塑成型机主要由加料、输送、压注、模型封合装置与温度及压力控制装置等部分构成。根据注塑的形式，注塑成型机有柱塞式和螺旋式两种主要类型。注塑成型采用金属模具。

（3）脱脂 瘠性粉料之所以能够通过注塑成型得到形状复杂的大型制品，关键是依赖于有机添加剂的塑化作用。但是，这些有机添加剂必须在制品烧结以前从坯体中清除出来，否则就会引起各种缺陷。除去有机添加剂的工序称为脱脂。

脱脂是注塑成型工艺中需要时间最长的一道工序。一般为 24～96h，特殊时需要几个星期。脱脂的速率与原料的特性、有机添加剂的种类及其数量，特别是生坯的形状、大小、厚度都有关。

脱脂后的坯体强度非常低，且一般都残留百分之几的碳化物，需采用氧化气氛烧成。注塑成型适合于生产形状复杂、尺寸精度要求严格的制品，且产量较大，可以连续化生产。缺点是有机物使用较多，脱脂工艺时间长，金属模具易磨损、造价高等。

注塑成型与热压注成型有很多类似之处，如两者都经瘠性料与有机添加剂混合、成型、脱脂（排蜡）三个主要工序；两者都是在一定的温度和压力下进行成型的。不同的是，热压注用的浆料须在浇注前加温制成可以流动的蜡浆。而注塑成型用的是粒状的干粉料，成型时将粉料填入缸筒内加热至塑性状态，在注入模具的瞬间，由于高温和高压的作用坯料呈流动状态，充满模具的空间；此外，热压注成型压力为 0.3～0.5MPa，注塑成型则高得多，一般为 130MPa。

4.4 压制成型

压制成型是将粉状的坯料在钢模中压成致密坯体的一种成型方法。墙地砖、外墙砖、无线电瓷中的波段开关定动片、微调电动器动片、电子管座瓷八脚及日用瓷中的平盘等都是采用压制成型的，耐火材料生产中也大量采用压制法。压制成型的坯料水分少、压力大，因而坯体较致密，收缩较小，形状准确，基本不用干燥设备。压制成型工艺简单、生产效率高、缺陷少，便于连续化、机械化和自动化生产。

4.4.1 压制成型工艺原理

粉料经压力的作用聚合成有一定强度的坯体的过程，实质上是将分散的固体颗粒通过外力将其最大限度的推近，并通过含有一定水分和其他黏结剂的表面，使物料颗粒间能形成一定的键合作用（分子键、氢键），从而成为具有一定强度的弹性体。因此，压制中坯体的密度变化和强度变化是核心问题。

4.4.1.1 密度的变化

压制过程中随着压力的增大，松散粉料中的气体被排出，固体颗粒尽量靠近，密度不断增加，其增加的规律大致可分三个阶段，如图 1-4-18 所示。第一阶段，加压初期，随着成型压力的增加，坯体密度急剧增加；第二阶段，压力继续增加时，坯体密度增加缓慢，后期几乎无变化；第三阶段，坯体的密度又随压力增加而加大。塑性物料组成的粉料压制时，第二阶段不明显，第一、二阶段直接衔接，只有瘠性物料组成的粉料第二阶段才明显表现出来。

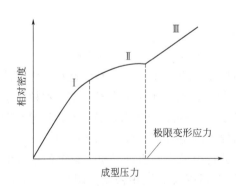

图 1-4-18 坯体密度与成型压力的关系

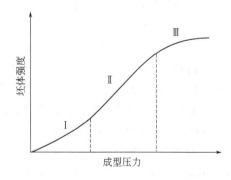

图 1-4-19 坯体强度与成型压力的关系

4.4.1.2 强度的变化

坯体强度与成型压力的关系如图 1-4-19 所示，从曲线形状可分为三个阶段：第一阶段的压力较低，虽由于粉料颗粒位移填充孔隙，坯体孔隙减小，但颗粒间接触面积仍较小，所以坯体强度并不大；第二阶段成型压力增加，颗粒位移填充孔隙继续进行，而且可使颗粒发生弹塑性变形，颗粒间接触面积大大增加，出现原子间力的相互作用，因此强度直线提高；压力继续增大至第三阶段，坯体密度及孔隙变化不明显，强度变化亦较平坦。

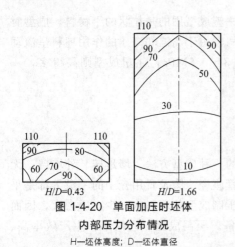

图 1-4-20 单面加压时坯体内部压力分布情况

H—坯体高度；D—坯体直径

4.4.1.3 坯体中压力的分布

压制成型中的主要问题是坯体中压力分布不均匀，坯体各部位受到的压力不等，因而导致坯体各部分的密度出现差别。产生的原因是颗粒移动重新排列时，颗粒之间产生内摩擦力，颗粒与模壁之间产生外摩擦力，摩擦力妨碍着压力的传递。单面加压时，坯体内部距离加压面越远，则受的压力也越小（如图 1-4-20 所示）。摩擦力对坯体中压力及密度分布的影响随 H/D 的比值不同而不同：H/D 越大，不均匀分布现象越严重。因此，高而细的产品不宜采用压制成型。由于坯体各部位密度不同，烧成时收缩也不同，容易引起产品变形与开裂。施压中心线应与坯体和模型的中心对正，如产生错位，会导致压力分布更加不均匀。

坯体的压力分布还和加压的方式有关，图 1-4-21 为不同加压方式所产生坯体的压力分布图（横条线为等密度线），可见最均匀压力分布是等静压法。

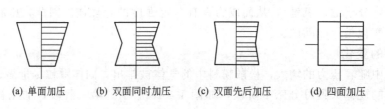

(a) 单面加压　　(b) 双面同时加压　　(c) 双面先后加压　　(d) 四面加压

图 1-4-21　加压方式和压力分布的关系图

等静压成型是指粉料的各个方面同时均匀受压的一种加压方式。传递压力的介质通常为流体，由于流体的压缩性很小，而且能够均匀传递压力，所以压制出的坯体密度大且均匀。

4.4.2　压制成型对粉料的要求

4.4.2.1　体积密度

应尽量提高粉料的体积密度，以降低其压缩比，可采取以下两方面的措施。

（1）造粒　将细颗粒经初步造粒，使物得到初步的聚集。黏土类泥料的造粒是将泥浆进行喷雾干燥，或将泥浆压滤，滤饼烘干，再打成小颗粒。黏土类泥浆干燥时，黏土颗粒脱水聚合，体积大大缩小，并将石英、长石等瘠性料拉紧形成具有一定强度的假颗粒，通常用轮碾造粒所得坯粉的体积密度为 $0.90\sim1.10\text{g}/\text{cm}^3$，喷雾干燥制备的坯粉体积密度为 $0.75\sim0.90\text{g}/\text{cm}^3$。

（2）调整颗粒级配　合理的粒度分布能提高颗粒自由堆积的密度，单一粒度的粉料堆积时最低孔隙率为 40%，若采用三级颗粒配合，则可得到更大的堆积密度。图 1-4-22 表明粗颗粒 50%、中颗粒 10%、细颗粒 40% 的粉料，其孔隙率仅 23%。

4.4.2.2　流动性

粉料流动性好，颗粒间的内摩擦力小，粉料就能顺利地填满模型的各个部分，在以后的重排致密化时也容易滑移。经喷雾干燥后的颗粒是圆形的，流动性很好。而由烘干泥饼打碎而成的颗粒往往是多角形的，流动性差，容易产生拱桥效应，很难致密化。

4.4.2.3　含水量

粉料含水量要控制合适，在相同的压力下，粉料水分大小直接影响坯体的密度。粉料含水率很低，加压成型时，颗粒相互移动摩擦阻力就大，所以，难以使坯体达到高致密度，当水分逐渐增加时，由于水的润滑作用，坯料容易密实。成型压力达到一定值，对于含水量合适的坯料可得到极小孔隙率的坯体。含水量高于适当值时，在同样压力下成型的坯体致密度反而降低，并且容易粘模。另外，水分的均匀性也很重要，局部过干或过湿都会使压制过程出现困难，且成型后的坯体在随后的干燥和烧成中易产生开裂和变形。

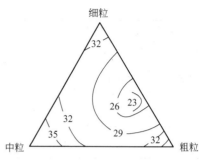

图 1-4-22　三级颗粒粉料堆积后的孔隙曲线

4.4.2.4　易碎性

粉料在压力下易粉碎，经过造粒的颗粒，实际上是假颗粒，有的甚至中间是空的，当压力加大后这些假颗粒应能裂解填空，并被进一步压实。

4.4.3　压制成型的过程

4.4.3.1　造粒

工业生产上的粒化过程，从广义上讲，泛指将粉体（或浆液）加工成形状和尺寸都比较匀整的球块的机械过程。颗粒大小根据用途而不同，一般限制在 50mm 以下，最小约 0.3mm。粉体粒化的意义在于：能保持混合物的均匀度在储存、输送与包装时不发生变化；有利于改善物理化学反应的过程（包括固-气、固-液、固-固的相互反应）；可以提高物料流动性，便于输送与储存；大大减少粉尘飞扬；扩大微粉状原料的适用范围；便于计量以及满足商业要求等。

在水泥立窑烧成中，物料首先要成球，这主要是为了增加物料间接触的紧密度，以利于反应的进行，球状的料块在立窑中煅烧，便于通风，燃烧完全，能达到反应所需的高温。陶瓷压制成型时为了提高粉料的体积密度、增加物料的流动性等，常将泥浆喷雾干燥造粒。在各个制造部门采用各种造粒方法，并且随着加工对象不同而变化。造粒方法可按照原料分类，也可以按照造粒类型进行分类，如表 1-4-3 所示。

表 1-4-3　造粒方法及分类

造粒类型	原料状态	造粒机理	粒子形状	主要适用领域	备注
熔融成型	熔融液	冷却、结晶、消除	板状 花料状	无机药品、有机药品、合成树脂	包含回转筒、蒸馏法
回转筒型	粉末、液体	毛细管吸附力、化学反应	球状	医药、食品、肥料、无机药品、有机化学药品、陶瓷	转动型
回转盘型	粉末、液体	毛细管吸附力、化学反应	球状	医药、食品、肥料、无机药品、有机化学药品	粒状大的结晶
析晶型	溶液	结晶化、冷却	各种形状	无机药品、有机化学药品、食品	—
喷雾干燥型	溶液、泥浆	表面张力、干燥、结晶化	球状	洗剂、肥料、食品、颜料、燃料	—
喷雾水冷型	熔融液	表面张力、干燥、结晶化	球状	金属、无机药品、合成树脂	—
喷雾空冷型	熔融液	表面张力、干燥、结晶化	球状	金属、无机药品、合成树脂、有机药品	使用沸点高的冷却体
液相反应型	反应液	搅拌、乳化、悬浊反应	球状	无机药品、合成树脂	硅胶微粒聚合
烧结炉型	粉末	加热熔融、化学反应	球状 块状	陶瓷、肥料、矿石、无机药品	有时不发生化学反应

造粒类型	原料状态	造粒机理	粒子形状	主要适用领域	备注
挤压成型	溶解液糊剂	冷却、干燥、剪切	圆柱状、角状	合成树脂、医药、金属	—
板上滴下型	熔融液	表面张力、冷却、结晶、消除	半球状	无机药品、有机药品、金属	—
铸造型	熔融液	冷却、结晶、离型	各种形状	合成树脂、金属、药品	制品形状过大就不能造粒
压片型	粉末	压力、脱型	各种形状	食品、医药品、有机药品、无机药品	压缩成型
机械型	板棒	机械应力、脱型	各种形状	金属、合成树脂、食品	冲孔、切削、研磨
乳化型	—	表面张力、相分离硬化作用、界面反应	球状	医药、化妆品、液晶	微胶束

（1）转动粒化

① 圆筒粒化机　通常的圆筒粒化机，筒内设有加水装置，制得的粒化料，粒度不均匀，必须经过筛分。优点是单机产量大，运转比较平稳。圆筒内的装料率较低，一般仅为筒身容积的 10% 以下。筒身倾角在 6°以内，转速为 5～25r/min。

② 圆盘粒化机　圆盘粒化机目前应用较为广泛，由斜置带边圆盘、垂直于盘底的中心轴、安在盘面上的刮刀及加水装置组成。粉状料与水或黏结剂自上方连续供入，由于未粒化料与已粒化料在摩擦系数上的差异，后者逐渐移向上层，最后越过盘边而排出。这种分离作用使球粒均匀，不需过筛。圆盘的倾斜角可以借助螺旋杆在 30°～60°间作调整。目前水泥厂生料成球常用此法。

水分是成球的先决条件，干粉料不可能滚动成球粒。水分不足或过多，都会影响粒化效率和料粒质量，粉料被水润湿，一般认为分四个阶段进行：先是形成吸附水，然后是薄膜水、毛细管水，最后为重力水。在粉料的表面性质中，对粒化过程起作用的主要有颗粒表面的亲水性、形状与孔隙率。亲水性高，易被水润湿，毛细管力大，毛细管水和薄膜水的数量就多，受毛细管力影响的毛细管水的迁移速率也大，粒化性能也好。表面形状决定了接触表面积，接触表面积大，易于粒化，球粒强度高。表面孔隙率大，则物料的吸水性大，有利于粒化。粒度小并具有合适的粒径分布，则接触面积增加和排列紧密，表面水膜减弱，毛细管的平均半径也减小，使粉料黏结力增大。配合料中加入黏结剂，可以改善粒化，如玻璃配合料中的纯碱，在适量水分下，能起黏结作用，一般粒化温度在 20～31℃，球粒形成良好。

粒化过程一般可分为三个阶段，即形成球粒、球粒长大、长大了的球粒变得紧密。上述三个阶段主要依靠加水润湿和用滚动的方法产生机械作用力来实现。

（2）喷雾干燥造粒　喷雾干燥是从浆体中排出水分并得到近于球形粉状颗粒的过程。浆料经高压强制雾化，表面积迅速增大，与热气流相遇时，水分便迅速蒸发。又由于浆料雾化过程中水的表面张力作用，粉料会形成粒状的空心球。因此喷雾干燥的优点是料浆脱水效率高，同时，又可以得到流动性（成型性能）好的粉状颗粒。它是一种较理想的造粒方法。

喷雾干燥制得的粉料性能对压制坯体乃至产品质量具有重要的影响。其中最重要的是粉料的水分和颗粒级配。当采用等静压成型时，对粉料的要求则更高。

调整粉料水分一般可采取以下两种方法：

① 当粉料水分与预定水分相差较大时，可调整热风炉温度。通常其可调的热风温度一般为 400～650℃。

② 当粉料水分与预定水分相差 1% 左右时，则可调节柱塞泵的压力。通常其压力可调范围为 0.2～0.3MPa。

此外，还可调整出口尾气温度等。现在已有红外测定仪与微机联合使用，自动调节粉料水分的装置。

影响粉料颗粒级配的因素很多，如料浆含水率、料浆黏度、供料压力、喷嘴孔径等。料浆含水率或流动性增加，会促进料浆雾化并产生较小的粉粒。料浆黏度大会产生大的颗粒。喷嘴直径大显然颗粒大，因此喷嘴如果磨损，要及时更换。实验证明，在相同的条件下，干燥塔直径越大，则颗粒越大。

4.4.3.2 压制成型过程

用于压制成型的机械种类繁多，目前采用较多的的有手动压机、摩擦式压砖机、曲柄杠杆式压砖机、液压压机等。

(1) 摩擦式压砖机　这种压机工作时，当加压螺杆顶端的飞轮盘与左边或右边的主动回转盘接触时，靠两者间的摩擦，便可带着螺杆回旋着上升或下降。由于螺杆运动较平缓，且压力是逐渐增大的，所以，压出的制品非常紧密。目前，许多墙地砖厂即采用这种压砖机。

(2) 自动液压压机　自动液压压机的整个过程全部自动完成，且可由微机控制进行不同的加压制度的成型。以三种不同压力进行三次加压的油压机的动作为例：来自油泵的油通过增速器加快流速，减小压力，使活塞以较快速度运行，完成快速、低压的第一次加压过程；通过二次加压阀以预定压力完成二次加压过程；通过二、三次加压转换控制阀，使油经增压器加大油压，以较大压力完成第三次加压。通过模套动作控制器控制压机下部油缸活塞上下运行，使模套上升进行填料，模套下行顶出压好的砖坯。油路中的两个蓄能器在施压时起储油的作用，保证工作时无惯性与摩擦。蓄能器上部储有高压气体。

(3) 等静压设备　等静压用的设备有两种类型。

① 湿袋法等静压设备　装满粉料的模具放入高压容器后，全部浸入液体介质中。容器中可同时放入几个模具。此法适于压制形状复杂或大型的产品。操作时，关闭和打开容器较费时。

② 干袋法等静压设备　此法用弹性模具固定在高压容器中。装料后的模具送入压力室中加压，成型后又退出脱模。这时模具不和液体介质直接接触，可减少模具移动的距离，不必调整容器中的液体和排出多余空气，因而缩短了脱模时间。但这种方法只能在粉料周围加压，模具的顶部和底部无法加压。它适于大量压制同一类型的产品，特别是几何形状比较简单的制品，如管状、柱状体。

4.5　玻璃的成型

玻璃成型是将熔融态玻璃液转变为具有几何形状制品的过程，这一过程也可称之为玻璃的一次成型或热塑成型过程。常见的玻璃熔体的成型方法有压制法（水杯、烟灰缸等）、压延法（压花玻璃等）、浇铸法（光学玻璃、熔铸耐火材料、铸石等）、吹制法（瓶罐等空心玻璃）、拉制法（窗用玻璃、玻璃管、玻璃纤维、平板玻璃等）、离心法（玻璃棉等）、喷吹法（玻璃微珠、各种耐火空心球等）、浮法（平板玻璃等）、焊接法（仪器玻璃）等。一般成型后的制品都存在着复杂的热应力，要经退火工序才能消除。本节着重介绍玻璃的成型性质、成型制度的制订及压制、吹制、拉制、浮法等重要成型方法。

4.5.1 玻璃成型理论基础

4.5.1.1 黏度

黏度是流体（液体或熔体）抵抗流动的量度，单位是（Pa·s 或 P，1Pa·s＝10P）。玻璃的黏度随温度下降而增大的特性是玻璃制品成型和定型的基础，在高温范围内钠钙硅酸盐玻璃的黏度增加较慢，而在 1000～900℃，黏度增长加快，即黏度的温度梯度（$\Delta\eta/\Delta T$）突然增大，曲线变弯，随后黏度增长更快，即可迅速定型。玻璃制品的成型温度范围选择在接近黏度温度曲线的弯曲处，相当于黏度在 $10^2\sim10^8$ Pa·s，一般将在 $10^2\sim10^8$ Pa·s 黏度范围内温度范围大的玻璃称之为慢凝玻璃（长性玻璃），反之被称为快凝玻璃（短性玻璃），见图 1-4-23。慢凝玻璃在相同的冷却速率下有较长的操作时间，而快凝玻璃则要求迅速成型。

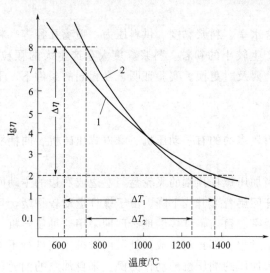

图 1-4-23　玻璃的黏度-温度曲线
1—慢凝玻璃；2—快凝玻璃

利用玻璃在吹制成型中黏度随温度而变化的特性还可自动调节制品壁的厚薄。任何局部薄壁会立即引起这一区域冷却速率加快，温度快速下降，黏度快速增长，流动性变差，玻璃变硬。而厚壁部分降温慢、温度高，黏度较小，易于拉伸，加快变薄，最后使制品壁的厚薄比较均匀。

利用玻璃黏度随温度变化的可逆性，可以在成型过程中多次加热玻璃，使之反复达到所需的成型黏度，可进行局部的反复加工，以制造复杂的制品。

4.5.1.2 表面张力

玻璃的表面张力是指玻璃与另一相接触的分界面上在恒温、恒容下增加一个单位表面时所做的功，单位是 N/m 或 J/m²。表面张力在玻璃成型过程中也起着重要的作用。玻璃液的表面张力驱使表面的自由能尽量降低，因而具有使表面尽量缩小的倾向。玻璃液的表面张力是温度和组成的函数。在玻璃成型过程中，可不用模型吹制料泡，自动调节料滴的形状，在玻璃纤维和玻璃管的拉制中能自然得到圆形，在爆口和烘口时，表面张力能使边缘变圆，这些都需借助表面张力的作用。但表面张力对成型也有不利之处，如生产平板玻璃时会使玻璃板发生收缩卷曲，通常浮法生产平板玻璃时，要用拉边器等措施来克服由于表面张力而引起的收缩；又如压制时使制品的锐棱变圆，得不到清晰的花纹等等。

4.5.1.3 弹性

弹性是材料在外力作用下发生变形，当外力去掉后能恢复原来形状的性质。对于瓶罐玻璃来说，黏度在 10^6 Pa·s 下时为黏滞性流体；黏度为 10^5（或 10^6）$\sim10^{14}$ Pa·s 时为黏-弹性材料；黏度为 10^{15} Pa·s 以上时为弹性固体。所以黏度为 $10^5\sim10^6$ Pa·s 时，已经存在弹性作用了。在成型过程中，如果维持玻璃液为黏滞性流体，不论如何调节玻璃液的流动，都是不会产生缺陷的（如微裂纹等）。

在大多数玻璃成型过程中，可能已达到了弹性发生作用的温度，至少在制品的某些部位已接近于这样的温度，这些部位就有可能产生暂时应力。所以，弹性及消除弹性影响所需要的时间，就变得很重要。高黏性的玻璃具有弹性，虽然其弹性系数比处于固体状态的弹性系数小若干数量级，但如果应力作用过快，黏滞的玻璃也可能发生脆裂。在成型的低温阶段，弹性的作用更明显。弹性大的玻璃（即较小的应力能产生较大的应变）能抵抗较大的温度差，可减少缺陷的发生。

4.5.1.4 比热容、热导率、热膨胀、表面辐射强度和透热性

玻璃成型时的冷却速率决定于外界的冷却条件，也和玻璃自身的比热容、热导率、表面辐射强度和透热性有关。

玻璃的比热容决定着它在成型过程中放出的热量，随着温度的下降，玻璃的比热容减小，在高温下硅酸盐玻璃的比热容变化不大。玻璃的热导率、表面辐射强度与透热性越大，玻璃的冷却速率越快，成型的速率也就越快。无色玻璃虽然热导率不高，但透明性好，透过辐射线的能力强，所以高温传热还好。有色玻璃的透热性差，中间的热量不易传至表面，所以成型时间要延长。

4.5.2 玻璃成型制度

玻璃成型制度是指在玻璃成型过程中各工序的温度-时间或黏度-时间制度，受玻璃种类、成型方法以及玻璃液的性质影响较大。因此，在每种具体情况下，其成型制度也各不相同，而且要求精确和稳定。

合理的成型制度应使玻璃在成型各工序的温度和持续时间同玻璃液的流变性质及表面热性质协调一致。比如在需要变形的工序，玻璃应有充分的流动度，使其迅速充满模具，表面得到迅速的冷却，出模时不变形、表面不产生裂纹等缺陷。对于某一品种的玻璃而言，其黏度和温度有直接对应关系，即 $\Delta\eta/\Delta T$ 是一定的。而成型过程中玻璃液的温度是由过程中的热传递来决定的。因此，首先要了解玻璃在不同成型方法中的热传递状况，计算其冷却速率 $\Delta T/\Delta t$，再得出硬化速率 $\Delta\eta/\Delta t$，最后根据硬化曲线（$\Delta\eta$-Δt）和冷却曲线（ΔT-Δt）确定每个工序的温度和持续时间。

4.5.2.1 成型过程中的热传递

在成型过程中玻璃的热量要转移到冷却空气中去，对无模成型的玻璃制品，如平板玻璃、玻璃管、玻璃纤维等，其冷却介质只有空气，情况较为简单。用模型成型的瓶罐、器皿等空心制品，其冷却介质为模型，而模型的冷却介质又为空气，情况较为复杂，这里只对玻璃与模具间的热传递作些定性的描述。

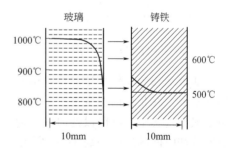

图 1-4-24 玻璃与铸铁的热传递

在模型中成型时，玻璃液中的热量主要由模型传递出去，由于玻璃的体积比热容小于金属模型（一般为铸铁）的体积比热容，所以，玻璃与模型的接触表面温度下降很大，而模型内表面温度的升高较小，又由于玻璃的热传导较差，同模型接触时，温度的降低主要限于玻璃极薄的表面层，其内部温度尚高，如图1-4-24所示。

当玻璃液与模型内表面接触时，由于骤冷，体积有一定的收缩，使玻璃制品脱离模型，玻璃与模型之间形成一层导热较差的空气层。此时，玻璃内外层温差大，热量从内部向表层迅速传递，但表层向空气层的热传递却很小，致使玻璃表面又迅速升温、变软，这种现象称为"重热"。在吹制压力的作用下，制品重新胀大，玻璃又与模型接触，再次出现强烈的热传递，接着又会再次收缩，重新膨胀。因此，玻璃制品表面与模型的热传递，是冷却-重热

反复地进行的，这种热传递随时间而衰减，即临界层的热阻随时间而增大，在压制成型时玻璃液和模型的接触较好，这层临界层的影响较小，所以，压制的冷却速率也比吹制快。

由于玻璃的热传导能力很差，玻璃表面的热量很快传出而又得不到内部热量的迅速补充，所以玻璃表面的温度会迅速下降，若冷却进行得过快，就会在玻璃表面层中产生张应力，这就是制品出现裂纹和破裂的原因。所以要求模具的温度不能太低，模具的表面不能太光滑，并应有一定燃烧后的碳为隔离层。

综上所述，玻璃传递到模型的热流主要决定于玻璃表面的温度、模型内表面的温度以及玻璃与模型间的热阻。而这种热阻又与玻璃的黏度及把玻璃压向模型的压力有关，也和模型表面粗糙度和沉积物有关。因此要控制好这种热传递，就要稳定玻璃的性质（黏度、热性能），控制玻璃的表面温度、模具的表面温度和模具内表面的性能以及成型时所用的压力。

4.5.2.2 玻璃冷却速率的计算

对微量玻璃来说，其在空气中的冷却速率可用下式来计算：

$$\frac{\Delta T}{\Delta t} = -\frac{CS}{c_p}(T-\theta) \tag{1-4-23}$$

式中　S——玻璃制品的表面积；

　　　c_p——玻璃的比热容；

　　　T——玻璃的温度；

　　　C——玻璃的表面辐射系数；

　　　θ——玻璃所接触的冷却介质的温度；

　　　t——冷却时间。

因此，对质量为 m 的玻璃其冷却时间 t 可用下式计算：

$$t = \frac{mc_p}{SC}\ln\frac{T_1-\theta}{T_2-\theta} = \frac{1}{K}\ln\frac{T_1-\theta}{T_2-\theta} \tag{1-4-24}$$

式中　m——玻璃质量；

　　　T_1——玻璃制品成型开始的温度；

　　　T_2——成型终了温度；

　　　K——计算系数，$K=\dfrac{SC}{mc_p}$。

如玻璃在金属模型中成型，由于冷却介质由空气换成金属，从而改变了热传递的条件和辐射系数，在相应的温度下，系数 K 值将增大数倍，而且模型本身的蓄热能力大，这就缩短了成型过程中定型阶段的时间，使产量有所提高。玻璃瓶罐成型过程中热流传递速度对玻璃液冷却时间的影响如表 1-4-4 所示。

表 1-4-4　玻璃瓶罐成型过程中热流传递速度对玻璃液冷却时间的影响

热流传递速度/(mm/s)		与玻璃冷却时间相适应的 1 个	1 个模型的生产能力
在铸铁模中	在玻璃中	瓶子的成型时间/s	即 1h 内生产的数量
2.3	0.21	24.0	150
2.7	0.25	18.0	200
3.0	0.28	14.4	250
3.2	0.30	12.0	300
3.5	0.33	10.3	350

玻璃成型中，制品表面较其中部冷却和硬化要快得多，玻璃中部和距离为 d 处的温度

差，同距离的平方成正比，即：

$$\Delta T = T_{cp} - T_d = Bd^2 \qquad (1\text{-}4\text{-}25)$$

式中　T_{cp}——制品中部的温度；

　　T_d——与制品中部距离 d 处的温度；

　　d——与制品中部的距离；

　　B——温度分布常数，主要决定于玻璃的着色性质与着色程度、玻璃的辐射系数 C 和透热性，有色玻璃的温度分布常数 B 值随着色程度增大而急剧地增大。

经换算，使玻璃中间层和表层冷却到同一温度时的时间差值 Δt，可用下式计算：

$$\Delta t = \frac{mc_p}{SC} \ln\left(1 + \frac{Bd^2}{T_2 - \theta}\right) \qquad (1\text{-}4\text{-}26)$$

有色玻璃的 B 值特别大，也就是说急剧增大了表面层和中间层的温度梯度 ΔT 和冷却时间差 Δt。

根据以上两式，可以计算玻璃制品成型过程中冷却所需要的时间，并可绘制成型玻璃的温度-时间曲线，见图 1-4-25。结合黏度-温度曲线，可进一步绘制成型玻璃的黏度-时间曲线，即玻璃的硬化曲线。结合实际参数，就可以制订出相应的成型制度。

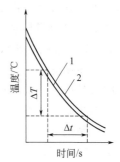

图 1-4-25　玻璃液的温度和冷却时间的关系

1—表层；2—中间层

4.5.2.3　成型制度的确定

(1) 成型黏度范围　玻璃液在成型黏度范围内易于成型，有一定冷却硬化速率，又不产生析晶等缺陷，一般工业玻璃液的成型黏度范围为 $10^2 \sim 10^6\,\text{Pa·s}$。不过成型开始所需的黏度还和许多因素有关，如成型方法、玻璃的颜色和配方、制品的造型和重量等，成型开始黏度大致在 $10^{1.5} \sim 10^4\,\text{Pa·s}$，灯泡玻璃约为 $10^{1.5}\,\text{Pa·s}$，平板玻璃为 $10^{2.5} \sim 10^3\,\text{Pa·s}$，压制和拉管为 $10^3 \sim 10^4\,\text{Pa·s}$。成型的终了黏度为 $10^5 \sim 10^7\,\text{Pa·s}$。

(2) 成型各阶段的持续时间　从理论上说可以根据玻璃的黏度-时间曲线来确定。即按成型黏度范围（$\Delta \eta$）得出总的持续时间（Δt）。实际上要复杂得多，特别是在用模子成型的自动吹制机上。各阶段的温度和持续时间与玻璃的热传递密切相关，需要经过反复试验测试确定。

(3) 模型的温度制度　模型的温度制度也是成型制度的一个重要方面，在成型之前模型应加热到适当的操作温度。在成型过程中，模型从玻璃中吸取并积蓄热量，同时因辐射和对流又将热量传递给模外的冷却介质。为了维持稳定的操作温度，模型从玻璃中吸取的热量和散失到冷却介质中的热量必须相等，这样，模型的外表面和距外表面一定距离的模壁处，温度应当稳定。实验数据说明，在距离模型内表面 1cm 处，其温度波动已不显著，模具的厚度一定要大于温度波动厚度的 50% 或 1 倍左右，使温度波动层外有足够的等温传热带，以保持模具温度制度的稳定。

4.5.3　玻璃成型方法

玻璃成型是熔融的玻璃液转变为具有固定几何形状制品的过程。玻璃在较高温度时属于热塑性材料，因此一般采用热塑成型，常用的方法有以下几种。

4.5.3.1　吹制成型

吹制法主要是用来制备空心的玻璃制品，如电灯泡、玻璃瓶罐、日用器皿等。吹制成型可分人工吹制和机械吹制，人工吹制因产量低、劳动强度大，目前除吹制少量工艺美术品和少量大件产品外已很少用，而各种自动化机械吹制已占主导地位。

1905 年第一台完全自动化的欧文斯制瓶机问世，它是利用抽气减压原理将玻璃液吸入雏形模内。以后又发展为由供料机将一定形状和质量的料滴，有规律地滴入制瓶的雏形模内。为了连续装料，这些制瓶机的模子均随着工作台一起转动，该机生产效率和成品率高。缺点是机器占地面积大、部件易磨损、换模及检修时要停机等。后来又发展了行列式制瓶机，它是由各个独立的分部排列起来的，组成的每一分部具有一个雏形模和一个成型模。因此当一分部检修换模时，其他分部仍继续生产，无需全部停车。料滴质量相同的条件下，可以同时生产几种大小高低不同的瓶罐。机器无转动部件，机件不易损坏，操作平稳安全。缺点是料滴经过金属导管溜到各机组雏形模时，温度不均匀，易造成制品厚薄不均。德国制造的 H1-2 型制瓶机能使料滴直接落入雏形模内，并用由上而下的冲头压制成小口瓶或大口瓶的雏形，使瓶壁均匀。该机运行平稳，雏形、重热成型的时间能够独立调节，更能适应玻璃的温度与黏度变化的特性。

机械吹制有两种方法：压-吹法和吹-吹法。前者用以制造广口瓶（如罐头瓶、牛奶瓶），后者用以制造细颈小口瓶（如啤酒瓶、汽水瓶）。

4.5.3.2　拉制成型

此法适用于成型各种板材和管材，其作用原理是对黏流状态的玻璃施加拉力，使其变薄，并在不断的变形中得到冷却而定型。

（1）平板玻璃的垂直拉制法　20 世纪初比利时人弗克发明了平板玻璃有槽垂直引上法，后来由美国发展为无槽垂直引上法，1971 年由日本旭玻璃公司改造为对辊法。它们的基本原理大致相同：即在液面保持一条均匀拉力，在板的两个边部加强冷却，造成一个半固化的边，加上板面两侧的两片大水包的冷却作用，使整个板面固化，以抵抗纵向拉引时板面的横向收缩。玻璃板在表层硬化、深层还较软时，在拉引力和重力的作用下不断变薄，最后定型，并在垂直引上机中进行退火切割成片。垂直引上法生产品种多，引上机机膛同时又是退火设备，占地面积小，容易控制。但有槽法生产的玻璃有波筋、线道等缺陷，且经常为了清理槽口的结晶、更换槽子砖等而停产，所以，这种方法正在被淘汰。无槽垂直引上法和对辊法是对有槽法的一种改进，但总的来说，拉制法生产的玻璃平整度较差，波筋、条纹等缺陷很难完全避免，因此，近年来很少使用。

（2）玻璃管的拉制　玻璃管的拉制分水平拉制和垂直引上（或引下）两类方法。水平拉制采用丹纳法和维罗法。丹纳法可拉制外径 2～70mm 的玻璃管，主要用以生产安瓿瓶、日光灯、霓虹灯等的薄壁玻璃管。玻璃液从池窑的工作部经流槽流出，由闸板控制其流量，流出的玻璃液呈带状绕在耐火材料制成的旋转管上。旋转管直径上端大、下端小，并以一定的倾斜角装在机头上，由中心钢管连续送入空气，旋转管以净化煤气加热。在不停地旋转下，玻璃液从上端流到下端形成管根，管根被拉成玻璃管，经石棉辊道引入拉管机中，拉管机的上下两组环链夹持玻璃管，使之连续拉出，并按一定长度截断。垂直拉引法一般来生产厚壁管，其生产的原理和垂直引上法制平板玻璃类似。

4.5.3.3　浮法生产平板玻璃

浮法是指玻璃液漂浮在熔融金属表面上生产平板玻璃的方法。它是英国皮尔金顿公司经 30 年的研究，在 1959 年投入工业生产的。其优点是玻璃质量高（接近或相当于机械磨光玻璃），拉引速度快，产量大，厚度可控制在 1.7～30mm，宽度可达 5.6m，便于生产自动化。浮法玻璃的问世是世界玻璃生产发展史上的一次重大变革，它正在逐步取代各种拉制法生产平板玻璃。

浮法玻璃的成型原理（如图 1-4-26 所示）是让处于高温熔融状态的玻璃液浮在比它重的金属液表面上，受表面张力作用使玻璃具有光洁平整的表面，并在其后的冷却硬化过程中加以保持，则能生产出接近于抛光表面的平板玻璃。浮法玻璃的生产原理看似简单，但却是在解决了一系列技术问题后才得以实现的。

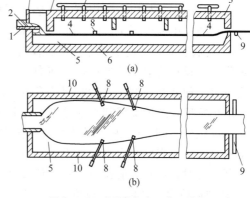

图 1-4-26　浮法生产工艺示意图

1—流槽；2—玻璃液；3—顶盖；4—玻璃带；
5—锡液；6—槽底；7—保护气管道；8—拉边辊；
9—过渡辊台；10—胸墙；11—闸板

（1）浮抛介质的选择　用作玻璃液的浮抛金属液必须具备以下条件：

① 在 1050℃ 温度下的密度要大于玻璃，一般要求其密度大于 2500kg/m³。

② 金属的熔点低于 600℃，沸点高于 1050℃，1000℃ 左右的蒸气压应尽可能低，要求低于 13.33Pa。

③ 容易还原，在还原气氛中能以单质金属液存在。

④ 在 1000℃ 左右温度下，不与玻璃发生化学反应。

能满足以上条件的金属有镓、铟、锡三种，其中锡最便宜、无毒，所以选用锡液作为浮抛介质。但它易被氧化成 SnO、SnO_2 或与硫反应生成 SnS，所以，要用还原性气体进行保护。一般用氮气加氢气，保护气体中即使有很微量的氧都会使锡液恶化，导致玻璃下表面产生雾点、沾锡、彩虹等缺陷。

（2）玻璃厚度的控制　如何控制玻璃厚度是浮法生产平板玻璃的关键。生产厚度大于 6mm 的玻璃比较容易，主要是限制玻璃带自由变宽，可在锡槽摊平抛光区设石墨挡边器来限制玻璃宽度，如果同时加大玻璃液的供给量，并调整拉引速度，就可以生产 6～30mm 厚的玻璃。但要生产厚度小于 6mm 的各种玻璃就比较困难。因为玻璃在锡液上自由摊平，有一个平衡厚度。即使再加大拉力，厚度变化不大，但宽度却大大减小。如拉力过大，玻璃带会被拉断。要解决浮法玻璃拉薄问题，首先要了解有关平衡厚度和表面张力的增厚作用，再介绍浮法玻璃拉薄的方法。

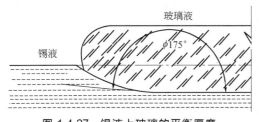

图 1-4-27　锡液上玻璃的平衡厚度

① 浮法玻璃液的静置平衡厚度　高温锡液面上的玻璃液（1050℃），在没有外力作用的条件下，重力和表面张力达到平衡时玻璃带的厚度有一个固定值，称为平衡厚度，约为 7mm，见图 1-4-27。

玻璃液摊平在锡液上有三个界面和三个相应的界面张力，玻璃液表面上的表面张力 σ_g，锡液面上的表面张力 σ_t 和玻璃-锡液面上的表面张力 σ_{gt}。当重力及表面张力相平衡时，玻璃带的厚度可由下式计算：

$$d^2 = (\sigma_g + \sigma_{gt} - \sigma_t)\frac{2\rho_t}{g\rho_g(\rho_t - \rho_g)} \tag{1-4-27}$$

式中　d——玻璃带的平衡厚度；

ρ_g——玻璃的密度；

ρ_t——锡液的密度；

g——重力加速度。

在有拉引辊的拉引力作用下，玻璃的厚度小于 7mm，约为 5.7～6.3mm，而且在一定的拉力下与拉引速度无关。6.3mm 厚度称为在有拉引力作用下的平衡厚度。

② 玻璃表面张力的增厚作用　在高温下玻璃液的黏度小（10^3 Pa·s），表面张力能充分发挥作用。浮在锡液上的玻璃带，横向没有约束力，当纵向拉力增加时，宽度缩小，而厚度改变不大。即使利用拉边器暂时保持宽度，玻璃带短期被拉薄，随后又会在表面张力的作用下，缩小宽度，厚度又回到平衡厚度，这就是表面张力的增厚作用。只有当玻璃的温度下降到使黏度达到 10^5 Pa·s 左右时这种增厚作用才会大大减弱。这是由于温度降低使玻璃的黏度迅速增大，而表面张力则增加不多，巨大的黏滞力使表面张力难以发挥作用，因此，当有拉边器作用时，在强大的拉力下就可使玻璃变薄。

③ 玻璃拉薄　从以上分析可见，要拉薄玻璃，必须在玻璃带 850～700℃处设置拉边器，拉边器用石墨辊或与玻璃不粘连的金属辊制成。辊的头部有齿条，可压入玻璃带，它以一定的速度自转，其线速度小于拉引辊的拉引速度，造成一个速度差，从而使拉边辊前方（摊平抛光区）玻璃带的拉引速度远小于拉引辊的拉引速度，保证了摊平抛光程度不受拉引速度的影响。拉边辊成对的设在玻璃板两侧，设置对数的多少与所拉的板厚有关，如板厚为 5mm、3mm、2.5mm，相应的拉边辊对数为 1 对、4 对、5 对；如拉引 3mm 厚玻璃时，第一对拉边辊速度为 0.085m/s，最后一对为 0.17m/s。采用拉边辊后，玻璃的厚度同拉引速度有一定的对应关系，玻璃越薄，拉引速度越大。

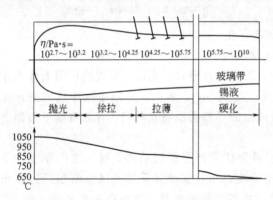

图 1-4-28　徐冷拉薄法成型工艺制度示意图

（3）浮法成型的工艺制度　按玻璃拉薄过程冷却方式的不同，浮法成型分强冷重热拉薄法和徐冷拉薄法。图 1-4-28 为徐冷拉薄法成型工艺制度示意图。其中：

① 玻璃液通过坎式宽流槽流入锡槽，温度约 1100℃。

② 摊平抛光区，温度在 1005～900℃，玻璃液黏度为 $10^{2.7}$～$10^{3.2}$ Pa·s，连续均匀流入锡槽的玻璃液浮在锡液表面，摊平并被抛光，摊平抛光过程所需的时间约为 2min。

③ 徐冷区，温度由 900～850℃，玻璃液黏度从 $10^{3.2}$～$10^{4.25}$ Pa·s。

④ 拉薄区，温度从 850～700℃，玻璃液黏度在 $10^{4.25}$～$10^{5.75}$ Pa·s，在该黏度下，表面张力使玻璃变厚的作用已不明显，受拉力作用玻璃易于伸展变薄，且厚度、宽度几乎按比例减小。玻璃带在该区形成了一个收缩过渡段，或称为变形区。拉边辊都设在此区。

⑤ 硬化区，温度从 700℃降至 600～650℃，玻璃的黏度为 $10^{5.75}$～10^{10} Pa·s，由于黏度迅速增加，使其能在保持原状的情况下被拉出锡槽进入退火窑。如锡槽出口温度偏高，玻璃带在被引上转动辊时，会出现塑性变形。反之，如温度过低，则会断板，并使锡液的氧化加剧。

4.5.3.4　压制法成型

压制成型适合于制造形状简单的厚壁玻璃制品或厚壁空心制品，如烟灰缸、水杯等。其压制成型的优点是操作简单，生产效率高，制品规格一致，且不需要太高的操作技能。但其应用范围受到许多限制，如壁不能太薄，空腔不能太深，侧壁不能有凹凸不平。而且，制品表面往往有一些不光滑的斑点，并带有模缝线，其棱角不分明，因表面张力的作用使外形发生改变，影响外观效果。为消除上述缺点，有时采用研磨、抛光的方法对表面进行修正。

压制成型的模型分闭式模和开式模两种。闭式模是整体结构，只能用以压制外形轮廓和内部空腔都是由下而上逐渐放大的制品，如玻璃杯、碟子、烟灰缸等；开式模则是一种分体模，可用以压制形状稍复杂些的制品，开模时，将模型从铰链处打开，以免损坏制品的外形。

4.5.3.5　其他玻璃成型方法

由于玻璃制品多种多样，涉及块、面、棒、管、线、球等各种形状。因此成型方法除了上述几种最常用的方法外还有很多种。例如主要用来制备玻璃珠的喷吹法、粉末法、滚制成球法以及用于生产玻璃纤维的离心法等。

4.5.4　玻璃的退火

4.5.4.1　定义与目的

消除玻璃制品在成型或热加工后残留在制品内的永久应力的过程称为退火。其目的是防止炸裂和提高玻璃的机械强度。熔铸耐火材料和铸石等成型后也都要经过退火，其目的和作用原理与上述相似。

4.5.4.2　玻璃的热应力

玻璃中由于温差而产生的内应力称为热应力，按其特点分暂时应力和永久应力。

（1）暂时应力（temporary stress）　在温度低于应变点时，玻璃处于弹性变形温度范围（脆性状态），在经受不均匀的温度变化时会产生热应力。当温度梯度消失时，应力也消失。这种热应力称为暂时应力。

（2）永久应力（permanent stress）　当玻璃内温度梯度消失，表面与内部温度皆为常温时，内部残留的热应力，称为永久应力，其形成机理已在4.5.2中介绍，此处不再赘述。

4.5.4.3　玻璃中应力的消除

玻璃在应变点附近属黏弹性体（伯格斯体），既具有弹性也具有黏性，因此，应力可以得到消除（松弛）。根据麦克斯韦的理论，在黏弹性体中应力消除的速度可用下列方程式表示：

$$\frac{\mathrm{d}F}{\mathrm{d}t} = -MF \tag{1-4-28}$$

式中　F——应力；

　　　t——时间；

　　　M——比例常数，与黏度有关。

4.5.4.4　各种玻璃的允许应力

由永久应力产生的机理可见，要在玻璃中完全消除永久应力是不可能的，因为在应变点附近降温时，制品内外不可能一点不产生温差。只要那时有温差存在，到完全冷却后或多或少会存在永久应力。因此，可以根据制品用途不同，制订一个允许存在永久应力的标准。根据此标准来掌握退火要求的高低。表1-4-5为各种玻璃的允许应力指标，其数值大约为玻璃抗张强度的1%～5%。允许量小的制品（如光学玻璃）退火时要特别精细，保温时间要长，冷却速率要很慢。

表 1-4-5　不同种类玻璃的允许应力　　　　　单位：nm/cm（以光程差表示）

玻璃种类	允许应力	玻璃种类	允许应力
光学玻璃精密退火	2～5	镜玻璃	30～40
光学玻璃粗退火	10～30	空心玻璃	60
望远镜反光镜	20	玻璃管	120
平板玻璃	20～95	瓶罐玻璃	50～400

4.5.4.5　玻璃的退火工艺制度

（1）玻璃的退火温度范围　为了消除玻璃中的永久应力，必须将玻璃加热到低于玻璃转变温度 T_g 附近的某一温度，使应力松弛。这个选定的保温均热温度称为退火温度。玻璃的最高退火温度是指在此温度下经过 3min 能消除应力 95%，一般相当于退火点（$\eta = 10^{12}\,Pa \cdot s$）的温度，也叫退火上限温度；最低退火温度是指在此温度下经 3min 只能消除应力 5%，也叫退火下限温度。最高退火温度至最低退火温度之间称为退火温度范围。大部分器皿玻璃最高退火温度为 550℃ ± 20℃；平板玻璃为 550～570℃；瓶罐玻璃为 550～600℃；铅玻璃为 460～490℃；硼硅酸盐玻璃为 600～610℃。实际上，一般采用的退火温度都比最高退火温度低 20～30℃。最低退火温度低于最高退火温度 50～150℃。

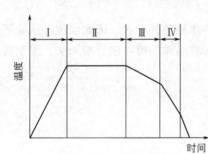

图 1-4-29　玻璃制品退火的各个阶段

Ⅰ—加热阶段；Ⅱ—保温阶段；
Ⅲ—慢冷阶段；Ⅳ—快冷阶段

（2）玻璃退火工艺过程　玻璃制品的退火包括加热、保温、慢冷及快冷四个阶段。如图 1-4-29 所示。

加热阶段：玻璃制品进入退火窑后，必须把制品加热到退火温度。玻璃在加热时，其中面层受压应力，内层受张应力。由于玻璃的抗压强度约是其抗张强度的 10 倍，所以，加热速率可以较快。但在加热过程中温度梯度所产生的暂时应力与固有的永久应力之和不能大于其抗张强度极限，否则将发生破裂。阿丹姆斯及威廉逊求得玻璃的最大加热速率为：

$$h_a = \frac{130}{a^2} \tag{1-4-29}$$

式中　a——玻璃厚度，空心玻璃制品为总厚度，实心玻璃为厚度的一半。

为了安全起见，一般技术玻璃取最大加热速率的 15%～20%，即 $20/a^2$～$30/a^2$。光学玻璃取 5% 以下。

保温阶段：主要目的是消除快速加热时制品存在的温度梯度，并消除制品中所固有的内应力。这一阶段的主要参数是退火温度和在此温度下的保温时间，退火温度可由计算或测定求得。阿丹姆斯认为在适当的退火温度时，在退火温度下保持的时间为：

$$t = \frac{520a^2}{\Delta n} \tag{1-4-30}$$

式中　t——时间，min；

a——制品厚度，cm；

Δn——允许永久应力的双折射值，nm/cm。

慢冷阶段：在玻璃中原有应力消除后，必须防止在降温过程中由于温度梯度而产生新的应力。主要靠正确地制订并严格地控制玻璃在退火温度范围的冷却制度来实现。这个阶段的冷却速率应当很低，尤其在温度较高阶段。因为这时由温度梯度产生的应力松弛速度很大，转变成永久应力的趋势大，所以，初冷速率应最低。慢冷速率主要由制品所允许的永久应力决定。慢冷阶段的结束温度，必须低于玻璃的应变点，即要使玻璃冷却到玻璃的结构完全固定以后，才不会有永久应力产生的可能。阿丹姆斯及威廉逊求得最初的慢冷速率为：

$$h = \frac{\delta}{13a^2} \tag{1-4-31}$$

式中　δ——玻璃最大允许应力；

　　　a——玻璃的厚度，cm，空心玻璃制品为总厚度，实心玻璃为厚度的一半。

快冷阶段：快冷阶段是指应变温度到室温这段温度区间。在本阶段内，只能引起暂时应力，在保证制品不致因热应力而破坏的前提下，可以尽快冷却玻璃制品。阿丹姆斯及威廉逊求得一般玻璃的最大冷却速率为：

$$h = \frac{65}{a^2} \tag{1-4-32}$$

4.5.4.6　退火设备——退火窑

退火窑可按制品移动情况、热源和加热方法的不同进行分类。按制品的移动情况分为间歇式、半连续式和连续式三类。

（1）间歇式退火窑　制品不运动，根据工艺要求，窑内温度随时间而变，或称室式退火窑。加热方法有明焰式、隔焰式两种，其能源有燃油、燃气和煤等，还可用电加热。制品可直接放在窑底上、小车上，或放在金属篮筐内。对于光学玻璃的粗退火和精密退火通常采用隔焰式。

（2）半连续式退火窑　窑内各处温度恒定不变，通过制品间歇移动来实现玻璃退火过程。此种退火窑主要有牵引式和隧道式。

（3）连续式退火窑　窑内各种温度恒定不变，而通过制品连续移动来实现玻璃退火过程。有下列几种形式：①垂直送带式。②网带式退火窑。制品被放置在金属网带上，通过带的连续转动不断将制品传送进退火窑，经退火后的制品，再被网带输送出窑外，此种退火窑目前应用最普遍。③辊道式退火窑。其工作原理和结构与网带式退火窑相似，但其传输装置为一系列辊道，玻璃板在辊道上移动，结构也较简单，主要应用于浮法玻璃、压延玻璃、平板玻璃的退火。

思　考　题

1. 无机非金属材料的常用成型方法有哪些？

2. 陶瓷材料成型方法主要有哪些类型？如何选择陶瓷材料的成型方法？

3. 简述陶瓷注浆成型方法的工作原理及其工艺过程。如何提高注浆效率？

4. 简述陶瓷可塑成型方法及其主要工艺装备和成型过程。

5. 陶瓷材料的压制成型有哪些方法？简述各类压制成型方法的主要工艺过程并比较其优缺点。

6. 玻璃有哪些主要成型方法？在其成型过程中应主要控制哪些工艺参数？

7. 简述浮法玻璃的成型原理。

8. 简述玻璃形成的两个阶段及其相互关系。

9. 查阅文献，试比较无机非金属材料、金属材料及高分子材料成型的异同点。

第5章 干 燥

在无机非金属材料工业中，通常原料或半成品中含有高于工艺要求的水分，因此在生产过程中，常常需要脱去原料或半成品中的部分水分，以满足生产工艺的要求。

脱水（dehydration）的方法一般有三种：一是根据水和物料的密度不同实现重力脱水；二是用机械的方法实现脱水；三是用加热的方法使物料的水分蒸发，达到脱水的目的。用加热的方法除去物料中部分物理水分的过程就称为干燥，有时也称为烘干。

干燥（drying）过程被广泛地应用于无机非金属材料的生产过程当中，如在干法粉磨水泥生料时，入磨物料水分一般要求控制在 2% 以下，否则会大大降低磨机的粉磨效率。因此，原料在进磨机之前通常都需要进行烘干。作为陶瓷、耐火材料和砖瓦等半成品的坯体，在入窑煅烧之前也必须进行干燥，否则容易造成产品开裂或变形。在无机非金属材料的生产过程中，干燥是一个重要的生产工艺过程。

5.1 干燥方法

干燥过程是一个物理过程，实现物料干燥的方法主要有两大类：自然干燥和人工干燥。自然干燥就是将湿物料堆置于露天或室内的地上，借助风吹和日晒的自然条件使物料得以干燥。其特点是操作简便，不消耗动力和燃料，但是干燥速度慢，产量低，劳动强度高，受气候条件的影响大，不适合于规模化的工业生产。人工干燥也叫机械干燥，是指将湿物料放在专门设备中，通过加热或其他物理过程，使物料中的水分蒸发而得以干燥。其特点是不受气候条件的限制，干燥速度快，产量大，工艺过程中便于实现机械化、自动化，适合于工业规模的生产。

根据加热方式的不同，人工干燥的加热方式可分为外热源法和内热源法。

5.1.1 外热源法

外热源法是指在物料的外部对物料进行加热，加热过程从物料表面开始，物料的受热由表及内，水分则通过物料的表面进行蒸发而得以干燥。外热源法的加热方式主要有如下几种类型。

5.1.1.1 对流加热

使热空气或烟道气与湿物料直接接触，依靠对流传热向物料供热，水汽则由气流带走。对流干燥在生产中应用最广，它包括喷雾干燥、气流干燥、流态化干燥、回转式干燥、箱式干燥、链式干燥和隧道干燥等。通常用热空气或热烟气作为介质以对流的方式对物料表面进行加热。

喷雾干燥，是一种在喷雾干燥器中进行连续式泥浆干燥的方法。喷雾干燥器，从20世纪50年代中期就开始在陶瓷工业中应用，由于技术的不断进步，应用日趋广泛。其干燥过程大致是：将含水量40%左右的料浆，由泥浆泵送入雾化器，并雾化成20～60μm的雾滴，分散于热气流中，与干燥介质均匀混合，进行剧烈的热交换和质交换，使水分蒸发，干粉料自由下落，在干燥塔底经卸料装置卸出，制成适合于干压成型所需的颗粒状干粉料，含有微粒及水分的热风经旋风收尘器收集微粒后，由排风管排出。

（1）喷雾干燥工艺构成 喷雾干燥器类型很多，所得的产品也有很大差别，但其干燥流程基本相同，干燥器主要由如下几部分构成（如图1-5-1所示）。

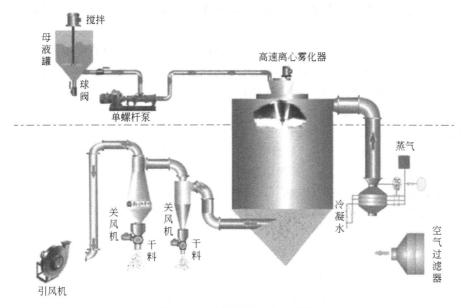

图 1-5-1 喷雾干燥工艺示意图

① 供热系统 供给干燥器所需要的热量。通常以热空气为干燥介质，其系统包括空气过滤器、风机、空气预热器和空气分布器。空气预热器有间接式和直接式两类，即间接式蒸汽加热的空气预热器和直接式烧煤、油和煤气的空气预热器。也可直接利用或经过热交换利用的窑炉余热。电加热的空气预热器用于实验室或试验工厂的小型喷雾干燥器中。空气分布器设置在喷雾干燥塔内。

② 干燥系统 包括浆料罐、过滤器、泵、雾化器及干燥塔等装置。雾化器是将物料分散为微细雾滴的装置，雾滴大小和均匀程度对于产品质量和技术经济指标影响很大，是喷雾干燥器的关键部件。浆料雾化有三种方式：气流式雾化，是利用压缩空气或过热蒸汽的高速流动将浆料分散成雾状；压力式雾化，是利用高压泵将浆料压过小孔，使浆料分散成雾滴；离心式雾化，是利用高速旋转的圆盘将浆料从盘中甩出，使之形成薄膜，然后断裂成细丝和雾滴。干燥塔是被喷成雾滴的泥浆与干燥介质进行热交换和质交换的设备，其尺寸大小、干燥介质及雾滴的运动方向和混合情况，直接影响干燥产品的性能和干燥时间。

③ 干粉收集及气固分离系统 包括干燥塔的干燥成品排出装置及细粉回收装置。

（2）喷雾干燥流程 根据热气流（干燥介质）与泥浆雾滴相对运动的方式不同，喷雾干燥的流程可分为并流式、逆流式和混流式三类。

（3）喷雾干燥法的特点　喷雾干燥是陶瓷生产的新工艺，代替了传统的粉料制备工艺过程（泥浆→压滤→干燥→粉碎→调湿→筛分），由于泥浆雾化成微粒，因而具有很大的表面积，显著地增大了水分蒸发表面，缩短了干燥时间。其优点如下：

① 喷雾干燥器一次成粒，大大简化了工艺流程，缩短了生产周期，节省了设备和劳力，且生产过程可连续化、自动化，改善了劳动条件。

② 由于雾化时液滴很小，气、固表面接触面积极大，大大提高了干燥速率，缩短了干燥时间。一般雾滴在零点几秒内即被干燥成粉粒状。

③ 因干燥时间极短，颗粒表面温度低，干燥热敏性物料不易变质，能得到速溶粉末或空心球状或疏松团状的球形颗粒（传统工艺制备的粉料为棱角形），流动性好，能很好地充填压模，能适应压坯的自动连续操作及快速成型要求，且能显著减少模具的磨损。

④ 制得的粉料还可以与泥浆混合，获得质量均匀、含水量准确的可塑泥料。由于细粉（小于 $5\mu m$）未流失，泥料可塑性能好，因此可用同一制泥系统制备多种泥料以适应不同产品的要求，可用于制备日用陶瓷、电瓷等坯料。

⑤ 易于调节和控制产品的质量指标，如粒度、含水率等。

喷雾干燥器的缺点是：

① 干燥器的容积给热系数小，蒸发强度低，干燥室需占用较大的空间，体积较庞大，单位产品的热耗较大（蒸发 1kg 水需要热量为 3600～6300kJ）；

② 热效率较低，一般为 30%～40%，且机械能耗大；

③ 需要选择可靠的气固分离装置，以避免产品的损失和对周围环境的污染，一次投资费用较大。

（4）喷雾干燥器节能方法　喷雾干燥器是陶瓷行业能耗较高的设备之一（喷雾干燥器消耗能量占陶瓷生产能耗的 30%左右），降低喷雾干燥器的能耗，对提高企业的经济效益，促进陶瓷工业的可持续发展具有重要意义。节能可从如下几方面入手。

首先，提高干燥介质的进塔温度和降低干燥废气的离塔温度。在热风的离塔温度（又称排风温度）恒定不变的情况下，热风的进塔温度（又称进风温度）越高，那么热风传给泥浆雾滴的热量就越多，单位热风所蒸发的水分也较多。显然在生产能力恒定不变的情况下，所需热风风量也就越少（即减少了热风离塔时所带走的热量），也就是说降低了喷雾干燥制粉的热量消耗，提高了热风的利用率。在热风进塔温度（即进风温度）恒定不变的情况下，降低热风的离塔温度，既减少了热风离塔时所带走的热量，又能最大限度地利用热风的热量干燥陶瓷泥浆雾滴，由此单位热风所蒸发的水分就越多，热效率就越高。

其次，要对喷雾塔主体的设计进行适当改进。例如：增加主筒塔体高度，同时保证喷枪与喷顶的合理高度；分风器的旋向角度设计合理，使热风在塔体中处于悬浮状态，且能在塔体内均匀分布；选用型号大一些的旋风除尘器；在喷枪的喷头上增加一个台阶，使喷片合理地放在中心位置，以增强其雾化效果。

再次，注意工艺上的配合，如提高料液温度、增强废气循环利用、加强保温、降低泥浆的含水率、增大进塔热风与离塔热风之间的温度差等。

5.1.1.2　辐射加热

热量以辐射传热方式投射到湿物料表面，被吸收后转化为热能，水汽靠抽气装置排出。

辐射干燥，又叫红外线干燥，是利用红外线的辐射作用来干燥物料的。如利用红外灯、灼热金属或高温陶瓷表面产生的红外线对物料表面进行加热。红外线波长在 $0.76～1000\mu m$

范围内。一般将 $0.76\sim1.5\mu m$ 的波段称为近红外线；$1.5\sim5.6\mu m$ 的波段称为中红外线；$5.6\sim1000\mu m$ 波段称为远红外线。红外干燥的显著特点是通过被干燥的物体吸收红外线而加热，热的传递不受物体表面空气膜阻力的影响，其传热率比对流传热速率可提高几倍，干燥热效率高、干燥速度快、能源消耗低、干燥质量较好、设备占地面积小、易于制造，已得到了日益广泛的应用。红外干燥的原理是物体对热射线的吸收具有选择性，水是非极性分子，其固有振动频率大部分位于红外波段内，只要投射的红外线的频率与含水物质的固有频率一致，物体就会吸收红外线，产生分子的剧烈共振并转变为热能，使其温度升高，水分蒸发而干燥。大部分含水物料在远红外波段具有强烈的吸收能力，且有一定的穿透深度，因此，远红外线干燥法在生产中应用更广泛。

远红外辐射元件一般由金属或陶瓷基体、基体表面涂层及热源三部分组成。涂层的目的是增加辐射力，即利用 Ti、Zr、C、Co、Fe、Mn 等氧化物或其混合物或碳化硅、氮化硼等在红外线波长范围内单色黑度大的涂层材料来提高辐射力。涂敷方法有等离子喷涂、手工涂刷、复合烧结等。热源可用电加热或煤气加热、高温烟气加热、蒸汽加热。加热温度由使用温度和材料性能决定。由热源发出的热量通过基体传递到表面涂层辐射出红外线。当辐射表面温度在 $400\sim500℃$ 时，辐射效果较理想。远红外辐射元件可制成管状、板状、灯泡状或特殊形状。通常，管状元件适用于干燥板状制品；灯泡状元件适用于干燥形状复杂的制品；板状元件适用范围较广，大多数情况下均适用。

红外辐射器可安装在链式、隧道式等干燥器中单独作热源，也可将远红外干燥和对流干燥结合起来，采用红外辐射与热气流高速喷射交替进行的方式，干燥效果更好。

辐射干燥的干燥速率 M 可以按下式计算：

$$M=W/A\tau=I(\alpha-0.2)^a/L^b\Delta^c \tag{1-5-1}$$

式中　M——干燥速率，$kg/(m^2\cdot h)$；

$\qquad W$——排出水分量，kg；

$\qquad A$——物体被照射的面积，m^2；

$\qquad \tau$——干燥时间，h；

$\qquad I$——辐射强度，W/m^2；

$\qquad \alpha$——物体对红外线的吸收能力（浅色 0.302，深色 0.400）；

$\qquad L$——辐射源与物体表面的间距，m；

$\qquad \Delta$——物料厚度，m；

a，b，c——经验常数。

从上式可以看出，增加辐射强度、减小辐射距离和物料厚度都有利于提高干燥速度，在物料中加入一些深色的有机色剂，可提高物料对红外线的吸收能力，从而提高干燥速度。在干燥过程中，大约有 80% 的水分被辐射到物料的表面而排出。

在辐射干燥中，有时为了节约能量，可以采用间歇辐射干燥，即辐射一段时间后，停止一段时间。由于空气不吸收辐射能，其温度总是低于物料的表面温度。在停止辐射其间，由于其表面的热量不断地传给周围的空气，另外水分蒸发带走了热量，表面温度就下降，甚至低于中心的温度，这样，温度梯度与水分梯度的方向相同，对干燥过程的进行有利。实践证明，采用这种方法，干燥时间虽然比连续辐射时间长 $20\%\sim30\%$，但辐射器的功率消耗却可减少一半左右。

许多物体对近红外线的吸收有选择性，而对远红外线则有良好的吸收性能。例如，大部分物体吸收红外线的波长范围为 $3\sim50\mu m$。可见，如果采用远红外线干燥，则干燥速度更快，干燥能量的消耗也可大为减少。

红外线辐射器可安装在室式干燥器、链式干燥器或隧道式干燥器中，代替热气体作为干燥热源，也可将辐射干燥与对流干燥结合使用，如果以烟气作干燥介质，则烟气中的二氧化碳和水蒸气会吸收部分红外线，使辐射强度衰减。湿坯件首先由红外线照射受热，红外线的能量大部分用于坯体升温，此时内部水分向表面移动，而表面蒸发水分还很少，接着喷吹热风，使扩散至坯体表面的水分迅速蒸发，若持续喷射热风，坯体厚度方向的水分梯度又会增大，而表面颗粒靠拢，阻碍内部水分向外扩散，干燥速度将下降。因此，再对坯体进行红外线照射，加速内扩散过程，减少水分梯度，以利于水的进一步蒸发，如此交替干燥 2～4 次，既可加快干燥速度，又不易产生干燥废品，还可降低干燥能量的消耗。如：原用 80℃ 热风干燥 2h 才可完成干燥的生坯，改用远红外干燥，生坯温度约 80℃，仅需 10min 就可完成干燥。如卫生洁具生坯在通风的厂房里要干燥 18 天，改用近红外干燥仅用 1 天即可，再改用远红外干燥，时间和能量消耗又都可减少 1/2 左右。

辐射干燥法适于薄壁制品及多孔物料的干燥。因为在辐射阶段，中心不易加热，内部温度低于表面温度，热湿扩散相反，增加了内部水分移动的阻力，影响了干燥速度。如果让表面温度过高，蒸发过快，则会引起坯件开裂或变形。

远红外干燥的特点：

① 干燥速度快，干燥时间约为近红外干燥的 1/2，为对流干燥的 1/10，节约能源；

② 与对流干燥相比，因能透入物体内部，加热较均匀，产品质量好；

③ 元件设备费用低，制造简单，易于推广；

④ 因物体吸收红外线是在表面进行的，所以表面温度高于内部，使热传导与湿传导的方向相反，降低了制品的最大安全干燥速度。

5.1.1.3 传导干燥

湿物料与加热壁面直接接触，热量靠热传导由壁面传给湿物料，水汽靠抽气装置排出。它包括滚筒干燥、冷冻真空耙式干燥等。

5.1.1.4 对流-辐射加热

两种加热方式的综合，既有对流加热又有辐射加热。根据热量的供给方式，有多种干燥类型。

5.1.2 内热源法

内热源法就是将湿物料放在高频交变的电磁场中或微波场中，使物料本身的分子产生剧烈的热运动而发热，或使交变电流通过物料而产生热量，物料中水分得以蒸发，物料本身得以干燥。例如，将湿物料置于高频电场内，依靠电能加热而使水分汽化，包括高频电热干燥、工频电热干燥、微波干燥。与外热源法不同的是，加热过程是一个由内及外的过程。其显著特点是水分蒸发的成分梯度与温度梯度一致。

5.1.2.1 高频电热干燥

高频电热干燥就是将湿坯体置于高频电场中（0.3～50MHz），电磁波高频振荡，使坯体中的水分子发生非同步振荡，水分子因摩擦而产生热效应，从而使水分蒸发而干燥。坯体中水越多，或电场频率越高，则介电损耗越大，产生的热能越多，干燥的速度也越快。

高频电热干燥的设备由整流器、振荡器及带有平板电容器的二级振荡电路三个基本部分组成。湿坯体的干燥是在两平板间进行的。高频电热干燥是感应加热，这种加热装置，首先应研究被干燥物料的电气性能与温度和频率的关系。物料单位体积消耗的功率（能量）可按下式计算：

$$P = 0.555E^2 \times f \times \varepsilon \times \tan\alpha \qquad (1-5-2)$$

式中　f——电流频率，Hz；

　　　E——电场强度，V/cm；

　　　ε——物料的介电系数；

　　$\tan\alpha$——损失角正切值。

　　高频电热干燥的特点是被干燥的物料内部受热，物体的热传导和湿传导的方向一致，因而有较大安全干燥速度，干燥均匀一致，不易产生变形开裂，可用于形状复杂的厚壁制品的干燥。物料不需要与电极接触，可用惰性材料制成输送带将湿物体连续通过电场进行干燥，可以集中加热物料，具有一定电气性能的个别部分（如最湿部分）能量消耗较大，蒸发 1kg 水需消耗电能 10～15kW·h（36000～54000kJ），较工频电干燥的能耗高 2～3 倍，且设备复杂，设备费用较高。

　　高频加热随着坯体水分的降低而使感应发热量减少，适用于坯体干燥初期（等速干燥阶段），尤其当坯体中存在微量电解质的情况下，高频感应更加适宜。但随着坯体中水分的逐渐减少，高频感应的作用也逐渐减弱，在干燥后期坯体中水分含量较少时，继续使用高频加热是不经济的，此时可以采用辐射干燥或热空气来进行后期的干燥。

　　高频电热干燥在纺织、食品、塑料等工业部门已有较长的应用时间，在陶瓷工业中也有了一定的进展。

5.1.2.2　工频电热干燥

　　工频电热干燥是将湿坯体作为电阻并联于工频电路中。当有电流通过时，湿坯体内部产生热量使其水分蒸发而干燥。通常以 0.02mm 的锡箔或铜丝布作为电极，用泥浆或树脂粘在湿坯体两端，然后通以电流。随着水分的蒸发，坯体的导电性能降低，电流减小，故须随着干燥过程的进行而逐渐增大电压，以保证坯体中的电流强度基本不变。一般干燥初期的电压在 30～40V 即可，而到干燥后期则要增至 220V 左右。

　　工频电热干燥时，坯体整个断面同时加热，由于表面水分蒸发和散热，使表面温度低于内部。因此，热、湿传导方向一致，干燥速度快，单位热耗低，且干燥十分均匀，多用于棒形支柱绝缘子这样的大型厚壁制品的前期干燥或毛坯的干燥。

　　工频电热干燥的缺点：干燥形状复杂的大型坯体时，安装电极比较困难，对于含水量低于 6% 的坯体的干燥，能耗剧增。

5.1.2.3　微波干燥

　　微波是介于红外线与无线电波之间的电磁波，波长为 1mm～1m，频率为 $3 \times 10^2 \sim 3 \times 10^5$ MHz。目前，工业和科研中使用的是 915MHz 和 2450MHz 两个频率。微波被物料吸收后转变为热能，微波干燥就是利用物料吸收微波产生热效应，从而使物料内部的水分蒸发而干燥。

　　并不是所有物料都能吸收微波。一般而言，良导体不吸收微波，反而会反射微波；一些电介质材料，如玻璃、陶瓷、石英、云母及某些塑料，对微波而言是透明的，微波会在其表面有少量的反射，大部分微波进入到介质内部继续传播，极少部分被吸收，故热效应甚微；有些物料，如水，当微波在其中传播时会被显著的吸收而转变为热能，具有明显的热效应。微波干燥正是利用了微波被吸收而产生热效应的特点来除去物料中水分的。

　　工业微波加热装置包括高压整流、微波发生器、波导和微波加热器等部分。高压整流主要是提供微波管所需的高压直流电源，然后通过波导输送到微波加热器中，在这里，微波被湿物料吸收而转变为热能。在自动化连续生产线上，使物料经过传送带源源不断地通过加热器，而附加的传感器和控制器，则根据坯体被干燥的情况自动控制输入到其中的微波功率，以达到调节加热温度、保证干燥质量的目的。

微波干燥具有均匀快速的特点。由于微波在吸收介质中有较大的穿透能力（其穿透深度与波长相近），并能与物料中的水分子或其他分子相互作用而就地产生热量，干燥时可使介质（如坯体）内外同时快速加热，即使形状复杂的坯体，也可实现均匀、快速加热的目标。干燥时，由于表面水分的蒸发，坯体表面的温度易降低，这样，热、湿传递方向一致，使干燥速度大为加快。如国外某卫生瓷厂采用石膏模泥浆浇注成型，在成型器内，用微波加热器辐射 1min，将石膏模空浆后，再辐射 1min。采用这种新的干燥方法，可实现快速生产，产量由原来的 17000 件/（人·年），提高到 30000 件/（人·年）。

微波加热具有选择性特点，这对于干燥某些不耐高温的物质更为有利，因为它可使水分蒸发而物料本身又不过热。

微波功率随电场强度及微波频率的增加而增大，微波加热的频率比高频加热的频率高 20 倍以上，微波加热效果比高频加热好。微波加热的热效率高，可达 80% 左右。

微波加热设备体积小，便于自动化控制。

由于微波干燥具有上述优点，各行业目前正广泛推广使用，但由于微波辐射对人体有害，故要对微波干燥设备进行防护，且设备复杂，耗电量大，微波管的质量和微波干燥设备复杂、费用高、耗电量大等问题，今后尚需研究解决。陶瓷工业中已有部分厂家开始使用微波干燥。

上述几种加热方法在不同的物料或制品以及不同的生产规模中都有应用。在无机非金属材料工业中应用最为广泛的还是对流加热，加热物料的介质叫作干燥介质，干燥介质通常是热空气或热烟气（本章后续主要以此为例进行详细介绍）。在传导、辐射和介电加热这些干燥方法中，物料受热与带走水汽的气流无关，必要时物料可不与空气接触。

普通物料的干燥采用回转式、流态化式、悬浮式等类型的干燥设备（或称烘干设备）干燥。需要保证其形状的坯体则要在特殊的烘干设备中进行，这些烘干设备有隧道式、链式、转盘式、推板式等连续工作的设备，也有采用固定烘房的间歇式工作的设备，不论是哪种设备，都应遵循相关规律，提供相应的条件，才可获得最佳的工艺效果。

值得注意的是，不同的物料干燥的工艺参数不一样。例如：在陶瓷生产中，黏土的干燥温度不宜高于 400℃，以免失去结构水而丧失可塑性；水泥生产中，煤的干燥温度不宜高于 200℃，以免煤中挥发分的逸出而影响煤质；矿渣的干燥温度应低于 700℃，以防止出现矿渣反玻璃化现象而丧失活性等，诸如此类的物料，干燥操作一定要引起重视。当然，在保证工艺要求的前提下，尽可能地将干燥工艺流程简单化，如在新型干法水泥生产过程中，干燥作业与粉磨就在同一设备中完成，这样有利于简化工艺流程和减少设备。风扫煤磨也属于此类工艺。

5.2 干燥过程

5.2.1 物料中水分的性质

按照水和物料结合程度的强弱，物料中的水分可以分为以下三类。

5.2.1.1 化学结合水

通常以结晶水的形态存在于物料的矿物分子中，如高岭土（$Al_2O_3 \cdot 2SiO_2 \cdot 2H_2O$）中的结晶水。化学结合水（chemically combined water）与物料的结合最为牢固，一般需要在较高的温度（400～700℃）下才能脱除，同时会伴随矿物的晶格结构的破坏。严格地说，结晶水的脱除已经不再属于干燥的范围，所以在干燥工艺中一般不予考虑。

5.2.1.2 物理化学结合水

包括吸附水（通过物料表面吸附形成的水膜以及水与物料颗粒形成的多分子和单分子吸附层水膜）、渗透水（依靠物料组织壁内外间的水分浓度差渗透形成的水）、微孔水（半径小于 10^{-8} m）、毛细管水（半径介于 10^{-8}～10^{-6} m）以及结构水（存在于物料组织内部的水分，如胶体中水或层间水）。在以上不同种类的物理化学结合水中，以吸附水与物料的结合最强，这种牢固的结合改变了水分的很多性质。例如，物理化学结合水产生的蒸汽压小于同温度下自由水面的饱和蒸汽压。基于这一原因，在物理化学结合水的排出阶段，物料基本上不产生收缩，用较高的干燥速度也不会使制品产生变形或开裂。但物理化学结合水与物料的结合较化学结合水要弱，在干燥过程中可以部分排出，所以，物理化学结合水又称为大气吸附水。

5.2.1.3 机械结合水

机械结合水（michanically combined water）包括物料中的润湿水、大孔隙水及粗（半径大于 10^{-6} m）毛细管水。这种水与物料的结合呈机械混合状态，与物料的结合最弱，干燥过程中最先被排出。机械结合水蒸发时，物料表面的水蒸气分压等于同温度下自由水面的饱和水蒸气分压，所以机械结合水也称为自由水。

机械水中的孔隙水、粗毛细管水被排出后，物料之间互相靠拢，体积收缩，产生收缩应力。这时如果干燥速度过大，会使制品产生较大的收缩应力而变形或开裂，这在设计制品（坯体）的干燥设备、制定干燥制度时尤其要注意。

物料中所含水的种类与物料的性质及结构有关。有的物料，如黏土，上述三种形式的水都有；有些物料，如石灰石、砂子等仅含有一种或两种形式的水分。

按干燥过程中水分排出的限度来分，可以将物料中的水分分为平衡水分和可排出水分。湿物料在干燥过程中其表面水蒸气分压与干燥介质中水蒸气分压达到动态平稳时，物料中的水分就不会继续减少，此时物料中的水分就称为平衡水分，高于平衡水分的水分称为可排出水分。显然平衡水分不是一个定值，它与干燥介质的温度及湿度有关。温度越高，湿度越低，物料中的平衡水分越低。

5.2.2 物料干燥过程

干燥过程既是传热过程，又是传质过程。在对流干燥器中，干燥介质（空气或烟气）主要以对流方式传给被干燥的物料表面，再以对流传导的方式从物料表面传热至内部。而物料的水分则由物料内部移向表面，在表面汽化并逸出到气流中去。物料的干燥是通过传热和传质过程同时作用而实现的。

物料干燥需经过加热、外扩散和内扩散三个过程，如图 1-5-2 所示。要实现物料的干燥，首先就要将物料加热，这个过程称为加热过程。物料受热后，其表面的水蒸气分压要大于干燥介质中的水蒸气分压，物料表面的水分就要向干燥介质中扩散（蒸发），这个过程称为外扩散。随着干燥的进行，物料内部和表面之间的水分浓度平衡就会被破坏，物料内部的水分浓度要大于物料表面的水分浓度，在这个浓度差的作用下，物料内部的水分就要向物料表面迁移，这个过程称为内扩散过程（湿扩散）。假定干燥介质的条件在干燥过程中保持不变，则物料的干燥过程中各个参数的变化如图 1-5-3 所示，整个干燥过程可以分为以下三个阶段：加热阶段、等速干燥阶段和降速干燥阶段。

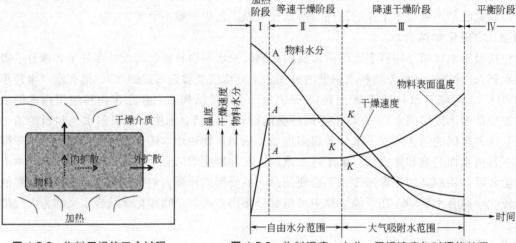

图 1-5-2 物料干燥的三个过程   图 1-5-3 物料温度、水分、干燥速度与时间的关系

（1）加热阶段 在干燥的初期阶段，干燥介质传给物料的热量要大于物料中水分蒸发所需的热量，多余的热量会使得物料温度不断升高，随物料温度的不断升高，水分蒸发量又不断升高，这样，很快便达到一种动态平衡，这就到达了等速干燥阶段。

（2）等速干燥阶段 在等速干燥阶段，干燥介质传给物料的热量等于物料中水分蒸发所需的热量，所以物料温度保持不变。物料表面水分不断蒸发，同时在物料内部与表面水分浓度差的作用下，内部水分不断向物料表面迁移，保持物料表面为润湿状态，即内扩散速率要大于外扩散速率，所以这一阶段，又称为外扩散控制阶段。在等速干燥阶段主要是机械水的排出，因此，这一阶段干燥速率过大会发生因物料体积收缩而引起的制品变形或开裂事故，应加以注意。

（3）降速干燥阶段 在降速干燥阶段，内扩散速率小于外扩散速率，所以这时物料表面不可能再保持湿润，这一阶段又称为内扩散控制阶段。由于干燥速率的降低，干燥介质传给物料的热量要大于物料中水分蒸发所需的热量，多余的热量使得物料的温度不断升高。降速干燥阶段主要是物理化学结合水的排出，所以这一阶段不必考虑因干燥速率过大而引起制品（坯体）变形或开裂等事故的发生。当物料的水分达到平衡水分时，干燥速率降到零，这时干燥过程终止。

值得一提的是，上述结论是在干燥介质的条件保持不变的前提下得到的，实际生产中，干燥介质的条件肯定要随时变化，所以真正的等速干燥阶段是不存在的。

5.3 影响干燥的因素

干燥过程是一个传热、传质同时进行的过程，干燥速度的大小取决于传热速率、内扩散速率和外扩散速率。为了强化干燥过程、缩短干燥时间、提高干燥质量，必须研究分析影响干燥速率的因素。下面以对流干燥为例进行分析介绍。

5.3.1 传热速率

在对流干燥中，传热量与对流换热系数、干燥介质、物料表面的温差、物料表面积成正比。欲加快传热速率，可以从以下几方面着手。

提高干燥介质的温度，以增大干燥介质与物料表面温差，加快传热速率。但这样容易使制品表面温度迅速升高，表面水分与中心水分浓度差太大，导致表面受张，内部受压，使坯体变形，甚至开裂。另外，干燥对高温敏感的物料，其干燥介质的温度也不宜过高。

提高对流换热系数。对流换热的热阻主要表现在物料表面的边界层上，边界层越厚，对流换热系数越小，传热越慢。而对流换热系数与气流速率成正比，增加气流速率，可提高对流换热系数，加快传热。

增大传热面积，使物料均匀分散于气流中；或将制品的单面干燥改为双面干燥，可增加传热量。

5.3.2　外扩散速率

干燥过程中，外扩散速率取决于干燥介质的温度、湿度和流态（流速的大小和方向）以及物料的性质。一般说来，干燥介质的温度越高（相对湿度就越小），流速越快（边界层就越薄），外扩散速率越大。

5.3.3　内扩散速率

在干燥过程中，物料内部水分向表面迁移，是由于存在湿度梯度和温度梯度。所以水分的内扩散包括湿扩散和热扩散两种。湿扩散是指在水分浓度差的作用下，水分从物料内浓度高的地方向浓度低的地方的迁移过程。热扩散是指在温度差的作用下，水分从物料内温度高的地方向温度低的地方的迁移过程。湿扩散速率与物料制品的厚度有关，因此减薄制品的厚度可以提高干燥速率。热扩散与加热方式有关，采用外部加热方式，物料表面温度高于内部，热扩散成为干燥的阻力。用内部加热方式，物料内部温度高于表面温度，热扩散成为干燥的动力。所以，应尽可能采用内部加热方式或其他使热扩散能够成为干燥动力的加热方式，例如在干燥设备中，用高速热气体间隔喷射湿坯体的干燥方法，用远红外线照射和强热风喷射交替进行的加热方法等。

综上所述，物料的干燥过程是一个复杂的传热、传质过程，影响干燥速率的主要因素有：

① 干燥介质的条件，即温度、湿度、流态（流速的大小和方向）；
② 物料或制品的性质、结构、几何形状和尺寸；
③ 干燥介质与物料的接触情况；
④ 干燥器的结构、大小、操作参数及自动化程度；
⑤ 加热方式；
⑥ 物料或制品的初水分和终水分要求等。

5.3.4　制品在干燥过程中的收缩与变形

陶瓷和耐火材料等坯体在干燥过程中排出自由水，随着水分的减少，物料颗粒相互靠拢，使制品产生收缩或变形。自由水排出完毕，进入降速干燥阶段时，收缩即停止。各种黏土制品的线收缩系数 α 值波动在 $0.0048 \sim 0.007$。对于薄壁制品，内部水分浓度梯度不大，实验表明，其线收缩系数与干燥条件无关。在不同的介质参数下干燥同一种黏土质制品时，线收缩系数几乎相同。但对于厚壁制品，因内部水分浓度梯度大，干燥条件对线收缩系数有显著影响。

在干燥过程中，当内部水分不均匀或制品各向厚薄不均时，不同部位的收缩不一致，进而造成收缩应力的不均匀。通常制品的表面和棱角处比内部干燥得快，壁薄处比壁厚处干燥得快，从而产生较大的收缩。制品内部因水分排出滞后于表面，收缩也较表面小。这样就阻碍了表面的收缩，制品表面部位的收缩受到内部的限制，从而使内部受到压应力而表面受到张应力，当张应力超过材料的极限抗拉强度时，制品表面就会产生开裂，即使不开裂，不均匀的收缩应力也往往使制品变形。

为了防止制品在干燥过程中变形和开裂，应限制制品中心与表面的水分差，并且严格控制干燥速率。在最大允许水分差条件下的干燥速率称为最大安全干燥速率。黏土质制品的最大安全干燥速率与材料的性质、制品的几何形状、大小、水分含量及干燥方法等因素有关，需由实验确定。

5.4 干燥制度

干燥制度是指坯体在各干燥阶段中所规定的干燥速度或干燥时间。陶瓷、水泥生产过程中，大多采用热空气干燥法。干燥过程中各阶段的干燥速度是通过调节干燥介质的温度和湿度、空气流速和流量等参数来控制的。

确定干燥制度，就是为了获得无干燥缺陷的坯体。在坯体干燥过程中，塑性物料的收缩会产生应力。如果内应力超过了坯体的屈服值和极限强度，就会导致坯体变形和开裂，干燥时应尽可能使坯体各部分含水率在干燥过程中变化不要太大，以便使应变均匀并可避免应力集中，这就必须使坯体的干燥速度尽可能小些。另外，确定干燥制度，也是为了加快干燥，节约能源，即生产周期短，单位制品热耗低，从这一原则要求，干燥的速度就应该要加快些。因此，干燥制度的确定，实质上就是在上述两个方面确定最优解。

5.4.1 干燥过程中应该控制的参数

5.4.1.1 干燥介质的温度和相对湿度

这是影响坯体外扩散速度的主要因素之一。干燥介质温度的合理制订，首先要考虑物料能否均匀受热。在较高的介质温度下，坯体本身以及坯体与干燥介质的热传导都较差，坯体各部位温度不易一致，坯体内外也易产生温度梯度，这样就容易产生热应力而造成缺陷。其次要考虑热效率问题，一般介质温度过高，热效率会降低，且介质温度还要受到热源和干燥设备以及其他一些因素的限制，如石膏模在高于 70℃ 温度下干燥，强度将大大降低。第三，介质湿度，空气吸收水蒸气的数量随着温度的升高而急剧增大，例如 $1m^3$ 干空气在 20℃ 时能吸收 17.33g 水蒸气，而在 80℃ 能吸收 291.52g。也就是说，当空气温度升高 4 倍时，它吸收水蒸气的能力差不多增加 17 倍。介质的相对湿度越大，它所能吸收水蒸气的能力越小；反之，空气越干燥，吸收水蒸气的能力就越大。合理的干燥制度，需要有合理的介质温度和湿度作保证。

5.4.1.2 介质的流速、流量和流向

这是在很大情况下影响物料水分的外扩散速度的因素，尤其在干燥介质的温度不宜很高的情况下，用加大空气流速和流量的方法来加快干燥速度是非常有效的，但提高空气的流速和流量，必须使物料得到均匀干燥。要注意的是，物料的放置方式直接影响空气的流通情况。

① 物料的含水率　各种物料的入干燥器水分和出干燥器水分应符合工艺规定。

② 干燥时间　干燥速度就是通过控制不同干燥阶段中干燥介质的温度、相对湿度、流速、流量等参数来实现的，如图 1-5-4 所示为大型制品的干燥制度。

5.4.2 热空气干燥制度的类型

陶瓷干燥常使用如下三种类型的热空气干燥制度。

（1）**高温低湿干燥法** 在整个干燥过程中，干燥室内的空气始终保持着低湿度、高温度的条件，干燥速度仅依靠变换空气的温度来控制。由于温度高，湿度低，坯体表面水分蒸发快，内外水分差较大，易造成坯体变形和开裂。但干燥较快，方法简单，控制容易，适用于小型薄壁制品和含瘠性料较多的坯体。

（2）**温度逐渐升高干燥法** 在整个干燥过程中，湿度不加特别控制，温度逐渐升高，使物料内外温差小，水分差也小，所以比较安全，适用于大型厚胎和收缩大的坯体干燥。但是干燥时间较长。

（3）**控制湿度干燥法** 干燥初期，使用被水蒸气饱和的热空气来加热湿坯，以抑制坯体表面的蒸发速度。

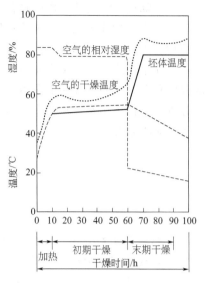

图 1-5-4 大型制品干燥制度

由于水的导热性，使坯体内部温度增高，水蒸气分压也因之增大，内部水分能及时地由内向外扩散。待湿坯内外被较均匀地加热后，再将空气的湿度降低，提高温度，使坯体内水分获得均衡地扩散，避免内外收缩不均产生应力而导致开裂、变形。待坯体水分达到临界水分点后，进一步降低湿度，提高温度，加速干燥。此法是大型厚胎制品一种理想的干燥制度。在操作时应注意，干燥初期为了防止水分凝露在坯体表面而导致龟裂，需要加大干燥室内空气的流动速度，促使坯体表面温度快速上升，防止凝露现象。

5.4.3 采用热空气干燥工艺时的注意事项

① 必须按制品种类和含水率的大小，分类进入干燥器，避免不合理的混装；

② 物料水分应加控制，避免干湿相差大的物料在同一干燥制度下进行干燥；

③ 严格控制干燥介质的温度、湿度和流速，保证按预定的干燥曲线进行干燥，尤其是大型厚胎制品更应精心操作；

④ 干燥结束时，须测定物料的残余水分，待水分符合工艺规定，方可停止干燥；

⑤ 大中型产品坯体的出烘温度，高温季节不得高于车间温度 10℃，其他季节不得高于车间温度 20℃。

5.4.4 陶瓷干燥速率的控制与选定

（1）**预热阶段** 放入干燥器中的坯体温度如果低于干燥器内的露点温度（特别是采用高湿度的热空气干燥法），在坯体表面就会有水分凝聚，使坯体"回潮"或膨胀造成坯体开裂。因此，预热阶段应使干燥器的温度高于其露点。但温度过高也不好，因为温度过高，水分子的热运动使黏土的结合强度下降，特别是坯体含水率较高或存在凝聚水时，强度下降更显著。通常预热阶段的温度一般为 40~45℃。

（2）**等速干燥阶段** 坯体在这一阶段发生干燥收缩，容易引起坯体变形或开裂。要根据坯料的干燥敏感性（坯料的收缩大小、可塑性、分散性、被吸附的阳离子的种类和数量等因素）以及坯体的形状、大小和厚度，坯体的原始含水率和临界水分，所采用的干燥方法，干燥器的类型和结构，干燥的均匀程度等因素确定最大的允许干燥速度，由此来确定合适的干燥时间。

（3）降速干燥阶段 由于坯体收缩很小，不会产生较大的收缩应力，因此，可适当地提高干燥速度以加速干燥。降速干燥阶段的时间取决于干燥的最终水分和整个干燥器内坯体干燥的均匀程度。

坯体干燥终了时的平衡水分不仅取决于黏土的结构和吸附能力，同时还取决于周围介质的温度和湿度。周围介质的湿度越大，温度越低，坯体的平衡水分就越高。坯体干燥的最终水分过低（比平衡水分小得多）时，坯体在存放过程中还会从空气中吸收水分（返潮），甚至还可能膨胀开裂。

思 考 题

1. 物料的干燥方法有哪些？比较其优缺点，并举例详细说明其中较常用的干燥方法。
2. 简述喷雾干燥法工艺过程。
3. 喷雾干燥法的特点有哪些？
4. 喷雾干燥节能可以从哪些方面考虑？
5. 物料中的水分按照水和物料结合程度的强弱可以分为哪些？
6. 物料干燥过程中可以排出物料中的哪些水分？
7. 以对流干燥为例，说明物料干燥过程中的三个阶段的特征。
8. 影响干燥速率的因素有哪些？
9. 制品在干燥过程中存在哪些收缩与变形？如何避免？
10. 制定陶瓷制品干燥制度时通常要考虑哪些因素？

第6章 煅烧

绝大多数无机非金属材料在生产工序中都有高温过程，在高温过程中往往会发生一系列物理、化学和物理化学反应。例如陶瓷坯体烧成时可能伴随有脱水、热分解和相变、共熔、熔融和溶解、固相反应和烧结以及析晶、晶体生长和玻璃相的凝固等过程。而在水泥熟料煅烧过程中也会发生与此相类似的反应。通常将初步密集定形的粉块（生坯）经高温烧结成产品的过程称为烧成；而将尚未成形的物料经过高温合成某些矿物（水泥）或使矿物分解获得某些中间产物（如石灰和黏土熟料）的过程称为煅烧。烧成的实质是将粉料集合体变成致密的、具有足够强度的烧结体。无机非金属材料中的砖瓦、陶瓷、耐火材料、磨具等都要经过烧成这道最后的工序才能成为产品。煅烧与烧成是许多无机非金属材料生产过程中的一道重要工序，进行得好坏将直接影响到产品的质量、产量和成本。

煅烧和烧成是一个复杂的过程，包括燃料的燃烧、物料或坯体的加热、物料或坯体中发生的一系列的物理化学反应，直至制品的冷却。整个过程中存在着复杂的热量传递、质量传递和能量传递过程，而这三个过程又互相影响。

6.1 水泥熟料的煅烧

6.1.1 水泥熟料的形成过程

石灰质、黏土质和少量铁质原料，按一定要求的比例（约 80：15：5）配合，经过均化、粉磨、调配以后制成成分均匀的生料。根据生料粉磨设备和窑型的不同，生料制备有不同的方法，如干法（制备成生料粉，含水分≤1%）、湿法（制备成生料浆，含水分32%～36%）和半干法（制备成生料球，含水分 12%～14%）。生料喂入水泥窑系统内，相应经烘干、预热、预煅烧（包括预分解），最后烧制成熟料的全过程统称为水泥熟料煅烧过程。水泥熟料煅烧过程中生料粉体系主要发生以下变化。

150℃以前：生料中物理水蒸发；

500℃左右：黏土质原料释放出化合水；并开始分解为单独氧化物如 SiO_2、Al_2O_3；

900℃左右：碳酸盐分解放出 CO_2 和新生态 CaO；

900～1200℃：黏土质原料先期分解出无定形产物结晶，各种氧化物间发生固相反应；

1250～1280℃：生料体系开始出现液相，低钙熟料矿物和中间过渡性矿物形成；

1280～1450℃：液相量增多，硅酸二钙通过液相吸收 CaO 形成硅酸三钙，直至熟料矿物全部形成；

1450～1300℃：熟料矿物冷却并发生结粒。

6.1.2　水泥熟料煅烧设备

从水泥生产发展的过程来看，最初使用的是竖式窑，后来发明了回转窑，迄今这两类窑型仍是当前煅烧熟料的主要设备。由于立窑只能煅烧料球，故只能采用半干法制备生料的流程，而回转窑可以适应各种状态的生料，故回转窑又有干法窑、半干法窑和湿法窑之分。

两类窑型各具特点：立窑是填充床式的反应器，具有设备简单、钢材耗用量少、投资省、单位容积产量高、热耗较低、建设周期短等优点。但是，存在单机产量低（目前一般规格立窑日产量仅250～300t/台），熟料质量不够均匀（料粉之间、料球之间相对运动少，缺少炉内均化作用），劳动生产率低且通风动力消耗高等缺点。而回转窑一般具有生产能力适应性大（从日产50t至日产10000t），操作比较稳定，熟料质量好，劳动生产率高等主要优点。但投资大，钢材消耗多，建设周期较长。表1-6-1是常见水泥窑的基本类型和性能特点。

表 1-6-1　水泥窑的类型特征和主要指标

窑型	类别	所带附属设备	长径比	单位热耗 /(kJ/kg 熟料)	单机生产能力 /(t/d)
回转窑	湿法回转窑	湿法长窑：带内部热交换装置如链条、格子式热交换器等	30～38	5300～6800	3600
		湿法窑：带外部热交换装置，如料浆蒸发机、压滤机、料浆干燥机等	18～30	5250～6200	1000
	干法回转窑	干法长窑：中空或带格子式热交换器等	20～38	5300～633	2500～3000
		干法窑：带余热锅炉等	15～30	3020～4200（扣除发电）	3000
		新型干法窑：带悬浮式预热器或预分解炉（SP 或 NSP 等）	14～17	3000～4000	5000～10000
	半干法窑	立波尔窑：带炉箅子加热机	10～15	3350～3800	3300
立窑	机械化立窑	带连续机械化加料及卸料设备	3～4	3500～4200	240～300
	普通立窑	带机械加料器、人工卸料	4～5	3600～4800	45～100

6.1.3　回转窑的煅烧方法

回转窑的主体部分是圆筒体，窑体倾斜放置，冷端高，热端低，斜度为3％～5％。生料由圆筒的高端（称之为窑尾）加入，由于圆筒具有一定的斜度而且不断回转，物料由高端向低端（称之为窑头）逐渐运动。

固体（煤粉）、液体或气体燃料均可用作水泥回转窑的燃料。我国水泥厂以使用固体粉状燃料为主。将燃煤事先经过烘干和粉磨制成粉状，用鼓风机经喷煤管由窑头喷入窑内。燃烧用的空气由两部分组成，一部分是和煤粉混合并将煤粉送入窑内，这部分空气叫作"一次空气"。一次空气一般占燃烧所需空气总量的15％～30％，大部分空气是预热到一定温度后再进入窑内，称为"二次空气"。

煤粉在窑内燃烧后，形成高温火焰（一般可达1650～1700℃）放出大量热量，高温气体在窑尾排风机的抽引下向窑尾流动，它和煅烧熟料产生的废气一起经过收尘器净化后排入大气。

高温气体和物料在窑内是逆向运动的，在运动过程中进行热量交换。物料接受高温气体和高温火焰传给的热量，经过一系列物理化学变化，被煅烧成熟料。熟料进入冷却机，遇到冷空气又进行热交换，本身被冷却并将空气预热作为二次空气进入窑内。

6.1.4 熟料热化学及回转窑的热工特性

6.1.4.1 熟料的理论热耗

从水泥生料开始至全部转变成水泥熟料为止的全煅烧过程中，理论上所需吸收的热量（不包括热量损失），称为水泥熟料的理论热耗。水泥熟料的理论热耗一般以 1kg 熟料为基准，以 kJ/kg 熟料表示。水泥原料在加热过程中所发生的一系列物理化学变化，其中有吸热反应也有放热反应。各反应发生的温度和热变化情况见表 1-6-2。

表 1-6-2　水泥熟料的形成温度及热变化

温度/℃	反应		相应温度下 1kg 物料的热变化
100	游离水蒸发	吸热	2249kJ/kg 水
450	黏土放出结晶水	吸热	932kJ/kg 高岭石
600	碳酸镁分解	吸热	1421kJ/kg $MgCO_3$
900	黏土中无定形物转变为晶体	放热	259～284kJ/kg 脱水高岭石
900	碳酸钙分解	吸热	1655kJ/kg $CaCO_3$
900～1200	固相反应生成矿物	放热	418～502kJ/kg 熟料
1250～1280	生成部分液相	吸热	105kJ/kg 熟料
1300	$C_2S + CaO \longrightarrow C_3S$	吸热	8.6kJ/kg C_3S

熟料在煅烧过程中，在1000℃以下的变化主要是吸热反应，而在1000℃以上则是放热反应。因此，在整个熟料煅烧过程中，大量热量消耗在生料的预热和分解，特别是碳酸钙的分解上。可见，在形成熟料矿物时，只需保持一定的温度（1450℃）和时间，就可使其化学反应完全。所以，保证生料的预热，特别是碳酸钙的完全分解对熟料形成具有重大意义。

根据生成 1kg 熟料的理论生料消耗量及生料在加热过程中发生的一系列化学反应热和物理热，就可计算出 1kg 熟料烧成所需的理论热耗。假定生成 1kg 熟料所需的生料量为 1.55kg，则熟料理论热耗可以计算，列于表 1-6-3（计算基准：1kg 熟料，20℃）。

表 1-6-3　熟料理论热耗计算列表

	支出项目	支出热量/(kJ/kg 熟料)
支出热量计算	(1)将原料由 20℃升高至 450℃	711
	(2)450℃黏土脱水	167
	(3)加热物料由 450℃至 900℃	815
	(4)900℃ $CaCO_3$ 分解	1986
	(5)将分解后的物料加热至1400℃	523
	(6)液相形成	105
	支出热量合计	4307
	收入项目	收入热量/(kJ/kg 熟料)
收入热量计算	(1)脱水黏土的结晶放热	42
	(2)矿物组成的形成热	418
	(3)熟料由 1400℃冷却至 20℃	1505
	(4)CO_2 由 900℃冷却至 20℃	502
	(5)水蒸气由 450℃冷却至 20℃	84
	收入热量合计	2551
	理论热耗＝支出热量－收入热量	4307－2551＝1756

值得注意的是，当熟料成分不同时，也就是生料配合比不同时，相应的熟料理论热耗也会有所不同，硅酸盐水泥熟料的理论热耗一般波动在 1670～1800kJ/kg 熟料。

6.1.4.2 回转窑的热工特性

在回转窑内，物料受火焰（高温气流）的辐射和对流传热以及耐火砖的辐射和传导传热等，其综合传热系数较低，为 58～105W/(m·K)。每吨物料的传热面积仅 0.012～0.013m²，气流和物料的平均温差一般也只有 200℃左右。因此，回转窑内的传热速率比较慢，物料在窑内升温缓慢。回转窑的转速一般为 1～3r/min，物料随窑的回转，缓慢向前移动，表面物料受到气流和耐火砖的辐射，很快被加热，其温度显著高于内部物料温度。因此，造成物料温度的不均匀性。经测定，烧成带物料表面温度比物料的总体温度至少要高出 200℃，各种反应就首先在温度较高的表面物料开始。物料温度的不均匀性会延长物理化学反应所需的时间，并增加不必要的能量损失。

熟料的实际热耗，也称窑的热耗是熟料理论热耗与煅烧过程中的各项热损失的总和。显然，熟料实际热耗大于熟料理论热耗。根据能量守恒定律，回转窑收入的热量应等于支出的热量。表 1-6-4 是某厂 $\phi5.0m/4.35m\times165m$、日产 1057t 熟料的湿法回转窑的热平衡表。窑的热耗为 5717kJ/kg 熟料，废气温度为 180℃。

表 1-6-4　$\phi5.0m/4.35m\times165m$ 湿法窑的热平衡表

项目	热量/(kJ/kg 熟料)
由燃料供应的热量（窑的热耗）	+5717
熟料理论热耗	−1756
水分蒸发耗热	−2366
窑尾废气热损失	−754
熟料带走的热损失	−59
窑头废气热损失	−100
窑壁热损失	−515
冷却机壁热损失	−25
其他热损失	−142

物料在回转窑内煅烧过程中有以下热效应特点：

（1）在烧成带，C_2S 吸收 $f\text{-}CaO$ 形成 C_3S 的过程中，其化学反应热效应基本上等于零（微吸热反应），只有在生成液相时需要少量的熔融净热。但是，为使游离氧化钙吸收得比较完全，并使熟料矿物晶体发育良好，获得高质量的熟料，必须使物料保持一定的高温和足够的停留时间。

（2）在分解带内，碳酸钙分解需要吸收大量的热量，但是，窑内传热速率很低，而物料在分解带内的运动速度又很快，停留时间又较短，这是影响回转窑内熟料煅烧的主要矛盾之一。在回转窑的分解带区域加设挡料圈就是为缓和这一矛盾所采取的措施之一。

（3）降低理论热耗，减少废气带走的热损失和筒体表面的散热损失，降低料浆水分或改湿法为干法等是降低熟料实际热耗、提高窑的热效率的主要技术途径。

（4）提高窑的传热能力，如提高气流温度，以增加传热速度，虽然可以提高窑的产量，但是，相应增加了废气温度，使熟料单位热耗反而增加。对一定规格的回转窑，在一定条件下，存在一个热工上经济的产量范围。

（5）回转窑的预烧（生料预热和分解）能力和烧结（熟料烧成）能力之间存在着矛盾，或者说回转窑的发热（燃料产生热量）能力和传热（热量传给物料）能力之间存在着矛盾，而且这一矛盾随着窑规格的增大而愈加突出。理论分析和实际生产的统计资料表明，窑的发热能力与窑直径的三次方成正比,而传热能力基本上与窑直径的2~2.5次方成正比,因此,窑的规格越大,窑的单位容积产量越低。为增加窑的传热能力,必须增加窑系统的传热面积,或者改变物料与气流之间的传热方式,预分解炉是解决这一矛盾的有效措施。

6.1.5 典型回转窑煅烧系统

6.1.5.1 湿法回转窑煅烧系统

湿法回转窑(rotary kiln wet process)的基本流程(见图1-6-1)主要由回转窑、冷却机、喷煤管及鼓风机和烟囱组成。

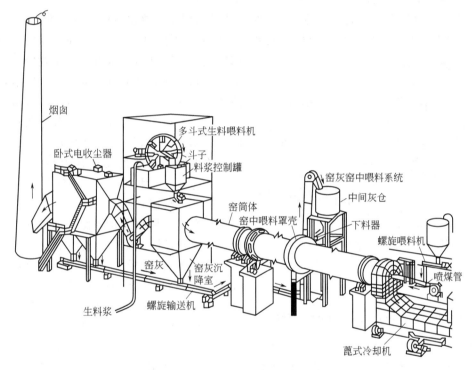

图 1-6-1 湿法回转窑工艺流程示意图

湿法回转窑最基本的特征是冷端(窑尾)喂入生料浆,热端(窑头)排出熟料颗粒。为了强化窑系统的传热效率,湿法窑冷端往往加装链条和料浆预热器,而热端则加设有冷却机以回收高温熟料显热。链条装置除有助于传热外还起到蒸发水分、输送原料和防止结泥巴圈等作用。料浆预热器是装在湿法回转窑窑尾入口链条带之前的热交换器,有隔膜式、十字架式和链条式等。

6.1.5.2 带余热锅炉的干法窑系统

干法回转窑生料粉含水分仅1%左右,因此,窑内不存在干燥带,节约了蒸发水分所需的热量。但是,由于回转窑内气固换热效率低,即使窑的长度比较长而且加装内部换热装置如链条等,干法窑的窑尾气体温度也高达600~800℃。这部分热量若不加以利用,则其单位热耗并不明显低于湿法窑。为此,中空干法窑型已逐步被淘汰。

如何利用干法窑尾废气余热,是人们长期以来在探讨的技术问题。可采取的途径很多,余热发电是发展较早而至今仍有生命力的一种技术方案。

(1)中空干法窑低温余热发电系统 中空干法窑热耗都在6800~7500kJ/kg熟料,窑尾废气温度大多在850~1000℃范围,余热锅炉布置在窑尾和电收尘器之间。废气由窑尾直接进入锅炉，与锅炉给水进行热交换，产生 400℃左右 1.4～4MPa 压力的蒸汽，然后用管道送至汽轮发电机。

余热发电系统投资约为窑工艺线总投资额的 10% 左右。在煤电当量差价比较大的情况下，几年内节电费即可回收投资，加之系统不复杂，投资见效快，在积累一定经验后，操作管理也能掌握好，故有条件的中、小型工厂，很乐于采用。尤其是在外购电价格高、无保证的情况下，更显示其优越性。但带余热锅炉系统尚存在以下缺点：

① 与电站相比，余热锅炉发电效率相对比较低；

② 余热发电机组的出力，受窑操作状况的干扰较大；

③ 余热发电综合能耗的经济性直接受煤电比价的影响，效益不可一概而论。

（2）预热、预分解窑的低温余热发电系统　预热、预分解窑（precalciner kiln）发电用的废气主要取自预热器出口和篦式冷却机中尾部。因此，这类窑余热发电有两个特点：一是热源（废气）温度低，预热器出口气体温度一般为 350～400℃，篦冷机用于发电气体的平均温度仅 250℃，故属低温余热发电；二是废气含尘浓度高，预热器废气含尘约 80g/m³，冷却机 30g/m³。因此，为了达到蒸汽的要求压力，保证汽轮机有效的工作，必然要增大锅炉的换热面积，从而大大降低了锅炉的效率。因此，需要开发性能更好的新型锅炉。

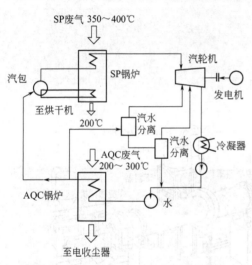

图 1-6-2　SP、AQC 锅炉余热发电系统

这类余热锅炉可分为：用于预热器废气的称 SP 锅炉；用于冷却机废气的称 AQC 锅炉。二者组合的余热锅炉发电系统如图 1-6-2 所示。

取自窑尾最上一级预热器出口的废气进入 SP 锅炉，产生的过热蒸汽进入汽轮机前级，SP 锅炉排出的气体如尚需用于烘干物料，则温度要保持在 200℃左右。来自冷却机的温度为 200～300℃ 的热空气则送入 AQC 锅炉，排出气体再入电收尘。AQC 锅炉产生的蒸汽压力低，只能送入汽轮机后级做功。还有一部分 AQC 锅炉产生的汽水混合物可送入 SP 锅炉，供再加热至过热。

我国目前预热预分解窑系统的低温发电系统尚处于开发阶段。随着新型干法窑的迅速发展，和相应电耗的增加与供电紧张矛盾的加剧，这一技术的研究与应用将日益引起重视。

6.1.5.3　带炉箅子加热机的回转窑系统

带炉箅子加热机的回转窑又称立波尔窑（Lepol kiln），是在回转窑尾部连接一台回转式炉箅子加热机。加热机是由固定的金属外壳和回转无端箅板带组成。金属外壳内镶砌耐火砖。箅板带是由许多块有缝隙的箅子板组装而成的。立波尔窑的生产流程如图 1-6-3 所示。

生料粉在成球设备上加工成球，料球含水分 12%～14%，粒度为 5～15mm。生料球经加料漏斗送到运动着的箅板带上，料球堆积厚度为 150～200mm，可利用入口闸板加以控制。生料球随着箅板向窑尾方向运动，料层被出窑高温（约 1000℃）废气穿透时不断被加热、干燥和部分分解。物料通过加热机的时间为 12～16min。由加热机入窑生料的平均温度可达 700～800℃，加热机排出废气温度为 100℃。由于料球层的过滤作用，废气含尘量很低，且含有一定的水蒸气，符合电收尘工作条件。由于入窑生料已经过相当程度的预热和部分分解，大大减轻了回转窑的负担。因此，立波尔窑在显著降低热耗的同时，也大幅度提高

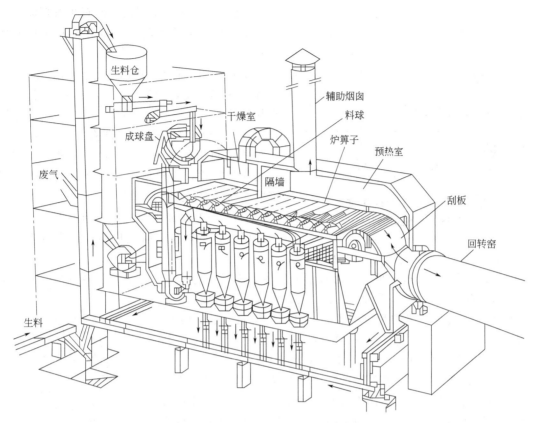

图 1-6-3 立波尔窑工艺流程示意图

窑单位容积产量。这两大优点,使立波尔窑一度得到迅猛发展,其单机产量也达到3000t/d。时至今日,立波尔窑仍然是一种不容忽视的回转窑类型。但是,立波尔窑也存在如下一些问题:

① 加热机的结构和操作较复杂,运转周期短,维修工作量大。

② 基于炉箅子加热机的结构特点,料球在加热过程中无论是受热和煤灰沉入情况都不均匀,上层物料和下层物料温差可达 400～600℃,生料粉成分不均,进而影响熟料质量。

③ 立波尔窑要求预先成球,增加了工序,且对原料塑性有一定要求。生料球强度、粒度和透气性等主要取决于原料性质。而料球的特性又直接影响到加热机的通风和窑的产量。

④ 立波尔窑进一步大型化存在一定困难。

总之,立波尔窑在实际水泥生产中已经并不多见。

6.1.5.4 带悬浮预热器的回转窑

(1) 预热器的工作原理 悬浮预热窑(rotary kiln with suspension preheater)是将生料粉与从回转窑尾排出的烟气混合,并使生料悬浮在热烟气中进行热交换的设备。因此,它从根本上改变了气流和生料粉之间的传热方式,极大地提高了传热面积和传热系数。据经验计算,它的传热面积较传统的回转窑约可提高 2400 倍,传热系数提高了 13～23 倍。这就使窑的传热能力大为提高,初步改变了预烧能力和烧结能力不相适应的状况。由于传热速度很快,在约 20s 内即可使生料从室温迅速升温至 750～800℃,而在一般回转窑内,则需约 1h。这时黏土矿物已基本脱水,碳酸钙也部分进行分解,入窑生料碳酸钙表观分解率可达 40% 左右。在悬浮状态下,热气流对生料粉传热所需的时间是很短的,而且粒径越小,所需时间

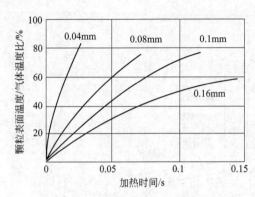

图 1-6-4　不同石灰石颗粒悬浮
在气流中的加热时间

越短。图 1-6-4 表示不同尺寸的石灰石颗粒，表面温度达到气流温度的某个百分数时所需的加热时间。

试验表明，将平均粒径约为 $40\mu m$ 的生料喂入 740～760℃，流速为 9～12m/s 的气流中，在料气比为 $0.5～0.8kg/m^3$ 并基本上完全分散悬浮在气流中的状态下，只需 0.07～0.09s，20℃ 的生料便能迅速升到 440～450℃。但是，在实际生产中，生料粉不易完全分散，往往凝聚成团而延缓了热交换速度。

（2）预热器的种类　悬浮预热器的种类、形式繁多，主要分旋风预热器、立筒预热器以及由它们以不同形式组合成的混合型三大类。

① 旋风预热器　这种预热器由若干个旋风筒串联组合而成。四级旋风预热器（cyclone preheater）系统如图 1-6-5 所示。最上一级做成双筒，这是为了提高收尘效率，其余三级均为单旋风筒，主要作用是分散、换热。旋风筒之间由气体管道连接，每个旋风筒和相连接的管道形成预热器一级。旋风筒的卸料口设有灰阀，主要起密封和卸料作用。

生料首先喂入第 Ⅱ 级旋风筒的排风管道内，粉状颗粒被来自该级的热气流吹散，在管道内进行充分的热交换。然后由 Ⅰ 级旋风筒把气体和物料颗粒分离，收下的生料经卸料管进入 Ⅲ 级旋风筒的上升管道内进行第二次热交换。再经 Ⅱ 级旋风筒分离，这样依次经过四级旋风预热器而进入回转窑内进行煅烧。预热器排出的废气经增湿塔、收尘器由排风机排入大气。窑尾排出的1100℃左右的废气，经各级预热器热交换后，废气温度降到380℃左右。生料经各级预热器预热到 750～800℃ 进入回转窑。这样不但使物料得到干燥、预热，而且还有部分碳酸钙发生分解，从而减轻了回转窑的热负荷。由于排出废气温度较低，熟料产量较高，熟料单位热耗降低，并使回转窑的热效率有较大的提高。

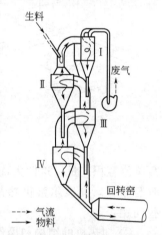

图 1-6-5　旋风式（洪堡型）
悬浮预热器

旋风式预热器的主要缺点是：

a. 系统流体阻力较大，一般在 4～6kPa，因而气体运行耗电较高，这使旋风预热器回转窑的单位产品电耗较高，达 17～22kW·h/t 熟料，湿法长窑为 12～50kW·h/t 熟料。

b. 原料的适应性较差，不适合煅烧含碱、氯量较高的原料和使用含硫量较高的燃料，否则会在预热器锥部及管道中形成结皮，造成堵塞。

② 立筒预热器　这种预热器的主体是一个立筒，故以此命名。其类型有多种，克虏伯型为比较有代表性的一种（见图 1-6-6）。

立筒是一个圆形竖立的筒体，内有三个缩口把立筒分为四个钵。窑尾排出的热气体和生料粉按逆流进入同样规格、形状特殊的四个钵体内进行热交换。由于两室之间的缩口能引起较高的气流上升速度，逆流沉降的生料被高速气流卷起，冲散成料雾，形成涡流，增加气团相间的传热系数，延长物料在立筒内的停留时间，从而强化传热。立筒上部为两个旋风筒，废气经旋风筒、收尘系统排入大气。

立筒式预热器（shaft preheater）的优点是：结构简单，运行可靠，不易堵塞；气体阻力小，仅为 200Pa 左右，筒体可用钢筋混凝土代替钢材。它的缺点是：热效率低于旋风式预热器，单机生产能力小。

（3）悬浮预热器的发展　初期的旋风预热器系统一般为四级装置，它在悬浮预热器窑和预分解窑中得到了广泛的应用。自 20 世纪 70 年代以来，世界性能源危机促进了对节能型的五级或六级旋风预热器系统的研究开发，并已获得了成功。自 80 年代后期以来，世界各国建造的新型干法水泥厂，其预热器系统一般均采用五级，也有少数厂采用四级或六级的。预热器类型都为低阻高效旋风筒式，大型窑的预热器一般为双列系统。

关于预热器系统的改进主要着重于其中气流与物料的均匀分布，力求气流场、浓度场和温度场的变化相互更为适应，充分利用旋风筒和连接管道的有效空间，从而实现低阻高效的目的。试验研究和生产实践都表明，五级预热器的废气温度可降至 300℃ 左右，比四级预热器约低 50℃，而出六级预热器的废气温度可降至260℃ 左右，比四级低 90℃ 左右。五级预热器和六级预热器窑的熟料热耗分别可比四级降低 105kJ 和 185kJ 左右。五级旋风预热器的流体阻力与原有四级旋风预热器系统相近。

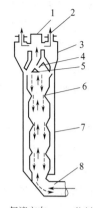

→气流方向；- - -→物料方向

图 1-6-6　立筒预热器
示意图（克虏伯型）

1—烟帽；　2—废气出口；
3—旋风筒；　4—下料筒；
5—撒料锥体；　6—收缩环；
7—筒体；　8—回转窑

6.1.5.5　预分解窑

预分解窑（kiln with precalciner）或称窑外分解窑，是 20 世纪 70 年代以来发展起来的一种能显著提高水泥回转窑产量的煅烧新技术，其流程如图 1-6-7 所示。它是在悬浮预热器和回转窑之间增设一个分解炉，把大量吸热的碳酸钙分解反应从窑内传热速率较低的区域移到单独燃烧的分解炉中进行。在分解炉中，生料颗粒分散呈悬浮或沸腾状态，以最小的温度差，在燃料无焰燃烧的同时，进行高速传热过程，使生料迅速完成分解反应。入窑生料的表观分解率可达到85%～95%（悬浮预热器窑为 40% 左右），从而大大地减轻了回转窑的热负荷，使窑的产量成倍地增加，同时延长了耐火材料使用寿命，提高了窑的运转周期。目前最大预分解窑的日产量已达 10000t 熟料。

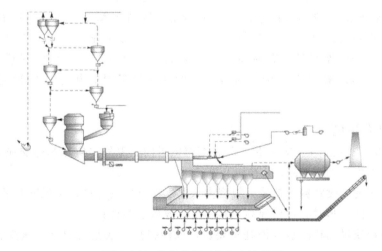

图 1-6-7　窑外分解系统生产流程图

　　预分解窑的热耗比一般悬浮预热器窑低，是由于窑产量大幅度提高，减少了单位熟料的表面散热损失；预分解窑在投资费用上也低于一般悬浮预热器窑；由于分解炉内的燃烧温度低，不但降低了回转窑内高温燃烧时所产生的 NO_x 有害气体，而且还可使用较低品位的燃料，因此，预分解技术是水泥工业上的一次突破。

　　预分解炉是一个燃料燃烧、热量交换和分解反应同时进行的新型热工设备，其种类和形式繁多。在分解炉内同时喂入经预热后的生料、一定量的燃料以及适量的热气体，生料在炉内呈悬浮或沸腾状态。在 900℃ 以下的温度下燃料进行无焰燃烧，同时高速完成传热和碳酸钙分解过程。燃料（如煤粉）的燃烧时间和碳酸钙分解所需要的时间为 2～4s，这时生料中碳酸钙的分解率可达到 85%～95%，生料预热后的温度为 800～850℃。分解炉可以使用固体、液体或气体燃料，我国主要用煤粉作燃料，加入分解炉的燃料一般占全部燃料的55%～65%。

　　分解炉按气流和粉料在其中的运动方式可分为旋流式、喷腾式、悬流式、涡流燃烧式和沸腾式等多种，但是，其基本原理是类似的。

　　预分解窑也和悬浮预热器窑一样，对原料的适应性较差。为避免结皮和堵塞，要求生料中的碱含量（K_2O+Na_2O）小于 1%，当碱含量大于 1% 时，则要求生料中的硫碱摩尔比[SO_3 物质的量/（K_2O 物质的量+$1/2Na_2O$ 物质的量）] 为 0.5～1.0。生料中的氯离子含量应小于 0.015%，燃料中的 SO_3 含量应小于 3.0%。

　　预分解窑系统中回转窑有以下工艺特点：

　　（1）由于入窑生料的碳酸钙分解率已达到 85%～95%，因此，一般只把窑划分为三个带：从窑尾起到物料温度为 1300℃ 左右的部位，称为"过渡带"，主要是剩余的碳酸钙完全分解并进行固相反应，为物料进入烧成带做好准备；从物料出现液相到液相凝固为止，即物料温度为 1300℃→1450℃→1300℃，称为烧成带；其余称为冷却带。在大型预分解回转窑中，几乎没有冷却带，温度高达 1300℃ 的物料立即进入冷却机骤冷，这样可改善熟料的质量，提高熟料的易磨性。

　　（2）窑的长径比（L/D）缩短、烧成带长度增加。一般预分解回转窑的长径比约为 15 左右，而湿法回转窑的长径比高达 41。由于大部分碳酸钙分解过程外移到分解炉内进行，因此，回转窑的热负荷明显减轻，造成窑内火焰温度提高并使长度延长。预分解窑烧成带长度一般在（4.5～5.5）D，其平均值为 5.2D，而湿法窑一般小于 3D。

　　（3）预分解窑的单位容积产量高，使回转窑内物料层厚度增加，所以其转速也相应提高，以加快物料层内外受热均匀性。一般窑转速为 2～3r/min，比普通窑转速加快，使物料在烧成带内的停留时间有所减少，一般为 10～15min。因为物料预热情况良好，窑内和来料不均匀现象大为减少，所以，窑的快转率较高，操作比较稳定，产量自然就高。

6.1.6　熟料冷却机

　　熟料冷却机（clinker cooler）是一种将高温熟料向低温气体传热的热交换装置。从"工艺"和"热工"两个方面对冷却机有如下要求：

　　① 尽可能多地回收熟料的热量，以提高入窑二次空气的温度，降低熟料的热耗；

　　② 缩短熟料的冷却时间，以提高熟料质量，改善易磨性；

　　③ 冷却单位质量熟料的空气消耗量要少，以便提高二次空气温度，减少粉尘飞扬、降低电耗；

④ 结构简单、操作方便、维修容易、运转率高。

国内外所使用的水泥熟料冷却机形式有：单筒式、多筒式、立筒式以及篦式（包括振动式、推动篦式与回转式）冷却机等。

6.1.6.1　单筒冷却机

单筒冷却机（rotary cooler）是最早出现的冷却设备，其外形和回转窑基本相似，安装在回转窑窑头筒体的下方，由单独传动机构带动。

在单筒冷却机内进行的是以对流方式为主的逆流热交换过程，预热后的空气全部入窑，因此，热效率较高。操作良好的单筒冷却机，熟料可冷却到 $200℃$ 左右，二次空气可预热到 $600 \sim 700℃$，热效率可达 70% 左右。

单筒冷却机的缺点是熟料冷却速度较慢，金属消耗量大，占地面积大，且空间高度较大，使土建投资增多，现已逐步为篦式冷却机所取代。但是，由于它没有废气处理问题，改进型单筒冷却机热效率较高，故在日产小于 $2000 \sim 2500t$ 熟料的新厂仍有使用。

6.1.6.2　多筒冷却机

多筒冷却机（multi-tube cooler）是由环绕在回转窑筒体上的若干个（一般 $6 \sim 14$ 个）圆筒构成，和回转窑连成一体，其结构比较简单，不用单独传动。与单筒冷却机类似，多筒冷却机没有废气处理问题，易于管理。多筒冷却机内的换热过程与单筒冷却机相同。但是，由于筒体较短，散热条件较差，所以，其出口熟料温度较高，可达 $250 \sim 400℃$，入窑二次风温较低，一般为 $350 \sim 600℃$，热效率仅 $55\% \sim 65\%$。同时由于结构上的原因，使冷却机的筒体不能做得较大，否则将增加回转窑头筒体的机械负荷，从而限制了多筒冷却机能力的进一步提高和在大型回转窑上的应用。

为提高热效率和冷却能力，丹麦史密斯公司开发出新型多筒冷却机，称为"尤纳克斯"冷却机。它在回转窑热端增加一对托轮，延长了窑体和冷却机的长度，并改进了内部结构，增加了传热面积和传热效率，延长了熟料冷却时间，使出口熟料温度降低到 $130 \sim 150℃$，二次风温提高到 $650 \sim 800℃$，热效率达 $65\% \sim 70\%$，可用于日产 $2000 \sim 4000t$ 熟料的回转窑上。

6.1.6.3　篦式冷却机

篦式冷却机（grate type cooler）的特点是冷却熟料用的冷风由专门的风机供给。熟料以一定厚度铺在箅子上随炉箅的运动而不断前进，冷空气则由箅下向上垂直于熟料运动方向穿过料层而流动，因此，热效率较高。振动篦式冷却机的冷却速度快，约 $5 \sim 10min$ 即可使熟料冷却到 $60 \sim 120℃$，有利于改善熟料质量，但篦式冷却机的冷却风量较多，每千克熟料所需冷却风量高达 $4.0 \sim 4.5m^3$，并且约有 70% 风量需放掉，因而二次风温低达 $350 \sim 500℃$，热效率只有 $50\% \sim 60\%$，同时占地面积大，目前已多为推动篦式冷却机所取代。

推动篦式冷却机的料层较厚，通常为 $250 \sim 400mm$，有的可达 $800mm$，运动速度较慢，可缩短机身，提高二次风温。在高温区经高压风机处理几分钟即可使熟料温度降低到 $1000℃$ 以下，全部冷却时间仅 $20 \sim 30min$；废气处理量较振动式低，每公斤熟料冷却风量为 $3.0 \sim 3.5m^3$，二次风温可达 $600 \sim 900℃$，熟料可冷却到 $80 \sim 150℃$，因而热效率较高，可达 $65\% \sim 75\%$。

回转篦式冷却机其箅子做缓慢回转运动。热端不长期接触高温物料，故可用球墨铸铁代替耐热钢材，但其结构较复杂。推动式或回转式篦式冷却机可用于日产 $2000 \sim 10000t$ 熟料的大型窑上。

6.2 陶瓷、耐火材料原料的煅烧

6.2.1 陶瓷原料的煅烧

陶瓷工业使用的原料中，有的具有多种结晶形态（如氧化铝、氧化钛、氧化锆等）；有的具有特殊的片状结构（如滑石）；有的硬度较大，不易粉碎（如石英）。有些高可塑性黏土，干燥收缩和烧成收缩都较大，容易引起制品开裂。对于这一类原料，一般需要进行预烧，改变其结晶形态和物理性能，使之更加符合工艺要求，提高制品的质量。所以，预烧是陶瓷生产过程中的一道重要工序。但是，原料预烧又会妨碍生产过程的连续化，对某些原料来说，会降低其可塑性，增大成型机械和模具的磨损。所以，原料是否预烧，要根据制品及工艺过程的具体要求来决定。此外，煅烧是制备某些在自然界中尚未发现的原料的一个重要过程，如制造铁电、压电陶瓷的一系列重要原料。

6.2.1.1 稳定晶型

氧化铝、氧化钛、氧化锆等原料都有几种同质多晶体，加热过程中都有晶型转变并伴有体积效应，对产品的质量有很大的影响。同时，各个结晶形态的性能也不一样。无论哪种原料，稳定的高温形态下其性能最优良，对于这一类原料，在使用之前一般要进行预烧，使其发生晶型转变，得到所要求的晶型。

工业氧化铝的主晶相是 γ-Al_2O_3。要得到性能良好的、高温稳定型的 α-Al_2O_3，通常要预烧到 $1300\sim1600$℃。为了促进晶型转变，可以添加 H_3BO_3、NH_4F、AlF_3 等稳定剂。添加的数量为 $0.3\%\sim3\%$。较常用的添加剂为 H_3BO_3。它不仅能促进氧化铝的晶型转变，而且可以使工业氧化铝中的 Na_2O 杂质形成挥发性盐类（$Na_2O\cdot B_2O_3$）逸出。此外，未加硼酸的氧化铝预烧后，其颗粒是由细小微粒组成的多孔聚集体。粉碎后仍为细小的聚集体，而不是单个的晶体。这样的氧化铝原料容易破碎，但生坯密度低，烧成收缩大。加入硼酸预烧的氧化铝，颗粒较大，聚集程度不明显。虽粉碎较困难，但球磨后可得到单个颗粒，成型后生坯密度高，烧成收缩也小。硼酸对氧化铝预烧的影响列于图 1-6-8 中。

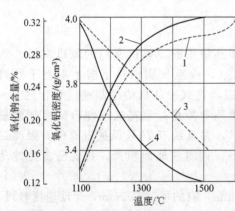

图 1-6-8 工业氧化铝的密度（1，2）
和 Na_2O 含量（3，4）
与预烧温度的关系

-----工业氧化铝；——工业氧化铝+1%硼酸

氧化钛原料是否预烧，要根据其用途而定。生产含钛电容器陶瓷时，希望 TiO_2 都是金红石相，原料要先预烧。但是，生产锆-钛-铅压电陶瓷时，由于 TiO_2 含量较少，而且在高温下和其他氧化物形成固溶体，不是以 TiO_2 晶体存在，所以一般不用预烧。氧化钛预烧须注意它的还原性。一是温度不能太高，二是要在氧化气氛下加热，以免脱氧、还原。一般预烧温度为 $1250\sim1300$℃。

氧化锆有三个晶型，其中单斜型与四方型之间的转变为可逆转变，并伴随有 $7\%\sim9\%$ 的体积收缩。在采用 ZrO_2 做高温耐火材料的原料时，要进行预烧稳定晶型，以防止制品开裂。由于 2300℃的温度在生产上较难达到，故预烧时常加入少量添加剂（CaO、MgO、Y_2O_3 等），使其在 1500℃左右生成等轴型固溶体，从而使结构稳定。制作氧化铝增韧陶瓷时，则要利用部分稳定 ZrO_2 中单斜型与四方型之间可逆转变时产生的体积效应，使制品内部产生均匀分布的微细裂纹，使制品的抗冲击能力提高，达到增韧的目的。此时，希望制品中含有一定量的四方

相 ZrO_2。一般是通过加入适量 CaO 或 Y_2O_3 来控制四方相 ZrO_2 的含量。由此可见，ZrO_2 是否预烧取决于使用目的及产品的性能要求。

6.2.1.2　改变物性

通常滑石具有片状结构，成型时容易造成泥料分层和颗粒定向排列，引起产品的变形和开裂。大量使用时要先进行预烧，使其转变为偏硅酸镁（$MgO \cdot SiO_2$），打破其原有的片状结构。大块的石英岩质地坚硬，粉碎困难，利用石英 573℃ 晶型转变所发生的体积效应，将石英在粉碎前预烧，然后急冷，使之产生内应力，原料变脆，可大大提高粉碎效率。可塑性很强的黏土，用量较多时，易使坯体在干燥和烧成过程中产生较大的收缩，导致制品开裂报废。为了减少这类损失，有时将一部分黏土预烧成熟料，以降低坯体的收缩。此外，釉中的氧化锌用量多时，容易造成缩釉，将 ZnO 预烧可以改善这一状况。诸如上述的几种情况，预烧可以改善原料的结构及物性，提高原料的纯度，使原料更符合工艺要求，减少制品的缺陷。

原料预烧的温度与原料的产状、性能及使用要求都有关系。黏土预烧的目的在于减少收缩，提高纯度，一般预烧温度为 700～900℃；氧化锌预烧的温度一般为 1250℃ 左右；石英预烧的温度通常为 900℃ 左右；预烧后急冷，使之散裂成小块。预烧后的石英不仅容易破碎，而且石英中的杂质呈色明显，有利于选料。预烧滑石的温度与原料的产状有关，辽宁海城产的滑石，具有较明显的片状结构，破坏这种结构需要较高的温度；山东掖南产的滑石呈细片状结构，且有一定杂质，结构破坏的温度比较低。根据电子显微镜观察，掖南滑石在 1350～1400℃ 左右，其片状结构已破坏；而海城滑石要烧到 1400～1450℃ 才能破坏其片状结构。

6.2.1.3　原料的合成

陶瓷原料的合成通常系指用若干种单一成分的原料，经过配料、混合和煅烧后，得到组成一定的多成分化合物，这种方法称为固相烧结法。近些年来发展为采用几种盐类溶液作原料，按比例混合，使各组成的离子通过溶液反应沉淀下来，得到所需组成的粉料，这种方法称为溶液反应法或化学制备法。采用烧结法合成原料时，过程简单，只要求在高温下反应，而晶相不易分布均匀。采用溶液反应法，可得到高纯度、高细度、高均匀度的粉末。制得的产品烧成温度下降、密度增加、显微结构也能得到改善。原料合成的方法还有水热合成法、熔融法等。合成的产物都用作生产陶瓷产品的原料。例如用含氧化钙及氧化硅的原料合成硅灰石；用碳酸钡和氧化钛或氯化钡溶液和氯化钛溶液合成钛酸钡；用氢氧化铝、氧化铝及氧化锌合成釉下红颜料等。原料的合成具有如下作用：

（1）用来制备某些在自然界中尚未发现的原料［如 $BaTiO_3$、$Pb(Zr、Ti)O_3$ 等］或者天然原料的开采价值不大、质量不合要求的原料（如钙铁矿、硅灰石等）。

（2）合成原材料可以保证产品组成固定，结构均匀，因而性能稳定。此外，原料合成时，在高温下结晶水排出、碳酸盐分解、晶型发生转化。这些变化在坯体成型前已完成，因而可以保证烧成后的产品尺寸和致密度。

（3）合成原材料可使配料简化。当配制组成复杂及性能系列化的产品时，由于采用合成的原料配料，可避免计算和称量的误差，也可简化配料操作。

6.2.2　耐火材料原料的煅烧

目前，除特殊要求外，全生料的耐火制品已不多见。

通过在原料煅烧时产生一系列物理化学反应，形成瘠化剂，作为坯料，能改善制品的成分及其组织结构，保证制品的体积稳定及其外形尺寸的准确性，提高制品的性能。

原料煅烧的最终目的是希望达到烧结。烧结的基本原理是在表面张力的作用下，通过物质迁移而实现。有的高温氧化物很难烧结，因为物料具有较大的晶格能和较稳定的结构，质点迁移需要较高的活化能，即活性较低。例如，高纯天然白云石真正烧结需要 1750℃ 以上的高温，而提纯的高纯镁砂则需 1900～2000℃ 以上的高温才能烧结。这给高温设备，燃料消耗等等方面都带来一系列问题。所以，根据原料特点和工艺要求，提出了原料的活化烧结、轻烧活化、二步煅烧及死烧等概念。

早期的活化烧结是通过降低物料粒度，提高比表面积和增加缺陷的办法实现的。把物料充分细磨（一般小于 10μm），在较低的温度下烧结制备熟料。用活性烧结制备的制品，体积密度高，气孔率低，而且经长时间保温其残余收缩小，在高温状态下相当稳定。

但是，单纯依靠机械粉碎来提高物料的分散度，毕竟是有限的，能量消耗也大大增加。而且上述方法与现行工艺相比，其工艺过程及所用设备都比较复杂，例如要有高效率的振动磨、温差小而温度高的隧道窑、等静压成型机等等。

研制降低烧结温度促进烧结的工艺方法，提出了轻烧活化，即轻烧-压球（或制坯）-死烧活化工艺。

为了使高纯原料如高纯镁砂烧结，曾采取提高煅烧温度的方法，把窑温提高到 1900～2000℃，仍不能把 $Mg(OH)_2$ 滤饼或荒坯烧结成体密度大于 $3.0g/cm^3$ 的粒状镁砂。研究证明，"二步煅烧"有明显的效果，在 1600℃ 以下，可制成高纯度、高密度的烧结镁石，MgO含量达 99.9%，密度可达 $3.4g/cm^3$。

轻烧的目的在于活化。菱镁矿加热后，在 600℃ 出现等轴晶系方镁石，650℃ 出现非等轴晶系方镁石，等轴晶系方镁石逐渐消失，850℃ 完全消失。这些 MgO 晶格，由于缺陷较多，活性高，在高温下加强了扩散作用，促进了烧结。

轻烧的温度对活性有很大的影响，它直接关系到熟料烧结温度及体积密度。轻烧的热工设备主要有多层炉、沸腾炉、回转炉、竖窑、Prepol 炉等。

思 考 题

1. 水泥熟料煅烧过程中主要发生哪些物理化学变化？

2. 何为水泥熟料的理论热耗？何为水泥熟料的实际热耗？两者之间有什么区别和联系？

3. 陶瓷和耐火材料原料的预烧对后续产品煅烧有什么作用？

4. 回转窑在发热能力和传热能力上有什么特点？分解炉内燃烧和物料分散性上有什么特征？

5. 悬浮预热器是如何完成传热和粉料输送的？

第 7 章 烧 成

从热力学观点来看，烧成（陶瓷：sintering，水泥熟料：clinkering，石灰：calcination）是系统总能量减少的过程。与块状物料相比，粉末有很大的比表面积，表面原子具有比内部原子高得多的能量。同时，粉末粒子在制造过程中，内部也存在各种晶格缺陷。因此，粉体具有比块料高得多的能量。任何体系都有向最低能量状态转变的趋势，这就是烧成过程的动力。但烧成一般不能自动进行，因为它本身具有的能量难以克服能垒，必须加热到一定的温度才能进行。

烧成是一个复杂的物理、化学变化过程。比如特种陶瓷的烧成，其烧成机制可归纳为：①黏性流动；②蒸发与凝聚；③体积扩散；④表面扩散；⑤晶界扩散；⑥塑性流动等。如果侧重考虑高温下粉料填充空隙的过程，烧成又常称为烧结。

7.1 常见烧成或烧结方法

7.1.1 热致密化方法

热致密化方法（thermal densification）包括：热压、热等静压烧结等。热挤压、热锻造等也属于热致密化方法，但陶瓷生产中较少使用。热致密化方法价格昂贵、生产率低，但对于一些性能要求高又十分难烧结的陶瓷却是最常用的方法。因为这种方法在高温下施压，有利于黏性和塑性流动，从而有利于致密化，可以获得几乎无孔隙的制品。

7.1.2 反应烧结

目前反应烧结（reaction sintering）仅限于少数几个体系：反应烧结氮化硅（Si_3N_4）、氮氧化硅（Si_2ON_2）和碳化硅（SiC）等。

反应烧结的特点是坯块在烧结过程中尺寸基本不变，可制得尺寸精确的制品，同时工艺简单、经济，适于大批量生产。缺点是材料力学性能不高，这是由于密度较低造成的。

7.1.3 液相烧结

通过完全的固相扩散对多数陶瓷物料来说是很难获得致密产品的，所以往往需引入某些添加剂，形成玻璃相和其他液相。由于粒子在液相中的重排和黏性流动的进行，可获得致密产品并可降低烧结温度。如果液相在整个烧结过程中存在，通称为液相烧结（liquid phase sintering）。如果液相只在烧结开始阶段存在，随后逐步消失，则称为瞬时液相烧结。

液相烧结不仅可以降低烧结温度，提高烧结坯密度，而且有时玻璃相本身就是陶瓷材料的重要组成部分。例如在 ZnO 压敏陶瓷中，ZnO 颗粒之间的连续玻璃晶界相，具有高的电阻率，形成粒间的高势垒，它与主晶相 ZnO 共存构成压敏电阻器。

7.1.4　高温自蔓延烧结

高温自蔓延烧结（self-propagating high-temperature synthesis）技术，简称 SHS 技术，其实质是利用燃烧反应所产生的热量进行烧结和致密化。烧结可以在大气、真空和高压容器中进行。产品的孔隙度一般为 5%～70%，制得的多孔陶瓷强度高。例如，孔隙度 55% 的 TiC 制品抗压强度达 100～120MPa，这一强度远远高于粉末烧结法制得的相应产品的强度。

目前人们已发展了多种获得全致密制品的 SHS 技术。最有代表性的技术是在特殊压力容器内控制 SHS 过程。

7.2　煅烧过程中的物理化学变化

以普通黏土质陶瓷为例，坯、釉随着温度的变化将发生一系列物理化学变化并得到所需的微观结构、性能及外观。了解这一变化，是制订烧成制度的基础。

7.2.1　低温预热阶段

此阶段（温度在常温～300℃）主要是排出坯体干燥后的残余水分，也称小火或预热阶段。随着坯体中残余机械水和吸附水的排出，坯体发生下列变化：

① 质量减轻　水分排出所致。

② 气孔率增加　水分排出，孔隙增多。

③ 体积收缩　随着水分的排出，固体颗粒紧密靠拢。

低温预热阶段所发生的变化是物理现象，实际上是干燥过程的继续。一般隧道窑的入窑坯体水分不能超过 1%，辊道窑的坯体入窑水分要控制在 0.5% 以下。

7.2.2　氧化分解阶段

温度在 300～950℃，主要反应是有机物及碳素的氧化，硫化铁的氧化，碳酸盐、硫酸盐分解，结晶水排出及晶型转变。坯、釉在这一阶段，随着物理化学变化的产生而出现吸热及放热反应。

7.2.3　高温玻化成瓷阶段

高温成瓷阶段（温度从 950℃ 到最高烧成温度）坯、釉主要发生以下变化：

① 氧化分解阶段进行不彻底的反应继续进行。

② 熔融长石与低共熔物，构成瓷坯中的玻璃相。黏土颗粒及石英可以部分地溶解在这些玻璃相中，未被溶解的颗粒及石英等物质之间的空隙，也逐渐被这些玻璃态物质填充，体积发生收缩，密度增加。其变化率与组成有关，如石英量多，长石量少的坯体收缩小，否则相反。

③ 在高温作用下，由黏土矿中的高岭石脱水产物，以及偏高岭石（由高岭石分解而来）的游离的 Al_2O_3 在 950℃ 左右开始转变为 $\gamma\text{-}Al_2O_3$，$\gamma\text{-}Al_2O_3$ 与 SiO_2 在 1100℃ 可生成微量莫来石晶体。

$$Al_2O_3 \cdot 2SiO_2 \longrightarrow Al_2O_3 + 2SiO_2$$

$$Al_2O_3(无定形) \xrightarrow{\sim 950℃} \gamma\text{-}Al_2O_3$$

$$3(\gamma\text{-}Al_2O_3)+2SiO_2 \xrightarrow{\geqslant 1000℃} 3Al_2O_3 \cdot 2SiO_2(一次莫来石)$$

$$3(Al_2O_3 \cdot 2SiO_2) \longrightarrow 3Al_2O_3 \cdot 2SiO_2(二次莫来石)+4SiO_2$$

④ 由于玻璃相及莫来石的生成，制品强度增加，气孔率减少，坯体急剧收缩，强度、硬度增大。

⑤ 釉料熔融成为玻璃体。

7.2.4　冷却阶段

冷却阶段是制品从烧成温度降至常温的全部过程。此阶段坯、釉发生以下变化：

① 随着温度的降低，液相析晶，玻璃相物质凝固。

② 游离石英晶型转变。

在 573℃ α-石英转变为 β-石英，体积收缩 0.82%。270℃时，α-方石英转变为 β-方石英，体积收缩 2.8%。

在一般情况下（特别在瓷器中），由于玻璃相多，而且玻璃相中 SiO_2 含量并未达到饱和，因此在冷却阶段不会有方石英出现。但在陶炻质坯体中，由于液相含量少，石英颗粒未被全部溶解，就可能有以固体状态存在的方石英。因此，冷却时要特别注意。

7.3　烧成制度

7.3.1　烧成制度与产品性能的关系

烧成过程是将坯体在一定的条件下进行热处理，使之发生质变成为陶瓷产品的过程。坯体在这一工艺过程中经过一系列的物理-化学变化，形成一定的矿物组成和显微结构，获得所要求的性能指标。正确的热处理，或者说采用合理的烧成制度，是保证获得优良产品的必要条件。烧成制度包括温度制度、气氛制度和压力制度。影响产品性能的关键是温度及其与时间的关系，以及烧成时的气氛。压力制度旨在保证窑炉按照要求的温度制度与气氛制度进行烧成。温度制度包括升温速度、烧成温度、保温时间及冷却速度。

7.3.1.1　烧成温度对产品性能的影响

从理论上说，烧成温度是指陶瓷坯体烧成时获得最优性质时的相应温度，即烧成时的止火温度。由于坯体性能随温度的变化有一个渐变的过程，所以烧成温度实际上是指一个允许的温度范围，习惯上称之为烧成范围。坯体技术性能开始达到要求指标时的对应温度为下限温度，坯体的结构和性能指标开始劣化时的温度为上限温度。

在高温下，没有液相或含有很少液相的固相烧结，依靠坯体粒子的表面能和晶粒间的界面来推动，因而烧成温度的高低除了与坯料的种类有关外，还与坯料的细度及烧成时间密切相关。颗粒细则比表面大、能量高，烧结活性大，易于烧结，烧成温度可降低。若颗粒的堆积密度小，颗粒的接触界面小，不利于传质，因而也不利于烧结。因此对同一种坯体，由于细度不同而有一个对应于最高烧结程度的煅烧温度，此温度即为致密陶瓷体的烧成温度或它的烧结温度。这个温度或温度范围常根据烧成试验时试样的相对密度、气孔率或吸水率的变化曲线来确定。对于多孔制品，因为不要求致密烧结，达到一定的气孔率及强度后即终止热处理，所以烧成温度并非其烧结温度。

烧成温度的高低，直接影响晶粒尺寸、液相的组成和数量以及气孔的形貌和数量。它们综合地对陶瓷产品的物化性能产生重大影响。对固相扩散或重结晶来说，提高烧成温度是有益的。然而过高的烧成温度对特种陶瓷来说，会使晶粒过大或少数晶粒尺寸猛增，破坏组织结构的均匀性，从而使制品的机电等性能劣化。如图1-7-1中所示的即为PZT系统压电陶瓷各项性能和显微结构受烧成温度影响的情况。图中实线和虚线分别表示同一组成的两批材料的试验结果。图1-7-2是BaTiO$_3$半导体陶瓷烧成温度与瓷体电导率的关系。

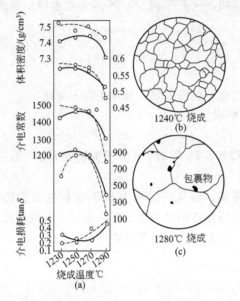

图1-7-1 组成为 Pb$_{0.95}$Sr$_{0.05}$（Zr$_{0.53}$Ti$_{0.47}$）O$_3$+
CeO$_2$ 0.5%（摩尔分数）的压电陶瓷的烧成温度
与压电性能和组成之间的关系

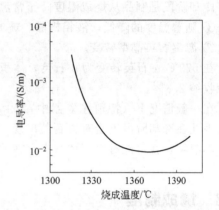

图1-7-2 BaTiO$_3$ 瓷料烧成温度与电导率的关系
（300℃/h，保温 20min，急冷）

对传统配方的烧结陶瓷来说，烧成温度决定着瓷坯的显微结构与相组成。表1-7-1是长石质日用瓷坯在不同温度下的相组成。瓷坯的物理化学性质也随着烧成温度的提高而发生变化。若烧成温度低，则坯体密度低，莫来石含量少，其机电、化学性能都差。温度升高会使莫来石量增多，形成相互交织的网状结构，提高瓷坯的强度。在不过烧的情况下，随着烧成温度的升高，瓷坯的体积密度增大，吸水率和显气孔率逐渐减小，釉面的光泽度不断提高。釉面的显微硬度也随着温度的升高而不断增大。但对于长石质瓷来说，温度升高到1290℃以后，随着温度升高，釉面硬度略有下降。温度继续升高，瓷坯中残余石英的含量降低，而玻璃相的含量增多，这种高硅质熔体首先将细小针状莫来石溶解，形成富含莫来石的玻璃相。图1-7-3表明了这种玻璃相的含量变化与烧成温度之间的关系。从图中可以看出，在1250～1350℃，这种玻璃相含量增加得特别快。在一定的升温速度和时间的约束下，一种坯体有一个最高烧成温度或一个烧成温度范围。一旦过烧，反而因晶相量减少和晶粒变大以及玻璃相含量增多而降低产品的性能，而且在高温下坯体易变形或形成大气泡，从而促使气泡周围形成粗大莫来石，导致性能恶化。在烧成范围内，适当提高烧成温度，有时却会有利于电瓷的机电性能（见图1-7-4）和日用细瓷的透光度。

表1-7-1 长石质日用瓷坯在不同温度下的相组成

烧成温度/℃	相组成/%			气孔体积/%
	玻璃相	莫来石	石英	
1210	56	9	32	3
1270	58	63	28	2

烧成温度/℃	相组成/%			气孔体积/%
	玻璃相	莫来石	石英	
1310	61	15	23	1
1350	62	10	19	1

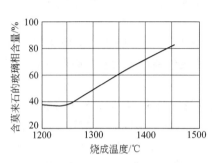

图 1-7-3 硬质瓷烧成温度与含莫来
石的玻璃相含量之间的关系

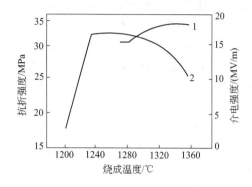

图 1-7-4 烧成温度对电瓷机电性能的影响
1—介电常数；2—抗折强度

由于硅酸盐系统的反应是在颗粒接触不十分充分的条件下进行的，反应的速度也较低，因此影响高温反应速度的因素，除温度外，也不能忽视时间的作用。生产实践证明，对于同一种坯体，在稍高的温度下短时间烧成，或在较低的温度下较长时间烧成都可得到良好的陶瓷制品。但是，烧成温度与烧成时间并非比例关系，而是指数关系。研究它们的作用时，常在等温保温条件下分析时间的影响，在恒速升温条件下分析温度的影响，或经一定的温度、时间制度之后分析烧成对产品性质的影响效果。总而言之，不能孤立地考虑温度的作用。烧成温度的确定，主要应取决于配方组成、坯料的细度和产品的性能要求，同时还与烧成时间相互制约。

7.3.1.2 保温时间对产品性能的影响

在止火温度或稍低于此温度的某一特定温度下保持一定的时间，一方面使物理化学变化更趋完全，使坯体具有足够的液相量和适当的晶粒尺寸；另一方面使组织结构亦趋于均一。在生产实践中，适当地降低烧成温度，通过一定的保温时间完成烧结作用，常能保证产品质量均匀和烧成损失减少。但保温时间过长则晶粒溶解，不利于坯中形成坚强的骨架，会导致机械性能的降低。精陶类产品坯体中方石英晶相的减少，会导致膨胀系数变小，还会引起釉裂。图 1-7-5 和图 1-7-6 分别是高铝瓷与电瓷的性能与保温时间的关系。

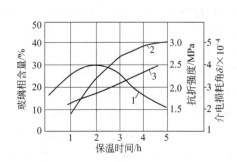

图 1-7-5 高铝瓷保温时间和性能的关系
1—抗折强度；2—玻璃相含量；3—介电损耗角δ

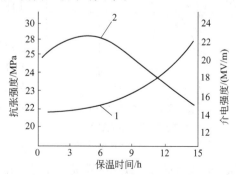

图 1-7-6 电瓷机电性能与保温时间的关系
1—介电强度；2—抗张强度

保温时间和保温的温度对希望釉面析晶的产品（如结晶釉等艺术釉产品）作用更显得重要。为了控制釉层中析出晶核的速率和数量，这类产品的保温温度往往比烧成温度低得多。保温时间直接关系到晶体的形成率（指晶花面积与试样总面积之比）和晶花的大小、形状。

对于特种陶瓷来说，保温虽能促进扩散和重结晶，但过长的保温却使晶体过分长大或发生二次重结晶，反而起到有害的作用，故保温时间也要求适当。

7.3.1.3 烧成气氛对产品性能的影响

气氛会影响陶瓷坯体高温下的物化反应速度，改变其体积变化、晶粒与气孔大小、烧结温度甚至相组成等，最终得到不同性质的产品。

（1）对日用瓷的影响　日用瓷坯体在氧化气氛和还原气氛中烧成，会使它们在烧结温度、最大烧成收缩、过烧膨胀率、线收缩速率、瓷坯的颜色和透光度及釉面质量等方面都有所变化。比如气氛对瓷坯的颜色和透光度及釉面质量的影响如下。

① 影响铁和钛的价数　氧化焰烧成时，Fe_2O_3 在含碱量较低的瓷器玻璃相中溶解度很低，冷却时即由其中析出胶态的 Fe_2O_3，使瓷坯显黄色。还原焰烧成时，形成 FeO 溶解在玻璃相中而呈淡青色。对瓷坯进行化学分析，发现在氧化焰中，坯中 Fe_2O_3 占总铁量（以 Fe_2O_3 计）的 67%，而还原焰时仅为 10%，故还原焰烧成的瓷坯呈白里泛青的玉色。此外，液相增加和坯内气孔率降低都可以相应提高瓷坯的透光性。当坯体中的氧化铁含量一定时，若用氧化焰烧成，被釉层所封闭的 Fe_2O_3 将有一部分与 SiO_2 反应生成铁橄榄石并放出氧，其反应如下：

$$2Fe_2O_3 + 2SiO_2 \longrightarrow 2(2FeO \cdot SiO_2) + O_2 \uparrow$$

反应生成的氧会使釉面形成气泡与孔洞，而残留的 Fe_2O_3 会使瓷坯呈黄色。对含钛较高的坯料应避免烧还原焰，否则部分 TiO_2 会变成蓝至紫色的 Ti_2O_3，还可能形成黑色的 $FeO \cdot Ti_2O_3$ 尖晶石和一系列铁钛混合晶体，从而加深铁的呈色。

② 使 SiO_2 和 CO 还原　在一定的温度条件下，还原气氛可使 SiO_2 还原为气态的 SiO，在较低的温度下它将按 $2SiO \longrightarrow SiO_2 + Si$ 分解，因而在制品表面形成 Si 的黑斑。还原气氛中的 CO 在一定的温度下会按 $2CO \Longleftrightarrow CO_2 + C$ 分解。在平衡情况下，400℃时只有 CO_2 是稳定的，而在 1000℃时仅有 0.7%（体积）CO_2。CO 的分解速度在 800℃以上才比较明显，低于 800℃时需要一定的催化剂。碳也有催化作用，但要求一定的表面积。游离态的氧化铁的催化作用则与表面积无关。因此在还原气氛中很可能因 CO 分解出碳沉积在坯体、釉上形成黑斑。在继续升高温度的烧成中，碳被封闭在坯体中，若再有机会被氧化成 CO_2 就会形成气泡。对吸附性能强的坯体尤其应注意这一问题。

（2）对特种陶瓷的影响　还原气氛对氧化物陶瓷的烧结有促进作用。图 1-7-7 表明，氧化铝瓷在氢气中烧成时，烧结温度会降低，坯体致密度会提高。因为在还原气氛中，Al_2O_3 晶格中易出现 O^{2-} 空穴，促进 O^{2-} 的扩散，从而提高其烧结速度。

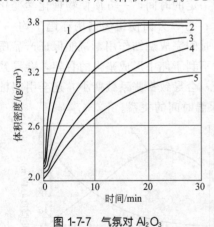

图 1-7-7　气氛对 Al_2O_3
烧结的影响（1650℃）
1—$C+H_2$; 2—H_2; 3—Ar; 4—空气; 5—水蒸气

对于 $BaTiO_3$ 半导体陶瓷，在还原性（例如 H_2 气或含 H_2 气氛）、中性（例如 N_2 气）和惰性（例如 Ar 气）气氛中烧成都有利于 $BaTiO_3$ 陶瓷的半导体化，即有利于陶瓷材料室温阻值的降低。对于施主掺杂的高纯 $BaTiO_3$ 陶瓷来说，在缺氧气氛中烧成时，不仅可以使陶瓷材料半导体化更充分，而且往往可以有效地拉宽促使陶瓷半导体化的施主掺杂的浓度范围（如图 1-7-8 所示）。

对于含挥发性组分的压电陶瓷等坯料，如果烧成时未控制好气氛，则所含的铅、铋等化合物挥发，组成发生变化，影响烧结和产品性能。反之，若气氛挥发物质的分压过大，也会影响坯体的组成和性质。所以在煅烧锆-钛-铅陶瓷时，一定要控制窑炉内铅的分压，让炉内耐火材料中吸收一定量的铅。

7.3.1.4　升、降温速度对产品性能的影响

普通陶瓷坯体在快速加热时的收缩要比缓慢加热时小，因为快速烧成时，熔体被黏土及石英饱和的时间不长，而这类低黏度的熔体尚需一定时间以发挥其表面张力的最大效果。将卫生瓷坯体经 24h 加热至 1300℃时，收缩率为 8.3%。若以同样条件缓慢加热，则收缩率为 8.95%。这是由于缓慢加热时，形成了相当数量的液相，而其表面张力发挥出最大效果的缘故。

致密的坯体慢速升温（24~48h 加热至 1300℃），其抗张强度比快速升温的坯体（用 18h 加热到 1300℃）约增加 30%，而气孔率则减少。快速升温坯体气孔率为 3.0%，慢速升温坯体气孔率为 1.5%，两者相差一半。

图 1-7-9 是 75%Al_2O_3 瓷的升温速度与性能的关系。升温慢时抗折强度高，但介电损耗

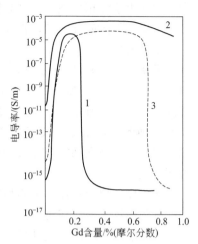

图 1-7-8　Gd 掺杂的 $BaTiO_3$ 半导体
陶瓷的烧成气氛、掺杂浓度
与室温电导率的关系

1—在空气中烧成；2—在氮气中烧成；
3—在氮气中烧成后，再在 1200℃于空气中烧

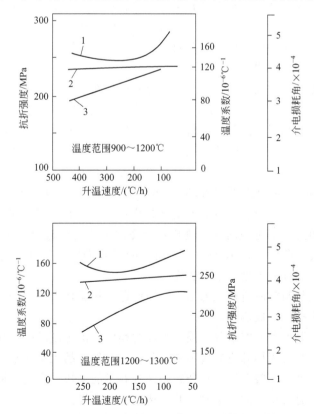

图 1-7-9　75% Al_2O_3 瓷的升温速度与性能的关系曲线

1—抗折强度；2—电容温度系数；3—介电损耗角δ

也大。这是由于液相出现后，升温慢会使液相量多且分布均匀、气孔率低，因而强度大，液相冷却后生成较多的玻璃相，损耗也就增大。过快地升温则分解气体排出困难，阻碍气孔率的进一步降低。

普通陶瓷烧成后缓慢冷却时，收缩率会大些，相对的气孔率小些。冷却速度对机械强度的影响要复杂得多。快速烧成的坯体缓慢冷却时，由于次生莫来石的成长，会在一定程度上降低其抗张程度，而缓慢烧成的坯体缓慢冷却后，其抗张强度可提高 20%。对于某些特种陶瓷，急冷（甚至是淬火急冷）能防止某些化合物的分解、固溶体的脱溶及粗晶的形成，因此能改善产品的结构，提高产品的电气性能，还能较大幅度地提高瓷坯的抗折强度。

冷却速度的快慢对坯体中晶相的大小，尤其是对晶体的应力状态有很大的影响。含玻璃相多的致密坯体，当冷却至玻璃相由塑性状态转为固态时，瓷坯结构上有显著的变化，从而引起较大的应力。因此，这种坯体应采取高温快冷和低温缓冷的制度。冷却初期温度高，因而仍有高火保温的作用，如不快冷势必影响晶粒的数量和大小，也易使低价铁重新氧化，使制品泛黄。快冷还可避免釉面析晶，提高釉面光泽度。

但对于膨胀系数较大的瓷坯或含有大量 SiO_2、ZrO_2 等晶体的瓷坯，由于晶型转变伴随有较大的体积变化，因而在转变温度附近冷却速度不能太快。对于厚而大的坯件，若冷却太快，由于内外散热不易均匀，也会造成应力不均匀而引起开裂。

7.3.2　烧成制度的制订

烧成制度包括温度制度、气氛制度和压力制度。对一个特定的产品而言，制订好温度制度（建立温度与时间的关系）和控制好烧成气氛是关键。压力制度起保证前两个制度顺利实施的作用。三者之间互相协调构成了一个制订合理的烧成制度。

7.3.2.1　拟定烧成制度的依据

（1）坯料在加热过程中的性状变化　通过分析坯料在加热过程中的性状变化，初步得出坯体在各温度或时间阶段可以允许的升、降温速率等。这些是拟定烧成制度的重要依据之一。具体可利用现有的相图、热分析资料（差热曲线、失重曲线、热膨胀曲线）、高温相分析、烧结曲线（气孔率、烧成线收缩、吸水率及密度变化曲线）等技术资料。

根据坯料系统有关的相图，可初步估计坯体烧结温度的高低和烧结范围的宽窄。K_2O-Al_2O_3-SiO_2 系统中的低共熔点低（985℃±20℃），MgO-Al_2O_3-SiO_2 系统的低共熔点高（1355℃）。长石质瓷器中的液相数量随温度升高增加缓慢，而且长石质液相高温黏度较大。滑石瓷中的液相随温度升高迅速增多。故长石质瓷的烧成范围较宽，可在 50～60℃ 范围内波动，而滑石瓷的烧成范围仅在 10～20℃。前者的最高烧成温度可接近烧成范围的上限温度。后者的最高烧成温度只能偏于下限温度。

由于实际情况往往与相图有较大的出入，因此还应根据坯料的热分析曲线，参照烧成各阶段所发生的变化来拟订烧成制度。

（2）坯体形状、厚度和入窑水分　同一组成的坯体，由于制品的形状、厚度和入窑水分的不同，升温速度和烧成周期都应有所不同。薄壁、小件制品入窑前水分易于控制，一般可采取短周期快烧，大件、厚壁及形状复杂的制品升温不能太快，烧成周期不能过短。坯体中含大量可塑性黏土及有机物多的黏土时，升温速度也应放慢。有学者根据不稳定传热过程的有关参数推算出，安全升、降温的速度与陶瓷坯体厚度的平方成反比。

（3）窑炉结构、燃料性质、装窑密度　它们是能否使要求的烧成制度得以实现的重要因素。所以在拟定烧成制度时，还应结合窑炉结构、燃料类型等因素一道考虑，也就是把需要的烧成制度和实现烧成制度的条件结合起来，否则再先进的烧成制度也难以实现。

（4）烧成方法　同一种坯体采用不同的烧成方法时，要求的烧成制度各不相同。如日用瓷、釉面砖既可坯、釉一次烧成（本烧），又可先烧坯（素烧）再烧釉（釉烧）二次烧成。日用瓷的素烧温度总是低于本烧的温度。釉面砖素烧的温度往往高于釉烧的温度。一些特种陶瓷除可在常压下烧结外，还可用热压法、热等静压法等一些新的方法烧成。热压法及热等静压法的烧成温度比常压烧结的温度低得多，烧成时间也可缩短。因此拟定烧成制度时应同时考虑所用的烧成方法。

7.3.2.2　烧成温度曲线的制订

烧成温度曲线表示烧成过程中由室温加热到烧成温度，再由烧成温度冷却至室温的全部温度-时间的变化情况。烧成温度曲线的性质决定于下列因素：

① 烧成时坯体中的反应速度受坯体的组成、原料性质以及高温中发生的化学变化共同影响。

② 坯体的厚度、大小及坯体的热传导能力。

③ 窑炉的结构、类型和热容以及窑具的性质和装窑密度。

（1）升温速度的确定　低温阶段：升温速度主要取决于坯体入窑时的水分。如果坯体进窑水分高、坯件较厚或装窑量大，则升温过快将引起坯件内部水蒸气压力增高，而可能产生开裂现象，对于入窑水分不大于 $1\%\sim2\%$ 的坯体，一般强度也大，在 120℃ 前快速升温是合理的，对于致密坯体或厚胎坯体，水分排出困难，加热过程中，内外温差也较大，升温速度就应减缓。

氧化分解阶段：升温速度主要取决于原料的纯度和坯件的厚度，此外也与气体介质的流速和火焰性质有关。原料较纯且分解物少，制品较薄的，则升温可快些；如坯体内杂质较多且制品较厚，氧化分解费时较长或窑内温差较大的，则升温速度不宜过快；当温度尚未达到烧结温度以前，结合水及分解的气体产物排出是自由进行的，而且没有收缩，因而制品中不会引起应力，故升温速度可加快。随着温度升高，坯体中开始出现液相，应注意使碳素等在坯体烧结和釉层熔融前烧尽；一般当坯体烧结温度足够高时，可以保证气体产物在烧结前逸出，而不致产生气泡。

高温阶段：此阶段的升温速度取决于窑的结构、装窑密度以及坯件收缩变化的程度。当窑的容积太大时，升温过快则窑内温差大，将引起高温反应的不均匀。坯体玻璃相出现的速度和数量对坯件的收缩产生不同程度的影响，应视不同收缩情况决定升温的快慢。在高温阶段主要是收缩较大，但如能保证坯体受热均匀，收缩一致，则升温较快也不会引起应力而使制品开裂或变形。

（2）烧成温度及保温时间的确定　烧成温度必须在坯体的烧结范围之内，而烧结范围则需控制在线收缩（或体积收缩）达到最大而显气孔率接近于零（细瓷吸水率<0.5%）的一段温度范围。最适宜的烧成温度或止火温度可根据坯料的加热收缩曲线和显气孔率变化曲线来确定。但须指出，这种曲线与升温速度有关。当升温速度快时，止火或者最适宜烧成温度可以稍高，保温时间可以短些。当升温速度慢时，止火温度可以低些。操作中可采用较高温度下短时间的烧成或在较低温度下长时间的烧成来实现。在高温下（即烧结范围的上限）短时间烧成，可以节约燃料，但对烧结范围窄的坯料来说，由于温度较高，液相黏度急剧下降，容易导致缺陷的产生，在此情况下则应在较低温度下（即烧结范围的下限）延长保温时

间，因为保温能保证所需液相量平稳地增加，不致使坯体产生变形。

（3）冷却速度的确定　冷却速度主要取决于坯体厚度及坯内液相的凝固速度。快速冷却可防止莫来石晶体变为粗晶，对提高强度有好处。同时防止坯体内低价铁的重新氧化，可使坯体的白度提高。所以高温冷却可以快速进行，但快速冷却应注意在液相变为固相玻璃的温度（约在 750～800℃）以前结束。此后，冷却应缓慢进行，以便液相变为固相时制品内温度分布均匀。400～600℃为石英晶型转化温度范围，体积发生变化，容易造成开裂，故应考虑缓冷。400℃以下，则可加快冷却，不会出现问题。对厚件制品，由于内外散热不均而产生应力，特别是液相黏度由 10^{12} Pa·s 数量级至 10^{14} Pa·s 的数量级时，内应力较大，处理不当时易造成炸裂。

7.3.2.3　气氛制度

气体介质对含有较多的铁的氧化物、硫化物、硫酸盐以及有机杂质等陶瓷坯料影响很大。同一瓷坯在不同气体介质中加热，其烧结温度、最终烧成收缩、过烧膨胀以及收缩速率、气孔率均不相同，故要根据坯料化学矿物组成以及烧成过程各阶段的物理化学变化规律，恰当选择气体介质（即气氛）。我国南北方瓷区因坯料的化学矿物组成，铁、钛等氧化物含量不同，选择了不同的气氛制度。南方瓷区的烧成多采用还原焰烧成制度（即小火氧化，大火还原），北方瓷区采用全部氧化焰烧成。陶瓷墙地砖一般采用氧化焰烧成。

（1）氧化气氛的作用与控制　在水分排出阶段、分解氧化阶段，一般需要氧化气氛。它的主要作用有两个：① 将前一阶段沉积在坯体上的碳素和坯体中的有机物及碳素烧尽。②将硫化铁氧化。

为使碳素烧尽，空气过剩系数 α 值和升温时间要适当。

对于用氧化焰烧成的瓷器以及精陶、普陶等，成熟（或瓷化）阶段中的 α 值应控制在 1.2～1.7。氧化焰烧成的隧道窑，以重油为燃料时，α 值为 1.1～1.3；以烟煤作燃料时，α 值为 1.3～1.7；以煤气为燃料时，α 值为 1.05～1.15；预热带汇总烟道中烟气的 α 值为 3～5。实践证明，用氧化焰烧成的瓷器，在瓷化阶段如 α 值过高，容易造成釉面光泽不好，甚至造成高火部位坯体起泡。

（2）还原气氛的作用与控制　还原气氛主要有以下作用：

① 含 Fe_2O_3 较高的原料，可以避免 Fe_2O_3 在高温时分解并放出氧，致使坯体发泡。在氧化气氛下，Fe_2O_3 在 1250～1370℃分解产生氧气，造成坯体起泡。而在还原气氛下：

$$2Fe_2O_3 + 2CO \xrightarrow{1100℃} 4FeO + 2CO_2$$

则在低于 Fe_2O_3 分解的温度下完成了还原反应，避免了析氧发泡。

② FeO 与 SiO_2 等形成亚铁硅酸盐，呈淡青的色调，使瓷器具有白如玉的特点。

7.3.2.4　压力制度

窑内合理的压力制度是实现温度制度和气氛制度的保证。油烧隧道窑还原焰烧成时，一般窑的预热带控制为负压（-29.42Pa 以下），烧成带为正压（19.61～29.42Pa），冷却带为正压（0～19.61Pa），零压位在预热和烧成带之间；油烧隧道窑氧化焰烧成一般预热带为负压，烧成带为微负压到微正压（-4.90～4.90Pa），冷却带为正压。

为保持合理的压力制度，可通过调节总烟道闸板、排烟孔小闸板来控制抽力；控制好氧化幕、急冷气幕以及抽余热风机的风量与风压，并适当控制烧嘴油量，调节车下风压和风量等办法。

7.4 烧成方法

7.4.1 低温烧成与快速烧成

7.4.1.1 低温烧成与快速烧成的作用

（1）低温烧成与快速烧成的含义 一般来说，凡烧成温度有较大幅度降低（如降低幅度在 80～100℃ 以上者）且产品性能与通常烧成的性能相近的烧成方法可称为低温烧成。

至于快速烧成，也是相对而言的。它指的是产品性能无变化，而烧成时间大量缩短的烧成方法。例如，在 1h 内烧成墙地砖和 8h 内烧成卫生陶瓷，这二者都是快速烧成的典型例子。因此快速烧成"快"的程度应视坯体类型及窑炉结构等具体情况而定。目前对于快速烧成的含义尚无统一的认识。有人提出按周期长短将烧成分为三类，烧成周期在 10h 以上者称为常规烧成；在 4～10h 以内的称为加速烧成；在 4h 以下的才称为快速烧成。这是一种不涉及产品种类的笼统分类法。但对于大部分陶瓷产品来说，它仍较符合目前的烧成状况。

（2）低温与快烧的作用

① 节约能源。陶瓷工业中燃料费用占生产成本的比例很大。国外原来占 7％～15％ 左右，近年来因能源涨价增加到 25％ 左右。而我国一般在 30％ 以上。根据前苏联资料介绍，烧成温度对燃料消耗的影响可用下式表示：

$$F = 100 - 0.13(t_2 - t_1) \tag{1-7-1}$$

式中 F——温度为 t_1 时的单位燃耗与温度为 t_2 时的单位燃耗之比，％。

由上式可知，当其他条件相同时，烧成温度每变化 100℃，单位燃耗变化 13％。

缩短烧成时间，对节约能源的效果更为显著。当在同一条隧道窑里焙烧卫生瓷时，根据热平衡计算，单位制品的热量消耗 G 为：

$$G = K \frac{T}{N} + A \tag{1-7-2}$$

式中 T——烧成时间，h；

N——窑内容车数（辆）；

K、A——常数。

从上式可知，单位制品的热耗与烧成时间呈直线关系。烧成时间每缩短 10％，产量可增加 19％，单位制品热耗可降低 4％，所以快速烧成既可节约燃料，又可提高产量，使生产成本大幅度降低。

② 充分利用原料资源。低温烧成的普通陶瓷产品，其配方组成中一般都含有较多的熔剂成分。我国地方性原料十分丰富，这些地方性原料或者低质原料（如瓷土尾矿、低质滑石等）及某些新开发的原料（如硅灰石、透辉石、霞石正长岩、含锂矿物原料等）往往含较多的低熔点成分，来源丰富、价格低廉。很适合制作低温坯釉料，或者快烧坯釉料。因此，低温烧成与快速烧成能充分利用原料资源，并且能促进新型陶瓷原料的开发利用。

③ 提高窑炉与窑具的使用寿命。陶瓷产品的烧成温度在较大幅度降低之后，可以减少匣钵的破损和高温荷重变形。对砌窑材料的材质要求也可降低，可以减少建窑费用，同时还可以增加窑炉的使用寿命，延长检修周期。在匣钵的材质方面也可降低性能要求，延长其使用寿命。

从快速烧成发展趋势看，装匣烧成将会逐渐减少，趋向于在隔焰窑中裸装烧成（用耐火棚架支承产品）或在辊道窑中无匣烧成。

④ 缩短生产周期、提高生产效率。快速烧成除了节能和提高产量外，还可大大缩短生

产周期和显著提高生产效率。以釉面砖为例，通常在隧道窑中素烧约需 30～40h，釉烧约需 20～30h，仅烧成一道工序就占了 50～70h；而在辊道窑中快速烧成，素烧为 60min，釉烧为 40min，总的烧成时间不到 2h，当其他工序时间不变时仅采用快速烧成就可大量缩短生产周期。

⑤ 低温烧成，有利于提高色料的显色效果，丰富釉下彩和色釉的品种。

⑥ 快速烧成可使坯体中晶粒细小，从而提高瓷件的强度，改善某些介电性能。

虽然低温烧成及快速烧成有上述优点，但也应注意到，采用这些烧成方法的前提是必须保证产品的质量。而低温快烧产品的质量并非完全等同于常规烧成的产品。此外，由于陶瓷产品种类繁多、性能要求各异，因此并非任何品种都值得采用低温烧成或快速烧成。

7.4.1.2 降低烧成温度的工艺措施

（1）调整坯、釉料组成　碱金属氧化物会降低黏土质坯体出现液相的温度和促进坯体中莫来石的形成。向高岭石-蒙脱石质黏土中引入 Li_2O 时，液相出现的温度由 1170℃降至 800℃；引入 Na_2O 时，降至 815℃；引入 K_2O 时降至 925℃。

与碱金属氧化物相似，碱土金属氧化物也对液相出现温度及晶相的形成有强烈的影响。从 $RO-Al_2O_3-SiO_2$ 系统的相图可知，含 MgO 系统中出现的液相的最低温度为 1345℃，含 BaO 系统为 1240℃，含 CaO 系统为 1170℃。但是由于黏土中总含有 Fe_2O_3、R_2O 等杂质成分，以致低共熔物的组成更为复杂，形成液相的温度更低。这也说明了复合熔剂组分对促进坯体低温烧结有更好的效果。不过，添加剂的用量对促进作用至关重要，过多的添加剂甚至会出现相反的结果。

（2）提高坯料细度　坯料颗粒越细则烧结活性越大、烧结温度越低。

7.4.1.3 快速烧成的工艺措施

（1）必须满足的工艺条件

① 坯、釉料能适应快速烧成的要求。快烧坯料的质量要求有以下几方面：

a. 干燥收缩和烧成收缩均小。这样可保证产品尺寸准确，不致弯曲、变形。一般坯料只能适应 100～300℃/h 的升温速度，而快速烧成时的升温速度可达 800～1000℃/h，所以要配制低收缩的坯料，选用少收缩或无收缩的原料（如烧失量小的黏土、滑石、叶蜡石、硅灰石、透辉石或预烧过的原料、合成的原料）。

b. 坯料的热膨胀系数要小，最好它随温度的变化呈线性关系，在生产过程中不致开裂。

c. 希望坯料的导热性好，使烧成时物理化学反应能迅速进行，又能提高坯体的抗热震性。

d. 希望坯料中少含晶型转变的成分，免得因体积变化破坏坯体。

快烧用的釉料要求其化学活性强，以利于物理化学反应的迅速进行；始熔温度要高些，以防快烧时原料的反应滞后，引起釉面缺陷（针孔、气泡等）；高温黏度比普通釉料低些，而且随温度升高黏度降低较多，以便获得平坦光滑无缺陷的釉面；膨胀系数较常规烧成时小些，便于和坯体匹配。

② 减少坯体入窑水分、提高坯体入窑温度。残余水则短时间内即可排尽，而且生成的水汽量也少，不致在快烧条件下产生巨大应力。入窑坯温度高则可提高窑炉预热带的温度、缩短预热时间。

③ 控制坯体厚度、形状和大小。

④ 选用温差小和保温良好的窑炉。

⑤ 选用抗热震性能良好的窑具。

（2）快烧产品的质量 生产实践和研究结果表明，在缩短烧成周期的同时，适当将烧成温度提高 10～30℃ 是能够使陶瓷产品的显微结构和物相组成不受影响的。根据对 4h 快速烧成和 24h 常规烧成日用瓷的显微结构分析可知，这两种瓷坯的显微结构基本一致。瓷坯内含有的主晶相莫来石呈针状交织在一起，长度约 2～5μm。石英晶粒被玻璃相包围，颗粒周围形成高硅玻璃层。玻璃相中存在极少量气泡。

前苏联建筑陶瓷科学研究院测定了常规烧成（24h）和快速烧成（8h）卫生瓷的一些性能指标（见表 1-7-2）。表中数据表明，快速烧成卫生瓷的主要性能指标和常规烧成的指标很接近。坯料中引入微斜长石，使之在快烧时能充分反应。多数长石颗粒被玻璃体（折射率1.495）和针状莫来石代替。莫来石晶体长度绝大多数为 4～6μm。快速与常规烧成瓷坯的莫来石化的程度，利用 X 射线分析证实是相同的，整个制品中莫来石和石英的分布均匀。两种瓷坯的电子显微镜分析表明，它们的气孔结构几乎是一样的，都具有较小的气孔（1～3μm），圆形及稍有拉长的气孔占多数，且大部分是孤立的，仅少数是连通的。制品的总气孔率为 5.5％～8.2％。石英颗粒（1～3μm）的边缘反应在两种情况下也是相同的。

表 1-7-2 快速烧成和常规烧成卫生瓷的性能对比

指标	快速烧成	常规烧成
烧成时间/h	8	24
最高温度下的保温时间/h	0.5	0.75
最高烧成温度/℃	1250～1260	1250～1260
吸水率/％	0.25～0.5	0.3～0.87
密度/（×10³kg/m³）	2.34	2.33
抗弯强度/MPa	70	68
热稳定性循环次数	＞3	＞3
莫来石含量/％	19	19.5
残余石英含量/％	13	13

7.4.2 特种烧成方法

近些年来，由于新技术的发展，高纯度、高密度、高均匀度的功能陶瓷、结构陶瓷以及各种新型陶瓷材料的需求量增加，因而陶瓷的生产工艺也随之有了较大的发展。热压、热等静压和其他特殊烧成新方法，在各类陶瓷的生产中已逐渐采用，或成为重点研究课题。

7.4.2.1 热压烧结

如果在加热粉体的同时进行加压，则粉末的烧结主要取决于塑性流动，而不是扩散。对于同一材料而言，压力烧结与常压烧结相比，烧结温度要低得多，而且烧结体中气孔率也低。另外，由于在较低的温度下烧结，就抑制了晶粒成长，所得的烧结体较致密，且具有较高的强度（晶粒细小的陶瓷，强度较高）。

（1）一般热压法 一般热压法（thermal pressed sintering）又叫压力烧结法。是将难烧结的粉料或生坯在模具内施加压力，同时升温烧结的工艺。加压操作有：恒压法，整个升温过程中都施加预定的压力；高温加压法，高温阶段才施加压力；分段加压法，低温时加低压、高温时加到预定的压力。此外又有真空热压烧结、气氛热压烧结、连续加压烧结等。其基本结构示于图 1-7-10。

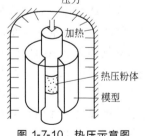

图 1-7-10 热压示意图

在热压中，最重要的是模型材料的选择。使用最广泛的模型材料是石墨，但因目的不同，也有使用氧化铝和碳化硅的。最近，还开发了纤维增强的石墨模型，这种模型壁薄，可经受 30～50MPa 的压力。

加热方式，几乎都采用高频感应方法，对于导电性能好的模型，可以采用低电压、大电流的直接加热方式。

热压法的缺点是加热、冷却时间长，而且必须进行后加工，生产效率低，只能生产形状不太复杂的制品。使用热压法可制备强度很高的陶瓷车刀等。就氧化铝烧结体而言，常压烧结制品的抗折强度约为 350MPa，热压制品的抗折强度为 700MPa 左右。热压法在制备很难烧结的非氧化物陶瓷材料过程中，也获得了广泛的应用。

（2）高温等静压法　高温等静压（high isostatic pressing，HIP）法，就受等静压作用这一点而言，类似于成型方法中所述的橡皮模加压成型。高温等静压法中用金属箔代替橡皮模（加压成型中的橡胶模具），用气体代替液体，使金属箔内的粉料均匀受压，如图 1-7-11 所示。通常所用的气体为氦气、氩气等惰性气体。模具材料有金属箔（低碳钢、镍、钼）、玻璃等。也可先在大气压下烧成具有一定形状的非致密体，然后进行高温等静压烧结（可不用金箔模具）。

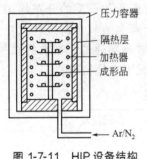

图 1-7-11　HIP 设备结构示意图

压力容器
隔热层
加热器
成形品

Ar/N₂

一般在 100～300MPa 的气压下，将被处理物体升到从几百摄氏度至 2000℃ 的高温下压缩烧结。

HIP 法和一般热压法相比，使物料受到各向同性的压力，因而陶瓷的显微结构均匀，另外 HIP 法中施加压力高，这样就能使陶瓷坯体在较低的温度下烧结，使常压不能烧结的材料有可能烧结。

就氧化铝陶瓷而言，常压下普通烧结，必须烧至 1800℃ 以上的高温；热压（20MPa）烧结需要烧至 1500℃ 左右；而 HIP（400MPa）烧结，在 1000℃ 左右的较低温度下就已致密化了。

7.4.2.2　气氛烧结

对于空气中很难烧结的制品（如透光体或非氧化物），为防止其氧化等，可使用气氛烧结方法。即在炉膛中通入一定气体，形成所要求的气氛，在此气氛下进行烧结。

（1）制备透光性陶瓷的气氛烧结　透光性陶瓷的烧结方法有气氛烧结和热压法两种，如前所述，采用热压法时只能得到形状比较简单的制品，而在常压下的气氛烧结则操作工序比较简单。

目前高压钠蒸气灯用氧化铝透光灯管，除了要使用高纯度原料，微量地加入抑制晶粒异常成长的添加剂外，还必须在真空或氢气中进行特殊气氛烧结。

为使烧结体具有优异的透光性，必须使烧结体中气孔率尽量降低（直至零），但在空气中烧结时，很难消除烧结后期晶粒之间存在的孤立气孔。相反，在真空或氢气中烧结时，气孔内的气体被置换而很快地进行扩散，气孔就易被消除。除 Al_2O_3 透光体之外，MgO、Y_2O_3、BeO、ZrO_2 等透光体均采用气氛烧结。

（2）防止氧化的气氛烧结　特种陶瓷中引人注目的 Si_3N_4、SiC 等非氧化物，由于在高温下易被氧化，因而在氮及惰性气体中进行烧结。对于在常压下高温易于气化的材料，可使其在稍高压力下烧结。

（3）引入气氛片的烧结　锆钛酸铅压电陶瓷等含有在高温下易挥发成分的材料，在密闭烧结时，为抑制低熔点物质的挥发，常在密闭容器内放入一定量的、与瓷料组成相近的坯体，即气氛片，也可使用与瓷料组成相近的粉料。其目的是形成较高易挥发成分的分压，以保证材料组成的稳定，达到预期的性能。

7.4.2.3　其他烧结方法

随着科学的不断发展，特种陶瓷的烧结方法也不断地推出。

（1）电场烧结　电场烧结（sintering in electric field）是陶瓷坯体在直流电场作用下的烧结，某些高居里点的铁电陶瓷，如铌酸锂陶瓷，在其烧结温度下对坯体的两端施加直流电场，待冷却至居里点（$T_c=1210℃$）以下后撤去电场，即可得到有压电性的陶瓷样品。

（2）超高压烧结　超高压烧结（ultra-high pressure sintering）即在几十万大气压以上的压力下进行烧结。其特点是，不仅能够使材料迅速达到高密度，具有细晶粒（小于$1\mu m$），而且使晶体结构甚至原子、电子状态发生变化，从而赋予材料在通常烧结或热压烧结工艺下所达不到的性能，而且可以合成新型的人造矿物。此工艺比较复杂，对模具材料，真空密封技术以及原料的细度和纯度均要求较高。

（3）活化烧结　活化烧结（activated sintering）原理是在烧结前或者在烧结过程中，采用某些物理的或化学的方法，使反应物的原子或分子处于高能状态，利用这种高能状态的不稳定性，使之释放出能量而变成低能态，作为强化烧结的新工艺，所以又称为反应烧结（reactive sintering）或强化烧结（intensified sintering）。活化烧结所采用的物理方法有电场烧结、磁场烧结、超声波或辐射等作用下的烧结等。所采用的化学方法有以氧化还原反应，氧化物、卤化物和氢氧化物的离解为基础的化学反应以及气氛烧结等。它具有降低烧结温度、缩短烧结时间、改善烧结效果等优点。另外，加入微量可形成活性液相的物质、促进物料玻璃化，适当降低液相黏度，润湿固相，促进固相溶解和重结晶等，也均属活化烧结。

（4）活化热压烧结　活化热压烧结（activated hot pressing sintering）是在活化烧结的基础上又发展起来的一种新工艺。利用反应物在分解反应或相变时具有较高能量的活化状态进行热压处理，可以在较低温度、较小压力、较短时间内获得高密陶瓷材料，是一种高效率的热压技术。例如利用氢氧化物和氧化物的分解反应进行热压制成钛酸钡、锆钛酸铅、铁氧体等电子陶瓷；利用碳酸盐分解反应热压制成高密度的氧化铍、氧化钍和氧化铀陶瓷；利用某些材料相变反应热压制成高密度的氧化铝陶瓷等。

思　考　题

1. 无机非金属材料生产过程中，如何理解烧成制度？

2. 高温加热过程中的工作制度有哪些内容？如何制订这些工作制度？

3. 什么是陶瓷烧成温度？如何确定陶瓷的烧成温度？

4. 在陶瓷玻化成瓷阶段，所形成的液相起什么作用？

5. 如何实现陶瓷的低温快速烧成？

6. 烧成陶瓷制品的气氛制度如何设计？

7. 试比较热压烧结与热等静压烧成的工艺过程及工艺特点。

第8章 熔化

熔化是指对物质进行加热，使物质从固态变成液态的过程，亦称熔炼。它是制造玻璃（glass）、铸石（cast stone）、熔铸耐火材料（fused refractory）、人工晶体（synthetic crystal）等无机非金属材料的主要工艺过程。

熔化是将配合料投入耐火材料砌筑的熔窑中经高温加热、得到无固体颗粒、符合成形要求的各种单相连续体的过程。例如玻璃的熔融是在玻璃熔窑中熔化成符合成形要求的、均匀的玻璃液。陶瓷釉熔块的制备类似于玻璃的熔融。铸石的熔融是将天然岩石（火成岩、辉绿岩等）或工业废渣在冲天炉或池炉中熔成熔体。熔铸耐火材料一般是在电炉内进行高温熔化。人工晶体的熔融则有区熔法、焰熔法、内电阻熔融法等。

8.1 熔化的原理和过程

8.1.1 基本原理

无机非金属材料的熔化是一个非常复杂的过程。它们的共同点是配合料（粉末或块体）在窑炉中通过热的传递、质的传递和动量传递，完成一系列物理的、化学的、物理化学反应，可概括为表1-8-1。例如在窑炉中利用燃料燃烧产生的化学能通过高温火焰加热物料，或者利用电能和其他能源产生的热量加热物料，固体物料内部的化学键由于高温被打断，使原来的固态混合物变为具有一定原子团结构的、化学键及组成分布均匀的、具有流动性的熔体。

表 1-8-1 固体物料熔制过程的物理化学反应

物理过程	化学过程	物理-化学过程
粉料的加热	固相反应	各组分的相互溶解
大气吸附水的排出	盐类的分解	生成低温共熔物
组分的熔化	水化物的分解	熔体与窑中气体介质之间的相互作用,熔体中气体的排出
多晶转变	化学结合水的排出	熔体与耐火材料相互作用
个别组分的挥发	各组分相互作用并生成均匀液相的反应	不均体的扩散,熔体的均化冷却

熔化过程中固相、液相、气相的相互作用，构成复杂的相的转化和平衡。即在高温下通过热量从高温部位向低温部位的传递，使多种固相粉末或块状物料达到熔点或低共熔点，逐步转化为单一的、均匀的熔体。

在熔化过程中，材料由固相向液相转化时，熔体与气相相互作用消除可见气泡。进一步通过没有可见气泡的熔体内不同组分从高浓度向低浓度的扩散，使熔体达到化学均一，完成质量传递过程。传质通过分子扩散和紊流扩散完成。其密度（浓度）梯度是质量传递的动力。无机非金属材料生产中窑炉内各部位物料的浓度分布、扩散速率、固相反应、熔化、析晶、分相、烧结等动力学过程均与传质有关。

8.1.2 熔化的三个重要过程

无机非金属材料熔化过程中必不可少的三个重要过程是"三传"，即热量传递、动量传递、质量传递。它们遵循着物理学中最本质的三大定律，即能量守恒、动量守恒和质量守恒。三种传递各有自己的规律，又相互关联、互为条件，如何组织好熔化过程中的"三传"是多、快、好、省地制得各种熔体的关键。表1-8-1所列的各种反应无一不是依靠传质来完成的，但它们都要以一定的温度为条件，其进行的速率之快慢除和温度密切相关外，还和各种动量的传递密不可分。熔窑内熔体各流动层的流动速度差引起了流体动量传递，使熔体粒度达到均一，以便于成形；反之，质量的传递，改变了物质的状态，又会影响热量和动量的传递。

熔化的热量来自燃料的燃烧或电热效应，燃烧本身是一个复杂的过程，要依各种先进的综合技术才能使燃烧完全，产生高温火焰。高温火焰的热量通过辐射、对流、传导传递给窑体和配合料或熔融体。配合料在接受热量后表层首先发生反应并熔化，熔化的液体向下流动，未熔化的配合料不断暴露于表面，温度不断提高，熔化加快，直至完全熔化为熔体，开始熔体中还有很多气泡，随着气泡的排出成为透明的熔体。粉末状的配合料、多泡沫的熔体和透明熔体三者的导热能力相差很大，前者含有很多气体又不透明，导热很差，后者没有气相又能透过辐射线，所以导热效果最好，这就使得覆盖在配合料下面的熔体、含气泡的熔体和透明的熔体的温度大不相同。同时，由于窑壁向外散热，使窑壁附近的熔体温度低于中心部位的温度，温度不同的熔体密度不同，于是引起窑内熔体的对流。熔体的流动是一种动量传递，同时也会引起热量的传递，并且加快了质量的传递。我们应该合理的组织熔体的流动，加强有利的流动，阻止不利的流动，如在熔化澄清部位增设窑底鼓泡，加强那里的熔体流动，气泡上浮，以促使均化和澄清的进行，但在池壁则要加强冷却，以使池壁熔体的黏度增加，流动减慢，降低池壁耐火材料的腐蚀。以上只是窑内熔化过程中存在的"三传"及相互之间关系的一斑，实际内容更要丰富复杂得多。

8.1.3 熔化过程的影响因素

影响熔化过程的因素有：①配合料化学组成；②配合料的物理状态，包括原料品种、颗粒组成；③配合料中熟料引入量；④配合料的均匀度；⑤加料方式；⑥熔窑的温度制度；⑦耐火材料的性质；⑧加速剂的应用。

8.2 玻璃的熔制

玻璃熔制是玻璃生产中很重要的环节。通常，将配合料经过高温加热形成均匀的、无气泡的（即把气泡、条纹和结石等减少到容许限度），并符合成形要求的玻璃液的过程，称为玻璃的熔制。玻璃的许多缺陷（如气泡、结石、条纹等），都是在熔制过程中造成的。玻璃的产量、质量、合格率、生产成本、燃料消耗和池窑寿命等都与玻璃的熔制有密切关系。因此，进行合理的玻璃熔制，是使整个生产过程得以顺利进行，并生产出优质玻璃制品的重要保证。

玻璃的熔制是一个非常复杂的过程，它包括一系列物理的、化学的、物理化学的现象和反应。这些现象和反应的结果，是使各种原料的机械混合物变成了复杂的熔融物即玻璃液。

为了尽可能缩短熔制过程和获得优质玻璃，必须充分了解玻璃熔制过程中所发生的变化和进行熔制所需要的条件，从而寻求一些合适的工艺过程和制订合理的熔制制度。各种配合料在加热形成玻璃的过程中，有许多物理的、化学的和物理化学的现象是基本相同的。它们在加热时所发生的变化大致如下：

物理过程：包括配合料的加热、吸附水分的蒸发排出、某些单独组分的熔融、某些组分的多晶转变、个别组分（Na_2O、K_2O、B_2O_3、PbO、SiF_4、BF_3、F_2 等）的挥发。

化学过程：包括固相反应、各种盐类的分解、水化物的分解、化学结合水的排出、组分间的相互反应及硅酸盐的生成。

物理化学过程：包括低共熔物的生成、组分或生成物间的相互溶解、玻璃和炉气介质之间的相互作用、玻璃液和耐火材料的相互作用及玻璃液和其中夹杂气体的相互作用等。

以上一般性的现象，在每种实际的配合料中进行的次序可能是不同的。发生这些现象的温度也可能是不同的，它们与配合料组成的性质有关。对于玻璃熔制的过程，由于在高温下的反应很复杂，尚难获得最充分的了解。但大致可分为五个阶段，即硅酸盐形成、玻璃形成、澄清、均化和冷却。

图 1-8-1 为玻璃熔制过程各阶段间关系图。在连续作业的池窑中沿窑长方向分为几个地带以对应于配合料的熔化、澄清与均化、冷却及成形各个阶段。各个阶段需保持这些过程所需的相应温度。

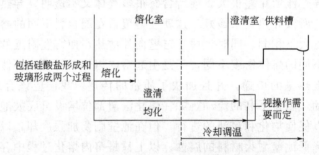

图 1-8-1　玻璃熔制过程各阶段间关系图

配合料从加料口加入，进入熔化带，即在熔融的玻璃表面上熔化，并沿窑长方向向最高温度的澄清地带运动，在到达澄清地带之前，硅酸盐形成与玻璃形成阶段已完成。当进入高温区域时，玻璃熔体即进行澄清和均化，已澄清均化的玻璃液继续流向前面的冷却带，温度逐渐降低，玻璃液逐渐冷却，接着流入成形部，使玻璃冷却到符合于成形操作所必需的黏度，即可成形。沿窑长方向的温度曲线上，玻璃澄清时的最高温度点（热点）和成形时的最低温度点是具有决定意义的两个控制点。连续式玻璃池窑熔化部，由于热点与投料池的温差，表层玻璃液向投料池方向回流，使无泡沫的玻璃液与有泡沫玻璃液之间有明显分界线（称之为泡界线）。池窑的温度制度、生产量大小、配合料组成、火焰性质、料堆的分布情况等都影响泡界线的形成和位置。它的位置不一定与热点重合，而是上述多种因素的综合结果。

8.2.1　玻璃的熔制过程

玻璃熔制过程大致可以分为以下五个阶段，即硅酸盐形成过程、玻璃的形成、澄清、均化和玻璃液的冷却。现将这五个阶段详细分述如下。

8.2.1.1 硅酸盐形成过程

配合料入窑后,在高温环境下发生硅酸盐生成反应,该反应很大程度上在固体状态下进行。配合料各组分在加热过程中经过一系列的物理变化和化学变化,主要的固相反应结束后,大部分气态产物从配合料中逸出。在这一阶段结束时,配合料变成由硅酸盐和二氧化硅组成的不透明烧结物。制造普通钠硅酸盐玻璃时,硅酸盐形成在 $800 \sim 900 ℃$ 基本完成。表 1-8-2 表示硅酸盐形成阶段配合料的加热反应。

表 1-8-2　配合料的加热反应

序号	加热反应	温度/℃
1	排出吸附水	$100 \sim 120$
2	Na_2SO_4 的多晶转变:斜方晶型 $\Longleftrightarrow$ 单斜晶型	$235 \sim 239$
3	煤的分解与挥发	260
4	形成复盐: $MgCO_3 + Na_2CO_3 \longrightarrow MgNa_2(CO_3)_2$	<300
5	$MgCO_3 \longrightarrow MgO + CO_2 \uparrow$	300
6	形成复盐: $CaCO_3 + Na_2CO_3 \longrightarrow CaNa_2(CO_3)_2$	<400
7	$CaCO_3 \longrightarrow CaO + CO_2 \uparrow$	420℃ 开始
8	固相反应: $Na_2SO_4 + C \longrightarrow Na_2S + CO_2 \uparrow$	400℃开始,500℃激烈
9	$Na_2S + CaCO_3 \Longleftrightarrow Na_2CO_3 + CaS$	500℃ 开始
10	多晶转变: β-石英 $\Longleftrightarrow \alpha$-石英	575
11	$MgNa_2(CO_3)_2 + 2SiO_2 \Longleftrightarrow MgSiO_3 + Na_2SiO_3 + 2CO_2 \uparrow$	$340 \sim 620$
12	$MgCO_3 + SiO_2 \longrightarrow MgSiO_3 + CO_2 \uparrow$	450～700,620℃速率最快
13	$CaNa_2(CO_3)_2 + 2SiO_2 \Longleftrightarrow CaSiO_3 + Na_2SiO_3 + 2CO_2 \uparrow$	$585 \sim 900$
14	$CaCO_3 + SiO_2 \longrightarrow CaSiO_3 + CO_2 \uparrow$	$600 \sim 920$
15	$Na_2CO_3 + SiO_2 \Longleftrightarrow Na_2SiO_3 + CO_2 \uparrow$	$700 \sim 900$
16	生成低共熔混合物,玻璃形成开始 $Na_2SO_4 \longrightarrow Na_2S$ $Na_2CO_3 \longrightarrow Na_2S$ $Na_2CO_3 \longrightarrow CaNa_2(CO_3)_2$ $Na_2SO_4 \longrightarrow Na_2CO_3$ $Na_2SiO_3 \longrightarrow Na_2SO_4$	740 756 780 795 865 865
17	$Na_2S + Na_2SO_4 + 2SiO_2 \Longleftrightarrow 2Na_2SiO_3 + SO_2 \uparrow + S$ $CaS + Na_2SO_4 + 2SiO_2 \Longleftrightarrow Na_2SiO_3 + CaSiO_3 + SO_2 \uparrow + S$	855
18	未起反应的 Na_2CO_3 开始熔融	885
19	Na_2SO_4 熔融	915
20	$CaCO_3$ 分解达最高速率	$980 \sim 1150$
21	$MgO + SiO_2 \longrightarrow MgSiO_3$	$1010 \sim 1150$
22	$CaO + SiO_2 \longrightarrow CaSiO_3$	$600 \sim 1280$
23	$CaSiO_3 + MgSiO_3 \longrightarrow CaSiO_3 \cdot MgSiO_3$	$1200 \sim 1300$

温度升高,反应速率随之加快。熔体温度升高导致熔体中各组分自由能增加,并导致质点运动速度加快,前者使反应有可能进行,后者由于增加了分子间碰撞概率,使反应速率加快。

当温度不变时，反应速度随时间延长而减慢。即反应过程中，任一阶段的化学反应速率不是常数，随时间延长，反应物浓度减少，反应速率也逐渐减慢；随反应物浓度增加，质点碰撞次数增加，反应速率加快。

8.2.1.2 玻璃的形成

硅酸盐形成阶段生成的硅酸钠、硅酸钙、硅酸铝等烧结物及反应剩余的大量二氧化硅在继续提高温度时，开始熔融，易熔的低共熔混合物首先开始熔化，同时，硅酸盐烧结物和剩余的二氧化硅互相溶解和扩散，由不透明的半熔融烧结物转变为透明的玻璃液，不再有未反应的配合料颗粒。但玻璃液中存在大量的气泡，化学组成和性质不均匀，有很多条纹。平板玻璃形成大约在 1200～1400℃ 完成。

玻璃形成过程中石英砂的溶解和扩散速率比其中各种硅酸盐的溶扩速率慢得多，因此玻璃形成速率实际取决于石英砂粒的熔扩速率。石英砂的熔扩过程分为两步，首先是砂粒表面发生溶解，然后溶解的二氧化硅向外扩散。石英砂粒的溶解速度决定于扩散速率。随石英砂粒的逐渐溶解，熔融物中二氧化硅含量越来越高，玻璃液黏度也随之增加，扩散更难进行，进一步导致石英砂粒溶解速率减慢。所以，石英砂粒溶解速度与熔体黏度、温度和砂粒表面层 SiO_2 与熔体中 SiO_2 浓度差有关。由于扩散是一种由热运动引起的传质过程，而熔体中 SiO_2 和各种硅酸盐之间分布不均匀并存在浓度梯度，使它们产生扩散，并且各硅酸盐之间发生相互扩散，这类扩散均有利于 SiO_2 更好地溶解，同时有利于不同区域的硅酸盐形成相对均匀的玻璃液。

事实上，硅酸盐形成与玻璃形成两个阶段没有明显界限，硅酸盐形成阶段结束之前，玻璃形成阶段即已开始。两个阶段所需的时间相差很大，熔制平板玻璃时从硅酸盐形成开始到玻璃形成阶段结束共需 32min，其中硅酸盐形成只需 3～4min，而玻璃形成却需要 28～29min。

玻璃熔制过程中玻璃形成速度与熔制温度、玻璃成分和砂粒大小有关。索林诺夫提出熔融体温度与反应时间的关系为：

$$\tau = a\,e^{-bt} \tag{1-8-1}$$

式中 τ——玻璃形成时间，min；

         t——熔融体温度，℃；

         e——自然对数底数；

   a，b——与玻璃成分和原料颗粒度有关的常数，对窗玻璃而言，$a = 101256$，
         $b = 0.00815$。

熔体温度越高，玻璃形成时间越短，形成速率越快。

沃尔夫（M. Valf）提出用玻璃熔化速度经验常数 τ 的方程式来说明玻璃成分对玻璃形成速率的影响，

对一般工业玻璃：$\tau = \dfrac{SiO_2 + Al_2O_3}{Na_2O + K_2O}$

对硼酸盐玻璃：$\tau = \dfrac{SiO_2 + Al_2O_3}{Na_2O + K_2O + \frac{1}{2}B_2O_3}$

对铅硅酸盐玻璃：$\tau = \dfrac{SiO_2 + Al_2O_3}{Na_2O + K_2O + 0.125PbO}$

式中，τ 是一个无量纲值，表示玻璃的相对难熔程度。τ 值越大，熔化越困难。SiO_2、

Al_2O_3、Na_2O、K_2O、B_2O_3、PbO 为各氧化物在玻璃中的质量分数。表 1-8-3 为不同 τ 值的配合料所对应的熔化温度。

表 1-8-3　与 τ 值相应的熔化温度

τ 值	6	5.5	4.8	4.2
熔化温度/℃	1450～1460	1420	1380～1400	1320～1340

鲍特维金提出如下方程式来计算石英颗粒的大小对玻璃形成时间的影响：

$$\tau = K_1 r^3 \tag{1-8-2}$$

式中　τ——玻璃形成的时间，min；

　　　r——原始石英颗粒的半径，cm；

　　　K_1——与玻璃成分和实验温度有关的常数，对成分为 73.5％SiO_2、10.5％CaO、16％ Na_2O 的玻璃，实验温度为 1390℃时，$K_1 = 8.2 \times 10^6$。

从上式可见，石英颗粒越小，反应时间越短，玻璃形成速率越快。

8.2.1.3　玻璃的澄清

玻璃的澄清过程是玻璃熔化过程中极其重要的一环，它与玻璃制品的产量和质量有密切关系。硅酸盐形成与玻璃形成过程中，由于配合料分解，玻璃液与气体介质及耐火材料相互作用而析出大量气体。其中大部分气体逸散于窑炉火焰空间，剩余气体大部分溶解于玻璃液。由于气体在玻璃液中溶解度有一定限度，少部分以气泡形式残留于玻璃液中，还有某些气体与玻璃液中某些成分重新形成化合物。因此，存在于玻璃液中的气体有三种形态，即溶解气体、可见气泡和化学结合气体。

玻璃的澄清过程即是使玻璃液继续加热，降低熔体黏度，排出可见气泡的过程。熔制平板玻璃时澄清过程在 1400～1500℃完成。此时玻璃液黏度 η 约为 10Pa·s。

（1）玻璃的澄清及其动力学过程　玻璃的澄清过程是一个复杂的物理化学过程。过程中首先使气泡中的气体、窑内气体与玻璃液中物理溶解和化学结合的气体之间建立平衡，再使可见气泡漂浮于玻璃液表面而加以消除。平衡的建立是相当困难的，在此过程中发生了极其复杂的气体交换。

平衡状态与玻璃的组成、熔制温度、炉气的组成和压力、形成气泡的气体性质等因素有关。在澄清时，玻璃液内溶解的气体、气泡中的气体及窑内气体空间的平衡关系决定了该种气体在各相中的分压。气体由分压较高的相进入分压较低的相，玻璃液中溶解气体的饱和程度越大，玻璃液中气泡内气体的分压越低，则气泡中气体增长的速度也越大，气泡迅速增大而上升。反之，如气泡内气体的分压大于玻璃液中溶解的气体的分压，则气泡内的气体将被溶解，而使气泡变小，甚至完全溶解而消失。气泡中含有气体的种类越多，则每种气体的分压就越小，从而吸收玻璃液中溶解气体的能力就越强，气体的排出就比较容易。窑内气体分压的大小决定着玻璃液内溶解气体的转移方向，为了便于排出从玻璃液中分离出来的气体，窑内气体的分压必须小些，同时窑内气体的组成和压力必须保持稳定。

在澄清过程中，可见气泡的排出，按下列两种方式进行：

① 气泡体积增大上升，漂浮于玻璃表面后破裂消失。

② 小气泡中的气体组分溶解于玻璃液，小气泡被吸收而消失。

前一种情况主要是在熔化带进行的。气泡的大小和玻璃液的黏度是气泡能否漂浮的决定性因素。按照斯托克斯（Stokes）定律，气泡的上升速度与气泡半径的平方成正比，而与玻璃液黏度成反比。

$$v = \frac{2}{9} \times \frac{r^2 g(d-d')}{\eta} \tag{1-8-3}$$

式中　v——气泡的上浮速率，cm/s；

　　　r——气泡的半径，cm；

　　　g——重力加速度，cm/s^2；

　　　d——玻璃液的密度，g/cm^3；

　　　d'——气泡中气体的密度，g/cm^3；

　　　η——熔融玻璃液的黏度，g/(cm·s)。

由上式可见，大直径的气泡比小直径的气泡从玻璃液中逸出的速率要快得多。

玻璃液中气泡的消除与表面张力所引起的气泡内压力的变化有关，玻璃液中溶解的气体与气泡内气体的压力达到平衡时，气泡的总压力等于大气压力、气泡上玻璃液柱的压力再加上气体与玻璃液界面间的表面张力所形成的附加压力的总和。可用下式表示：

$$p = p_x + \rho_2 gh + \frac{2\sigma}{r} \tag{1-8-4}$$

式中　p——气泡内气体压力，Pa；

　　　p_x——玻璃液面上的大气压力，Pa；

　　$\rho_2 gh$——玻璃液柱静压，Pa；

　　　g——重力加速度，m/s^2；

　　　h——气泡距离液面高度，m；

　　　σ——玻璃液表面张力，N/m；

　　　r——气泡半径，m。

由上式可知，气泡直径越小，表面张力所形成的附加压力越大。通常当气泡直径在 $10\mu m$ 以下时，气泡很容易在玻璃液中溶解而消失。而大气泡的压力相对较小，溶于玻璃液中的气体往往容易扩展到大气泡中，使之增大上升逸出。

此外，熔窑中气体介质的组分与分压对熔体中气泡数量和气泡成分也有一定关系。当澄清液黏度为 $10Pa\cdot s$ 时，不同成分玻璃澄清所需时间也不同。

（2）澄清剂作用机理及应用　澄清时只对玻璃液进行加热得不到满意的结果。为加速玻璃的澄清过程，常在配合料中加入少量澄清剂，澄清剂应在较高温度下形成高分解压（蒸发压），即可使气泡以足够大的速度上升。根据澄清剂的不同作用机理可对其进行分类。大致可分为变价氧化物类澄清剂、硫酸盐类澄清剂和卤化物类澄清剂。大多数澄清剂能生成大量溶解于玻璃液中的气体，在玻璃液中呈过饱和状态，提高了它们在玻璃液中的分压，并向残留于玻璃液中的气泡析出，降低气泡中已有其他气体的分压，重新加强气泡从玻璃液中吸取那些气体的能力。

① 变价氧化物类澄清剂　这类澄清剂有 As_2O_3、Sb_2O_3、CeO_2、MnO_2 等。其中 As_2O_3、Sb_2O_3 最为常用。一般认为：As_2O_3 澄清机理是基于在低温时吸收硝酸盐放出的 O_2 而形成 As_2O_5，高温时分解又放出 O_2 而促使玻璃液澄清，其反应式为：

$$As_2O_3 + O_2 \underset{>1300℃}{\overset{400\sim1300℃}{\rightleftharpoons}} As_2O_5$$

玻璃液加热温度越高，时间越长，还原为三价砷的反应越完全，这时玻璃液为 O_2 所过饱和。由于产生一个新气泡需要大的表面能，O_2 将扩散进入到周围已经存在的气泡当中去，降低气泡内其他气体的分压，使气泡扩大上浮。

② 硫酸盐类澄清剂　玻璃生产上常用硫酸盐类澄清剂，它分解后产生 O_2 和 SO_2，对气泡的长大与溶解起重要作用。例如用芒硝（Na_2SO_4）作为澄清剂，高温分解放出 O_2 和 SO_2。

硫酸盐的澄清作用与玻璃的熔化温度密切相关。温度越高，它的澄清作用越明显，在 $1400\sim1500℃$ 时，能充分显示其澄清作用。

硫酸钠（Na_2SO_4）是广泛用于制造瓶罐玻璃、窗用玻璃和其他钠钙玻璃制品的有效澄清剂。

③ 卤化物类澄清剂　熔制硬质硼硅酸盐玻璃时，它是非常有效的澄清剂。这类澄清剂以不同方式降低熔体黏度。属于这类澄清剂的有氟化物、氯化物、溴化物、碘化物。工业上常用氯化物和氟化物。氟化物在熔体中通过断裂玻璃结构而起澄清作用。

如：　$\equiv Si{-}O{-}Si\equiv + NaF \longrightarrow \equiv Si{-}O{-}Na^+ \ F{-}Si\equiv$

澄清剂的作用实质在于在气泡中强烈地析出澄清剂所分解的气体。通常认为，在澄清剂所析出的气体总量中，有一部分直接形成气泡，有一部分溶解于玻璃液中，它增加了该气体在玻璃液中的饱和度，而后经扩散、渗透进入气泡中，使气泡增大。

8.2.1.4　玻璃的均化

玻璃的均化包括两层含义，即化学均匀性和热均匀性，本节仅讨论化学均匀性。

玻璃液的均化过程在玻璃形成时即已开始，在澄清过程后期，与澄清一起进行和完成。均化作用就是在玻璃液中消除条纹和其他不均体，使玻璃液各部分在化学组成上达到预期的均匀一致。通过测定不同部位玻璃的折射率和密度是否一致来鉴定玻璃液是否均一。熔制普通玻璃，均化可在低于澄清温度的温度下完成。

分子扩散运动始终贯穿于玻璃液的均化过程。促进均化的主要因素是：

（1）扩散　由于熔体中浓度差引起分子扩散，使玻璃液中某组分较多的部分，向该组分较少的其他部分转移，以达到玻璃液的均化。扩散速度受熔体温度和黏度的制约。

（2）表面张力　熔体的表面张力对玻璃液均化的难易比黏度更具有决定意义。表面张力大则条纹和不均体不易消失，而具有较小表面张力的玻璃，其条纹和不均体则易消失，有助于均化。

（3）玻璃液对流　由于玻璃液不同部位存在温度差，形成玻璃液的对流，成形引起的玻璃液流动，也会起一定的搅拌作用。流动的玻璃液中进行扩散比在静止的玻璃液中快几十万倍，它比延长玻璃液在高温下停留时间的效果大得多。

此外，当气泡由玻璃液深处向上浮升时，会带动气泡附近的玻璃液流动，形成某种程度的翻滚；在液流断面上产生速度梯度，导致不均体拉长，促进均化过程。

生产上对池窑底部的玻璃液进行鼓泡，也可强化玻璃液的均化。

玻璃液的澄清、均化都在熔窑的澄清区完成。澄清区的功能则是使熔成的玻璃液中的气泡快速完全排出，使玻璃液质量达到生产优质玻璃的要求。

8.2.1.5　玻璃液的冷却

均化好的玻璃液并不能马上成型制成制品，均化好的玻璃液黏度比成型所需的黏度低。因此，当成型方法确定后，为了将玻璃液的黏度增高到成形制度所需的范围，需进行玻璃液的冷却。冷却过程中玻璃液温度通常降低 $200\sim300℃$，冷却的玻璃液温度要求均匀一致，以有利于成型。

玻璃液冷却过程中，温度降低和炉气改变可能破坏澄清时已建立的平衡。在已澄清的玻璃液中，有时会出现小气泡，称为二次气泡或再生气泡。二次气泡产生的原因可能是以下几个方面：

（1）硫酸盐或碳酸盐的热分解　这些硫酸盐可能是配合料中的芒硝，也可能是炉气中 O_2、SO_2 与碱金属氧化物反应的结果。有如下两种情况可能产生二次气泡。

① 将已冷却的玻璃液重新加热，这将导致硫酸盐的热分解而析出二次气泡。经实践证明，二次气泡的生成量不仅取决于温度的高低，而且也取决于升温速率。较快的升温速率会加剧二次气泡的产生。

② 当炉中存在还原气氛时，硫酸盐则可产生热分解而析出二次气泡。

（2）玻璃液流股间的化学反应　当一股含有硫化物的还原性玻璃流与一股含有硫酸盐的氧化性玻璃相遇时，由于生成更易分解的亚硫酸盐而可能生成 SO_2 的二次气泡。

（3）耐火材料中小气泡的成核作用而引起二次气泡　重钡光学玻璃在熔制后其气泡数量特别多，曾引起广泛的研究。

（4）溶解气体析出　气体的溶解度一般随温度的降低而升高，因而冷却后的玻璃液再次升高温度时将放出气泡。此外，必须根据玻璃成分的不同而制订相对应的冷却制度。

由此可见，在冷却过程中，必须防止温度回升，以避免二次气泡的产生。玻璃液热均匀程度和是否产生二次气泡是降温冷却阶段影响玻璃产品产量与质量的重要因素。

综上所述，玻璃熔制过程的五个阶段，彼此相互密切联系，实际过程中并不严格按上述顺序进行。例如硅酸盐形成阶段中有玻璃形成过程，在澄清阶段中同样含有玻璃液的均化。熔制的五个阶段，在池窑中是在不同空间同一时间内进行，而在坩埚窑中是在同一空间不同时间内完成。

纵观玻璃熔制全过程，其实质一是把配合料熔制成玻璃液，二是把不均质的玻璃液进一步改善成均质的玻璃液，并使之冷却到成型所需黏度。因此，也有把玻璃液熔制全过程划分为两个阶段，即配合料的熔融阶段和玻璃液的精炼阶段。

8.2.1.6　影响玻璃熔制过程的因素

无机非金属材料生产中熔窑熔化量、熔化率、熔体耗热量、窑龄、产品质量、产品成本等与熔制过程的状况密切相关，必须研究影响熔制过程的各种因素。

（1）配合料化学组成　组成对熔制速率有很大影响。化学组成不同，熔化温度亦不同，对硅酸盐熔体来说，组成中碱金属氧化物和碱土金属氧化物（助熔剂）总量对二氧化硅（难熔物）的比值越高，则越易熔化。

（2）配合料的物理状态

① 选用原料品种的异同　组成配合料的原料不同，则会在不同程度上影响配合料分层、挥发量、熔化温度等。例如组成中的 Na_2O 可以分别由重碱和轻碱引入，B_2O_3 可以分别由硬硼石和硼酸引入，Al_2O_3 可以分别由铝氧粉和钾长石 $KAlSi_2O_8$ 引入。重碱容易下沉，轻碱容易上浮，硼酸易挥发，铝氧粉比钾长石难熔。因此必须合理选择化学组成、矿物组成稳定的原料，同时要考虑原料需含有适当水分和少量杂质，以保证熔制熔体符合成型要求。

② 颗粒组成　石英砂、白云石、纯碱、芒硝等原料颗粒度及各种原料的颗粒比构成配合料颗粒组成。它影响熔化阶段的熔融速度和熔融时间。颗粒比表面积越大，反应速度越快。影响最大的是石英的颗粒度，其次是白云石、纯碱、芒硝的颗粒度。粒度增大，熔融时间加长。

③ 配合料中熟料引入量　熟料的加入可以促进熔化，其添加量与粒度对熔化速度有较大影响。粒度太细对配合料熔化不利，会延长熔体去除可见气泡的时间。熟料太多也不利于熔化。

（3）配合料的均匀度　配合料混合是否均匀对熔体质量与熔制速度有极大影响。配合料的颗粒组成与润湿、矿物原料化学组成的稳定程度、配合料混合过程是否合理以及配合料在输送储存过程中是否因震动而分层，都影响配合料均匀性，对熔制有直接影响。若将配合料预先粒化、烧结、压块，会加速熔化过程。

（4）加料方式　加料是重要的工艺环节之一，加料方式影响熔化速度、熔化区温度、液面状态和窑内液面高度的稳定，从而影响产品的产量与质量。薄层加料可加速热传递过程，使未熔化的配合料颗粒不会潜入深层，消除熔体中出现的配合料结石现象。同时薄层加料有利于熔体中气泡的排出，缩短澄清时间。

（5）熔窑的熔制制度　合理的温度制度是影响熔制过程的最重要的因素。整个熔制过程中温度是最基本的条件。例如配合料必须在高温下才能形成熔体，又必须在更高的温度下才能获得无气泡的均一熔体，最后又必须冷却至一定温度以提供符合成型所要求黏度的熔体。熔化温度根据原料和配合料组成决定，澄清、均化、冷却温度则根据熔体在各阶段所需黏度确定。

熔化各阶段所需温度和时间决定熔制温度制度。温度和时间在熔制各阶段彼此密切相关。温度越高，熔制过程所需时间越短。但温度的提高又必须与耐火材料的质量和配合料某些组分的挥发相适应。例如熔化平板玻璃时，在 1400～1450℃ 温度范围内，熔化温度每提高 1℃，熔化率增加 2%，在 1450～1500℃ 温度范围内，熔化温度每提高 1℃，熔化率增加 1%；在 1500～1550℃ 温度范围内，熔化温度每提高 1℃，熔化率增加 0.7%。因此提高熔化温度是强化熔制、提高熔窑生产能力的有效措施。但必须注意，随温度升高，耐火材料侵蚀加快，燃料消耗量大幅度提高。

根据熔制材料种类的区别，熔窑内部还必须建立合理的气氛制度。熔窑内的气氛性质（中性、氧化性或还原性）与压力保持恒定对配合料组分的分解、熔体中气液相间的气体交换、氧化还原反应等有重要影响。

（6）耐火材料的性质　熔窑用耐火材料以及盛装配合料的容器如坩埚的耐火度、荷重软化温度等高温作业性质，对所熔制的材料的质量与产量均有显著影响，耐火材料质量不高，会限制熔制过程的熔制温度，还会缩短熔窑寿命，降低熔窑产量，给熔体及制品造成各种缺陷，影响质量。

（7）加速剂的应用　加速剂通常属于化学活性物质，一般不改变熔体组成与性质，但可以降低熔体表面张力、黏度、增加熔体透热性，有利于熔体气泡消除与化学均化，提高熔体质量。

综上所述，影响无机非金属材料熔化过程的因素很多，但整个熔化过程中温度是最基本的条件。为了提高熔体与产品的质量、产量，人们对熔化工艺进行了多方面的改进。例如在光学石英玻璃生产工艺中采用真空和高压熔炼来消除玻璃中的可见气泡；采用辅助电熔，即在用燃料加热的池窑中同时兼用高效率的直接通电加热以补充一部分熔化所需的热量，可以在不增加熔窑容量的前提下增加产量。玻璃池窑内进行机械搅拌或鼓泡也是提高玻璃液澄清和均化速度的有效措施。

8.2.2　玻璃的熔制方法

玻璃的熔制方法与其熔制过程所采用的热工设备密切相关。通常玻璃熔窑分池窑（tank furnace）和坩埚窑（pot furnace）两大类。按作业方式分为连续作业熔窑和间歇作业熔窑；按加热方式可分为火焰窑和电热窑。火焰窑以固体燃料、液体燃料或气体燃料为其热源；电热窑则有直接加热、辐射加热和感应加热多种形式。

8.2.2.1 池窑

玻璃池窑窑型很多，如平板玻璃池窑、横焰流液洞池窑、蓄热式马蹄焰流液洞池窑等，它们各有特点，根据生产制品种类不同可以选择不同窑型。图 1-8-2 为平板玻璃横火焰窑熔化部平面图，图 1-8-3 为典型马蹄焰池窑的纵剖面图。

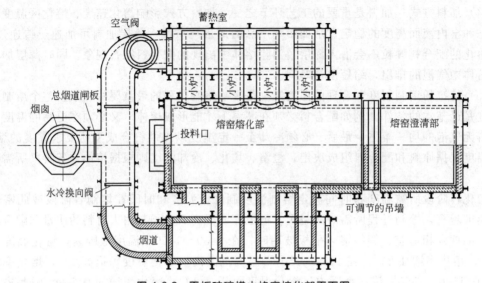

图 1-8-2　平板玻璃横火焰窑熔化部平面图

小炉：熔窑燃烧设备，分布在窑炉熔化部两侧，共 4 对

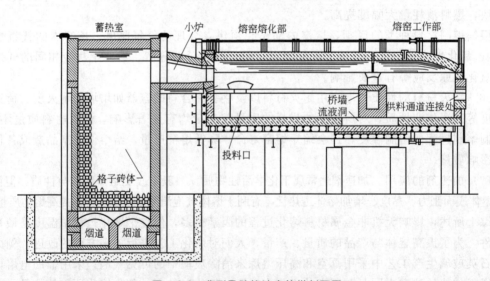

图 1-8-3　典型马蹄焰池窑的纵剖面图

熔窑运行时，在蓄热室预热过的助燃空气从蓄热室上升，在小炉处与燃料相遇，然后在火焰空间内燃烧。废气从对面小炉逸出，向下进入同侧的蓄热室，通过蓄热室内的格子砖，再经换向阀进入排气烟囱。根据不同熔窑每 20min 或 30min 使火焰换向。助燃空气通过对面已变热的格子体上升，火焰以相反方向横穿熔化池。燃料在火焰空间内完全燃烧，其化学能通过燃烧反应转变成热能，将热量传给玻璃液、胸墙、大碹，以保证供给熔化过程所需的热量。因此，熔窑也是一个燃烧设备和传热设备。

在连续作业的池窑中，玻璃熔制的各个阶段是沿窑的纵长方向按一定顺序进行的，并形成未熔化的、半熔化的和完全熔化的玻璃液运动路线。也就是说，池窑内玻璃熔制是在同一时间不同空间内进行的，因此，池窑也可以看作一个运输设备。其拉动力是熔窑成形部不断取出玻璃液所形成的生产流（成形流）的拉动作用。成形流不同于自然流，自然流是由池窑各部位玻璃液的温度差或密度差引起的。

平板玻璃熔窑生产规模大，对玻璃液的均匀性要求高。早期就使用池式结构横火焰结构的窑炉，但 20 世纪 50 年代以后有很大发展。尤其浮法工艺的出现，大大促进了玻璃熔窑向大型化发展。电熔锆质耐火材料的问世和发展，优质硅砖的应用，高热值燃料——重油和天然气的应用，以及燃烧技术的发展，投料方式不断改进，加之鼓泡和搅拌技术的应用，热工控制技术的发展和计算机的应用等综合工艺技术和装备的发展，大大促进了平板玻璃熔窑的发展，从而使熔窑熔化量由 $150 \sim 250t/d$ 发展到 $700 \sim 900t/d$，熔化率由 $1.0 \sim 1.3t/(m^2 \cdot d)$ 提高到 $2.0 \sim 3.0t/(m^2 \cdot d)$，1kg 玻璃液的耗热量由 $12560 \sim 16800kJ/kg$ 降到 $6070 \sim 8372kJ/kg$，窑龄由 $2 \sim 3$ 年延长到 $6 \sim 8$ 年以上。

8.2.2.2　坩埚窑

在坩埚窑中玻璃熔制是间歇进行的。玻璃熔制的各个阶段在不同时间同一空间内完成。坩埚和耐火材料质量、坩埚种类、玻璃组成等诸多因素共同影响熔制过程的进行。熔制过程中各阶段的熔制温度与时间彼此相关，温度越高，熔制过程所需时间越短。但提高熔制温度受到耐火材料的制约，温度过高，可能导致坩埚损坏，大大缩短其使用寿命。因此，必须合理选择温度制度。

坩埚窑内熔制过程与池窑内类似，配合料主要靠火焰及窑顶辐射（开口坩埚），部分靠通过朝向火焰的坩埚侧壁传导来获得热量。由于坩埚加料不可能一次完成，故每次加料后，因为打开工作口和配合料熔化耗热，会使温度下降，温度曲线呈现出锯齿状，加料刚结束为锯齿形曲线的低谷位置。

8.2.2.3　电熔窑

电熔窑是利用玻璃液本身作为电阻发热体，通电后使其内部发热而熔化玻璃的熔窑，有电阻加热或是利用高频加热，或通过电极直接通电加热（直接加热）等加热方法。采用全电熔时，热量是在配合料层下面放出的。配合料到玻璃的流动是垂直向下的，从玻璃液至配合料的热流是垂直向上的。因此，电熔中的全部玻璃基本上都经历相同的热历程。玻璃液和配合料之间的界面叫熔融碳酸钠层。

电熔的特点是电的热能在玻璃体内释放，电流均匀地通过全部玻璃，所以电熔窑温差小，热效率高，电熔窑加热方式是最合理的。利用电熔窑熔化玻璃，可以防止空气污染，节约有挥发性的配合料组分，玻璃均匀，缺陷少。但电熔窑电力消耗大，耐火材料寿命短。

熔铸耐火材料的熔融，由于熔化温度高，一般利用硅钼炉、碳化硅电阻炉、碳粒电炉、感应炉等。其熔制过程基本上和坩埚窑熔化玻璃相同。

8.2.2.4　冲天炉

铸石生产熔化设备之一。因铸石一般由大块岩石熔融而成，故用炼铁用的冲天炉（cupola furnace）较为合适，但要在炼铁冲天炉结构基础上加设前炉。炉体是冲天炉的高温熔化区，熔体由炉体流入前炉，进一步均化和脱气。

8.2.3　玻璃熔制的温度制度

8.2.3.1　坩埚炉中玻璃熔制的温度制度

坩埚炉的特点是间歇作业，熔制的全部过程是在同一坩埚中，不同时间内进行的。因此温度应当随熔制各阶段的不同要求而变化。

熔制温度主要根据玻璃成分和配合料的性质进行确定。澄清、均化和冷却所需的温度，则应根据这些阶段所需的黏度来确定。澄清温度一般是相当于黏度为 $10^{0.7} \sim 10 Pa \cdot s$ 时的温度，冷却温度应控制在相当于黏度为 $10^2 \sim 10^6 Pa \cdot s$ 时的温度，其黏度可适合玻璃液开始成形的需要。

坩埚炉内的温度制度应当由玻璃熔化、澄清、均化及冷却的温度和所需时间予以制订。因此炉内温度制度一般是和坩埚中的熔制过程相一致。但也有例外，如有的换热式多坩埚炉内的各个坩埚不是同时作业的，往往是在几个坩埚中刚开始熔化时，其他几个坩埚却正在进行冷却或成型过程，这时炉内则不宜升温，只能维持成型温度。当然，各坩埚的温度变化应当受全炉温度制度的制约，只是在一定范围内，借助于坩埚口的启闭程度与吸火口的闸板砖来进行调节。

在坩埚炉内熔制普通日用玻璃（如器皿和瓶罐）时，其过程基本相同，通常按下列过程进行。

（1）加热池窑　在熔制日用器皿玻璃时，熔窑开始的温度大约为 $1200 \sim 1250 ℃$。每次使用新坩埚时，须将坩埚预先焙烧至 $1450 \sim 1480 ℃$ 高温，并一昼夜不加料，使坩埚烧结，具有较高的耐侵蚀能力。

在加热阶段中炉气的气氛可保持还原性或中性。以避免温度升高过快而损坏坩埚。炉气应保持微正压，否则会吸入冷空气影响温度顺利地升高。

在添加配合料前，须先加入与熔制玻璃同一化学组成的碎玻璃，使之在低温下熔化，形成保护的釉层，以减少对坩埚底部的侵蚀，还可以缩短熔化时间。

（2）熔化　熔化阶段的温度具有重要性，有下列几种方式：

① 在温度为 $1400 \sim 1420 ℃$ 时开始加料。保持这个温度直到配合料熔透为止，然后再升高到玻璃澄清的温度约 $1450 \sim 1460 ℃$。

② 在 $1350 ℃$ 时即开始加料，然后逐渐地升高温度，直到配合料熔透为止，再在温度 $1450 \sim 1460 ℃$ 时开始玻璃的澄清。

③ 加料及熔化均保持在较低而恒定的 $1360 \sim 1380 ℃$ 下进行，直到配合料熔透。然后再提高到 $1450 \sim 1460 ℃$ 玻璃澄清所需的温度。这种方式在熔化含有最易熔化组分的配合料时被采用，例如熔制铅晶质玻璃。

熔化温度制度的选择须随不同条件而变化。当池窑温度升高至预定温度时，即可进行第一次加料。

第一次加入的配合料必须迅速熔化，要在足够高的温度下进行。低温熔化不但进行得很慢，而且最易熔的组分会从料堆中流出，导致留在表面上的难熔物很难熔化，在玻璃液中形成条纹和结石。此外，易熔的熔融物将使耐火材料受到侵蚀，也会使玻璃造成缺陷。

④ 澄清与均化。配合料完全熔化后，即可进行测温并用料钎蘸料观察，此时的料丝上可以看到细小砂粒和气泡。随着热量的蓄积，炉内达到最高温度，玻璃液的黏度可降到 $10 Pa \cdot s$ 左右，澄清和均化将迅速进行，这个过程一般需要 $2 \sim 4 h$。

⑤ 冷却。澄清完善的玻璃液中基本上不含气泡或只有极少的小气泡，这些小气泡可在冷却过程中逐渐溶解在玻璃液中。为了确保玻璃液的质量，冷却过程应谨慎缓慢地进行，约需 $2h$，如果条件允许，亦可适当延长。

冷却时应避免出现玻璃液的温度低于成形所需的温度再重新加热的现象发生，以避免二次气泡的产生。

⑥ 成形。在成形时，必须使炉内的温度适应成形操作黏度的要求。成形温度的高低将随玻璃成分、成形方式及产品的大小而有所不同。

8.2.3.2 池炉中玻璃熔制的温度制度

玻璃池炉按生产作业的方式可分为间歇式池炉和连续式池炉。

间歇式池炉（日池炉）的作业特点与坩埚炉相似，是周期性操作。通常，一个周期也是24h。其中添加配合料并使之熔化需 10～12h；澄清、均化及冷却需 6h，成形操作需 6～8h。

连续式池炉的作业特点与坩埚炉有根本的不同。在连续式池炉中玻璃熔制的各阶段是在沿炉长的方向上按顺序连续进行的，即玻璃的熔制过程在池炉的不同部位同时进行。

在连续作业池炉中通常可分成这样几个部位：熔化部、澄清部及工作部，它们分别与玻璃熔制的五个阶段大体对应。配合料加入池炉内，首先进入熔化部，在火焰、炉墙及玻璃液三方面的加热过程中，进行主要的反应变化，完成了硅酸盐形成和玻璃形成阶段，变成了透明的玻璃液。当流进澄清部时，在高温的作用下，澄清和均化过程迅速进行。已澄清和均化好的玻璃液继续流向工作部，这里的温度较低，玻璃液得到冷却，黏度逐渐适合成形操作的要求。由此可见，从加料到供料，配合料沿炉长方向经过这几个部，完成了熔化过程，形成了合乎成形质量要求的玻璃液。

池炉温度制度的制订是用温度曲线来表示沿炉长的温度分布。温度曲线是由炉内几个代表性的温度值所连成的一条折线。池炉中沿炉长方向上每一点的温度是不同的，为的是适应玻璃熔制各阶段对温度的不同要求。然而每一点的温度不应随时间变化，要保持恒定。尤其是曲线上最高温度点的位置和数值更应当稳定，因为它将影响到热点的位置和温度。温度制度如发生改变，将会导致玻璃液流动的紊乱，并使未熔化好的配合料进入澄清部或使不动层的玻璃也参加流动，从而使玻璃产生缺陷。因此，温度制度一定要慎重制订并严格执行。

8.3 熔体和玻璃体的相变

熔体和玻璃体的相变，对改变和提高无机非金属材料的性能、防止玻璃析晶、生产微晶玻璃和微晶铸石、使熔铸耐火材料结晶、人工晶体生成等都有重要意义。本节所讨论的相变，主要是指熔体和玻璃体在冷却或热处理过程中，从均匀的液相或玻璃相转变为晶相或分解为两种互不相溶的液相或玻璃相的相变。

8.3.1 熔体和玻璃体的成核与晶体生长过程

从玻璃、耐火材料熔体或铸石熔体中析出晶体一般要经过两个过程，即形成晶核过程和晶体生长过程。晶核的形成即为新相的产生，晶体生长为新相的进一步扩展。

8.3.1.1 核化过程

可分为均相核化和异相核化。

（1）均相核化 指发生于均匀基质内部，而与相界、结构缺陷等无关的成核过程。核的形成及其存在决定于过程中物质自由能的变化 ΔG_r。假定恒温、恒压下，过冷液体形成的晶核（或晶胚）为球形，其半径为 r，则体系的自由能 ΔG_r 的变化可表示为：

$$\Delta G_r = \frac{4}{3}\pi r^3 n \Delta G_v + 4\pi r^2 n \gamma \tag{1-8-5}$$

式中　ΔG_v——相变过程中单位体积的自由能变化（显然为负值）；

γ——新相与熔体之间的界面自由能；

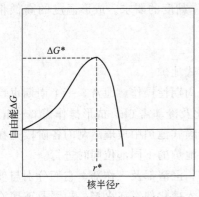

图 1-8-4 核自由能与半径的关系

n——单位体积中半径为 r 的晶胚数。

核自由能与半径的关系如图 1-8-4。将上式微分，并使 $\dfrac{\mathrm{d}\Delta G_r}{\mathrm{d}r}=0$，可得晶核临界半径 $r^*=-\dfrac{2\gamma}{\Delta G_v}$，以 r^* 代入上式得 $\Delta G_r^*=\dfrac{16\pi n\gamma^3}{3(\Delta G_v)^2}$，$\Delta G_r^*$ 为核化势垒。

晶核的长大和消失是一个平衡过程。若忽略热容的影响，则有：

$$\Delta G_v = \Delta H_m - T\Delta S_m = \frac{\Delta H_m \Delta T}{T_m} \quad (1\text{-}8\text{-}6)$$

晶核长大不等于系统一定会结晶，还必须考虑晶核的生成速率。

实际上，一定温度下，单位体积的液相转变成晶相的速率由 ΔG_v 和分子活动能 ΔE 决定。根据阿伦尼乌斯公式，核化速率 J 为：

$$J = K_0 \exp\left(-\frac{\Delta G_v + \Delta E}{KT}\right) \quad (1\text{-}8\text{-}7)$$

ΔG_v 与温度有关，随温度升高而减小。ΔE 和扩散系数有关，温度升高扩散系数增大，核化速率也增大。

（2）异相核化　依靠晶界、相界或基质的结构缺陷等不均匀部位而成核的过程称为异相核化。异相核化比均相核化广泛得多，由于存在这类界面，降低了界面能 ΔG_s，使晶核形成速率加快，从而降低了整个过程的自由能 ΔG。ΔG 与熔体对晶核的润湿角 θ 有关，异相核化如图 1-8-5。可得：

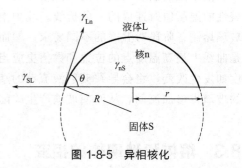

图 1-8-5 异相核化

$$\Delta G_h^* = \frac{16\pi\gamma_{Ln}^3}{3(\Delta G_v)^2} \times \frac{(2+\cos\theta)(1-\cos\theta)^2}{4} \quad (1\text{-}8\text{-}8)$$

设 $f(\theta)=\dfrac{(2+\cos\theta)(1-\cos\theta)^2}{4}$

$$\Delta G_h^* = \frac{16\pi\gamma_{Ln}^3}{3(\Delta G_v)^2} f(\theta) \quad (1\text{-}8\text{-}9)$$

$$\Delta G_h^* = \Delta G_r^* f(\theta) \quad (1\text{-}8\text{-}10)$$

这样，异相核化与均相核化所需做的功相差一个 $f(\theta)$ 因素。$\theta<180°$ 的任何系统，表面上形成晶核的自由能比在均相要小；$\theta=0°$，晶核形成不需克服任何势垒；$\theta=90°$，核化势垒降低一半；$\theta=180°$，不润湿，为均相核化。

非均相核化的速率可表示为：

$$I_s = K_s \exp\left(-\frac{\Delta G_h^*}{KT}\right) \quad (1\text{-}8\text{-}11)$$

8.3.1.2　晶体生长

稳定的晶核在基质中形成以后，在适当过冷度和过饱和度条件下，基质中原子或原子团向界面迁移，到达适当的生长位置使晶体长大。晶体生长速率取决于物质扩散到晶核表面的速率和物质加入于晶体结构的速率。界面性质对结晶形态和动力学有决定影响。

就正常生长过程来说，晶体的生长速率 U 由下式表示。

$$U = va_0 \left[1 - \exp\left(-\frac{\Delta G}{KT}\right) \right] \tag{1-8-12}$$

式中　U——单位面积的生长速率，m/s；

　　　v——晶液界面质点迁移的频率因子，s^{-1}；

　　　a_0——界面层厚度，约等于分子直径，m；

　　　ΔG——液体与固体自由能之差，J。

8.3.2　熔铸耐火材料的晶化

熔铸锆刚玉制品主要由具有耐高温和耐侵蚀的单斜锆石和刚玉以及两者的共晶体组成，高黏度的玻璃相介于晶体间隙中。此种制品中的晶体是由熔融液中直接析出的，各种结晶发育良好，一般晶粒较大，晶体稳定性很高。

熔铸锆刚玉制品的组成一般都落在 $Al_2O_3\text{-}ZrO_2\text{-}SiO_2$ 三元系统的 ZrO_2 的初晶区内，如图 1-8-6 所示。

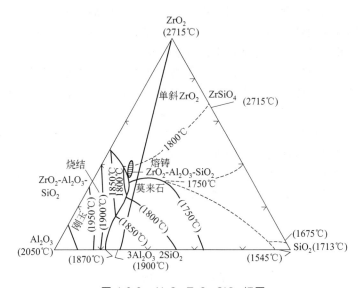

图 1-8-6　$Al_2O_3\text{-}ZrO_2\text{-}SiO_2$ 相图

熔融液在正常冷却过程中，ZrO_2 晶体首先由液相中析出，然后沿 $ZrO_2\text{-}Al_2O_3$ 共熔线析出 ZrO_2 与 Al_2O_3 的共晶体，最后当冷却到 $Al_2O_3\text{-}ZrO_2\text{-}SiO_2$ 的共熔点温度时，析出莫来石。由于组分中含有少量的 R_2O，使熔融液在冷却时一般并未析出莫来石，而以玻璃相形式残留于制品中。

8.3.3　玻璃分相

高温下均匀的玻璃态物质（或熔体）在冷却过程中或在一定的温度下热处理时，由于内部质点迁移，而分成两种或两种以上化学组成不同的互不相溶的液相或玻璃相，此过程称为分相。分相属于亚微观结构范围，在 3nm 到几百纳米的尺度。$MgO\text{-}SiO_2$、$FeO\text{-}SiO_2$、$ZnO\text{-}SiO_2$、$CaO\text{-}SiO_2$、$SrO\text{-}SiO_2$ 构成的二元系统，产生或大或小的稳定的液-液不混溶区（液相线以上），如图 1-8-7 所示。$BaO\text{-}SiO_2$ 构成的二元系统，产生亚稳的（液相线以下）不混溶区，如图 1-8-8 所示。

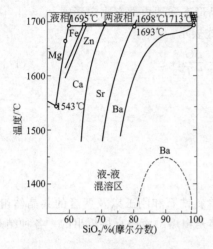

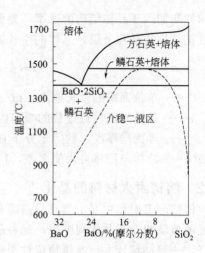

图 1-8-7　二元碱土金属硅酸盐系统　　　　图 1-8-8　BaO-SiO₂ 系统中的
混溶区和液-液不混溶区　　　　　　　　亚稳液相不混溶性

　　玻璃分相是近年来十分活跃的一门玻璃科学，许多玻璃都存在不同程度的分相现象。例如一定成分的钠硼硅酸盐玻璃经热处理后可分成两个相，其一富含硅氧，另一富含硼酸钠，通过酸处理可得微孔玻璃，再经烧结可得高硅氧玻璃。

　　一般从结晶化学观点解释分相。认为氧化物溶体的液相分离是由于阳离子对氧离子的争夺所引起的。在硅酸盐溶体中，硅离子以硅氧四面体形式，把桥氧离子吸引到自己周围，而网络外体（或中间体）阳离子力图将非桥氧离子吸引到自己周围，按其自身结构要求进行排列。分相对玻璃的诸多性质有重要影响。如对玻璃的黏度、电导、化学稳定性等具有迁移性的性能及对玻璃的结晶、玻璃的着色等都有影响。

　　综上所述，分相在理论和实践上都有重要意义。通过控制分相可以提高玻璃制品的质量和发展新品种、新工艺。如制造微孔玻璃、高硅氧玻璃、派来克斯玻璃等。

思 考 题

1. 玻璃熔化的基本概念是什么？
2. 玻璃熔制需要经历几个阶段，并简述之。
3. 简述玻璃澄清的原理。
4. 影响玻璃熔制的因素有哪些，简述其影响规律。
5. 玻璃熔制的方法有哪些，并简述之。
6. 玻璃的分相原因是什么，简要阐述其分相机理。
7. 熔体和玻璃体的析晶需要经历哪几个过程，并做简要说明。

第2篇

代表性无机非金属材料

第 1 章　水泥和其他无机胶凝材料

通常把在一定条件下能产生凝固作用，同时能将块状物料、颗粒状物料或纤维状物料黏结成整体，并最终形成具有一定机械抵抗能力的硬化体的材料，称作胶凝材料。如各类水泥、石灰、石膏、水玻璃、菱苦土、各种天然和人工树脂、沥青等都属于胶凝材料的范畴。其中，水泥、石灰、石膏、水玻璃、菱苦土等以无机物为主要组分的称为无机胶凝材料，树脂、沥青等以有机物为主的称为有机胶凝材料。无机胶凝材料则按照硬化条件分为气硬性胶凝材料和水硬性胶凝材料。能与水发生反应，进而产生硬化并且可以使用于水中的胶凝材料称为水硬性胶凝材料，各种水泥都属于水硬性胶凝材料。反过来说，水硬性胶凝材料就是水泥的代名词。只能在空气中硬化，或只能在空气中保持或继续发展其物理性能的胶凝材料则称为气硬性胶凝材料，石膏、石灰、菱苦土和水玻璃等就属于气硬性无机胶凝材料。

将无机胶凝材料区分为气硬性和水硬性有重要的实用意义。气硬性胶凝材料一般只适用于地上或干燥环境，不宜用于潮湿环境，更不可用于水中。水硬性胶凝材料则既适用于地上，也适用于地下或水中环境。

1.1　硅酸盐水泥

加入适量水后可形成具有一定流动性的硬化体，继而能在空气中硬化也能在水中硬化，并能将砂、石、纤维等材料牢固地胶结在一起，形成坚固的硬化体粉状无机水硬性胶凝材料，称为水泥。

水泥的种类很多，按其用途和性能通常将水泥分为通用水泥、专用水泥和特性水泥三大类。通用水泥主要适用于一般的土木工程，是用量最大的一类水泥，如硅酸盐水泥（Portland cement）、普通硅酸盐水泥、矿渣硅酸盐水泥、火山灰质硅酸盐水泥、粉煤灰硅酸盐水泥和复合硅酸盐水泥等。专用水泥指有专门用途的水泥，如油井水泥、大坝水泥、道路水泥、砌筑水泥等。而特性水泥则是某种性能比较突出的一类水泥，如快硬硅酸盐水泥、抗硫酸盐硅酸盐水泥、中热硅酸盐水泥、膨胀硫铝酸盐水泥、自应力铝酸盐水泥等。按水泥熟料中所含主要水硬性矿物种类的不同，也可将水泥分为硅酸盐水泥、铝酸盐水泥、硫铝酸盐水泥、氟铝酸盐水泥以及以工业废渣和地方材料为主要组分的水泥。目前世界上已有的水泥品种已达一百多种。

硅酸盐水泥是以硅酸钙（C_3S 和 C_2S）为主要成分的熟料所制得的水泥的总称。如掺入一定数量的混合材料，则硅酸盐水泥名称前冠以混合材料名称，如矿渣硅酸盐水泥、火山灰质硅酸盐水泥、粉煤灰硅酸盐水泥等。

各品种水泥均制订有完善的国家标准或行业标准，对水泥的组分材料、强度等级、技术要求、检验分析方法等均有明确、严格的规定。以下以国家标准 GB 175—2007《通用硅酸盐水泥》为依据说明硅酸盐水泥和普通硅酸盐水泥的定义、强度等级、技术指标、试验方法及验收规则等。

1.1.1　硅酸盐水泥组分材料

（1）硅酸盐水泥熟料　由主要含 CaO、SiO_2、Al_2O_3、Fe_2O_3 成分的原料，按照适当成分配合并磨细成均匀的生料粉，高温下煅烧成部分熔融，冷却，所得以水硬性硅酸钙矿物为主要成分的块状或粒状烧结物料，称为硅酸盐水泥熟料（Portland cement clinker），简称熟料。硅酸盐水泥熟料中硅酸盐矿物的含量不低于 66%，CaO 与 SiO_2 的质量比不小于 2.0。

（2）石膏　石膏（gypsum）的主要化学成分是 $CaSO_4$，水泥工业中使用的石膏主要有天然石膏和工业副产石膏。其中，天然石膏主要指的是天然二水石膏，但也包括混合石膏，即天然二水石膏与天然无水石膏的混合矿床。无论是天然二水石膏还是混合石膏，其品质必须符合 GB/T 5483《天然石膏》中规定的 G 类或 M 类二级（含）以上的指标要求。工业副产石膏是指以 $CaSO_4$ 为主要成分的工业副产品，如化工产业中的磷石膏、氟石膏，锅炉烟气处理产生的脱硫石膏等，可以替代或部分替代天然石膏用于水泥生产。水泥厂采用工业副产石膏之前必须进行充分的科学试验，以证明其对水泥性能的无害性。

（3）混合材料（mineral admixtures）

① 活性混合材料（reactive mineral admixtures）　活性混合材料指品质符合相关国家标准规定的技术指标要求的粒化高炉矿渣、粒化高炉矿渣粉、粉煤灰和火山灰质混合材料。相应的国家标准分别为：GB/T 203《用于水泥中的粒化高炉矿渣》、GB/T 18046《用于水泥和混凝土中的粒化高炉矿渣粉》、GB/T 1596《用于水泥和混凝土中的粉煤灰》、GB/T 2847《用于水泥中的火山灰质混合材料》。

② 非活性混合材料（unreactive mineral admixtures）　非活性混合材料指品质低于相关国家标准规定的技术指标要求的粒化高炉矿渣、粒化高炉矿渣粉、粉煤灰和火山灰质混合材料，还有石灰石和砂岩，其中，石灰石中 Al_2O_3 含量应不大于 2.5%。

（4）窑灰　窑灰（kiln dust）是指水泥生料入窑之后至水泥熟料从窑头排出的过程中所产生的除熟料粉以外的粉尘，窑尾废气处理系统电收尘、增湿塔和混合塔以及分解炉底部都可以收集到窑灰。因此，窑灰的成分近似于生料粉，介于生料与熟料之间。但是，不同部位收集到的窑灰成分并不完全相同。窑灰的主要特点是其中的 $CaCO_3$ 已经部分分解，因此含有数量不等的 CaO，同时含有较高的碱性物质（Na_2O 和 K_2O）。窑灰具有一定的活性，其活性介于活性混合材料与非活性混合材料之间。因此，窑灰可以适量掺入水泥之中。拟作为混合材料掺入水泥的窑灰必须符合 JC/T 742《掺入水泥中的回转窑窑灰》规定的各项技术指标要求。

（5）助磨剂　水泥粉磨过程中添加的外加剂，其主要功能是提高粉磨效率。助磨剂（grinding aid）在水泥中的添加量应不超过 0.5%。

1.1.2　硅酸盐水泥的定义和分类

（1）硅酸盐水泥　由硅酸盐水泥熟料、0～5% 石灰石或粒化高炉矿渣、适量石膏磨细制成的水硬性胶凝材料，称为硅酸盐水泥（Portland cement）。硅酸盐水泥分两种类型，即Ⅰ型硅酸盐水泥和Ⅱ型硅酸盐水泥。其中，Ⅰ型硅酸盐水泥不掺加任何混合材料，用代号 P·Ⅰ表示，Ⅱ型硅酸盐水泥则掺加不超过水泥质量 5% 的石灰石或粒化高炉矿渣，用代号

P·Ⅱ表示。

（2）普通硅酸盐水泥　由硅酸盐水泥熟料和适量石膏，再掺加 5%～20%（不含 5%）混合材料共同磨细制成的水硬性胶凝材料，称为普通硅酸盐水泥（ordinary Portland cement），简称普通水泥，用代号 P·O 表示。

当掺加的混合材料全部为活性混合材料时，最大掺量可达 20%；允许用不超过水泥质量 8% 的非活性混合材料或不超过水泥质量 5% 的窑灰代替。

水泥中混合材料的掺量不得低于或等于水泥质量的 5%。

1.1.3　硅酸盐水泥技术要求

（1）强度等级（strength rank）

① 硅酸盐水泥强度等级分为 42.5、42.5R、52.5、52.5R、62.5、62.5R，总共 6 个等级。

② 普通水泥强度等级分为 42.5、42.5R、52.5、52.5R，总共 4 个等级。

（2）化学指标（chemical requirements）

① 不溶物（acid insoluble residue）　水泥的不溶物含量：P·Ⅰ 不超过 0.75%，P·Ⅱ不得超过 1.50%。其他品种不做限制。

② 烧失量（ignition loss）　水泥的烧失量：P·Ⅰ 不大于 3.0%，P·Ⅱ 不大于 3.5%；P·O 不大于 5.0%。

③ 氧化镁（magnesium oxide）　水泥中氧化镁含量：P·Ⅰ、P·Ⅱ、P·O 不超过 5.0%，压蒸安定性合格可以放宽到 6%。

以上化学成分指标如有更严要求时，由供需双方协商确定。

④ 三氧化硫（sulfur trioxide）　水泥中三氧化硫含量：P·Ⅰ、P·Ⅱ、P·O 不超过 3.5%。

⑤ 氯离子含量（chloride ion）　水泥中氯离子含量不超过 0.06%，如有更低要求时，由供需双方协商。

⑥ 碱含量（alkali content）（选择性指标）　水泥中碱含量以 $Na_2O+0.658K_2O$ 计算值表示。若使用的骨料具有碱骨料反应活性，并且用户要求低碱水泥时，水泥中碱含量应不大于 0.60% 或由供需双方协商确定。

（3）物理性质要求（physical requirements）

① 细度（fineness）（选择性指标）　P·Ⅰ 和 P·Ⅱ、P·O：比表面积不小于 $300m^2/kg$。

② 凝结时间（setting time）　P·Ⅰ、P·Ⅱ：初凝不小于 45min，终凝不大于 390min。P·O：初凝不小于 45min，终凝不大于 600min。

③ 安定性（soundness）　用沸煮法检验必须合格。

④ 强度（strength）　水泥强度等级按规定龄期的抗压强度和抗折强度来划分，各强度等级水泥的各龄期强度不得低于表 2-1-1 数值。

1.1.4　合格品与不合格品

（1）合格品　符合全部化学指标，符合凝结时间指标，安定性合格，符合强度指标，即为合格品。

（2）不合格品　化学指标、凝结时间指标、安定性、强度指标之中任何一项不符合规定要求，即为不合格品。

以上标准中，凝结时间、安定性及强度是硅酸盐水泥的三项重要性能指标。凝结时间过

表 2-1-1　GB 175—2007 中规定的通用水泥各龄期要求强度指标

品种	强度等级	抗压强度/d		抗折强度/d	
		3	28	3	28
P·Ⅰ P·Ⅱ	42.5 42.5R	17.0 22.0	42.5	3.5 4.0	6.5
	52.5 52.5R	23.0 27.0	52.5	4.0 5.0	7.0
	62.5 62.5R	28.0 32.0	62.5	5.0 5.5	8.0
P·O	42.5 42.5R	17.0 22.0	42.5	3.5 4.0	6.5
	52.5 52.5R	23.0 27.0	52.5	4.0 5.0	7.0

短，则使水泥混凝土在浇灌之前即已失去流动性而无法使用；凝结时间过长，则降低施工速度和延长模板周转时间。硅酸盐水泥中加入适量石膏可以调节水泥的凝结时间和提高水泥强度等，但石膏掺量过多，不仅会降低水泥强度，还会引起水泥安定性不良。因此，标准中规定了三氧化硫的极限含量。石膏适宜的掺入量应通过试验来确定。

　　强度是水泥的一个重要指标，又是设计混凝土配合比的重要数据。水泥强度在水化硬化过程中是逐渐增长的。一般将 7d 及以前的强度称为早期强度，28d 及其后的强度称为后期强度，也有将三个月以后的强度称为长期强度。由于水泥经 28d 后强度已大部分发挥出来，所以用 28d 强度划分水泥的等级。凡是符合某一等级和某一类型的水泥，必须同时满足表 2-1-1中规定的各龄期抗压、抗折强度的相应指标。若其中任一龄期的抗压、抗折强度指标达不到所要求等级的规定值，则以其中最低的某一龄期的强度指标确定该水泥的强度等级。

　　值得注意的是，随着水泥生产技术的进步和社会需求的提高，水泥的品质指标也在不断地改善，相应的水泥国家标准也在不断地修订，必须经常关注最新的国家标准。

1.2　硅酸盐水泥熟料

1.2.1　化学成分

　　硅酸盐水泥熟料主要由 CaO、SiO_2、Al_2O_3 和 Fe_2O_3 四种氧化物组成（chemical composition），其含量总和通常都在 95% 以上。如将主要氧化物的含量（$CaO + SiO_2 + Al_2O_3$）换算成 100%（将 Fe_2O_3 含量计入 Al_2O_3 中），则硅酸盐水泥熟料的组成落于如图 2-1-1 所示的 C-A-S 三角形左下方横跨 C_3S-C_2S-C_3A 三角形的圆形区域内。

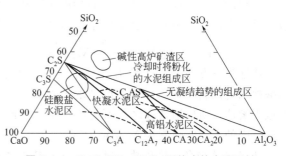

图 2-1-1　CaO-SiO_2-Al_2O_3 系统中的水泥区域

　　现代生产的硅酸盐水泥熟料，各氧化物含量的波动范围为：CaO 62%～67%，SiO_2 20%～24%，Al_2O_3 4%～7%，Fe_2O_3 2.5%～6.0%。

　　在某些情况下，由于水泥品种、原料成分以及工艺过程的不同，其氧化物含量也可能不在上述范围内。例如，白色硅酸盐水泥熟料中 Fe_2O_3 必须小于 0.5%，而 SiO_2 可高于 24%，甚至可达 27%。除了上述四种主要氧化物外，水泥熟料通常还含有 MgO、SO_3、K_2O、Na_2O、TiO_2、P_2O_5 等杂质成分。

1.2.2 矿物组成

在硅酸盐水泥熟料中，CaO、SiO_2、Al_2O_3 和 Fe_2O_3 实际上并不是以单独的氧化物的形式存在，而是以两种或两种以上的氧化物经高温化学反应而生成的矿物（mineral）的形式存在的。习惯上称之为熟料矿物，结晶细小，尺寸一般为 $30\sim60\mu m$。熟料矿物主要有以下四种。

硅酸三钙：$3CaO\cdot SiO_2$，简写为 C_3S；

硅酸二钙：$2CaO\cdot SiO_2$，简写为 C_2S；

铝酸三钙：$3CaO\cdot Al_2O_3$，简写为 C_3A；

铁相固溶体：$4CaO\cdot Al_2O_3\cdot Fe_2O_3$，简写为 C_4AF。

图 2-1-2 硅酸盐水泥熟料岩相照片

根据矿物的化学组成和在高温下的性能，习惯上将 C_3S 和 C_2S 称作硅酸盐矿物，将 C_3A 和 C_4AF 称作熔剂性矿物。

此外，还有少量游离氧化钙（f-CaO）、方镁石（结晶氧化镁）、含碱矿物及玻璃体。图 2-1-2 为硅酸盐水泥熟料在反光显微镜下的岩相照片：黑色多角形颗粒为 C_3S 晶体；具有黑白双晶条纹的圆形颗粒为 C_2S 结晶体；填充于上述两种晶体之间的矿物为 C_3A 和 C_4AF。C_3A 反射能力弱，呈深色，称之为黑色中间相；C_4AF 反射能力强，呈浅色，称之为白色中间相。

在一般的硅酸盐水泥熟料中 C_3S 和 C_2S 含量约占 75%，C_3A 和 C_4AF 的含量约占 22%。

（1）硅酸三钙　硅酸三钙（tricalcium silicate，C_3S）是硅酸盐水泥熟料的主要矿物，其含量通常为 50% 左右，有时甚至高达 60% 以上。纯 C_3S 只有在 $1250\sim2065℃$ 温度范围内才是稳定的。在 2065℃ 以上不一致熔融为 CaO 和液相；在 1250℃ 以下分解为 C_2S 和 CaO，但是反应很慢，故纯 C_3S 在室温下可呈介稳状态存在。C_3S 有如下三种晶系七种变型：

$$R\xrightarrow{1070℃}M_{III}\xrightarrow{1060℃}M_{II}\xrightarrow{990℃}M_{I}\xrightarrow{960℃}T_{III}\xrightarrow{920℃}T_{II}\xrightarrow{520℃}T_{I}$$

R 型为三方晶系，M 型为单斜晶系，T 型为三斜晶系，这些变型的晶体结构相近。在硅酸盐水泥熟料中，C_3S 并不以纯的形式存在，总含有少量 MgO、Al_2O_3、Fe_2O_3 等杂质形成固溶体，所以通常称之为阿利特（Alite）或 A 矿，以便与纯的 C_3S 相区别。硅酸盐水泥熟料中的阿利特通常为 M 型或 R 型。

纯 C_3S 为白色，密度为 $3.14g/cm^3$，其晶体截面为六角形或棱柱形。单斜晶系的阿利特单晶为假六方片状或板状。在阿利特中还常有 C_2S 和 CaO 的包裹体存在。

C_3S 凝结时间正常，水化较快，放热较多，早期强度高且后期强度增进率较大，28d 强度可达一年强度的 70%~80%，其 28d 强度和一年强度在四种矿物中均属最高。但是，C_3S 的水化热较高，抗水性较差。

（2）硅酸二钙　硅酸二钙（dicalcium silicate，C_2S）在硅酸盐水泥熟料中的含量一般为 20％左右，是硅酸盐水泥熟料的主要矿物之一，仅次于 C_3S。与阿利特类似，在熟料中 C_2S 并不以纯的形式存在，而是与少量氧化物如 MgO、Al_2O_3、Fe_2O_3、R_2O 等结合以固溶体的形式存在。通常将水泥熟料中固溶各种外来离子的硅酸二钙称作贝利特（Belite）或 B 矿。纯 C_2S 在 1450℃ 以下的冷却过程中经历如下多晶转变：

$$\alpha \xrightarrow{1415 \sim 1435℃} \alpha'_H \xrightarrow{1150 \sim 1170℃} \alpha'_L \xrightarrow{3580 \sim 630℃} \beta \xrightarrow{< 500℃} \gamma$$

$$\xleftarrow[780 \sim 860℃]{}$$

（H—高温型；L—低温型）

在室温下，α、α'_H、β 等变体都是不稳定的，有转变成 γ 型的趋势。在一般的硅酸盐水泥熟料中 α 型和 α' 型较少存在。在烧成温度较高、冷却较快的熟料中，由于固溶有少量 MgO、Al_2O_3、Fe_2O_3 等氧化物，通常稳定成 β 型。所以，就一般的硅酸盐水泥熟料而言，C_2S 或 B 矿通常指的是 β 型 C_2S。

在煅烧温度低、冷却速度慢的条件下 C_2S 易于转变成 γ 型。在立窑生产中，若通风不良、还原气氛严重、烧成温度低、液相量不足、冷却较慢，C_2S 往往容易在低于 500℃ 时由密度为 $3.28g/cm^3$ 的 β 型转变成密度为 $2.97g/cm^3$ 的 γ 型 C_2S，伴随体积膨胀 10％，而导致熟料粉化。但是，若液相量多，可使熔剂矿物形成玻璃体将 β 型 C_2S 晶体包围住，并采用迅速冷却的方法使之快速越过 $\beta\text{-}\gamma$ 型转变温度而保留下来。α 型、α' 型和 β 型 C_2S 强度较高，而 γ 型 C_2S 几乎没有水硬性。所以，在水泥生产中要设法避免 $\beta\text{-}\gamma$ 型晶型转变过程的发生。

纯 C_2S 色洁白，当含有 Fe_2O_3 时呈棕黄色。贝利特水化反应较慢，28d 仅水化 20％左右。凝结硬化缓慢，早期强度较低，但后期强度可持续增长，在一年后可赶上阿利特。贝利特的水化热较小，抗水性较好。

（3）中间相　中间相（interfacial phase）指填充在阿利特、贝利特相之间的物质。中间相在煅烧过程中熔融成为液相，冷却时，部分液相结晶，部分液相来不及结晶而凝固成玻璃体，所以，在空间上它们分布于硅酸盐相之间的区域。

① 铝酸三钙（tricalcium aluminate，C_3A）　结晶完善的 C_3A 常呈立方体、八面体或十二面体。但在水泥熟料中其形状随冷却速率而异。只有氧化铝含量高而且慢冷的熟料，才可能结晶出完整的 C_3A 大晶体，一般则包裹于玻璃相之中或呈不规则微晶析出。C_3A 在熟料中的潜在含量为 5％～8％。纯 C_3A 为无色晶体，密度为 $3.04g/cm^3$，熔融温度为 1533℃，反光镜下，快冷呈点滴状，慢冷呈矩形或柱形。因反光能力差，呈暗灰色，故称黑色中间相。

C_3A 水化迅速，放热多，凝结很快，若不加石膏等缓凝剂，易使水泥急凝；硬化快，强度 3d 内就发挥出来，但绝对值不高，以后几乎不再增长，甚至倒缩。干缩变形大，抗硫酸盐性能差。

② 铁相固溶体（ferrite solid solution，C_4AF）　铁相固溶体在熟料中的潜在含量为 10％～18％。熟料中含铁相的实际成分比较复杂。有人认为铁相是 $C_2F\text{-}C_8A_3F$ 连续固溶体中的一个组成点，也有人认为是 $C_6A_2F\text{-}C_6AF_2$ 连续固溶体的一部分。在一般的硅酸盐水泥熟料中，其成分很接近 C_4AF，故多用 C_4AF 代表熟料中铁相的组成。当熟料 Al_2O_3/Fe_2O_3 小于 0.64 时，则可生成具有微弱水硬性的 C_2F。

C_4AF 的水化速度早期介于 C_3A 和 C_3S 之间，但随后的发展不如 C_3S。早期强度类似

于 C_3A，后期还能不断增长，类似于 C_2S。抗冲击性能和抗硫酸盐性能好，水化热较 C_3A 低，但含 C_4AF 高的熟料难磨。在道路水泥和抗硫酸盐水泥中，C_4AF 的含量以高为好，一般要求高于 $15\%\sim16\%$。

③ 玻璃体（vitrified phase） 在实际生产中，由于冷却速度较快，有部分液相来不及结晶而成为过冷液体，即玻璃体。在玻璃体中，质点排列无序，组成也不定。其主要成分为 Al_2O_3、Fe_2O_3、CaO，还有少量 MgO 和碱等。

C_3A 和 C_4AF 在煅烧过程中熔融成液相，可以促进 C_3S 的顺利形成，这是它们的重要作用。如果生料中熔剂矿物过少，易生烧，氧化钙不易被吸收完全，熟料中游离氧化钙增加，影响熟料的质量，降低窑的产量，增加燃料的消耗。如果熔剂矿物过多，物料在窑内易结大块，在回转窑内结圈，严重影响回转窑的正常生产。

（4）游离氧化钙和方镁石（free lime and periclase） 游离氧化钙（$f\text{-}CaO$）是指经高温煅烧而仍未化合的氧化钙，也称游离石灰。经高温煅烧的 $f\text{-}CaO$ 结构比较致密，水化很慢，通常要在 3d 后才明显水化。$f\text{-}CaO$ 水化生成氢氧化钙体积增加 97.9%，在硬化的水泥硬化体中造成局部膨胀应力。随着 $f\text{-}CaO$ 含量的增加，首先是水泥抗折强度下降，进而引起 3d 以后强度倒缩，严重时引起安定性不良。因此，在熟料煅烧过程中要严格控制 $f\text{-}CaO$ 含量。我国回转窑生产水泥的场合，一般控制熟料中 $f\text{-}CaO$ 含量不超过 1.5%。

方镁石是指游离状态的 MgO 晶体。由于 MgO 与 SiO_2、Fe_2O_3 的化学亲和力较小，在熟料煅烧过程中不易完全反应结合成矿物。它通常以以下三种形式存在于熟料中：① 固溶于 C_3A、C_3S 中；② 溶于玻璃体中；③ 以游离状态的方镁石形式存在。据认为，前两种形式的 MgO 含量约为熟料的 2%，它们对水泥硬化体无破坏作用。以方镁石形式存在时，由于其水化速度很慢，一般要在 $0.5\sim1$ 年后才明显开始水化，而且水化生成氢氧化镁，体积膨胀 148%，也会导致水泥安定性不良。方镁石膨胀的严重程度与晶体尺寸、含量均有关系。尺寸越大，含量越高，危害越大。在生产中应尽量采取快冷措施减小方镁石的晶体尺寸。

1.2.3 熟料的率值

如上所述，硅酸盐水泥熟料是由碱性氧化物与酸性氧化物在高温下相互反应生成水硬性矿物而形成的。因此，在水泥生产中必须预先人为地控制各氧化物之间的比例，以控制熟料的矿物组成。根据各种氧化物与熟料矿物之间的关系推导出的表示氧化物之间的数量关系的数值称为熟料的率值（modulus of clinker）。理论和实践都证明这些熟料率值能很好地控制熟料的矿物组成和水泥的性能。迄今为止，全世界范围内硅酸盐水泥的生产几乎都采用率值来控制水泥生料的配料。

1.2.3.1 石灰饱和系数

在熟料的四个主要氧化物中，CaO 为碱性氧化物，其余三个为酸性氧化物。两者相互化合形成 C_3S、C_2S、C_3A、C_4AF 四个主要熟料矿物。不难理解，在一定的酸性氧化物含量下必须有足够的 CaO 以保证相互反应形成足够碱性的矿物。但是，一旦 CaO 含量超过所有酸性氧化物的需求，必然以游离氧化钙的形态存在，含量高时将引起水泥安定性不良，造成危害。因此，从理论上说，存在一个极限石灰含量。古特曼与杰耳认为熟料中酸性氧化物形成的碱性最高的矿物为 C_3S、C_3A、C_4AF，从而提出了他们的石灰理论极限含量的观点。为便于计算，将 C_4AF 改写成 "C_3A" 和 "CF"，将 "C_3A" 与 C_3A 相加，那么每 1% 酸性氧化物所需石灰含量分别可以计算如下：

$$1\% \ Al_2O_3 \ 形成 \ C_3A \ 所需 \ CaO = \frac{3\times CaO \ 物质的量}{Al_2O_3 \ 物质的量} = \frac{3\times56.08}{101.96} = 1.65$$

$$1\% Fe_2O_3 \text{ 形成 CF 所需 CaO} = \frac{CaO \text{ 物质的量}}{Fe_2O_3 \text{ 物质的量}} = \frac{56.08}{159.69} = 0.35$$

$$1\% SiO_2 \text{ 形成 } C_3S \text{ 所需 CaO} = \frac{3 \times CaO \text{ 物质的量}}{SiO_2 \text{ 物质的量}} = \frac{3 \times 56.08}{60.09} = 2.8$$

由每 1% 酸性氧化物所需石灰量乘以相应的酸性氧化物含量，就可得到石灰理论极限含量计算式：

$$CaO_{max} = 2.8SiO_2 + 1.65Al_2O_3 + 0.35Fe_2O_3 \tag{2-1-1}$$

金德和容克认为，在实际生产中 Al_2O_3 和 Fe_2O_3 始终为 CaO 所饱和，唯独 SiO_2 可能不能完全饱和生成 C_3S，而存在一部分 C_2S，否则，熟料就会出现游离氧化钙。因此，在 SiO_2 项之前必须乘上一个小于 1 的石灰饱和系数 KH。即熟料中实际氧化钙的含量应为：

$$CaO = KH \times 2.8SiO_2 + 1.65Al_2O_3 + 0.35Fe_2O_3 \tag{2-1-2}$$

将式（2-1-2）改写成：

$$KH = \frac{CaO - 1.65Al_2O_3 - 0.35Fe_2O_3}{2.8SiO_2} \tag{2-1-3}$$

因此，石灰饱和系数 KH（lime saturation factor）就是熟料中的 SiO_2 实际生成硅酸钙（$C_3S + C_2S$）所需氧化钙的量与所有 SiO_2 全部生成 C_3S 所需 CaO 的量之比值，也表示熟料中的 SiO_2 被 CaO 饱和成 C_3S 的程度。

需要指出的是式（2-1-3）适用于 $Al_2O_3/Fe_2O_3 \geqslant 0.64$ 的熟料。若 $Al_2O_3/Fe_2O_3 < 0.64$，则熟料矿物组成应为 C_3S、C_2S、C_4AF 和 C_2F。与上述类似，将 C_4AF 改写成 "C_2A" 和 "C_2F"，将 "C_2F" 与 C_2F 相加，可得：

$$KH = \frac{CaO - 1.1Al_2O_3 - 0.70Fe_2O_3}{2.8SiO_2} \tag{2-1-4}$$

考虑到熟料中还有游离 CaO、游离 SiO_2 和石膏，故式（2-1-3）、式（2-1-4）也可修正为：

$$KH = \frac{CaO - 1.65Al_2O_3 - 0.35Fe_2O_3 - 0.7SO_3 - f\text{-}CaO}{2.8(SiO_2 - f\text{-}SiO_2)} \quad (A/F \geqslant 0.64) \tag{2-1-5}$$

$$KH = \frac{CaO - 1.1Al_2O_3 - 0.70Fe_2O_3 - 0.7SO_3 - f\text{-}CaO}{2.8(SiO_2 - f\text{-}SiO_2)} \quad (A/F < 0.64) \tag{2-1-6}$$

石灰饱和系数与熟料矿物组成之间具有如下关系：

$$KH = \frac{C_3S + 0.8838C_2S}{C_3S + 1.3256C_2S} \tag{2-1-7}$$

式中，C_3S、C_2S 分别代表熟料中相应矿物的质量百分含量。可见，当 $C_2S = 0$ 时，$KH = 1$，即当 $KH = 1$ 时，熟料中没有 C_2S 只有 C_3S、C_3A 和 C_4AF。当 $C_3S = 0$ 时，$KH = 0.667$，也就是说，当 $KH = 0.667$ 时，熟料中没有 C_3S，只有 C_2S、C_3A 和 C_4AF。由此可见，理论上来说，KH 的取值介于 $0.667 \sim 1.0$。在实际生产中，硅酸盐水泥熟料的 KH 值一般控制在 $0.88 \sim 0.93$。

从熟料矿物组成的角度看，KH 实际上反映了熟料中 C_3S 与 C_2S 含量的比例。KH 越大，则硅酸盐矿物中的 C_3S 的比例越高，熟料强度越好，故提高 KH 有利于提高水泥质量。但 KH 过高，熟料煅烧困难，必须延长煅烧时间或提高煅烧温度，以避免残留 $f\text{-}CaO$，导致窑的产量降低，热耗升高，窑衬工作条件恶化，影响窑的长期安全运转。

值得注意的是，各国用于控制石灰含量的率值公式不尽相同，除了以上的石灰饱和系数之外，常见的还有以下几种。

水硬率：
$$HM = \frac{CaO}{SiO_2 + Al_2O_3 + Fe_2O_3} \qquad (2-1-8)$$

石灰标准值：
$$KSt = \frac{100CaO}{2.8SiO_2 + 1.1Al_2O_3 + 0.7Fe_2O_3} \qquad (2-1-9)$$

李和派克石灰饱和系数：
$$LSF = \frac{CaO}{2.8SiO_2 + 1.1Al_2O_3 + 0.65Fe_2O_3} \qquad (2-1-10)$$

1.2.3.2 硅率

硅率（slilca modulus，SM）又称硅酸率，它表示熟料中 SiO_2 的含量与 Al_2O_3 和 Fe_2O_3 含量之和的比值，用 SM 表示：

$$SM = \frac{SiO_2}{Al_2O_3 + Fe_2O_3} \qquad (2-1-11)$$

通常硅酸盐水泥熟料的硅率在 1.7～2.7 之间。但是，生产白色硅酸盐水泥时，为了保证熟料的白度，硅率可达 4.0 甚至更高。硅率除了表示熟料的 SiO_2 与 Al_2O_3 和 Fe_2O_3 的质量比外，同时还表示熟料中硅酸盐矿物与熔剂矿物的比例关系，相应地也反映了熟料的质量和易烧性。当 Al_2O_3/Fe_2O_3 大于 0.64 时，硅率与矿物组成之间具有以下关系：

$$SM = \frac{C_3S + 1.325C_2S}{1.434C_3A + 2.046C_4AF} \qquad (2-1-12)$$

可见，硅率随硅酸盐矿物与熔剂矿物之比而增减。若熟料硅率过高，则由于高温液相量显著减少，熟料煅烧困难，C_3S 不易形成。如果熟料中 CaO 含量低，那么将形成较多的 C_2S，熟料在冷却过程中易发生粉化。硅率过低，则形成的熟料中硅酸盐矿物减少，强度降低，且由于液相量过多，易出现结大块、结炉瘤、结圈等，影响窑的正常操作。

1.2.3.3 铝率

铝率（ironmodulus，IM）又称铁率，表示熟料中 Al_2O_3 与 Fe_2O_3 含量之比，以 IM 表示。其计算式为：

$$IM = \frac{Al_2O_3}{Fe_2O_3} \qquad (2-1-13)$$

在实际水泥生产中，铝率通常控制在 0.7～1.7 之间。抗硫酸盐水泥或低热水泥的铝率可低至 0.7。铝率除了表示熟料中 Al_2O_3 与 Fe_2O_3 的质量比之外，也表示熟料中矿物 C_3A 和 C_4AF 的比例关系，因而在很大程度上决定了水泥的凝结性能，同时还关系到熟料液相黏度，从而影响熟料煅烧的难易。熟料铝率与矿物组成的关系为：

$$IM = \frac{1.15C_3A}{C_4AF} + 0.64 \qquad (2-1-14)$$

可见，铝率高，熟料中 C_3A 多，液相黏度大，物料难烧，水泥凝结快。但是，铝率过低，虽然液相黏度小，液相中质点易扩散对 C_3S 形成有利，然而烧结范围窄，窑内易结大块，不利于窑的正常操作。

我国水泥生产中采用的是石灰饱和系数 KH、硅率 SM 和铝率 IM 三个率值。通常将熟料的上述三个率值的组合称作水泥生料的配料方案。为了既能保证水泥熟料顺利烧成，又能保证熟料质量，应根据每一个工厂自身的原料、燃料和设备等具体条件来合理选择上述三个率值，使之互相配合适当，不能单独强调其某一率值。一般说来，不能三个率值同时都高，或同时都低。

1.2.4 熟料矿物组成的计算

熟料矿物组成可用岩相分析、X 射线定量分析等方法测定，也可根据化学成分进行计算，但是，计算得到的矿物组成仅仅代表理论上可能生成的矿物，故有时称之为"潜在矿物"组成（potential mineral composition），它与熟料真实矿物组成之间存在一定的差异。在生产条件稳定的情况下，熟料真实矿物组成与计算矿物组成之间存在一定的相关性，足以说明矿物组成对熟料及水泥性能的影响，并可借此指导水泥的生产，因此，水泥厂经常使用计算方法来确定熟料的矿物组成。

化学成分计算熟料矿物组成常用的有两种方法，即石灰饱和系数法和鲍格法。

1.2.4.1 石灰饱和系数法

为了计算方便，先列出有关摩尔量的比值：

$$C_3S \text{ 中} \frac{MC_3S}{MCaO}=4.07；\quad C_4AF \text{ 中} \frac{MC_4AF}{MFe_2O_3}=3.04；\quad C_3A \text{ 中} \frac{MC_3A}{MAl_2O_3}=2.65；$$

$$C_2S \text{ 中} \frac{2MCaO}{MSiO_2}=1.87；\quad C_4AF \text{ 中} \frac{MAl_2O_3}{MFe_2O_3}=0.64；\quad CaSO_4 \text{ 中} \frac{MCaSo_4}{MSO_3}=1.7。$$

设与 SiO_2 反应的 CaO 量为 Cs，与 CaO 反应的 SiO_2 量为 Sc，则：

$$Cs=CaO-(1.65Al_2O_3+0.35Fe_2O_3+0.75SO_3)=2.8KH\times Sc \tag{2-1-15}$$

$$Sc=SiO_2 \tag{2-1-16}$$

在一般煅烧情况下，CaO 和 SiO_2 反应先形成 C_2S，剩余的 CaO 再与部分 C_2S 反应生成 C_3S。则由剩余的 CaO 量 $(Cs-1.87Sc)$ 可以计算出 C_3S 含量：

$$C_3S=4.07(Cs-1.87Sc)=4.07Cs-7.61Sc$$

$$=4.07(2.8KH\times Sc-1.87Sc)$$

$$=3.8(3KH-2)SiO_2 \tag{2-1-17}$$

因为

$$Cs+Sc=C_3S+C_2S \tag{2-1-18}$$

故

$$C_2S=Cs+Sc-C_3S=Cs+Sc-(4.07Cs-7.61Sc)$$

$$=8.60Sc-3.07Cs$$

$$=8.60Sc-3.07\times(2.8KH\times Sc)$$

$$=8.60(1-KH)SiO_2 \tag{2-1-19}$$

计算 C_3A 含量时，先从总 Al_2O_3 中扣除形成 C_4AF 所消耗的 Al_2O_3 $(0.64Fe_2O_3)$，由剩余的 Al_2O_3 含量 $(A-0.64F)$ 便可计算出 C_3A 的含量：

$$C_3A=2.65(Al_2O_3-0.64Fe_2O_3) \tag{2-1-20}$$

$$C_4AF=3.04Fe_2O_3 \tag{2-1-21}$$

$CaSO_4$ 含量可直接由 SO_3 含量算出：$CaSO_4=1.70SO_3$ \tag{2-1-22}

用同样方法可以算出当 IM 小于 0.64 时的熟料矿物组成。

1.2.4.2 鲍格法

鲍格（R.H.Bogue）法也称代数法，是根据物料平衡，列出熟料化学成分与矿物组成的关系式，组成以矿物含量为未知数的联立方程组，然后解方程组便可得到矿物组成。计算公式如下：

当 $IM\geqslant 0.64$ 时：

$$C_3S=4.07CaO-7.60SiO_2-6.72Al_2O_3-1.43Fe_2O_3-2.86SO_3 \tag{2-1-23}$$

$$C_2S=8.60SiO_2+5.07Al_2O_3+1.07Fe_2O_3+2.15SO_3-3.07CaO$$

$$=2.87SiO_2-0.754C_3S \tag{2-1-24}$$

$$C_3A = 2.65Al_2O_3 - 1.69Fe_2O_3 \tag{2-1-25}$$
$$C_4AF = 3.04Fe_2O_3 \tag{2-1-26}$$

当 $IM < 0.64$ 时：
$$C_3S = 4.07CaO - 7.60SiO_2 - 4.47Al_2O_3 - 2.86Fe_2O_3 - 2.86SO_3 \tag{2-1-27}$$
$$C_2S = 8.60SiO_2 + 3.38Al_2O_3 + 2.15SO_3 - 3.07CaO$$
$$= 2.87SiO_2 - 0.754C_3S \tag{2-1-28}$$
$$C_4AF = 4.77Al_2O_3 \tag{2-1-29}$$
$$C_2F = 1.70(Fe_2O_3 - 1.57Al_2O_3) \tag{2-1-30}$$
$$CaSO_4 = 1.70SO_3 \tag{2-1-31}$$

在已知率值的情况下，同样可以通过计算得到熟料的化学成分：
$$Fe_2O_3 = \frac{T}{(2.8KH+1)(IM+1) \times SM + 2.65IM + 1.35} \tag{2-1-32}$$
$$Al_2O_3 = IM \times Fe_2O_3 \tag{2-1-33}$$
$$SiO_2 = (Al_2O_3 + Fe_2O_3) \times SM \tag{2-1-34}$$
$$CaO = T - (SiO_2 + Al_2O_3 + Fe_2O_3) \tag{2-1-35}$$

式中，T 为熟料中 SiO_2、Al_2O_3、Fe_2O_3、CaO 四种主要氧化物含量的总和。

1.2.4.3　熟料实际矿物组成与计算矿物组成之间的差异

硅酸盐水泥熟料矿物组成的计算是建立在某种假设基础之上的，即熟料平衡冷却并生成 C_3S、C_2S、C_3A 和 C_4AF 四种纯矿物。而实际生产中的情况并不完全如此，因此，计算结果与熟料实际内在矿物组成并不完全一致，有时甚至相差很大。具体原因主要有以下几个方面：

（1）固溶体的影响　计算矿物为纯 C_3S、C_2S、C_3A 和 C_4AF，但是，实际矿物为固溶有少量其他氧化物的固溶体，即阿利特、贝利特、铁相固溶体等。例如，有报道表明阿利特组成更接近于 $C_{54}S_{15}MA$，则计算 C_3S 的公式中 SiO_2 前面的系数就不是3.80而是4.30，这样实际含量就要提高11%。而 C_3A 则因有一部分 Al_2O_3 以固溶体的形式进入阿利特而使它的含量减少。C_4AF 的组成实际上是在一定范围内变化的固溶体相。

（2）冷却条件的影响　硅酸盐水泥熟料冷却过程中，若缓慢冷却而平衡结晶，则液相几乎全部结晶出 C_3A、C_4AF 等矿物。但是，在实际工业生产条件下，冷却速度较快，因而液相只可部分析出晶体，绝大部分则因来不及析晶而变成玻璃体。此时，实际 C_3A、C_4AF 含量均低于计算值，而 C_3S 含量可能增加，使 C_2S 减少。

（3）碱和其他微量组分的影响　碱可能与硅酸盐矿物形成 $KC_{23}S_{12}$，与 C_3A 形成 NC_8A_3，进而放出 CaO，从而使 C_3A 减少，也可能影响 C_3S 含量。其他次要氧化物如 TiO_2、MgO、P_2O_5 会影响熟料的矿物组成。

尽管计算的矿物组成与实测值有一定差异，但是，它能基本说明矿物组成对熟料煅烧和性能的影响，也是设计水泥熟料时计算生料组成的唯一可能的方法，因此，在水泥工业中仍得到广泛应用。

1.3　硅酸盐水泥生料的配合

1.3.1　熟料组成设计

熟料矿物组成的选择，一般应根据水泥的品种和等级、原料和燃料的品质、生料制备和熟料煅烧工艺综合考虑，以达到优质高产低消耗和设备长期安全运转的目的。

1.3.1.1 水泥品种和等级

若要求生产普通硅酸盐水泥，则在保证水泥等级以及凝结时间正常和安定性良好的条件下，其化学成分可在一定范围内变动。可以采用高铁、低铁、高硅、低硅、高饱和系数等多种配料方案。但是，必须注意三个率值配合适当，不能过分强调某一率值。例如，同样生产52.5号硅酸盐水泥，华新水泥厂采取的配料方案为 $KH=0.89\sim0.93$，$SM=2.0\sim2.2$，$IM=1.2\sim1.4$，而峨眉水泥厂限于原料、燃料的条件则采取高铁高饱和系数配料方案，$KH=0.90\sim0.93$，$SM=2.00\pm0.10$，$IM=0.8\pm0.1$，也可生产出52.5号硅酸盐水泥。

生产专用水泥或特性水泥应根据其特殊要求，选择合适的矿物组成。若生产快硬硅酸盐水泥，则需要适当提高熟料中 C_3S 和 C_3A 的含量，因此，宜采用高 KH、高 IM 配料方案。而生产中热硅酸盐水泥和抗硫酸盐水泥则应适当减少 C_3S 和 C_3A 含量，即宜采用低 KH、低 IM 配料方案。

1.3.1.2 原料品质

原料的化学成分和工艺性能对熟料矿物组成的选择有很大影响。在一般情况下，应尽量采用两种或三种原料的配料方案。除非其配料方案不能保证正常生产，才考虑更换原料或掺加另一种校正原料。例如，黏土含硅量偏低时，熟料的硅率就难以提高，此时就可以考虑采用硅质校正原料，以提高熟料的硅率。但是，由于增加一种原料，就需要增加一套生产工艺设备，给日常管理和维护增添负担，所以往往在非采用校正性原料不可的情况下才考虑。

此外，石灰石中的燧石含量和黏土的粗砂含量较高时，则因原料难磨，熟料难烧，需要适当降低熟料的饱和系数。原料含碱量太高，也宜适当降低 KH。

1.3.1.3 燃料品质

燃料品质既影响煅烧过程，也影响熟料质量。一般说来，发热量高的优质燃料，其火焰温度高，熟料的 KH 值可高些。若燃料质量差，除了火焰温度低外，还会因大量煤灰的不均匀沉落而引起熟料局部化学成分的波动，降低熟料质量。不同的窑型对所用煤的品种和质量有不同的要求，见表2-1-2。

表 2-1-2 不同类型水泥窑对所用煤的品种和质量要求

窑型	灰分/%	挥发分/%	应用基低位热值/(kJ/kg)
湿法窑、悬浮预热器窑、预分解窑	<28	18~30	>20900
立波尔窑	<25	18~30	>22900
立窑	<30	<10	>20900

煤灰掺入熟料中，除全黑生料的立窑外，往往分布不均匀，对熟料质量影响很大。据统计，煤灰的不均匀掺入，将使熟料 KH 值降低 0.04~0.16，硅率降低 0.05~0.20，铝率升高 0.05~0.30。当煤灰掺入量增加时，熟料强度下降。此时除了采用提高煤粉细度和用矿化剂等措施外，还应适当降低熟料 KH 值，以便生产正常进行。

当煤质变化时，熟料组成也需要做出相应调整。对回转窑来说，如果煤的发热量高，挥发分低，则火焰黑火头长，燃烧部分短，热力集中，熟料易结大块，游离氧化钙增加，耐火砖寿命缩短。除设法使火焰的燃烧部分延长外，还需适当降低 KH 值并提高 IM 值。

若用液体或气体燃料，火焰强度很高，形状易控制，几乎无灰分，可适当提高 KH。

1.3.1.4 生料细度和均匀性

生料化学成分的均匀性，不但影响窑的热工制度的稳定和运转率，而且还影响熟料的质量以及配料方案的确定。

一般说来，生料均匀性好，KH 可高些。一般认为，生料碳酸钙滴定值的均匀性达±0.25％时，可生产 52.5 以上的熟料。若生料成分波动大，对回转窑而言，其熟料 KH 应适当降低；若生料粒度粗，由于化学反应难以进行完全，KH 也应适当降低。

1.3.1.5　窑型与规格

物料在不同类型的窑内受热和煅烧的情况不同，因此，熟料的组成也应有所不同。回转窑（rotary kiln）内物料不断翻滚，物料受热和煤灰掺入相对比较均匀，物料反应进程较一致，因此，KH 可适当高些。

立波尔窑（Lepol kiln）的热气流自上而下通过加热机的料层，煤灰大部分沉降在上层料面，上部物料温度比下部的高，因此，形成上层物料 KH 低而分解率高，下层物料 KH 高而分解率低的状况，因此，需适当降低生料的 KH。

立窑（shaft kiln）通风、煅烧都不均匀，因此，不掺矿化剂的熟料 KH 值要适当低些。对于掺复合矿化剂的熟料，由于液相出现较早且液相量增加，液相黏度较低，烧成温度范围变宽，一般采用高 KH、低 SM 和高 IM 配料方案。

预分解窑（kiln with precalciner）生料预热好，分解率高，同时，由于单位产量窑筒体散热损失少以及耗热最大的碳酸盐分解带已移到窑外，因此，窑内气流温度高，另外，考虑到挂窑皮和预防结皮、堵塞、结大块等情况，目前趋向于低液相量的配料方案。我国大型预分解窑大多采用高硅率、高铝率、中饱和比的配料方案。

影响熟料组成选择的因素很多，一个合理的配料方案既要考虑熟料质量，又要考虑物料的易烧性；既要考虑各率值或矿物组成的绝对值，又要考虑它们之间的匹配关系。原则上，应当避免采用三个率值同时偏高或同时偏低的配料方案。表 2-1-3 列出了采用不同类型煅烧设备时硅酸盐水泥熟料三个率值的取值参考范围。

表 2-1-3　采用不同类型窑时硅酸盐水泥熟料三个率值的取值参考范围

窑型	KH	SM	IM	熟料热耗/（kJ/kg）
预分解窑	0.86～0.89	2.2～2.6	1.4～1.8	2920～3750
湿法长窑	0.88～0.91	1.5～2.5	1.0～1.8	5833～6667
干法窑	0.86～0.89	2.0～2.4	1.0～1.6	5850～7520
立波尔窑	0.85～0.88	1.9～2.3	1.0～1.8	4000～5850

1.3.2　水泥生料配料计算

1.3.2.1　基本概念

熟料组成确定后，即可根据所用原料的化学成分进行配料计算，求出符合熟料组成要求的原料配合比。配料计算的依据是物料平衡原理，即反应物的量应等于生成物的量。在介绍配料计算之前，需要先了解以下几个基本概念：

（1）全黑生料、半黑生料、白生料　在制备生料时，把煅烧熟料所需全部煤与原料一起粉磨而得到的生料，称为全黑生料；只把其中一部分煤与原料一起粉磨（其余一部分煤在煅烧过程中再加到生料中）而得到的生料称为半黑生料（立窑、立波尔窑属于这类情况）；不含煤的生料称为白生料（煅烧熟料所需的煤全部从窑头或其他部位加入，回转窑就属于这类情况）。

（2）应用基　以物料在自然条件下长期存放，其中的水分与周围自然环境达到平衡时的状态为基准所表示的计量单位，称为应用基。应用基中的水分称为自然水分或天然水分。实际生产操作中多采用应用基。

（3）干燥基　物料在 110℃下烘干至恒重后，即认为处于干燥状态。以干燥状态质量为基准所表示的计算单位，称为干燥基。生料配比及原料的化学成分通常以干燥基表示。

（4）灼烧基　物料在 950℃下灼烧至恒重，去掉烧失量（结晶水、二氧化碳与挥发物质等）后，即处于灼烧状态。以灼烧状态质量为基准所表示的计算单位，称为灼烧基。如果不考虑生产损失，则有以下关系：

熟料＝灼烧全黑生料＝灼烧半黑生料（或白生料）＋掺入熟料的煤灰

1.3.2.2　配料计算

生料配料计算方法繁多，有代数法、图解法、尝试法（包括递减试凑法、配比验算法）矿物组成法、最小二乘法等。随着科学技术的发展，计算机的应用已逐渐普及到各个领域，市面上的《水泥厂化验室专家系统》中已配置有成熟的智能化配料计算程序。

以下以递减试凑法为代表阐述配料计算的过程。

递减试凑法的基本原理是：用不同质量的各种原料分别多次扣除单位质量熟料中所含的各个化学成分对应的质量；并验算每次递减所产生的化学成分差值，根据差值的正负和大小确定下一步递减；如此重复多次递减之后，累计验算熟料的化学成分，根据计算化学成分与目标化学成分的差值确定终止或继续递减计算。

具体计算过程，举例说明如下。

【例 2-1-1】 已知条件：原料、燃料的有关分析数据如表 2-1-4、表 2-1-5 所示；窑型为预分解窑；原料种类为三种，即石灰石、黏土和铁粉；熟料热耗为 3350kJ/kg 熟料；目标熟料的三个率值为：$KH=0.89$、$SM=2.1$、$IM=1.3$；要求计算原料配合比。

表 2-1-4　原料与煤灰的化学成分　　　　单位：%

名称	烧失量	SiO_2	Al_2O_3	Fe_2O_3	CaO	MgO	合计
石灰石	42.66	2.42	0.31	0.19	53.13	0.57	99.28
黏土	5.27	70.25	14.72	5.48	1.41	0.92	98.05
铁粉	0.00	34.42	11.53	48.27	3.53	0.09	97.84
煤灰	0.00	53.52	35.34	4.46	4.79	1.19	99.30

表 2-1-5　煤的工业分析数据

挥发分 F/%	固定碳 C/%	灰分 A/%	水分 W/%	热值 Q/（kJ/kg）
22.42	49.02	28.56	0.60	20930

解： 配料计算的计量基准：100kg 熟料

（1）计算煤灰掺入量　熟料中煤灰掺入量 Ga，可按下式计算：

$$Ga=\frac{q\times100\times A/100\times S/100}{Q}=\frac{q\times A\times S}{100\times Q}=\frac{P\times A\times S}{100}=\frac{3350\times28.56\times100}{100\times20930}=4.57$$

式中　Ga——熟料中煤灰掺入量，%，即 100kg 熟料中含有 4.57kg 煤灰；

　　　q——熟料单位热耗，kJ/kg 熟料；

　　　Q——煤的应用基低位热值，kJ/kg 煤；

　　　A——煤的应用基灰分含量，%；

　　　S——煤灰沉落率，%；

　　　P——煤耗，kg 煤/kg 熟料。

煤灰沉落率因窑型而异，如表 2-1-6 所示。

表 2-1-6 不同窑型煤灰沉落率

窑　　型	无电收尘/%	有电收尘/%
预分解窑	90	100
湿法长窑($L/D=30\sim50$)有链条	100	100
湿法短窑($L/D<30$)有链条	80	100
湿法短窑带料浆蒸发机	70	100
干法短窑带立筒、旋风预热器	90	100
立波尔窑	80	100
立窑	100	100

注：电收尘窑灰不入窑者，按无电收尘器计算。

（2）根据熟料率值，估算熟料目标化学成分　熟料目标率值分别为：$KH=0.89$，$SM=2.1$，$IM=1.3$。根据式（2-1-32）至式（2-1-35）四个计算公式，同时假设熟料四个主要氧化物含量总和 $T=97.5\%$，可以计算出熟料的目标化学成分如下：

$$Fe_2O_3=\frac{T}{(2.8KH+1)(IM+1)\times SM+2.65IM+1.35}=4.5\%$$

$$Al_2O_3=IM\times Fe_2O_3=5.85\%$$

$$SiO_2=SM(Al_2O_3+Fe_2O_3)=21.74\%$$

$$CaO=T-(SiO_2+Al_2O_3+Fe_2O_3)=65.41\%$$

（3）递减试凑计算

表 2-1-7　递减试凑计算过程（以 100kg 熟料为基准）　　　　　　单位：kg

计算步骤	SiO$_2$	Al$_2$O$_3$	Fe$_2$O$_3$	CaO	其他	说　　明
100kg熟料构成	21.74	5.85	4.50	65.41	2.50	首先从目标熟料中扣除煤灰中的成分
煤灰（-4.57）	2.45	1.62	0.20	0.22	0.09	
剩余	19.29	4.23	4.30	65.19	2.41	
石灰石（-122）	2.95	0.38	0.23	64.82	1.57	扣石灰石：65.19/53.13×100=122.7
剩余	16.34	3.85	4.07	0.37	0.84	
黏土（-23）	16.16	3.39	1.26	0.32	0.66	扣黏土：16.34/70.25×100=23.3
剩余	0.18	0.46	2.81	0.05	0.18	
铁粉（-6）	2.06	0.69	2.89	0.21	0.14	扣铁粉：2.81/48.27×100=5.8
剩余	-1.88	-0.23	-0.08	-0.16	-0.04	
黏土（+2.6）	-1.82	-0.38	-0.14	-0.04	-0.07	返还黏土：-1.88/70.25×100=-2.6
剩余	-0.06	0.15	0.06	-0.12	0.11	剩余较小,暂时停止计算

计算结果表明，熟料中 Al_2O_3 和 Fe_2O_3 略为偏低，但若再增加黏土和铁粉，则又会导致 SiO_2 偏高，故暂停递减计算，检验配合生料和熟料的三个率值是否与设定值一致或接近。

（4）计算生料配合比　由表 2-1-7 可得，配制 100kg 熟料所需的干原料如下：

$$石灰石=122kg$$

$$黏土=23-2.6=20.4kg$$

$$铁粉=6.0kg$$

生料配合比如下：

$$原料总和\sum=石灰石+黏土+铁粉=148.4$$

$$石灰石=122/148.4\times100\%=82.21\%$$

$$黏土=20.4/148.4\times100\%=13.75\%$$

$$铁粉＝\frac{6}{148.4}\times100\%＝4.04\%$$

（5）计算熟料成分　根据计算得到的原料配合比和各种原料的化学成分数据可以进一步计算出熟料的化学成分，具体计算过程和结果列于表 2-1-8。

表 2-1-8　熟料成分计算列表 （以 100kg 熟料为基准）　　　　　　单位：%

名称	配合比	烧失量	SiO_2	Al_2O_3	Fe_2O_3	CaO	MgO	合计
石灰石	82.21	35.07	1.99	0.25	0.16	43.68	0.47	81.62
黏土	13.75	0.72	9.66	2.02	0.75	0.19	0.13	13.47
铁粉	4.04	0.00	1.39	0.47	1.95	0.14	0.00	3.95
生料粉	100.00	35.80	13.04	2.74	2.86	44.01	0.60	99.05
灼烧生料	100.00	0.00	20.31	4.27	4.45	68.54	0.93	98.50
灼烧生料	95.43	0.00	19.38	4.07	4.25	65.41	0.89	94.00
煤灰	4.57	0.00	2.45	1.62	0.20	0.22	0.05	4.54
熟料	100.00	0.00	21.83	5.69	4.45	65.63	0.94	98.54

（6）熟料率值验算

$$KH＝\frac{C-1.65A-0.35F}{2.8S}$$

$$＝\frac{65.63-1.65\times5.70-0.35\times4.45}{2.8\times21.83}$$

$$＝0.90$$

$$SM＝\frac{S}{A+F}＝\frac{21.83}{5.70+4.45}＝2.15$$

$$IM＝\frac{A}{F}＝\frac{5.70}{4.45}＝1.29$$

将以上计算结果与设定的目标率值 $KH＝0.89$、$SM＝2.1$、$IM＝1.3$ 相比较，偏差小于容许范围，说明上述递减计算已经成功，可以终止。由上述计算得到的原料配合比为干原料配比，如已知原料的自然水分，还可以计算出天然含水原料的配合比。

（7）熟料矿物组成的计算（鲍格法）

$$C_3S＝4.07CaO-7.60SiO_2-6.72Al_2O_3-1.43Fe_2O_3-2.86SO_3$$

$$＝4.07\times65.63-7.60\times21.83-6.72\times5.70-1.43\times4.45$$

$$＝56.54$$

$$C_2S＝8.60SiO_2+5.07Al_2O_3+1.07Fe_2O_3+2.15SO_3-3.07CaO$$

$$＝2.87SiO_2-0.754C_3S$$

$$＝2.87\times21.83-0.754\times56.54$$

$$＝20.02$$

$$C_3A＝2.65Al_2O_3-1.69Fe_2O_3$$

$$＝2.65\times5.70-1.69\times4.45$$

$$＝7.58$$

$$C_4AF＝3.04Fe_2O_3$$

$$＝3.04\times4.45$$

$$＝13.53$$

1.4 硅酸盐水泥熟料的煅烧

硅酸盐水泥熟料的煅烧重点讨论自水泥生料进入窑炉至水泥熟料从窑头冷却机排出的从低温加热升温至高温烧成过程中水泥生料经历的一系列物理、化学和物理化学变化，包括干燥与脱水，碳酸盐分解，固相反应，熟料烧成和冷却等环节。

1.4.1 干燥与脱水

1.4.1.1 干燥

在入窑生料中都含有一定量的水分，干法窑生料含水分一般不超过 1%，立窑和立波尔窑生料约含水分 12%～15%，湿法窑的料浆水分通常为 30%～40%。生料入窑后，随着与烟气的接触，物料温度逐渐升高，生料中的自由水分被逐渐排出，当温度升高至 100～150℃时，生料中自由水分几乎全部被排出，这一过程称为干燥过程。在传统的湿法回转窑中干燥过程主要发生于生料浆入窑的窑尾至窑体纵深若干米的区域；对于现代新型干法预热器预分解窑而言，干燥过程主要发生于预热器之中；对于简单的干法回转窑而言，干燥过程则主要发生于烘干机或烘干兼粉磨的生料磨之中。每 1kg 水分蒸发潜热高达 2257kJ（100℃），湿法窑每生产 1kg 熟料用于蒸发水分的热量高达 2100kJ，占总热耗的 35% 以上，因此，降低料浆水分可以较大程度地降低熟料烧成热耗，增加窑的产量。带预热器和预分解炉的新型干法水泥生产方法之所以成为现代水泥生产的主流方法，或者说，湿法水泥生产方法之所以基本上呈现淘汰现状，湿法生产的高能耗是很重要的原因之一。

1.4.1.2 黏土矿物脱水

黏土矿物的化合水有两种，一种以 OH^- 状态存在于晶体结构中，称为晶体配位水；另一种以水分子状态吸附在晶层结构间，称为晶层间水或层间吸附水。层间水与自由水的吸附牢固程度差不多，在 100℃ 左右即可脱去；而结晶配位水则结合比较牢固，必须在高达 400～600℃ 才能脱去。

生料干燥后，继续被加热，温度上升较快，当温度升到 500℃ 时，黏土中的主要矿物——高岭土发生脱水分解反应，生成偏高岭土，其反应式为：

$$Al_2O_3 \cdot 2SiO_2 \cdot 2H_2O \longrightarrow Al_2O_3 \cdot 2SiO_2 + 2H_2O \uparrow$$

高岭土在失去化学结合水的同时，本身晶体结构也受到破坏。因此，高岭土脱水产物偏高岭土是无定形物质，活性较高。但是，当继续加热到 970～1050℃ 时，由无定形偏高岭土复又转变成晶体莫来石，同时放出热量。

蒙脱石和伊利石脱水后，仍然具有晶体结构，因而，它们的活性较高岭土差。伊利石脱水时还伴随有体积膨胀，而高岭土和蒙脱石则是体积收缩。所以，立窑和立波尔窑生产时，不宜采用以伊利石为主导矿物的黏土，否则料球的热稳定性差，入窑后易引起炸裂，严重影响立窑内通风。

黏土矿物脱水分解反应是个吸热过程，每 1kg 高岭土在 450℃ 时吸热为 934kJ，但是，因黏土质原料在生料中占据比例较少，所以其吸热量不显著。

1.4.2 碳酸盐分解

温度继续升至 600℃ 左右时，生料中的碳酸盐开始分解，主要是指石灰石中的碳酸钙和原料中夹杂的碳酸镁的分解，其反应如下：

$$CaCO_3 \longrightarrow CaO + CO_2 \uparrow$$
$$MgCO_3 \longrightarrow MgO + CO_2 \uparrow$$

1.4.2.1　碳酸盐分解反应的特点

（1）可逆反应　碳酸钙和碳酸镁的分解反应一样，都是可逆反应。因此，反应的方向和速度受系统温度和周围介质中 CO_2 的分压影响较大。为使分解反应顺利进行，必须降低周围介质中 CO_2 分压或减少 CO_2 浓度。

（2）吸热反应　碳酸盐分解反应同时是个吸热反应，即反应过程中需要吸取大量的热量，否则，分解反应难以推进。碳酸盐分解过程是熟料形成过程中消耗热量最多的一个物理化学过程，所需热量约占悬浮预热窑或预分解窑的 1/2。因此，为保证碳酸钙分解反应能完全地进行，必须保持高的温度，供给足够的热量。

（3）反应的起始温度较低　约在 600℃时就有 $CaCO_3$ 开始分解，但是，速度非常缓慢。至 894℃时，分解放出的 CO_2 分压达 0.1MPa，分解速度加快。1100～1200℃时，分解反应极为迅速。试验表明，温度每增加 50℃，分解速度常数约增加 1 倍，分解时间约缩短 50%。

1.4.2.2　碳酸钙的分解过程

完整的碳酸钙分解过程包括五个单元过程，即两个传热过程和一个化学反应过程及两个传质过程。两个传热过程是指周围热气流以对流的方式向碳酸钙颗粒表面的传热和热量以传导方式由碳酸钙颗粒表面向纵深分解面的传热；一个化学反应过程是指碳酸钙颗粒分解面上 $CaCO_3$ 发生分解反应并放出 CO_2 气体；两个传质过程是指分解放出的 CO_2 气体穿过分解产物层向颗粒外表面的扩散和表面 CO_2 气体向周围环境的扩散。

在这五个过程中，传热和传质皆为物理传递过程，仅有一个 $CaCO_3$ 分解为化学反应过程。由于各个过程的阻力不同，所以 $CaCO_3$ 的分解速度受控于其中最慢的一个过程。在一般回转窑内，由于物料在窑内呈堆积状态，传热面积非常小，传热系数也很低，所以 $CaCO_3$ 的分解全过程主要取决于传热过程；立窑和立波尔窑中生料需成球，由于球径较大，故传热速度慢，传质阻力很大，所以 $CaCO_3$ 分解全过程主要决定于传热和传质过程；在新型干法窑中，尤其是分解炉内，由于生料粉能够悬浮在气流中，呈分散状态，传热面积大，传热系数高，传质阻力小，所以，$CaCO_3$ 的分解全过程主要取决于化学反应速度。

1.4.2.3　影响碳酸钙分解反应的因素

（1）石灰石的结构和物理性质　结构致密、质点排列整齐、结晶粗大、晶体缺陷少的石灰石，如大理石，质地坚硬，分解反应困难。质地松软的白垩和内含其他组分较多的泥灰岩，则分解所需的活化能较低，易于发生分解反应。

（2）生料细度　生料细小，颗粒均匀，粗粒少，生料的比表面积大，有利于传热和传质，分解反应速度较快。

（3）反应条件　反应温度高，分解反应的速度加快；加强通风，促进 CO_2 扩散，及时地排出反应生成的 CO_2 气体，分解反应速度加快。

（4）生料悬浮分散程度　在新型干法生产时，生料粉在预热器和分解炉内的悬浮分散性好，则可提高传热面积，减少传质阻力，提高分解速度。

（5）黏土质组分的性质　如黏土质原料的主导矿物是活性大的高岭土，由于其容易和分解产物 CaO 直接进行固相反应生成低钙矿物，可加速 $CaCO_3$ 的分解反应。反之，如果黏土的主导矿物是活性差的蒙脱石和伊利石，则要影响 $CaCO_3$ 分解的速度。由结晶 SiO_2 组成的石英砂的反应活性最低，难以对碳酸钙分解反应产生促进作用。

（6）碳酸钙分解反应　动力学方程：

$$T = \left[d \left(1 - \sqrt[3]{1-\varepsilon} \right) \right] \bigg/ \left[2kp_0 \left(\frac{1}{p} - \frac{1}{p_0} \right) \right] \tag{2-1-36}$$

式中 d ——碳酸钙粒子直径，mm；

　　ε ——碳酸钙分解率；

　　k ——碳酸钙分解常数，mm/s；

　　T ——分解反应时间，s；

　　p ——碳酸钙分解实际 CO_2 分压，Pa；

　　p_0 ——碳酸钙分解平衡 CO_2 分压，Pa。

1.4.3 固相反应

1.4.3.1 反应过程

在熟料形成过程中，从碳酸钙分解开始，物料中便出现了性质活泼的 $f\text{-}CaO$，它与生料中的 SiO_2、Fe_2O_3 和 Al_2O_3 等通过质点的相互扩散而进行固相反应，形成低钙矿物或过渡性矿物。固相反应的过程比较复杂，各不同温度阶段的主要反应大致如下：

约 800℃：$CaO \cdot Al_2O_3(CA)$、$CaO \cdot Fe_2O_3(CF)$ 和 $2CaO \cdot SiO_2(C_2S)$ 开始形成。

800～900℃：$12CaO \cdot 7Al_2O_3(C_{12}A_7)$ 和 $2CaO \cdot Fe_2O_3(C_2F)$ 开始形成。

900～1100℃：$2CaO \cdot Al_2O_3 \cdot SiO_2(C_2AS)$ 形成后又分解，C_3A 和 C_4AF 开始形成，所有碳酸钙均分解完毕，$f\text{-}CaO$ 含量达最大值。

1100～1200℃：C_3A 和 C_4AF 大量形成，C_2S 形成量达最大值。

熟料矿物的固相反应是放热反应，当采用普通原料时，熟料体系固相反应的总放热量约为 420～500kJ/kg。理论上当放热量达 420kJ/kg 时就足以使水泥生料的温度升高 300℃。在实际生产中，由于碳酸钙分解带来的强烈吸热效应和固相反应带来的大幅度升温，使一前一后两个区域物料之间产生亮度的反差，前者暗后者亮，所以从窑头可以观察到所谓的"黑影"。生产控制中窑头看火工往往可以借助于黑影的位置来判断窑内生料的预烧情况。

由于固体原子、分子或离子之间具有很大的作用力，质点在固体物质内部的移动阻力较大。通常，固相反应总是发生在两组分界面上，为非均相反应，对于粒状物料，反应首先是通过颗粒间的接触点或面进行，随后是反应通过产物层进行扩散迁移。因此，固相反应一般包括界面上的反应和物质迁移两个过程，反应速度较慢。

1.4.3.2 影响固相反应的主要因素

（1）生料的细度和均匀性 生料越细，则其颗粒尺寸越小，比表面积越大，各组分之间的接触面积越大，同时表面的质点自由能亦大，使反应和扩散能力增强，因此，反应速度越快。但是，当生料磨细到一定程度后，如继续细磨，则对固相反应的速度增加不明显，而磨机产量却会大大降低，粉磨电耗剧增。因此，必须综合平衡，优化控制生料细度。生料的均匀性好，即生料内各组分混合均匀，可以增加各组分之间的接触，能加速固相反应。

（2）温度和时间 当温度较低时，固体的化学活性低，质点的扩散和迁移速度很慢，因此，固相反应通常需要在较高的温度下进行。提高反应温度，可加速固相反应进行。由于固相反应时离子的扩散和迁移需要时间，所以，必须要有一定的时间才能使固相反应进行完全。

（3）原料性质 当原料中含有结晶 SiO_2（如燧石、石英砂等）和结晶方解石时，由于它们的结构比较牢固，难以破坏，固相反应的速度明显降低，特别是原料中含有粗粒石英砂时，影响更大。

（4）矿化剂　矿化剂（mineralizer）指的是能加速结晶化合物的形成，促使水泥生料烧成的少量外加物质。矿化剂可以通过与反应物形成固溶体而使晶格活化，从而增加反应能力；或与反应物形成低共熔物，使物料在较低温度下出现液相，加速扩散和对固相的溶解作用；或可促使反应物断键而提高反应物的反应速度，最终达到加速固相反应的效果。

1.4.4　熟料的烧成

当物料温度升高到 1250～1280℃ 时，即达到水泥生料系统最低共熔温度时，体系开始出现以 Al_2O_3、Fe_2O_3 和 CaO 为主体的液相，液相的组分中还有少量作为杂质引入的 MgO 和碱等。在高温液相的作用下，物料逐渐由疏松状转变为色泽灰黑、结构致密的熟料，并伴随发生体积收缩，同时，完成熟料烧成过程中最核心的矿物形成反应，即 C_3S 的形成。C_2S 和 $f\text{-}CaO$ 都逐步溶解于液相，以 Ca^{2+} 扩散并与硅酸根离子形成硅酸盐水泥熟料的主要矿物 C_3S，同时从高温液相中结晶析出。其反应式如下：

$$C_2S + CaO \longrightarrow C_3S\downarrow$$

随着温度的升高和反应时间的延长，液相量增加，液相黏度减小，CaO、C_2S 不断溶解和扩散，C_3S 不断形成，并使小晶体逐渐发育长大，最终形成几十微米大小的发育良好的阿利特晶体，并发生结粒，完成熟料的烧成过程。在熟料的烧成过程中，液相的出现及其性质起着非常重要的作用。主要表现在以下几个方面。

1.4.4.1　最低共熔温度

两种或两种以上组分构成的固体物料体系在加热过程中，开始出现液相的温度称为最低共熔温度。表 2-1-9 列出的是与硅酸盐水泥熟料体系相关的几个系统的最低共熔温度。可知，组分性质与数目都影响系统的最低共熔温度。硅酸盐水泥熟料由于含有 MgO、K_2O、Na_2O、SO_3、Fe_2O_3、P_2O_5 等杂质氧化物，其最低共熔温度约为 1250～1280℃。矿化剂和其他微量元素对降低共熔温度有一定作用。也正是从这个意义上言，几乎所有的杂质对水泥熟料的煅烧过程都具有一定的矿化作用。

表 2-1-9　与硅酸盐水泥熟料相关的一些系统的最低共熔温度

不同的水泥熟料系统	最低共熔温度/℃
$C_3S\text{-}C_2S\text{-}C_3A$	1450
$C_3S\text{-}C_2S\text{-}C_3A\text{-}Na_2O$	1430
$C_3S\text{-}C_2S\text{-}C_3A\text{-}MgO$	1375
$C_3S\text{-}C_2S\text{-}C_3A\text{-}Na_2O\text{-}MgO$	1365
$C_3S\text{-}C_2S\text{-}C_3A\text{-}C_4AF$	1338
$C_3S\text{-}C_2S\text{-}C_3A\text{-}Fe_2O_3$	1315
$C_3S\text{-}C_2S\text{-}C_3A\text{-}Fe_2O_3\text{-}MgO$	1300
$C_3S\text{-}C_2S\text{-}C_3A\text{-}Na_2O\text{-}MgO\text{-}Fe_2O_3$	1280

1.4.4.2　液相量

液相量增加，则能溶解的 CaO 和 C_2S 亦多，形成 C_3S 就快。但是，液相量过多，则煅烧时容易出现结大块，回转窑结圈，立窑炼边、结炉瘤等异常现象，影响正常生产。

水泥熟料体系在高温下的液相量与其化学组成有关，尤其是其中 Al_2O_3 和 Fe_2O_3 的含量，还与温度有关。不同温度下体系的液相量 P 与化学组成之间有下列关系：

$$1400℃：P = 2.95A + 2.2F \tag{2-1-37}$$

$$1450℃：P = 3.0A + 2.25F \tag{2-1-38}$$

$$1500℃：P = 3.3A + 2.6F \tag{2-1-39}$$

式中，A、F 为熟料中的 Al_2O_3 和 Fe_2O_3 含量。由于熟料中还含有 MgO、K_2O、Na_2O 等其他成分，可以认为这些成分在高温下全部变成液相，因而计算时还需要加 MgO 含量 M 与碱含量 R，如：

$$1400℃：P＝2.95A＋2.2F＋M＋R \qquad (2-1-40)$$

普通硅酸盐水泥熟料体系在烧成温度下的液相量约为 $20\%～30\%$，而白色硅酸盐水泥熟料液相量大约只有 15%。

1.4.4.3　液相黏度

液相黏度直接影响 C_3S 的形成速度和晶体的尺寸，黏度小，则黏滞阻力小，液相中质点的扩散速度快，有利于 C_3S 的形成和晶体的发育成长；反之则 C_3S 形成困难。熟料液相黏度随温度和组成（包括少量氧化物）而变化，温度高，黏度降低；熟料铝率增加，液相黏度增大。矿化剂的加入可以使液相黏度降低。

1.4.4.4　液相的表面张力

液相表面张力越小，越容易润湿熟料颗粒或固相物质的表面，有利于固液相反应，促进熟料矿物特别是 C_3S 的形成。试验表明，随着温度的升高，液相的表面张力降低，熟料中有镁、碱、硫等物质和添加矿化剂时，均会降低液相的表面张力，从而促进熟料的烧成。

1.4.4.5　氧化钙的溶解速率

氧化钙在熟料液相中的溶解速率，对 CaO 与 C_2S 反应生成 C_3S 的反应有十分重要的影响。这个速率与 CaO 颗粒大小和烧成温度有关，原料中石灰石颗粒小，熟料煅烧温度高，则 CaO 溶解速度快，进而对 C_3S 形成有利。

1.4.4.6　反应物存在的状态

研究发现，在熟料烧成时，CaO 与 C_2S 晶体尺寸小，晶体呈缺陷多的新生态，其活性大，活化能小，易熔于液相中，因而反应能力很强，有利于 C_3S 的形成。试验还表明，极快速升温（$600℃/min$ 以上），可使黏土矿物的脱水、碳酸盐的分解、固相反应、固液相反应几乎重合，使反应产物处于新生的高活性状态，在极短的时间内，可同时生成液相、贝利特和阿利特。熟料的形成过程基本上始终处于固液相反应的过程中，大大降低质点的扩散活化能，加快了质点的扩散速度，从而加快反应速率，促使阿利特快速形成。

1.4.5　熟料的冷却

普通硅酸盐水泥熟料的最高煅烧温度大约为 $1450℃$，通常将 $1300℃→1450℃→1300℃$ 的温度范围称作硅酸盐水泥熟料的烧成温度范围。在生产实践上所谓的冷却带一般指的是温度低于 $1300℃$ 以后至熟料出窑筒体的空间范围。但是，从水泥化学的角度言，熟料的冷却过程包括最高煅烧温度开始直至室温之间所发生的一切物理化学变化。熟料的冷却并不单纯是温度的降低，而是伴随着一系列的物理、化学变化，同时进行有液相的凝固和相变两个过程，熟料冷却有以下作用。

（1）提高熟料的质量　熟料冷却时，形成的矿物要进行相变，如慢冷时 $β\text{-}C_2S$ 会转化为 $γ\text{-}C_2S$，同时体积膨胀约 10%，结果使熟料"粉化"。因 $γ\text{-}C_2S$ 几乎没有水硬性，上述晶型转变还会导致熟料质量的下降。但是，如果采用快速冷却或使 $β\text{-}C_2S$ 固溶一些外来离子可以避免上述晶型转变的发生，从而保留具有较高水硬性的贝利特。

C_3S 在 $1250℃$ 以下在热力学上是不稳定的，所以在慢冷的情况下会缓慢分解为 C_2S 与二次 $f\text{-}CaO$，使熟料中阿利特含量减少，水泥水硬性降低。而提高冷却速度可防止上述 C_3S 的分解，从而改善熟料的质量。

MgO 对水泥熟料安定性的影响大小主要取决于其在熟料中的存在状态，只有结晶态的 MgO 也即方镁石才会对水泥的安定性产生影响。而且，方镁石对水泥安定性的影响大小又在很大程度上取决于其晶体尺寸的大小。方镁石晶体尺寸越大，对水泥安定性危害就越大。熟料快速冷却时，MgO 因来不及析晶而残留于玻璃体中，即使析晶，其晶体尺寸细小而且分散，大大减少了其对水泥安定性的危险性。

另外，熟料快冷还能增强水泥的抗硫酸盐性。因为熟料快冷时，C_3A 主要呈玻璃体，其抗硫酸盐溶液腐蚀的能力增强。

（2）改善熟料的易磨性　急冷熟料的玻璃体含量较高，同时熟料内部残留较多内应力，而且熟料矿物晶体较小，所以，快冷可显著地改善熟料的易磨性。

（3）回收余热　熟料从 1300℃ 冷却，进入冷却机时尚有 1100℃ 以上的高温，如把它冷却到室温，相当于每公斤熟料带有 837kJ 的热量。可用二次空气来回收此部分余热，用于窑内燃料燃烧的二次助燃空气，提高窑的热效率。

（4）有利于熟料的输送、储存和粉磨　为确保输送设备的安全运转，要使熟料温度低于 100℃。如果熟料温度过高，储存熟料的钢筋混凝土圆库容易出现开裂。为防止水泥粉磨时，磨内温度过高而造成水泥的"假凝"现象，以及磨内温度过高，产生包球降低磨机产量，必须将熟料冷却到较低的温度。

1.4.6　其他组分的作用

（1）氟化钙　氟化钙，分子式 CaF_2，矿物名称萤石，是使用最广泛效果最好的一种矿化剂。在熟料煅烧过程中，氟离子可破坏各原料组分的晶格，提高生料的活性，促进碳酸盐的分解过程，加速固相反应。

当原料中有长石等含碱矿物（如钾长石）时，加入萤石能降低它们的分解温度，加速它们的分解和挥发。

氟化钙可显著降低水泥生料体系液相出现的温度和熟料烧成温度，加入 0.6%～1.2% 的 CaF_2 可使烧成温度降低 50～100℃，扩大了烧成温度范围，相当于延长了烧成带的长度，增加了物料的反应时间。此外，氟化钙还可降低液相黏度，有利于液相中质点的扩散，加速 C_3S 的形成。

近来的研究表明，氟化钙加入能使 C_3S 在低于 1200℃ 的温度下开始形成，硅酸盐水泥熟料可在 1350℃ 左右烧成，其熟料组成中含有 C_3S、C_2S、$C_{11}A_7 \cdot CaF_2$、C_4AF 等矿物，有时也可生成 C_3A 矿物，熟料质量良好，安定性合格。也可以使熟料在 1400℃ 以上温度烧成，获得普通矿物组成的硅酸盐水泥熟料。

掺氟化钙矿化剂时，熟料应急冷，以防止 C_3S 分解而影响强度。

（2）硫化物　一般情况下，原料黏土或页岩中含有少量硫，燃料中带入的硫通常较原料中多，在氧化气氛中，含硫化合物最终都会被氧化成为 SO_3，并分布在熟料、废气以及飞灰之中。硫对熟料形成有强化作用，SO_3 能降低液相黏度，增加液相数量，有利于 C_3S 形成，可以形成 $2C_2S \cdot CaSO_4$ 及无水硫铝酸钙 $4CaO \cdot 3Al_2O_3 \cdot SO_3$（简写为 $S_4A_4\bar{S}$）。$2C_2S \cdot CaSO_4$ 为中间过渡化合物，它于 1050℃ 左右开始形成，于 1300℃ 左右分解为 C_2S 和 $CaSO_4$。

$S_4A_4\bar{S}$ 大约在 950℃ 形成，在 1350℃ 仍然保持稳定，在接近 1400℃ 时，$S_4A_4\bar{S}$ 开始分解为 C_3A、CaO 和 SO_3，于 1400℃ 以上时大量分解。$S_4A_4\bar{S}$ 是一种早强矿物，含量适当时有利于水泥早强性能。

加入 SO_3 能降低液相出现的温度，并能使液相黏度和表面张力降低，所以，SO_3 能明显地促进阿利特晶体的形成和生长过程。研究结果还表明，SO_3 是 β-C_2S 的良好稳定剂，可以有效地阻止 β-C_2S 向 γ-C_2S 的转变。

（3）萤石、石膏的复合作用　两种或两种以上的矿化剂一起使用时，称为复合矿化剂。最常用的复合矿化剂是萤石-石膏复合矿化剂。

掺加萤石-石膏复合矿化剂时，熟料的形成过程比较复杂，影响因素也较多，如与熟料组成、CaF_2/SO_3 比值、烧成温度等均有关系。不同条件生成的熟料矿物并不完全相同。加有氟硫复合矿化剂的熟料体系，大约在 $900 \sim 950 ℃$ 形成 $3C_2S \cdot 3CaSO_4 \cdot CaF_2$。这是一个过渡性矿物，它在 $1150 ℃$ 左右消失，同时生料体系出现较多的液相量。氟硫复合矿化剂的加入能显著降低液相出现的温度，降低液相的黏度，从而使阿利特的形成温度降低 $150 \sim 200 ℃$，促进阿利特的形成。

试验表明，掺氟硫复合矿化剂后，硅酸盐水泥熟料可以在 $1300 \sim 1350 ℃$ 的较低温度下烧成，阿利特含量高，熟料中 f-CaO 含量低，还可形成 $S_4A_4\overline{S}$ 和 $C_{11}A_7 \cdot CaF_2$，或者两者之一的早强矿物，因而熟料早期强度高。如果煅烧温度超过 $1400 ℃$，虽然早强矿物 $S_4A_4\overline{S}$ 和 $C_{11}A_7 \cdot CaF_2$ 分解，但是，形成的阿利特数量多，而且晶体发育良好，也同样可以获得高质量的水泥熟料，其最终强度还高于低温烧成的熟料。

掺氟硫复合矿化剂的硅酸盐水泥熟料，多采用高饱和系数、低硅率和高铝率配料方案。其中石膏掺量，以熟料中 $SO_3 = 1.5\% \sim 2.5\%$ 为宜，萤石的掺量，以熟料中 $CaF_2 = 0.6\% \sim 1.2\%$ 为宜，氟硫比（CaF_2/SO_3）以 $0.35 \sim 0.6$ 为宜。

值得注意的是，掺氟硫复合矿化剂的熟料，有时会出现闪凝或慢凝的不正常凝结现象。一般石灰饱和系数偏低、煅烧温度偏低、窑内出现还原气氛、铝率偏高时，易出现闪凝现象。当煅烧温度过高、铝率偏低、饱和比偏高、MgO 和 CaF_2 含量偏高时，会出现慢凝现象。

由于氟硫复合矿化剂对窑衬的腐蚀和对大气的污染比较严重，进入 21 世纪以来，出于环境保护的考虑实际生产中已经很少使用。

（4）碱　水泥熟料中的碱主要是指 K_2O 和 Na_2O（习惯上用 R_2O 来表示），主要来源于原料中的黏土和石灰石，如长石、云母等。在使用煤作燃料时，也会带入少量碱。物料在煅烧过程中，苛性碱、氯碱首先挥发，碱的碳酸盐和硫酸盐次之，而存在于长石、云母、伊利石中的碱则要在较高的温度下才能挥发。挥发的碱只有少量排入大气，其余部分在随窑内烟气向窑低温区域运动的过程中，会凝结在温度较低的生料颗粒表面。对预热器窑，通常最低二级预热器就成为易于冷凝的部位。冷凝后的碱和生料一起重新进入窑内，运动至窑内高温部位时会再次挥发，这样就在回转窑和预热器系统之间形成了碱循环。碱循环的直接结果是导致窑系统烟气中碱含量的富集。当碱富集到一定程度就会引起氯化碱（RCl）和硫酸碱（R_2SO_4）等化合物黏附在最低二级预热器锥体部分或卸料溜子的内壁上，形成结皮，严重时会出现堵塞现象，妨碍生料粉顺利通过，影响正常生产。因此，原料含碱量高时对带旋风预热器窑应在窑系统采取相应的对策，限制原料中的碱含量，生料中碱含量（$K_2O + Na_2O$）应小于 1.0%。

微量的碱能降低最低共熔温度，增加液相量，降低熟料烧成温度，对熟料性能并不造成明显危害。但是，碱含量高时会出现煅烧困难，同时，碱和熟料矿物反应生成含碱矿物和固溶体 $KC_{23}S_{12}$ 和 NC_8A_3，将使 C_3S 难以形成，并增加 f-CaO 含量，因而影响熟料强度。

熟料中硫的存在，由于生成碱的硫化物，可以缓和碱的不利影响。含碱量高的水泥存放于空气中时，易生成钾石膏（$K_2SO_4 \cdot CaSO_4 \cdot H_2O$），使水泥库结块和造成水泥快凝。碱还能使硬化混凝土表面起霜（白斑）。水泥中的碱还能和活性骨料发生"碱-骨料反应"，产生局部膨胀，引起构筑物变形开裂。

一般情况下，硅酸盐水泥中的碱含量以按 $Na_2O + 0.658K_2O$ 计算值来表示，应不超过 1.20%，生产低碱水泥时水泥中碱含量应小于 0.60%。

（5）氧化镁 石灰石中常含有一定数量的 $MgCO_3$，分解出的 MgO 参与熟料的煅烧过程，一部分与熟料矿物结合成固溶体，一部分溶于玻璃相中，剩余部分形成结晶态，即方镁石。少量 MgO 能降低熟料的烧成温度，增加液相数量，降低液相黏度，有利于熟料的烧成。MgO 还能改善水泥色泽，少量 MgO 与 C_4AF 形成固溶体，能使 C_4AF 从棕色变为橄榄绿色，从而使水泥的颜色变为墨绿色。在硅酸盐水泥熟料中，MgO 的固溶量可达 2%，多余的 MgO 呈游离状态，以方镁石存在。因此，MgO 含量过大时，会影响水泥的安定性。

（6）氧化磷 熟料中氧化磷的含量一般极少，当原料中含有磷（P_2O_5）时，例如采用磷石灰或用含磷化合物作矿化剂时，会带入少量磷。当熟料中氧化磷（P_2O_5）含量在 0.1%～0.3% 时，可以提高熟料强度。但是，当熟料中 P_2O_5 含量过高时，会导致 C_3S 分解。每增加 1% 的 P_2O_5，将会减少 9.9% 的 C_3S，增加 10.9% 的 C_2S。当 P_2O_5 含量达 7% 左右时，熟料中 C_3S 含量将会减少到零。因此，当用含磷原料时，应注意适当减少原料中 CaO 含量，以免 $f\text{-}CaO$ 含量过高。由于这种熟料 C_3S/C_2S 的比值较低，因而强度发展较慢。当磷灰石含有氟时，可以减少 C_3S 的分解，同时使液相生成温度降低，所以，当原料中含磷时，可加入萤石以抵消部分 P_2O_5 的不良影响。

（7）氧化钛 黏土原料中含有少量的氧化钛（TiO_2），一般熟料中 TiO_2 含量不超过 0.3%。熟料中含有的少量 TiO_2（0.5%～1.0%），由于能与各种水泥熟料矿物形成固溶体，特别是对 $\beta\text{-}C_2S$ 起稳定作用，可提高熟料的质量。但是，含量过多时，则因与 CaO 反应生成没有水硬性的钙钛矿（$CaO \cdot TiO_2$）等，消耗了 CaO，减少了熟料中的阿利特含量，从而影响水泥强度。因此，TiO_2 在熟料中的含量应控制在不超过 1%。

1.5 硅酸盐水泥的水化和硬化

水泥用适量的水拌和后，形成能粘接砂石骨料的可塑性硬化体，随后逐渐失去塑性而凝结硬化为具有一定强度的硬化体，同时还伴随着水化放热、体积变化和强度增长等现象。产生这一系列物理现象的根本原因是因为水泥中的熟料矿物与水之间发生了一系列复杂的化学和物理化学的反应。本节阐述硅酸盐水泥的水化和硬化过程，重点讨论水泥熟料各单矿物和水泥与水之间的化学和物理化学变化，诸如反应产物、产物的性质和微观结构特征以及水泥硬化体的结构和性能。

1.5.1 熟料矿物的水化

1.5.1.1 C_3S 的水化

C_3S 在水泥熟料中的含量约占 50%，有时高达 60%，因此，它的水化作用、产物及其结构对水泥硬化体的性能有很重要的影响。

C_3S 在常温下的水化反应，可以用下面的方程式表示：

$$3CaO \cdot SiO_2 + nH_2O \longrightarrow xCaO \cdot SiO_2 \cdot yH_2O + (3-x)Ca(OH)_2$$

简写为：$C_3S + nH \longrightarrow C\text{-}S\text{-}H + (3-x)CH$

上式表明，C_3S 的水化产物为水化硅酸钙和 $Ca(OH)_2$，通常将水化硅酸钙记为 C-S-H

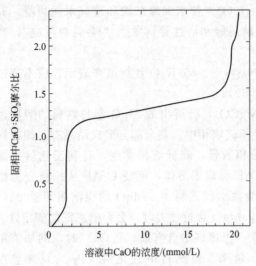

图 2-1-3　C-S-H 与环境 CaO 之间的平衡

凝胶。C-S-H 凝胶中 CaO/SiO$_2$ 摩尔比（简写成 C/S）和 H$_2$O/SiO$_2$ 摩尔比（简写为 H/S）都会随反应和环境条件而变动。另外，C-S-H 凝胶颗粒尺寸极其细小，接近胶体尺寸，结晶程度非常差，同样随反应和环境条件而变化。C-S-H 凝胶的组成与其环境 Ca(OH)$_2$ 浓度有关，如图 2-1-3 所示。当环境 CaO 浓度为 2～20mmol/L 时，生成 C/S 比为 0.8～1.5 的水化硅酸钙，即（0.8～1.5）CaO·SiO$_2$·(0.5～2.5)H$_2$O，称为 C-S-H（Ⅰ）；当环境 CaO 浓度饱和（即 CaO≥20mmol/L）时，生成 C/S 为 1.5～2.0 的水化硅酸钙，即 (1.5～2.0)CaO·SiO$_2$·(1～4)H$_2$O，称为 C-S-H（Ⅱ）；当环境 CaO 浓度小于 1～2mmol/L 时，生成低碱性水化硅酸钙和硅酸凝胶；当环境 CaO 浓度小于 1mmol/L 时，分解成 Ca(OH)$_2$ 和硅酸凝胶。在显微镜下，C-S-H（Ⅰ）为薄片状结构，而 C-S-H（Ⅱ）为纤维状结构。与 C-S-H 凝胶不同，Ca(OH)$_2$ 则是一种具有固定组成的六方板状晶体。

C$_3$S 的水化速率很快，其水化过程根据水化放热速率-时间曲线（图 2-1-4），可分为五个阶段。

（1）初始水解期（initial hydrolysis）　C$_3$S 遇水后立即与水发生急剧反应迅速放热，出现第一个尖锐的放热峰，Ca^{2+} 和 OH$^-$ 迅速从 C$_3$S 粒子表面释放，几分钟内 pH 值上升至超过 12，溶液具有强碱性，此阶段约在 15min 内结束。

（2）诱导期（induction period）　诱导期又称为静止期或潜伏期，其特征是反应很慢，几乎接近停止，一般可维持 2～4h，是 C$_3$S 硬化体能在几小时内保持塑性的原因。

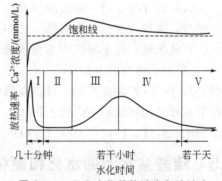

图 2-1-4　C$_3$S 水化放热速率和溶液中 Ca^{2+} 浓度与水化时间的关系曲线

（3）加速期（acceleration period）　C$_3$S 的水化反应重新加快，反应速率随时间而增快，出现第二个放热峰。加速期距水化开始约 4～8h，然后开始早期硬化。

（4）衰减期（deceleration period）　衰减期又称减速期，反应速率随时间下降，距水化开始约 12～24h。因为水化形成的 C-S-H 和 CH 从溶液中结晶析出并覆盖于原始 C$_3$S 粒子的表面形成物理障碍层，水必须扩散通过该障碍层，才能与 C$_3$S 颗粒表面发生反应，从而使反应速度变慢。

（5）稳定期（steady-state period, rest state）　反应速率很低、基本稳定的阶段，水化完全受扩散速率控制。

可见，在加水初期水化反应非常迅速，但是，反应很快就进入速度非常缓慢的诱导期。在诱导期末水化反应重新加速，生成较多的水化产物，然后水化速率即随时间的增长而逐渐下降。影响诱导期长短的因素较多，主要是水固比、C$_3$S 的细度、水化温度以及外加剂等。诱导期的终止时间与初凝时间有一定的关系，而终凝时间则大致发生在加速期的中间阶段。

图 2-1-5 为 C_3S 各水化阶段划分的示意图。

1.5.1.2 C_2S 的水化

β-C_2S 的水化与 C_3S 基本相似，但是，β-C_2S 的水化比 C_3S 慢得多，水化放热也低得多。

C_2S 在常温下的水化反应可以用以下方程式表示：

$$2CaO \cdot SiO_2 + nH_2O \longrightarrow xCaO \cdot SiO_2 \cdot yH_2O + (2-x)Ca(OH)_2$$

简写成：$C_2S + nH \longrightarrow C\text{-}S\text{-}H + (2-x)CH$

所形成的水化硅酸钙在 C/S 比和形貌方面与 C_3S 水化生成的都无大区别，故也称 C-S-H 凝胶。但是，CH 的生成量比 C_3S 水化时少，结晶也比 C_3S 水化的场合粗大些。

1.5.1.3 C_3A 的水化

C_3A 与水反应迅速，放热快，其水化产物组成和结构受液相 Ca^{2+} 浓度和温度的影响很大。在常温下，其水化反应依下式进行：

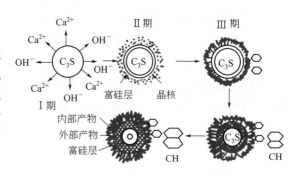

图 2-1-5 C_3S 各水化阶段示意图
Ⅰ期—初始水解期；Ⅱ期—诱导期；
Ⅲ期—加速期；Ⅳ期—衰减期；Ⅴ期—稳定期

$$2(3CaO \cdot Al_2O_3) + 27H_2O \longrightarrow 4CaO \cdot Al_2O_3 \cdot 19H_2O + 2CaO \cdot Al_2O_3 \cdot 8H_2O$$

简写为：
$$2C_3A + 27H \longrightarrow C_4AH_{19} + C_2AH_8$$

C_4AH_{19} 在低于 85% 的相对湿度下会失去 6 分子的结晶水转变成 C_4AH_{13}。C_4AH_{19}、C_4AH_{13} 和 C_2AH_8 都是片状晶体，常温下处于介稳状态，有转化成 C_3AH_6 等轴晶体的趋势。

$$C_4AH_{13} + C_2AH_8 \longrightarrow 2C_3AH_6 + 9H$$

上述反应随温度升高而加速，在温度高于 35℃ 时，C_3A 水化直接生成 C_3AH_6：

$$3CaO \cdot Al_2O_3 + 6H_2O \longrightarrow 3CaO \cdot Al_2O_3 \cdot 6H_2O$$

即：
$$C_3A + 6H \longrightarrow C_3AH_6$$

由于 C_3A 本身水化热很大，水化时很容易使 C_3A 颗粒表面温度超过 35℃，因此，C_3A 水化时往往直接生成 C_3AH_6。在液相 CaO 浓度达到饱和时，C_3A 还可能依下式水化：

$$3CaO \cdot Al_2O_3 + Ca(OH)_2 + 12H_2O \longrightarrow 4CaO \cdot Al_2O_3 \cdot 13H_2O$$

即：
$$C_3A + CH + 12H \longrightarrow C_4AH_{13}$$

在硅酸盐水泥硬化体的碱性环境中，Ca^{2+} 浓度往往达到饱和或过饱和，因此，可能产生较多的六方片状 C_4AH_{13}，足以阻碍粒子的相对移动。一般认为这就是未加二水石膏的硅酸盐水泥硬化体和水化后产生瞬时凝结的原因所在。在有石膏的情况下，C_3A 水化产物就不再是水化铝酸钙了，其最终水化产物与石膏掺入量有关（见表 2-1-10）。

表 2-1-10 不同石膏掺入量时 C_3A 的水化产物

$C\bar{S}H_2/C_3A$ 摩尔比	水化产物
3.0	钙矾石（AFt）
3.0~1.0	钙矾石+单硫型水化硫铝酸钙（AFm）
1.0	单硫型水化硫铝酸钙（AFm）
<1.0	单硫型固溶体[$C_3A(C\bar{S},CH)H_{12}$]
0	水化石榴子石（$C_3AS_xH_{6-2x}$）

在有适量石膏存在的条件下，C_3A 水化依照下列反应进行：

$$3CaO \cdot Al_2O_3 + 3(CaSO_4 \cdot 2H_2O) + 26H_2O \longrightarrow 3CaO \cdot Al_2O_3 \cdot 3CaSO_4 \cdot 32H_2O$$

即：
$$C_3A + 3C\overline{S}H_2 + 26H \longrightarrow C_3A \cdot 3C\overline{S} \cdot H_{32}$$

形成的水化产物为三硫型水化硫铝酸钙，也称为钙矾石（ettringite）。由于其中的铝可被铁置换而成为三硫型水化硫铝酸盐的铝、铁固溶体相，常用 AFt 表示。

若 $CaSO_4 \cdot 2H_2O$ 掺入量比较少，不足以使 C_3A 全部形成钙矾石，则一部分形成单硫型水化硫铝酸钙，或由钙矾石与 C_3A 作用转化为单硫型水化硫铝酸钙：

$$C_3A + C\overline{S}H_2 + H_{10} \longrightarrow C_3A \cdot C\overline{S} \cdot H_{12}$$

$$C_3A \cdot 3C\overline{S} \cdot H_{32} + 2C_3A + 4H \longrightarrow 3C_3A \cdot C\overline{S} \cdot H_{12}$$

与钙矾石相似的是，单硫型水化硫铝酸钙中的铝同样可以被铁置换而形成单硫型水化硫铝酸钙的铝、铁固溶体相，常用 AFm 表示。

若石膏掺入量极少，在所有钙矾石转变成单硫型水化硫铝酸钙后，还有 C_3A 存在，那就会形成 $C_3A \cdot C\overline{S} \cdot H_{12}$ 和 C_4AH_{13} 的固溶体。

1.5.1.4　C_4AF 的水化

C_4AF 的水化速率比 C_3A 略慢，水化热较低，即使单独水化也不会引起快凝。其水化反应产物与 C_3A 很相似。Fe_2O_3 基本上起着与 Al_2O_3 相同的作用，相当于 C_3A 中一部分 Al_2O_3 被 Fe_2O_3 所置换，生成水化铝酸钙和水化铁酸钙的固溶体。

$$C_4AF + 4CH + 22H \longrightarrow 2C_4(A,F)H_{13}$$

在 20℃以上，六方片状的 $C_4(A,F)H_{13}$ 会转变成 $C_3(A,F)H_6$。当温度高于 50℃时，C_4AF 直接水化生成 $C_3(A,F)H_6$。

掺有石膏时的反应也与 C_3A 大致相同。当石膏充分时，形成钙矾石的铝、铁固溶体，即 $C_3(A,F) \cdot 3C\overline{S} \cdot H_{32}$，即 AFt；而石膏不足时，则形成单硫型固溶体，即 AFm。在石灰饱和溶液中，石膏的加入使铁相水化放热速率变得缓慢。

1.5.2　硅酸盐水泥的水化

硅酸盐水泥加水后首先石膏会溶解于水，熟料中的碱化合物也会迅速溶解，C_3A 和 C_3S 很快与水反应。C_3S 水化时析出 $Ca(OH)_2$，故在水化初期水泥水化体系中的液相已经不再是纯水，而是充满 Ca^{2+} 和 OH^- 和碱的复杂成分的水溶液。其中，Ca^{2+} 浓度取决于 OH^- 浓度，OH^- 浓度越高，Ca^{2+} 浓度越低。液相组成的这种变化会反过来影响各熟料矿物的水化速度。据认为，石膏的存在可略微加速 C_3S 和 C_2S 的水化，并有一部分硫酸盐进入 C-S-H 凝胶。尤其明显的是，石膏的存在改变了 C_3A 的反应过程，使之形成钙矾石。当溶液中石膏耗尽而还有多余 C_3A 时，C_3A 与钙矾石作用生成单硫型水化硫铝酸钙。碱的存在使 C_3S 的水化加快，水化硅酸钙的 C/S 比增大。石膏也可与 C_4AF 作用生成 AFt，在石膏不足的情况下，亦可生成 AFm。因此，水泥的主要水化产物是 C-S-H 凝胶、氢氧化钙、AFt 和 AFm 以及水化铝酸钙、水化铁酸钙等。

图 2-1-6 为硅酸盐水泥在水化过程中的放热曲线，其形状和随时间的变化特征与 C_3S 的基本相同。同样可以将工商业水泥的水化过程划分为诱导前期、诱导期、加速期、减速期和稳定期五个阶段，或者其粗略地将其划分为以下三个阶段。

（1）钙矾石形成期　C_3A 遇水迅速水化，由于水泥中存在二水石膏，C_3A 水化时首先形成钙矾石。形成的钙矾石沉积于 C_3A 粒子的表面减慢了 C_3A 进一步水化的速度。

（2）C₃S 水化期　C₃S 遇水以后首先是发生快速的水解，放出大量放热，与 C₃A 初始水化放出的热量一起形成第一个放热峰。经过诱导期以后水化反应再次加速，形成第二个放热峰。有时会有第三放热峰或在第二放热峰的下坡处出现一个"肩峰"。一般认为这个肩峰是由钙矾石转化成单硫型水化硫铝（铁）酸钙而引起的。当然，水泥中的 C₂S 和铁相也以不同程度参与了这两个阶段的反应，生成相应的水化产物。

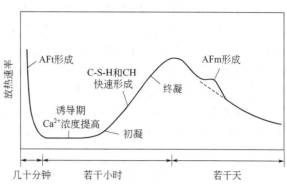

图 2-1-6　硅酸盐水泥水化放热曲线

（3）结构形成和发展期　在结构形成和发展期，水化放热曲线上表现为放热速率减小，并逐渐趋于稳定。随着各种水化产物的不断增多，原先由水所占据的空间被逐渐填充，水化产物之间相互交织，连接成整体，孔隙率减小，形成牢固的硬化体结构。图 2-1-7 是水泥水化过程中水化产物的形成和硬化体结构发展的示意图。

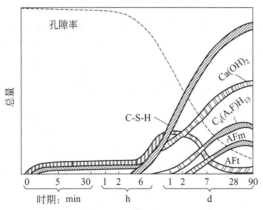

图 2-1-7　水泥水化产物和硬化体结构形成示意图

1.5.3　水化速率与凝结时间的调节

水化速率（rate of hydration）是指单位时间内水泥水化进行的程度或水化深度。水化程度是指一定时间内已水化的水泥量与原始水泥总量的比值，而水化深度则是指水化一定时间后水化反应界面向水泥颗粒内部深处推进的深度。凝结与硬化是同一水泥水化过程中的不同阶段，凝结标志着水泥浆失去流动性而具有一定塑性强度；硬化则表示水泥硬化体固化后所建立的结构具有一定的机械强度。它们两者都是与水泥水化速度有关的概念，但是都有别于水化速度。水泥凝结过程分为初凝和终凝两个阶段，以表示凝结过程的进展。国家标准规定用维卡仪测定初凝和终凝时间。影响水泥水化速率的因素很多，主要有以下几个方面。

（1）熟料矿物组成　熟料中四种主要矿物的水化速度各不相同，顺序为 C₃A＞C₃S＞C₄AF＞C₂S。所以，不同矿物组成的水泥水化速度自然也不相同。C₃A 和 C₃S 含量高的水泥水化速度相对快一些，而 C₂S 含量高的水泥水化速度就会慢一些。水化速度的快慢往往与水泥水化过程中的放热速度的快慢相联系。所以，不同特点的施工工程对水泥水化速度的要求并不完全相同。

（2）水灰比　水灰比（water cement ratio）是拌制水泥浆或水泥砂浆或混凝土时水的质量与水泥质量之比，用小数表示。水灰比大，则水量就多，水泥颗粒高度分散，水与水泥的接触面积大，因此，水化速率就快。另外，水灰比大使水化产物有足够的扩散空间，有利于水泥颗粒继续与水接触而起反应。但是，如果水灰比过大必将导致水泥凝结延长，强度发展缓慢，最终强度下降。

（3）细度（fineness）　水泥越细，水化时与水接触面积越大，水化加快。同时，细小的水泥颗粒内部晶格扭曲、缺陷多，也有利于快速水化。一般认为，水泥颗粒粉磨至粒径 $40\mu m$ 左右，水化活性较高，技术经济也比较合理。如果过度增加水泥颗粒的细度，在一般的施工技术条件下往往使早期水化反应速度加快和早期强度提高，但是对后期强度没有多大益处，反而增加粉磨电耗，对水泥硬化体体积稳定性不利。所以，水泥厂实际生产中必须综合考虑多种因素才能确定合理的水泥细度。

（4）养护温度（curing temperature）　水泥水化反应也遵循一般的化学反应规律，温度提高水化加快，特别是对水泥早期水化速率影响更大，但是，水化程度的差别到后期逐渐趋小。

（5）外加剂（chemical admixture）　常用的水泥外加剂有促凝剂、缓凝剂、早强剂、减水剂等。绝大多数无机电解质都有促进水泥水化的作用。最早被用作早强剂的化学物质是 $CaCl_2$，一般认为 $CaCl_2$ 的加入增加了液相中 Ca^{2+} 的浓度，加快了 $Ca(OH)_2$ 的结晶，缩短了诱导期，从而加速水泥的硬化。大多数有机外加剂对水化有延缓作用，最常使用的是各种木质素磺酸盐。凡能影响水化速度的因素，基本上也都同样地影响水泥的凝结时间。

一般地，水泥熟料磨成细粉与水相遇就会在瞬间很快凝结（除非熟料中的 C_3A 含量很低，如 $C_3A<2\%$ 或熟料迅速冷却而极少析出 C_3A 晶体），使施工无法进行。加入适量石膏不仅可调节其凝结时间，以利于施工，同时还可以改善水泥的一系列性能，如提高水泥的强度，改善水泥的耐蚀性、抗冻性、抗渗性，降低干缩变形等。但是，石膏对水泥凝结时间的影响，并不与掺入量成正比，而是存在一定的突变性。当掺入量超过一定数量时，略有增加就会使凝结时间变化很大。石膏掺入量太少，起不到缓凝的作用，但是，若掺入量太多，会在水泥水化后期继续形成钙矾石，将使初期硬化体产生膨胀应力，削弱强度，严重的还会造成水泥硬化体的安定性不良。为此，国家标准规定了出厂水泥中石膏的掺入量限制值。

在实际生产中，水泥中的石膏掺入量实际上存在一个最佳范围。这个最佳范围随水泥熟料的矿物组成和水泥的细度等因素而变。不同的水泥厂即使生产同一品种的水泥，最佳石膏掺入量也并不一定相同。通常这个最佳石膏掺入量必须通过试验加以确定。可以用同一熟料掺加不同量的石膏（$SO_3=1\%\sim4\%$），分别磨到同一细度，然后进行凝结时间、不同龄期强度试验。根据试验所得到的结果作出强度-SO_3 含量曲线和凝结时间-SO_3 含量曲线，并综合其他因素确定适宜 SO_3 掺入量。

1.5.4　水化热

水泥的水化热（hydration heat）是由各熟料矿物水化作用所产生的。对冬季施工而言，水化放热可提高水泥硬化体的温度以保持水泥的正常凝结硬化。但是，对于大型基础和堤坝等大体积工程，由于混凝土的低导热性，其内部热量不易快速发散而使混凝土温度升高，与表面产生温度差。当这种温差超过一定范围时，混凝土内会产生温度应力而引起裂缝。

水泥水化放热的周期很长，但是大部分热量集中在 3d 以内释放。如上所述，水化热和放热速率的大小首先决定于熟料的矿物组成。一般规律为，C_3A 的水化热和放热速率最大，C_3S 和 C_4AF 次之，C_2S 的最小。影响水化热的因素很多，凡是影响水泥水化速度的各种因素，都影响水泥的水化放热。为了减小水泥的放热量和放热速率必须限制熟料中 C_3A 和 C_3S 的含量。

1.5.5　体积变化

水泥硬化体在硬化过程中会产生体积变化（volume change），试验和计算都表明水泥硬化体硬化前后固相体积增加，而水泥-水体系的总体积则有所减小。前者是因为水泥水化产物的密度小于水泥熟料矿物的密度，而后者则是因为水泥水化是必须有水参与的，水的密度又大大小于水化产物的密度。以 C_3S 水化反应为例，计算说明如下：

$$2(3CaO \cdot SiO_2) + 6H_2O \Longrightarrow 3CaO \cdot 2SiO_2 \cdot 3H_2O + 3Ca(OH)_2$$

密度/(g/cm³)	3.14	1.00	2.44	2.23
相对分子质量	228.33	18.02	342.46	74.10
摩尔体积/(cm³/mol)	72.72	18.02	140.35	33.23
体系中所占体积/cm³	145.44	108.12	140.35	99.69
体系总体积/cm³	145.44+108.12=253.56		140.35+99.69=240.04	
固相体积变化/cm³			+65.04%	
总体积变化/cm³			−5.33%	

据认为，硅酸盐水泥完全水化后，其固相体积是原来水泥体积的 2.2 倍。因此，固相体积填充着原先体系中水所占有的空间，使水泥石致密，强度及抗渗性增加。水泥硬化体绝对体积的减缩导致水泥硬化体中产生一些减缩孔。

水泥硬化前后体积变化的大小同样与其熟料矿物组成有密切的关系。试验结果表明，就绝对数值或相对数值而言，水泥熟料中各单矿物的减缩作用基本上表现为以下大小顺序：即 $C_3A > C_4AF > C_3S > C_2S$。其中，$C_3A$ 是对体积减缩作用最大的一个矿物，硬化体的减缩量与熟料中 C_3A 的含量几乎呈线性关系。

1.5.6 水泥石的组成与结构

水泥硬化体由各种水化产物和残存熟料所构成的固相以及存在于孔隙中的水和空气组成，是一个非均质的多相多孔体系。它具有一定的机械强度和孔隙率，而外观和其他性能又与天然石材相似，因此，通常又称之为水泥石（hardened cement paste）。虽然水泥水化产物本身的化学组成和结构（composition & structure of hardened cement paste）很大程度上赋予了水泥石力学性能，但是，各种水化产物的形貌及其相对含量也是决定水泥石的结构和性能的重要因素。而且，即便水泥品种相同，适当改变水化产物的形成条件和发展情况，也可使孔结构与孔分布产生一定差异，从而获得不同的硬化体结构，相应使性能发生变化。

水泥石的总孔隙率、孔径大小的分布以及孔的形态等，都是水泥石的重要结构特征。不同的孔隙率和不同的孔径分布对水泥石性能的影响并不相同。孔的分类方法很多，表 2-1-11 是其中的一例。

表 2-1-11　常见水泥石中孔的分类方法

类别	名称	直径/μm	孔中水的作用	对水泥石性能的影响
粗孔	球形大孔	1000～15	与一般水相同	强度、渗透性
毛细孔	大毛细孔	10～0.05	与一般水相同	强度、渗透性
	小毛细孔	0.05～0.01	产生中等表面张力	强度、渗透性、高湿度下的收缩
凝胶孔	胶粒间孔	0.01～0.0025	产生强表面张力	低湿度(RH<50%)下的收缩
	微孔	0.0025～0.0005	强吸附水，不能形成弯月形液面	收缩、徐变
	层间孔	<0.0005	结构水	收缩、徐变

水泥石中的水有不同的存在形式。根据水在水泥石中的存在状态的不同，可以将其分为结晶水（crystalline water）、吸附水（absorbed water）和自由水（free water）三种类型。

结晶水又称化学结合水。根据其结合力的强弱，又分为强、弱结晶水两种。强结晶水又称晶体配位水，以 OH^- 状态占据晶格上的固定位置，结合力强，脱水温度高，脱水过程将使晶格遭受破坏，如 $Ca(OH)_2$ 中的结合水就是以 OH^- 形式存在的。弱结晶水是指占据晶格固定位置内的中性水分子，结合不如配位水牢固，脱水温度亦不高，在 $100\sim200℃$ 以上就可脱除，脱水过程并不导致晶格破坏。当晶体为层状结构时，此种水分子常存在于层与层间的间隙中，故又称层间水。

凝胶水包括凝胶微孔内所含水分及胶粒表面吸附的水分子。由于受凝胶表面强烈吸附作用而高度定向，属于不起化学反应的吸附水。毛细孔水则是存在于几纳米至 $0.01\mu m$ 甚至更大的毛细孔中的水，结合力较弱，脱水温度较低。自由水，又称游离水，属于多余的蒸发水，它的存在使水泥硬化体结构不致密，干燥后水泥石孔隙增加，强度下降。

为了研究工作的方便，经常人为地把水泥硬化体中的水分为可蒸发水和非蒸发水。凡是经 $105℃$ 烘干或低压干燥（$6.67\times10^{-2}Pa$，称为 D-干燥）条件下能除去的水，称为可蒸发水。它们主要包括毛细孔水、自由水和凝胶水，还有水化硫铝酸钙、水化铝酸钙和 C-S-H 凝胶中一部分结合不牢的结晶水。这些水的比容基本上为 $1cm^3/g$。凡是经 $105℃$ 烘干或 D-干燥仍不能除去的水分称为非蒸发水。需要注意的是，非蒸发水并不是化学结合水，而仅仅是包含相当部分的化学结合水。由于它们已成为晶体结构的一部分，因此，比容比自由水小。据认为，对于完全水化的水泥来说，非蒸发水量约为水泥质量的 23% 左右，而这种水的比容只有 $0.73cm^3/g$。

由于水泥石主要由 C-S-H 凝胶组成，它一般只有几十至几百微米，故有巨大的固体内表面积。用水蒸气吸附方法测得 C-S-H 凝胶的比表面积约为 $300\times10^3m^2/kg$，水泥石的比表面积约为 $210\times10^3m^2/kg$。

1.6 环境介质对水泥石的化学侵蚀

硅酸盐水泥硬化后，在通常的使用条件下，一般有较好的耐久性。但是，在环境介质的作用下，会产生很多化学、物理和物理化学变化而渐渐地被侵蚀。侵蚀严重时会降低水泥石的强度和一系列力学性能，甚至产生破坏。

对水泥石产生化学侵蚀作用的环境介质主要有淡水、酸和酸性水、硫酸盐溶液和碱溶液等。影响侵蚀过程的因素很多，除了水泥品种和熟料矿物组成以外，还与硬化体或混凝土的密实度、抗渗性以及侵蚀介质的浓度、压力、温度、流速等多种因素有关。讨论环境介质对水泥石的侵蚀作用，有助于了解这些侵蚀作用的过程和机理，从而提出防止或减轻这种侵蚀的对策。而实际使用环境中往往有几种侵蚀作用同时并存，互相影响，情况比较复杂。因此，必须针对侵蚀的具体情况加以综合分析，才能制订出切合实际的防护措施。

1.6.1 淡水侵蚀

硅酸盐水泥属于水硬性胶凝材料，一般情况下淡水对水泥硬化体不会构成侵蚀性危害。但是，如果水泥硬化体长期受到大量淡水的浸泡作用，尤其是长期受到流水的冲刷作用，从理论上讲，其中的水化产物如 C-S-H、$Ca(OH)_2$ 等将按照碱性高低和溶解度的大小，依次逐渐被水溶解，产生溶出性侵蚀，最终能导致水泥石的破坏。有研究数据表明，当硬化体在淡水中长期浸泡之后，CaO 溶出 5% 时，强度下降 7%；而溶出 24% 时，强度下降达 29%。

在各种水化产物中，$Ca(OH)_2$ 的溶解度最大（$25℃$ 时约为 $1.2g/L$），在水蚀过程中将首先被溶解。如果水量不多，水中的 $Ca(OH)_2$ 浓度很快就达到饱和程度，溶出作用也就停止。但是，如果在流动水环境中，特别在有水压作用且混凝土的渗透性又较大的情况下，水流就会不断地将溶出的 Ca^{2+} 带走，从而加剧再次溶出。其结果是不仅增加了孔隙率，使水更易渗透，而且由于液相中 Ca^{2+} 浓度降低，还会导致其他水化产物发生分解。

所以，冷凝水、雪水、冰川水或者某些泉水，如果接触时间较长，就会对混凝土表面产生一定破坏作用。但是，对抗渗性良好的水泥硬化体或混凝土，淡水的溶出过程一般发展很慢，几乎可以忽略不计。

1.6.2 酸和酸性水侵蚀

当水中溶有一些无机酸或有机酸时，水泥硬化体就受到溶蚀和化学溶解的双重侵蚀作用。如果侵蚀后硬化体组成转变为易溶盐类，侵蚀会明显加速。酸类离解出来的 H^+ 和酸根 R^-，分别与水泥硬化体所含 $Ca(OH)_2$ 的 OH^- 和 Ca^{2+} 结合生成水和钙盐。

所以，酸性水侵蚀作用的强弱，决定于水中的氢离子浓度。如 pH 值小于 6，水泥硬化体就有可能受到侵蚀。pH 值越小，H^+ 越多，侵蚀就越强烈。当 H^+ 达到足够浓度时，还能直接与水化硅酸钙、水化铝酸钙甚至未水化的硅酸钙、铝酸钙等起作用，使水泥硬化体结构遭到严重破坏。酸中阴离子的种类不同，对水泥石的侵蚀性大小也并不相同。常见的酸多数能和水泥硬化体组分反应生成可溶性盐，如盐酸和硝酸就能反应生成可溶性的氯化钙和硝酸钙，随后被水带走，从而使侵蚀加剧；而磷酸则会生成几乎不溶于水的磷酸钙，堵塞在毛细孔中，在一定程度上延缓侵蚀的发展。有机酸的侵蚀程度没有无机酸强烈，其侵蚀性也视其所生成的钙盐性质而定。醋酸、蚁酸、乳酸等与 $Ca(OH)_2$ 生成的钙盐容易溶解，而草酸生成的却是不溶性钙盐。实际上生成不溶性盐还可以用以处理混凝土表面，增加对其他弱有机酸的抗蚀性。硬脂酸、软脂酸等分子量高的有机酸都会与水泥石作用生成相应的钙盐。一般情况下，有机酸的浓度越高，分子量越大，则侵蚀性也越大。

上述无机酸与有机酸很多是在化工厂或工业废水中遇到的。化工防腐已是一个重要的专业课题，而自然界中对水泥有侵蚀作用的酸类则并不多见。经常遇到的实际上要数天然水中的碳酸。大气中的 CO_2 溶于水中能使其呈现明显的酸性（pH＝5.72），再加上生物化学作用所形成的 CO_2，常会对水泥石产生碳酸侵蚀。

碳酸与水泥混凝土相遇时，首先和所含的 $Ca(OH)_2$ 作用，生成不溶于水的碳酸钙。但是，水中的碳酸还要和碳酸钙进一步作用，生成易溶于水的碳酸氢钙：

$$CaCO_3 + CO_2 + H_2O = Ca(HCO_3)_2$$

从而使固态 $Ca(OH)_2$ 不断溶失，而且 $Ca(OH)_2$ 溶失达到一定程度时可能会进一步引起水化硅酸钙和水化铝酸钙的分解。

由上式可知，当生成的碳酸氢钙达到一定浓度时，便会与剩下来的一部分碳酸建立起化学平衡。反应进行到水中的 CO_2 和 $Ca(HCO_3)_2$ 达到浓度平衡时就终止。实际上，天然水本身常含有少量碳酸氢钙，即具有一定的暂时硬度。因而，也必须有一定量的碳酸与之平衡。这部分碳酸不会溶解碳酸钙，没有侵蚀作用，称为平衡碳酸。

当水中含有的碳酸超过平衡碳酸量时，其剩余部分的碳酸才能与 $CaCO_3$ 发生反应。其中一部分剩余碳酸与之生成新的碳酸氢钙，即称为侵蚀性碳酸，而另一部分剩余碳酸则用于补充平衡碳酸量，与新形成的碳酸氢钙又继续保持平衡。所以，水中的碳酸可以分成"结合的""平衡的"和"侵蚀的"三种。只有侵蚀性碳酸才对水泥硬化体有害，其含量越大，侵蚀作用越强烈。水的暂时硬度越大，则所需的平衡碳酸量越多，就会有较多的碳酸作为平衡碳酸存在。相反，在淡水或暂时硬度不高的水中，CO_2 含量即使不多，但是只要大于当时相应的平衡碳酸量，就可能产生一定的侵蚀作用。另一方面，暂时硬度大的水中所含的碳酸氢钙，还可与水泥硬化体中的 $Ca(OH)_2$ 反应，生成碳酸钙，堵塞表面的毛细孔，提高致密度，减缓侵蚀作用：

$$Ca(HCO_3)_2 + Ca(OH)_2 \Longrightarrow 2CaCO_3 + 2H_2O$$

还有试验表明，少量 Na^+、K^+ 等离子的存在，会影响碳酸平衡向着碳酸氢钙的方向移动，因而能使侵蚀作用加剧。

1.6.3 硫酸盐侵蚀

绝大部分硫酸盐对于水泥硬化体都有显著的侵蚀作用，只有硫酸钡除外。在一般的河水和湖水中，硫酸盐含量不多，但是，在海水中 SO_4^{2-} 的含量常高达 $2500 \sim 2700mg/L$。有些地下水，流经含有石膏、芒硝或其他硫酸盐矿床后，部分硫酸盐溶入水中，也会引起一些工程的明显侵蚀。这主要是由于硫酸钠、硫酸钾等多种硫酸盐都能与水泥硬化体所含的 $Ca(OH)_2$ 作用生成石膏，再与水化铝酸钙反应而生成钙矾石。反应结果导致固相体积增加，分别为 124% 和 96%，产生相当大的结晶压力，造成膨胀开裂甚至毁坏。如以硫酸钠为例，其作用如下式：

$$Ca(OH)_2 + Na_2SO_4 \cdot 10H_2O \Longrightarrow CaSO_4 \cdot 2H_2O + 2NaOH + 8H_2O$$

$$4CaO \cdot Al_2O_3 \cdot 19H_2O + 3(CaSO_4 \cdot 2H_2O) + 8H_2O \Longrightarrow$$

$$3CaO \cdot Al_2O_3 \cdot 3CaSO_4 \cdot 32H_2O + Ca(OH)_2$$

由于石膏的溶解度较大，因此在 $SO_4^{2-} < 1000mg/L$ 的石灰饱和溶液中，不会析出二水石膏沉淀。但是，钙矾石的溶解度要小得多，在 SO_4^{2-} 浓度较低的条件下就能结晶析出。所以，在各种低硫酸盐环境中（SO_4^{2-} 含量为 $250 \sim 1500mg/L$）产生的往往是钙矾石侵蚀。只有在高硫酸盐浓度环境下，才发生石膏侵蚀或者钙矾石与石膏的混合侵蚀。

值得注意的是，硫酸盐中所含阳离子的种类与产生侵蚀的程度有很大关系，例如硫酸镁就具有更强的侵蚀作用。硫酸镁首先与水泥硬化体中的 $Ca(OH)_2$ 依下式反应：

$$MgSO_4 + Ca(OH)_2 + 2H_2O \Longrightarrow CaSO_4 \cdot 2H_2O + Mg(OH)_2$$

生成的 $Mg(OH)_2$ 溶解度极小，极易从溶液中析出，从而使反应不断向右进行。而且，$Mg(OH)_2$ 饱和溶液的 pH 值只为 10.5，水化硅酸钙不得不放出 CaO，以建立使其稳定存在所需的 pH 值。但是，硫酸镁又与放出的氧化钙作用，如此连续循环，实质上就是硫酸镁使水化硅酸钙分解。同时，Mg^{2+} 还会进入水化硅酸钙凝胶，使其胶结性能变差。而且，在 $Mg(OH)_2$ 的饱和溶液中，钙矾石也并不稳定。因此，除产生硫酸盐侵蚀外，还有 Mg^{2+} 的严重危害，常称为"镁盐侵蚀"。两种侵蚀的最终产物是石膏、难溶的 $Mg(OH)_2$、氧化硅及氧化铝的水化物凝胶。

由于硫酸铵能生成极易挥发的氨气，因此成为不可逆反应，反应进行相当迅速：

$$(NH_4)_2SO_4 + Ca(OH)_2 \Longrightarrow CaSO_4 \cdot 2H_2O + 2NH_3 \uparrow$$

而且，也会使水化硅酸钙分解，所以，侵蚀作用极为强烈。

1.6.4 含碱溶液侵蚀

一般情况下，水泥混凝土本身就是碱性的，能够抵抗碱性物质的侵蚀。但是，如果长期处于较高浓度（>10%）的含碱溶液中，也会发生缓慢的破坏。温度升高时，侵蚀作用加剧。水泥石受碱性物质侵蚀主要有化学腐蚀和物理析晶两方面的作用。化学侵蚀是碱溶液与水泥石的某些组分间起化学反应，生成胶结力不强、易为碱液溶蚀的产物，代替了水泥石原有的结构组成：

$$2CaO \cdot SiO_2 \cdot nH_2O + 2NaOH \longrightarrow 2Ca(OH)_2 + Na_2SiO_3 + (n-1)H_2O$$

$$3CaO \cdot Al_2O_3 \cdot 6H_2O + 2NaOH \longrightarrow 3Ca(OH)_2 + Na_2O \cdot Al_2O_3 + 4H_2O$$

结晶侵蚀是由于孔隙中的碱液因水分蒸发而结晶析出，同时伴生结晶压力，引起水泥石膨胀破坏。例如，孔隙中的 $NaOH$ 在空气中 CO_2 的作用下，形成 $Na_2CO_3 \cdot 10H_2O$，析出过程中体积增加而膨胀。

1.6.5　改善水泥石抗蚀性的措施

（1）调整硅酸盐水泥熟料的矿物组成　从上述腐蚀机理的讨论可知，适当减少熟料中的 C_3S 含量可望提高抗淡水溶蚀的能力，也有利于改善其抗硫酸盐性能。减少熟料中的 C_3A 含量，而增加 C_4AF 含量，可提高水泥的抗硫酸盐性能。

冷却条件对水泥耐蚀性也有影响。对于 C_3A 含量高的熟料，采用急冷形成较多的玻璃体，可提高水泥抗硫酸盐性能。而对于含铁高的熟料，急冷反而不利，因为 C_4AF 晶体比高铁玻璃更耐蚀。

（2）在硅酸盐水泥中掺混合材料　掺入火山灰质混合材料能提高混凝土的致密度，减少侵蚀介质的渗入量。另外，火山灰混合材料中活性氧化硅与水泥水化时析出的 $Ca(OH)_2$ 作用，生成低碱性水化硅酸钙，同时消耗了水泥石中的 $Ca(OH)_2$，使其在淡水中的溶蚀速度显著降低。

（3）提高混凝土致密度　侵蚀性介质由水泥石的表面向内部深处的渗透是化学侵蚀作用得以发生和发展的必经之路。混凝土越致密，侵蚀介质就越难渗入，被侵蚀的可能性就越小。许多调查资料表明，混凝土往往是由于缺乏足够的密实度而过早破坏。有些混凝土，即使不采用耐蚀性水泥，只要足够密实，腐蚀就得以缓和。我国大量海港混凝土调查结果也证明了这一结论。

1.7　掺混合材料的硅酸盐水泥

1.7.1　水泥混合材料

水泥混合材料是指在水泥生产中除了熟料、石膏和各种化学外加剂以外的可以在水泥粉磨过程中直接掺加的矿物质材料，也称矿物掺合料。水泥混合材料可以在水泥粉磨过程中掺加，也可以在混凝土拌和过程中掺加，因此，水泥混合材料也称混凝土掺合料。

可用于水泥生产中的混合材料种类很多，按它们的性质可以分为活性和非活性两大类。凡是磨成细粉加水后自身并不硬化，但是，与硅酸盐水泥熟料或氢氧化钙等激发剂混合并加水拌和后，不但能在空气中而且能在水中继续硬化的天然的或人工的矿物质材料，称为活性混合材料。主要种类有各种工业废渣（如粒化高炉矿渣、钢渣、化铁炉渣、磷渣等）、火山灰质混合材料和粉煤灰三大类。为了合理地使用这些混合材料，水泥国家标准和行业标准对它们的活性指标和有害物质的限制均做出了明确的规定。常见的激发剂有两类：碱性激发剂（硅酸盐水泥熟料和石灰）和硫酸盐激发剂（各类天然石膏或以 $CaSO_4$ 为主要成分的化工副产品，如氟石膏、磷石膏等）。非活性混合材料是指活性指标达不到活性混合材料要求的矿渣、火山灰质材料、粉煤灰等材料。一般对非活性混合材料的最低要求是对水泥性能无害。与活性混合材料相比，非活性混合材料不含或少含能与 $Ca(OH)_2$ 起反应生成 C-S-H 凝胶或水化铝酸钙的活性组分，同时，非活性混合材料对水泥的后期强度基本无贡献，即掺非活性混合材料的水泥强度与对比硅酸盐水泥强度的比值，基本上不随养护龄期的延长而变大。

1.7.1.1　粒化高炉矿渣

在高炉冶炼生铁时产生的以硅酸钙与铝酸钙为主要成分的熔融物，经水淬粒化后的渣状副产品,即为粒化高炉矿渣。

粒化高炉矿渣的活性主要取决于其化学成分和玻璃化程度。通常可以用矿渣质量系数 $K=(CaO+MgO+Al_2O_3)/(SiO_2+MnO+TiO_2)$ 来估计矿渣的活性大小。但是,根据众多的研究报道,矿渣的活性主要来自于其内的玻璃体。根据 GB/T 203《用于水泥中的粒化高炉矿渣》的规定,粒化高炉矿渣的质量系数 $(CaO+MgO+Al_2O_3)/(SiO_2+MnO+TiO_2)$ 不得小于 1.2;锰化合物的含量,以 MnO 计不得超过 4%;钛化合物的含量,以 TiO_2 计不得超过 10%;氟化合物的含量,以 F 计不得超过 2%。

冶炼锰铁所得的粒化高炉矿渣,锰化合物的含量以 MnO 计可以放宽到不超过 15%;硫化合物的含量以 SO_3 计不得超过 2%。

粒化高炉矿渣的堆积密度不得大于 $1100kg/m^3$;未经充分淬冷的块状矿渣,经直观剔选,以质量计不得大于 5%,单粒矿渣最大尺寸不得大于 100mm。

用作水泥混合材料的粒化高炉矿渣不得混有任何外来夹杂物。

1.7.1.2 火山灰质混合材料

凡是磨成细粉加水后自身并不能硬化,但是与硅酸盐水泥熟料或氢氧化钙等激发剂混合并加水拌和后,不但能在空气中而且能在水中继续硬化的天然的或人工的以 SiO_2 和 Al_2O_3 为主要成分的矿物质材料,称为火山质混合材料。

天然的火山灰质混合材料有:火山灰、凝灰岩、浮石、沸石岩、硅藻土和硅藻石。人工火山灰质混合材料主要有工业废渣,如烧页岩、煤矸石、烧黏土、煤渣、硅质渣。

用于水泥生产中的火山灰质混合材料,必须符合 GB/T 2847—2005《用于水泥中的火山灰质混合材料》中规定的技术条件:

① 人工火山灰质混合材料烧失量不得超过 10%;

② 三氧化硫含量不得超过 3.0%;

③ 火山灰活性试验按 GB/T 2847 标准附录 A 试验方法进行,必须合格;

④ 水泥胶砂 28d 强度比(掺 30%火山灰的水泥 28d 抗压强度/硅酸盐水泥 28d 抗压强度×100%)不得低于 62%。

1.7.1.3 粉煤灰

粉煤灰是火力发电厂煤粉燃烧锅炉产生的废渣在烟道气体或电收尘器中收集的粉状煤灰。GB/T 1596《用于水泥和混凝土中的粉煤灰》规定了水泥生产中作活性混合材料的粉煤灰的技术要求,如表 2-1-12 所示。

表 2-1-12　水泥生产中用作活性混合材料的粉煤灰的技术要求

指标	级别		指标	级别	
	Ⅰ	Ⅱ		Ⅰ	Ⅱ
烧失量/% ≤	5	8	三氧化硫/% ≤	3	3
含水量/% ≤	1	1	28d 抗压强度比/% >	75	62

强度比试验的试验条件如下:

28d 抗压强度比=粉煤灰水泥 28d 抗压强度/对比硅酸盐水泥 28d 抗压强度×100%

试验中粉煤灰水泥中粉煤灰掺量为 30%。粉煤灰要求含水量<1%,细度为 0.080mm 的方孔筛筛余为 5%～7%。试验所用硅酸盐水泥的安定性必须合格,强度等级大于 42.5,比表面积为 290～310m²/kg,石膏掺量以 SO_3 计为 1.5%～2.5%。

1.7.2　掺混合材料的硅酸盐水泥

掺混合材料的硅酸盐水泥的基本组成材料是硅酸盐水泥熟料、石膏和各种混合材料，但是，我国水泥国家标准对不同品种水泥中混合材料的种类和掺加量均有严格的规定。

1.7.2.1　水泥品种

（1）矿渣硅酸盐水泥（Portland cement blended with granulated blast furnaceslag）　由硅酸盐水泥熟料和适量石膏，再掺加 20％～70％（不含 20％）粒化高炉矿渣或矿渣粉共同磨细制成的水硬性胶凝材料，称为矿渣硅酸盐水泥，简称矿渣水泥。其中，矿渣掺入量为 20％～50％（不含 20％）称为 A 型，用代号 P·S·A 表示；矿渣掺入量为 50％～70％（不含 50％）称为 B 型，用代号 P·S·B 表示。允许用不超过水泥质量 8％的活性混合材料或非活性混合材料或窑灰替代矿渣。

（2）粉煤灰硅酸盐水泥（Portland cement blended with flyash）　由硅酸盐水泥熟料和适量石膏，再掺加 20％～40％（不含 20％）粉煤灰共同磨细制成的水硬性胶凝材料，称为粉煤灰硅酸盐水泥，简称粉煤灰水泥，用代号 P·F 表示。

（3）火山灰质硅酸盐水泥（Portland cement blended with pozzolan）　由硅酸盐水泥熟料和适量石膏，再掺加 20％～40％（不含 20％）火山灰质混合材料共同磨细制成的水硬性胶凝材料，称为火山灰质硅酸盐水泥，简称火山灰水泥，用代号 P·P 表示。

（4）复合硅酸盐水泥（composite Portland cement）　由硅酸盐水泥熟料和适量石膏，再掺加 20％～50％（不含 20％）两种或两种以上的活性或/和非活性混合材料共同磨细制成的水硬性胶凝材料，称为复合硅酸盐水泥，简称复合水泥，用代号 P·C 表示。允许用不超过水泥质量 8％的窑灰替代。掺矿渣时，水泥配合比不得与矿渣水泥重叠。

值得注意的是，矿渣水泥中的矿渣可以被其他混合材料（粉煤灰、火山灰质混合材料、石灰石和窑灰等）部分替代，但是，粉煤灰水泥和火山灰水泥都不可用其他混合材料替代。设置复合硅酸盐水泥可以更大范围地采用新开辟的混合材料，如磷渣、化铁炉渣、增钙液态渣、窑灰等，有利于工业废渣的资源再生和环境保护。

1.7.2.2　强度等级

矿渣硅酸盐水泥、粉煤灰硅酸盐水泥、火山灰质硅酸盐水泥和复合硅酸盐水泥强度等级分为 32.5、32.5R、42.5、42.5R、52.5、52.5R，总共 6 个等级。

1.7.2.3　化学指标

（1）不溶物　P·S·A、P·P、P·F、P·C：没有限制。

（2）烧失量　P·S·A、P·P、P·F、P·C：没有限制。

（3）氧化镁　水泥中氧化镁含量

P·S·A、P·P、P·F、P·C：不超过 6％，超过时需要进行压蒸安定性试验，必须合格；

P·S·B：不受限制。

以上化学成分指标如有更严要求时，由供需双方协商确定。

（4）三氧化硫　水泥中三氧化硫含量

P·P、P·F、P·C：不超过 3.5％；

P·S·A、P·S·B：不超过 4.0％。

（5）氯离子含量　水泥中氯离子含量不超过 0.06％，如有更低要求时由供需双方协商。

（6）碱含量（alkali content）（选择性指标）　水泥中碱含量以 $Na_2O + 0.658K_2O$ 计算值表示。若使用的骨料具有碱骨料反应活性，并且用户要求低碱水泥时，水泥中碱含量应不大于 0.60％或由供需双方协商确定。

1.7.2.4 物理性质要求

（1）细度（选择性指标） P·O、P·S、P·P、P·F、P·C：80μm 方孔筛筛余不大于 10％或 45μm 方孔筛筛余不大于 30％。

（2）凝结时间 P·O、P·S、P·P、P·F、P·C：初凝不小于 45min，终凝不大于 600min（10h）。

（3）安定性 用沸煮法检验必须合格。

（4）强度 水泥强度等级按规定龄期的抗压强度和抗折强度来划分，各强度等级水泥的各龄期强度不得低于表 2-1-13 中数值。

表 2-1-13 GB 175—2007 中规定的通用水泥各龄期要求强度指标

品种	强度等级	抗压强度		抗折强度	
		3 天	28 天	3 天	28 天
P·S P·P P·F P·C	32.5	10.0	32.5	2.5	5.5
	32.5R	15.0		3.5	
	42.5	15.0	42.5	3.5	6.5
	42.5R	19.0		4.0	
	52.5	21.0	52.5	4.0	7.0
	52.5R	23.0		4.5	

1.7.3 掺混合材料的硅酸盐水泥的生产及其性能

掺混合材料的硅酸盐水泥的生产与普通硅酸盐水泥生产的工艺过程基本相同。粒化高炉矿渣或火山灰、粉煤灰、磷渣等混合材料经过烘干后，与硅酸盐水泥熟料、石膏按一定比例喂入水泥磨共同粉磨。根据混合材料的质量和硅酸盐水泥熟料的矿物组成、强度等级等条件，改变两者之间的比例以及水泥的细度，可以生产出不同等级的水泥。

与硅酸盐水泥和普通硅酸盐水泥相比，掺混合材料的硅酸盐水泥普遍表现出以下特点：密度偏小，火山灰水泥为 2.7～2.9g/cm³，矿渣水泥为 2.8～3.0g/cm³；颜色较浅淡；水泥凝结时间偏长，如矿渣水泥初凝一般为 2～5h，终凝为 5～9h；标准稠度用水量随混合材料的种类不同而变化较大，如矿渣水泥与普通水泥相近，火山灰水泥偏大，粉煤灰水泥偏低；水泥强度发展对环境温度比较敏感，温度低凝结硬化慢，所以不宜冬季露天施工。此类水泥水化热比硅酸盐水泥低，耐水性比硅酸盐水泥稍好或与硅酸盐水泥相近，耐热性较好，与钢筋黏结力也强，抗硫酸盐性能也优于硅酸盐水泥。早期强度均偏低，特别是火山灰水泥和粉煤灰水泥，但是，后期可赶上甚至超过普通水泥。适当提高水泥熟料 C_3S 和 C_3A 含量，控制混合材料的质量和掺量，提高水泥的细度，适当增加石膏掺量，采用减水剂或早强剂等可以有效地弥补这类水泥的早期强度偏低的问题。另外，掺混合材料的硅酸盐水泥抗冻性及抗大气稳定性比硅酸盐水泥差，过早干燥及干湿交替对水泥强度发展不利。矿渣水泥的泌水性大。火山灰水泥由于标准稠度用水量大，干燥收缩率大。

1.8 特性水泥和专用水泥

1.8.1 快硬和特快硬水泥

1.8.1.1 快硬硅酸盐水泥

凡是以硅酸盐水泥熟料和适量石膏磨细制成的，具有快硬早强特性的水硬性胶凝材料都称为快硬硅酸盐水泥（简称快硬水泥）。快硬硅酸盐水泥以 3d 抗压强度的大小表示强度等级，分为 32.5、37.5 和 42.5 三个等级。其不同龄期的抗压和抗折强度指标列于表 2-1-14。

表 2-1-14 快硬硅酸盐水泥不同养护龄期的强度指标

等级	抗压强度/MPa			抗折强度/MPa		
	1d	3d	28d[①]	1d	3d	28d[①]
32.5	15.0	32.5	52.5	3.5	5.0	7.2
37.5	17.0	37.5	57.5	4.0	6.0	7.6
42.5	19.0	42.5	62.5	4.5	6.4	8.0

① 该龄期强度指标仅供双方参考用。

快硬水泥的其他品质指标，如细度、凝结时间等，与普通硅酸盐水泥基本相同。但是，水泥中 SO_3 最大限制值稍高，为 4.0%。

快硬硅酸盐水泥生产方法与硅酸盐水泥基本相同，只是熟料的配料方案有所不同，要求 C_3S 和 C_3A 含量高些，C_3S 含量在 50%～60%，C_3A 含量在 8%～14%，也可只提高 C_3S 含量而不提高 C_3A 含量。从矿物成分的变化不难推知，快硬硅酸盐水泥熟料的易烧性比普通硅酸盐水泥熟料要差些。为保证熟料煅烧良好，要求生料具有更大的细度和更高的均匀性。通常生产中须将生料细度控制在 0.80mm 方孔筛筛余小于 5%，水泥比表面积控制在 330～450 m^2/kg。适当增加石膏掺量，使水泥硬化时形成较多的钙矾石，以利于水泥早期强度的发展，SO_3 含量一般为 3%～3.5%。

快硬硅酸盐水泥水化放热速率快，水化热较高，早期强度高，但是，早期干缩率较大。水泥石较致密，不透水性和抗冻性均优于普通水泥。主要适用于抢修工程、军事工程、预应力钢筋混凝土构件，或用于配制干硬混凝土。

1.8.1.2 快硬硫铝酸盐水泥

以铝质原料（如矾土）、石灰质原料（如石灰石）和石膏，经适当配合后，煅烧成含有适量无水硫铝酸钙的熟料，再掺入适量石膏共同磨细制成的具有快硬特性的水硬性胶凝材料，称为快硬硫铝酸盐水泥。

快硬硫铝酸盐水泥的主要矿物为无水硫铝酸钙（$C_4A_3\bar{S}$）和 $\beta\text{-}C_2S$。其矿物组成大致范围为：$C_4A_3\bar{S}$ 为 36%～44%，C_2S 为 23%～34%，C_2F 为 10%～27%，$CaSO_4$ 为 4%～17%。熟料煅烧温度为 1250～1350℃，不宜超过 1400℃，否则 $CaSO_4$ 和 $C_4A_3\bar{S}$ 将分解。煅烧过程中要避免还原气氛，否则 $CaSO_4$ 将分解成 CaS、CaO 和 SO_2。由于烧成温度低，主要是固相反应，出现液相少，窑内不易结圈，熟料易磨性好，热耗较低。

快硬硫铝酸盐水泥水化过程主要是 $C_4A_3\bar{S}$ 和石膏形成钙矾石和 $Al(OH)_3$ 凝胶，使早期强度增长较快。另外，较低温度烧成的 $\beta\text{-}C_2S$ 水化活性较好，水化较快，生成 C-S-H 凝胶填充在钙矾石之间，对水泥强度的发挥也起到较大的作用。改变水泥中石膏掺入量，可制得快硬不收缩，微膨胀、膨胀和自应力水泥。

快硬硫铝酸盐水泥凝结较快，初凝与终凝时间间隔较短，初凝一般为 8～60min，终凝为 10～90min。加入柠檬酸、糖蜜、二甲基二甲苯磺酸钠等可使水泥凝结速度减慢。

快硬硫铝酸盐水泥早期强度高，长期强度稳定，低温硬化性能好，在 5℃ 下仍能正常硬化。水泥石致密、抗硫酸盐性能良好，抗冻性和抗渗性好，可用于抢修工程、冬季施工工程、地下工程，以及配制膨胀水泥和自应力水泥。由于水泥硬化体液相碱度低，pH 值只有 9.8～10.2，对玻璃纤维腐蚀性小，可用于配制 GRC。

1.8.1.3 快硬氟铝酸盐水泥

以矾土、石灰石、萤石（或加石膏）经适当配料煅烧得到以氟铝酸钙（$C_{11}A_7 \cdot CaF_2$）为主要矿物的熟料，再与石膏一起磨细而成的具有快硬特性的水泥称为快硬氟铝酸盐水泥。这种水泥的主要矿物为阿利特、贝利特、氟铝酸钙和铁铝酸四钙，烧成温度一般控制在1250～1350℃。温度过高易结大块，易结圈；温度过低，易生烧。熟料要快速冷却。

氟铝酸盐水泥熟料易磨性好，其比表面积一般控制在 500～600m²/kg。

氟铝酸盐水泥水化速度很快，氟铝酸钙几乎在几秒钟内就水化生成水化铝酸钙 CAH_{10}、C_2AH_8、C_4AH_{19}、C_4AH_{13} 和 AH_2。几分钟内，水化铝酸钙与硅酸盐矿物水化放出的 $Ca(OH)_2$ 以及 $CaSO_4$ 作用生成低硫型水化硫铝酸钙和钙矾石。C_3S 和 C_2S 的水化产物也是 C-S-H 凝胶和 $Ca(OH)_2$。水泥石结构以钙矾石为骨架，其间填充 C-S-H 凝胶和铝胶，故迅速达到很高的致密度而具有快硬早强特性。

氟铝酸盐水泥凝结很快，初凝一般仅几分钟，终凝一般不超过半小时。可用酒石酸、柠檬酸和硼酸调节凝结时间。5～10min 就可硬化，2～3h 后砂浆抗压强度可达 20MPa，4h 混凝土强度可达 15MPa。低温硬化性能好，6h 砂浆抗压强度可达 10MPa，1d 可达 30MPa。

氟铝酸盐水泥可用于抢修工程，用作矿井和锚喷支护用的喷射水泥。由于其水化产物钙矾石在高温下迅速脱水分解，还可以作为型砂水泥用于铸造业。

1.8.1.4 特快硬水泥

特快硬水泥是一种短时间就能发挥很高强度的水泥。它的硬化速度比快硬水泥更快。如日本的"一日水泥"，1d 抗压强度可达 20MPa；英国的 Swiftcrete 水泥和德国的 Dreifach 水泥均为特快硬硅酸盐水泥。这种水泥的生产主要是煅烧出水硬性良好的熟料，并尽量提高细度和增加石膏掺入量。在配料上，石灰饱和率更高，同时掺入 CaF_2、$CaSO_4$、TiO_2、BaO、P_2O_5、MnO 和 Cr_2O_3 等微量成分，提高阿利特含量和水泥熟料矿物的水化活性。其次是将水泥进行高细粉磨，比表面积高达 500～700m²/kg。石膏掺量按 SO_3 计在 3.0% 左右。水泥水化快、凝结快，抗压强度特别是早期抗压强度高。我国尚无特快硬硅酸盐水泥，只有特快硬调凝铝酸盐水泥，是一种以铝酸一钙为主要成分的熟料、加入适量硬石膏和促硬剂磨细而成的可调节凝结时间、具有小时强度的快硬水泥。

1.8.1.5 高铝水泥

以铝酸钙为主、氧化铝含量约 50% 的熟料磨细制成的水硬性胶凝材料，称为高铝水泥。高铝水泥熟料的主要矿物组成为：CA、CA_2、$C_{12}A_7$、$\beta\text{-}C_2S$ 和少量 C_2AS，还有微量的尖晶石（MA）和钙钛石（$CaO \cdot TiO_2$）以及 C_2F、CF 或 Fe_2O_3、FeO 等含铁相。

高铝水泥生产所用原料为矾土和石灰石。国外多采用熔融法生产高铝水泥。原料不需磨细，可用低品位矾土。但是，烧成热耗高，熟料硬度高，粉磨电耗大。我国广泛采用回转窑烧结法，烧成热耗低，粉磨电耗低，可借用硅酸盐水泥生产设备。但是，需要采用优质原料，生料要均匀，烧成温度范围窄，仅 50～80℃，烧成温度一般在 1300～1380℃。同时，此法要求采用低灰分燃料，以免灰分的落入而影响物料的均匀性，造成结大块和熔融。另外，要控制好烧成带的火焰温度。与硅酸盐水泥生产很不相同的一点是，高铝水泥熟料粉磨水泥时并不添加石膏之类的任何缓凝剂。这首先是因为高铝水泥熟料在没有石膏存在的情况下并不发生闪凝现象，其次，石膏的添加不但会改变高铝水泥的强度发展，同时还会产生体积膨胀。

生料配料主要控制铝酸盐碱度系数 Am 和铝硅比 R：

$$Am = \frac{C - 1.87S - 0.7(F+T)}{0.55(A - 1.7S - 2.53M)}$$

$$R = Al_2O_3/SiO_2$$

铝酸盐碱度系数 Am 值高，则 CA 多，水泥凝结快、强度高；Am 值低，则 CA 少，而 CA₂ 多，水泥凝结慢、强度低。回转窑生产时，普通型高铝水泥一般 Am 选取 0.75；快硬型高铝水泥，Am 应控制在 0.8～0.9 之间；耐火型高铝水泥，则 Am 应控制在 0.55～0.65 较为合适。铝硅比 A/S 值对水泥强度也有很大影响。$A/S>7$，水泥 3d 抗压强度可达 32.5MPa 以上；$A/S>9$，水泥 3d 抗压强度可达 42.5MPa 以上；对于低钙铝酸盐水泥，要求 A/S 值控制在 16 以上。

CA 是高铝水泥的主要矿物，有很高的水硬活性，凝结时间正常，水化硬化迅速；CA₂ 水化硬化慢，早期强度较低，但后期强度高，具有较好的耐高温性能。CA 的水化产物与温度关系很大，当环境温度 <20℃ 时，主要生成 CAH_{10}；当温度为 20～30℃，转变为 C_2AH_8 和 $Al(OH)_3$ 凝胶；当温度 >30℃，则再转变为 C_3AH_6 和 $Al(OH)_3$ 凝胶。$C_{12}A_7$ 的水化与 CA 相似。β-C_2S 水化生成 C-S-H 凝胶。结晶的 C_2AS 几乎没有水硬性，水化很慢。由于介稳相 CAH_{10} 和 C_2AH_8 逐步转变为 C_3AH_6 稳定相，温度越高，转变越快。晶型转变的同时释放出大量游离水，孔隙率急剧增加，使得高铝水泥硬化体的强度下降。在实际工程中将上述现象称为强度倒缩，对建筑物来说是很危险的。因此，许多国家都限制高铝水泥在长期结构工程的应用。

高铝水泥初凝时间不得早于 40min，终凝时间不得迟于 10h。在高铝水泥中加入 15%～60% 硅酸盐水泥会发生闪凝，这是因为硅酸盐水泥水化析出 $Ca(OH)_2$ 增加液相 pH 值之故。高铝水泥的特点是早期强度发展迅速，24h 内几乎可达到最高强度，强度等级按 3d 抗压强度来划分，设有 42.5、52.5、62.5、72.5 四个等级，要求 28d 强度不低于 3d 强度指标。

高铝水泥的另一特点是在低温（5～10℃）下也能很好地硬化，但是，在湿热环境（>30℃）下使用时剧烈下降。因此，高铝水泥使用温度不得超过 30℃，更不宜采用蒸汽养护。高铝水泥水化产物含有 $Al(OH)_3$ 凝胶，硬化体结构致密，内部没有 $Ca(OH)_2$，具有良好的抗硫酸盐性能和抗渗性，对碳酸水和稀酸（pH 不小于 4）也有很好的稳定性，但是，对浓酸和浓碱的耐蚀性不好。高铝水泥有一定耐高温性，在高温下仍能保持较高强度，特别是低钙铝酸盐水泥，可用作各种高温炉内衬材料。目前高铝水泥主要用于配制膨胀水泥、自应力水泥和耐火混凝土。

1.8.2　抗硫酸盐水泥、中低热水泥和道路水泥

根据硅酸盐水泥四个主要矿物的性能，选择适当的矿物组成，改变细度或调整外加剂的种类和掺入量，改变硅酸盐水泥熟料的性能，可以生产出具有不同于普通硅酸盐水泥的其他品种的水泥，即抗硫酸盐水泥、中低热水泥和道路水泥。

1.8.2.1　硅酸盐抗硫酸盐水泥

以适当成分的生料烧至部分熔融，得到以硅酸钙矿物为主的熟料，加入适量石膏磨细制成的具有一定抗硫酸盐侵蚀性能的水硬性胶凝材料，称为硅酸盐抗硫酸盐水泥。

抗硫酸盐水泥熟料中，C_3S 和 C_3A 的计算含量分别低于 50% 和 5%。C_3A+C_4AF 含量应小于 22%。MgO 不得超过 5%，烧失量应小于 1.5%，f-CaO 小于 1%，水泥中 SO_3 含量小于 2.5%。水泥细度 0.08mm 方孔筛筛余应小于 10%。比表面积不得小于 240m²/kg。

不同强度等级的分类和相应的强度指标如表 2-1-15 所示。

表 2-1-15 不同强度等级的硅酸盐抗硫酸盐水泥各龄期强度指标

水泥等级	抗压强度/MPa			抗折强度/MPa		
	3d	7d	28d	3d	7d	28d
32.5	12.0	18.5	32.5	2.5	3.5	5.5
42.5	16.0	24.5	42.5	3.5	4.5	6.5
52.5	21.0	31.5	52.5	4.0	5.5	7.0

抗硫酸盐水泥一般适用于受硫酸盐侵蚀的海港、水利、地下、隧涵、道路和桥梁基础等工程。一般可抵抗 SO_4^{2-} 浓度不超过 2500mg/L 的纯硫酸盐腐蚀。如果介质 SO_4^{2-} 浓度超过 2500mg/L，则必须采用高抗硫酸盐水泥。熟料中 C_3S 和 C_3A 含量应限制得更低，分别为不超过 35% 和 2%。

1.8.2.2 中低热水泥

中低热水泥是中热硅酸盐水泥和低热矿渣硅酸盐水泥的合称。它们的主要性能特点为水化热低，适用于大坝和大体积混凝土工程。中热硅酸盐水泥由适当成分的硅酸盐水泥熟料加入适量石膏磨细而成，是具有中等水化放热特性的水硬性胶凝材料，简称中热水泥。低热矿渣水泥是由适当成分的硅酸盐水泥熟料加入矿渣和适量石膏磨细而成，是具有低水化放热特性的水硬性胶凝材料，简称低热矿渣水泥。其中矿渣掺入量为水泥质量的 20%~60%，允许用不超过混合材料总量 50% 的磷渣或粉煤灰代替矿渣。

中热水泥熟料中，C_3S 含量不得超过 55%，C_3A 含量不得超过 6%，f-CaO 不得超过 1.0%。低热矿渣水泥熟料中 C_3S 含量不得超过 55%，C_3A 含量不得超过 8%，f-CaO 不得超过 1.2%。水泥中碱含量由供需双方商定。当配制混凝土的骨料具有碱-骨料反应活性或用户有低碱要求时，中热水泥熟料中的碱含量（以 $Na_2O+0.658K_2O$ 计）不得超过 0.6%；低热矿渣水泥熟料中碱含量不得超过 1.0%。中低热水泥各龄期水化热上限值和强度下限值分别列于表 2-1-16 和表 2-1-17。

表 2-1-16 中低热水泥各龄期水化热上限值

强度等级	中热水泥/（kJ/kg）		低热矿渣水泥/（kJ/kg）	
	3d	7d	3d	7d
32.5	—	—	188	230
42.5	251	293	197	230
52.5	251	293	—	—

表 2-1-17 中低热水泥各龄期强度下限值

水泥品种	等级	抗压强度/MPa			抗折强度/MPa		
		3d	7d	28d	3d	7d	28d
中热水泥	42.5	15.7	24.5	42.5	3.3	4.5	6.3
	52.5	20.6	31.4	52.5	4.1	5.3	7.1
低热矿渣水泥	32.5	—	13.7	32.5	—	3.2	5.4
	42.5	—	18.6	42.5	—	4.1	6.3

1.8.2.3 硅酸盐道路水泥

由以硅酸盐矿物为主并含较多铁铝酸钙的硅酸盐道路水泥熟料、0~10% 活性混合材料和适量石膏磨细制成的水硬性胶凝材料，称为硅酸盐道路水泥，简称道路水泥。

对道路水泥的性能要求是耐磨性好、收缩小、抗冻性好、抗冲击性好，有高的抗折强度和良好的耐久性。道路水泥熟料矿物组成要求为：$C_3A<5\%$，$C_4AF>16\%$，f-CaO 旋窑生产的不得大于 1.0%，立窑生产的不得大于 1.8%。水泥细度为 $0.08mm$ 方孔筛筛余不得超过 10%。水泥初凝不早于 $1h$，终凝不迟于 $10h$，$28d$ 干缩率不大于 0.10%，磨损量不大于 $3.6kg/m^2$。水泥各龄期强度不得低于表 2-1-18 所列数值。

表 2-1-18　不同强度等级道路水泥各养护龄期强度指标

水泥强度等级	抗压强度/MPa		抗折强度/MPa	
	3d	28d	3d	28d
42.5	22.0	42.5	4.0	7.0
52.5	27.0	52.5	5.0	7.5
62.5	32.0	62.5	5.5	8.5

1.8.3　膨胀和自应力水泥

普通硅酸盐水泥在空气中硬化时，其体积会发生收缩，收缩的大小用线收缩率来表示约为 $0.20\%\sim0.35\%$。这种收缩的结果是使硬化体内部产生微裂缝，从而进一步引起强度、抗渗性和抗冻性的下降。在浇注装配式构件接头或建筑物之间的连接处以及堵塞孔洞、修补缝隙时，由于水泥的收缩，可能达不到预期的效果。这是普通硅酸盐水泥在实际工程使用中存在的一大问题。但是，如果采用膨胀水泥，硬化前后不收缩或产生膨胀，便可克服上述问题。用膨胀水泥配制钢筋混凝土时，由于水泥石膨胀，钢筋受拉而伸长，混凝土则因钢筋的限制而受到相应的压应力。这种压应力称为"自应力"，并以"自应力值"（MPa）表示混凝土所产生压力的大小。

根据膨胀值和用途的不同，膨胀水泥可分为收缩补偿水泥和自应力水泥两类。前者所产生的压应力大致抵消干缩所引起的拉应力，膨胀值不是很大。后者膨胀值大，其膨胀在抵消干缩后仍能使混凝土有较大的自应力值。

使水泥产生膨胀的反应主要有三种：CaO 水化生成 $Ca(OH)_2$、MgO 水化生成 $Mg(OH)_2$ 以及由含硫含铝的物质反应形成钙矾石。因为前两种反应产生的膨胀不易控制，目前广泛使用的是以钙矾石为膨胀组分的各种膨胀水泥。

1.8.3.1　膨胀和自应力硅酸盐水泥

膨胀和自应力硅酸盐水泥由硅酸盐水泥、高铝水泥和石膏组成，相当于美国的 M 型膨胀水泥。膨胀硅酸盐水泥的配比为：硅酸盐水泥 $77\%\sim81\%$，高铝水泥 $12\%\sim13\%$，二水石膏 $7\%\sim9\%$（$SO_3<5\%$）。这种水泥水养护 $1d$ 线膨胀应大于 0.3%，$28d$ 线膨胀应小于 1%，湿空气养护 $3d$ 内不应有收缩。

自应力硅酸盐水泥的配比为：硅酸盐水泥 $67\%\sim73\%$，高铝水泥 $12\%\sim15\%$，二水石膏 $15\%\sim18\%$。水泥硬化体自由膨胀 $1\%\sim3\%$，膨胀在 $7d$ 内达最大值。膨胀的产生主要是由于高铝水泥中的 CA 和 CA_2 与石膏作用生成钙矾石。由于水泥硬化体液相碱度高，其膨胀发挥激烈，稳定期短，膨胀程度不易控制，产品质量不够稳定，抗渗性和气密性不够好，自应力值低，不宜用于大口径高压输水、输气管的制造。

1.8.3.2　膨胀和自应力铝酸盐水泥

膨胀和自应力铝酸盐水泥由高铝水泥和二水石膏磨细而成。自应力水泥的配比为：高铝水泥 $60\%\sim66\%$，二水石膏 $30\%\sim40\%$（以 SO_3 计约为 $16\%\pm0.5\%$）。自应力值高，可达 $5MPa$。由于高铝水泥既是强度组分又是膨胀组分，且液相碱度低，生成的钙矾石分布均匀，加上同时还析出相当数量的 $Al(OH)_3$ 凝胶起塑性衬垫作用，因此，水泥硬化体抗渗性和气密性好，制品工艺易于控制，质量比较稳定。但是，此类水泥成本高，膨胀稳定期较长。

1.8.3.3 膨胀和自应力硫铝酸盐水泥

膨胀和自应力硫铝酸盐水泥由硫铝酸盐水泥熟料掺入较多石膏磨细而成，相当于美国的 K 型膨胀水泥。水泥比表面积为 $350\sim400\text{m}^2/\text{kg}$，初凝时间为 1h 左右，终凝时间为 $1.5\sim2\text{h}$。水化产物主要为钙矾石和 $Al(OH)_3$ 凝胶。水化初期形成的钙矾石起骨架作用，$Al(OH)_3$ 凝胶和 C-S-H 凝胶的存在对膨胀起垫衬作用，因此膨胀特性缓和，水泥石致密，具有良好的致密性和抗渗性。膨胀量和自应力值取决于石膏掺入量，石膏掺入量越高，自应力值越大，通常自应力值可达 $2\sim7\text{MPa}$。可用于制造大口径高压输水、输气、输油管。

1.8.4 油井水泥

油井水泥专用于油井、气井的固井工程，又称堵塞水泥。它的主要作用是将套管与周围的岩层胶结封固，封隔地层内油、气、水层，防止互相窜扰，以便在井内形成一条从油层流向地面、"隔绝"良好的油流通道。

油井水泥的基本要求为：水泥浆在注井过程中要有一定的流动性和合适的密度，而注入井内后，应尽快凝结，并在短期内达到相当强度；硬化后的水泥浆应有良好的稳定性和抗渗性、抗蚀性等。

油井底部的温度和压力随着井深的增加而提高，每深入 100m，温度约提高 3℃，压力增加 $1.0\sim2.0\text{MPa}$。例如，井深达 7000m 以上的油井，井底温度可达 200℃，压力可达到 125MPa。因此，高温高压，特别是高温对水泥各种性能的影响，是油井水泥生产和使用的最主要问题。高温作用使硅酸盐水泥的强度显著下降，因此，不同深度的油井，应该用不同组成的水泥。根据 GB 10238《油井水泥》，我国油井水泥分为八个级别，包括普通型（O）、中等抗硫酸盐型（MSR）和高抗硫酸盐型（HSR）三类。各级别油井水泥使用范围如下：

A 级：在无特殊性能要求时使用，仅有普通型。

B 级：适合于井下条件要求中抗或高抗硫酸盐时使用，分为中抗硫酸盐型和高抗硫酸盐型两种类型。

C 级：适合于井下条件要求高的早期强度时使用，分为普通型、中抗硫酸盐型和高抗硫酸盐型三种类型。

D 级：适合于中温中压的井下条件时使用，分为中抗硫酸盐和高抗硫酸盐型两种类型。

E 级：适合于高温高压的井下条件时使用，分为中抗硫酸盐型和高抗硫酸盐型两种类型。

F 级：适合于超高温高压的井下条件时使用，分为中抗硫酸盐型和高抗硫酸盐型。

G 级：是一种基本油井水泥，分为中抗硫酸盐型和高抗硫酸盐型两种类型。

H 级：是一种基本油井水泥，分为中抗硫酸盐型和高抗硫酸盐型两种类型。

油井水泥的物理性能要求包括：水灰比、水泥比表面积、$15\sim30\text{min}$ 内的初始稠度，在特定温度和压力下的稠化时间以及在特定温度、压力和养护龄期下的抗压强度。

油井水泥的生产方法有两种：一种是制造特定矿物组成的熟料，以满足某级水泥的化学和物理要求；另一种是采用基本油井水泥（G 级和 H 级水泥）加入相应的外加剂达到某一等级水泥的技术要求。采用前一方法由于经常需要改变熟料的矿物组成，往往给水泥厂带来较多的麻烦，因此，现在多用第二种方法。

G 级水泥和 H 级水泥的矿物组成、质量标准、技术要求完全相同，不同的是水灰比。G 级为 0.44，而 H 级为 0.38，因此 H 级的比表面积较低，仅 $270\sim300\text{m}^2/\text{kg}$。在化学成分要求上，中等抗硫酸盐型要求 $MgO \leqslant 6.0\%$，$SO_3 \leqslant 3.0\%$，烧失量 $\leqslant 3.0\%$，不溶物 $\leqslant$ 0.75%，C_3S 为 $48\% \sim 58\%$，$C_3A \leqslant 8\%$，总碱量（$Na_2O + 0.658K_2O$）$\leqslant 0.75\%$。高抗硫酸盐型除要求 $C_3A \leqslant 3\%$，$2C_3A + C_4AF \leqslant 24\%$，$C_3S$ 为 $48\% \sim 65\%$ 外，其余化学成分要求均与中等抗硫酸盐型相同。在物理性能要求上不分类型，除水灰比外，G 级和 H 级的物理性能要求相同，要求游离水 $\leqslant 3.5mL$（以 250mL 为基准，折合 1.4\%），$15 \sim 30min$ 内的初始稠度 $\leqslant 30Bc$（水泥硬化体稠度的 Bearden 单位），$52℃$、$35.6MPa$ 压力下的稠化时间为 $90 \sim 120min$，$38℃$ 常压养护 8h 的抗压强度 $\geqslant 2MPa$，$60℃$ 常压养护 8h 的抗压强度 $\geqslant 10.3MPa$。

油井和气井的情况十分复杂，为适应不同油气井的具体条件，有时还要在水泥中加入一些外加剂，如增重剂、减轻剂或缓凝剂等，以满足实际使用环境的需要。

1.8.5　装饰水泥

装饰水泥指白色水泥和彩色水泥。硅酸盐水泥的颜色主要由熟料中的氧化铁引起。不同氧化铁含量的硅酸盐水泥熟料显示不同的外观颜色，当 Fe_2O_3 含量在 $3\% \sim 4\%$ 时呈暗灰色；$0.45\% \sim 0.7\%$ 时带淡绿色；$0.35\% \sim 0.40\%$ 时接近白色。因此，白色硅酸盐水泥生产的主要技术要点是降低熟料中 Fe_2O_3 含量。此外，氧化锰、氧化钴和氧化钛也对白水泥的白度有显著影响，故其含量也应尽量减少。石灰质原料应选用纯的石灰石或方解石，黏土可选用高岭土或瓷石。生料的制备和熟料的粉磨均应在没有铁质污染的条件下进行。磨机的衬板一般采用花岗岩、陶瓷或耐磨钢制成，并采用硅质卵石或陶瓷质研磨体。燃料最好用无灰分的天然气或重油，若用煤粉作为燃料则煤灰含量要求低于 10%，且煤灰中的 Fe_2O_3 含量要低。由于生料中的 Fe_2O_3 含量少，故要求较高的煅烧温度（$1500 \sim 1600℃$），为降低煅烧温度，也可掺入少量萤石（$0.25\% \sim 1.0\%$）作为矿化剂。

白水泥的 KH 与通常的硅酸盐水泥相近，由于 Fe_2O_3 含量只有 $0.35\% \sim 0.40\%$，因此，硅率 SM 较高（4 左右），铝率 IM 很高（20 左右），主要矿物为 C_3S、C_2S 和 C_3A，而 C_4AF 含量极少。

白度是评价白水泥质量的重要指标之一，它是白水泥与 MgO 标准白板对光的反射率的比值。为提高熟料白度，水泥厂除了在生料配料中严格限制氧化铁含量以外，还在煅烧和水泥粉磨过程中采取一系列工艺措施。在煅烧时宜采用弱还原气氛，使 Fe_2O_3 还原成颜色较浅的 FeO；也可采用漂白措施，即向刚出窑的高温熟料喷水冷却，使熟料从 $1250 \sim 1300℃$ 急冷至 $500 \sim 600℃$；熟料出窑后存放一段时间（7d 左右）也可提高白度；在水泥粉磨时采用白度较高的石膏，同时提高水泥粉磨细度，都有利于水泥白度的提高。

用白色水泥熟料与石膏以及颜料共同磨细可制得彩色水泥。所用颜料要求对光和大气有足够的稳定性，并能耐碱而且对水泥性能无害。常用的颜料有氧化铁（红、黄、褐红）、二氧化锰（黑色、褐色）、氧化铬（绿色）、赭石（赭色）、群青蓝（蓝色）和炭黑（黑色）。制造红、褐、黑等较深颜色彩色水泥时，也可直接用普通的硅酸盐水泥熟料磨制。在白水泥生料中加入少量金属氧化物着色剂直接烧成彩色熟料，也是制造彩色水泥的技术途径。

1.9　其他无机胶凝材料

1.9.1　石膏

在建筑中利用石膏（gypsum）作为胶凝材料和制品已有很长的历史。它是一种以硫酸钙（$CaSO_4$）为主要成分的气硬性胶凝材料。天然石膏矿在我国分布很广，储量很大。石膏作为一种建筑材料具有很多优良的性质，在我国建筑材料中占有一定的地位。

生产石膏的原料主要是天然二水石膏，又称软石膏或生石膏，是含两个分子结晶水的硫酸钙（$CaSO_4 \cdot 2H_2O$）。天然二水石膏经过必要的工艺处理可制成各种性质的石膏。除天然原料外，也可用一些含有 $CaSO_4 \cdot 2H_2O$ 或含有 $CaSO_4 \cdot 2H_2O$ 与 $CaSO_4$ 混合物的化工副产品及废渣作为生产商品石膏的原料。例如制造磷酸时排出的副产磷石膏，含有酸性成分，用水洗涤或用石灰中和后就可以作为石膏的原料。天然无水石膏（$CaSO_4$）又称天然硬石膏，结晶致密，质地较天然二水石膏硬，可用来生产无水石膏水泥、明矾石膨胀水泥。生产石膏的主要工序是加热与磨细。由于加热方式和温度的不同，可生产不同性质的石膏品种。

1.9.1.1　建筑石膏

将天然二水石膏加热时，随着温度的升高，将产生如下变化：

$65 \sim 75℃$ 时，$CaSO_4 \cdot 2H_2O$ 开始脱水；

$107 \sim 170℃$ 时，生成半水石膏 $CaSO_4 \cdot \frac{1}{2}H_2O$，这就是建筑石膏，也称熟石膏；

$$CaSO_4 \cdot 2H_2O \xrightarrow{107 \sim 170℃} CaSO_4 \cdot 0.5H_2O + 1.5H_2O$$

$170 \sim 200℃$ 时，继续脱水，成为可溶性硬石膏，与水调和后仍能很快凝结硬化；

$200 \sim 250℃$ 时，石膏中残留很少的水，凝结硬化非常缓慢；

高于 $400℃$ 时，全部水分脱除，成为不溶性硬石膏，失去凝结硬化能力，成为死烧石膏。

建筑石膏实质上是将天然石膏或副产石膏经 $107 \sim 170℃$ 处理后形成的熟石膏，再经磨细制成的白色粉料。密度 $2.60 \sim 2.75g/cm^3$，堆积容重 $800 \sim 1000kg/m^3$。

1.9.1.2　建筑石膏的硬化

建筑石膏与适当的水相混合，最初成为可塑性浆体，但很快就失去塑性并发生硬化，产生强度，转变成坚硬的固体。发生这种现象的实质，是由于硬化体内部经历了一系列的物理化学变化。

首先，半水石膏快速溶解于水，液相中的 SO_4^{2-} 浓度迅速提高。由于半水石膏在水中的溶解度远远高于二水石膏（约为二水石膏的 5 倍），因此，当水中的 SO_4^{2-} 浓度达到半水石膏的饱和浓度时，对于二水石膏已经成了过饱和溶液。这时，二水石膏晶体就会快速从溶液中析出。这个过程的结果就是半水石膏变成了二水石膏：

$$CaSO_4 \cdot \frac{1}{2}H_2O + 1.5H_2O \longrightarrow CaSO_4 \cdot 2H_2O \downarrow$$

由于二水石膏晶体的析出，导致液相 SO_4^{2-} 浓度降低，破坏了半水石膏溶解的平衡状态，新一批半水石膏又继续溶解。二水石膏晶体在外形上是针状或纤维状的，很容易相互之间搭接形成骨架，而且半水石膏转变为二水石膏后，体系中自由水的数量减少，浆体便逐渐失去流动性。当二水石膏的数量积聚至足够的程度时，浆体便产生凝结。其后，二水石膏晶体尺寸不断长大，共生和相互交错，逐渐产生强度，并不断增长，直到完全干燥，完成硬化过程，强度停止增长。

1.9.1.3　建筑石膏的技术性质与应用

建筑石膏的凝结时间，随煅烧温度和其中的杂质含量而变，一般只需数分钟至二、三十分钟。在室内自然干燥的条件下，达到完全硬化的时间约为一个星期。

半水石膏水化反应，理论上所需水分只占半水石膏质量的 18.6%，为使石膏浆体具有必要的可塑性，通常须加水 $60\% \sim 80\%$。硬化后，由于多余水分的蒸发，内部具有很大的孔隙率（约达总体积的 50％～60％）。与水泥和石灰相比，建筑石膏硬化速度要快得多，但是，硬化后的强度比较低（一级石膏 7 天抗压强度约为 10MPa）。另外，由于建筑石膏硬化体孔隙率较高，表观密度较小，导热性较低，吸音性较强，可钉可锯，凝固时不像石灰和水泥那样出现收缩，反而略有膨胀（膨胀量约 1％），所以硬化时一般不会出现裂缝。建筑石膏颜色洁白，如加入颜料可呈现各种色彩，制品外表光滑细致。石膏具有抗火性，遇火灾时二水石膏中的结晶水蒸发，吸收潜热，表面生成的无水物为良好的热绝缘体。建筑石膏硬化体具有很强的吸湿性，在潮湿环境中晶体间黏结力削弱，强度显著降低，遇水则晶体溶解而引起破坏。如果吸水后再受冻，将因孔隙中水分结冰而崩裂。所以，建筑石膏的耐水性和抗冻性都较差。根据部颁国家标准 GB/T 9776—2008《建筑石膏》，建筑石膏按照其细度及强度指标分为三等，见表 2-1-19。

表 2-1-19　建筑石膏的品质等级分类

技术指标	等级		
	优等品	一等品	二等品
抗折强度/MPa	2.5	2.1	1.8
抗压强度/MPa	4.9	3.9	2.9
0.20mm 方孔筛筛余/％	5.0	10.0	15.0

1.9.1.4　建筑石膏的应用

（1）石膏板　石膏板具有轻质、绝热、吸声、不燃和可锯钉等性能，而且原料来源广泛，加工设备简单，燃料消耗低，生产周期短。我国石膏资源丰富，化工副产品日益增多，石膏板在我国有着广阔的发展前途，是当前着重发展的新型轻质板材之一。石膏板多用作平顶和内墙面装饰，可直接粘贴在墙上，或钉在木龙骨两边而成隔墙。我国目前生产的石膏板产品有：

① 纸面石膏板　纸面石膏板是在建筑石膏中，加入适量的轻质填料、纤维、发泡剂、缓凝剂等，加水拌成料浆，浇注在行进中的纸（重磅纸）面上，成型后覆以面纸，再经凝固、切断、烘干而成。纸面石膏板的几何尺寸一般为：宽 600～1220mm，厚 6.4～25.4mm，长 1800～4900mm。湿度线膨胀系数为 $7×10^{-6}$ mm/（mm·％RH），温度线膨胀系数为 $16×10^{-6}$ mm/（mm·℃）（与钢、混凝土接近）。潮湿环境下纸的纤维受潮膨胀，纸与芯板之间的黏结力削弱，导致纸的隆起和剥离，因此，纸面石膏板不宜用于高湿度环境。

② 空心石膏条板　生产方法与普通混凝土空心板类似，尺寸范围为宽 450～600mm，厚 60～100mm，长 2500～3000mm，孔数 0～9，孔洞率 30％～40％。常加入纤维材料和轻质填料，以提高条板的抗折强度和减轻质量。空心石膏条板不用纸和黏结剂，也不用龙骨，施工方便，是发展较快的一种轻板。

③ 纤维石膏板　纤维石膏板是将玻璃纤维、纸浆或矿棉等纤维在水中"松解"，在离心机中与石膏混合制成料浆后在长网型机上经铺浆、脱水等工序制成的无纸面石膏板。它的抗弯强度和弹性模量都高于纸面石膏板，除用于建筑外，还可代替木材制作家具。

④ 装饰石膏板　装饰石膏板是在建筑石膏中加入占石膏质量 0.5％～2％的纤维材料和少量胶料，加水搅拌、成型、修边而制得的正方型板，边长可为 300～900mm，有平板、多孔板、花纹板、浮雕板等。

（2）高强度石膏　建筑石膏和模型石膏都是在常压下产生的，称为 β 型半水石膏。将二水石膏放在压蒸锅内，在 0.13MPa（124℃）下蒸炼，则可生成 α 型半水石膏。生成的 α 型半水石膏的晶体颗粒比 β 型半水石膏要粗一些，因而具有较小的比表面积，调浆时只需要 35%～45% 的水量，只有普通建筑石膏的一半左右。高强石膏硬化后具有较低的孔隙率，从而具有较高的密度和强度。一般地，高强石膏的 3 小时抗压强度可达 9～24MPa，7d 强度可达 15～40MPa，初凝时间不早于 3min，终凝时间为 5～30min。

高强度石膏适用于强度要求较高的抹灰工程、装饰制品和石膏板。掺入防水剂，可用于湿度较高的环境中。加入有机材料如聚乙烯醇水溶液、聚醋酸乙烯乳液等，可配成黏结剂，其特点是无收缩。

1.9.2 石灰

石灰（lime）是在建筑上使用较早的无机胶凝材料之一。石灰的原料石灰石分布很广，生产工艺简单，成本低廉，所以，在建筑上一直得到广泛应用。

石灰石的主要成分是碳酸钙，经高温下煅烧后，碳酸钙将分解成为氧化钙，石灰石转化成生石灰。

$$CaCO_3 \longrightarrow CaO + CO_2$$

上述反应理论上常压下发生的温度为 850～900℃，在实际生产中为了加速分解过程煅烧温度通常提高至 1000～1100℃。作为工业产品的生石灰通常是呈白色或灰色块状物。烧透的新鲜块状生石灰表观密度为 800～1000kg/m³。石灰石原料中多少含有一些 $MgCO_3$，因而生石灰中还含有次要成分 MgO。生石灰中 MgO 含量≤5% 的称为钙质石灰，MgO 含量＞5% 的称为镁质石灰。镁质石灰熟化较慢，但是，硬化后强度稍高。

石灰的另一来源是化工副产品。例如用水和碳化钙（即电石）反应制取乙炔气体时，所产生的电石渣，其主要成分是 $Ca(OH)_2$，即消石灰（或称熟石灰）：

$$CaC_2 + 2H_2O \longrightarrow C_2H_2 + Ca(OH)_2$$

1.9.2.1 生石灰的熟化

工地上使用石灰时，通常将生石灰加水，使之消解为消石灰——$Ca(OH)_2$，这个过程称为石灰的"消化"，又称"熟化"：

$$CaO + H_2O \longrightarrow Ca(OH)_2 + 64.79kJ$$

石灰的熟化为放热反应，熟化时体积增大 1～2.5 倍。煅烧良好的石灰熟化较快，放热量和体积增大也较多。按石灰用途，我国工地上熟化石灰的方法有两种：

① 用于调制石灰砌筑砂浆或抹灰砂浆时，需将生石灰熟化成石灰浆。生石灰在化灰池中熟化后，通过筛网流入储灰坑。生石灰熟化时应加入大量的水，并不停地搅拌帮助散热，以防温度过高。如果温度过高而水量又不足，易使形成的 $Ca(OH)_2$ 聚集在 CaO 颗粒周围，妨碍继续熟化。对于熟化慢的生石灰，则加水应少而慢，保持较高温度，促使熟化较快完成。

制成的熟石灰浆暂时存放于储灰坑中，再经沉淀并除去上层水分后称为石灰膏。石灰膏表观密度 1300～1400kg/m³。石灰砂浆的配合比，一般按石灰膏的体积计算。

生石灰中常含有欠火石灰和过火石灰。欠火石灰降低石灰的利用率；过火石灰颜色较深，密度较大，表面常被黏土杂质融化形成的玻璃釉状物包覆，熟化很慢，当石灰已经硬化后，其中过火颗粒才开始熟化，体积膨胀，引起隆起和开裂。为了消除过火石灰的危害，石灰浆应在储灰坑中"陈伏"两星期以上。"陈伏"期间，石灰浆表面应保有一层水分，与空气隔绝，以免碳化。

② 用于拌制石灰土或三合土时，则将生石灰熟化成消石灰粉。石灰土是指石灰与黏土

拌制而成的材料，三合土则是由石灰、黏土和砂石或炉渣拌制而成的材料，它们都有一定的胶凝性。生石灰熟化成消石灰时，理论上需水 32.1％，由于一部分水分会因蒸发而被消耗。实际加水量常为生石灰质量的 60％～80％，以既能充分消解石灰而又不过湿成团为原则。工地可采用分层浇水法，每层生石灰块厚约 50cm。或在生石灰块堆中插入有孔的水管，缓缓地向内灌水。消石灰粉在使用以前，也应有类似石灰浆的"陈伏"时间。

1.9.2.2 石灰干燥和硬化

在实际使用中石灰浆体的硬化被认为是通过下面两个同时进行的过程来完成的，即干燥硬化和碳化硬化。

（1）干燥硬化 石灰浆体在干燥过程中，由于水分的蒸发形成孔隙网，这时留在孔隙内的自由水，由于水的表面张力，在最窄处具有凹形弯月面，产生毛细管压力，使石灰粒子更加紧密而获得附加强度。这个强度值不大，当浆体再度遇水时，其强度又会失去。

（2）碳化硬化 干燥硬化石灰浆体从空气中吸收二氧化碳，氢氧化钙转变成碳酸钙。碳酸钙的晶粒互相共生，由表层逐渐向内部增加。碳酸钙固相体积比氢氧化钙固相体积稍微增大一些，使硬化石灰浆体更加紧密，从而使浆体的强度得到提高。

1.9.2.3 石灰的应用

石灰在建筑上的用途很广，分述如下。

（1）石灰乳和石灰砂浆 将消石灰或熟化好的石灰膏加入适量水搅拌稀释成为石灰乳，是一种廉价易得的涂料，主要用于内墙和天棚刷白，增加室内美观和亮度。石灰乳中可加入各种耐碱颜料以增添色彩，也可加入少量水泥、粒化高炉矿渣或粉煤灰，可提高其耐水性，还可加入干酪素、氯化钙或明矾，可减少涂层粉化现象。作为涂料的石灰乳现在已经基本上被乳胶漆所替代。

石灰砂浆是将石灰膏、砂加水拌制而成，按其用途分为砌筑砂浆和抹面砂浆。

（2）石灰土和三合土 石灰土和三合土的应用在我国已有数千年的历史。石灰土或三合土分层夯实可制成简易墙体或广场、道路的垫层或简易面层。黏土颗粒表面的少量活性氧化硅和氧化铝与氢氧化钙起化学反应，生成了不溶性水化硅酸钙和水化铝酸钙，将黏土颗粒粘接起来，可以显著提高黏土的强度和耐水性。另外，石灰的加入可能改善了黏土的和易性，在强力夯打之下，大大提高了紧密度，从而提高了土体的强度。石灰土中石灰用量增大，则强度和耐水性相应提高，但是，超过某一用量（视石灰质量和黏土性质而定）后就不再提高了。一般石灰用量约为石灰土总质量的 10％或更低。为了方便石灰黏土等的拌和，宜用磨细生石灰或消石灰粉，磨细生石灰还可使石灰土和三合土有较高的紧密度，从而提高硬化体的强度和耐水性。

（3）硅酸盐制品 压蒸硅酸盐混凝土混合料是由石灰、含硅质原料（砂、粉煤灰、炉渣、矿渣、尾矿等）和水按一定比例配制而成的。依据配制时石灰消化与否，混合料的制备可分为熟石灰和生石灰两种工艺。含硅质的材料和石灰，在热介质（饱和水蒸气）中进行水热合成反应生成水化硅酸钙，其主要产品有蒸压加气混凝土、灰砂砖、蒸压粉煤灰砖等。

1.9.3 水玻璃

水玻璃（water glass）俗称泡花碱，是一种能溶于水的硅酸盐，由不同比例的碱金属和二氧化硅组成。最常用的是硅酸钠水玻璃 $Na_2O \cdot nSiO_2$，还有硅酸钾水玻璃等。

生产水玻璃的方法有湿法和干法两种。湿法生产水玻璃时，将石英砂和苛性钠溶解在压蒸锅（0.2～0.8MPa）内用蒸汽加热，并加搅拌，使二者直接反应而成液体水玻璃。干法

（碳酸盐法）生产是将石英砂和碳酸钠磨细拌匀，在熔炉内于 $1300\sim1400℃$ 温度下熔化，按下式反应生成固体水玻璃，然后在水中加热溶解而成液体水玻璃：

$$Na_2CO_3+nSiO_2 \longrightarrow Na_2O \cdot nSiO_2+CO_2$$

SiO_2 和 Na_2O 的分子比 n 称为水玻璃的模数，一般在 $1.5\sim3.5$。固体水玻璃在水中溶解的难易程度随模数而定。n 为 1 时能溶解于常温的水中，n 加大，则只能在热水中溶解；当 n 大于 3 时，要在 $0.4MPa$ 以上的蒸汽中才能溶解。低模数水玻璃的晶体组分较多，黏结能力较差，模数提高时，胶体组分相对增多，黏结能力随之增大。

除了液体水玻璃外，尚有不同形状的固体水玻璃，如未经溶解的块状或粒状水玻璃，溶液除去水分后呈粉状的水玻璃等。

液体水玻璃因所含杂质不同，而呈青灰、绿色或微黄色，以无色透明的液体水玻璃为最好。液体水玻璃可与水按任意比例混合成不同浓度（或相对密度）的溶液。同一模数的液体水玻璃，其浓度越高，则相对密度越大，黏结力越强。在液体水玻璃中加入尿素，在不改变其黏度的情况下可将黏结力提高 25％ 左右。

1.9.3.1　水玻璃的硬化

液体水玻璃在空气中吸收二氧化碳，形成无定形硅酸，并逐渐干燥而硬化：

$$Na_2O \cdot nSiO_2+CO_2+mH_2O \Longrightarrow Na_2CO_3+nSiO_2mH_2O$$

这个过程很慢，为了加速硬化，可将水玻璃加热或加入氟硅酸钠 Na_2SiF_6 作为促硬剂。水玻璃中加入氟硅酸钠后发生下面反应，促使硅酸凝胶，加速析出：

$$2(Na_2O \cdot nSiO_2)+Na_2SiF_6+mH_2O \Longrightarrow 6NaF+(2n+1)SiO_2mH_2O$$

氟硅酸钠的适宜用量为水玻璃质量的 $12％\sim15％$，如果用量太少，不但硬化速度缓慢，强度降低，而且未经反应的水玻璃易溶于水，因而耐水性变差。但是，如果用量过多，又会引起凝结过快，使施工困难，而且渗透性大，强度也低。

1.9.3.2　水玻璃的性质与应用

水玻璃有良好的黏结能力，硬化时析出的硅酸凝胶有堵塞毛细孔隙而防止水渗透的作用。水玻璃不燃烧，在高温下硅酸凝胶干燥得更加强烈，强度并不降低，甚至有所增加。水玻璃具有高度耐酸性能，能抵抗大多数无机酸和有机酸的作用。

水玻璃由于具有以上性能，在建筑工程中可有多种用途，列举如下：

（1）涂刷建筑材料表面，提高抗风化能力　用液体水玻璃浸渍处理多孔材料时，可使其密实度和强度得到提高。常用水将液体水玻璃稀释至相对密度为 1.35 左右的溶液，多次涂刷材料表面或浸渍材料，对黏土砖、硅酸盐制品、水泥混凝土和石灰石等，均有良好的效果。但是，不能用水玻璃来涂刷或浸渍石膏制品。水玻璃中的硅酸钠与石膏制品中的硫酸钙会发生化学反应而生成硫酸钠，析出于制品的孔隙，产生体积膨胀，从而导致制品的破坏。调制液体水玻璃时，也可加入耐碱颜料和填料，以赋予色彩效果。

用液体水玻璃涂刷或浸渍含有石灰的材料如水泥混凝土和硅酸盐制品等时，水玻璃与石灰之间发生如下反应：

$$Na_2O \cdot nSiO_2+Ca(OH)_2 \longrightarrow Na_2O \cdot (n-1)SiO_2+C\text{-}S\text{-}H$$

生成的硅酸钙胶体填充制品孔隙，使制品的密实度有所提高，有利于改善制品性能。

（2）配制防水剂　以水玻璃为基料，加入两种、三种或四种矾配制而成，称为二矾、三矾或四矾防水剂。四矾防水剂是以蓝矾（硫酸铜）、明矾（钾铝矾）、红矾（重铬酸钾）和紫矾（铬矾）各一份，溶于 60 份 $100℃$ 的水中，降温至 $50℃$，投入 400 份水玻璃溶液中，拌制而成。这种防水剂凝结迅速（一般不超过 1min），适用于与水泥浆调和，堵塞漏洞、缝隙等局部抢修。因为凝结过快，不宜调配水泥防水砂浆，用作屋面或地面的刚性防水层。

（3）配制水玻璃矿渣砂浆，修补砖墙裂缝　将液体水玻璃、粒化高炉矿渣粉、砂和氟硅酸钠按表 2-1-20 的比例（质量比）配合，压入砖墙裂缝。

表 2-1-20　水玻璃矿渣砂浆配合比

液体水玻璃			矿渣粉	砂	氟硅酸钠/%[①]
模数	相对密度	质量			
2.30	1.52	1.50	1	2	8
3.36	1.36	1.15	1	2	15

① 氟硅酸钠占液体水玻璃的质量分数。

粒化高炉矿渣粉不仅起填充及减少砂浆收缩的作用，还能与水玻璃起化学反应，成为增进砂浆强度的一个因素。先将砂和矿渣粉拌和均匀，再将氟硅酸钠粉末加入温水（不高于 60℃）中化成糊状，倒入液体水玻璃内拌和均匀，然后与干料共同拌成砂浆。氟硅酸钠有毒，操作时应戴口罩防护。

（4）用于土壤固化　将模数为 2.5～3.0 的液体水玻璃和氯化钙溶液通过金属管轮流向地层压入，两种溶液发生化学反应，析出硅酸胶体，将土壤颗粒包裹并填实空隙。硅酸胶体作为一种可吸水膨胀的冻状凝胶，因吸收地下水而经常处于膨胀状态，阻止水分的渗透并使土壤固结。水玻璃与氯化钙的反应式为：

$$Na_2O \cdot nSiO_2 + CaCl_2 + xH_2O \longrightarrow 2NaCl + nSiO_2(x-1)H_2O + Ca(OH)_2$$

由这种方法加固的砂土，抗压强度可达 3～6MPa。

思　考　题

1. 什么是水泥，什么是硅酸盐水泥？硅酸盐水泥包括哪些组分材料？

2. 根据国家标准 GB/T 175—2007《通用硅酸盐水泥》，通用水泥包括哪些品种？有哪些物理性能和化学成分要求？

3. 硅酸盐水泥熟料的主要化学成分有哪些？主要矿物组成有哪些？它们对水泥性能影响如何？

4. 硅酸盐水泥的主要水化产物有哪些？这些水化产物有什么结构和性能特点？它们与水泥硬化体性能之间的关系如何？

5. 什么是水泥混合材料？什么是活性混合材料？什么是非活性混合材料？

6. 硅酸盐矿物、硅酸三钙、C_3S、阿里特，这几种物质之间有什么联系和异同之处？

7. 硅酸盐水泥熟料在冷却过程中主要发生哪些物理化学变化，对水泥各种性能有什么影响？

8. 水泥生料配料计算的递减试凑法有哪些基本步骤，如何计算？

9. 什么是石灰饱和系数？什么是硅率？什么是铝率？它们与水泥生料的煅烧和熟料的性能之间的关系如何？

10. 为什么在水泥生产过程中燃煤的品质主要影响水泥生产的能耗，而对水泥熟料的质量和窑的煅烧操作没有什么影响？

11. 水泥熟料烧成过程的实质是什么？影响水泥熟料烧成的主要因素有哪些？

12. 什么是AFt？什么是AFm？

13. 环境介质对水泥硬化体的侵蚀，主要包括哪些方面？都有些什么特征？

14. 掺加混合材料的硅酸盐水泥在性能上与纯硅酸盐水泥之间有什么不同？

15. 什么是专用水泥？主要有哪些品种？

16. 其他无机胶凝材料主要包括哪几种材料？它们有什么性能特点？

17. 回转窑内所谓的"黑影"区域是怎么形成的？在窑内什么位置？"黑影"与生料的预烧情况和窑的工况之间有什么联系？如何根据"黑影"传递的信息来帮助控制窑况？

第2章 混凝土

水泥混凝土（cement concrete），简称混凝土，是由水泥、石子（gravel, or coarse aggregate）和砂子（sand, or fine aggregate）按照一定的比例配合，然后加水拌和、再经浇筑和养护、硬化制成的人造石材。根据生产条件、使用环境和性能改善的需要，混凝土拌和过程中可能还会掺加适量矿物掺合料（mineral admixtures）以及各种不同功能的化学外加剂（chemical admixtures）。因此，从组成和作用原理上看，混凝土是一种多相、多组分的水泥基复合材料；从材料的生产脉络上而言，也可以认为混凝土就是水泥的衍生物，或者下游产品；从使用价值上而言，混凝土属于建筑工程材料。实际上，混凝土和水泥更像是一对孪生兄弟。混凝土作为一种建筑工程材料随着水泥的问世而诞生。现代建筑物的主体建筑构件，尤其是梁柱桩等承重构件，几乎全部由水泥混凝土浇筑而成。或者说，现代建筑物几乎已经离不开混凝土。混凝土作为一种建筑工程材料，最引人关注的是其工程使用性能，如力学性能，包括抗折强度、抗压强度、弹性模量、断裂韧性；体积稳定性，包括干燥收缩、化学收缩和自收缩、热胀冷缩和蠕变，耐化学侵蚀性，包括耐水性、耐碱性、耐酸性、耐硫酸盐性、耐海水侵蚀性、抗渗性；耐候性，包括抗冻性、抗碳化性；等等。从工程使用的角度出发，高强、高耐久性永远是混凝土的追求目标。其次，制造符合某些特定工程环境性能要求的特殊混凝土，也是混凝土所追求的目标。如适合于高层建筑的轻质高强混凝土，适合于危害性物质封固的高致密性混凝土，以高耐蚀性为特点的海洋工程混凝土，以高强度和韧性为特点的管桩混凝土，等等。近年来，随着全球环保意识的强化，自然资源开采和使用受限程度的日趋加剧，绿色环保型混凝土正在逐渐成为新的追求目标。

与其他无机非金属材料一样，混凝土的性能归根结底取决于其内部的组成和结构。因此，对混凝土材料性能的设计和改善，从根本上讲也是对其组成和结构的设计和优化。换言之，所有关系到混凝土硬化体组成和结构的组分材料、制备操作和工艺条件，均会不约而同地最终影响到混凝土的性能。只有全面了解这些因素本身以及它们之间的相互关系，才能做好混凝土的研究和制造工作。因此，本章将以普通硅酸盐水泥混凝土为线索，讨论混凝土的组分材料，配合比的设计，拌合物的流变特性，硬化体的组成、结构和性能等问题。

2.1 混凝土组分材料

如上所述，混凝土的组分材料主要包括两大类：一大类是核心材料，即水泥、骨料和水；另一大类则属于外加剂，包括矿物外加剂和化学外加剂，还包括钢筋和纤维等物理增强材料。其中，矿物外加剂包括以矿渣粉和粉煤灰为代表的一系列火山灰质混合材料；化学外加剂则包括减水剂和一系列功能性混凝土外加剂，如速凝剂、早强剂、缓凝剂、膨胀剂、引气剂、防冻剂，等等。在大多数场合下混凝土实际上主要以钢筋混凝土的形式被使用，因此，钢筋实际上也是现代混凝土不可或缺的重要组分材料之一。还有，纤维增强混凝土在某些场合也会得到应用，因此，纤维也可以认为是混凝土的组分材料之一。因为水泥和矿物外加剂在前述章节（第2篇第1章）中已有详细论述，为避免不必要的重复，本章不再赘述。本章重点讨论骨料、矿物外加剂、减水剂和各种功能性化学外加剂等组分材料的基本属性和主要性质指标以及它们对混凝土性能的影响。

2.1.1　骨料

骨料（aggregate），也称集料，是指水泥混凝土中粒度尺寸大于水泥颗粒的砾石和砂子，在硬化水泥混凝土中充当填充和骨架作用的天然的或人工的矿物质材料。众所周知，水泥在混凝土中的主要作用是通过与水的反应产生胶凝作用，从而可以牢固地黏结骨料，进而硬化后形成坚固的人造石材。不难理解，水泥质量的好坏、性能的优劣将在很大程度上决定混凝土的性能。而骨料则不同，骨料在大多数情况下在混凝土中扮演着一个填充物料的角色。这是因为无论是天然骨料，还是人工骨料或再生骨料，大多数情况下在混凝土的拌和、浇筑和后期养护过程中基本上不与周围的水分发生化学反应，与水泥组分和水泥水化产物之间也基本上没有明显的化学反应。但是，这并不是说作为混凝土组分材料的骨料对混凝土的拌和和浇筑过程以及最终的硬化混凝土的性能没有任何影响。实际上，骨料的一系列物理和化学性质对混凝土拌合物的流变性和硬化混凝土的力学性能影响十分明显。这些性质包括骨料矿物质属性、骨料的化学成分、骨料的颗粒尺寸、骨料的外形、骨料的密度和吸水性等等。本节将从上述几个方面逐一讨论骨料。

2.1.1.1　骨料粒径与级配

混凝土骨料根据其颗粒粒径的大小分为粗骨料（coarse aggregate）和细骨料（fine aggregate），有时也将粗骨料称作碎石、石子或砾石，将细骨料称作砂子。一般地，将颗粒粒径大于4.75mm的骨料称为粗骨料，而将粒径小于4.75mm的骨料称为细骨料。

粗骨料因为其大的颗粒尺寸，在混凝土中占据的空间大，填充效率高。但是，也正是由于粗骨料的大尺寸造成混凝土拌合物的搅拌和浇筑困难。一般情况下，混凝土粗骨料的最大粒径不超过40mm。粗骨料的最大粒径与目标混凝土的设计强度和骨料的性能、待浇筑构件的尺寸、混凝土搅拌机的搅拌能力和泵送与浇筑设备能力等诸多因素有关。适量细骨料的引入尽管对混凝土空间的填充效果不明显，但是，细骨料可以填充粗骨料与粗骨料之间的小空间，不仅改善了混凝土拌合物的流动性，而且也提高了硬化混凝土密实性。

实际上在混凝土的配合比设计中不但强调粗骨料和细骨料的比例，而且还必须强调粗骨料和细骨料的颗粒级配。所谓的颗粒级配就是在一个颗粒群中具有不同尺寸范围的颗粒的体积或质量占整个颗粒群总量的百分数分布。一般通过控制松散堆积空隙率的试验来获得粗骨料的颗粒级配。松散堆积率控制得越低对应颗粒级配的骨料配制的混凝土水泥用量也越低，水量也越低，混凝土强度越高。我国通常按照松散堆积率42%～50%的控制范围来试验确定骨料的颗粒级配。

石子的颗粒级配分为连续级配和单粒级配两种，以连续级配为佳。表2-2-1和表2-2-2是国家标准GB/T 14685—2011《建设用卵石、碎石》中规定的普通混凝土用碎石或卵石的颗粒级配的技术要求。表2-2-1是连续级配，表2-2-2是单粒级配。

表 2-2-1　混凝土粗骨料的颗粒级配（连续级配）　单位：%（累计筛余）

公称尺寸 /mm		方孔筛孔径/mm											
		2.63	4.75	9.50	16.0	19.0	26.5	31.5	37.5	53.0	63.0	75.0	90.0
连续粒级	6～16	95～100	85～100	30～60	0～10	0	—	—	—	—	—	—	—
	5～20	95～100	90～100	40～80	—	0～10	0	—	—	—	—	—	—
	5～25	95～100	90～100	—	30～70	—	0～5	0	—	—	—	—	—
	5～31.5	95～100	90～100	70～90	—	15～45	—	0～5	0	—	—	—	—
	5～40	—	95～100	70～90	—	30～65	—	—	0～5	0	—	—	—

表 2-2-2　混凝土粗骨料的颗粒级配（单粒级配）　单位：%（累计筛余）

公称尺寸 /mm		方孔筛孔径/mm											
		2.63	4.75	9.50	16.0	19.0	26.5	31.5	37.5	53.0	63.0	75.0	90.0
单粒级	5～10	95～100	85～100	0～15	0	—	—	—	—	—	—	—	—
	10～16	—	95～100	80～100	0～15	—	—	—	—	—	—	—	—
	10～20	—	95～100	85～100	—	0～15	0	—	—	—	—	—	—
	16～25	—	—	95～100	55～70	25～40	0～15	—	—	—	—	—	—
	16～31.5	—	95～100	—	85～100	—	—	0～10	0	—	—	—	—
	20～40	—	—	—	—	80～100	—	—	0～10	0	—	—	—
	40～80	—	—	—	—	—	95～100	—	70～100	—	30～60	0～10	0

国家标准 GB/T 14685—2011《建设用卵石、碎石》中将卵石、碎石按技术要求分为Ⅰ类、Ⅱ类和Ⅲ类。其中Ⅰ类骨料适用于 C60 以上的混凝土；Ⅱ类骨料适用于 C30～C60 的混凝土；Ⅲ类骨料适用于 C30 以下的混凝土。并将松散堆积空隙率列入粗骨料分级指标，要求Ⅰ类、Ⅱ类和Ⅲ类骨料的连续级配松散堆积空隙率分别低于 43%、45% 和 47%。

与粗骨料相似，细骨料同样存在一个颗粒级配的问题。一般情况下，在混凝土中粗骨料之间的间隙是由细骨料来填充的，而细骨料之间的间隙则是由水泥来填充的。具有两个或者多个颗粒级配的细骨料堆积体产生的间隙要小于单一粒级的颗粒组成的细骨料堆积时产生的间隙。因此，采用连续级配的细骨料可以减少水泥用量和水用量。

细骨料的颗粒级配和粗细程度可以用筛分法测定。筛分法就是采用一套标准的方孔筛对细骨料进行筛析（方孔筛筛孔边长尺寸与筛孔公称直径和砂的公称粒径的对照关系参见表 2-2-3），获得不同筛孔尺寸对应的筛余量，即分计筛余 a_i 和累计筛余 A_i。

表 2-2-3　方孔筛筛孔边长尺寸与筛孔公称直径和砂的公称粒径的对照关系

序号	筛孔边长/mm	筛孔公称直径/mm	砂的公称粒径/mm	分计筛余/%	累计筛余/%
1	4.75	5.00	5.00	a_1	$A_1 = a_1$
2	2.36	2.50	2.50	a_2	$A_2 = \sum_1^2 a_i$
3	1.18	1.25	1.25	a_3	$A_3 = \sum_1^3 a_i$
4	0.60	0.63	0.63	a_4	$A_4 = \sum_1^4 a_i$
5	0.30	0.315	0.315	a_5	$A_5 = \sum_1^5 a_i$
6	0.15	0.16	0.16	a_6	$A_6 = \sum_1^6 a_i$
7	0.075	0.080	0.080		

反映细骨料粗细程度的另一种方法是细度模数 MX。根据细度模数的大小，可以将细骨料分为粗、中、细、特细四个级别，其对应的细度模数如下：

粗砂：　　　　　　　　　　　　$MX = 3.7～3.1$

中砂：　　　　　　　　　　　　$MX = 3.0～2.3$

细砂：　　　　　　　　　　　　$MX = 2.2～1.6$

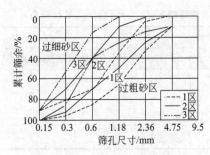

图 2-2-1 砂子级配-筛余区域图

特细砂： $MX=1.5\sim0.7$

砂的细度模数的计算公式如下：

$$MX=(\textstyle\sum_2^6 A_i-5A_1)/(100-A_1) \qquad (2\text{-}2\text{-}1)$$

配制混凝土时，一般情况下以模数为 $2.5\sim3.1$ 的中砂为比较适宜。

细骨料的颗粒级配常以级配区和级配曲线表示。国家标准根据 0.60mm 方孔筛的累计筛余量将细骨料分成三个级配区（参见图 2-2-1）。筛分曲线 3 区左上方区域表示砂偏细，拌制混凝土时需要的水泥浆量多，易使混凝土强度降低，收缩增大；1 区右下方区域表示偏粗，混凝土拌合物的和易性不易控制，而且内摩擦大，不易振捣成型。一般认为，2 区级配的砂，其粗细适中，级配较好，是配制混凝土的最理想的级配区。砂子的颗粒级配也可以根据表 2-2-4 所列的颗粒级配数据来控制。

表 2-2-4　砂子的颗粒级配控制

砂的类型	天然砂			机制砂		
级配区	1 区	2 区	3 区	1 区	2 区	3 区
方孔筛孔径/mm	10～0	10～0	10～0	10～0	10～0	10～0
4.75	36～5	25～0	15～0	35～5	25～0	15～0
2.36	65～35	50～10	25～0	65～35	50～10	25～0
0.60	85～71	70～41	40～16	85～71	70～41	40～16
0.30	95～80	92～70	85～55	95～80	92～70	85～55
0.15	100～90	100～90	100～90	97～85	94～80	94～75

2.1.1.2　骨料的粒形和表面状态

反映骨料质量的另一个参数是骨料的粒形和表面状态。所谓骨料的粒形就是骨料颗粒的几何形状。由于骨料是由矿山岩石经爆破开采之后再由破碎机破碎之后加工而得。因此，骨料颗粒的形状原则上大部分是不规则的。可能有针片状的，也有可能有圆粒状的。从混凝土拌合物和易性和硬化混凝土力学性能考虑，比较理想的骨料粒形应该是圆粒状的。建工行业标准 JGJ 52—2006《普通混凝土用砂、石质量标准及检验方法》中规定粗骨料中针片状含量上限为 25％。国家标准 GB/T 14685—2011《建设用卵石、碎石》对针片状骨料的限制为Ⅰ类小于 5％，Ⅱ类小于 10％，Ⅲ类小于 15％。针状颗粒是指颗粒的长度大于该颗粒平均粒径的 2.4 倍。片状颗粒是指颗粒的厚度小于该颗粒平均粒径的 0.4 倍。针片状颗粒的增多将导致水泥用量增多，拌合物和易性变差，对混凝土强度和耐久性也会产生不良影响。

骨料表面状态指的是骨料表面光滑或粗糙的程度，一般根据目测来评定。骨料表面状态对拌合物性能影响较大，对硬化混凝土性能影响相对小一些。表面粗糙、带有棱角的碎石类骨料往往表面需水耗浆较多，骨料之间摩擦力较大，影响和易性。而表面光滑、接近球形的卵石自然表面吸水少，摩擦力小，拌合物和易性较好。对于硬化混凝土，则表面粗糙的碎石类骨料由于骨料表面与水泥浆结合比较牢固，往往混凝土 28d 之前强度较高。但是，对 28d 之后的长期强度影响并不明显。

2.1.1.3　骨料的力学性能

骨料的力学性能主要包括强度和弹性模量。一般情况下，天然骨料的强度会远远高于水泥浆和混凝土的强度。因此，如果单从骨料强度的大小和承载能力来看，天然骨料的强度是没有问题的。对于骨料的强度，有一点是很容易理解的，一般要求其强度高于混凝土的设计强度。一般地，要求高强混凝土骨料的强度要高出混凝土设计强度30%；而普通混凝土则要求高出20%即可。有两点值得指出的是，一是混凝土的强度薄弱环节实际上既不是水泥浆，也不是骨料，而是水泥浆与骨料的结合区域；其次，骨料的强度与水泥浆的强度之间实际上存在一个和谐的匹配关系，骨料强度并不是越高越好。

粗骨料的强度可以用强度和压碎指标来表示。其中，抗压强度是将岩心制成 $50mm \times 50mm \times 50mm$ 的立方体（或 $450mm \times 50mm$ 圆柱体）试件，浸泡于水中48h后，取出，擦干，测定抗压强度。国家标准 GB/T 14685—2011《建设用卵石、碎石》要求火成岩骨料抗压强度不小于80MPa，变质岩应不小于60MPa，水成岩应不小于30MPa。卵石的强度则只用压碎指标值来表示。

压碎指标是将一定量风干后并剔除大于 19.0mm 和小于 9.50mm 的颗粒，再除去针片状颗粒的石子装入一定规格的圆筒内，在压力机上以200kN载荷加载并稳定5s，卸荷后称取试样质量 G_1，再用孔径为 2.36mm 的筛筛除被压碎的细粒，称量筛余量 G_2。据此即可计算石子的压碎指标 Q_e。显然，压碎指标小，说明骨料质地坚硬、强度高；而压碎指标大，则骨料质地脆，强度低。

$$Q_e = (G_1 - G_2)/G_1 \times 100\% \qquad (2\text{-}2\text{-}2)$$

根据国家标准 GB/T 14685—2011 的规定，粗骨料的压碎指标值应不大于表 2-2-5 中所列数值。

表 2-2-5　粗骨料的压碎指标

骨料类别	Ⅰ类	Ⅱ类	Ⅲ类
碎石/%	10	20	30
卵石/%	12	14	16

骨料的弹性模量对硬化混凝土的体积稳定性和应力的传递和分散产生很大的影响。当石子和混凝土弹性模量差别悬殊时，如配制低强混凝土是采用高强骨料，在混凝土受力时可能引发骨料与水泥浆的变形的不一致，造成应力集中，导致结合界面产生裂缝。这些外力包括由水泥水化减缩和温度、湿度变化，以及使用过程中外力的作用。如果二者弹性模量差别小，则界面结合就比较稳定，不易受外来作用的影响。所以，非常强调骨料弹性模量与混凝土弹性模量之间的一致和匹配，不主张片面追求骨料的高弹性模量。一般认为，粗骨料的弹性模量直接影响着混凝土的强度和弹性模量。

2.1.1.4　骨料的有害成分

骨料中除了石质颗粒以外的夹杂物质，如草根、树叶、树枝、塑料品、煤块、炉渣等杂物，都不利于混凝土的性能，因此都认为是有害物质。其次，有些矿物质，如砂子中常见的云母、有机物、硫化物及硫酸盐、氯盐、黏土、淤泥等杂质，也不利于混凝土的性能，也被认作有害物质。云母呈薄片状，表面光滑，容易沿着解理面裂开，与水泥粘接不牢，会降低混凝土强度；黏土、淤泥多覆盖在砂的表面，妨碍水泥与砂石的粘接，降低混凝土强度，增大收缩，容易导致混凝土开裂；硫酸盐、硫化物将对硬化的水泥凝胶体产生腐蚀；有机物通常是植物的腐烂产物，妨碍、延缓水泥的正常水化和凝固，降低混凝土强度；氯盐能引起混凝土中钢筋锈蚀，破坏钢筋与混凝土的粘接，使混凝土保护层开裂。天然砂和石子的含泥量和泥块含量的限制列于表 2-2-6。

表 2-2-6 砂石含泥量和泥块含量的限制指标

项目		Ⅰ类	Ⅱ类	Ⅲ类
含泥量/%	砂	1.0	3.0	5.0
	石	0.5	1.0	1.5
泥块含量/%	砂	0	1.0	2.0
	石	0	0.5	0.7

对于钢筋混凝土用砂，氯离子含量不得超过 0.06%，对于预应力混凝土用砂，氯离子含量不得超过 0.02%。

2.1.2 化学外加剂

在混凝土拌制过程中为了改变或调整混凝土拌合物或硬化混凝土的性能而添加的除了混凝土基本材料组分水泥、砂石和水以外的具有特定功能性的化学物质，即被视作混凝土化学外加剂（chemical admixtures）。如减水剂、速凝剂、缓凝剂、早强剂、膨胀剂、引气剂、防冻剂，等等，都是属于比较典型的化学外加剂。然而，像矿渣、粉煤灰和各类火山灰质混合材料，虽然它们也属于混凝土外加剂，但是，它们不属于化学外加剂的范畴。为了将它们与化学外加剂相区别，一般称之为矿物外加剂，或混凝土掺合料。另外，化学外加剂一般都是一些化学制剂，需要通过化学方法人工合成，具有掺量少、功效明显的特点，故有时候也称为功能性外加剂。混凝土工程中正式、大规模地使用化学外加剂已经有 60~70 年的历史。对于现代混凝土而言，外加剂的使用已经成为高性能混凝土制备的重要技术之一，化学外加剂也已经成为混凝土不可或缺的重要组分之一。以至于有人将化学外加剂称作水泥、骨料和水以外的第四组分。在众多的混凝土外加剂之中，工程上使用最多的是减水剂。由于篇幅所限，本教材主要介绍减水剂的种类和性能特点，其他化学外加剂的知识可以参考有关的专著和文献资料。

减水剂（water reducer, or water reducing admixture），顾名思义就是一种减少混凝土拌和用水量的化学外加剂，确切地讲，减水剂是一种能在保持混凝土拌合物相同坍落度的条件下减少拌和水量的外加剂。按照减水量的大小，减水剂可以分为普通减水剂和高效减水剂（superplasticizer）。减水剂的使用使混凝土拌合物的流动性获得改善，混凝土拌和用水量减小，混凝土致密度提高，混凝土的强度和耐久性获得改善，或者使在保持混凝土设计强度不变的前提下减少水泥用量和大量使用矿物掺合料成为可能。

2.1.2.1 常用减水剂

如上所述，减水剂作为一种产品在混凝土拌制中的使用已经经历 60~70 年的历史。在这个过程中减水剂也经历了性能改善的更新换代的过程，有的淘汰了，有新的产品诞生了。目前工程上常用的减水剂主要包括木质素磺酸盐减水剂类、萘系高效减水剂类、三聚氰胺系高效减水剂类、氨基磺酸盐系高效减水剂类、脂肪酸系高效减水剂类、聚羧酸盐系高效减水剂类。

(1) 木质素磺酸盐类 木质素磺酸盐是亚硫酸法制浆造纸的副产物。木质素磺酸盐的分子量为 2000~5000，可溶于各种 pH 值的水溶液中，不溶于有机溶剂，官能团为酚式羟基。它的原料是木质素，一般可从针叶树木中提取。木质素是由对香豆醇、松柏醇、芥子醇这三种木质素单体聚合而成的，包括：木质素磺酸钙、木质素磺酸钠、木质素磺酸镁。木质素磺酸盐减水剂是常用的普通型减水剂，属于阴离子型表面活性剂，可以直接使用，也可作为复合型外加剂原料之一，虽然减水率不高，但因价格便宜，使用比较广泛。用于砂浆中可改进施工性、流动性，提高强度，减水率在 8%~10%。木质素磺酸盐减水剂可以直接用于配制混凝土，也可以用作各种早强剂、早强减水剂、缓凝减水剂、缓凝高效减水剂、泵送剂、防水剂等复合外加剂的配制组分。

（2）萘磺酸盐类　萘磺酸盐类减水剂是我国最早使用的，是由甲基萘通过硫酸磺化，再和甲醛进行缩合的产物，属于阴离子型表面活性剂。该类减水剂外观视产品的不同可呈浅黄色到深褐色的粉末，易溶于水。对水泥等许多粉料有良好分散作用，减水率可达 25％，推荐掺量粉剂为 0.75％～1.5％，液体为 1.5％～2.5％。

在混凝土中添加萘系减水剂不仅能够使混凝土的强度提高，而且还能改善其多种性能，如抗磨损性、抗腐蚀性、抗渗透性等，因此，萘系减水剂广泛应用于公路、桥梁、隧道、码头、民用建筑等行业。

（3）蜜胺类　蜜胺类减水剂是由三聚氰胺通过硫酸磺化，再和甲醛进行缩合的产物，因而化学名称为磺化三聚氰胺甲醛树脂，也属于阴离子表面活性剂。该类减水剂外观为白色粉末，易溶于水，粉料分散好，减水率高，具有良好的流动性和自修补性。

蜜胺系高效减水剂系列产品在预制构件厂、商品混凝土搅拌站得到广泛应用。构件厂用户普遍反映混凝土的工作性能改善，需蒸养构件的蒸养时间缩短；搅拌站用户也反映该产品对水泥的适应性强，可有效地改善混凝土由于骨料质量差而出现的和易性不佳的问题，并且可泵性提高，解决了 150m 高度泵送问题。蜜胺系高效减水剂可单掺使用，更适合复配使用。一系列的试验表明，蜜胺系高效减水剂可与其他系列高效减水剂复合使用。按适当的比例复合后，减水效果出现叠加效应，特别是对胶结材料用量多的混凝土不再出现粘壁、抓底现象，因而适合于配制高强度高性能混凝土。该产品如果添加木质素类或羟基羧酸类缓凝剂，就可以复配出性能优良的泵送剂。

（4）氨基磺酸盐系　氨基磺酸盐系减水剂化学名称为芳香族氨基磺酸盐聚合物，由对氨基苯磺酸钠、苯酚为原料经加成、缩聚反应最终生成具有一定聚合度的大分子聚合物产品。该类减水剂减水率高，可达 30％，但成本也较高，容易泌水，常与萘系高效减水剂复合使用，可以解决萘系高效减水剂与水泥的相容性问题。

（5）脂肪酸系　脂肪酸系减水剂化学名称为脂肪族羟基磺酸盐聚合物，生产的原料主要是丙酮、甲醛、Na_2SO_3、$Na_2S_2O_5$、催化剂等。脂肪酸系减水剂一般为浓度 30％～40％ 的棕红色液态成品，减水率可达 20％，可以用于低标号混凝土的配制。

（6）聚羧酸盐系　聚羧酸盐系高性能减水剂是羧酸类接枝多元共聚物与其他有效助剂的复配产品。该类减水剂的主要性能特点为掺量低、减水率高，减水率最高可达 45％，常用掺量为 0.4％～1.2％。

虽然我国减水剂品种主要以第二代萘系产品为主体，但是聚羧酸系高性能减水剂的发展和应用比较迅速。迄今为止，几乎所有国家重大、重点工程中，尤其在水利、水电、水工、海工、桥梁等工程中，都有聚羧酸系减水剂的应用。

2.1.2.2　减水剂作用机理

混凝土拌合物在未掺加减水剂之前流动性欠佳，存在诸多方面的原因，诸如水泥和骨料颗粒的吸水性、水泥表面与水之间的化学反应、水泥颗粒与水泥颗粒之间的电荷作用，以及由水泥颗粒之间的聚集产生的部分拌和水的包裹，等等。减水剂从组成成分上而言，基本上都是有机高分子物质，而且都是表面活性物质。减水剂的加入正是通过某些方式改变了原有拌合物系统内的一些状态，使水泥和骨料表面的吸水量减少，包裹的水分释放，或者水泥水化和絮凝作用延缓。由于减水剂种类繁多，组成物并不完全相同，因此，各种减水剂的作用机理可能并不完全相同。但是，一般认为，减水剂的作用机理不外乎以下几种情形：

（1）分散作用　水泥加水拌和后，由于水泥颗粒间分子引力的作用，使水泥浆形成絮凝结构，使 10%~30% 的拌和水被包裹在水泥颗粒之中，不能参与自由流动和润滑作用，从而影响了混凝土拌合物的流动性。当加入减水剂后，由于减水剂分子能定向吸附于水泥颗粒表面，使水泥颗粒表面带有同一种电荷（通常为负电荷），产生颗粒间静电排斥作用，促使水泥颗粒相互分散，絮凝结构破坏，释放出被包裹的部分水，参与流动，从而有效地增加混凝土拌合物的流动性。

（2）润滑作用　减水剂中的亲水基极性很强，因此，水泥颗粒表面的减水剂吸附膜能与水分子形成一层稳定的溶剂化水膜，这层水膜具有很好的润滑作用，能有效降低水泥颗粒间的滑动阻力，从而使混凝土流动性进一步提高。

（3）空间位阻作用　减水剂结构中具有亲水性的支链，伸展于水溶液中，从而在所吸附的水泥颗粒表面形成有一定厚度的亲水性立体吸附层。当水泥颗粒靠近时，吸附层开始重叠，即在水泥颗粒间产生空间位阻作用，重叠越多，空间位阻斥力越大，对水泥颗粒间凝聚作用的阻碍也越大，使得混凝土的坍落度保持良好。

（4）接枝共聚支链的缓释作用　新型的减水剂如聚羧酸减水剂在制备的过程中，在减水剂的分子上接枝上一些支链，该支链不仅可提供空间位阻效应，而且，在水泥水化的高碱性环境中，该支链还可慢慢被切断，从而释放出具有分散作用的多羧酸，这样就可提高水泥粒子的分散效果，并控制坍落度损失。

2.2　混凝土拌合物性能

混凝土原料相互配合加水搅拌成流动状的料浆混合物，在硬化之前，称为混凝土拌合物，也称为新拌混凝土。混凝土拌合物的性能指的主要是其流变性能，而混凝土的流变性能与混凝土的浇筑、养护和硬化混凝土密实度和强度发展，甚至耐久性都有密不可分的关系。

2.2.1　和易性

和易性（work ability），又称工作性，是混凝土拌合物在凝结硬化前与流动相关的性能，是指混凝土拌合物易于施工操作（拌和、泵送、浇灌、捣实）并获得质量均匀、成型密实的混凝土浇筑体的性能。和易性是混凝土拌合物一项综合的技术性质，包括流动性、黏聚性和保水性等三方面的含义。

流动性（flow ability）是指混凝土拌合物在本身自重或施工机械振捣的作用下，克服内部阻力和与模板、钢筋之间的阻力，产生流动，并均匀密实地填满模板的能力。流动性的大小直接影响浇捣施工的难易和硬化混凝土的质量，若新拌混凝土太干稠，则难以成型和捣实，且容易造成内部或表面孔洞等缺陷；若新拌混凝土过稀，经振捣后容易出现水泥浆和水上浮而石子等大颗粒骨料下沉的分层离析现象，影响混凝土质量的均匀性、成型的密实性。

黏聚性（coherence）是指混凝土拌合物具有一定的黏聚力，在施工、运送及浇筑过程中，不致出现分层离析，使混凝土保持整体均匀性的能力。黏聚性差的新拌混凝土，容易导致石子和砂浆分离，振捣后容易出现蜂窝、空洞等现象；黏聚性过大，又容易导致混凝土流变性变差，造成泵送、振捣与成型困难。

保水性（water retention）是指混凝土拌合物具有一定的保水能力，在施工中不致产生严重的泌水现象。保水性差的混凝土中一部分水容易从内部析出至表面，在水渗流之处留下许多毛细管孔道，成为硬化混凝土内部的渗水通道。

　　混凝土拌合物的流动性、黏聚性和保水性三者之间既相互联系，又相互矛盾。如黏聚性好则保水性一般也较好，但流动性可能较差；当增大流动性时，如果原材料或配合比不合适，黏聚性和保水性容易变差。因此，和易性是三个方面性能的总和，直接影响混凝土施工的难易程度，同时对硬化混凝土的强度、耐久性、外观完好性及内部结构都有重要影响。

　　对于泵送混凝土，通常用可泵性来表征它的和易性，可泵性（pumpability）是指在泵送压力下，混凝土拌合物在管道中的通过能力。可泵性好的混凝土应该在输送过程中与管道之间的流动阻力尽可能小；同时有适当的黏聚性，保证在泵送过程中不泌水、不离析。一般情况下，可泵性可以用坍落度和压力泌水总量两个指标来表征。

2.2.2　和易性测定方法及指标

　　到目前为止，混凝土拌合物的和易性还没有一个综合的定量指标来衡量。通常采用坍落度或维勃稠度来定量地测量流动性，黏聚性和保水性则是通过目测观察来判定的。

　　（1）坍落度（slump）测定　坍落度是目前世界各国普遍采用的代表和易性的方法之一。它适用于测定最大骨料粒径不大于 40mm、坍落度不小于 10mm 的混凝土拌合物的流动性。测定方法为：将标准圆锥坍落度筒（无底）放在水平的、不吸水的刚性底板上并固定，混凝土拌合物按规定方法装入其中，装满刮平后，垂直向上将筒提起，移到一旁，失去约束的筒内拌合物随即自由坍落。测量向下坍落的尺寸（mm）即测得坍落度（参见图 2-2-2）。坍落度越大表示混凝土拌合物的流动性越大。需要强调的是，坍落度试验得到的坍落度值只是一个数据，它只能反映拌合物的流动性大小，不能反映拌合物的黏聚性和保水性。因此，坍落度试验时在测定坍落度值的同时还必须注意观察坍落物料的外形和状况，并做好必要的描述和记录。一般主体崩塌或在振捣棒敲击下崩塌视为黏聚性不好。根据浆体边缘析浆的程度来评价保水性。

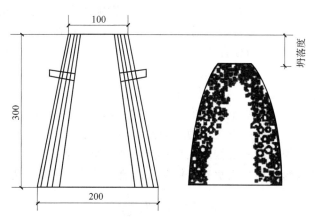

图 2-2-2　混凝土拌合物的坍落度

　　根据坍落度的不同，可将混凝土拌合物的和易性分为不同的等级。GB/T 14902—2012《预拌混凝土》中对混凝土拌合物的和易性等级分为 5 个等级（参见表 2-2-7）。

表 2-2-7　混凝土坍落度等级划分

等级	坍落度/mm	和易性特征	等级	坍落度/mm	和易性特征
S1	10～40	低塑性	S4	160～210	大流动性
S2	50～90	塑性	S5	≥220	超大流动性
S3	100～150	流动性			

（2）坍落扩展度（flowing extension value）测定 当混凝土拌合物坍落度值大于220mm时，用钢尺测量混凝土拌合物坍落扩展后最终的最大直径和最小直径，并以两者的算术平均值作为混凝土坍落扩展度值（若两者之差大于50mm，则结果无效，试验需要重做）。

GB 50164—2011《混凝土质量控制标准》对高强泵送混凝土和自密实混凝土提出坍落扩展度的要求，分别为500mm和600mm。

大流态混凝土给施工带来诸多便利的同时，也容易造成混凝土的质量问题。中低强度混凝土，如果粉体用量低容易出现离析泌水现象，导致匀质性差，影响混凝土各项性能；大流态混凝土浆骨比较大，再加上使用减水剂，收缩明显增大，体积稳定性变差，容易开裂，影响混凝土耐久性。因此，在施工允许的前提下，不提倡使用大流态混凝土，尤其是中低强度混凝土。表2-2-8是GB/T 14902—2012《预拌混凝土》依据坍落扩展度大小对混凝土拌合物和易性的等级划分。

表 2-2-8 混凝土拌合物的坍落扩展度等级划分

等级	扩展直径/mm	等级	扩展直径/mm
F1	≤340	F4	490～550
F2	350～410	F5	560～620
F3	420～480	F6	≥630

图 2-2-3 维勃稠度仪

（3）维勃稠度（Vabe consistence）测定 对于坍落度值小于10mm的干硬性混凝土，通常采用维勃稠度仪（参见图2-2-3）测定其稠度，称为维勃稠度。测定方法为：在筒内按坍落度试验方法装料，提起坍落度筒，在拌合物顶面放一透明盘，开启振动台，测量从开始振动至混凝土拌合物与压板全面接触所需的时间作为维勃稠度值（单位 s）。该方法适用于骨料粒径不超过40mm，维勃稠度在5～30s的混凝土拌合物的稠度测定。

（4）倒坍落度筒排空时间 坍落度试验在一定程度上能反映新拌混凝土的流变特性，但所测定的指标是浆体的最终变形情况，反映的是浆体在自重作用下克服剪应力而流动的性能，不能反映浆体的变形速率。而倒坍落度筒排空时间，则能在一定程度上反映拌合物的变形速率。

如果近似地用宾汉姆模型来表示新拌混凝土的流变特性，可表示为：

$$\tau = \tau_f + \eta_{pl} \frac{dv}{dt} \tag{2-2-3}$$

式中 τ——剪切应力，Pa；

τ_f——屈服应力，Pa；

dv/dt——剪切速率，s^{-1}；

η_{pl}——塑性黏度，Pa·s。

宾汉姆模型表明，当剪切应力小于屈服应力时，拌合物不会发生流动，只发生弹性变形。拌合物的塑性黏度 η_{pl} 一般不影响流动度或坍落度的测定值，但影响其流动变形速率。目前可以用来表征拌合物塑性黏度的就是倒坍落度筒排空时间。

将坍落度筒倒置，下部封口，同样地装满混凝土拌合物并抹平（一般将倒置坍落度筒固定于支架上，底部离地50cm为宜），迅速拉开封口，用秒表记录拌合物排空时间（单位 s）。

流动时间 t 的大小主要反映了拌合物的黏度系数 η 的大小。对于高强、超高强免振捣泵送混凝土，由于黏度大，仅用坍落度难以表征其可泵性，这时结合倒坍落度筒排空时间就很有参考价值。高流动性混凝土的倒坍落度筒排空时间一般应控制在 20s 以内。

还有很多类似的方法用于表征混凝土拌合物的流动性，如 L 流动试验、Orimet 试验、配筋 L 流动试验等方法。

2.2.3　影响和易性的主要因素

很多因素影响混凝土拌合物的和易性，几乎所有涉及原材料种类和性质的因素都影响到拌合物的和易性，如水泥用量、矿物掺合料种类和掺量、水胶比、骨料的粗细程度和颗粒级配、砂率、骨料中杂质的种类和含量、外加剂的种类和掺量等，都影响和易性。

由水泥和矿物掺合料与水构成的浆料在很大程度上是混凝土拌合物流动性和塑性的基础。因此，为了保证拌合物有足够的和易性，混凝土拌合物必须有一个最小的胶凝材料用量。如果低于这个数量，拌合物的和易性就会满足不了浇筑的要求。与胶凝材料用量密切相关的另一个因素是水胶比。水胶比小，即使胶凝材料用量大，但是拌合物仍然会表现出较高的剪切力和黏聚性而降低流动性；反之，水胶比过大，浆料虽然流动性好但可能易于分离。

外表圆滑的卵石类骨料在拌和过程中相互之间的摩擦力比较小，因而与碎石类骨料相比，拌合物表现出更好的和易性。石子最大粒径较大时，需要包裹的水泥浆少，流动性要好些，但稳定性较差，即容易离析；细沙的表面积大，拌制同样流动性的混凝土拌合物需要较多胶凝材料浆体或砂浆。所以，采用最大粒径稍小、粒形好（片针状、非常不规则颗粒少）、级配好的粗骨料，细度模数偏大的中粗砂，砂率稍高、胶凝材料浆体量适当的拌合物；其工作度的综合指标较好。砂率的大小反映了砂子中的细粒比例，因此，足够的砂率意味着足够的细砂以便填充粗砂间隙，产生润滑作用，对拌合物和易性有利。但是，过大的砂率则意味着过多的细砂，需要有更多的水泥浆包裹，摩擦力增大，反而不利于拌合物的流动性。因此，就拌合物和易性而言，砂率存在一个最适宜的区间。而且，砂率与胶凝材料用量之间存在一定的匹配关系。

减水剂和引气剂的使用可以显著改善拌合物的流动性，或者在保持流动性不变的前提下降低水胶比和胶凝材料用量。但是，不同品种的减水剂减水效果并不相同，而且，减水剂与水泥品种、矿物掺合料种类之间存在一定的匹配性。匹配性不好时，减水剂的使用可能引起黏聚性和保水性的变坏。

矿物掺合料不仅自身水化缓慢，优质矿物掺合料还有一定的减水效果，同时还减缓了水泥的水化速率，使混凝土的和易性提高，并防止泌水和离析的发生。不同品种、不同品质的混凝土掺合料需水行为相差很大。比如品质较好的粉煤灰总体上看需水行为好，需水量比在 90% 左右，矿渣次之，硅灰则需水较高。

含气量在一定程度上也会影响混凝土拌合物的和易性。气泡包含于浆体中相当于浆体的一部分，使浆体量增大；气泡在拌合物中还可以起滚珠润滑作用，改善了拌合物内物料之间的摩擦机制。含气量适当时对拌合物和易性是有利的，但是，过大的含气量显然对混凝土强度不利。除了与混凝土拌合物组分材料相关的因素之外，环境温度和操作时间，甚至搅拌方式等非原料组分因素也会影响到拌合物的和易性。

2.2.4　混凝土拌合物浇筑后的性能

浇筑后至初凝期间约几个小时，拌合物呈塑性和半流体状态，各组分间由于密度不同，在重力作用下产生相对运动，骨料与水泥下沉，水、掺合料上浮。混凝土拌合物浇筑之后，实际上进入养护阶段，在这个阶段，混凝土拌合物性能的变化将在很大程度上影响硬化混凝土的结构和性能。

2.2.4.1 坍落度损失

坍落度损失（slump loss）是指新拌混凝土的稠度随着时间的流逝而逐渐减小的规律，有时也称为坍落度经时损失。坍落度损失是所有混凝土拌合物的一种正常现象。造成坍落度损失的原因是由于混凝土拌合物中的游离水分参与水化反应，一方面水化产物之间相互结合，另一方面自由水量因参与水化反应或蒸发而减少。

在正常情况下，在水泥中加水后的最初 30min 内水化产物较少，坍落度损失尚不明显。但是，此后混凝土的坍落度便开始以一定的速率减小。坍落度损失的快慢取决于水化时间、温度、水泥矿物组成、水泥细度、石膏的种类和掺入量以及所用的矿物掺合料、外加剂。通常情况下，要求混凝土拌合物在初始的 30~60min 内不产生较大的坍落度损失，以满足混凝土拌合物正常的运输、浇筑、振捣、抹面等作业。

坍落度损失较大时会使搅拌车鼓筒的力矩增大，鼓筒的内壁会有混凝土黏挂，影响混凝土的泵送和浇筑。在施工现场往往以加水的方式来调整坍落度，以避造成混凝土强度、耐久性及其他性能降低。

引起坍落度损失的主要原因在于水泥的水化和凝结作用，因此，作为控制坍落度损失的有效措施之一，就是调节水泥的凝结速度。具体地，可以通过改变水泥矿物组成、减少熟料中 C_3A 含量、控制水泥细度或适当增加石膏和矿物掺合料的用量等方法。必要时可以考虑采用合适的缓凝剂。严格控制粗细骨料中的含泥量，也是控制坍落度损失的有效措施之一，因为骨料中的含泥量会加大坍落度损失。

2.2.4.2 离析

离析（segregation）是指混凝土拌合物在运输、浇筑过程中发生的水泥上浮、骨料下沉的现象。运送过程中发生离析可能导致混凝土泵送管道的堵塞，浇筑后发生离析则可能导致硬化混凝土原料组分分布不均，局部密实性降低，甚至出现蜂窝麻面，影响混凝土的性能。离析有两种形式，一种是粗骨料从拌合物中分离出来，多见于浆骨比小的混凝土拌合物中；一种是水泥浆体从拌合物中分离出来，多见于水胶比较大的混凝土拌合物中。

2.2.4.3 泌水、塑性沉降和塑性收缩

泌水（bleeding）发生在稀拌合物中。拌合物在浇筑与捣实以后、凝结之前，拌合物内部的水分向上泌出的现象。拌合物发生泌水现象时表面出现一层可以观察到的水分，大约为混凝土浇筑高度的 2‰ 或更大。这些水或蒸发或由于继续水化被吸回，伴随发生混凝土体积减小的现象。泌水现象导致三个后果，即混凝土顶部或靠近顶部的部分因水分大，形成疏松的水化物结构，常称浮浆；泌水现象不仅发生在浇筑体的顶部，还会发生在骨料的下缘，上升的水积存在骨料和水平钢筋的下方形成水囊，削弱了骨料和钢筋与水泥浆的粘接，加剧了骨料过渡区的薄弱程度，影响硬化混凝土的强度和钢筋握裹力；同时，泌水过程在混凝土中形成的泌水通道使硬化后的混凝土抗渗性、抗冻性下降。

引起泌水的主要原因是骨料的级配不良，缺少 0.3mm 以下的细颗粒。因此，增加砂子用量有一定的弥补作用。如果砂太粗或无法增大砂率，使用引气剂也是一个有效的办法。采用硅灰、增大粉煤灰用量都有一定的改善作用。另外，采取二次振捣也是减少泌水、避免塑性沉降裂缝和塑性收缩裂缝的有效措施。值得注意的是，减水剂掺入量过多时也易引发泌水。

混凝土拌合物在静止过程中由于泌水而引起的整体沉降，即为塑性沉降。在这个过程中，如果浇筑深度较大，靠近顶部的拌合物将会经历较长的运动距离。如果沉降受到阻碍，例如遇到钢筋，则沿与钢筋垂直的方向，从表面向下至钢筋将会产生塑性沉降裂缝。

混凝土浇筑体表面暴露于大气环境时，表层混凝土由于水分的蒸发作用，尤其是泌水速度小于蒸发速度时，而发生体积收缩，称为塑性收缩。随着内部硬化的进展，混凝土表面部分一方面受到下部混凝土的约束，一方面经受塑性收缩，可能导致混凝土表面开裂。为了避免或减轻混凝土表面的塑性收缩和塑性收缩裂纹的产生，阻止和减少浇筑体表面水分损失是最根本的技术措施。

2.3　混凝土的性能

混凝土的性能主要指的是硬化混凝土的一系列力学性能和与混凝土耐久性密切相关的体积变化。混凝土作为结构材料，在建筑工程中主要承受压力，因此，强度是硬化混凝土最基本的力学性能之一，对混凝土的安全至关重要。而混凝土的变形特性则与混凝土开裂行为密切相关，因而对混凝土耐久性有重大影响。

2.3.1　抗压强度

混凝土轴向抗压强度是混凝土最基本、最重要的力学性能指标，也是设计者和施工人员最为关心的一项基本参数。混凝土的强度来源于水泥的水化和水化产物。正是水泥水化产物之间的相互连接和水化产物与骨料之间的粘接作用才使得原来松散的拌合物转变成坚固的石材，并对外力产生抵抗能力。然而，水泥水化产物之间也好，水泥水化产物与骨料之间也好，究竟以什么方式相连接，其实尚未完全清楚。但是，不管如何，混凝土的强度是带有本征性的。就是说，对于某一特定的混凝土试件其抗压强度是特定的。然而，试件的尺寸和形状在很大程度上会改变测得的强度数值。

2.3.1.1　抗压强度的表示

（1）立方体抗压强度　混凝土在单向压力作用下的强度称为单轴抗压强度，即通常所指的混凝土抗压强度。单轴抗压强度是工程中最常提到的混凝土力学性能。在我国，一般采用立方体试件测定混凝土抗压强度，故也称作立方体抗压强度（cubic compressive strength，f_{cu}）。

我国标准规定，采用边长为 150mm 的立方体试件作为标准尺寸，并需在温度为 20℃±2℃，相对湿度在 95% 以上的标准养护条件下养护 28d。由此测得的抗压强度称为混凝土立方体抗压强度，用符号"f_{cu}"表示。相关研究表明，同一种材料，试件尺寸越大，测得的强度值越小，试件尺寸越小，测得的强度值越大。这种现象被称为强度测定值的"尺寸效应"。造成尺寸效应的原因在于试件尺寸越大，加载时受力越不均匀，测试强度值自然就会偏低。在试验中通常还会使用边长为 100mm 或 200mm 的立方体模具。由此测得的混凝土强度值必须乘上一个修正系数之后才能与标准尺寸试件的强度值相比较。立方体边长为 100mm 时修正系数为 0.95，立方体边长为 200mm 时修正系数为 1.05。美国和日本等国则通常采用 ϕ150mm×300mm 的圆柱体试件，由此测得的混凝土强度小于我国标准规定的立方体试件，需要乘上 1.25 之后才能与我国的标准试件强度相比较。

（2）轴心抗压强度（棱柱体强度）　在立方体抗压强度测试过程中，试件端面实际上受到支撑面的摩擦约束，无法得到理想的单轴受压应力状态。通过在钢承压板和试件受力断面之间插入一片减摩垫层，或采用棱柱体试件等方法，可以减少部分摩擦约束。从而测得混凝土轴心抗压强度（axial compressive strength，f_{cp}）。显然，轴心抗压强度在数值上低于立方体抗压强度。这种现象称为测定强度的"环箍效应"。我国轴心抗压强度的标准试验方法规定：标准试件为 150mm×150mm×300mm 的棱柱体试件，在标准养护条件下养护至 28d 龄期，所测得的抗压强度即为轴心抗压强度。在混凝土结构设计中，常以轴心抗压强度 f_{cp} 为设计依据。

混凝土的棱柱体抗压强度 f_{cp} 和立方体抗压强度 f_{cu} 之间存在一定的比例关系，并存在一定的波动幅度。同一种混凝土的轴心抗压强度 f_{cp} 低于立方体抗压强度 f_{cu}，二者之间的比例系数为 0.7～0.8，即 $f_{cp}=(0.7\sim0.8)f_{cu}$。

（3）圆柱体抗压强度 中国和德国、英国等部分欧洲国家通常采用立方体抗压强度，而美国、日本等国家则采用圆柱体抗压强度（cylinder compressive strength）。圆柱体抗压强度就是以 ϕ150mm×300mm 的圆柱体试件，按照 ASTMC 39 方法进行试验测得的抗压强度。当混凝土拌合物中粗骨料最大粒径不同时，其圆柱体的直径也不尽相同。较大的粗骨料对应较大直径的圆柱体试件，较小的粗骨料对应较小尺寸的圆柱体试件。但是，不论试件尺寸大小如何变化，圆柱体试件的高径比始终保持不变。与立方体试件抗压强度一样，试件尺寸越大，测得的强度数据越低。

混凝土的强度测定值实际上还受到加载速度的影响。对于同一混凝土试件，在一定范围内加载速度增大，将导致混凝土强度测试值偏高。这是由于如果加载速度较大，混凝土裂纹扩展速率较低，使得混凝土受力破坏发生时对应的混凝土裂纹尚未来得及充分扩展，最终混凝土在较小的裂纹尺寸条件下破坏，使得破坏荷载较高，从而强度测试值较高。为此，我国国家标准规定，混凝土抗压强度的加载速度应介于 0.3～1.0MPa/s。其中，C30 以下的混凝土，可取 0.3～0.5MPa/s；对大于或等于 C30 但小于 C60 的混凝土，可取 0.5～0.8MPa/s；对大于或等于 C60 的混凝土，可取 0.8～1.0MPa/s。

2.3.1.2 混凝土强度等级

混凝土强度等级就是将混凝土按照其强度的高低进行分级。按照 GB 50010—2010《混凝土结构设计规范》，普通混凝土划分为十四个等级，每隔 5MPa 设置一个等级，即 C15，C20，C25，C30，C35，C40，C45，C50，C55，C60，C65，C70，C75，C80。强度等级为 C35 的混凝土就意味着其立方体抗压强度 f_{cu} 应落在 35MPa 与 40MPa 之间。例如，若某种混凝土的立方体抗压强度标准值是 37.4MPa，则该混凝土的强度等级就是 C35。在我国 C55 及以下的混凝土属普通混凝土，C60 及以上的混凝土属高强混凝土，而 C25 以下的混凝土则属于低强度混凝土。在建筑工程中用量最大的混凝土强度等级一般在 C15～C55 范围之内。

2.3.1.3 影响混凝土抗压强度的因素

影响混凝土强度的因素很多，主要包括两大方面，一是与原料性能有关的水泥强度和水泥用量、水胶比、骨料品质、外加剂等，二是与浇筑养护有关的拌合物和易性、浇筑密实性和均匀性、养护龄期和养护条件等等。

（1）水泥等级和用量 混凝土是由水泥、骨料和水及外加剂经拌和浇筑养护硬化而成的人造石材。在混凝土的形成过程中，水泥起着至关重要的作用。正是因为水泥的水化硬化作用，才使得原来松散的骨料能够被相互粘接在一起。相比较而言，骨料没有胶凝性，主要起到骨架和填充的作用。因此，水泥等级和用量就在很大程度上影响混凝土的强度。一般情况下，水泥的强度等级越高，水泥用量越大，混凝土强度也就越高。在混凝土配合比设计中，为了保证混凝土的设计强度，通常会规定水泥的最小用量。而水泥品种的不同可能影响混凝土的强度发展速度。一般情况下，使用硅酸盐水泥和普通水泥的场合，混凝土的早期强度发展较快，掺用较多矿物掺合料的场合，混凝土的早期强度发展稍慢，但是，后期强度可能持续增长。

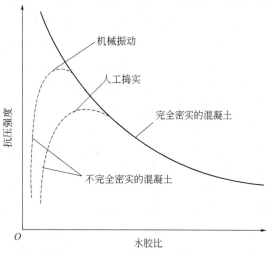

图 2-2-4 混凝土强度与水胶比的关系

（2）水胶比 水胶比表示混凝土中用水量与胶凝材料用量之比。在胶凝材料用量一定的情况下，水胶比的大小反映了用水量的大小。水在混凝土拌制过程中主要起到两个作用，一是赋予拌合物流动性，便于搅拌和浇筑；二是为水泥水化硬化提供足够的水分。可见，适宜的用水量既是混凝土搅拌和浇筑的保证，也是水泥充分水化、发挥胶凝性的保证。如果水分不够，则拌合物流动性不好，难以搅拌和浇筑，进而影响混凝土的均质性和密实性，从而影响强度。如果水分过多，则虽然水泥得以充分水化，而多余的水分就会残留于混凝土硬化体内部，增加孔隙数量，使混凝土强度降低。因此，水胶比与混凝土强度的关系可以用图 2-2-4 来表示。

JGJ 55—2011《普通混凝土配合比设计规程》中列出了混凝土抗压强度与水胶比的变化关系式如下：

$$f_{cu} = \alpha_a f_b \left(\frac{1}{W/B} - \alpha_b \right) \tag{2-2-4}$$

式中 α_a，α_b——回归系数；

W/B——水胶比；

f_b——胶凝材料 28d 胶砂强度，MPa。

（3）骨料品质 如上所述，相对于水泥作为一种胶凝材料在混凝土中起到重要的胶凝作用而言，骨料则没有水硬性，在化学上也基本上表现为惰性。但是，由此认为骨料对混凝土的性能基本没有影响，并不是一种完全正确的观点。首先，骨料本身的强度高低会直接影响混凝土的强度。只不过，天然骨料的强度往往都要比混凝土的强度高出好几倍，并不成为问题。但是，骨料的强度并不是越高越好的，尤其是弹性模量和热膨胀系数，它们都会在某些特定的情况下成为混凝土内部应力集中引起破坏的根源。其次，骨料对于混凝土强度的影响主要是通过物理途径而显示。在这个过程中混凝土拌合物的和易性成为一个桥梁和过渡的环节。骨料的品质首先影响混凝土拌合物的和易性，然后影响到混凝土的浇筑操作，进而影响到混凝土的均质性和密实性，最终影响混凝土的强度。骨料的其他特征，如粒径、形状、表面结构、级配和矿物成分，都在不同程度上影响界面过渡区的特征，从而影响混凝土强度。如粒径大的骨料使界面过渡区有更多的微裂缝；级配良好的骨料，在达到同样工作性能时用水量降低；针片状含量高的混凝土强度较低；配合比相同时，以钙质骨料代替硅质骨料可以提高强度。

（4）搅拌与捣实效果 从混凝土硬化体本身的结构要素来看，混凝土的强度除了水泥的胶凝作用以外，还与其密实度紧密相关。因此，搅拌不均匀的混凝土，硬化后的强度低，且强度波动的幅度也大。当水胶比较小时，振捣效果的影响尤为显著；但当水胶比逐渐增大、拌合物流动性逐渐增大时，振捣效果的影响就不明显了。通常，机械振捣效果优于人工振捣，尤其是采用强制搅拌机，搅拌频率加快，会使拌合物更均匀，混凝土的强度会提高。

（5）养护条件　所谓养护条件主要指的是混凝土浇筑体养护过程中所处的周围环境的温度和湿度。足够的湿度主要是防止混凝土浇筑体表面水分损失，保持体内水分稳定，保证水泥水化反应充分进行。适当的温度养护则保证水泥水化反应的正常进行。养护不足或不当，将会造成混凝土强度降低，严重时可能引发开裂，影响混凝土耐久性。在实验室混凝土试件的标准养护条件为温度 20℃±2℃，相对湿度大于 90%，湿空气养护，或温度 20℃±1℃水中养护。但是，在施工工地，温度和湿度可能与当地天气相同，很难考虑专门控制。譬如，在冬季施工条件下，环境气温比较低，混凝土必须先进行保温养护，使是混凝土在正常温度下凝结、硬化，确保强度达到一定的初始值，然后方可转入负温养护，否则混凝土强度在达到初始强度之前经受负温作用，会导致混凝土中自由水结冰膨胀，使混凝土发生早期冻伤，导致混凝土的强度与耐久性下降。当混凝土掺用大量矿物掺合料时，对养护温度更加敏感，在施工现场需要特别控制养护。夏季环境温度高，水泥水化速率加快，同时，混凝土表面水分散失速率加快。因此，也要加强养护条件的控制，要采取降温保湿措施。必要的时候，冬季施工可能需要掺加早强剂或防冻剂，夏季施工可能需要掺加缓凝剂。

在干燥环境中，混凝土易出现水化硬化不足的问题，且易发生塑性收缩和干燥收缩。为确保混凝土的正常硬化和强度的不断增长，混凝土初凝前应二次抹面并立即进行保湿养护。我国标准 GB 50204 规定，在混凝土浇筑后的 12h 内，应加以覆盖和浇水。如采用硅酸盐水泥、普通硅酸盐水泥或矿渣水泥，浇水养护期不得少于 7d；如采用火山灰水泥或粉煤灰水泥，或者在施工中掺用了缓凝型外加剂或者混凝土有抗渗要求时，浇水养护不得少于 14d。

（6）养护龄期　一般情况下，混凝土强度随龄期的延长而逐渐增长。但是，强度增长主要发生在 3~28d 龄期内，此后强度增长逐渐缓慢，却可延续达数十年之久。当某一龄期 n 大于或等于 3d 时，在该龄期的混凝土强度 f_n 与 28d 强度 f_{28} 的关系如下：

$$f_n = \frac{\lg n}{\lg 28} f_{28} \tag{2-2-5}$$

式（2-2-5）适用于标准条件养护、龄期大于或等于 3d 且用普通水泥配制的中等强度混凝土强度的估算。

（7）外加剂和矿物掺合料　减水剂能减少混凝土拌和用水量，提高混凝土的强度。加入引气剂，会增加基体的孔隙率，从而对强度产生负面影响。但是，从另一方面来看，通过提高拌合物的工作性能和密实性，引气剂可以改善界面过渡区的强度（特别是拌合物中水和水泥较少时），进而提高混凝土强度。在低水泥用量的混凝土拌合物中，引气剂伴随用水量的大幅度降低，对基体强度的负面效应则被它对界面过渡区增强的效应所补偿。

矿物掺合料部分替代水泥，通常会延缓早期强度的发展。但是，矿物掺合料在常温下能与水泥浆中的氢氧化钙发生反应，产生大量的水化硅酸钙，使基体和界面过渡区的孔隙率显著降低。因而，掺入掺合料能提高混凝土的长期强度和水密性。

2.3.2　抗拉强度与抗折强度

2.3.2.1　抗拉强度

抗拉强度（tensile strength）也是混凝土的基本力学性质之一。它既是研究混凝土强度理论及破坏机理的一个重要组成部分，又直接影响钢筋混凝土结构抗裂性能。混凝土作为一种脆性材料，其抗折强度很低，一般仅为其抗压强度的 $0.07 \sim 0.11$。因此，混凝土多见于受压部位的承重。混凝土中配置钢筋，原因也在于此。而混凝土在实际使用过程中除了承受外部荷载外，还要承受内部应力。内部应力多数属于拉应力。抗拉强度越低，拉应力使材料开裂的危险就越大。

直接测定混凝土轴心抗拉强度的试验具有一定的难度。主要原因在于难以保证荷载作用线与受拉试件轴线的重合，同时受拉破坏截面垂直于试件轴线。因此，在实际工程应用中，估计混凝土抗拉强度最常用的方法是劈裂抗拉试验法（ASTM C496）和 4 点抗弯荷载试验法（ASTM C78）。对应于我国国家标准 GB/T 50081—2002《普通混凝土力学性能试验方法标准》中的劈裂抗拉强度试验和抗折强度试验，我国行业标准 DL/T 5150—2001《水工混凝土试验规程》中也给出了混凝土轴向拉伸试验方法。

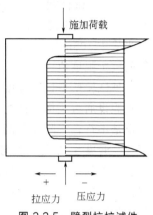

图 2-2-5 劈裂抗拉试件
受力状态

2.3.2.2 劈裂抗拉试验

国内外均采用劈裂抗拉强度试验来测定抗拉强度，该方法的原理是在试件的两相对表面的竖直中心线上，施加均匀分布的压力，在压力作用的竖向平面内产生均匀分布的拉应力。该拉应力随施加载荷的增大而逐渐增大，当其达到混凝土的抗拉强度时，试件将发生拉伸破坏（参见图 2-2-5）。该破坏属脆性破坏，破坏效果如同被劈裂开，试件沿前后中心线所成的竖向平面断裂成两半。故称该强度为劈裂抗拉强度，简称劈拉强度。该试验方法大大简化了抗拉试件的制作，且能较正确地反映试件的抗拉强度。

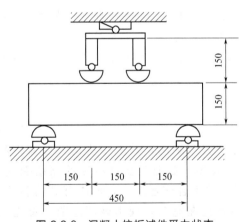

图 2-2-6 混凝土抗折试件受力状态

我国在混凝土劈裂抗拉强度试验方法中规定：标准试件为 $150\text{mm} \times 150\text{mm} \times 150\text{mm}$ 的立方体试件，采用直径 75mm 的弧形垫块并加三层胶合板垫条，按规定速度加载。在劈裂抗拉强度试验中，破坏时的拉伸应力可根据弹性力学理论计算得出。故混凝土的劈裂抗拉强度 f_{ts} 按下式计算：

$$f_{ts} = \frac{2P}{\pi a^2} = 0.637 \frac{P}{a^2} \qquad (2\text{-}2\text{-}6)$$

式中　P——破坏荷载，N；

a——立方体试件边长，mm。

因混凝土抗拉强度远低于抗压强度，在普通混凝土设计中通常不予考虑。但是，在抗裂性要求较高的混凝土结构设计场合，如路面、油库、水塔及预应力钢筋混凝土构件等，抗拉强度却是混凝土抗裂性的主要指标。

2.3.2.3 抗折强度

交通道路路面或机场跑道用混凝土设计时，以抗折强度为主要强度指标，以抗弯强度为参考强度指标。抗折强度试件以标准方法制备，为 $150\text{mm} \times 150\text{mm} \times 600\text{mm}$（或 550mm）的棱柱体试件。在标准养护条件下养护至 28d 龄期，采用三点弯曲加载方式，测定其抗折强度（参见图 2-2-6）。

根据试验测得的破坏载荷和试件尺寸，按照下式计算其抗折强度：

$$f_{ef} = \frac{FL}{bh^2} \qquad (2\text{-}2\text{-}7)$$

式中　F——极限荷载，N；

　　　L——支座间距离，$L=450mm$；

　　　b——试件宽度，mm；

　　　h——试件高度，mm。

当采用 $100mm \times 100mm \times 400mm$ 非标准试件时，在三分点加载的试验方法同前，但所取得的抗折强度值应乘以尺寸换算系数 0.85。

这种试验所得抗折强度 f_{ef} 比真正的抗折强度偏高了 50% 左右。这主要是因为简单的抗折公式假设通过梁横截面的应力是线性变化的，而混凝土是非线性的应力-应变曲线，故这种假设是不符合实际情况的。

2.3.2.4　混凝土抗压强度与抗拉强度的关系

混凝土的抗拉强度与抗压强度之间存在一致性的联系，即混凝土的抗压强度越高，抗拉强度自然也越高。并且，抗拉强度与抗压强度之间存在一定的比例关系。不过，这种比例关系并不是完全的线性关系。随着强度的升高，抗压强度与抗拉强度比例系数逐渐减小。从数值上看，抗压强度数值远远大于抗拉强度数值。也就是说，抗拉强度与抗压强度之比值是一个小于 1 的数值。表 2-2-9 列出了不同抗压强度对应的抗拉强度比例系数。

表 2-2-9　混凝土抗拉强度与抗压强度的比例系数

抗压强度/MPa	10	20	30	40	50	60	70	80
抗拉强度/抗压强度	1/10	1/11	1/12	1/13	1/14	1/15	1/16	1/17

抗压强度与拉压比之间的关系可能由水泥水化产物之间的黏结特性（非纯化学键）和界面过渡区的性质等诸多因素所决定。养护时间和混凝土拌合物特性，如水胶比、骨料类型和外加剂等，也会在不同程度上影响拉压比。含石灰质骨料或矿物掺合料的混凝土经充分养护，在较高的抗压强度时，也可以获得较高的拉压比。

2.3.3　混凝土在荷载作用下的变形

混凝土是一种复合材料，其强度是水泥基体强度、骨料强度以及组分之间相互作用的函数。混凝土在不施加任何荷载之前已存在内部裂缝和缺陷，其中一些是来自离析和泌水，在大块骨料和钢筋下面尤其是这样。但是，大多数裂缝是在过渡区的黏结裂缝。当混凝土受荷载后，这些界面裂缝会逐渐扩大、延长并汇合连通起来，形成可见的裂缝，致使混凝土结构丧失连续性而遭到完全破坏。而混凝土在完全表现出破坏之前，首先表现出的是变形。

（1）弹塑性变形（elstic-plastic deformation）　混凝土内部结构中含有砂石骨料、水泥石（水泥石中又存在着胶凝、晶体和未水化的水泥颗粒）、游离水分和气泡。这就决定了混凝土本身的不匀质性。它不是完全的弹性体，而是一种弹塑性体。受力时，混凝土既会产生可以恢复的弹性变形，又会产生不可恢复的塑性变形。其应力与应变关系不是直线而是曲线，如图 2-2-7 所示。

在静力试验的加载过程中，若加载至应力为 σ、应变为 ε 的 A 点，然后将荷载逐渐卸去，则卸载时的应力-应变曲线如 AC 所示。卸载后能恢复的应变是由混凝土的弹性引起的，称为弹性应变 $\varepsilon_{弹}$；剩余不能恢复的应变，则是由于混凝土的塑性引起的，称为塑性应

变 $\varepsilon_{塑}$。

在工程应用中，通常采用反复加载、卸荷的方法使塑性变形减小，从而测得弹性变形。在重复荷载作用下的应力-应变曲线形式因作用力的大小而不同。当应力小于 $(0.3 \sim 0.5) f_{cp}$ 时，每次卸载都残留一部分塑性变形（$\varepsilon_{塑}$）。但是，随着重复次数的增加，$\varepsilon_{塑}$ 的增量逐渐减小，最后曲线稳定于 $A'C'$ 线，它与初始切线大致平行，如图 2-2-8 所示。若所加应力 σ 在 $(0.5 \sim 0.7) f_{cp}$ 以上重复时，随着重复次数的增加，塑性应变逐渐增加，最终导致混凝土疲劳破坏。

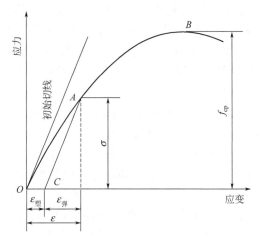

图 2-2-7　混凝土受压应力-应变曲线　　　图 2-2-8　混凝土受重复载荷压应力-应变曲线

（2）变形模量　在应力-应变曲线上任一点的应力 σ 与应变 ε 的比值，称为混凝土在该应力下的变形模量。它反映混凝土所受应力与所产生应变之间的关系。在计算钢筋混凝土变形、裂缝开展及大体积混凝土的温度应力时，均需知道混凝土的变形模量。在混凝土结构或钢筋混凝土结构设计中，常采用一种按标准方法测得的静力受压弹性模量 E_c。

收缩应变大小只是导致混凝土开裂的一方面原因，另一方面还有混凝土的延伸性，即弹性模量。弹性模量越小，产生一定量收缩引起的弹性拉应力也越小。

在静力受压弹性模量试验中，使混凝土的应力在 $0.4 f_{cp}$ 水平下经过多次反复加载和卸荷，最后所得应力-应变曲线与初始切线大致平行，这样测出的变形模量称为弹性模量（elastic modulus，E_c），故 E_c 在数值上与 $\tan\alpha$ 相近，如图 2-2-8 所示。

混凝土弹性模量受其组成相及孔隙率的影响，并与混凝土的强度有一定的相关性。混凝土的强度越高，弹性模量也越高。当混凝土的强度等级由 C10 增加至 C60 时，其弹性模量大致由 1.75×10^4 MPa 增大至 3.60×10^4 MPa。

混凝土的弹性模量也因其骨料与水泥石的弹性模量而异。由于水泥石的弹性模量一般低于骨料的弹性模量，所以，混凝土的弹性模量一般略低于其骨料的弹性模量。在材料质量不变的情况下，混凝土的骨料含量较多、水胶比较小、养护较好及龄期较长时，混凝土的弹性模量较大。蒸汽养护的弹性模量比标准养护的低。

2.3.4　混凝土在非荷载作用下的变形

混凝土的变形（deformation）如同强度一样，也是混凝土的一项重要的力学性能。混凝土在凝结硬化过程中以及硬化后，受到荷载、温度、湿度以及大气中 CO_2 的作用，会发生整体的或局部的体积变化，产生变形。实际使用中的混凝土结构一般会受到基础、钢筋或相邻部件的牵制而处于不同程度的约束状态。即使单一的混凝土试块没有受到外部的约束，其内部各组分之间也还是相互制约的。混凝土的体积变化则会由于约束的作用在混凝土内部产生拉应力。当此拉应力超过混凝土的抗拉强度时，就会引起混凝土开裂，产生裂缝。较严重的开裂不仅影响混凝土承受设计荷载的能力，而且还会严重损害混凝土的外观和耐久性。混凝土的变形大致可分为收缩变形、温度变形、弹塑性变形和徐变。收缩变形和温度变形为非荷载作用下的变形；弹塑性变形和徐变为荷载作用下的变形。

（1）化学收缩 由水泥水化产物的总体积小于水化前反应物的总体积而造成的混凝土收缩，称为化学收缩（chemical shrinkage）。化学收缩是不可恢复的，其收缩量随混凝土龄期的延长而增加，大致与时间的对数成正比。化学收缩主要来自于水泥的水化，与骨料关系不大。一般在混凝土成型后 40d 内收缩量增加较快，以后逐渐趋向稳定。化学收缩值约为 $(4\sim100)\times10^{-6}$mm/mm。化学收缩可使混凝土内部产生细微裂纹。这些细微裂缝可能会影响混凝土的承载性能和耐久性能。

（2）温度变形 与其他材料一样，混凝土的体积也会随着温度的变化而变化，并表现为热胀冷缩，这称为混凝土的温度变形（thermal deformation, or thermal expansion）。混凝土的温度线膨胀系数为 $(1\sim1.5)\times10^{-5}$℃$^{-1}$，即温度每升降 1℃，每 1m 胀缩 0.01~0.015mm。混凝土温度变形，除受降温或升温影响外，还受混凝土内部与外部的温差影响。混凝土硬化期间由于水化放热产生温升而膨胀，到达温峰后降温时产生收缩变形。升温期间因混凝土弹性模量还很低，只产生较小的压应力，且因徐变作用而松弛；降温期间收缩变形因弹性模量已经增大，而松弛作用减小，受约束时产生较大的拉应力。当拉应力超过混凝土抗拉强度（断裂能）时局部就会出现开裂。混凝土通常的热膨胀系数约为 $(6\sim12)\times10^{-6}$℃$^{-1}$。如果取 10×10^{-6}℃$^{-1}$，则 15℃的降温可以造成的收缩量可达 150×10^{-6}。如果混凝土的弹性模量为 21GPa，不考虑徐变等产生的应力松弛，该降温收缩受到完全约束所产生的弹性拉应力为 3.1MPa。这个数值已经接近或超过普通混凝土的抗拉强度，容易引起冷缩开裂。因此，在结构设计中必须考虑到降温收缩造成的不利影响。

混凝土中水泥用量越高，混凝土浇筑体内部温升越高。混凝土是热的不良导体，散热较慢。混凝土内部绝热温升会随着构件截面尺寸的增大而升高。因此，在大体积混凝土内部的温度较外部高，有时内外温差可达 50~70℃。这将使内部混凝土的体积产生较大的相对膨胀，而外部混凝土却随气温降低而相对收缩。内部膨胀和外部收缩相互制约，在外层混凝土中将产生很大的拉应力，严重时使混凝土产生裂缝。

因此，对大体积混凝土工程，必须尽量减少混凝土发热量，目前常用的方法有：

① 最大限度减少用水量和水泥用量；

② 大量掺加粉煤灰等低活性掺合料；

③ 采用低热水泥；

④ 预冷原材料；

⑤ 选用热膨胀系数低的骨料，减小热变形；

⑥ 在混凝土中埋冷却水管，表面绝热，减小内外温差；

⑦ 对混凝土合理分缝、分块浇筑以减轻约束等。

近几十年来，基础、桥梁、隧道衬砌以及其他构件尺寸并不很大的结构混凝土开裂的现象增多。在这些场合干燥收缩好像变得并不重要了。水热化以及温度变化已经成为引起素混凝土与钢筋混凝土约束应力和开裂的主导原因。目前由于水泥水热化高，混凝土等级高，混凝土浆体用量多，许多厚度没有达到 1m 的混凝土结构都可能存在大体积混凝土的问题。

（3）干燥收缩　混凝土暴露于干燥环境中，因为水分逸出而引起的收缩，称为干燥收缩（dry shrinkage）。混凝土经受干燥作用时，首先发生气孔水和毛细孔水的蒸发。气孔水的蒸发并不引起混凝土的收缩。毛细孔水的蒸发，使毛细孔中形成负压，随着空气湿度的降低，负压逐渐增大，产生收缩力，导致混凝土收缩。同时，水泥混凝胶颗粒的吸附水也发生部分蒸发，由于分子引力的作用，粒子间距离变小，使凝胶体产生紧缩。混凝土的这种体积收缩，在重新吸水后大部分可以恢复，但会有一部分收缩不能完全恢复，称为残余收缩。通常，混凝土残余收缩为收缩量的 30%～60%。当混凝土在水中硬化时，体积不变，甚至轻微膨胀。这是由于凝胶体中胶体粒子间的距离增大所致。

混凝土的湿胀变形量很小，一般不至于引起损坏。但是，干缩变形对混凝土危害较大，在一般条件下，混凝土的极限收缩值达 $(50～90) \times 10^{-5} \text{mm/mm}$ 时，会使混凝土表面出现拉应力而导致开裂，严重影响混凝土的耐久性。在工程设计中，混凝土的线收缩采用 $(15～20) \times 10^{-5} \text{mm/mm}$，即 1m 收缩 0.15～0.20mm。干缩主要是水泥石产生的，因此，降低水泥用量或减小水胶比是减小干缩的关键。

（4）塑性收缩　塑性收缩（plastic shrinkage）由沉降、泌水引起，主要发生于拌合物浇筑之后凝固之前，时间范围为拌和后 3～12h 以内。塑性收缩尽管由沉降和泌水引起，但实际上与表面水分损失也密切相关，因此，多发生于混凝土路面或板状结构等大面积浇筑场合。

在暴露面积较大的混凝土工程中，当表面失水的速率超过混凝土泌水的上升速率时，会造成毛细孔负压。新拌混凝土的表面会因迅速干燥而产生塑性收缩。虽然混凝土的表面已相当干硬而不具有流动性。但是，此时的混凝土强度尚不足以抵抗因收缩受到限制而引起的应力，在混凝土表面即会产生开裂。此种情况往往在新拌混凝土浇捣以后的几小时内就会发生。水胶比较低的混凝土拌合物体内自由水少，矿物细粉和水化产物又迅速填充毛细孔，阻碍泌水上升，因此表面更易于出现塑性收缩开裂。典型的塑性收缩裂缝是相互平行的，间距约为 25～75mm，深度约为 25～50mm 的网状龟裂缝。

当新拌混凝土被基底或模板材料吸去水分时，也会在其接触面上产生塑性收缩而开裂，也可能加剧混凝土表面失水所引起的塑性收缩而开裂。

引起新拌混凝土表面失水的主要原因是水分蒸发速率过大。高的混凝土温度（由水泥水化热所产生）、高的气温、低的相对湿度和高的风速等因素，不论是单独作用还是几种因素同时作用，都会加速新拌混凝土表面水分的蒸发，增大塑性收缩和开裂的可能性。

（5）自生收缩　自生收缩（autogenous shrinkage）又称自收缩，是混凝土在初凝之后随着水化的进行，在恒温恒重条件下因内吸作用而引起的体积的减缩。自收缩不同于干燥收缩、塑性收缩、温降收缩和遭受外力等原因引起的体积变化，也不同于化学收缩。自收缩产生的原因是随着水泥水化的进行，在硬化水泥石中形成大量微细孔，孔中自由水量因水化作用而逐渐降低，结果引起毛细孔应力，造成硬化水泥石受负压作用而产生收缩。自收缩的产生机理类似于干燥收缩，但二者在相对湿度降低的机理上是不同的，造成干缩的原因是由于水分扩散到外部环境中，而自收缩是由于内部水分反应所消耗而造成的。因此，通过阻止水分扩散到外部环境中的方法来降低自收缩是无效的。当混凝土的水胶比降低时干燥收缩减小的同时自收缩反而加大。如当水胶比大于 0.5 时，自收缩与干缩相比小得可以忽略不计；而当水胶比小于 0.35 时，自收缩与干缩值两者接近；当水胶比为 0.17 时，则混凝土只有自收缩而不发生干缩。矿物掺合料对混凝土自收缩的影响不同。粉煤灰可以有效减少自收缩，比表面积大于 $400 \text{m}^2/\text{kg}$ 的超细矿渣粉则会增大自收缩，而硅灰及高效减水剂的掺加也会显著增加混凝土的自收缩。

（6）碳化收缩　混凝土中水泥水化物主要是 $Ca(OH)_2$ 和 C-S-H 凝胶，与大气中 CO_2 发生的化学反应称为碳化。伴随着碳化过程而产生的体积收缩称为碳化收缩（carbonation shrinkage）。碳化首先发生于 $Ca(OH)_2$ 与 CO_2 之间，反应生成 $CaCO_3$，导致体积收缩。$Ca(OH)_2$ 碳化使硬化体的碱度降低，继而有可能使 C-S-H 凝胶的钙硅比减小和钙矾石分解，进一步加重碳化收缩。

反应方程式如下：

$$Ca(OH)_2 + CO_2 \xrightarrow{H_2O} CaCO_3 + H_2O$$

$$\text{C-S-H(高 Ca/Si 比)} + CO_2 \xrightarrow{H_2O} \text{C-S-H(低 Ca/Si 比)} + CaCO_3 + H_2O$$

$$C_3A \cdot 3CaSO_4 \cdot 32H_2O + CO_2 \xrightarrow{H_2O} C_3A \cdot CaSO_4 \cdot 12H_2O + CaCO_3 + H_2O$$

环境湿度较大时，混凝土内毛细孔充满水，CO_2 难以进入，因此碳化很难进行。例如，水中混凝土就不会碳化。易于发生碳化的相对湿度是 $45\% \sim 70\%$。碳化收缩对混凝土开裂影响不大，其主要危害是对钢筋保护不利，容易引发钢筋锈蚀，而钢筋锈蚀会导致混凝土保护层脱落。

（7）徐变　混凝土在恒定荷载的长期作用下产生的，沿着作用力方向的变形称为徐变（creep），也称蠕变。混凝土的徐变随时间不断增长，一般要延续 $2 \sim 3$ 年才逐渐趋于稳定。当混凝土受荷载作用后，即时产生瞬时变形，瞬时变形以弹性变形为主。随着荷载持续时间的增长，徐变逐渐增长，且在荷载作用初期增长较快，以后逐渐减慢并稳定。混凝土最大稳定徐变量一般可达 $(3 \sim 15) \times 10^{-4}$ mm/mm，即 $0.3 \sim 1.5$ mm/m，为瞬时变形的 $2 \sim 4$ 倍左右。混凝土在变形稳定后，如卸去荷载，则部分变形可以产生瞬时恢复，部分变形在一段时间内逐渐恢复，称为徐变恢复（creep recovery），但仍会残余大部分不可恢复的永久变形，称为残余变形（residual deformation）。混凝土徐变的上述特征可以用徐变量-持荷时间曲线来表示（参见图 2-2-9）。

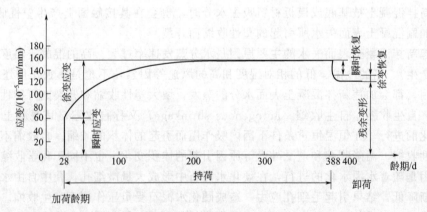

图 2-2-9　混凝土的徐变特征

一般认为，混凝土的徐变是由水泥石中凝胶体在长期荷载作用下的黏性流动引起的，是凝胶孔水向毛细孔内迁移的结果。对于早龄期的混凝土，水泥尚未充分水化，所含凝胶体较多，且水泥石中毛细孔较多，凝胶体易流动，所以，徐变发展较快；对于晚龄期的混凝土，由于水泥继续硬化，凝胶体含量相对减少，毛细孔亦少，徐变发展渐慢。

混凝土徐变可以消除钢筋混凝土内部的应力集中，使应力中心较均匀地分布，对大体积混凝土还可以消除一部分由于温度变形所产生的破坏应力。徐变越大，应力松弛越显著，残余拉应力就越小。但在预应力钢筋混凝土结构中，徐变会使钢筋的预加应力受到损失，使结构的承载能力受到影响。

影响混凝土徐变的因素很多，包括荷载大小、持续时间、混凝土的组成特性以及环境温湿度等，而最根本的是水胶比与水泥用量，即水泥用量越大，水胶比越大，混凝土徐变就越大。徐变通常与强度相反，强度越高，徐变越小。

需要强调的是，为避免混凝土开裂，混凝土早期应保有一定的徐变，这不难做到，与获得高早强的途径相反。

2.4　混凝土耐久性

混凝土作为一种结构材料在建筑工程中需要承受建筑物或构件的载荷，因此，强度就成为一个重要标志，也成为混凝土力学性能中最重要的性能之一。一般情况下混凝土的强度越高，构筑物的承载能力就越大，或者，在同等载荷的作用下，强度高的混凝土构件相应的截面积可以减小。正因为如此，混凝土的强度性能也成为混凝土配合比设计的一个重要评价指标和依据。但是，在长期的工程实践和科学研究过程中，人们逐渐发现仅凭强度的高低评价混凝土的性能是不全面和不合理的。有些混凝土构件虽然强度高，但是，它们的使用寿命却并不长。相反，有些强度并不高的混凝土，它们的使用寿命却很长。这就是说，混凝土的破坏并不仅仅起因于力学承载作用大小，同时起因于周围环境的各种化学和物理作用因素。这些因素就是本节将要介绍的有关混凝土耐久性的知识。

2.4.1　耐久性的概念

耐久性（durability of concrete）是指混凝土结构抵抗环境中各种因素作用而保持正常使用功效的能力，包括抗渗透性、抗冻融性、抗碳化性、抗化学侵蚀性、抗碱-骨料反应、耐火性，等等。混凝土结构耐久性也可以理解为设计使用年限。然而，混凝土的实际使用寿命是难以预知的，因此，混凝土耐久性的评价，往往不是用使用寿命来表示的，而是用某些耐久性指标来综合表示的。目前，混凝土结构设计中不仅要考虑其所承受的荷载，而且要考虑耐久性因素。我国国家标准 GB/T 50476—2008《混凝土结构耐久性设计规范》就有针对一般环境、冻融环境、氯化物环境和化学腐蚀环境等不同的环境类型而制订的考虑耐久性因素的设计规定。

2.4.2　混凝土抗渗性

混凝土的抗渗透性（permeability resistance）是指其抵抗水等液体渗透作用的能力。这就是说，混凝土的抗渗性好，则意味着周围环境中的水等液体就难以进入，相反就容易进入。需要指出的是，水分进入混凝土体内的同时往往会夹带一些化学物质进入。因此，混凝土的渗透性不仅仅是水分等液体对混凝土性能的影响，同时也包括一些有害物质对混凝土性能的影响。实际上，混凝土的抗渗性已经成为混凝土耐久性的重要因素。许多基于化学反应而引发的混凝土耐久性丧失的破坏都是以渗透为前提和途径的。没有水的直接作用或作为侵蚀性介质扩散进入混凝土内部的载体，混凝土的许多病害就不会发生。与混凝土渗透性密切相关的有两个因素，一是水等液体介质的压力大小，压力越大渗透越容易发生；二是混凝土内部的孔隙率的大小，孔隙率越大渗透就越容易发生。因此，提高混凝土的密实度可以有效改善其抗渗性。

2.4.2.1　抗渗性评价方法

对于混凝土抗渗性的评价，目前国内外有 3 种方法，即透水性、透气性和氯离子渗透性。

(1) 抗渗级别法　抗渗级别法就是按照抗渗压力的不把混凝土的抗渗性分为 P6、P8、P10、P12 四个等级，分别能抵抗 0.8MPa、1.0MPa、1.2MPa、1.4MPa 以下的压力水而不发生渗透。混凝土的抗渗性试验采用 185mm×175mm×150mm 的圆台形试件，每组 6 个试件。按照标准试验方法成型并养护试件至 28~60d，期间进行抗渗性试验。试验时将圆台形试件周围密封并装入模具，从圆台形试件底部施加水压力，初始压力为 0.1MPa，每隔 8h 增加 0.1MPa，当 6 个试件中有 4 个试件未出现渗水时，以最大水压力表示混凝土的抗渗透性。JGJ 55—2011《普通混凝土配合比设计规程》中规定，配制抗渗混凝土要求的抗渗水压值应比设计值提高 0.2MPa，抗渗试验结果应满足式(2-2-8) 要求：

$$P_t \geqslant \frac{P}{10} + 0.2 \tag{2-2-8}$$

式中　P_t——6 个试件中不少于 4 个未出现渗水时的最大水压值，MPa；

P——设计要求的抗渗等级值，MPa。

(2) 渗水高度法　随着工程界对混凝土抗渗性的日益重视以及借助于减水剂的而实现的低水胶比混凝土配合比特点，抗渗性普遍提高，逐级加压抗渗性级别法已经不太适用。也就是说，大部分混凝土的抗渗等级都会自然高于 P12，难以测得混凝土在规定范围内的抗渗级别。国家标准 GB/T 50082—2009《普通混凝土长期性能和耐久性能试验方法标准》提出了渗水高度法。渗水高度法适用于测定以硬化混凝土在恒定水压力下的平均渗水高度来表示的混凝土抗水渗透性能。

渗水高度法使用的抗渗仪和试件形状与抗渗级别法一样，试验方法也基本相同，只是抗渗性的评价指标不同。抗渗试件安装好以后，立即开通 6 个试位下的进水阀门，使水压在 24h 内恒定控制在 1.2MPa±0.05MPa。在恒压过程中随时观察试件端面的渗水情况，当发现有某一个试件端面出现渗水时，立即停止该试件的渗水试验并记录时间。直接以试件的高度作为该试件的渗水高度。对于 24h 内端面未出现渗水的试件，应在试验 24h 后停止试验，并及时取出试件，测定试件内部的渗水高度。渗水高度的试验结果计算及处理应符合下列规定：

① 第 i 个试件的渗水高度按照式(2-2-9) 计算：

$$\bar{h}_1 = \frac{1}{100} \sum\nolimits_{j=1}^{10} h_j \tag{2-2-9}$$

式中　h_j——第 i 个试件第 j 个测点处的渗水高度，mm；

$\bar{h}_1$——第 i 个试件的平均渗水高度，mm，应以 10 个测点渗水高度的算术平均值作为该试件渗水高度的测定值。

② 一组试件的平均渗水高度应按式(2-2-10) 计算：

$$\bar{h} = \frac{1}{10} \sum\nolimits_{i=1}^{6} \bar{h}_1 \tag{2-2-10}$$

式中　$\bar{h}$——一组 6 个试件的平均渗水高度，mm，以一组 6 个试件渗水高度的算术平均值作为该组试件渗水高度的测定值。

(3) 氯离子渗透法　对于密实度更高，渗透性更低的混凝土试件，按现行国家标准用抗渗等级的压力透水法无法正确评价其渗透性。目前较常用的混凝土渗透性评价方法是 ASTM C1202 直流电量法、快速氯离子迁移系数 RCM 法和氯离子扩散系数 NEL 法。

ASTM C1202 直流电量法是将混凝土试块切割成尺寸为 $100mm \times 100mm \times 50mm$ 或如 $\phi 100mm \times 50mm$ 的上下表面平行的试样，在真空下浸水饱和后，侧面密封安装到实验箱中，两端安置铜网电极，负极浸入 3% 的 NaCl 溶液中，正极浸入 0.3mol/L 的 NaOH 溶液中。通过测量 60V 电压下 6h 电通量来评价混凝土渗透性。相应的评价范围如表 2-2-10 所示。

表 2-2-10　根据 ASTM C1202 测得的氯离子电通量与混凝土渗透性之间的关系

6h 电通量/C	Cl^- 渗透性	混凝土类型
>4000	高	高水胶比(>0.6)的普通混凝土
2000~4000	中	中等水胶比(0.5~0.6)混凝土
1000~2000	低	低水胶比(<0.5)混凝土
100~1000	非常低	低水胶比,掺 5%~10%粉煤灰的混凝土
<100	可忽略	低水胶比,掺 10%~15%硅灰的混凝土

快速氯离子迁移系数 RCM 法，使用氯离子在混凝土中非稳态迁移的迁移系数来确定混凝土抗氯离子渗透的性能或高密实性混凝土的密实度。

试验中标准试件尺寸为 $\phi 100mm \times 50mm$ 的圆柱体片。试验前，将试件置于真空容器中进行真空处理。在 5min 内将真空容器中的绝对压强减小至 $10 \sim 50 mbar$（$1 bar = 10^5 Pa$），保持 3h，然后在真空泵仍然运转的情况下，将用蒸馏水或去离子水配制的饱和 $Ca(OH)_2$ 溶液注入容器，并将试件浸没。加溶液后应继续保持容器真空 1h。在常压下，试件在溶液中应放置 $18h \pm 2h$。真空饱水后的试件进行电迁移试验，之后将试件平放并沿轴向劈开。在劈开的试件表面喷涂 $0.1mol/L$ 的 $AgNO_3$ 溶液，用游标卡尺或合适的直尺测量氯离子侵入深度，按式(2-2-11) 计算出扩散系数。

$$D_{RCM,0} = 2.872 \times 10^{-6} \frac{Th(x_d - \alpha \sqrt{x_d})}{t}$$ (2-2-11)

式中　$D_{RCM,0}$——RCM 法测定的混凝土氯离子扩散系数，m^2/s；

T——温度，K；

h——试件高度，m；

x_d——氯离子扩散系数，m；

t——通电试验时间，s；

α——辅助变量，$\alpha = 3.338 \times 10^{-3} \sqrt{Th}$。

氯离子扩散系数 NEL 法是将标养 28d 的混凝土试件（也可为钻芯样）表面切去 2cm，然后切成 $100mm \times 100mm \times 50mm$ 或 $\phi 100mm \times 50mm$ 圆柱体片试样。取其中三块试样在 NEL 型真空饱盐设备中用 4mol/L 的 NaCl 溶液真空饱盐。擦去饱盐混凝土试样表面盐水并置于试样夹具上尺寸为 $\phi 50mm$ 的两个紫铜电极间。再用 NEL 型氯离子扩散系数测试系统在低电压（1~10V）下测定混凝土试样的氯离子扩散系数。由此测得的氯离子扩散系数与混凝土渗透性之间的关系列于表 2-2-11。

表 2-2-11　根据 NEL 法测得的氯离子扩散系数与混凝土渗透性之间的关系

氯离子扩散系数/($\times 10^{-14}$m/s)	混凝土渗透性
>1000	很高

续表

氯离子扩散系数/（×10⁻¹⁴ m/s）	混凝土渗透性
500～1000	高
100～500	中
50～100	低
10～50	很低
5～10	极低
<10	可忽略

2.4.2.2 抗渗透性的影响因素

仔细分析水分等液体在混凝土内的渗透机制不难得知，决定混凝土抗渗性的最根本的因素就是混凝土的密实性，也就是混凝土内部的孔隙率和孔隙连通情况。这是因为无论是水分的渗透，还是介质离子的渗透，它们都必须借助于混凝土体内的通道。混凝土体内通道越多，包括微裂缝越多，渗透越容易发生；反之，则渗透就难以发生。极端的理想情况下，如果混凝土体内没有孔隙，没有裂缝，那么渗透就不会发生。因此，凡是在混凝土拌制过程中一切影响混凝土硬化体密实度的因素，最终都将影响到其抗渗性。概括起来，混凝土抗渗透性的影响因素主要有：

（1）水胶比 水胶比高，混凝土孔隙率大，密实度低，抗渗性相对较差；反之，则抗渗性较好。

（2）骨料最大粒径 骨料最大粒径影响界面区域应力集中情况，因此，骨料最大粒径增大，则界面应力增大，界面缺陷增多，混凝土抗渗性降低。

（3）骨料渗透性 硬化混凝土中水泥浆体的毛细管孔隙率一般为30%～40%，而大多数天然骨料孔体积通常小于3%，很少超过10%。因此，骨料的渗透性似乎应远低于典型的水泥浆体，但事实并非如此。某些花岗岩、石灰岩、砂岩和燧石的渗透性远大于水泥浆体。因此，骨料品种对混凝土抗渗性有很大影响。

（4）养护方法 混凝土如果养护不当，很容易在表面和内部留下微裂缝，为渗透埋下通道隐患。加强混凝土养护，可以促进水化，提高混凝土密实性，从而改善抗渗性。

（5）拌合物的离析与泌水 混凝土拌合物出现离析、泌水，导致其硬化体内部骨料分布不均匀，并且内部留下泌水通道，进而导致混凝土抗渗透性下降。

（6）养护龄期 随着龄期增长，水化程度提高，混凝土密实度提高，抗渗性逐渐提高。

2.4.3 混凝土抗冻融性能

2.4.3.1 抗冻融性和冻融破坏机理

抗冻融性（freeze-thaw resistance）是混凝土在水饱和状态下经受多次冻融循环作用，依然能保持强度和外观完整性的能力。混凝土最常见的受冻形式是混凝土因水泥浆基体受反复冻融作用逐渐膨胀引起的开裂和剥落。

混凝土是多孔材料，若内部含有水分，则会因为水在负温下结冰，同时伴随约9%的体积膨胀，此时水泥浆体和骨料在低温下收缩。而融化时水的体积又将收缩，水泥浆和骨料则因升温而膨胀。这种反复结冰-融化的过程称为冻融循环。在冻融循环过程中混凝土将同时受到水结冰时产生的结晶压力和结冰体积膨胀作用到周围水上的静水压力以及由未冰冻区水向冰冻区迁移而产生的渗透压力的同时作用，升温融化时水泥浆和骨料的膨胀而引起的膨胀应力的交替反复作用。当上述冻结过程中水结冰引发的内应力或者融化过程中产生的膨胀应力超过混凝土的抗拉强度时，混凝土内部就会产生开裂，经多次冻融循环之后裂缝就会不断扩展，直到破坏。混凝土的密实度、孔隙构造和数量以及孔隙的充水程度被认为是决定抗冻性的重要因素。

2.4.3.2　抗冻融性试验方法

混凝土抗冻融性用抗冻等级表示，抗冻融性试验有两种方法，即慢冻法和快冻法。

（1）慢冻法　采用立方体试块，标养 28d，吸水饱和后经历反复冻融循环作用（冻 4h，融 4h），以抗压强度下降不超过 25%，质量损失不超过 5% 时所承受的最大冻融循环次数表示混凝土试件的抗冻融性，例如，D50、D100、D150、D200，等等。

（2）快冻法　采用 100mm×100mm×400mm 的棱柱体试件，经标养 28d 之后进行试验，试件饱和吸水后经历反复冻融循环，一个循环在 2～4h 内完成，以相对动弹性模量值不小于 60%，而且质量损失率不超过 5% 时所能承受的最大循环次数表示，如 F150、F200、F300、F400。

根据快速冻融最大次数，按式（2-2-12）计算出混凝土的耐久性系数。

$$K_n = P_n \times \frac{N}{300} \tag{2-2-12}$$

式中　K_n——混凝土耐久性系数；

　　　　N——满足快冻法控制指标要求的最大冻融循环次数；

　　　　P_n——经 N 次冻融循环后试件的相对动弹模量。

2.4.3.3　改善混凝土抗冻融性的技术途径

上文已经提及，混凝土的冻融破坏主要是由于水的结冰引起的膨胀结晶压力和静水压力以及水的渗透压力，还有升温融化过程中水泥浆和骨料体积的膨胀的反复交替作用所致。不管怎么说，混凝土的冻融破坏根源于混凝土内部残留的自由水分。因此，控制混凝土体内尽量少的自由水分可能成为改善混凝土抗冻融性的有效方法。具体的方法如下：

① 降低混凝土水胶比，降低混凝土孔隙率；

② 尽量使用吸水率小、粒径比较小的粗骨料；

③ 适当提高混凝土强度，在相同含气量的情况下，混凝土强度越高，抗冻性越好；

④ 掺加适量的矿物细粉掺合料；

⑤ 掺加适量引气剂，控制 5%～6% 的含气量；

⑥ 掺加适量防冻剂。

2.4.4　混凝土钢筋锈蚀

2.4.4.1　碳化

混凝土的碳化（carbonation）指的是空气中的 CO_2 和水与混凝土中的 $Ca(OH)_2$ 反应，生成 $CaCO_3$ 和水，从而使混凝土的碱度降低的现象，也称为混凝土的中性化。碳化过程是 CO_2 由表及里向混凝土内部逐渐扩散的过程。未经碳化的混凝土 pH 为 12～13，碳化后 pH 降至 8～10，接近中性。混凝土碳化程度常用碳化深度表示。

混凝土的碳化对混凝土性能有以下几方面的影响：

① 混凝土的碱度降低，减弱其对钢筋的保护作用；

② 混凝土收缩，引起混凝土表面微细裂纹，导致抗拉和抗折强度下降；

③ 水泥石中的高碱性 C-S-H 凝胶分解；

④ 适度碳化会引起混凝土抗压强度有一定程度提高。

2.4.4.2 混凝土碳化与钢筋生锈

混凝土孔隙中的孔溶液通常含有较大量的 Na^+、K^+、OH^- 和少量 Ca^{2+} 等离子，为保持离子电中性，OH^- 浓度较高，即 pH 值较大。在这样的强碱环境中，钢筋表面生成一层厚约 2~6nm 的致密钝化膜。正是由于这层钝化膜的保护作用才得以使混凝土中的钢筋在一般情况下免遭电化学腐蚀，即生锈。一旦这层钝化膜遭到破坏，钢筋周围又有一定的水分和氧存在时，混凝土中的钢筋就会受到腐蚀。而钝化膜稳定存在的条件就是保持较高的 pH 值。如果 pH 值<11.5，钝化膜就开始不稳定，pH 值降到 9.88 时钝化膜就会逐渐分解。而碳化恰恰导致了混凝土内 pH 值的降低，因此，碳化问题会导致混凝土钢筋锈蚀。

2.4.4.3 影响碳化的因素

影响混凝土碳化的因素主要包括以下几个方面：

① 水泥品种与掺合料 混凝土的碳化随着硅酸盐水泥减少和掺合料的增加而加快；

② 混凝土的密实度 混凝土水胶比降低，孔隙率减少，碳化速度减慢；

③ CO_2 浓度 环境 CO_2 浓度高将加速碳化的进行；

④ 环境湿度 碳化作用的发生有赖于水分协同作用，因此，相对湿度在 50%~75% 时碳化速率最快，过高或过低的相对湿度都不利于碳化的发生。

2.4.4.4 氯离子与钢筋锈蚀

在混凝土中氯离子的存在也是导致钢筋锈蚀的重要原因。Cl^- 是一种极强的钢筋腐蚀因子，扩散能力很强。氯离子呈游离状态时会破坏潮湿混凝土中钢筋表面的钝化膜使钢筋产生锈蚀。当混凝土中有 Cl^- 存在并处于潮湿环境时，Cl^- 会被吸附在钢筋钝化膜表面，使该处的 pH 值下降至 4 以下，于是该处钝化膜被破坏。据统计，混凝土中含有 1.2~2.5kg/m³ 氯离子时足以破坏钢筋钝化膜，进而对钢筋产生腐蚀作用。Cl^- 在钢筋锈蚀过程中起到一个类似催化剂的作用。它既促进了钢筋的锈蚀，但又不消耗自己，同时 Cl^- 的存在还强化了离子电路，加速了钢筋的电化学腐蚀过程。

2.4.5 典型环境混凝土结构的耐久性设计

混凝土结构的劣化是指在外部环境作用下发生的破坏，其破坏形态有麻面、剥落等。其主要类型有以下几种：

（1）一般环境下混凝土结构的耐久性设计，应控制正常大气作用下混凝土碳化引起的内部钢筋锈蚀。当混凝土保护层过薄再加上混凝土本身密实性差，碳化到达钢筋表面容易发生钢筋锈蚀。钢筋锈蚀的特征一般是混凝土表面依次出现锈斑渗出、沿钢筋方向裂缝，然后出现开裂和保护层剥落。为避免碳化引起的钢筋锈蚀，在一般环境中的混凝土结构，需要对混凝土强度等级、水胶比和保护层厚度进行控制。国家标准 GB/T 50476—2008《混凝土结构耐久性设计规范》中的相关规定如表 2-2-12 所示。

表 2-2-12 一般环境下钢筋混凝土中钢筋的最小混凝土保护层厚度

环境作用等级	设计使用年限	100 年			50 年			30 年		
		R_i	W/B_a	D_i/mm	R_i	W/B_a	D_i/mm	R_i	W/B_a	D_i/mm
板、墙等面形构件	I-A	≥C30	0.55	20	≥C25	0.60	20	≥C25	0.60	20
	I-B	C35	0.50	30	C30	0.55	25	C25	0.60	25
		≥C40	0.45	25	≥C35	0.50	20	≥C30	0.55	20
	I-C	C40	0.45	40	C35	0.50	35	C30	0.55	20
		C45	0.40	35	C40	0.45	30	C35	0.50	25
		≥C50	0.36	30	≥C45	0.40	25	≥C40	0.45	20

环境作用等级	设计使用年限		100 年			50 年			30 年		
			R_i	W/B_a	D_i/mm	R_i	W/B_a	D_i/mm	R_i	W/B_a	D_i/mm
梁、柱等条形构件	Ⅰ-A		C30	0.55	25	C25	0.60	25	≥C25	0.60	20
			≥C35	0.50	20	≥C30	0.55	20			
	Ⅰ-B		C35	0.50	35	C30	0.55	30	C25	0.60	30
			≥C40	0.45	30	≥C35	0.50	25	≥C30	0.55	25
	Ⅰ-C		C40	0.45	45	C35	0.50	40	C30	0.55	35
			C45	0.40	40	C40	0.45	35	C35	0.50	30
			≥C50	0.36	35	≥C45	0.40	30	≥C40	0.45	25

注：R_i 为混凝土最低强度等级；W/B_a 为最大水胶比；D_i 为最小保护层厚度。

（2）冻融环境下混凝土结构的耐久性设计，应控制混凝土遭受长期冻融循环作用引起的损伤。冻融破坏的必要条件首先是混凝土与水接触，其表面温度又经常处于正负变化之间，其次是混凝土本身的抗冻性能差。其破坏特点是表面起毛、砂浆剥落、骨料裸露、脱落、混凝土松软崩溃，有时还会出现由于骨料吸水量大而引起的冰冻开裂现象。据调查，不仅我国东北、华北、西北地区存在混凝土建筑物的冻融破坏，而且在气温比较温和的华东、华中地区以及西南高山地区也普遍存在这种现象。因此，我国对最冷月平均气温在 −4～2.5℃ 范围内且与水接触的相关建筑物都要考虑有冻融剥蚀破坏的可能性。为避免在冻融环境中的混凝土结构发生冻融破坏，需要对混凝土强度等级、水胶比和保护层厚度进行控制。国家标准 GB/T 50476—2008《混凝土结构耐久性设计规范》中的相关规定如表 2-2-13 所示。

表 2-2-13　冻融环境下钢筋混凝土中钢筋的最小混凝土保护层厚度

环境作用等级	设计使用年限		100 年			50 年			30 年		
			R_i	W/B_a	D_i/mm	R_i	W/B_a	D_i/mm	R_i	W/B_a	D_i/mm
板、墙等面形构件	Ⅱ-C 无盐		C45	0.40	35	C45	0.40	30	C40	0.45	30
			≥C50	0.36	30	≥C45	0.36	25	≥C45	0.40	25
			Ca35	0.50	35	Ca30	0.55	30	Ca30	0.55	25
	Ⅱ-D	无盐	Ca40	0.45	35	Ca35	0.50	35	Ca35	0.50	30
		有盐			Dc			Dc			Dc
	Ⅱ-E 有盐		Ca45		Dc	Ca40	0.45	Dc	Ca40	0.45	Dc
梁、柱等条形构件	Ⅱ-C 无盐		C45	0.40	40	C45	0.40	35	C40	0.45	35
			≥C50	0.36	35	≥C50	0.36	30	≥C45	0.40	30
			Ca35	0.50	35	Ca35	0.55	35	Ca30	0.55	30
	Ⅱ-D	无盐	Ca40	0.45	40	Ca35	0.50	40	Ca35	0.50	35
		有盐			Dc			Dc			Dc
	Ⅱ-E 有盐		Ca45	0.40	Dc	Ca40	0.45	Dc	Ca40	0.45	Dc

注：R_i 表示最低强度等级；W/B_a 表示最大水胶比；D_i 表示最小保护层厚度。Ca 表示引气型混凝土强度等级；Dc 表示按照氯化物环境确定。

（3）氯化物环境中钢筋混凝土结构的耐久性设计，应该控制氯化物引起的钢筋锈蚀。在氯化物环境中的混凝土结构为避免钢筋锈蚀破坏，需要对混凝土强度等级、水胶比和保护层厚度进行控制。国家标准 GB/T 50476—2008《混凝土结构耐久性设计规范》中的相关规定如表 2-2-14 所示。

表 2-2-14　氯化物环境下钢筋混凝土中钢筋的最小混凝土保护层厚度

环境作用等级 \ 设计使用年限		100 年			50 年			30 年		
		R_i	W/B_a	D_i/mm	R_i	W/B_a	D_i/mm	R_i	W/B_a	D_i/mm
板、墙等面形构件	Ⅲ-C,Ⅳ-C	C45	0.40	45	C40	0.42	40	C40	0.42	35
	Ⅲ-D,Ⅳ-D	C45	0.40	55	C40	0.42	50	C40	0.42	45
		≥C50	0.36	50	≥C45	0.40	45	≥C45	0.40	40
	Ⅲ-E,Ⅳ-E	C50	0.36	60	C45	0.36	55	C45	0.40	45
		≥C55	0.36	55	≥C50	0.36	50	≥C50	0.36	40
	Ⅲ-F	≥C55	0.36	65	C50	0.36	60	C50	0.36	55
					≥C55	0.36	55			
梁、柱等条形构件	Ⅲ-C,Ⅳ-C	C45	0.40	50	C40	0.42	45	C40	0.42	40
	Ⅲ-D,Ⅳ-D	C45	0.40	60	C40	0.42	55	C40	0.42	50
		≥C50	0.36	55	≥C45	0.40	50	≥C45	0.40	40
	Ⅲ-E,Ⅳ-E	C50	0.36	65	C45	0.36	60	C45	0.40	50
		≥C55	0.36	60	≥C50	0.36	55	≥C50	0.36	45
	Ⅲ-F	≥C55	0.36	70	C50	0.36	65	C50	0.36	55
					≥C55	0.36	60			

注：R_i 为混凝土最低强度等级；W/B_a 为最大水胶比；D_i 为最小保护层厚度。

（4）化学腐蚀环境下混凝土结构的耐久性设计，应控制混凝土遭受化学腐蚀性物质长期侵蚀引起的损伤。当环境水对混凝土具有侵蚀性时，会引起各种类型的化学侵蚀剥蚀破坏。其破坏特征主要有溶出性侵蚀引起的水化产物分解，其次为化学分解性侵蚀，此外还有盐类侵蚀、油类侵蚀、生物侵蚀等。为避免在化学腐蚀环境中的混凝土结构的化学侵蚀破坏，需要对混凝土强度等级、水胶比和保护层厚度进行控制。国家标准 GB/T 50476—2008《混凝土结构耐久性设计规范》中的相关规定如表 2-2-15 所示。

表 2-2-15　化学腐蚀环境下钢筋混凝土中钢筋的最小混凝土保护层厚度

环境作用等级 \ 设计使用年限		100 年			50 年		
		R_i	W/B_a	D_i/mm	R_i	W/B_a	D_i/mm
板、墙等面形构件	Ⅴ-C	C45	0.40	40	C40	0.45	35
	Ⅴ-D	C50	0.36	45	C45	0.40	40
		≥C55	0.36	40	≥C50	0.36	35
	Ⅴ-E	C55	0.36	45	C50	0.36	40
梁、柱等条形构件	Ⅴ-C	C45	0.40	45	C40	0.45	40
		≥C50	0.36	40	≥C45	0.40	35
	Ⅴ-D	C50	0.36	50	C45	0.40	45
		≥C55	0.36	45	≥C50	0.36	40
	Ⅴ-E	C55	0.36	50	C50	0.36	45
		≥C60	0.33	45	≥C55	0.36	40

注：R_i 为混凝土最低强度等级；W/B_a 为最大水胶比；D_i 为最小保护层厚度。

（5）混凝土发生磨蚀破坏的必要条件是表面受到水流挟带泥沙或砾石的磨损或受其他介质的反复摩擦（例如道路或输送煤和矿石的通道等），其次是混凝土本身耐磨性能差。磨蚀破坏的特点是均匀磨损或有冲坑，但剩余混凝土没有出现松软崩溃的状态而还保持原状。空蚀破坏是由于水流流速过大或表面平整度不合要求引起的。

（6）大气对混凝土的风化是非常缓慢的，但如果混凝土强度太低或大量使用易风化的火山灰混合材（如凝灰岩），则会引起混凝土剥蚀破坏。

2.5　混凝土配合比设计

混凝土配合比设计（concrete mix design）就是根据目标混凝土的性能要求和所使用的原料的基本条件通过计算的方法预先确定混凝土各原料的配合比。无论是混凝土拌合物的流变性能，还是硬化混凝土的力学性能，尽管受到浇筑和养护过程中众多因素的影响，但是，配合比永远是一个最基本的、先天性的和决定性的重要因素。因此，在混凝土生产过程中的配合比设计，也就成为一个事半功倍的重要环节。混凝土配合比合理与否，实际上还影响到生产的效率和成本。

2.5.1　基本参数

在混凝土配合比设计过程中经常会用到一些计量参数或者由几个参数之比值来定义新的参数。而这些参数的取值大小和范围往往与混凝土的性能之间存在紧密的联系。如水胶比、浆骨比、砂率、水泥用量，等等。

（1）水胶比　水胶比（water binder ratio）是混凝土配合比中拌和水量与胶凝材料用量之质量比，通常用 W/B 来表示，W 表示水，B 表示胶凝材料。混凝土的强度在很大程度上取决于水胶比，因此，在混凝土配合比设计中，水胶比是一个重要的控制参数。为了保证混凝土强度，应在满足混凝土和易性的前提下尽量采用低水胶比。如果使用过大的水胶比，则混凝土硬化体内残余的游离水，导致混凝土孔隙率增大、强度不足、耐久性降低等问题，进而产生工程质量问题。

（2）胶凝材料用量　胶凝材料用量（proportion of cementitious materials or binders）包括水泥用量和矿物掺合料用量。当采用掺有矿物掺合料的硅酸盐水泥时，水泥用量就相当于胶凝材料用量。为了准确把控混凝土中矿物掺合料的用量，最好预先弄清水泥中混合材料的种类和掺量。水泥用量往往决定混凝土强度的高低，而矿物掺合料的用量则在很大程度上影响混凝土早期强度的发挥和耐久性。

在混凝土配合比设计中胶凝材料用量可以参考国家标准 GB/T 50476—2008《混凝土结构耐久性设计规范》中的相关规定（参见表 2-2-16）。

表 2-2-16　单位体积混凝土胶凝材料用量

最低强度等级	最大水胶比	最小用量/（kg/m³）	最大用量/（kg/m³）
C25	0.60	260	
C30	0.55	280	400
C35	0.50	300	
C40	0.45	320	
C45	0.40	340	450
C50	0.36	360	480
C55 以上	0.36	380	500

（3）砂率　砂率就是骨料中的砂子的量与骨料总量的质量比，砂率在很大程度上反映了骨料中细骨料的比例。砂率对混凝土的和易性影响较大，若选择不恰当，会引起混凝土拌合物浇筑困难。砂率同时对硬化混凝土的强度和耐久性产生影响。因此，必须合理选择砂率，在保证和易性要求的条件下，宜取较小值，以利于控制胶凝材料用量。对于泵送混凝土，石子空隙率的大小是确定砂率的重要依据。

一般地，泵送混凝土砂率不宜控制在 $36\%\sim45\%$。为此，应充分重视石子的级配，以不同粒径的两级配或三级配石子松堆空隙率不大于 42% 为宜。石子松堆空隙率越小，砂率就越小。在水胶比和浆骨比一定的条件下，砂率的变动主要影响混凝土的施工性能和变形性能，对硬化后的强度也会有所影响。

（4）浆骨比　浆骨比就是混凝土中拌和水和胶凝材料总量与骨料总量之体积比。浆骨比在一定程度上影响拌合物的流动性和和易性，浆骨比大流动性好。浆骨比同时影响硬化混凝土的强度，浆骨比小则强度稍低，弹性模量稍高，体积稳定性好，开裂风险低，反之则相反。

建工行业标准 JGJ 55—2011《混凝土配合比设计规程》并没有规定浆骨比的取值范围。对于泵送混凝土来说，可根据按国家标准 GB/T 50476—2008《混凝土结构耐久性设计规范》中对最小和最大胶凝材料用量的限定范围选取，并结合试配拌合物工作性能确定浆骨比（参见表 2-2-17）。浆骨比取值不宜过大。

表 2-2-17　不同等级混凝土最大浆骨比和用水量

强度等级	最大浆骨比	最大用水量/（kg/m³）
C30～C50(不含 C50)	0.32	170
C50～C60(含 C60)	0.35	160
C60 以上(不含 C60)	0.38	150

2.5.2　混凝土配合比设计规范与方法

2.5.2.1　基本规定

建工行业标准 JGJ 55—2011《普通混凝土配合比设计规程》规定，混凝土配合比设计应满足混凝土配制强度及其他力学性能、拌合物性能、长期性能和耐久性能的设计要求。混凝土拌合物性能、力学性能、长期性能和耐久性能的试验方法应分别依据现行国家标准 GB/T 50080—2002《普通混凝土拌合物性能试验方法标准》和 GB/T 50081—2002《普通混凝土力学性能试验方法标准》以及 GB/T 50082—2009《普通混凝土长期性能和耐久性能试验方法标准》中规定的试验方法。规程还规定，混凝土配合比设计应采用工程实际使用的原材料，配合比设计所采用的细骨料含水率应小于 0.5%，粗骨料含水率应小于 0.2%。混凝土的最大水胶比应符合现行国家标准 GB/T 50010—2010《混凝土结构设计规范》的规定。

JGJ 55—2011《普通混凝土配合比设计规程》规定了不同混凝土的最小胶凝材料用量，除配制 C15 及以下强度等级的混凝土以外，混凝土的最小胶凝材料用量应符合表 2-2-18 所列数值。

表 2-2-18　混凝土的最小胶凝材料用量　　　　　　　　　　单位：kg/m³

最大水胶比	素混凝土	钢筋混凝土	预应力混凝土
0.60	250	280	300
0.55	280	300	300
0.50		320	
0.45 以下		330	

关于矿物掺合料的掺量，JGJ 55—2011《普通混凝土配合比设计规程》规定应通过试验确定。当采用硅酸盐水泥或普通硅酸盐水泥时，钢筋混凝土和预应力混凝土中矿物掺合料最大掺量应符合表 2-2-19 所列限制。对于基础大体积混凝土，粉煤灰、粒化高炉矿渣粉和复合掺合料的最大掺量可增加 5%。采用掺量大于 30% 的 C 类粉煤灰的混凝土应以实际使用的水泥和粉煤灰掺量进行安定性检验。

表 2-2-19　钢筋混凝土和预应力混凝土中矿物掺合料最大掺量

矿物掺合料种类	水胶比	钢筋混凝土/%		预应力混凝土/%	
		水泥为 PI 或 PII	水泥为 PO	水泥为 PI 或 PII	水泥为 PO
粉煤灰	≤0.40	45	35	35	30
	>0.40	40	30	25	20
矿渣粉	≤0.40	65	55	55	45
	>0.40	55	45	45	35
钢渣粉	—	30	20	20	10
磷渣粉	—	30	20	20	10
硅灰	—	10	10	10	10
复合掺合料	≤0.40	65	55	55	45
	>0.40	55	45	45	35

注：采用其他通用硅酸盐水泥时，宜将水泥混合材掺入量 20% 以上混合材量计入掺合料；复合掺合料各组分的掺入量宜不超过单掺时的最大掺入量；在混合材使用两种或两种以上矿物掺合料时，矿物掺合料总掺入量应符合表中复合掺合料的规定。

关于混凝土中的含气量，JGJ 55—2011《普通混凝土配合比设计规程》中也有明确规定，长期处于潮湿或水位变动的寒冷和严寒环境以及盐冻环境的混凝土应掺用引气剂。引气剂掺量应根据混凝土含气量要求经试验确定。混凝土最小含气量应符合表 2-2-20 规定，最大不宜超过 7.0%。

表 2-2-20　混凝土最小含气量

骨料最大公称直径/mm	潮湿或水位变动的寒冷或严寒环境/%	盐冻环境/%
40.0	4.5	5.0
25.0	5.0	5.5
20.0	5.5	6.0

注：含气量为新拌混凝土拌合物中气体体积占混凝土拌合物总体积的百分数。

对于有预防混凝土碱-骨料反应设计要求的工程，宜掺用适量粉煤灰或其他矿物掺合料，混凝土中最大碱含量不应大于 3.0kg/m³；对于矿物掺合料，粉煤灰碱含量可取实测值的 1/6，粒化高炉矿渣碱含量可取实测值的 1/2。

2.5.2.2　混凝土配合比设计步骤

混凝土配合比设计步骤包括初步配合比计算、试配和调整、施工配合比的确定等步骤。

（1）初步配合比计算　混凝土初步配合比计算按下列三个步骤进行，即计算配制强度 $f_{cu,0}$，并求出相应的水胶比；选取每 1m³ 混凝土的用水量，并计算出每 1m³ 混凝土的水泥和掺合料用量；选取砂率，计算粗骨料和细骨料的用量，提出供试配用的初步配合比。

① 配制强度 $f_{cu,0}$ 的确定　《普通混凝土配合比设计规程》中规定，混凝土配制强度（$f_{cu,0}$）按以下两种情况确定。

即，当混凝土的设计强度等级小于 C60 时，配制强度（$f_{cu,0}$）按式（2-2-13）计算：

$$f_{cu,0} \geqslant f_{cu,k} + 1.645\sigma \qquad (2\text{-}2\text{-}13)$$

式中　$f_{cu,0}$——混凝土配制强度，MPa；

$f_{cu,k}$——混凝土立方体抗压强度标准值，这里取混凝土的设计强度等级值，MPa；

σ——混凝土强度标准偏差，MPa。

当混凝土的设计强度等级 ≥C60 时，配制强度（$f_{cu,0}$）按下式计算：

$$f_{cu,0} \geqslant 1.15 f_{cu,k} \qquad (2\text{-}2\text{-}14)$$

混凝土的强度标准偏差 σ 按以下方式确定。

当具有近 1～3 个月的同一品牌、同一强度等级混凝土的实测强度数据，且试件组数不小于 30 组时，混凝土强度标准差 σ 可按下式计算。

$$\sigma = \sqrt{\frac{\sum_{i=1}^{n} f_{\mathrm{cu},i}^2 - n m_{f_{\mathrm{cu}}}^2}{n-1}} \tag{2-2-15}$$

式中　σ——混凝土强度标准偏差，MPa；

$f_{\mathrm{cu},i}$——第 i 组的试件的强度，MPa；

$m_{f_{\mathrm{cu}}}$——n 组试件的强度平均值，MPa；

n——试件组数。

对于强度等级不大于 C30 的混凝土，当混凝土强度标准偏差计算值不小于 3.0MPa 时，应按式（2-2-15）计算结果取值；当混凝土强度标准偏差计算值小于 3.0MPa 时，应取 3.0MPa。

对于强度等级大于 C30 且小于 C60 的混凝土，当混凝土强度标准偏差计算值不小于 4.0MPa 时，应按式（2-2-15）计算结果取值；当混凝土强度标准偏差计算值小于 4.0MPa 时，应取 4.0MPa。

当没有近期的同一品种、同一强度等级混凝土的强度资料时，其强度标准偏差 σ 可根据表 2-2-21 取值。

表 2-2-21　混凝土强度标准偏差 σ 取值　　　　　　　　　　　　单位：MPa

混凝土设计强度范围	≤C20	C25～C45	C50～C55
标准偏差 σ 取值	4.0	5.0	6.0

② 水胶比（W/B）的初步确定　根据《普通混凝土配合比设计规程》中的规定，当混凝土强度等级小于 C60 时，混凝土水胶比宜按式（2-2-16）计算：

$$W/B = \frac{\alpha_a f_b}{f_{\mathrm{cu},0} + \alpha_a \alpha_b f_b} \tag{2-2-16}$$

式中　W/B——混凝土水胶比；

α_a、α_b——回归系数，按表 2-2-22 取值；

f_b——胶凝材料 28d 胶砂抗压强度，MPa，实测。

表 2-2-22　回归系数（α_a、α_b）的取值

骨料品种	碎石	卵石
α_a	0.53	0.49
α_b	0.20	0.13

③ 每 1m³ 混凝土用水量的确定　每 1m³ 干硬性或塑性混凝土的用水量（m_{w_0}）应符合下列规定：

混凝土水胶比在 0.40～0.80 范围时，可按表 2-2-23 和表 2-2-24 选取；

混凝土水胶比＜0.40 时，需要通过试验确定。

若掺加外加剂时，每 1m³ 流动性或大流动性混凝土的用水量（m_{w_0}）可按式（2-2-17）计算：

$$m_{w_0} = m_{w_0}' (1 - \beta) \tag{2-2-17}$$

式中　m_{w_0}——用水量，kg/m³；

m'_{w_0}——未掺外加剂时推定的满足实际坍落度要求的用水量，kg/m^3，以表 2-2-24 中 90mm 坍落度的用水量为基础，按每增大 20mm 坍落度相应增加 $5kg/m^3$ 用水量来计算，当坍落度增大到 180mm 以上时，随坍落度相应增加的用水量可减少；

β——外加剂的减水率，%，由混凝土试验确定。

表 2-2-23 干硬性混凝土用水量　　　　　　　　单位：kg/m^3

勃氏稠度/s	卵石最大公称粒径/mm			碎石最大公称粒径/mm		
	10. 0	20. 0	40. 0	16. 0	20. 0	40. 0
16～20	175	160	145	180	170	155
11～15	180	165	150	185	175	160
5～10	185	170	155	190	180	165

表 2-2-24 塑性混凝土用水量　　　　　　　　单位：kg/m^3

坍落度/mm	卵石最大公称粒径/mm				碎石最大公称粒径/mm			
	10. 0	20. 0	31. 5	40. 0	16. 0	20. 0	31. 5	40. 0
10～30	190	170	160	150	200	185	175	165
35～50	200	180	170	160	210	195	185	175
55～70	210	190	180	170	220	205	195	185
75～90	215	195	185	175	230	215	205	195

注：本表数据以采用中砂为条件，采用细砂时用水量应增加 $5～10kg/m^3$；采用粗砂时应减少 $5～10kg/m^3$；掺用矿物掺合料和外加剂时，用水量也应作相应调整。

④ 每 $1m^3$ 混凝土胶凝材料用量的确定　每 $1m^3$ 混凝土的胶凝材料用量（m_{b_0}）可按下式计算，并应进行试拌调整，在拌合物性能满足要求的情况下，取经济合理的胶凝材料用量。

$$m_{b_0} = \frac{m_{w_0}}{W/B} \tag{2-2-18}$$

式中　m_{b_0}——胶凝材料用量，kg/m^3；

m_{w_0}——用水量，kg/m^3；

W/B——混凝土水胶比。

⑤ 砂率 β_s 的确定　砂率（β_s）应根据骨料的技术指标、混凝土拌合物性能和施工要求来确定，可以参考既有历史资料。当缺乏砂率历史资料时，混凝土砂率的确定应符合下列要求：

a. 坍落度小于 10mm 的混凝土，砂率应由试验确定。

b. 坍落度为 10～60mm 的混凝土，砂率应根据粗骨料品种、最大公称粒径及水胶比，按表 2-2-25 选取。

表 2-2-25 混凝土的砂率取值　　　　　　　　单位:%

水胶比	卵石最大公称粒径/mm			碎石最大公称粒径/mm		
	10. 0	20. 0	40. 0	16. 0	20. 0	40. 0
0. 40	26～32	25～31	24～30	30～35	29～34	27～32
0. 50	30～35	29～34	28～33	33～38	29～34	30～35
0. 60	33～38	32～37	31～36	36～41	35～40	33～38
0. 70	36～41	35～40	34～39	39～44	38～43	36～41

c. 坍落度大于 60mm 的混凝土，砂率可经试验确定，也可在表 2-2-25 的基础上，按坍

落度每增大 20mm，砂率增大 1%的幅度予以调整。

⑥ 粗骨料和细骨料的用量　当采用质量计量法计算混凝土配合比时，粗细骨料用量可以由以下两个公式计算：

$$m_{f_0} + m_{c_0} + m_{g_0} + m_{s_0} + m_{w_0} = m_{cp} \qquad (2\text{-}2\text{-}19)$$

$$\beta_s = \frac{m_{s_0}}{m_{s_0} + m_{g_0}} \qquad (2\text{-}2\text{-}20)$$

式中　m_{f_0}——矿物掺合料用量，kg/m^3；

m_{c_0}——水泥用量，kg/m^3；

m_{g_0}——粗骨料用量，kg/m^3；

m_{s_0}——细骨料用量，kg/m^3；

m_{w_0}——用水量，kg/m^3；

m_{cp}——混凝土总质量（假定值），kg/m^3，可取 $2350 \sim 2450 kg/m^3$；

β_s——砂率，%。

当采用体积法计算混凝土配合比时，砂率应按式(2-2-20)计算，粗细骨料用量应按式(2-2-21)计算。

$$\frac{m_{c_0}}{\rho_c} + \frac{m_{f_0}}{\rho_f} + \frac{m_{g_0}}{\rho_g} + \frac{m_{s_0}}{\rho_s} + \frac{m_{w_0}}{\rho_w} + 0.01\alpha = 1 \qquad (2\text{-}2\text{-}21)$$

式中　ρ_c——水泥密度，kg/m^3，实测，可按国家标准 GB/T 208—2014《水泥密度测定方法》测定，或按 $2900 \sim 3100 kg/m^3$ 范围取值；

ρ_f——矿物掺合料密度，kg/m^3，实测，可按国家标准 GB/T 208—2014《水泥密度测定方法》测定；

ρ_g——粗骨料表观密度，kg/m^3，实测，可按行业标准 JGJ 52—2006《普通混凝土用砂、石质量及检验方法标准》测定；

ρ_s——细骨料表观密度，kg/m^3，实测，可按行业标准 JGJ 52—2006《普通混凝土用砂、石质量及检验方法标准》测定；

ρ_w——水的密度，kg/m^3，实测，或按 $1000 kg/m^3$ 取值。

α——混凝土的含气量，当不使用引气剂或引气型外加剂时，α 取 1。

（2）配合比的试配、调整与确定

① 混凝土的试配　混凝土试配应采用强制式搅拌机进行搅拌，并应符合行业标准 JG 244《混凝土试验用搅拌机》的规定，搅拌方法宜与施工采用的方法相同。试验室成型条件应符合国家标准 GB/T 50080—2002《普通混凝土拌合物性能试验方法标准》的规定。每盘混凝土试配的最小搅拌量应符合表 2-2-26 的规定，并不应小于搅拌机公称容量的 1/4，且不应大于搅拌机公称容量。

表 2-2-26　混凝土试配最小搅拌量

骨料最大公称粒径/mm	拌合物量/L
31.5	20
40.0	25

混凝土试配以先前得到的计算配合比为基础，计算水胶比宜保持不变，并应通过调整配合比或减水剂用量，使混凝土拌合物性能符合设计和施工要求，然后修正计算配合比，提出试拌配合比。

在试拌配合比的基础上应进行混凝土强度试验，并应符合以下规定：

a. 应采用三个不同的配合比，其中一个应为上述确定的试拌配合比，另外两个配合比的水胶比宜较试拌配合比分别增减 0.05，用水量应与试拌配合比相同，砂率可分别增减 1%；

b. 拌合物性能应符合设计和施工要求；

c. 每个配合比应至少制作一组试件，并应按标准养护到 28d 或设计规定龄期时试压。

② 配合比的调整与确定　配合比调整应符合下列规定：

a. 根据混凝土强度试验结果，绘制强度和水胶比的线性关系曲线，或采用插值法确定略大于配制强度对应的水胶比；

b. 在试拌配合比的基础上，用水量（m_{w_0}）和外加剂用量（m_{a_0}）应根据确定的水胶比再做调整；

c. 胶凝材料用量（m_{b_0}），应以用水量乘以确定的水胶比计算得出；

d. 粗细骨料用量（m_{g_0}，m_{s_0}），应根据用水量和胶凝材料用量进行调整。

混凝土拌合物表观密度和配合比校正系数的计算，应符合下列规定：

a. 配合比调整后的混凝土拌合物的表观密度应按式(2-2-22)计算。

$$\rho_{c,c} = m_c + m_f + m_g + m_s + m_w \tag{2-2-22}$$

式中　$\rho_{c,c}$——混凝土拌合物的表观密度计算值，kg/m^3；

m_c——水泥用量，kg/m^3；

m_f——矿物掺合料用量，kg/m^3；

m_g——粗骨料用量，kg/m^3；

m_s——细骨料用量，kg/m^3；

m_w——用水量，kg/m^3。

b. 混凝土配合比校正系数应按式(2-2-23)计算。

$$\delta = \frac{\rho_{c,t}}{\rho_{c,c}} \tag{2-2-23}$$

式中　δ——混凝土配合比校正系数；

$\rho_{c,t}$——混凝土拌合物的表观密度实测值，kg/m^3；

$\rho_{c,c}$——混凝土拌合物的表观密度计算值，kg/m^3。

当混凝土拌合物表观密度实测值与计算值之差的绝对值不超过计算值的 2% 时，经调整的配合比可维持不变；当二者之差的绝对值超过计算值的 2% 时，应将配合比中每项材料用量均乘以校正系数（δ）。

生产单位可根据常用材料设计出常用的混凝土配合比备用，并应在启用过程中予以验证或调整。遇有下列情况之一时，应重新进行配合比设计：

a. 对混凝土性能有特殊要求时；

b. 水泥、外加剂或矿物掺合料等原材料品种、质量有显著变化时。

思　考　题

1. 如何全面地评价骨料在混凝土中所起的作用？如果说，"骨料在混凝土中仅仅起到填充料"的作用，你有什么看法？

2. 什么是砂子的细度模数？什么是砂子的颗粒级配？如果两种砂子，细度模数相同，请问它们的颗粒级配也会相同吗？

3. 混凝土对骨料的性质有哪些要求？这些性质如何影响混凝土的性能，包括拌合物和硬化体？

4. 萘系减水剂和聚羧酸减水剂在组成、性能和使用特点上有什么区别？

5. 什么是混凝土拌合物的和易性？和易性如何影响混凝土的浇筑过程和浇筑质量以及混凝土的性能？

6. 新浇筑混凝土的泌水与哪些因素有关？混凝土泌水对硬化混凝土的性能有什么影响？如何控制混凝土的泌水？

7. 水胶比是如何影响混凝土中硬化水泥浆体和界面过渡区的结构和强度的？

8. 温度变形对混凝土的结构产生什么危害？控制温度变形有哪些技术措施？

9. 混凝土的耐久性通常包括哪些方面的性能？影响混凝土耐久性的关键因素是什么？

10. 直接暴露于海水中的混凝土结构，为何大部分劣化发生在潮汐区？在海工混凝土结构中从表面到内部化学侵蚀的典型模式是什么？

11. 盐溶液除了会对硅酸盐水泥有化学侵蚀外，在何种条件下还会对混凝土产生危害？

第3章 陶 瓷

所谓陶瓷（ceramics），通常是普通陶瓷和特种陶瓷的概称，而在日本和美国，陶瓷是窑业或硅酸盐产品的同义词，它包括了我们所称的陶瓷和耐火材料，还包括水泥、玻璃与搪瓷等。传统概念的陶瓷是指所有以黏土为主要原料，并与其他天然矿物原料经过破碎、混合、成形、烧成等过程而制得的制品，即常见的日用陶瓷、建筑卫生陶瓷等普通陶瓷。随着社会的发展，出现了一类性能特殊，在电子、航空航天、生物医学等领域有广泛用途的陶瓷材料，称之为特种陶瓷。

3.1 陶瓷的分类

陶瓷产品种类繁多，国际上尚无统一的分类法。大致可按化学组成、矿物组成、制造方法、功能、用途或材料的结构和基本物理性能等来分类。现介绍两种常用的分类法。

3.1.1 按坯体的物理性能特征分类

若按陶瓷制品坯体的本质，即坯体结构及其相应的基本物理性能的不同来进行分类，是较为科学的一种分类方法。这种分类法按照陶瓷坯体的结构不同所标志的坯体致密度的不同，把所有陶瓷制品分为两大类——陶器和瓷器。陶器是一种坯体结构较疏松，致密度较差的陶瓷制品。陶器通常有一定吸水率，断面粗糙无光，没有半透明性，敲之声音粗哑。瓷器的坯体致密，基本上不吸水，有一定的半透明性，断面呈石状或贝壳状。

3.1.2 按陶瓷概念和用途分类

可将陶瓷制品分为两大类：即普通陶瓷和特种陶瓷。普通陶瓷即为陶瓷概念中的传统陶瓷，根据其使用领域的不同，又可分为日用陶瓷、建筑卫生陶瓷、化工陶瓷、化学陶瓷、电陶瓷及其他工业用陶瓷。这类陶瓷制品所用的原料基本相同，生产工艺技术亦相近，为典型的传统陶瓷生产工艺，只是根据需要制成适于不同使用要求的制品。

特种陶瓷是用于各种现代工业和尖端科学技术所需的陶瓷制品，其所用的原料和所需的生产工艺技术已与普通陶瓷有较大的不同。它是采用高度精选的原料，具有能精确控制的化学组成，按照便于进行结构设计及控制制造的方法进行制造、加工的，具有优异特性的陶瓷。有的国家称之为"精密陶瓷"（fine ceramics）、"高技术陶瓷"（advanced ceramics）、"技术陶瓷"（technology ceramics）。特种陶瓷又可根据其性能及用途的不同，分为结构陶瓷和功能陶瓷两大类。结构陶瓷主要包括耐磨损、高强度、耐热、耐热冲击、硬质、高刚性、低热膨胀性和隔热等结构陶瓷材料；功能陶瓷中包括电磁功能、光学功能和生物-化学功能等陶瓷制品和材料，另外还有核能陶瓷材料和其他功能材料等。

3.2 陶瓷的组成、结构与性能

对陶瓷（材料及其制品）都有特定的性能要求。比如对日用餐具要有一定的强度

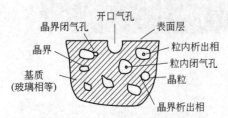

图 2-3-1　陶瓷烧结体的显微结构

（strength）、白度（whiteness）、抗热冲击性（热稳定性）要求；对电瓷有强度和介电性能要求；对特种陶瓷的性能及其稳定性要求更高。研究表明，陶瓷的性能一方面受到其本征物理量（如热膨胀系数、电阻率、弹性模量等）的影响，同时又与其显微结构密切相关（陶瓷烧结体的显微结构见图 2-3-1）。决定显微结构和本征物理量的是陶瓷的组成及加工工艺。

例如，普通陶瓷中以长石作为助熔剂（fluxing agent）的"长石-石英-高岭土"三组分系统的长石质瓷，是国内外日用陶瓷工业普遍采用的瓷质。其瓷胎由石英-方石英-莫来石-玻璃相构成（玻璃相 $50\%\sim60\%$，莫来石晶相 $10\%\sim20\%$，残余石英 $8\%\sim12\%$，半安定方石英 $6\%\sim10\%$），因而其瓷质洁白，呈半透明状，吸水率低，瓷质坚硬，机械强度高，化学稳定性好。

3.2.1 陶瓷性能与材料键性、结构的关系

陶瓷材料的键性主要是离子键与共价键，而且往往是两种键杂交在一起。

陶瓷材料中原子或分子的排列方式和结构也是决定性能的重要依据。如具有对称中心的晶体不可能具有压电性；在正尖晶石结构中，相反方向排列的磁矩数相等，使得晶体的总磁矩为零，因而不显磁性；在反尖晶石结构中，相反方向排列的磁矩数不等，因而晶体呈现磁性。此外，结构缺陷对陶瓷材料的性能也有显著的影响。如点缺陷中的肖特基缺陷、弗仑克尔缺陷及价电子位移产生的色心都会增大离子晶体的导电性。若晶体中离子或原子排列错乱，发生位错或缺陷，自然会影响晶体的生长和材料的机械强度。

3.2.2 陶瓷强度的控制和脆性的改善

陶瓷材料的实际强度为理论强度的 $1/10\sim1/100$。这是因为多晶的陶瓷材料结构中实际上存在着多种缺陷，这些缺陷强烈影响着材料的断裂性能与强度值。因此，提高陶瓷强度的关键是控制其裂纹和位错。

陶瓷材料的另一个强度特征是室温下具有脆性（brittleness），表现为在外加应力作用下会突然断裂，抗冲击强度低，承受温度剧变能力差。这是因为组成陶瓷材料的化合物往往是离子键和共价键的键性，这些化学键键合的原子不像金属键键合的原子那样排列紧密，而是有许多空隙，难以引起位错移动。从陶瓷的显微结构来说，其多晶体的晶界也会阻碍位移的通过，聚集的位移应力会导致裂纹的形成，并在超过一定的临界值后突然扩展。另外，组成陶瓷材料的晶体和玻璃相也多是脆性的。

提高材料的常温强度不但要降低其总气孔率，而且要控制好气孔的大小、形状和分布，还要控制晶粒的大小、数量和形状，例如针状莫来石若呈网络状分布在玻璃相中，可提高瓷件的断裂强度。脆性是与强度密切相关但又不相同的性质，它是强度与塑性的综合反映。提高强度并不会明显改善脆性，但降低脆性（即增韧）对提高强度有利。增韧的方法一般有表

面补强（例如陶瓷表面的施釉、表面离子交换）、复合增韧（例如金属与陶瓷的复合、纤维与陶瓷的复合）和相变增韧（如 ZrO_2 的增韧作用）。

除强度和脆性外，陶瓷材料的高温力学性能（如热稳定性）、光学性能（白度、透明度等）、介电和磁学性能都与材料的组成和结构密切相关。许多陶瓷工艺和陶瓷物性方面的著作均对此有所论述。但总的来说，陶瓷材料的组成、结构与性能的关系在理论上远不完善，还有待进行深入研究。

3.3　陶瓷坯料的配制

陶瓷坯料（ceramics green body）一般是由几种不同的原料配制而成的。性能不同的陶瓷产品，其所用原料的种类和配比也不同，即所谓坯料组成或配方不同。

3.3.1　确定坯料配方的原则

① 充分考虑产品的物理化学性能和使用性能要求。普通陶瓷一般均有国家标准、部颁标准或企业标准，它们规定了对吸水率、抗折强度、规整度等的要求，这些要求是设计配方的基本依据。

② 参考前人的经验和数据。各类陶瓷一般都有其经验的组成范围，前人还总结了原料组成与坯料性质的某些对应关系，均值得我们参考。当然由于各地原料不同，各厂工艺条件也有差异，不应机械照搬。

③ 了解各种原料对产品性质的影响。有的原料是产品主晶相或玻璃相的来源，有的是调节性质或工艺性能的添加剂，制订配方时对此应心中有数。一般来说，采用多种原料的配方有利于控制和稳定产品的性能。

④ 应满足生产工艺的要求。例如建筑陶瓷要求坯体有较高的干燥强度，卫生陶瓷对泥浆流动性及成坯速率等要求比较高，故配料时要充分了解具体的生产工艺要求。

⑤ 了解原料品位、来源和价格，使投产的配方在保证产品质量的前提下成本最低。

3.3.2　坯体组成的表示方法

3.3.2.1　配料比表示

这是最常见的方法，列出每种原料的质量分数。如卫生瓷乳浊釉的配方：长石 33.2%、石英 20.4%、苏州高岭土 3.9%、广东锆英石 13.4%、氧化锌 4.7%、煅烧滑石 9.4%、石灰石 9.5%、碱石 5.5%。这种方法具体反映原料的名称和数量，便于直接进行生产或试验。但因为各地区、各工厂所产原料的成分和性质不完全相同，因此无法互相对照比较或直接引用。即使是同种原料，若成分波动，则配料比例也必须作相应的变更。

3.3.2.2　化学组成表示

即用坯料中各种化学组分所占的质量分数来表示坯料组成（见表 2-3-1）。

表 2-3-1　某釉面砖坯料的化学组成　　　　单位:%

SiO_2	Al_2O_3	Fe_2O_3	TiO_2	CaO	MgO	K_2O	Na_2O	IL	总计
64.15	24.33	0.71	0.39	7.49	1.84	0.88	0.22	—	100

其优点是可以根据坯料中化学成分的多少来推断或比较坯体的某些性能，再用原料的化学组成计算出符合既定组成的配方。如坯料中 K_2O、Na_2O 含量高，则坯体易烧结（烧成温度低），烧成温度范围也较宽；Al_2O_3、SiO_2 含量高，则坯体比较难烧结；TiO_2、Fe_2O_3 含

量高，则坯体烧成后有较深的黄色或红色；烧失量（也称灼减量）大，则说明坯体中有机物或其他挥发物较多，烧成过程中易产生气泡和针孔。由于原料和产品中这些氧化物不是单独和孤立存在的，它们之间的关系和反应情况又比较复杂，因此这种方法也有其局限性，难以反映其工艺性能。

3.3.2.3 矿物组成表示

普通陶瓷坯体一般由黏土、石英及熔剂类矿物原料组成。用这三类矿物的百分含量可表示坯料的组成，这样的表示方法叫示性矿物表示法。这种方法的依据是同类型的矿物在坯料中所起的主要作用基本上相同。例如表 2-3-1 中的釉面砖配方可表示成：黏土类矿物 51％，石英 28％，熔剂类矿物 21％。它有助于了解坯料的一些工艺性能，如烧成性能等。但由于这些矿物种类很多，性质有所差异，它们在坯体中的作用也还是有差别的，因此这种方法只能粗略地反映一些情况。用矿物组成进行配料计算时较为简便。

3.3.2.4 实验公式(赛格式)表示

根据坯和釉的化学组成计算出各氧化物的分子数，按照碱性氧化物、中性氧化物和酸性氧化物的顺序列出它们的物质的量，这种式子称为坯式或釉式。普通陶瓷的坯和釉料常用这种方法表示。

陶瓷工业常用的氧化物从性质上可分为三类：碱性的、中性或两性的、酸性的（见表 2-3-2）。

表 2-3-2　各种氧化物的分类

碱性		中性	酸性
K_2O	ZnO	Al_2O_3	SiO_2
Na_2O	FeO	Fe_2O_3	TiO_2
Li_2O	MnO	Sb_2O_3	ZrO_2
CaO	PbO	Cr_2O_3	SnO_2
MgO	CdO	B_2O_3	MnO_2
BaO	BeO		P_2O_5
	SrO		

坯式通常以中性氧化物 R_2O_3 为基准，令其物质的量为 1，则可写成下列形式：

$$\left.\begin{array}{c} x\,R_2O \\ y\,RO \end{array}\right\} \cdot 1R_2O_3 \cdot z\,SiO_3 \qquad (2\text{-}3\text{-}1)$$

另外也可以 R_2O 及 RO 的物质的量之和为基准，令其为 1，则坯式可写成：

$$1\left\{\begin{array}{c} R_2O \\ RO \end{array}\right. \cdot m\,R_2O_3 \cdot n\,SiO_2 \qquad (2\text{-}3\text{-}2)$$

这种表示方法便于和釉料进行比较，以判断二者的结合性能。

在釉料中碱金属及碱土金属氧化物起熔剂作用，所以釉式中通常以它们的物质的量之和为 1，写成的釉式为：

$$1\left\{\begin{array}{c} R_2O \\ RO \end{array}\right. \cdot u\,R_2O_3 \cdot v\,SiO_2 \qquad (2\text{-}3\text{-}3)$$

式(2-3-3) 和式(2-3-2) 是相似的。可根据 Al_2O_3 和 SiO_2 前面的系数值来区别它们是坯式或釉式。一般说来，用式(2-3-2) 的形式表示的坯式，Al_2O_3 和 SiO_2 的物质的量较多，而釉式中 Al_2O_3 和 SiO_2 的物质的量都很小，且坯式中 Al_2O_3 物质的量比例＞1，釉式中则＜1。

电子工业用的陶瓷常用分子式表示其组成。例如最简单的锆-钛-铅固溶体的分子式为：$Pb(Zr_x Ti_{1-x})O_3$。它表示 $PbTiO_3$ 中的 Ti 有 x 被 Zr 取代。为了使这种压电材料的性质满足使用的要求，常加入一些改性物质。它们的数量用质量分数或摩尔分数表示，如 $Pb_{0.920}$ $Mg_{0.040} Sr_{0.025} Ba_{0.015}(Zr_{0.53} Ti_{0.47})O_3 + 0.5\%$（质量分数）$CeO_2 + 0.225\%$（质量分数）$MnO_2$ 用上式表示：$Pb(Zr_{0.53}Ti_{0.47})O_3$ 中的 Pb 有 4%（摩尔分数）被 Mg 取代，2.5%（摩尔分数）被 Sr 取代，1.5%（摩尔分数）被 Ba 取代；在 $PbTiO_3$ 中的 Ti 有 53%（摩尔分数）被 Zr 取代，或者说 $PbZrO_3$ 中的 Zr 有 47% 被 Ti 取代。外加的 CeO_2 和 MnO_2 为改性物质。

3.3.3　配料计算

陶瓷配料的计算方法有许多种，现仅介绍其中常用的两种方法。

3.3.3.1　由实验式计算配料量

由坯料的实验式计算其配料量时，首先要知道所用的原料的化学组成，其计算方法如下：

① 将原料的化学组成计算成为示性矿物组成所要求的形式，即计算出各种原料的矿物组成。

② 将坯料的实验式计算成为黏土、长石及石英矿物的成分组成。在计算中，如果把坯料实验式中的 K_2O、Na_2O、CaO、MgO 都粗略地归并为 K_2O，则坯料的实验式可写成如下形式：$aR_2O \cdot bAl_2O_3 \cdot cSiO_2$。

③ 用满足法来计算坯料的配料量，分别以黏土原料和长石原料满足实验式中所需要的各种矿物的数量，最后再用石英原料来满足实验式中石英矿物所需要的数量。

$$\left.\begin{array}{l} 0.031Na_2O \\ 0.078K_2O \\ 0.047CaO \end{array}\right\} \cdot 1.0Al_2O_3 \cdot 3.05SiO_2 \qquad (2\text{-}3\text{-}4)$$

【例 2-3-1】 某厂坯料的实验式如下，使用原料的化学组成如表 2-3-3 所示。

表 2-3-3　使用原料的化学组成　　　　　　　单位：%

原料名称	SiO_2	Al_2O_3	Fe_2O_3	TiO_2	CaO	MgO	K_2O	Na_2O
高岭土	49.04	38.05	0.20	0.04	0.05	0.01	0.19	0.03
长石	65.34	18.53	0.112	—	0.34	0.08	14.19	1.43
石英	99.40	0.11	0.08	—	—	—	—	—

试计算该坯料的配料量。

解：

（1）将各种原料的化学组成换算成示性矿物组成。为简化计算过程，可将原料中的 K_2O、Na_2O、CaO、MgO 均作为熔剂部分，即作为长石来计算。

例如高岭土原料可简化为：

SiO_2　　Al_2O_3　　K_2O

49.04　　38.05　　0.28

再进行换算（表 2-3-4）：

高岭土原料中含各种矿物组成为：

长石矿物：0.003×556.8（钾长石摩尔质量，$K_2O \cdot Al_2O_3 \cdot 6H_2O$）$= 1.67$

黏土矿物：0.370×258.2（高岭土摩尔质量，$Al_2O_3 \cdot 2SiO_2 \cdot 6H_2O$）$= 95.53$

石英矿物：$0.059 \times 60.1 = 3.54$

$$\Sigma = 100.74$$

其组成为：

长石矿物：$1.67/100.74 \times 100\% = 1.66\%$

黏土矿物：$95.53/100.74 \times 100\% = 94.83\%$

石英矿物：$3.54/100.74 \times 100\% = 3.51\%$

用相同的方法计算可得到

长石原料中含：长石矿物 96.33%

石英矿物 3.67%

石英原料中含：石英矿物 99.40%

（2）计算坯料实验式中所需要的各种矿物组成的百分数。在计算过程中同样把 K_2O、Na_2O、CaO 作为 K_2O 的量来计算（表2-3-5）。

表 2-3-4　配料量计算过程（1）

项　目	SiO_2	Al_2O_3	K_2O、Na_2O、CaO、MgO
高岭土成分/%（质量分数）	49.04	38.05	0.28
用摩尔质量除，得到数值/mol	0.817	0.373	0.003
高岭土中含长石矿物 0.003mol/mol	0.018	0.003	0.003
剩余量/mol	0.799	0.370	0
高岭土中含黏土矿物 0.370mol/mol	0.74	0.370	—
剩余量/mol	0.059	0	—
高岭土中含石英矿物 0.059mol/mol	0.059	—	—
剩余量/mol	0	—	—

表 2-3-5　配料量计算过程（2）　　　　　　单位：mol

坯料实验式	$0.156R_2O$	$1.0Al_2O_3$	$3.05SiO_2$
含 0.156mol 的长石矿物	0.156	0.156	0.936
剩余量	0	0.844	2.114
含 0.844mol 的黏土矿物	—	0.844	1.688
剩余量	—	0	0.426
含 0.426mol 的石英矿物	—	—	0.426
	—	—	0.426

坯料中含各种矿物组成为：

长石矿物：$0.156 \times 556.8 = 86.86$

黏土矿物：$0.844 \times 258.2 = 217.92$

石英矿物：$0.426 \times 60.1 = 25.56$

$$\Sigma = 330.34$$

其组成为：

长石矿物：$86.86/330.34 \times 100\% = 26.3\%$

黏土矿物：$217.92/330.34 \times 100\% = 66.0\%$

石英矿物：$25.56/330.34 \times 100\% = 7.7\%$

（3）用满足法计算配料量（表2-3-6）。

经计算，该坯料的配料量为：

高岭土　69.60%　　　长石　26.10%　　　石英　4.30%

表 2-3-6 配料量计算过程（3） 单位：%

分步递减计算	黏土矿物	长石矿物	石英矿物
坯料组成/%	66.0	26.30	7.7
高岭土配料量计算：66÷94.83=69.60%	66.0	1.16	2.44
剩余量	0	25.14	5.26
长石原料配料量计算：25.14÷96.33=26.10%	—	25.14	0.96
剩余量	—	0	4.30
石英原料配料量计算：4.30%	—	—	4.30
剩余量	—	—	0

上述第（3）步配料量之计算也可用图解法。若用图解法计算可按下列步骤进行。

① 在黏土-长石-石英三轴图（图 2-3-2）上按坯料、高岭土、长石及石英原料的示性物组成（表 2-3-7）分别找出它们的组成点。

② 连接 C、F、S 三点成一个三角形。

③ 把 C、F、S 三点中任何一点与 R 点连接，如连接 S、R 二点并延长交 CF 于 D 点。

④ 根据杠杆规则进行计算：

S：石英原料在组成 R 的百分率为：

$$DR/DS \times 100\% = 3.7/85 \times 100\% = 4.35\%$$

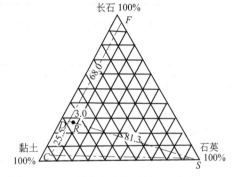

图 2-3-2 由实验式计算配料量（图解法）

D：包括黏土与长石原料在组成 R 中所占的百分率为：

$$RS/DS \times 100\% = 81.3/85 \times 100\% = 95.65\%$$

在 CF 中 D 点就分配了黏土原料和长石原料所占的比例，其中：

C：黏土原料在 D 中所占比例为：

$$DF/CF \times 100\% = 68/93.5 \times 100\% = 72.72\%$$

F：长石原料在 D 中所占比例为：

$$CD/CF \times 100\% = 25.5/93.5 \times 100\% = 27.27\%$$

则 C 在 R 中所占的百分率为：

$$72.72\% \times 95.65\% = 69.56\%$$

F 在 R 中所占的百分率为：

$$27.27\% \times 95.65\% = 26.09\%$$

故该坯料的配料量为：

高岭土 69.56% 长石 26.09% 石英 4.35%

表 2-3-7 配料量计算过程（4）

物料	黏土矿物	长石矿物	石英矿物	组成点
坯料	66	26.30	7.7	R
高岭土原料	94.83	1.66	3.51	C
长石原料	—	96.33	3.67	F
石英原料	—	—	99.4	S

用图解法计算与前面的满足法计算的结果相比较，其误差不大误差产生的原因与作图的

准确性有关。其实前面的示性矿物组成计算也是有误差的，这些误差的存在是难免的，均可忽略不计。

3.3.3.2 由化学组成计算配料量

当陶瓷产品和原料的化学组成已知时，可根据原料性质和成型要求，参照生产经验先确定一两种原料的用量（如黏土、膨润土），再按满足坯料化学组成的要求逐个计算每种原料的用量，计算时要明确每种氧化物主要由哪种原料来提供。

【例 2-3-2】 某电瓷坯料的化学成分范围要求如下。

单位:%

SiO_2	Al_2O_3	Fe_2O_3	CaO+ MgO	K_2O	Na_2O	IL
70~72	18~22	<0.5	<1.0	4~4.5	<1.0	<6

选用原料种类为苏州土、祖堂山土、湖南长石和泰安石英。原料的化学成分见表2-3-8。

表 2-3-8　原料的化学成分　　　　　　　　　单位:%

原料	SiO_2	Al_2O_3	Fe_2O_3	CaO	MgO	K_2O	Na_2O	IL
苏州土	47.75	37.60	0.31	0.19	0.06	—	0.03	14.06
祖堂山土	54.86	27.00	2.00	1.60	1.70	4.12	0.10	8.82
湖南长石	65.18	18.61	—	—	—	13.68	2.53	—
泰安石英	99.16	—	0.16	—	—	—	—	—

试计算此坯料的配料量。

解:

(1) 首先根据选用的黏土原料的性能特点和历年的实践经验，初步拟出各黏土的用量。

苏州土是高岭土，它保证瓷件有良好的微观结构，因而定为主要黏土原料。但是可塑性差，干燥收缩大，因此用量不宜过多，暂定为28%。祖堂山泥属蒙脱石-水云母类黏土，塑性强，但却含有2%左右的Fe_2O_3，因而只能作为辅助黏土，拟用10%。这样既保证了成型性能，又是坯料中Al_2O_3的主要来源。结合它们的化学组成，计算出由各黏土引入坯料的各类氧化物的数量和未被满足的各氧化物的数量。

(2) 其次是根据瓷坯的熔剂量来决定长石含量。瓷坯中K_2O范围为4%~4.5%，由黏土引入者仅为0.41%，尚缺3.6%~4%，此量应由长石提供。从而由长石原料中K_2O含量即可算出长石的需用量。最后扣除黏土和长石引入的SiO_2，坯中未能满足的SiO_2量，用石英原料补充，具体计算见表2-3-9。

表 2-3-9　配料计算表　　　　　　　　　　单位:%

分步递减计算	SiO_2	Al_2O_3	Fe_2O_3	CaO	MgO	K_2O	Na_2O	IL
拟配坯料	70.12	18.87	0.34	0.21	0.18	4.47	0.62	4.83
由28%苏州土引入	13.37	10.53	0.09	0.05	0.01	—	0.01	3.95
由10%祖堂山土引入	5.49	2.70	0.20	0.16	0.17	0.41	0.01	0.88
剩余量	51.25	5.64	0.05	—	—	4.06	0.60	—
由30%长石引入(4.06÷13.68≈30%)	19.55	5.59				4.06	0.76	
剩余量	31.70	0.05	0.05				0.16	
由32%石英引入(100%−68%=32%)	31.70		0.05					

3.3.4　坯料制备

3.3.4.1　坯料的种类和质量要求

将陶瓷原料经过配料和加工后，得到的具有成型性能的多组分混合物称为坯料。

根据成型方法的不同，坯料通常可分为三类：

注浆坯料，其含水率 28%～35%，如生产卫生陶瓷用的泥浆。

可塑坯料，其含水率 18%～25%，如生产日用陶瓷用的泥团（饼）。

压制坯料，其含水率为 3%～7%，称为干压坯料，含水率为 8%～15%，称为半干压坯料，如生产建筑陶瓷用的粉料。

对各种坯料的基本质量要求是配料比较准确，组分均匀，细度合理，所含空气量较少。对各类坯料还有各自的具体要求，现分述如下。

（1）注浆坯料　注浆坯料一般是各种原料和添加剂在水中悬浮的分散体系。为了便于加工后的储存、输送及成型，注浆坯料应达到流动性好、悬浮性好、触变性适当、滤过性好、泥浆含水量少的要求。

（2）可塑坯料　可塑坯料是由固相、液相和气相组成的塑性-黏性系统。具有弹性-塑性流动性质。一般要求具有良好的可塑性、一定的形状稳定性、适当的含水量、适当的坯体干燥强度和收缩率等性质。

（3）压制坯料　压制坯料是指含有一定水分或其他润滑剂的粉料。这种粉料中一般包裹着气体。为了在钢模中压制成形状规整而致密的坯体，对粉料有流动性好、堆积密度大、含水率和水分的均匀性好等要求。

造粒工艺技术对粉料的性能有决定性的影响。喷雾干燥制得的粉料团粒（假颗粒）是圆形的空心球，具有较好的颗粒分布，故流动性好且易压实，排气性能也较佳；经轮碾造粒的粉料虽然堆积密度较大，但形状不规整，且细颗粒多，容易形成拱桥效应，增大了粉料的空隙率，不利于压制排气，故砖坯质量难以保证。

3.3.4.2　坯料的制备工艺

（1）原料的精加工　原料精加工的方法一般包括物理方法、化学方法和物理化学方法。物理方法是指用淘洗槽、水力旋流器、振动筛和磁选机等使原料分级和去除杂质。化学方法包括溶解法和升华法两种。溶解法是用酸或其他反应剂对原料进行处理，通过化学反应将原料中所含的铁变为可溶盐，然后用水冲洗将其除去；升华法是在高温下使原料中的氧化物（Fe_2O_3）和氯气等气体反应，使之生成挥发性或可溶性的物质而除去。物理化学方法包括浮选法和电解法等。浮选法是利用各种矿物对水的润湿性不同，从悬浮液中将憎水颗粒黏附在气泡上浮游分离的方法。浮选时一般要用浮选剂（捕集剂），如石油碘酸、铵盐、磺酸盐等。此法适用于精选含铁、钛矿物和有机物的黏土。电解法是基于电化学原理除去混杂在原料颗粒中含铁杂质的一种方法。

总体来说，我国的原料精加工水平较低，许多建筑卫生陶瓷厂都是使用未经加工的各种天然矿物。使得坯料的质量无法稳定，严重影响了我国陶瓷产品质量的稳定和提高。国外（如日本、德国、英国和意大利等）十分注重原料的精加工，严格按矿物组成、化学组成和颗粒组成并考虑使用的对象进行合理分级。我国的许多陶瓷学者已提出了"原料标准化"的问题，并进行了小规模的生产研究（如在景德镇建成了一条高岭土精选的生产线），但要全面实现原料标准化的目标仍有许多工作要做。

（2）原料预烧和黏土风化　陶瓷工业使用的原料中，一部分有多种结晶形态（如石英、氧化铝、二氧化锆、二氧化钛等）。另一部分有特殊结构（如滑石有层片状和粒状结构），层片状结构不易磨细。在成型及以后的生产过程中，多晶转变和特殊结构都会带来不利的影响。晶型转变时，必然会有体积变化，影响产品质量。片状结构的原料，干压成型时致密度不易保证，挤坯成型时，容易呈现定向排列，烧成时不同方向收缩不一样，会引起开裂、变形。原料灼减量较大则烧成时收缩较大，也会引起开裂、变形。由于这些情况，就要求配料前先将这些原料预烧。经过预烧使原料晶型稳定，破坏原来的结构改变物性使之更符合工艺要求，提高产品质量。

有多晶形态的天然原料（如石英岩）预烧至一定温度后再进行急冷，由于晶型转变引起的体积变化产生应力，使得大块岩石易于破碎。高温预烧还可减少原料中的杂质，提高原料的纯度。

预烧会降低其塑性，增大成型机械及模具的磨损。所以原料是否预烧，要根据制品及工艺过程的具体要求来决定。

大多数黏土是由风化作用形成的。风化比较充分的黏土可塑性比较好，有利于成型。而风化程度较低的黏土则成型性能较差。对于风化程度较低的黏土，开采以后可以采取露天堆放，使其经受太阳暴晒、雨淋、冰冻等天然作用，加速风化，颗粒变细，可溶性盐分离，改善工艺性能。

（3）原料破碎 原料破碎的目的是使原料中的杂质易于分离（如通过磁选机除去磁性物质，通过筛网除去片状云母矿物等）；使各种原料能够均匀混合，使成型后的坯体致密；增大各种原料的表面积，使其易于进行固相反应或熔融，提高反应速度并降低烧成温度。

根据原料的硬度和块度的不同，破碎设备和分级方式是不同的。长石、石英、石灰石、焦宝石等块状硬质岩石，要先粗碎、中碎，然后再与其他原料配合后送去细碎、混合。

间歇式球磨机（如干基装料量为 2.5t、5t、8t、15t 等）是国内陶瓷行业普遍使用的细碎设备。影响球磨效率的因素有球磨机转速、内衬的材质（橡胶、燧石、陶瓷）、研磨体（材质、直径和形状）、料球水比等。采用湿法球磨比干法球磨效果好。主要是因为液体能渗透到固体颗粒缝隙之中，使颗粒胀大、变软而易于粉碎，此外，液体介质润湿粉料时能渗透到颗粒内部（沿裂纹扩伸），加速粉料的劈裂。

对于普通陶瓷坯料，料球水比约为 $1:(1.5\sim2.0):(0.8\sim1.2)$；釉料的料球水比为 $1:(2.3\sim2.7):(0.4\sim0.6)$；对难磨且细度要求高的粉料，研磨体的比例可适当提高。对吸水多的原料（软质黏土较多时）可多加一些水，以免球石和料黏在一起，降低球石的研磨和冲击作用；硬质料较多时，可少加水。两次加料对提高球磨效果有明显的作用。即将硬质料（长石、石英等）和少量黏土（作为悬浮剂）先球磨一段时间后，再加入黏土混磨。有人认为大量的黏土不宜加入球磨机，而是只球磨硬质料，然后与软质料容积配料后在泥浆池中混合。

（4）原料的混合 对普通陶瓷采用球磨机进行粉碎，球磨机既是粉碎工具又是混合工具。对混合的均匀性来说，一般不成问题。但对特种陶瓷来说，通常采用细粉进行配料混合，无需再磨细。就均匀混合要求来说，就显得格外重要。因此要注意加料的次序、加料的方法、混合方式（干混或湿混）及球磨筒的使用是否引入杂质等方面的因素。

（5）过筛和除铁 过筛是控制坯料（泥浆粉料）粒度的有效方法。一般采用振动筛，其特点是产量高，不易堵塞。除铁是减少产品色斑的重要措施。一般采用磁选机和恒磁铁块除铁。湿式除铁（即在泥浆状态下除铁）比在粉料状态下的干式除铁效果好。高档日用陶瓷和高强度电瓷对除铁过筛要求十分严格。

（6）泥浆储存、搅拌 泥浆储存有利于改善和均化泥浆的性能。建筑陶瓷坯料泥浆一般需在浆池内储存 2～3 天再使用。浆池一般是圆形或六角形的，内设搅拌器，以防止泥浆分层和沉淀。

（7）泥浆的压滤 采用湿法粉碎得到的泥浆，其含水量约为 60%，往往超过成型的要求。通常采用压滤法或喷雾干燥法排除多余的水分。泥浆经过压滤后可得到含水量为 20%～25% 的泥饼供可塑成型使用。泥浆经过喷雾干燥后可得到含水量为 8% 以下的坯料，能适应压制成型的需要，这将在造粒中详述。

泥浆压滤多采用间歇式室式压滤机（榨泥机）。它由 40～100 片方形或圆形滤板组成，每两片滤板之间形成一个过滤室。泥浆在受压下从进浆孔进入过滤室，水分通过滤布从沟纹中流向排水孔排出，在两滤板间形成了泥饼。

压滤是陶瓷生产中生产效率较低，劳动强度较大的工序之一。影响压滤效率的因素主要有：压力大小、加压方式、泥浆温度和相对密度、泥浆性质等。通常生产中在泥浆中加絮凝剂（电解质），控制泥浆相对密度在 1.45～1.55，温度在 40～60℃。

（8）坯料的陈腐 球磨后的注浆料放置一段时间后，黏度降低，流动性增加，空浆性能也得到改善；经压滤得到的泥饼，其水分和固体颗粒的分布很不均匀，同时含有大量空气，不能用于可塑成型。经过一段时间的陈放，可使泥料组分趋于均匀，可塑性提高。同样，造粒后的压制坯料在密闭的仓库里陈放一段时间，可使坯料的水分更加均匀。上述情况，生产中称为陈腐。它的作用主要体现在以下几个方面：

① 通过毛细管的作用，使坯料中水分的分布更加均匀。

② 在水和电解质的作用下，黏土颗粒充分水化和离子交换，一些非可塑性的硅酸盐矿物（如白云母、绿泥石、长石等），长期与水接触发生水解变为黏土物质，从而使塑性提高。

③ 黏土中的有机物在陈腐过程中发酵或腐烂，变成腐殖酸类物质，使坯料的可塑性提高。

④ 陈腐过程中，还会发生一些氧化还原反应，例如，FeS_2 分解为 H_2S，$CaSO_4$ 还原为 CaS，并与 H_2O 及 CO_2 作用生成 $CaCO_3$ 和 H_2S，产生的气体扩散、流动，使泥料松散均匀。

陈腐一般在封闭的仓或池中进行，要求保持一定的温度和湿度。陈腐对提高坯料的成型性能和坯体强度有重要的作用。但陈腐需要占用较大的面积，同时延长了坯料的周转期，使生产过程不能连续化，因而，现代化的生产，不希望通过延长陈腐时间来提高坯料的成型性能，但可通过对坯料的真空处理来达到这一目的。

（9）坯料的真空处理

① 真空练泥 经压滤得到的泥饼，水分和固体颗粒的分布都很不均匀。泥料本身存在定向结构，导致坯体收缩不均匀，引起干燥和烧成开裂。此外，泥饼中还含有大量空气，其体积约占泥料总体积的 7%～20%。这些空气的存在，阻碍水对固体颗粒的润湿，降低泥料的可塑性、增大成型时泥料的弹性变形，造成制品缺陷。经真空练泥后，泥料空气的体积可降至 0.5%～1%，而且由于螺旋对泥料的操练和挤压作用，泥料的定向结构得到改善，组分更加均匀。坯体收缩减少，干燥强度也可成倍增加。产品的性能如介电性能、化学稳定性和透光性等得到明显改善。

练泥机挤出的泥料会出现颗粒定向排列的情况

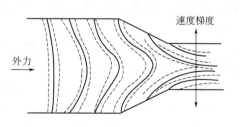

图 2-3-3 黏土泥料在练泥机挤制过程中的定向排列作用

（图 2-3-3），对于小尺寸泥段（120～140mm），周边料粒平行于主轴、中心料粒垂直于主轴，因而泥段最大收缩方向接近径向，中心部位各向异性收缩作用最小，结构最好，故成型时要除去周边泥。大直径泥料定向面呈 S 型，内部应力状态复杂，因此干燥或烧成后易出现 S 型纹。

为减轻或消除上述缺点，首先应使练泥机的主要参数与泥料流变性能很好地吻合；其次要破坏原料的片状结构，并严格执行操作规程。控制加入泥饼的水分；练泥机室和泥饼的温度必须根据季节来调节，除夏季采用冷泥外，一般泥温保持在 15～45℃；加泥速度稳定、适中；真空度一般控制在 0.095～0.097MPa。

② 泥浆的真空脱气　泥浆中的微小气泡直接影响制品的强度、表面光洁度及各种浇注性能，生产中采用泥浆真空脱气来除去气泡，除此之外还常在泥浆中加入除泡剂等。

（10）造粒　造粒是将细碎后的陶瓷粉料制备成具有一定粒度（假颗粒）级配、流动性好的坯料，使之适用于干压和半干压成型的工艺。

陶瓷工业生产中现在普遍采用喷雾干燥工艺。喷雾干燥工艺是将泥浆经一定的雾化装置分散成雾化的细滴，然后在干燥塔内进行热交换，将雾状细滴中的水分蒸发，得到含水量在 8% 以下，具有一定粒度的球形粉料。因此喷雾干燥既是一个脱水过程，又是一个造粒过程。经喷雾干燥工艺制备的粉料性能稳定，颗粒呈球状且流动性好，成型后坯体强度高。

喷雾干燥根据雾化方式的不同可分为：气流式雾化、离心式雾化和压力式雾化。按热空气和物料流向形式又可分成逆流式与顺流式。目前陶瓷工业中使用较多的是压力混合流法和离心顺流法。前者热效率高，喷嘴雾化器结构较简单，拆换容易，但喷嘴直径小，易磨损和堵塞。离心式雾化盘结构复杂，维修难，但连续操作时可靠性好，不易磨损和堵塞。

离心式比压力式得到的粉料粒度细、容重低、粒度范围宽、含水量低。

在喷雾干燥工艺中，影响粉料性能和干燥效率的因素主要是：泥浆浓度、进塔热风温度、排风温度、离心盘转速和喷雾压力等。喷雾干燥工艺要求采用流动性好、无触变性的浓泥浆，为此必须选择合适的稀释剂，控制泥浆含水量在 25%～45%，进塔热风温度在 400～500℃。

3.3.5　坯料制备流程

坯料的制备流程关系到坯料的质量、设备的选择、生产的效率、产品的成本和投资大小等项技术经济指标。选择制备方案时，首先应从进厂原料的性能出发，其次是选用高效能的机械设备，缩短工艺过程，在可能的条件下使生产过程连续化和自动化，从而提高劳动生产率和保证产品质量的稳定。

3.3.5.1　可塑坯料的制备

（1）硬质、软质原料共同湿法细磨　特点是干法称重配料比较准确，湿法球磨细度较高且混合均匀，但是，硬、软质原料同时入球磨影响球磨效率，干料进磨劳动强度大，且粉尘较多。

也可在硬质原料中碎前进行配料，采用湿轮碾机进行中碎，这样可减少灰尘和减轻劳动强度。但泥浆水分往往较多，而且要将多次轮碾出来的浆料混合后才能使配料组成不致变化。泥浆进球磨时可用浆泵压入，也可将球磨机抽成真空再行吸浆。

（2）湿法细碎、泥浆混合　特点是硬质原料独自入球磨机细碎（只加少量黏土入磨以提高效率），黏土原料调成泥浆后，按体积比例与硬质原料磨成的泥浆配合，这种方案适于多种配方及大规模生产的工厂，但原料品种不能太多，浆池、浆泵数量需要多些。

（3）干粉细碎、调水湿润　采用环辊磨机（雷蒙磨）干法细碎，在双轴搅拌机中加水湿润到要求水分，省去压滤工序。上述两设备可连续生产，易组成生产作业组。但干法细碎的卫生条件较差，经环辊磨机后带入铁质较多，干法除铁的效果比不上湿法。这些是它的主要缺点。

由于喷雾干燥法在陶瓷工业中使用广泛，国外报导可用这种粉料调制可塑坯料。主要由粉状化工原料配制的特种陶瓷，可塑坯料制备过程较简单。将原料细粉与黏合剂（增塑剂）溶液混匀，然后练泥、陈腐，即可使用。

3.3.5.2　注浆坯料的制备

原料细碎以前的工序和可塑坯料的大致相同，注浆坯料一般经球磨直接制备，不必压滤。

有时为了提高注浆坯料的质量，也可将压滤后的泥饼破碎成小块，在搅拌池中加水和电解质调成泥浆。这个方案得到的泥浆稳定性较高，因为压滤时可将一些有害的可溶性盐（如 $Na_2SO_4 \cdot K_2SO_4$ 等）除去。但此方法所需设备增多，生产周期长，实际上工厂往往从可塑坯料中取一部分加水搅拌成注浆料。

3.3.5.3　压制坯料的制备

大致有三种方案可用来制备压制坯料。

（1）泥饼干燥打粉法　将压滤后的泥饼切成小块，经过不同的干燥设备（隧道干燥器、链板干燥器、回转干燥筒或地坑等）烘干至成型要求的水分，再经中碎设备（干轮碾、锤碎机、鼠笼打粉机等）破碎成一定粒度的粉料，过筛后使用。这种方法具有湿法制坯的优点，但需要设备较多，生产周期较长。

（2）干法细碎与混合法　将干法细碎的粉料按配料比例混合，加入成型需要的水分，经过干轮碾后，打碎泥团并且过筛，得到成型用的粉料。这种方法得到的坯粉需用设备少，生产量大，但成分不易均匀。

（3）喷雾干燥法　采用喷雾干燥器将坯料干燥至成型要求的水分，并可达到成型要求的粒度组成。过程简单，生产周期短，可连续化、自动化生产。

3.3.6　调整坯料性能的添加剂

为了使坯料性能符合成型及后续工序的要求，常向坯料中加入添加剂（additives）。例如特种陶瓷坯料中瘠性料所占比例很大，用水无法将这些粉料粘接在一起，因此，特陶坯料要使用各种特殊的结合剂。表 2-3-10 为各种成型辅助剂及其作用。

表 2-3-10　成型辅助剂的种类、作用及成型方法

种　类	作　用	成型方法
黏合剂	提高生坯强度	挤压、注浆、压制
润滑剂	脱模,颗粒间的润滑性	挤压、压制
增塑剂	可塑性、挠性	挤压、注浆、流延
反絮凝剂	调整 pH 值,分散作用	注浆、挤压
润湿剂	降低液体表面张力	注浆、流延
除泡剂	消除气泡,使原有气泡稳定	注浆、流延
保水剂	防止加压时水分渗出	压制

3.4　成型方式的选择

将制备好的坯料制成具有一定大小和形状的坯体的过程称为成型。成型要达到以下目

的；使坯体致密且均匀，干燥后有一定的机械强度，坯体的形状和尺寸应与产品协调（即生坯经烧成收缩后与预先设计的产品形状相符合）。根据动力（毛细孔力、机械剪切力和压力等）、模型（钢模、石膏模等）和性能适宜的坯料的成型三个基本要素及其组合方式的不同可分为注浆成型、塑性成型和压制成型三种。

产品的形状和大小是选择成型方式的主要依据。塑性成型（拉坯和手工雕塑）是古代陶瓷成型的主要方式。石膏模的应用促进了注浆成型、印坯成型（将可塑泥团在制好各种花纹等形状的石膏模上印压成有一定形状的泥片，然后粘接而成某制品的一种成型方法）的运用。注浆成型提高了复杂形状产品的成型效率和半成品质量。压制成型是现代技术（电子技术、液压技术和钢模制造技术等）运用的结晶，它使成型的效率和半成品（坯体）的规整度达到了前所未有的程度。

值得说明的是，成型方法（包括成型机械）与产品之间并没有必然的对应关系。即一种产品可以采用不同的成型方式（例如鱼盘可采用旋压成型，也可采用压力注浆成型）；一种成型方式本身的不断完善也可能使其使用于更多的产品（如高压注浆技术开始仅适用于两片对开模的洗面器，现在已适用于坐便器等更为复杂的产品）。

通常确定产品的成型方法应从以下各方面考虑。

① 器形的复杂程度和尺寸，质量要求；

② 坯料的性能；

③ 产品生产的数量，如小批单件生产应少采用专用设备，而选用操作条件易取得的方法，大量成批生产时应采用专门设备和连续作业线；

④ 考虑现有设备的利用、生产周期的长短、劳动强度的大小、成品率的高低及总的经济效果。

3.5 釉料及色料

3.5.1 釉的作用及分类

釉（glaze）是覆盖在陶瓷坯体表面上的一层近似玻璃态的物质。

釉层系平均厚度为 $100\sim300\mu m$ 的硅酸盐玻璃。釉具有与玻璃类似的某些物理化学性质，例如各向同性，没有明显的熔点，具有光泽，硬度大，能抵抗酸和碱的侵蚀（氢氟酸和热碱除外）等。但釉层的组成、显微结构和性质各方面又和玻璃有一定的差异。例如釉不单纯是硅酸盐，有时还含有硼酸盐或磷酸盐；大多数釉含有较多的 Al_2O_3，既可增加坯釉附着性，又可防止失透；由于坯釉化学反应和成分扩散的缘故，釉不像玻璃那样组织均一，一般含有新生成的矿物结晶、气体包裹物和未起反应的石英结晶等。

釉一般具有以下作用：

① 使坯体对液体和气体具有不透过性；

② 覆盖坯体表面并给人以美的感觉，尤其是颜色釉与艺术釉（结晶釉、砂金釉、无光釉）等更增添了陶瓷制品的艺术价值；

③ 防止沾污坯体，即便沾污也很容易用洗涤剂等洗刷干净；

④ 与坯体起作用，并与坯体形成整体。

正确选择釉料配方，可以使制品表面产生均匀压应力的釉层，从而可以改善陶瓷制品的机械性质、热性能、电性能等。

釉的分类方法很多，常用的分类方法见表 2-3-11。

表 2-3-11　釉的分类

分类的依据		种类名称
坯体的种类		瓷釉、陶釉
制造工艺	釉料制备方法	生料釉、熔块釉、挥发釉（盐釉）
	烧成温度	低温釉（<1120℃）、中温釉（1120~1300℃）、高温釉（>1300℃）、易熔釉、难熔釉
	烧釉速度	快速烧成釉
	烧成方法	一次烧成釉、二次烧成釉
组成性质	主要熔剂	长石釉、石灰釉（包括石灰-碱釉、石灰-碱土釉）、锂釉、镁釉、锌釉、铅釉（纯铅釉、铅硼釉、铅碱釉、铅碱土釉）、无铅釉（碱釉、碱土釉、碱硼釉、碱土硼釉）
	主要着色剂	铁红釉、铜红釉、铁青釉
	外观特征	透明釉、乳浊釉、虹彩釉、半无光釉、无光釉、水晶釉、单色釉、多色釉、结晶釉、碎纹釉、纹理釉
	物理性质	低膨胀釉、半导体釉、耐磨釉
显微结构		玻璃态釉、析晶釉、多相釉（熔析釉）
用途		装饰釉、粘接釉、商标釉、餐具釉、电瓷釉、化学瓷釉

3.5.2　釉层的性质

3.5.2.1　釉的熔融温度范围

陶瓷釉料与一般的硅酸盐玻璃类似，无固定熔点。在高温的作用下，从开始软化到完全熔融成可流动的液体，要经历一定的温度范围（见图 2-3-4）。当圆柱体试样（ϕ2mm×3mm）受热至形状开始变化、棱角变圆的温度称为始熔温度。试样变成半圆球的温度称为全熔温度，试样流散开来，高度降至原有的 1/3 时的温度称为流动温度。由始熔温度至流动温度称作釉的熔融温度范围。

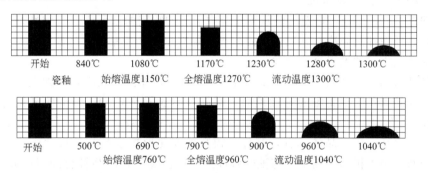

| 开始 | 840℃ | 1080℃ | 1170℃ | 1230℃ | 1280℃ | 1300℃ |
瓷釉　　始熔温度1150℃　　全熔温度1270℃　　流动温度1300℃

| 开始 | 500℃ | 690℃ | 790℃ | 900℃ | 960℃ | 1040℃ |
始熔温度760℃　　全熔温度960℃　　流动温度1040℃

图 2-3-4　某釉料的熔融温度

通常把半圆球温度（即全熔温度）作为釉料烧成温度的指标，此时釉料可以充分熔融并且平铺在坯体表面，形成光滑的釉面。

釉的熔融性能直接影响产品的质量，若始熔温度低，熔融温度范围过窄，则釉面易出现气泡、针孔等缺陷。

釉的熔融温度与釉的化学组成、细度、混合均匀程度、烧成温度和时间等有着密切的关系。釉料的熔融性能首先决定于其组成，如 RO_2/RO、R_2O_3/RO_2 比值，RO 的种类及数量。此外还与釉料细度及烧釉制度有关。釉料越细则釉越易熔。组成的影响主要是取决于釉中 Al_2O_3、SiO_2 和碱组分的含量及配比、碱组分的种类和配比。碱性氧化物含量增加，则釉的烧成温度提高。

3.5.2.2　釉的黏度和表面张力

釉在熔融状态下的黏度（viscosity）是判断釉的流动情况的尺度。在成熟温度下，釉的黏度过小则容易造成流釉、堆釉和干釉缺陷。釉的黏度过大，则易引起橘釉、针眼、釉面不光滑、光泽不好等缺陷。流动性适当的釉能有效填补坯体表面的一些凹坑，并有利于中间层的形成。

影响釉黏度的最重要因素是釉的组成和烧成温度，随着釉的 O/Si 比的增加，黏度随之下降。在一定范围内，碱金属氧化物含量增大时釉的黏度下降。其降低能力顺序是 $Li_2O>Na_2O>K_2O$，但加入量超过 30％时，降低能力的顺序则是 $K_2O>Na_2O>Li_2O$。CaO 在高温时会降低黏度，而在低温时会急剧地缩小黏度增长的温度范围。MgO 可以使釉在高温时具有较高的黏度，但影响比 Al_2O_3 小。其他正二价金属氧化物如 ZnO、PbO 等对黏度的影响与 CaO 基本相同。B_2O_3 对釉黏度的影响比较特殊，当加入量<15％时，氧化硼处于［BO_4］状态，黏度随 B_2O_3 含量增加而增加；超过 15％时，氧化硼又起降低黏度的作用。黏度一般随着烧成温度的升高而降低。一般釉熔融时的黏度约为 $10^2\sim10^3$ Pa·s。

釉的表面张力（surface tension）对釉的外观质量影响很大。表面张力过大，阻碍气体的排除，使釉在高温时对坯的润湿性不好，造成缩釉（滚釉）缺陷；表面张力过小，则容易造成流釉，并使釉面小气泡破裂时所形成的小针孔难以弥合。

釉的表面张力随着碱金属氧化物的加入而明显降低，一价离子的加入引起表面张力降低的顺序是：$Li^+>Na^+>K^+>Rb^+>Cs^+$；与之相比，二价离子的加入降低效果较弱，其顺序是：$Mg^{2+}>Ca^{2+}>Ba^{2+}>Zn^{2+}>Cd^{2+}$。PbO 能明显降低釉的表面张力。$B_2O_3$ 也有较强的降低表面张力的能力。当有 Na^+ 存在时，SiO_2 降低表面张力，Al_2O_3 则提高釉的表面张力。釉的表面张力随温度的升高而减小。

3.5.2.3 釉的弹性和热膨胀性

釉的弹性（elasticity）是能否消除釉层应力引起的缺陷的重要因素。弹性好的釉可使坯釉适应性好，即使加热和冷却速度在一定程度上加快也不会使釉面产生缺陷。釉层的弹性和其内部组成单元之间的键强直接有关。

釉的弹性可用弹性模数（elastic modulus）来表征，弹性模数小，则弹性大；反之则弹性小。碱土金属氧化物提高釉的弹性模数，提高最明显的是 CaO；碱金属氧化物则降低弹性模数。B_2O_3 在 12％含量以内时，含量增加则提高弹性模数；高于 12％时，含量增加则降低弹性模数。冷却时析出晶体的釉，其弹性模数的变化取决于晶体的尺寸和均匀分布的程度。均匀分布的细小析晶有利于提高釉的弹性。一般情况下釉的弹性会随温度升高而降低。釉层越薄则弹性越大。

釉层受热膨胀（thermal expansion）的主要原因，是由于温度升高时构成釉层网络质点热振动的振幅增大。这种由于热振动而引起的膨胀，其大小决定于离子间的键力，键力越大则热膨胀越小；反之则热膨胀越大。釉的膨胀系数和其组成关系密切。SiO_2 是釉的网络生成体，有坚强的 Si—O 键。若其含量高，则釉的结构紧密，因此热膨胀小。含碱的硅酸盐釉料中，引入的碱金属与碱土金属离子削弱了 Si—O 键或打断了 Si—O 键，使釉的热膨胀增大。一般来说，碱金属离子增大釉膨胀系数的程度超过碱土金属离子。釉的膨胀系数还与温度有关。

3.5.2.4 釉的硬度和光泽度

釉面硬度（hardness）是釉抵抗外力压入、划痕或磨损的能力，是日用瓷一个不可忽视的指标。它表征釉面表层的强度，可看成表面产生塑性变形或破坏所需要的能量。

釉面的硬度主要决定于釉层化学组成、矿物组成及其显微结构。由于组成玻璃网络的

SiO_2、B_2O_3 会显著提高玻璃的硬度,所以高硅釉层及含硼硅酸盐釉层硬度都大。硼反常现象和硼铝反常现象都会影响釉的硬度。用 B_2O_3 代替釉中的 SiO_2 时,若 $B_2O_3 < 15\%$,随着 B_2O_3 的增加釉的硬度不断增大;若 $B_2O_3 > 15\%$,釉的硬度会明显降低。

若釉层析出硬度大的微晶,而且高度分散在整个釉面上,则釉的硬度(特别是研磨硬度)会明显增加,尤其是析出针状晶体时,效果更为显著。一些研究结果表明,有助于提高釉面研磨硬度的晶体是锆英石、锌尖晶石、镁铝尖晶石、金红石、莫来石、硅锌矿。从这个角度来说,乳浊釉及无光釉的耐磨性比透明釉高。

釉的光泽度(glossiness)是釉面平整光滑程度的反映指标。釉层的光泽度与其折射率有直接的关系。折射率越大,釉面的光泽越强。折射率与釉层密度成正比,因此,在其他条件相同时,精陶釉和彩陶釉中因含有 Pb、Ba、Sr、Sn 及其他重金属元素氧化物,所以,其折射率比瓷釉大,光泽也强。凡能降低熔体表面张力,增加熔体高温流动性的成分,将有助于形成光滑的釉面,从而提高其光泽。

3.5.2.5 釉层的化学稳定性

陶瓷制品在使用过程中常和水、酸、碱液接触,釉层不同程度地和这些介质发生离子交换、溶解或吸附,导致釉面失去光泽、下凹、溶出阳离子等。因此化学稳定性是釉层的一个重要性质,尤其对耐酸瓷、化工瓷、电瓷等。

釉的稳定性主要与其化学组成、各种氧化物性质及其在熔体中含量有关。釉层的性质在很大程度上取决于釉料的化学组成,而化学组成与釉层的各个性质关系复杂,无规律性可言。

3.5.3 坯釉适应性

坯釉适应性是指陶瓷坯体与釉层有互相适应的物理性质(热膨胀系数匹配),使釉面不致龟裂或剥落的能力。要提高坯釉的适应性,应从控制釉层应力性质和应力大小入手。

3.5.3.1 坯釉膨胀系数

坯釉膨胀系数的差值是釉层出现应力的来源。若二者不匹配,则在烧釉或使用过程中,由于温度急剧变化,釉层出现应力。若此应力超过釉层强度将导致开裂或脱落。

(1)当釉的膨胀系数大于坯体的膨胀系数($\alpha_{釉} > \alpha_{坯}$)[图 2-3-5(a)]时,冷却过程中釉的收缩比坯体大,它受到坯体给予的拉伸应力(用"—"号表示),使釉层出现交错的网状裂纹。单面施釉的产品会因此而下凹。

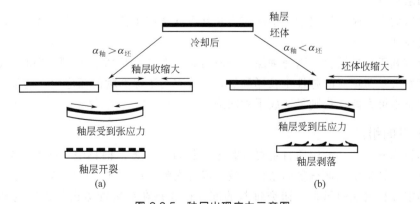

图 2-3-5　釉层出现应力示意图

（2）当釉的膨胀系数小于坯体的膨胀系数（$\alpha_{釉} < \alpha_{坯}$）[图 2-3-5（b）] 时，冷却过程中釉的收缩比坯小，釉层受到压缩应力（用"+"号表示），甚至会出现圆圈状裂纹或脱落。单面施釉的产品会因此而上凸。

（3）当坯、釉的膨胀系数相等或非常接近时，这时釉中无应力或只有极小应力，这是理想的状态。

一般说来，脆性材料的耐压强度总是高于抗张强度，釉层也是如此。所以开裂的情况较剥落更为容易出现。受到压应力的釉层除了不易剥釉外，还能抵消产品受到的部分张力，从而提高产品的机械强度和抗热震性。因此选择釉料组成时，希望其膨胀系数接近于坯体而稍低于坯体。当 $\alpha_{釉} < \alpha_{坯}$ 时，陶瓷产品膨胀系数之差不能超过 $(1 \sim 4) \times 10^{-6}℃^{-1}$；当 $\alpha_{釉} > \alpha_{坯}$ 时，二者的差值应小于 $0.4 \times 10^{-6}℃^{-1}$；否则会网裂或脱釉。

3.5.3.2 坯釉中间层

釉烧时釉的某些成分渗透到坯体表层中，坯体某些成分也会扩散、溶解到釉中。通过溶解与扩散作用，使坯釉交界带的化学组成、物理性质和结构介于坯体与釉层之间，形成中间过渡层即坯釉中间层。

中间层通常吸收了坯体中的 Al_2O_3、SiO_2 等成分，又吸收了釉料中碱性氧化物（R_2O、RO）及 B_2O_3，对调整坯釉之间的差别、缓和釉层中应力的作用、改善坯釉的结合性起一定作用。可以降低釉的膨胀系数，消除釉裂；若中间层生成与坯体性质相近的晶体有利于坯釉的结合；此外，釉料溶解坯体表面，使界面粗糙，提高釉的黏附能力。

坯釉中间层对坯釉适应性的影响与坯、釉的种类及中间层厚度有关。坯釉中间层稍厚或适中，有利于坯釉适应性。实践证明：硅含量高的坯适应于长石质釉；铝含量高的坯适应于石灰质釉；含钙的坯适应于硼釉、硼铅釉。

3.5.3.3 釉层的弹性和抗张强度

釉层的弹性是抵抗和缓和釉层应力的另一个因素。其作用是：消除坯、釉膨胀系数差异所引起的缺陷；补偿机械力作用所产生的危害。若釉的弹性小即弹性模量大，坯釉之间的应力虽小也难免釉层开裂。若 $E_{釉} < E_{坯}$ 时，则釉的弹性变形能力低于坯，对坯釉适应性不利。

釉的抗张强度和釉的弹性模量往往交织在一起影响釉面开裂，如果釉的弹性模量低，抗张强度高，即使 $\alpha_{坯}$ 与 $\alpha_{釉}$ 差值较大，釉层也不一定开裂。当釉的抗张强度低而弹性模量大时，稍受应力就可能使釉层开裂。

3.5.3.4 釉层厚度

当坯釉组成不变时，釉层中产生的应力和其厚度密切相关，釉层的厚薄在一定程度上影响坯釉的适应性。

薄釉层有利于坯釉结合。因薄釉层在烧成时组分改变相应大，$\alpha_{釉}$ 降低得也大；且中间层相对厚度增大；薄釉层的弹性也较厚釉层好。故有利于提高釉的压应力，增强了坯釉适应性。但釉层也不可太薄，否则易造成干釉缺陷。

3.5.4 釉料的组成

（1）釉料成分分类　釉用原料主要有黏土、长石、石英，釉料中含熔剂成分较坯料多，含黏土成分少，具备生成玻璃质的条件。按各成分在釉中所起作用可归纳为表 2-3-12。

（2）确定釉料组成的原则　研究釉料的配方往往是在坯料配方已经确定的基础上进行的，故应使釉适应坯。配釉时应遵守以下原则：

表 2-3-12　釉料成分种类及作用

成分类别	细分类	作用	主要化合物
玻璃形成剂		形成玻璃相(釉层主要物相)	SiO_2、B_2O_3、P_2O_5、GeO_2
助熔剂(网络外体)		促进高温化学反应,加速高熔点晶体(SiO_2)结构断裂和生成低共熔物;调整釉层物化性质	Li_2O、Na_2O、K_2O、MgO、PbO、CaF_2、CaO
乳浊剂	悬浮乳浊剂 析晶乳浊剂 胶体乳浊剂	使釉层失透有覆盖能力	SnO_2、CeO、ZrO_2、Sb_2O_3 $ZrSiO_4$、TiO_2 C、S、P、F
着色剂	有色离子着色剂	使釉层吸收可见光波呈现不同颜色	Cr^{3+}、Mn^{3+}、Mn^{4+}、Fe^{2+}、Fe^{3+}、Co^{2+}、Co^{3+}、Ni^{2+}、Ni^{3+}、La、Nd 等化合物
	胶体粒子着色剂		Cu、Au、Ag、$CuCl_2$、$AuCl_3$、$CdS+CdSe$ 等
	晶体着色剂		尖晶石、钙钛矿型氧化物、石榴石型、锆英石型硅酸盐
其他辅助剂		提高釉面质量 改善釉层物化性质 控制釉浆悬浮性、黏附性等	稀土氧化物、硼酸(色彩) BaO(光泽度) MgO、ZnO(白度、乳浊度) 黏土、CMC 等

①　釉料组成应适应坯体的烧成工艺性能　对一次烧成的坯体来说,釉的成熟温度应稍低于坯体烧结范围的上限,而且高温下能均匀地熔于坯体表面。釉的始熔温度应高于坯体中碳酸盐、硫酸盐和有机物的分解或挥发的温度。熔化的温度范围也要求尽可能宽些,以减少釉面气泡或针孔。

②　要使釉层的物理化学性质与坯相适应　一般要求釉的膨胀系数和弹性模量略小于坯,使釉层产生一定的压应力,并有较好的弹性。为了形成良好的中间层,应使坯与釉的化学性质相近而又有适当的差别。

（3）合理选择釉用原料　配制釉料通常既要用天然矿物原料,也要用化工原料,这主要是为了使釉层的性质很好地适应坯体的同时,又能调整好釉浆的性能。为了保证釉面的质量稳定,配制釉料所用的天然矿物原料(如长石、石英、黏土等)一般也比坯用原料的纯度和品质要高得多。比如生料釉中的 Na_2O 一般可用长石引入。配制熔块时,则可采用硼砂、苏打或硝酸钠引入 Na_2O。为了使釉浆悬浮并便于施釉,一般釉料中要引入一定量的高岭土。此外,在保证釉面质量的前提下,应使釉料的成本尽可能低。

3.5.5　釉料制备

釉面质量直接影响上釉产品的性能和质量。而釉面质量除与釉料组成及烧成制度有关外,还取决于釉浆制备工艺和施釉工艺。

釉料通常可分为生料釉和熔块釉两种。

3.5.5.1　生料釉的制备

生料釉的制备与坯类似。球磨时应选将硬质原料磨至一定细度后,再加入软质黏土。为防止沉淀可在头料研磨时加入 3%～5% 黏土。生料釉原料应不溶于水。

3.5.5.2　熔块釉的制备

熔块釉包括熔块与生料两部分,其制备分熔制熔块和制备釉浆两部分。先将一些水溶性的或有毒的、易挥发的物质单独混合调配,在较高温度下熔化后淬冷成玻璃状的碎块(称之为熔块),再将熔块与适量的黏土等配合成釉。现在建筑卫生陶瓷行业已有多种成品熔块在市场上可以购得(比如水晶釉熔块、低温一次快烧的熔块等),但一些工厂仍自己配制熔块。

与生料釉相比，其特点是：

① 原料部分或大部分需制成熔块；

② 降低原料毒性和可溶性；

③ 成熟温度范围宽，适应性强；

④ 降低熔融温度。

除上述生料釉、熔块釉之外，还有色釉和结晶釉等，其制备工艺有特殊之处。

3.5.5.3 釉浆的质量要求及控制

不论是用何种方法制成的釉料，都应具备以下的基本性质：

(1) 一定的细度　釉浆的细度直接影响着釉浆的稠度、悬浮性、釉与坯的黏附性、坯釉烧后的性状以及釉面的质量。一般来说，釉磨得越细，釉浆的悬浮性越好，越不易分层，坯釉的黏附性越好，釉的烧成温度还可降低。但若磨得过细会使釉的黏度增大，触变性增强，影响施釉工艺。而且，过细的釉干燥收缩大，易造成生釉层开裂和脱釉等缺陷。对于熔块釉来说，随着粉磨细度提高，熔块的溶解度增大，釉浆的 pH 值增高，易使釉浆凝聚，并造成产品缩釉。

对釉面砖用乳浊釉釉浆的细度，以万孔筛筛余在 0.1％ 以下为宜；透明釉以 0.1％～0.2％为宜；彩釉砖用釉料较粗一些，其细度为万孔筛筛余在 1％ 以下。

(2) 适中的相对密度（浓度）　釉浆的相对密度影响施釉速度和釉层厚度，一般要根据坯体情况和施釉方法等工艺条件，通过试验来确定釉浆的相对密度。用于二次烧成的釉面砖，当为喷釉时，釉浆相对密度在 1.40 左右；用于一次烧成的墙地砖，因为釉是喷在生坯上，故釉浆相对密度可增大至 1.7～2.0；采用淋釉法施釉时，要依据釉浆性质及产品要求通过试验确定相对密度，一般在 1.43～1.46。卫生陶瓷的釉浆相对密度为 1.60～1.62（乳白釉）和 1.85～2.0（色釉）。

相对密度过小的釉浆，会减少釉在坯体上的黏附量，并使浆体中的料粒迅速下沉，使产品因釉层稀薄而产生干釉。

(3) 适宜的流动性（黏度）　在釉的成熟温度下，其黏度应该适当，使它具有一定的流动性，以保证釉能均匀地分布在坯体上，从而获得光亮的釉面。若流动性过大，釉易被坯体吸收，造成流釉或干釉现象；流动性过小，釉不能很好地均匀分布在坯体上，造成釉面不平滑，光泽不好，釉缕流散不开，造成堆釉，同时，气孔不易及时封闭也会造成釉面针孔等缺陷。当然，影响釉流动性的主要因素是釉料的化学组成和釉烧温度。然而当上述两因素确定后，在釉浆制备过程中，还可以通过改变釉浆细度、加入电解质、调整水分以及陈腐釉浆等办法，来调整釉浆的流动性，以确保釉浆的施釉性能达到要求。

此外，卫生陶瓷釉浆还应有适当的保水性。釉料的保水性是反映釉浆中的水分从釉珠中渗出而向坯体内部扩散速度快慢的性质。渗得慢则釉浆的保水性好。生产中用控制 CMC（羧甲基纤维素）在釉中的添加量来调节釉浆的保水性。

3.5.6　施釉

在生坯或素烧坯上施釉时，要保证施釉面的清洁，同时使其具有一定吸水性。所以生坯须经过干燥、吹灰、抹水等前期处理工序，对烧结坯体则须加热至一定温度方可施釉。

施釉（glazing）的基本方法有浸釉（dipping）、淋釉（curtain coating）和喷釉（spraying）等。施釉应根据产品尺寸、形状和要求不同而采用不同的方法。有时生产中并不是单纯使用其中的一种施釉方法,而采用组合方法,例如施釉线上既有浇釉,也有喷釉等,使施釉质量进一步提高。

此外,还有静电施釉(electrostatic spray)、流化床施釉(fluidised bed)、釉纸施釉和干法施釉(pressing)等施釉新方法。其中,干法施釉正在建筑陶瓷生产上获得应用。所谓干法施釉就是用含水量较低的釉粉(含水量 1%~3%,经喷雾干燥制备)和坯料(粉料)一起压制成形使之结合为一整体。一般是先压坯粉,然后撒有机黏结剂,再撒釉粉加压。此法还可以在坯上施熔块粉(0.04~0.2mm)、熔块粒(0.2~2mm)、熔块片(2~5mm)。干法施釉与传统施釉工艺相比有以下特点:

① 大多数釉粉可回收再用;

② 简化了釉料制备工艺;

③ 可获得自然感、立体感更强的釉面装饰效果;

④ 施干粉的砖坯有利于烧成过程中气体的排出,釉面气泡、针孔少,可获得平整光滑的釉面,且可达到耐磨和防滑的目的。

3.5.7 色料

色料也称颜料或彩料,是用色基和熔剂或添加剂配成的粉状有色陶瓷用装饰材料。色基是以着色剂(能使陶瓷坯、釉等呈色的物质)和其他原料(如高岭土、石英、长石、氧化铝等)配合,经煅烧后获得的无机着色材料。熔剂即是含铅的硅酸盐、硼酸盐或碱硅酸盐玻璃等,它是促使陶瓷色基与陶瓷器皿表面结合的低熔点玻璃态物质。

陶瓷颜料用途很多,可以归纳为三方面:

① 坯体的着色 将颜料中的着色物质(色剂)与坯料混合,使烧后的坯体呈现一定的颜色。有色坯泥可用于制造陈设瓷件、日用器皿及建筑用的墙地砖。白色坯泥还可作遮盖坯体颜色的釉下涂层(化妆土)。

② 釉料的着色 用色剂与基础釉料可调配成各种颜色釉及艺术釉。

③ 绘制花纹图案 大量用于釉层表面及釉下,进行手工彩绘,也可用作贴花纸、丝网印刷、转移印花、喷花的颜料。

陶瓷颜料可按使用方法和彩烧温度分为釉上颜料、釉下颜料和釉中颜料(又称高温快烧颜料)。

高温快烧颜料所用的色基与釉下颜料使用的性质要求基本相同,即耐高温,着色力强,呈色稳定。但这种颜料所用熔剂的数量有差别。釉下颜料的色基与熔剂之比为(90~100):(10~0);高温快烧颜料中二者之比为(20~60):(80~40)。釉中颜料用于不同的装饰方法会产生不同的色层厚度,画面的呈色及艺术效果也不一样。其中以喷彩、手绘、丝网印花纸效果最佳。最重要的是,釉中颜料的运用彻底解决了釉上装饰的花面耐机械磨损性能低和铅、镉溶出的弊病。

另一种分类方法是按颜料的矿相进行分类,分为简单化合物、固溶体单一氧化物型、钙钛矿型、尖晶石型、硅酸盐型、混合异晶型等。

3.6 普通陶瓷的烧成

3.6.1 烧成方法的比较

正确地选择烧结方法,是使陶瓷材料获得具有理想的显微结构及预期性能的关键。陶瓷材料烧结方法很多,表 2-3-13 为一些主要烧结方法及工艺特点。

表 2-3-13 一些主要烧结方法及其工艺特点

方法	工艺	优点	缺点	实例
常压烧结	一般方法	可制造形状复杂的制品 可大量生产	收缩率一般 气孔残留 有时强度稍差	Al_2O_3、MgO、ZrO_2
热压成型（热压烧结）	将粉末加入模具中，同时施加高温高压而成型烧结 模具材料为石墨、Al_2O_3、SiC 等	晶粒细小 能制得高密度制品 可烧结性差的陶瓷	需要模具 形状有限制 在加压方向存在变形	Al_2O_3、Si_3N_4、SiC
热等静压成型（等静压烧结）	将粉末装在耐高温的模具盒中用高温高压气体加热加压	能制造缺陷少的高强度制品 容易粘接	需要产生高压高温气体的装置 需要模具盒	Al_2O_3、Si_3N_4、MgO、ZrO_2
反应烧结	利用固相-气相、固相-液相反应，在合成陶瓷粉末的同时进行烧结	也能制造形状复杂的制品 烧结后尺寸基本不变	有气孔残留 强度较低	Si_3N_4
液相烧结	生坯在高温下产生液相，烧结助剂有效地起作用	能在较低的温度下烧结高密度制品	因为高温下产生液相，故高温强度低	Si_3N_4 中 $SiO_2+MgO \longrightarrow$ 液相 铁氧体中的 CaO、SiO_2
超高压烧结	利用超高压高温装置烧结	可合成高密度烧结制品	不能制造大型制品 需要产生超高压高温的装置	金刚石、立方 BN、Si_3N_4
冲击波烧结	用火药或其他冲击波在短时间内施加超高温高压	可短时间内烧结	需要特殊的装置 不能制造形状复杂的大型制品	立方 BN
化学气相沉积烧结	形成化学气相沉积膜而成烧结体	一般纯度高	易残留气泡 大多耐蚀性较差 不能制备大型或厚壁制品	TiB_2
水热烧结	用水等流体代替高温高压气体	可烧结含挥发成分的材料 可制造有机物-有机物、有机物-无机物的复合材料 低温烧结	需要水热装置	云母、羟基磷灰石
后常规烧结	使烧结后的液相晶化常压烧结后加热等静压	制品更致密、强度更高 减少有缺陷的制品	价格昂贵 需要热等静压装置	Si_3N_4-Y_2O_3-Al_2O_3 尖晶石、Al_2O_3
气氛烧结	在烧结时特别调节氧气压、氮气压、水蒸气压、二氧化碳气压等场合	可用气氛控制原子价 可调节 Fe^{2+}、Fe^{3+} 等		Fe_3O_4、铁氧体、Zn-Fe_2O_4、Si_3N_4
自蔓燃烧法烧结（SHS）	依靠反应自身放出的热量来维持反应的进行，反应物被点燃后，燃烧波蔓过的反应物变成生成物	高密度、高纯度 反应时间短 节能 工艺简单		TiC、B_4C、TiN、Si_3N_4、TiB_2、ZrB_2

陶瓷材料烧成方法很多，每种方法各有其特点，有时还会联合使用，因此在选择烧成方法时要综合考虑。

3.6.2 烧成方式的选择

比较常见的烧成方式是一次烧成和二次烧成（twice firing）。一次烧成是将施好釉的生坯（也称釉坯）经一次煅烧直接得到产品的方法。二次烧成是为了减少釉面和产品其他缺陷而发展起来的方法。它分两种类型：一是将生坯烧到足够高的温度使之成瓷，然后施釉，再在较低的温度下进行釉烧。这种方法称为"高温素烧，低温（中温）釉烧"，日用瓷中的骨灰瓷烧成即是用这种方法。二是先将生坯在较低的温度下烧成素坯，然后施釉，再在较高的温度下进行釉烧而得到产品。这科方法称为"低温素烧，高温釉烧"。我国大多数釉面砖即是采用这种方法烧成的。

烧成方式的选择主要是根据产品大小、形状和性能要求，窑炉制造技术水平和综合经济效益等。一种制品往往可以采取多种窑型和多种烧成方式，并非一成不变。我国的日用瓷大部分采用一次烧成，但少数高档产品（如骨灰瓷、西餐具）是用二次烧成；我国大部分釉面砖（特别是小规格的产品）都是采用二次烧成，一次烧成也可以得到高质量釉面的釉面砖。国外发达国家从环保和节能角度出发，正大力发展一次烧成技术。电瓷、化工陶瓷、卫生陶瓷和特陶一般都采用一次烧成。大多数建筑陶瓷（如玻化砖、彩釉砖、劈离砖、广场砖、琉璃制品等）也是采用一次烧成。

近年来烧成技术发展很快，许多特殊的烧成方法应运而生。如将卫生陶瓷（一次烧成产品）的缺陷（不明显的缺釉和坯裂等）修补后又重烧一次，得到符合质量要求的产品，这一过程称为重烧（refiring）；经两次烧成后的釉面砖，用高档色釉料（结晶釉、金砂釉）或熔块，配以干法施釉等技术施釉后再经第三次烧成，可得到立体感和艺术感极强的釉面砖，这种技术称为三次烧成技术。烤花（也称烤烧）技术不仅用在日用陶瓷上，也正越来越多地用于建筑卫生陶瓷上。随着烧成技术和设备的不断改进，陶瓷在内在品质和外观质量上都将跃上一个新台阶。

3.7 陶瓷产品的缺陷分析

陶瓷缺陷一般可分为半成品（如生坯、素坯等）缺陷和成品缺陷。目前我国对各种陶瓷的缺陷名称还没有统一，对缺陷产生的原因还没有完整、系统的理论解释。这里仅列出一些常见的陶瓷缺陷，并简单地分析其产生的原因。

3.7.1 斑点

特征：产品表面大小不一的异色脏点（speck）。

产生的主要原因：

① 原料中所含杂质，如铁的化合物、云母、石膏等，在洗涤加工过程中没有除净。

② 加工过程中混入了杂质，如机械铁屑与焊渣，设备和工具上的铁锈皮，外界带入的煤渣、泥砂等，除铁时又没有除尽。

③ 坯体存放时表面落上灰尘、异物，而在入窑时未清扫干净。

④ 燃料中含硫量过高，烧成时与铁质发生反应生成硫化铁黑点。

3.7.2 变形

特征：产品表面翘曲不平或整体扭斜（deformation）。

产生的主要原因：

① 配方中的软质原料灼减量大，熔剂性原料含量过高，使产品在烧成时体积收缩大。

② 坯体制备不精，陈腐时间短，水分分布不均匀，颗粒级配不适当。

③ 坯釉料的膨胀系数搭配不合理。

④ 成型时操作不合理，如压力不均、填料不匀，使脱模后放置的坯体变形。

⑤ 干燥制度不合理，内外或上下表面收缩不一致。

⑥ 坯体与托辊、窑具黏附使坯体变形。

⑦ 烧成时低温干燥阶段升温过急，或一块制品上承受的温差过大。

⑧ 烧成时止火温度高于产品的烧成温度。

3.7.3 落脏

特征：产品表面落上脏物并与产品烧黏在一起（ash contamination）。

产生的主要原因：

① 半成品存放落上脏物，装窑时没有扫净。

② 坯体施釉后落上脏物。

③ 窑中的耐火材料碎屑落在制品上。

3.7.4 裂纹

特征：产品出现裂痕（crack）。分釉面开裂（釉裂）和坯体开裂（坯裂）两种。

3.7.4.1 釉面开裂的主要原因

① 坯与釉热膨胀系数不相适应，当釉的膨胀系数大于坯的膨胀系数时，由于釉面在冷却过程中产生张应力，引起釉面开裂。

② 釉层过厚。

③ 烧成温度低，烧成时冷却过急或出窑温度过高。

3.7.4.2 坯体开裂的主要原因

① 坯料中高干燥敏感性原料用量过多，干燥制度不合理，导致的干燥开裂在坯检时没有发现，而在烧成的预热阶段裂痕增大（开裂呈大口状，且断口表面粗糙）。

② 坯体过分干燥，入窑前或在烧成的预热阶段吸湿，产品表面出现大量微细裂纹。

③ 在过于干燥的生坯体上施釉。

④ 半干压坯料中有硬块，因而压制成的坯体密度与水分不均，烧成后产品表面在硬块处出现放射状的数条裂纹（面砖素烧坯上经常出现）。

⑤ 压制成型时，填料不均，压力不均，砖坯致密度不一致，造成烧成时收缩不一致。

⑥ 烧成时升温速度控制不当，导致产品边部开裂（口裂）和中心开裂（硬裂）；冷却过快，导致风惊裂（断口整齐）。

3.7.5 起泡

特征：产品表面突起小泡（bubble or blister），可产生于无釉产品和有釉产品，包括开口泡（表面已破）、闭口泡（泡突起未破）。

产生的主要原因：

① 坯体入窑水分过高，或坯体过干后又吸附了大气中的水分，入窑后在预热阶段升温过急。

② 止火温度高于产品烧成温度。

③ 烧成时气氛不当，坯体氧化分解不完全，气体难以排除。

④ 低温釉料中含硫酸盐、碳酸盐及有机物过多，釉中含有过量的碱性氧化钡、氧化硼等，造成釉面表面张力过大。

⑤ 施釉时带入大量气体于釉层中，釉层厚而釉熔体黏度过高。

⑥ 釉料过细使熔点降低，过早形成黏度大的釉熔体，使坯体分解产生的气体或坯体表面蓄积的气体无法顺利排出釉层。

⑦ 坯体边棱处蓄积大量可溶性盐类，易产生釉泡。

⑧ 燃料中含硫量过多，燃料得不完全，窑中存在还原气氛等。

3.7.6　棕眼

特征：釉面呈现针尖似的小孔。

产生的主要原因：

① 造成釉泡的一切原因，在体积稍有改变时，均可能形成棕眼（pinhole）。

② 釉浆与坯的附着力不好；釉层中含有干燥敏感性高的黏土、生氧化锌，釉层干燥收缩大，预热阶段釉层开裂，而高温下釉熔体黏度高、张力大，都易形成棕眼。

③ 烧成温度过低，釉玻化不好。

④ 釉的颗粒过粗，烧成时釉熔融不好。

⑤ 施釉时坯体过干或坯体过热，施釉前没有把坯体表面的脏物除净。

⑥ 烧成时间短，后火期氧化不好，碳素沉淀于釉层表面，碳素烧除后釉面留下小孔。

3.7.7　缺釉

特征：产品表面局部无釉（exposed body）。

产生的主要原因：

① 施釉前，坯体上的灰尘、油污、蜡没有除净，在施釉时不吸釉。

② 施釉时坯体太湿。

③ 釉浆太细，釉的黏度大，釉熔体表面张力过高，釉与坯的浸润性不良，易导致缩釉性质的缺釉。

④ 烧成时窑内水汽太多，坯面潮湿，加热后釉层开裂卷起，导致缩釉性质的缺釉。

⑤ 釉坯在存放、搬运、装窑过程中，因擦、碰使局部釉层剥落又未补釉。

3.7.8　色泽不良

特征：产品表面颜色不均或釉面无光（tint unevenness）。

产生的主要原因：

① 釉料配方不当，或制釉原料纯度不高。

② 釉浆搅拌不匀，施釉时釉层厚薄不均。

③ 烧成气氛控制不当，烧成温度低于釉的成熟温度，釉面不能完全玻化。

④ 窑内各部位烧成温度不一致。

⑤ 燃料含硫量过高，烧成中二氧化硫气体和灰分与釉料化合生成硫化物，或窑中有水蒸气。

⑥ 釉烧温度过高，釉熔体被多孔性坯体吸收，烧成时间太长，釉中组分挥发。

⑦ 有不熔性颗粒残留于釉面上。

3.7.9　夹层

特征：产品内部有分层现象（layered）。

产生的主要原因：

坯料不符合压制成型的工艺要求，或成型时操作不当，施压过急，粉料中的气体没能排出。注浆成型时吃浆不透,坯体未干透等。

3.7.10 釉缕

特征:产品釉面呈现厚釉条痕或滴状釉痕(excess glaze)。

产生的主要原因:

① 施釉不均,施釉机内有釉滴落于产品上。

② 釉的烧成温度高于成熟温度,产品四周釉厚。

3.7.11 波纹

特征:产品釉面不平,在光线下呈现鱼鳞状起伏状态(waviness)。

产生的主要原因:

① 釉层厚薄不均。

② 喷釉时雾点太粗,生釉层表面高低相差较大。

③ 釉的高温黏度大而表面张力低。

④ 烧成温度过低,釉面玻化不好。

3.7.12 橘釉

特征:产品釉面呈现橘皮状(orange peel)。

产生的主要原因:

① 坯体干湿不均,吸釉能力不一致,釉层厚薄不匀。

② 釉熔化后黏度大,表面张力小,釉熔体流展性不好。

③ 烧成时高温阶段升温过快,或窑内局部温度过高,超过了釉的成熟温度,使釉熔体发生沸腾现象。

3.7.13 烟熏

特征:釉面局部或全部呈现灰黑色(smoke staining)。

产生的主要原因:

① 釉料中氧化钙过多,容易吸烟。

② 坯体入窑水分大,烧成时碳素浸入釉层,氧化不充分,沉积的碳素没有完全烧去。

③ 装窑密度过大,通风不畅。

④ 烟囱抽力不够,烟气在窑中存留时间过长。

3.8 普通陶瓷

普通陶瓷是以黏土类及其他天然矿物原料经过粉碎加工、成型、烧成等过程制成的制品。是一种多晶、多相(晶相、玻璃相和气相)的硅酸盐材料。主要有日用陶瓷、建筑陶瓷、卫生陶瓷、化工陶瓷、电工(电瓷)陶瓷及多孔陶瓷等。

3.8.1 日用瓷

日用陶瓷根据其坯体的结构特征可分为日用陶器、瓷器和炻器三大类。下面具体介绍日用瓷器。

3.8.1.1 日用瓷的性质要求

日用瓷质量可用物理化学性质、外观性质及使用性能等来描述。外观性质包括白度、透明度、釉面光泽度、造型、尺寸规格、色泽及装饰等。内在质量主要是致密度、热稳定性、机械强度、釉面硬度、坯釉结合性以及产品釉面和画面的铅、镉溶出量等。此外日用瓷釉面缺陷如缺釉、阴黄、橘釉、烟熏、火刺等也均有具体规定，高级日用细瓷不允许有以上缺陷。

3.8.1.2 日用瓷坯的组成及工艺特性

（1）$K_2O-Al_2O_3-SiO_2$ 系统

① 长石质瓷　长石瓷是以长石为熔剂的长石-石英-高岭土三组分瓷器。长石质瓷多以硬质瓷为主，其烧成温度范围宽，视其各成分的配比、工艺因素的不同，烧成范围可在1150～1450℃之间。

长石质瓷的相成分是莫来石、方石英、石英、玻璃相。其瓷质洁白、坚硬、机械强度高、化学稳定性好。薄层呈半透明，断面呈贝壳状，不透气，吸水率很低。该瓷适于用作餐茶具、陈设瓷、装饰美术瓷等。

由于各厂家所用原料、配方及生产方法不同，再加之原料成分复杂，因而长石质瓷的化学成分的波动范围很宽。表 2-3-14 为长石质瓷的化学与矿物组成。

表 2-3-14　长石质瓷的化学与矿物组成

产地		中　国	日　本	欧　美
化学组成/%	SiO_2	65～75	66～70	58～70
	Al_2O_3	19～25	16～21	21～36
	K_2O+Na_2O	>2.5	2.0～8.7	2.0～5.6
	$CaO+MgO$	4.0～6.5	0.1～1.0	0.1～4.5
示性矿物组成/%	黏土	35～50	22.4～32.7	42～66.37
	石英	20～35	19.10～48.40	12～29.62
	长石	20～30	20.40～53.90	17～36.74
烧成温度/℃		1250～1350	1160～1300	约 1400

瓷坯的矿物组成直接影响烧成温度和瓷器的性质，烧成温度随黏土含量增多而提高。

瓷坯的化学组成不只是以上四种，还有 Fe_2O_3、TiO_2 等，Fe_2O_3、TiO_2 含量过多，会降低瓷坯的白度，因此生产上一般控制 Fe_2O_3＜0.58%，TiO_2＜0.2%。为了降低烧结温度，提高热稳定性、白度及透明度，还常在坯中加入 1%～2%滑石。

② 绢云母瓷　绢云母瓷是久负盛名的中国日用瓷的代表（尤其是景德镇瓷）。它是以绢云母作熔剂，由高岭土和瓷石两类原料组成，属绢云母-石英-高岭土系统。其相成分为莫来石、石英、方石英和玻璃相。除具有长石瓷的一般性能外，还具有透光性更好的特点。加上大多采用还原焰烧成，瓷质白里泛青，别具一格。这种瓷的物理性质和长石瓷相近，密度为（2.39～2.42）×10^3kg/m³，抗压强度（无釉）为 620～920MPa，抗弯强度达到 68～78MPa，膨胀系数（室温至1000℃）约 （5.1～5.3）×10^{-6}。适用于作餐具、工艺美术瓷等。

绢云母瓷的化学组成与长石质瓷相近，一般范围是：SiO_2 60%～72%，Al_2O_3 20%～28%，R_2O+RO 4.5%～7%，R_2O 中，K_2O 1%～4%，Na_2O 1%～2%。与长石质瓷相比，它含 Al_2O_3 较高，SiO_2 量稍低，碱性氧化物（R_2O+RO）稍多。

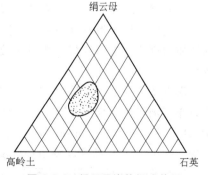

图 2-3-6　绢云母瓷的组成范围

由于瓷石是一种含有绢云母、水白云母、石英以及少量高岭石、长石、碳酸盐的混合体，加上高岭土混合配料后，其矿物组成一般是：绢云母 30％～50％，石英 15％～25％，高岭土 30％～50％，其他矿物 5％～10％。在这一组成范围内均可成瓷（见图 2-3-6）。

与长石瓷相比，绢云母瓷形成莫来石的温度较低而量较多，加之瓷石中所含的石英颗粒极细，故多在 1350℃ 以下烧成。烧成温度视瓷石与高岭土的比例而定，瓷石用量多则烧成温度降低。

③ 高长石瓷和色瓷　高长石瓷原料组分上以高岭土-长石二元系为主，不加或少加石英。长石量高于 30％。在化学组成上提高（K_2O+Na_2O）的同时，也增加 Al_2O_3 含量。采用高温素烧、低温釉烧二次烧成工艺，制造出的"鲁玉瓷"半透明度好、强度较高、变形不大、釉面光润。是高级日用细瓷的良好材质。

色瓷是在优质高岭土瓷源不足的一些瓷区利用当地原料本身显色或外加合成色剂的方法，因地制宜制成的不同瓷质的透明或不透明瓷的新品种，具有一般瓷器的理化性能。如山东的象牙黄瓷、邯郸的翡翠瓷等。生产色料的原料，大多是本地瓷源丰富，一般含钛、铁氧化物较多的低质原料。

（2）$CaO-Al_2O_3-P_2O_5-SiO_2$ 系统　以磷酸盐作熔剂的"磷酸盐-高岭土-石英-长石"系统瓷，属软质瓷范畴，骨灰瓷是这个系统的典型瓷。它以磷酸钙为熔剂，加入一定量黏土、石英、长石烧制而成。由于通常生产中用动物骨族引入磷酸钙，故称为骨灰瓷。

骨灰瓷相组成主要由钙长石，$\beta-Ca_3(PO_4)_2$、方石英、莫来石和玻璃相所构成，玻璃相可达 40％ 左右。骨灰瓷具有高白度、高透光度和高强度等优良性质。不足之处是热稳定性较差、烧结范围窄，不易控制。

骨灰瓷的主要原料是骨灰 $[Ca_3(PO_4)_2]$ 和骨磷 $[CaHPO_4 \cdot 2H_2O+Ca(OH)_2]$。骨灰瓷坯料的特点是含大量的骨灰。

骨灰瓷坯料的原料配比一般为：骨灰 20％～60％；长石 8％～22％；高岭土 25％～45％；石英 9％～20％。

骨灰瓷坯料中，骨灰含量最好在 50％ 左右为宜，过多会使瓷质发黄且可塑性太差。一般加入一定量可塑黏土以便成型。长石和石英的作用与在其他瓷料中的作用相同，其量根据烧成温度和骨灰用量而定，一般在 20％～25％ 左右。

骨灰瓷坯料可用可塑法和注浆法成型，都采用二次烧成。一种为低温素烧（800～900℃）、高温釉烧（1250～1280℃），另一种为高温素烧、中温釉烧（1120～1150℃）。素烧坯施釉施低温硼-铅熔块釉。

（3）$MgO-Al_2O_3-SiO_2$ 系统　以滑石或蛇纹石为主要原料制造的瓷器称滑石瓷或蛇纹石瓷。其坯料属于滑石-黏土-长石系统，瓷坯相组成以原顽辉石为主，还有少量游离石英。其瓷质白度高、透明性好、机械强度也较高，一般用于生产高级日用瓷。但热稳定低且易老化。

滑石瓷坯中滑石用量为 65％～75％，黏土用量 15％ 左右，长石用量 10％～18％，采用长石作熔剂以扩大烧成范围、获得良好的抗热震性能。坯体的化学组成大致为：SiO_2 65％；Al_2O_3 7％；MgO 24％；K_2O+Na_2O 1.5％～2.0％。为克服滑石瓷的高温变形，采用高温素烧（约 1300℃）和施以硼铅釉低温釉烧工艺，烧成可用氧化或还原气氛。

生产过程中要注意滑石的预烧，泥料可塑性的改善，以及防止瓷体老化问题。通过预烧滑石破坏其片状结构和加少量强可塑黏土等措施来提高坯泥的可塑性；通过控制滑石粒度和低温烧结、增加长石量（即生成足够玻璃相）以及增加 Al_2O_3 含量防止方石英晶型转化来防止滑石瓷的老化，而后一措施则衍生出原顽辉石-堇青石瓷。原顽辉石-堇青石瓷坯料配方为：煅烧滑石 45%～65%；长石 15%～20%；黏土 20%～30%。烧结温度为 1240～1300℃。

3.8.1.3　日用瓷釉的类型与特性

对一般日用瓷釉料的要求是：工艺性能好、始熔温度高、高温黏度小、无析晶、对气氛敏感性小、坯釉结合性能强。使用性能要求热稳定好、釉面显微硬度大，有一定机械强度。日用瓷釉更着重于外观质量，如白度、透光度、釉面光泽度、规格及装饰等。

日用瓷釉从外观质量来区别，常用的有透明釉、颜色釉和艺术釉三类。

3.8.1.4　用瓷生产工艺要点

（1）黏土原料标准化　日用陶瓷中，黏土是主要原料。硬质瓷坯中黏土占 50%。没有质量稳定的标准化原料，就难以保证产品质量稳定，更难以实现生产机械化和自动化。生产中要严格控制原料化学成分，黏土原料的可塑性、细度和含水率等因素。

（2）改善泥料塑性以及控制泥浆稠化　日用瓷成型一般采用可塑法与注浆法，制备符合要求的可塑泥料和注浆料是保证成型体质量的前提。

（3）严格控制坯釉膨胀系数和厚度比　滑石瓷热膨胀系数较长石瓷高 40%，其坯釉适应性更敏感，如釉料选择不当、厚度不佳会造成热稳定性的降低。

（4）正确选择成型、装烧方法和窑炉类型，严格控制烧成制度　骨灰瓷和滑石瓷与 K_2O-Al_2O_3-SiO_2 系统瓷相比，烧成范围窄、烧成收缩大、坯体致密度低，易造成扭曲变形，故应选温差小的小断面燧道窑或梭式窑烧成。除传统成型方法外，还可用干压和等静压成型。

3.8.2　卫生陶瓷

3.8.2.1　卫生洁具的性能要求

卫生洁具系用于卫生设施的带釉的陶瓷制品。如洗面器、坐便器、蹲便器、小便器、浴缸、水箱、洗涤槽、配套小件等品种。卫生洁具的主要物理机械性质如表 2-3-15 所示。

表 2-3-15　卫生洁具主要物理机械性质

指标	精陶质	半瓷质	瓷质
吸水率/%	<10～12	<3～5	0.2～0.5
容重/(kg/m^3)	(1.92～1.96)×10^3	(2.0～2.2)×10^3	(2.25～2.3)×10^3
耐压强度/MPa	(8.83～9.22)×10	(1.28～2.45)×10^2	(3.42～3.92)×10^2
抗弯强度/MPa	(1.47～2.94)×10	(2.15～3.92)×10	(3.72～4.7)×10
冲击韧性/(10^{3}N·m/m^2)	1.5～1.8	1.5～2.0	2.0～2.3
弹性系数/MPa	(2.16～2.35)×10^2	(2.94～3.92)×10^2	(4.90～5.88)×10^2
平均膨胀系数(200～700℃)	(6～6)×10^{-6}	(4～4.8)×10^{-6}	(2～3.5)×10^{-6}

我国瓷质卫生洁具具有下列性能：吸水率（煮沸法）不大于 3%；抗裂试验（试样）在 110℃±3℃沸煮 1.5h，迅速取出放入 3～5℃水中急冷 5 次不裂。

3.8.2.2　卫生洁具的坯体类型

根据坯体的烧结程度，卫生陶瓷可分为三大类，即多孔坯体（精陶质和熟料精陶质）、半烧结坯体（半瓷质）、烧结坯体（瓷质）。

我国卫生洁具制品多用半瓷质坯体制成，而浴盆等大件和壁厚的产品，为减少其收缩，则用熟料精陶瓷。国外卫生洁具多为瓷质坯体。

（1）配方与化学组成　各种类型的卫生洁具是由黏土、长石、石英配成。坯料组成主要是根据制品性能要求而定。表 2-3-16 为坯料的组成。

（2）组成与工艺特性　由于卫生陶瓷制品体积大，形状多而复杂，大多采用注浆成型，为使生坯获得运输和修坯所需要的强度，坯料中要求含有呈胶态的粒度很细的高岭土或蒙脱土。使泥浆加入电解质后具有一定的流动性，坯料也具有良好的可塑性，在干燥后具有较高的强度。

表 2-3-16 卫生陶瓷坯料组成

原料	硬质精陶的组成/%	半瓷器组成/%	瓷器组成/%
黏土类原料	50～55	48～50	45～50
石英	40～50	40～45	30～35
长石	5～10	7～12	18～22.5

高可塑性黏土虽能使泥浆悬浮性提高，生坯强度高，但使用量过多时，黏土颗粒容易在石膏模表面形成致密层，透水性差，影响吸浆速度，生坯易粘模，干燥时也容易变形和开裂，因此，其用量一般控制在 9％～25％范围内。

注浆坯料组成中占比例最大的黏土原料是低塑性黏土，如章林土、大同土等，特点是质地较纯、硬度大、颗粒较粗，因而泥浆透水性好，吸浆速度快，缩短注浆时间。但此原料吸水性较强，用量过多时，将会给修坯和上釉操作带来困难。

长石、石英、滑石及熟料和瘠性原料与可塑性原料混合使用后可调整坯料的可塑性，改善泥浆的渗透性和流动性。但用量不宜过多，否则会使致密性降低，运输、修坯和切割都不好操作。石英、长石能增加制品的白度，但长石用量过多烧成时坯体易变形。

除了上述主要原料外，为改善瓷器性能，还常加入 1％～3％滑石，以促进烧结，调整膨胀系数，提高热稳定性，加入适量的熟料或瓷粉（<3％）能改善制品的热稳定性；坯料中加入微量氧化钴（十万分之一）能减弱坯料中含少量铁化合物引起的着色影响。

3.8.2.3 卫生瓷用的釉料

卫生瓷用的釉料有透明釉、乳浊釉和色釉。

（1）透明釉 大多为石灰釉，其特点为透光性好、弹性好、有刚硬感。这种釉料成本低，工艺简单，烧成范围宽，性能稳定。但只能施于坯质洁白的卫生瓷表面。

（2）乳浊釉 施于卫生瓷制品上的乳浊釉通常为高温生料乳浊釉，其烧成温度在 1250℃或更高。它是在透明釉中添加乳浊剂和促晶剂，烧成过程中，釉层中析出大量细小的晶体，可使釉形成不透明的乳浊釉。常用的乳浊剂为 SnO_2 和含锆乳浊剂（ZrO_2、$ZrSiO_4$）。

（3）色釉 采用彩色釉的坯可以使用低质原料，降低成本，提高釉面质量。含各种着色剂染色的乳浊色釉特点是色泽柔和，具有水粉似的色彩，与透明色釉相比色彩稍暗淡。

3.8.2.4 生产工艺要点

（1）泥浆加工及处理 注浆泥浆的关键性质是流动性和触变性，流动性和触变性可通过加入电解质的种类和数量来调节。卫生瓷泥浆中，通常存在着一定含量的空气。采用搅拌和真空处理可减少空气含量，提高吸浆速度，减少棕眼和气泡缺陷，降低收缩率，提高致密度和机械强度。

（2）成型方法与施釉 注浆成型已由手工注浆发展为自动化管道注浆、压力注浆和成组浇注。施釉主要是浸釉法、喷釉法、浇釉法，或用自动化的施釉传送带。

（3）烧成方法 我国卫生瓷普遍采用隔焰或半隔焰（无钵）和明焰（有钵、无钵）一次烧成，烧成气氛为氧化气氛。国外广泛采用气体燃料明焰裸烧，另外还采用明焰辊道窑快速烧成。

3.8.3 建筑陶瓷

3.8.3.1 建筑陶瓷种类及性质要求

用于铺设地面、砌筑和装饰墙壁、铺设输水管道以及装备卫生间的各种陶瓷材料或制品，称为建筑陶瓷。根据制品的用途，各种建筑陶瓷的性质要求如下。

（1）釉面砖 又称内墙面砖。是用于建筑物内墙装饰的薄片状精陶建筑材料。坯体呈浅色或白色，不透明，一般上一层易熔的透明釉或乳浊釉。釉面砖的主要物理性能为：热稳定性要求为 150℃至 19℃±1℃水中热交换一次不裂，吸水率不大于 22%。白度不小于 78 度。

（2）外墙面砖 用于建筑物外墙装饰的板状陶瓷建筑材料。可分有釉、无釉两种制品。外墙面砖主要用于建筑物的外面装饰，不仅可以防止建筑物表面被大气侵蚀，也可使立面美观。

（3）铺地砖 用于砌筑地面的板状陶瓷建筑材料。砖面可制成单色或彩色的。制品的主要物理性能为吸水率约 4%～10%，耐磨性 1.2～2.0g/cm²，耐酸度＞98%，耐碱度＞85%。

（4）锦砖 又名马赛克。用于建筑物墙面、地面上组成各种装饰图案的片状小瓷砖。制品主要物理性能为吸水率不大于 0.2%，耐磨性不大于 0.1g/cm²。

（5）陶管 是一种内外表面都上釉的不透水的陶瓷管子，用作工厂污水管、生活用下水管和农业排灌管道等，通常制成圆形截面，施以土釉或盐釉。制品主要物理性能为耐内压 0.3～0.4MPa，吸水率 6%～9%，耐酸度 94%～98%。

（6）琉璃 一般施铅釉烧成并用于建筑及艺术装饰的带色陶器。目前国内生产的有筒瓦、屋脊、花窗、栏杆等，用以建造纪念性宫殿式房屋及园林中的亭、台、楼阁等。

（7）建筑黏土砖瓦 属土器，是重要的建筑材料之一。

3.8.3.2 陶瓷墙地砖的生产工艺

墙地砖是釉面砖、地砖与外墙砖的总称。

（1）釉面砖 铺长石质面砖的机械强度较高，烧成范围较宽，但烧成收缩较大（约 1.5%～3.5%）、吸湿膨胀稍大，烧成温度也较高（一般为 1200～1250℃）。目前已很少采用。砌墙面的釉面砖属多孔性的精陶产品，主要有长石质面砖、石灰质面砖及叶蜡石质面砖。

石灰质面砖烧成范围较窄，若以白云石或滑石代替部分石灰石，可扩大烧成范围，增大机械强度和坯体的热膨胀系数。和长石面砖相比较，其烧成温度稍低、收缩及吸湿膨胀均较小。同时引入石灰石及长石的混合精陶面砖烧成范围增宽、烧成温度降低（1200℃以下）。

叶蜡石质面砖，蜡石原料含较少的结晶水（5%），烧失量小，配成的坯料收缩小，烧成范围宽，蜡石通常用量为 30%～50%。

一般制造釉面砖坯体所用的原料，主要是烧后呈白色的高岭土、黏土、石英、长石、石灰石等。由于采用长石作熔剂时所形成的钾钠玻璃湿膨胀大，所以近年来已多采用石灰石代替长石作熔剂，因此，普通釉面砖用坯体大都是以黏土原料为主，并且以石灰石为主要熔剂的黏土-石灰石-石英配方系统。这种坯体的优点是便于就地取材，又可改善长石质坯料的缺点。目前，国内大量生产的釉面砖坯料大多采用这类配方。国外，如前苏联、欧洲国家、美国、澳大利亚、巴基斯坦等都采用石灰质精陶配料生产釉面砖。

面砖用坯料的制备，一般是粉碎、配料、混合、球磨机湿磨、过筛除铁、干燥、制粉等工序。目前各生产厂家采用喷雾干燥法代替了过去那种泥浆压滤、烘干打粉的旧工艺。采用喷雾干燥这种方法热利用率高，制得的粉料水分和粒度均匀，粉料在模型内流动性好，直接输入料仓待压力机成型。这种方法比滤泥、烘干打粉法可节能 20%以上。

釉面砖成型一般采用半干压法，成型时所采用的压力机取决于坯料水分、细度、产品规格尺寸等因素。一般要求料粉水分控制在 7%～9%。压制时通常分三次，第一次轻压排气；

第二次压力为 4～5MPa；第三次加压为 15～20MPa。所用的模具一般用铸铁或锰钢加工，要求按产品规格精密加工，确保其精密度，以提高产品质量。

釉面砖用釉料通常为熔融温度较低的低温熔块釉。釉面砖所用釉料多采用遮盖力较强的乳浊釉，大多是在熔化熔块时加入锆英砂、氧化锡、氧化钛等作为乳浊剂。

目前，国内釉面砖大多采用二次烧成。第一次为素烧，烧成温度约 1200℃左右；第二次为釉烧，烧成温度约 1000～1100℃。素烧大都用隧道窑或倒焰窑，釉烧大多采用辊道窑或多孔窑。从节约能源出发，低温快烧是建陶产品的发展趋势。低温快速一次烧成釉面砖是优质高产低消耗发展陶瓷釉面砖的新方向，使传统的烧成温度从 1200℃以上降至 1000℃左右，周期由传统的 70h 以上缩短到 4～2h，甚至 1h 以内。燃料消耗减少 40%，成本降低 1/3 左右。采用硅灰石、透辉石、透闪石、滑石作原料，可以满足低温快速烧成的要求。硅灰石的特点是没有结晶水和分解气体，有机杂质含量很少。烧成时膨胀系数低，且是直线性的均匀膨胀，体积变化很小，烧结温度低，烧后的吸湿膨胀也很小，所以十分适宜于低温快速烧成。有些缺乏硅灰石资源的国家多采用人工合成硅灰石。利用工业废料——磷渣、尾矿等代替硅灰石，是发展低温快速烧成釉面砖的新途径。

（2）外墙砖和地砖　一般也是以黏土、长石、石英等为主要原料。多数是以地方劣质原料为坯体主要原料。但由于烧后产品理化性能的要求，多数生产厂家还是用石英、长石等原料来考虑坯体的烧结尺寸、吸水率及烧成范围。

外墙砖及地砖的生产工艺过程与釉面砖基本相同。在采用半干压成型的同时，对成型料粉都有一定的要求，它的厚度一般都大于釉面砖。所以工艺操作方法与釉面砖有所不同，烧成大都采用一次烧成，所以对升温曲线及烧成温度的要求也不相同。目前外墙砖由于引进生产线及技术设备的增多，大多数粉料制备工艺都采用大吨位球磨机、喷雾干燥及辊道窑一次烧成，发展趋势仍是低温快速烧成工艺。高级地砖有瓷质玻化砖、镜面砖等。

3.8.4　电瓷

电瓷是电力工业、有线电信、交通、照明乃至家用电器中作为隔电、机械支持以及连接用的极其重要的绝缘材料。电瓷的绝缘性能好，机械强度高，化学稳定性好，不易老化和变形，使用时性能较稳定，所用天然原料矿藏丰富、价格低廉，故作为强电绝缘材料，电瓷一直占重要地位。

3.8.4.1　绝缘子分类及性能

绝缘子一般由绝缘体、金属附件与胶合剂三部分组成，绝缘体不但起绝缘（隔电）的作用，而且兼有机械支持和连接金属附件的作用。

根据绝缘子的使用电压等级，可分为低压绝缘子（1kV 以下）、高压绝缘子（1kV 以上）和超高压绝缘子（500kV 以上）。按用途和结构可分为电子绝缘子、电照绝缘子、电信绝缘子。

以绝缘子的绝缘体内最短击穿距离是否小于其外部空气中的闪路距离的一半，还分为"可击穿型"和"不可击穿型"两类。衡量绝缘子质量的主要指标是电性能、机械性能、热性能和防污性能等。

3.8.4.2　电瓷坯料组成

通常电瓷分为普通高压电瓷和高强度电瓷两大类。

普通高压电瓷属于由长石-石英-黏土配成的长石瓷，从化学组成来看属高碱质配方系统。瓷坯的相组成为莫来石、石英、不均质的铝硅酸盐玻璃相和少量气孔，有时还包括长石或云母残骸。这类电瓷用于制造一般高低压绝缘子和中小型套管等产品。

为了制造高强度电瓷，一种途径是增多石英用量。当瓷坯中 SiO_2 含量达到 $72\%\sim$ 75%，产品中含 $30\%\sim40\%$ 细粒石英，这类电瓷称为高石英瓷。若瓷坯中石英以方石英晶体形式存在，则又称为方石英瓷。另一途径是采用高铝原料（如工业 Al_2O_3 或高铝矾土）代替普通电瓷中的石英。当瓷坯中 Al_2O_3 含量高达 40%，则称为铝质电瓷。高强度电瓷主要用于超高压输配电的棒形支柱或悬式绝缘子及高强度套管等产品。

3.8.4.3　电瓷釉料

电瓷制品都要上釉。施釉的目的是：①改善介电性能；②提高机械强度；③保持表面光滑清洁，防止灰尘积聚。此外，上釉后制品的化学稳定性和耐热急变性能也有所改善。

电瓷釉有白釉、色釉两种。色釉包括棕釉、天蓝釉和灰釉。此外，还有半导体釉和大型套管粘接时用的粘接釉和商标釉等。

半导体釉中常用的金属氧化物有 $Fe_2O_3\text{-}TiO_2$、$Fe_2O_3\text{-}ZnO$、$Fe_2O_3\text{-}NiO$、$Fe_2O_3\text{-}ZnO\text{-}$ NiO、$Fe_2O_3\text{-}TiO_2\text{-}Cr_2O_3$，还有近年来发展起来的 $SnO_2\text{-}Sb_2O_3$ 等。这些金属氧化物在一定的烧成温度和气氛下，能在不导电的玻璃相中，生成具有导电性的尖晶石晶体或固熔体。

3.8.4.4　电瓷生产工艺要点

（1）严格控制原料组成和杂质，加强过筛除铁、细度控制。

铁和云母是电瓷生产中最有害的杂质，通常要求 $Fe_2O_3<0.1\%$（料浆），细度为万孔筛余 $<1\%\sim4\%$。

（2）提高练泥质量，消除泥段中分层、定向排列及气体存在，防止干燥开裂。

（3）结合产品类型选择成型方法与干燥工艺。

电瓷成型以可塑成型法为主，主要有旋坯、冷（热）压、（立式）横式车坯、湿修和湿接坯成型等。大型制品还采用等静压成型法。

对不同形状大小的电瓷需采用不同的干燥制度。对简单小型绝缘子（针式、悬式）可用低湿高温快速干燥工艺；对大中型电瓷坯体则宜采用控温、控湿的"高湿低温-低湿高温"两阶段干燥工艺。

（4）严格烧成制度，一次还原烧成。

3.8.5　化工陶瓷

化工陶瓷是现代化学工业中采用的一种无机非金属耐腐蚀材料。它具有优异的耐腐蚀性能，除氢氟酸、氟硅酸和热浓碱外，在所有的无机酸和有机酸等介质中，几乎不受侵蚀，同时具有硬度高、耐压强度高、耐磨性好、不易老化（氧化）、不易污染介质等特点。

3.8.5.1　化工陶瓷的性能要求

长期工作于含化学腐蚀性介质中的化工陶瓷，要求耐化学腐蚀性能好、不渗透、机械强度高、热稳定性好，表 2-3-17 列出了化工陶瓷的物理机械性能。

3.8.5.2　化工陶瓷的组成与性能

用于制造普通化工陶瓷的材质实际上属于炻器范畴，因为致密的瓷器虽然更耐酸，但由于坯料的可塑性不足，不易制成大型的器物，且成本也比炻器昂贵；至于陶器，又因其多孔而不能抵抗酸液的侵蚀，只有炻器既具有与陶器相仿的成型性能，可以制作大型器物，又有与瓷器相接近的致密度，具有良好的耐酸性能。一般坯体烧结，断面致密光滑、呈黄褐色或青灰色，表面都上有釉层。

表 2-3-17　化工陶瓷物理机械性能

名称	材　料		
	耐酸陶	工业瓷	耐酸耐温砖
相对密度	2.2~2.3	2.3~2.4	2.1~2.2
气孔率/%	<5	<3	12~16
吸水率/%	<3	<1.5	<8
抗张强度/MPa	8~12	26~36	4~8
抗压强度/MPa	80~120	460~660	120~140
抗弯强度/MPa	40~60	65~85	30~50
冲击韧性/(N·m/m²)	$(1.0~1.5)×10^3$	$(1.5~3.0)×10^3$	
单位热容量/[J/(kg·℃)]	$(0.75~0.79)×10^3$	$(0.84~0.92)×10^3$	
线膨胀系数/℃⁻¹	$(4.5~6)×10^{-6}$	$(3~6)×10^{-6}$	
热导率/[W/(m·K)]	$0.92~1.0^4$	1.04~1.27	
莫氏硬度	7	7	7
弹性模量/Pa	$(45~60)×10^7$	$(65~80)×10^7$	$(11~14)×10^7$
热稳定性/次	2	2	2

注：热稳定性试验条件，即耐酸陶、工业瓷的试块由温度 200℃急降至 20℃，耐酸耐温砖的试块由温度 450℃急降至 20℃。

　　制造化工陶瓷用的黏土，要求有良好的可塑性与黏结能力，希望烧结温度低，烧结范围宽。配料时常采用一定数量的熟料。耐酸陶器用废品粉碎作熟料，热稳定性要求高的产品则用煅烧焦宝石作熟料。熟料的吸水率随制品的种类而改变，如制耐酸砖、填充圈，吸水率可达 5%~8%；制造各种陶质设备时吸水率约为 5%~6%；制造泵和容器时，吸水率应低至 2%~3%。

　　为了提高产品的热稳定性和抗张强度，可加入刚玉；加入滑石也可以提高产品的热稳定性。长石含量增加，会影响热稳定性，但可降低气孔率。增加氧化镁含量可改善产品的耐热性及耐碱能力。二氧化锆除可提高耐酸能力外，还加大机械强度和耐热性。二氧化硅可提高耐酸能力，但若游离氧化硅过多，则会降低机械性能。氧化铍会提高制品的抗折和冲击强度，也会增加热稳定性与化学稳定性。氧化铬可改善制品的耐碱性。

　　根据化工陶瓷所含的氧化物在酸性溶液中的溶解度可排列成下列顺序：$K_2O>Na_2O>CaO>MgO>ZnO>Al_2O_3>Fe_2O_3>SiO_2$，即 R_2O 耐酸侵蚀性最弱，SiO_2 耐酸性最强，其次是 Fe_2O_3，但生产中化工陶瓷制品的 Fe_2O_3 含量应≤3%，多于 3% 则烧结范围窄，易使制品烧后起泡、肿胀。

　　为克服陶瓷的脆性、热稳定性差、不抗氢氟酸、高温碱液侵蚀等弱点，采用各种新型材料，如采用高铝质、堇青石质、镁橄榄石质、锆质、锂铝硅酸盐质、氮化硅质、碳化硅质等。在设计中尽量发挥陶瓷抗压强度高的特点，克服黏土质化工陶瓷脆性大、热稳定性差的缺点。

3.8.5.3　化工陶瓷生产工艺要点

　　大多数化工陶瓷制品体积大、坯体厚、厚薄相差大、制品拐弯拐角及粘接之处多。坯体这些特点，导致成型劳动强度大、坯体干燥时间长、干燥收缩开裂和烧成过程炸裂的可能性较大。另外由于化工生产特点，要求化工陶瓷耐酸、耐温并有一定机械强度，所以配料中掺入许多熟料，并采取颗粒级配方法。

　　化工陶瓷一般都应上釉，使制品具有良好的不透性，以增加其耐酸性能。釉料可以用黏土-石灰釉，也可以用食盐釉，但在大部分情况下是用食盐釉，即在烧成过程中进行施釉。

食盐釉和坯体结合良好、耐酸（除 HF 外）、不脱落、不开裂。施釉方法是窑内温度达到止火温度时，把食盐投入燃烧室中，在温度和水蒸气作用下，食盐分解为 Na_2O 和 HCl，以气态均匀分布于窑内，Na_2O 与坯体表面的黏土和石英发生作用，形成透明的玻璃层。

普通化工陶瓷的烧成温度在 $1280 \sim 1350℃$ 范围内，氧化气氛烧成。

3.9 特种陶瓷

特种陶瓷是采用高度精选的原料，具有能精确控制的化学组成，按照便于控制的制造技术加工，便于进行结构设计，并具有优异特性的陶瓷。特种陶瓷与普通陶瓷主要有以下区别：

（1）在原料上突破了普通陶瓷以黏土为主要原料的界限。特陶一般以氧化物、氮化物、硅化物、硼化物、碳化物等为主要原料。

（2）一般来说，普通陶瓷受不同产地的原料影响，即使同一类陶瓷，在成分和质地、微观结构上也有一定的差异。特种陶瓷成分是由人工配比，用人工制造的纯化合物较多，其性质的优劣与产地无关。

（3）在制备工艺上，突破了普通陶瓷的生产工艺方法，而广泛采用超微细粉制备、等静压成型、热压烧结等现代化工艺手段。

（4）在性能上，特种陶瓷具有超越普通陶瓷的特殊性质和功能，从而使其在高温、机械、电子、宇航、医学工程等方面得到了广泛应用。

特种陶瓷有一系列的称呼，如先进陶瓷（advanced ceramics），精细陶瓷（fine ceramics），工程陶瓷（engineering ceramics），新型陶瓷（new ceramics），高技术陶瓷（high technology ceramics），高性能陶瓷（high performance ceramics）等。这些学术名词均与特种陶瓷（special ceramics）具有相同或相近的含义。特种陶瓷可分为结构陶瓷和功能陶瓷两类。特种陶瓷的品种很多，这里仅介绍一些常见的特种陶瓷。

3.9.1 结构陶瓷

常用的高温结构陶瓷（structural ceramics）有：

（1）高熔点氧化物陶瓷。高熔点氧化物如 Al_2O_3、ZrO_2、MgO、BeO、VO_2 等，它们的熔点一般都在 $2000℃$ 以上。

（2）碳化物陶瓷。如 SiC、WC、TiC、HfC、NbC、TaC、B_4C、ZrC 等。

（3）硼化物陶瓷。如 HfB_2、ZrB_2 等，它们具有很强的抗氧化能力。

（4）氮化物陶瓷。如 Si_3N_4、BN、AlN、ZrN、HfN 等，以及由 Si_3N_4 和 Al_2O_3 复合而成的赛龙陶瓷（Sialon）。氮化物常具有很高的硬度。

（5）硅化物陶瓷。如 $MoSi_2$、ZrSi 等，它们在高温中使用，由于制品表面生成 SiO_2 或硅酸盐保护膜，所以抗氧化能力强。

3.9.1.1 高熔点氧化物陶瓷

高熔点氧化物是指熔点超过 SiO_2 熔点（$1728℃$）的氧化物，大致有 60 多种，其中 Al_2O_3、ZrO_2、MgO、SiO_2 较常用。氧化物陶瓷往往是指多种氧化物构成的陶瓷，其在高温下具有优良的力学性能、耐化学腐蚀性、电绝缘性等。

Al_2O_3 陶瓷是高熔点陶瓷中研究得最成熟的一种。氧化铝主要有 α、β、γ 三种晶型。α-Al_2O_3 为高温形态，结构最紧密，电学性质最好，莫氏硬度为 9。α-Al_2O_3 一般是由 γ-Al_2O_3 经煅烧、磨细、成形、烧结工序制成。

Al_2O_3 陶瓷的机械强度高，烧结产品抗弯强度为 250MPa，热压产品可达 500MPa；电阻率高，电绝缘性能好，常温电阻率为 $1015\Omega\cdot cm$，绝缘强度 15kV/mm；另外，还具有熔点高（2050℃）、抗腐蚀和化学稳定性好等特性。因而可作为装置瓷、机械构件，可制成基板、管座、火花塞、耐火材料、热电偶保护套、坩埚、人工关节等。

ZrO_2 陶瓷也是高熔点陶瓷的一种。ZrO_2 有单斜、四方、立方三种晶型。ZrO_2 常需进行晶型稳定化处理，即添加 CaO、MgO、Y_2O_3、CeO_2 和其他稀土氧化物，形成置换型固溶体。此固溶体也以亚稳态保持到室温（通过快冷），称为全稳定 ZrO_2。ZrO_2 的增韧机制有应力诱导相变增韧、微裂纹增韧、表面强化增韧等几种，但在高温下其强度和韧性还是存在严重下降的问题。部分稳定的 ZrO_2 比完全稳定化 ZrO_2 的性能有很大的提高。ZrO_2 陶瓷硬度高（莫氏硬度 6.5）、强度高、韧性好（有的韧性陶瓷常温抗弯强度可达 2000MPa），可用作刀具、发动机构件等。

3.9.1.2 高温碳化物、氮化物陶瓷

碳化硅（SiC）是键力很强的共价键化合物，具有金刚石型的结构。主要变体有 α-SiC，6H-SiC，4H-SiC，15R-SiC 和 β-SiC。α-SiC 是高温稳定型，β-SiC 是低温稳定型。从 2100℃ 开始，β-SiC 向 α-SiC 转变。纯 SiC 是电绝缘体（电阻率 $1014\Omega\cdot cm$），但当含有杂质时，电阻率大幅度下降到零点几欧姆·厘米。加上它有负的电阻温度系数，碳化硅是常用的发热元件材料和非线性压敏电阻材料。

在 Si_3N_4-Al_2O_3 系统中，部分 Si 和 N 原子可同时被 Al 和 O 原子换成固溶体并保持电中性。这种固溶体结构与 β-Si_3N_4 相同，但韧性比 β-Si_3N_4 好，它被称为 β′-Sialon（赛龙陶瓷）。赛龙陶瓷通常是将 Si_3N_4、Al_2O_3、AlN、烧结助剂（Y_2O_3、MgO 等）混合，成形后用常压烧结制得（也可用热压、热等静压等其他烧结工艺）。赛龙陶瓷的高温强度很高（如 1300℃ 时，抗弯强度可达到 700MPa），抗氧化性和抗熔融金属腐蚀能力好，硬度也很高。

3.9.1.3 其他结构陶瓷

其他结构陶瓷包含二硼化锆陶瓷、二硅化钼陶瓷。

ZrB_2 具有较高的硬度，良好的导电、导热性和化学稳定性，是优良的耐火材料，可用作热电偶保护套，熔炼金属用的坩埚、铸模。在 Zr-B 系统中存在三种组成的硼化锆：即 ZrB、ZrB_2 和 ZrB_{12}。其中 ZrB_2 在很宽的温度范围内是稳定的。工业生产中制得的硼化锆以 ZrB_2 为主要相成分。

$MoSi_2$ 硬而脆，显微硬度 12GPa，抗压强度 231MPa，抗冲击强度甚低。$MoSi_2$ 能抵抗熔融金属和炉渣的侵蚀，与氢氟酸、王水及其他无机酸不起作用。但容易溶于硝酸与氢氟酸的混合液中，也溶于熔融的碱中。$MoSi_2$ 的抗氧化性好，这是由于在其表面形成了一薄层 SiO_2 或一层由耐氧化和难熔的硅酸盐组成的保护膜。$MoSi_2$ 可以在 1700℃ 空气中连续使用数千小时而不损坏。$MoSi_2$ 在高温下的蠕变非常厉害，容易变形，这是它的最大弱点。

利用 $MoSi_2$ 的导电性和抗热震性，可以制成在空气中使用的高温发热元件及高温热电偶。$MoSi_2$ 可以通过 Mo 粉与 Si 粉直接反应合成而获得，或利用 Mo 的氧化物还原反应合成。

3.9.2 功能陶瓷

功能陶瓷是指在应用中侧重其非力学性能（如电磁、光、热、化学和生物等方面的性能以及核性能、对气体的敏感性能等）的陶瓷材料。它们在特种陶瓷中占主要的位置。前面所叙述的结构陶瓷有时也具有一些特殊的性能，如 Al_2O_3、ZrO_2、SiC 等，都是重要的功能陶

瓷，所以功能陶瓷是一种相对的称谓。下面介绍几种主要的功能陶瓷。

3.9.2.1　电容器陶瓷

根据所用介电陶瓷的特点和性质，陶瓷电容器可分为以下四类：

（1）温度补偿型陶瓷电容器　又称为热补偿陶瓷电容器，采用非铁电电容器陶瓷（capacitor ceramics）。特点是高频损耗小，在使用温度范围内介电常数随温度呈线性变化，从而可以补偿电路中电感或电阻温度系数的变化，维持谐振频率的稳定。

（2）温度（热）稳定型陶瓷电容器　也采用非铁电电容器陶瓷。主要特点是介电常数的温度系数很小，甚至接近于零。适用于高频和微波。

（3）高介电常数陶瓷电容器　采用铁电电容器陶瓷和反铁电电容器陶瓷。特点是介电常数非常高，可达 $1000 \sim 30000$，适用于低频。

（4）半导体陶瓷电容器。

3.9.2.2　压电陶瓷

在给无对称中心的晶体施加一应力时，晶体发生与应力成比例的极化，导致晶体两端表面出现符号相反的电荷；反之，当对这类晶体施加一电场时，晶体将产生与电场强度成比例的应变。这两种效应都称为压电效应（piezoelectric effect）。前者称为正压电效应，后者称为逆压电效应。

从晶体结构来看，属于钙钛矿型、钨青铜型、焦绿石型、含铋层结构的陶瓷都具有压电性。但目前广泛应用的压电陶瓷都属于钙钛矿晶体，如钛酸钡、钛酸铅、锆钛酸铅等。

纯 $BaTiO_3$ 的居里点不高，限制了它在高温下的使用，故常加入 $CaTiO_3$ 和 $PbTiO_3$（皆为 8％mol 之内）。前者的加入不改变 $BaTiO_3$ 的居里点，但大大降低了第二相变点的温度。$PbTiO_3$-$PbZrO_3$ 系压电陶瓷是通过调节 Zr/Ti 比使压电陶瓷改性。$PbTiO_3$ 陶瓷具有高的居里点（490℃），被认为是最有发展前途的材料之一。压电陶瓷主要用作压电振子和压电换能器。

3.9.2.3　磁性瓷

磁性瓷（magnetic ceramics）又称为铁氧体，是由氧化铁与其他金属氧化物用陶瓷工艺制得的非金属磁性材料。目前也出现了一种不含铁的磁性陶瓷如 $NiMnO_3$、$CoMnO_3$ 等。铁氧体是一种电阻率比金属高得多的半导体，适合于在高频下作磁芯用。其高频磁导率也较高，缺点是饱和磁化强度较低，居里点不高。铁氧体可分为尖晶石型、磁铅石型和石榴石型。铁氧体可用氧化物法、盐分解法、化学共沉淀法、喷射燃烧法、电解共沉淀法等制得。

3.9.2.4　导电陶瓷和超导陶瓷

陶瓷一般是绝缘体，但有间隙结构的碳化物等具有良好的导电性。另外 Na-β-Al_2O_3、$LaCrO_3$、PSZ 等，在适当条件下具有与液体强电解质相似的离子电导。

β-Al_2O_3（包括 Na_2O 与 Al_2O_3 合成的 Na-β-Al_2O_3，K_2O 与 Al_2O_3 合成的 K-β-Al_2O_3）可写成 $R_2O \cdot nAl_2O_3$，当 $n=11$ 时为理想的 β-Al_2O_3，$n=5$ 时为 β-Al_2O_3，后者电导率高。Na-β-Al_2O_3 可在钠硫电池和钠溴电池中用作隔膜材料。$LaCrO_3$ 在 $200 \sim 300$℃ 时电导率为 $10s/m$，掺杂少量碱土金属后，1000℃ 时可达 $105s/m$，类似金属的导电性。

超导体具有零电阻（$R < 10 \sim 16\Omega \cdot m$）和完全抗磁等性质，其由正常导电态转变为超导态的温度称临界温度 T_c。目前主要的超导陶瓷（superconductive ceramics）体系有 Y-Ba-Cu-O 系、La-Ba-Cu-O 系、La-Sr-Cu-O 系、Ba-Pb-Bi-O 系等。其 T_c 高于 90K。

3.9.2.5　半导体陶瓷

具有半导体性质的陶瓷称为半导体陶瓷（semiconductive ceramics），它多半用于敏感元件，所以常常又将半导体陶瓷称为敏感陶瓷。半导体材料的电阻率显著受外界环境条件变化的影响（如温度、光照、电场、气氛、湿度等变化）。这些变化的物理量可转化为可供测量的电信号，从而可制成各种传感器（见表 2-3-18）。

表 2-3-18　陶瓷传感器的分类和所用敏感材料

传感器种类	陶瓷材料（形态）	输出或效应	应用
温度传感器	NiO，FeO，CoO，MnO，Ni-Al_2O_3，CaO，Al_2O_3，SiC(晶体、膜)	电阻变化（负特性）	温度计、测辐射热计
	$BaTiO_3$	电阻变化（正特性）	过热保护传感器
	VO_2、V_2O_3	半导体-金属相变引起的电阻变化	温度继电器
	Mn-Zn 铁氧体	铁磁性-顺磁性引起的磁强变化	温度继电器
	稳定化 ZrO_2	氧浓差电池引起电动势变化	高温耐腐蚀温度计
气体传感器	SnO_2，Y-Fe_2O_3，ZnO，ZnO-Al_2O_3	电阻变化	可燃性气体警报器
	TiO_2，CoO-MgO	电阻变化	O_2 传感器，汽车废气传感器
	稳定化 ZrO_2，ThO_2，ThO_2-Y_2O_3	氧浓差电池效应引起电动势变化	O_2 传感器
	Pt 催化剂/Al_2O_3/Pt 丝	可燃性气体接触燃烧反应热引起的电阻变化	可燃性气体浓度计，警报器
	Ag-V_2O_5		NO_2 传感器
湿度传感器	Al_2O_3，Ta_2O_5+MnO	因 ε 变化引起的电容变化	湿度计
	LiCl，P_2O_5，ZnO-Li_2O	离子电导引起的电容变化	湿度计
	$MgCr_2O_4$-TiO_2，羟基磷灰石，TiO_2-V_2O_5，TiO_2，$NiFe_2O_4$，ZnO	电阻变化（加热型）	湿度计
	Fe_2O_3，$LiNbO_3$，$ZnCr_2O_4$-LiZn-VO_4，TiO_2-V_2O_3	电阻变化	湿度计
	石英	谐振频率变化	湿度计
结露传感器	C	电阻变化（正特性）	
	$Zn_3(PO_4)_2$，$MgTiO_3$-$CaTiO_3$，$AlPO_4$	电阻变化（负特性）	
光传感器	$LiNbO_3$，$LiTaO_3$，PZT，$SrTiO_3$	热释电引起的电动势变化	检测红外线
	ZnS(Cu，Al)，Y_2O_3S(En)，ZnS(Cu，Al)	荧光效应	彩色电视阴极射线显像管、X 射线监测器
	CaF_2	热荧光效应	热荧光光线测量仪
位置传感器	PZT，TaN	压电效应引起反射波的波形变化	鱼探仪、探伤仪、血流仪
离子传感器	AgX，LaF_3，Ag_2S，玻璃薄膜，CdS，AgI，SiO_2	固体电解质效应，电动势变化	离子浓差电池
	Si（栅极材料，H^+ 用：Si_3N_4/SiO_2，S^{2+} 用：Ag_2S，X^- 用：AgX，PbO）	栅极吸附效应，金属氧化物半导体场效应，电阻变化	离子选择场晶体管

3.9.2.6　其他功能陶瓷

这里主要是指热学功能陶瓷、化学功能陶瓷、生物功能陶瓷。

热学功能陶瓷主要包括热释电陶瓷、导热陶瓷、低热膨胀系数陶瓷、陶瓷换热器等。热释电陶瓷是指因温度变化而引起表面电荷变化的陶瓷，实际上也是压电陶瓷的一种（例如 $PbTiO_3$、PZT 等）。主要用于探测红外辐射，遥测表面温度等。导热陶瓷的主要机制在低温时主要是晶格振动引起的声子传导，在高温时主要是辐射引起的光子传导，如金刚石、SiC、BeO 等均是热的良导体，可制成高集成化的 LSI 衬底、激光二极管的散热片等，导热陶瓷应尽可能降低孔隙度。

化学功能陶瓷主要指催化剂载体、多孔陶瓷等化工行业常用的陶瓷。要求其对化学物质有吸附性和耐腐蚀性等。作为催化剂载体的陶瓷见表 2-3-19。

表 2-3-19 典型的陶瓷载体实例

催化剂	陶瓷载体
石油精制用催化剂	$\gamma\text{-}Al_2O_3$,沸石,$SiO_2\text{-}Al_2O_3$
气相氧化用催化剂	$\alpha\text{-}Al_2O_3$,SiC,SiO_2
汽车排气处理用催化剂	$\gamma\text{-}Al_2O_3$,堇青石
脱硝用催化剂	$\gamma\text{-}Al_2O_3$,TiO_2 系
接触氧化用催化剂	$\alpha\text{-}Al_2O_3$

生物功能材料的基本要求是对健康无危害，又不被生化作用所破坏。即要求材料物理、化学和生理学性质稳定，对生物组织无刺激，又不被生物组织腐蚀、吸收，并具有良好的相容性。此外，人工骨骼还要求能承受较大的应力（大约需要 200MPa 的抗弯强度）。

思 考 题

1. 确定坯料配方的原则是什么？
2. 陶瓷坯料是如何分类的？各类坯料有哪些要求？
3. 调整坯料性能的添加剂有哪几种，有什么要求，各自的作用是什么？
4. 坯料的陈腐的作用有哪些？
5. 为消除真空炼泥机挤出得到泥段的定向排列，可采取的措施有哪些？
6. 确定产品的成型方法应从哪几方面考虑？
7. 釉有什么作用，釉与玻璃的异同点有哪些？
8. 要提高坯釉的适应性，应从哪几方面考虑？
9. 确定釉料组成的原则是什么？
10. 釉浆的质量要求和控制要点有哪些？
11. 用下列原料配成耐热瓷坯，瓷坯与原料的成分如下表，求配料比例。

原料	SiO_2	Al_2O_3	Fe_2O_3	CaO	MgO	K_2O+Na_2O	烧失量
瓷坯	68.51	21.2	2.75	0.82	4.35	1.68+0.18	—
膨润土	72.32	14.11	0.78	2.1	3.13	2.7	4.65
黏土	58.48	28.4	0.8	0.33	0.51	0.31	11.16
镁质黏土	66.91	2.84	0.83	—	22.38	1.2	6.35
长石	63.26	21.19	0.58	0.13	0.13	14.41	—
石英	99.45	0.24	0.31	—	—	—	—
Fe_2O_3	—	—	93	—	—	—	—
$CaCO_3$	—	—	—	56	—	—	44

第4章 玻璃

玻璃作为一种性能优良的材料在人们日常生活中发挥着重要的作用。因玻璃具有良好的透光性和化学稳定性，硬度大、不易磨损，在一定的温度下具有良好的可塑性，通过着色可以产生很多鲜艳颜色，以及性能可调节性好等优点，其使用已经渗入国民经济的各个部门中。如各种玻璃器皿、餐具、装饰品等日常生活用品，建筑用平板玻璃、双层玻璃、装饰玻璃，化学工业和电子工业用各种管件、灯壳等，光学工业用各种棱镜、滤光片以及一些尖端产品如光导纤维、防辐射玻璃、微孔玻璃等等。由此可见，玻璃作为一种典型而重要的无机非金属材料已与科学研究、国防建设、文教卫生、农业生产以及人民生活息息相关。本章介绍的内容主要包括玻璃的定义与通性、玻璃的分类、硅酸盐玻璃的组成-结构-性质、普通玻璃配合料制备、玻璃体的缺陷、普通玻璃制品的生产以及玻璃深加工，最后介绍几种常见的特种玻璃。

4.1 玻璃的定义与通性

4.1.1 玻璃的定义

玻璃是一种可呈现玻璃转变现象的非晶态固体，是由玻璃原料经过加热、熔融、快速冷却而形成的一种非结晶（特殊情况下也可称为晶体）的无机物。所谓玻璃转变现象是指当物质由固体加热或由熔体冷却时，在相当于晶态物质熔点绝对温度的 $1/2 \sim 2/3$ 温度附近出现热膨胀、比热容等性能的突变，这一温度称为玻璃转变温度。

4.1.2 玻璃的通性

在自然界中固体物质存在着晶态和非晶态两种状态。所谓非晶态，是以不同方法获得的以结构无序为主要特征的固体物质状态。玻璃像固体一样能够具备固定的外形，从玻璃的本质结构和性质来看，玻璃材料具有许多其他材料所不具备的特性，其中最显著的四个特性为：①各向同性；②介稳性；③无固定熔点；④性质变化的连续性与可逆性。

（1）各向同性　硅酸盐熔体内形成的是相当大的、形状不规则的近程有序、远程无序的离子聚合结构，玻璃态结构类似于硅酸盐熔体结构。因此，玻璃和非晶态的原子排列都是近程有序、远程无序的，结构单元不像晶体那样定向排列，它们在本质上呈各向同性，例如玻璃态物质各方向的硬度、弹性模量、热膨胀系数、折射率、电导率等都是相同的。因此，玻璃的各向同性是统计均质结构的外在表现。但当玻璃中存在应力时，结构均匀性就会遭到破坏，因而会呈现各向异性，如出现明显的光程差等。

（2）介稳性　玻璃在熔体冷却过程中，黏度急剧增大，质点来不及作规则排列，释放能

266

量较结晶潜热（凝固热）小。因此，玻璃态物质比相应的结晶态物质含有更大的能量，玻璃不是处于能量最低的稳定状态，但从动力学角度看，它又是稳定的。因为它虽具有从自发放热转化为内能较低的晶体倾向，但在常温下，转化为晶体的概率很小，所以称玻璃处于能量的介稳状态。

（3）无固定熔点　玻璃态物质由固体转变为液体是在一定的温度范围（软化温度范围）内进行的，不同于结晶态物质，它没有固定的熔点，只有一个软化温度范围。在此温度范围内，玻璃由黏性体经黏塑性体、黏弹性体逐渐转变成为弹性体。这种性质的渐变特性恰恰是玻璃具有良好加工性能的重要基础。

（4）性质变化的连续性与可逆性　玻璃态物质在从熔融状态冷却或加热过程中，其物理化学性质产生逐渐和连续的变化，而且是可逆的。如当熔体冷却为晶体时其比容、热膨胀系数、热焓、比热容等热力学性质随温度的变化在熔点出现不连续变化；而当熔体冷却为玻璃时其热力学性质随温度的变化而连续变化。

从熔融态向固态玻璃的转变在转变温度区间（$T_g - T_f$）进行。T_g 为玻璃转变温度（相当于黏度 $10^{12.4}\,\mathrm{Pa \cdot s}$），$T_f$ 为玻璃膨胀软化温度（相当于黏度 $10^8 \sim 10^{10}\,\mathrm{Pa \cdot s}$）。

除了以上四种典型的性质外，玻璃材料还具有一些良好的理化性能，如良好的光学性能，较高的抗压强度、硬度、耐蚀性及耐热性等。

4.2　玻璃的分类

玻璃的种类繁多，玻璃的分类方法也很多，本节主要从玻璃功能角度出发介绍玻璃品种的分类。玻璃以其所具有的功能特性可以分为光学功能玻璃、电磁功能玻璃、热学功能玻璃、力学功能玻璃、化学功能玻璃及生物功能玻璃等。

4.2.1　光学功能玻璃

使用于玻璃窗、玻璃杯等的传统玻璃是以"透明"为特征的。光学性能优异的光学功能玻璃种类最多，用途最广。光学功能玻璃的种类和代表性的组成与应用见表 2-4-1。

表 2-4-1　光学功能玻璃的种类

功能	玻璃名称	组成举例	应用及其他
光传输	通信光纤	石英光纤	光通信用光纤
	光波导	硅基-SiO_2 波导、石英基-SiO_2 波导、离子交换玻璃波导等	光信息处理
	微透镜玻璃	含碱硅酸盐玻璃	红外窗口、红外光纤
	红外玻璃	铝酸盐、卤化物、硫系物、硫卤玻璃	光的分路、耦合
激光振荡	激光玻璃	磷酸盐、氟磷酸盐、氟化物玻璃	激光核聚变、激光加工、激光医疗
光记忆	光记忆玻璃	Te-O、硫系物玻璃	光盘
	PHB	色素分子、稀土离子掺杂玻璃	未来的光盘
光控制	磁光玻璃	掺 Ce^{3+}、Pr^{3+}、Tb^{3+}、Dy^{3+} 玻璃	光调制器、光开关
	声光玻璃	火石玻璃、熔石英、碲玻璃、As_2S_3 玻璃、As_2Se_3 玻璃等	光隔离器、传感器、光偏转
非线性光学	二阶非线性光学玻璃 三阶非线性光学玻璃	SiO_2、$K_2O\text{-}PbO\text{-}SiO_2$（经强外场极化）高折射率玻璃，半导体、导体掺杂玻璃，色素掺杂玻璃	光开关等

功能	玻璃名称	组成举例	应用及其他
感光及光调节	感光玻璃 光致变色玻璃	含 Au、Ag、Cu 的氧化物玻璃 $Na_2O-Al_2O_3-B_2O_3-SiO_2$（AgCl-AgBr）	图像记录、化学加工 太阳镜、显示器、玻璃窗
选择透过 与发射	电致变色玻璃	WO_3、MoO_3 等镀膜玻璃	调光玻璃窗
	热致变色玻璃	VO_2 镀膜玻璃	调光玻璃窗
	液晶夹层玻璃	—	调光玻璃窗
	高分辨面板玻璃	—	高质量显示器
	高反射玻璃	—	光强度调节器
	防反射玻璃	—	高质量显示器
	选择透过玻璃	—	光的调节
偏光起偏	偏振玻璃	针状 Ag、Au、Pt 掺杂玻璃	光隔离器等

4.2.2 电磁功能玻璃

电磁功能玻璃与光学功能玻璃一样在高技术领域中占有重要地位，是通信、能源以及生命科学等领域中不可缺少的电子材料和光电子材料。电磁功能玻璃可以按表 2-4-2 进行分类。

表 2-4-2　电磁功能玻璃的种类

功能	玻璃名称	组成举例	应用及其他
电子导电	电子导电玻璃	$V_2O_5-P_2O_5$、As-Se-Te	存储开关、图像记录
离子导电	光电导体玻璃 快离子导体玻璃	As-Se-Te、Se $AgI-Ag_2O-P_2O_5$	电视摄像管元件 固体电池
超声波延迟	延迟线玻璃	$K_2O-PbO-SiO_2$	电视机、录像机的延迟线元件
磁性	逆磁性玻璃	含 PbO 光学玻璃	法拉第旋转玻璃
	完全逆磁性 （超导体）玻璃	$Mo_{80}P_{10}B_{10}$，$T_c=9K$ 高温超导微晶玻璃 $(Bi,Pb)_2Sr_2Ca_2Cu_3O_x$，$T_c=106K$	高温超导线材料
		含稀土金属离子的玻璃	激光玻璃、磁光玻璃
		$Co_{70}Fe_5Si_{15}B_{10}$	磁头
	顺磁性玻璃	$B_2O_3-BaO-Fe_2O_3$ 微晶玻璃	垂直磁记忆材料
	铁磁性玻璃	$SiO_2-CaO-Fe_2O_3$ 微晶玻璃	磁温治疗用材料
基板	显示器基板玻璃	—	平面显示器基板
	太阳电池玻璃	—	太阳电池基板
	IC 基板玻璃	—	IC 基板
	IC 光掩模玻璃	—	IC 光掩模
	光盘基板玻璃	—	光盘基板
	磁盘基板玻璃	—	磁盘基板
电磁波吸收 与屏蔽	电磁波吸收玻璃 耐辐射玻璃	$CdO-Gd_2O_3-B_2O_3$ 含 CeO_2 的氧化物玻璃	抗电磁干扰 吸收中子射线
二次电子发射	二次电子发射玻璃	$PbO-BaO-K_2O-SiO_2$	微通道板

4.2.3 热学功能玻璃

热学功能本身虽然难以称为"高性能"，但它对于元器件充分发挥其光学、电子学等功能起十分重要的作用。热学功能主要包括耐热性、低膨胀性、导热性以及加热软化性等。表 2-4-3 列举了主要的热学功能玻璃分类。

表 2-4-3 热学功能玻璃的分类

功能	玻璃名称	组成举例	应用及其他
耐热冲击	低膨胀玻璃 低膨胀微晶玻璃	SiO_2、SiO_2-TiO_2 Li_2O-Al_2O_3-SiO_2	光掩模基板、天体望远镜、热交换器 光掩模基板、天体望远镜、热交换器、炊具
加热软化	封接玻璃	PbO-B_2O_3-SiO_2	电子器件的封接、涂层
隔热性	中空玻璃 加气玻璃	PbO-ZnO-B_2O_3	建筑物窗户等

4.2.4 力学功能玻璃

传统玻璃以硬而脆、难以机械加工为特征，其杨氏模量比塑料和一些普通金属都要大。有些特种玻璃具有比普通玻璃更高的杨氏模量，有些玻璃具有高强度和高韧性，有些玻璃可以像加工木材一样进行机械加工。这些玻璃就是力学功能玻璃。表 2-4-4 列举了力学及机械功能玻璃的名称、性能和主要应用。

表 2-4-4 力学与机械功能玻璃的名称、性能和应用

功能	玻璃名称	组成举例	应用及其他
高弹性模量	高杨氏模量氧氮玻璃	Mg-Al-Si-O-N	复合材料的增强纤维
高强度、高韧性	高韧性微晶玻璃 高韧性玻璃基复合材料	各种微晶玻璃 SiC/β-锂辉石	机械结构材料 发动机部件
机械加工性	云母微晶玻璃	氟金云母组成 （K_2O-MgO-Al_2O_3-SiO_2-F）	机械零件、绝缘材料

4.2.5 生物及化学功能玻璃

生物及化学功能玻璃主要包括具有熔融固化、耐腐蚀、选择腐蚀、水溶性、杀菌、光化学反应、化学分离精制、生物活性、生物相容性以及疾病治疗等功能的特种玻璃。表 2-4-5 列举了它们的代表性组成和应用。

表 2-4-5 生物及化学功能玻璃的代表性组成及应用

功能	玻璃名称	组成举例	应用及其他
熔融固化	放射性废料固化玻璃	硼硅酸盐	放射性废料的处理
耐腐蚀	抗碱玻璃	含 Zr、Ti 的无碱玻璃	混凝土增强纤维
选择腐蚀	化学切削玻璃	SiO_2-Li_2O-CeO_2-$AgCl$-Al_2O_3	精密器件
水溶性	含水玻璃	Ag_2O-Na_2O-B_2O_3-SiO_2	质子导电材料等
杀菌	抗菌、杀菌玻璃	TiO_2 涂层	环境净化
亲疏水性	自洁玻璃	SiO_2	无需擦洗的窗玻璃
分离精制	多孔玻璃	SiO_2	高温反应物分离精制
催化剂载体	多孔玻璃	MgO-CaO-SiO_2-P_2O_5	固定化酶
生物活性	人工骨微晶玻璃	MgO-CaO-SiO_2-TiO_2-P_2O_5	人工骨、骨修复
生物相容性	牙冠微晶玻璃	CaO-Fe_2O_3-B_2O_3-SiO_2-P_2O_5	牙根补强、人工牙冠
降解性	玻璃缓释肥料 玻璃缓释饲料	含 N，P 的氧化物玻璃 含 Cu、Se 等氧化物玻璃	农用肥料 牲畜饲料

4.3 硅酸盐玻璃的组成、结构与性质

玻璃的物理、化学性质不仅决定于其化学组成，而且还与玻璃结构息息相关。只有充分认识和理解玻璃组成、结构和性能之间的内在规律，才能通过其化学组成、制备工艺和热处理条件，制备出符合使用性能要求的玻璃材料。

4.3.1 硅酸盐玻璃的组成

主要由以 SiO_2 为主的各种氧化物所组成，根据各种氧化物在玻璃网络结构中所起的作用不同可将它们分为网络形成体、网络中间体、网络外体三大类，见表 2-4-6。根据玻璃中主要氧化物的品种可将硅酸盐玻璃分为五类，其大致的成分组成范围见表 2-4-7。表 2-4-8 列出了一些实用的玻璃成分。

表 2-4-6　玻璃中较常用的氧化物按作用分类

网络形成体	B_2O_3、SiO_2、GeO_2、P_2O_5、V_2O_5、As_2O_3
网络中间体	Al_2O_3、Sb_2O_3、ZrO_2、TiO_2、PbO、BeO、ZnO
网络外体	MgO、Li_2O、BaO、CaO、SrO、Na_2O、K_2O

表 2-4-7　几种常见玻璃品种的成分

玻璃类型	玻璃成分/%									
	SiO_2	B_2O_3	Al_2O_3	CaO	MgO	Na_2O	K_2O	PbO	As_2O_3	Sb_2O_3
钠钙硅酸盐玻璃（软质玻璃）用于平板玻璃、瓶罐玻璃、器皿玻璃	69～75	—	0～2.5	5～10	1～4.5	13～15	0～2	—	—	—
钠铝硅酸盐玻璃（耐热玻璃）	5～55	0～7	20～40	—	—	—	—	—	—	—
硼硅酸盐玻璃,用于仪器、封接玻璃	60～80	10～25	1～4			2～10	2～10	—	—	—
低铝玻璃,用于铅晶质、电真空玻璃	55～62		0～1			10～20		—	—	—
高铝玻璃,用于高折射、高色散光学玻璃	30～50					5～10	5～10	35～69	0～5	—

表 2-4-8　一些实用玻璃的成分

玻璃名称	玻璃成分/%								其他
	SiO_2	B_2O_3	Al_2O_3	Fe_2O_3	CaO	MgO	PbO	Na_2O/K_2O	
石英玻璃	99.95	—	—	—	—	—	—	—	—
平板玻璃（有槽）	72.0～73.0		0.5～2.3	0.1～0.22	6.5～8.0	3.0～4.2		14.5～15.5	
平板玻璃（无槽）	72.1～72.4		1.3～1.9	0.15～0.20	7.5～9.8	3.1～4.0		14.3～14.5	
平板玻璃（平拉）	72.0		0.6	0.05～0.21	8.0～10.1	4.2		13.0	
平板玻璃（压延）	70.8～72.5		0.94～1.1	0.07～0.10	8.0～10.5	3.34～4.2		13.6/0.6	SO_3 0.38
平板玻璃（浮法）	72～72.2		1.3～1.5	0.17	8.2～8.9	2.9～4.0		13.4～14.6	SO_3 0.3
器皿玻璃	72.2	—	1.9		9.6	1.5		14.6	BaO 0～0.5 SO_3 0.2
瓶罐玻璃	70～74		1.5～2.5	1.0～1.3	10～13			13～16	BaO 0～0.5
GG-17 仪器玻璃	80.5	12.75	2.0		0.35	0.35		4.4	
九五料仪器玻璃	78.0	14.3	2.0					5.4	
耶拿仪器玻璃	64.7	10.9	4.2	0.3	0.6			7.5/0.4	ZnO 10.9 As_2O_3 0.1
低介电损耗玻璃	70.0	27.2	1.1				1.2	0.5	
铝硅酸盐玻璃	57.0	4.0	20.5		5.5	12.0		1.0	
有碱玻璃球	67.8		6.5		9.6	4.1		11.7	
E-玻璃纤维	53～55	10～11	13～15	0.4	13～17	4～6		0～1(0.2)/—	CaF_2 0～2
温度计玻璃	67.5	2.0	2.5		7.0			14.0/—	ZnO 7.0
乳白玻璃	65.8		0.6		10.1			3.8/9.6	F_2 5.3
铅晶质玻璃	50.0	0.2	—	0.006	—		29.0	2.0/13.0	As_2O_3 0.4

4.3.2 玻璃的结构因素

玻璃结构是指玻璃中质点在空间的几何配置、有序程度以及它们彼此间的结合状态。即通过对玻璃结构的研究，确定玻璃原子在结构中的几何位置，以及维持原子位置的力的性质。该力在整个玻璃结构上给出了相关性。

现代玻璃结构理论主要是晶子学说和无规则网络学说。

玻璃性质的变化规律和玻璃的结构有直接关系，这些因素主要有以下几个方面。

4.3.2.1 硅氧骨架的结合程度

对于硅酸盐系统玻璃，SiO_2 以各种［SiO_4］的形式存在，系统中存在"桥氧"（双键）和"非桥氧"（单键），二者的比例不同，各种玻璃的物理化学性质也相应发生变化。即［SiO_4］四面体的性质首先与硅氧骨架的结合程度（键合度）有关。结合程度用 $f_{Si} = \dfrac{\text{硅原子数}}{\text{氧原子数}}$ 或 f_{Si} 的倒数（氧数）$R = O/Si$ 度量。

玻璃中随 SiO_2 含量下降，碱金属氧化物含量增加，系统中桥氧数下降，氧数 R 上升，硅氧骨架连接程度下降，网络结构呈架状-层状-链状-组群状-岛状改变，玻璃性质也发生相应变化。

4.3.2.2 阳离子的配位状态

玻璃中场强大的阳离子（小离子半径和高电荷）所形成的配位多面体是牢固的。当由于各种原因引起配位数改变时，可使玻璃某些性质改变。目前对阳离子配位数改变研究较多的有硼效应、铝效应和相应的硼铝效应等。例如在硼酸盐或硼硅酸盐玻璃中，当氧化硼与玻璃修饰体氧化物之比达到一定值时，在某些性质变化曲线上出现极值或折点的现象。玻璃性质的突变是由于硼离子的配位状态发生变化而导致玻璃的结构变化的。

4.3.2.3 离子的极化程度

氧离子被中心阳离子 R^{n+} 极化，使原子团［RO_n］中 R—O 键趋于牢固，使 R—O 间距减小，甚至键性发生变化，称之为内极化。当同一氧离子受到原子团外的另一阳离子 A^{n+} 的外极化影响时，R—O 键的间距反而增加，这种"二次极化"（"反极化"）甚至会引起［RO_n］原子团的解裂。离子的极化和反极化现象对玻璃的结构与性质有重要影响。

4.3.3 玻璃性质

热、电、光、机械力、化学介质等外来因素作用于玻璃，玻璃相应作出一定反应，该反应即为玻璃的性质。玻璃性质与组成及结构密切相关。

玻璃的不同性质之间有其共同特性。因此，玻璃的各种性质可分为两类。第一类性质在玻璃组成和性质间不存在简单的加和关系，而与玻璃中离子迁移有关，如电导、电阻、黏度、介电损耗、离子扩散速率、化学稳定性等。第二类性质和玻璃组成间的关系比较简单，一般可以利用加和法则进行推算，如玻璃折射率、分子体积、色散、弹性模量、硬度、热膨胀系数、介电常数等。

4.3.3.1 熔融玻璃液的性质

玻璃的黏度。黏度是指面积为 S 的两平行液层以一定的速度梯度 dv/dx 移动时所产生的内摩擦力 f。

$$f = \eta S \frac{dv}{dx} \tag{2-4-1}$$

式中 η——黏度或黏度系数，其单位为 Pa·s。

玻璃黏度是玻璃的一个重要物理性质。它对玻璃的熔化、成形、退火、热加工和热处理等都有密切关系。许多工艺规程都是根据玻璃的黏度数据来制订的。

（1）玻璃黏度与温度的关系

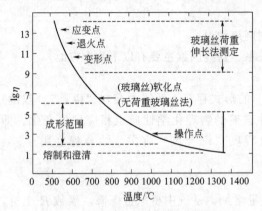

图 2-4-1　硅酸盐玻璃的黏度-温度曲线　　　　图 2-4-2　两种不同类型玻璃的黏度-温度曲线

① 黏度-温度曲线　图 2-4-1 为硅酸盐玻璃的黏度-温度曲线。玻璃液在高温时，黏度变化不大；随着温度的降低，黏度的变化慢慢增大，待到低温时，黏度就急剧地增加。在整个玻璃黏度温度曲线上，没有如熔融金属或盐类在凝固点时那样的黏度突变点。

玻璃熔体在冷却过程中黏度不断地增长称为玻璃的硬化或固化。冷却过程中玻璃液黏度增加的快慢称为硬化速率。首先，硬化速率与玻璃本身黏度-温度关系有关，其次，硬化速度还取决于玻璃的冷却速度。

对于组成不同的玻璃，黏度-温度曲线形状相似，但随温度变化，黏度变化速率不同，这种情况称为玻璃具有不同的料性，如图 2-4-2 所示。玻璃 B 称为料性短的玻璃或短性玻璃，玻璃 A 称为料性长的玻璃或长性玻璃。玻璃 A 又称为慢凝玻璃，玻璃 B 又称为快凝玻璃。

② 黏度的特性温度　在玻璃黏度-温度曲线上（见图 2-4-1），存在着一些代表性的点，称为特性温度或特征黏度。用它可描述玻璃状态和某些特征，在玻璃工艺中作为重要的参数。

a. 应变点　黏度为 $4 \times 10^{13.5} Pa \cdot s$（$\lg \eta = 14.5$）时的温度称为应变点。在此温度，玻璃不能产生黏性流动，低于此温度，玻璃中的应力无法消除。该点可作为确定玻璃退火下限的参考。

b. 退火点　此点又称转变温度、转化温度和脆性温度，常用 T_g 表示。

退火点是黏度为 $10^{12} Pa \cdot s$ 时的温度，是玻璃中消除应力的上限温度。

c. 变形点（垂点）　水平放置的玻璃棒以一定的速度加热，由于自垂而开始急剧变曲的温度称为垂点。垂点相当于黏度范围 $10^9 \sim 10^{10} Pa \cdot s$ 的温度。它可以此作为对玻璃制品质量检查的基准。

d. 软化点　此点又称软化温度，常用 T_f 表示。黏度为 $4.5 \times 10^6 Pa \cdot s$ 时的温度称为软化点。软化点大致相应于操作温度的下限。

e. 流动温度　黏度为 $10^4 Pa \cdot s$ 时的温度称为流动温度，处于成形黏度范围内，是玻璃成形操作基准点之一。

f. 熔化温度（T_s）　黏度为 $1 \sim 10 Pa \cdot s$ 时的温度。在此温度下玻璃能以一般要求的速度熔化。

$T_g - T_S$ 对玻璃成形、熔制具有重要的意义。

（2）玻璃黏度与组成的关系

① 在硅酸盐玻璃中，黏度首先决定于硅氧四面体的连接程度，即随 O/Si 比的上升而下降，表 2-4-9 列出了不同成分的二元系统 $Na_2O\text{-}SiO_2$ 玻璃在 1400℃时的黏度值，玻璃黏度随 SiO_2 含量的增加而增加。

表 2-4-9　在 1400℃ $Na_2O\text{-}SiO_2$ 系统玻璃黏度

分子式	O/Si 比及结构式	［SiO_4］连接程度	1400℃黏度 /Pa·s
SiO_2	［SiO_2］	骨架	10^9
$Na_2O \cdot 2SiO_2$	［Si_2O_5］$^{2-}$	层状	28
$Na_2O \cdot SiO_2$	［SiO_3］$^{2-}$	链状	0.16
$2Na_2O \cdot SiO_2$	［SiO_4］$^{4-}$	岛状	<0.1

② 引入碱金属氧化物 R_2O（Li_2O、Na_2O、K_2O、Rb_2O、Cs_2O 等）时，因为这些阳离子电荷少（一价），离子半径较大，R—O 间作用力小，可以提供出"游离氧"而使系统 O/Si 比值增加，使原来复杂的硅氧阳离子团解离成简单的单位，黏度降低。

③ 二价金属离子对黏度的影响比较复杂。一般来说降低黏度的顺序如下：

$$BaO > SrO > CaO > MgO$$

CaO、ZnO 表现较特别，低温时使黏度增加，高温时使黏度降低。

④ Al_2O_3 对黏度的影响也比较复杂。Al^{3+} 可以四面体或八面体形式存在。在一般钠钙硅酸盐玻璃中，Al_2O_3 用量一般不超过 10%，Al_2O_3 是以四面体状态存在，进入四面体 ［SiO_4］ 形成的网络，使黏度增加。

⑤ 稀土氧化物、氯化物及硫酸盐在熔体中一般起降低黏度作用。

4.3.3.2　玻璃的表面张力

熔融玻璃表面质点受到内部质点的作用而趋向于熔体内部，使表面有收缩的趋势，就是说玻璃表面分子间存在着作用力，即表面张力。工业玻璃熔体表面张力 σ 值一般为 150～350dyn（1dyn/cm＝10^{-3}N/m）/cm，比水的表面张力大 3～4 倍，与熔融金属的表面张力相接近。

熔融玻璃的表面张力在玻璃制品的生产过程中有重要意义，特别是在玻璃的澄清、均化、成形、玻璃液与耐火材料相互作用等过程中起着重大作用。表面张力在一定程度上决定了气泡的成长和溶解速度。

（1）玻璃表面张力与组成的关系

① Al_2O_3、La_2O_3、Fe_2O_3、Mn_2O_3、ZrO_2、CeO_2、CaO、MgO、BaO、NiO、ZnO 等能提高表面张力。

② K_2O、PbO、B_2O_3、Sb_2O_3 等，加入量较大时，则能大大降低表面张力。

③ Cr_2O_3、V_2O_3、MoO_3、WO_3 等，当用量不多时，也能显著地降低表面张力。

④ 表面张力与组成之间大致遵守加和性原则，一般可由加和公式计算出熔融玻璃体的表面张力。

（2）玻璃表面张力与温度的关系　熔融玻璃体表面张力与温度间关系比较复杂。表面张力一般随温度的升高而减小，但也会出现表面张力随温度的升高而增大的现象。玻璃的表面张力随温度的改变变化很小，对于一般工业玻璃每升高 100℃，表面张力约降低 2%～4%。

（3）玻璃表面张力与气氛的关系

① 还原气氛下的表面张力约比氧化气氛下增加 20%。

② 极性气体对表面张力影响较大。如：水蒸气、SO_2、NH_3、HCl 等能降低玻璃熔体的表面张力，而非极性气体如 N_2、H_2、He 等对表面张力影响较小。

4.3.3.3 玻璃的物理、化学性质

(1) 玻璃的密度　石英玻璃密度为 $2.21 \times 10^3 kg/m^3$，普通钠钙硅酸盐玻璃的密度为 $2.5 \times 10^3 \sim 2.6 \times 10^3 kg/m^3$。

玻璃的密度主要取决于构成玻璃的原子的质量，也与原子堆积紧密程度以及配位数有关，是表征玻璃结构的一个标准。

凡能使玻璃网络结构紧密或网络结构被填空的，可使玻璃密度增加，如 Li^+、Mg^{2+}；凡能使玻璃网络结构扩张、结构松懈的，可使玻璃密度下降，如 K^+、Ba^{2+}。

温度升高，玻璃密度下降。压力增加，玻璃的密度亦增加。

(2) 玻璃的机械强度　玻璃的机械强度一般用耐压、抗折、抗张、抗冲击强度等指标表示。玻璃耐压强度高，但抗折强度和抗张强度不高，玻璃的抗压强度比抗张强度大 8～10 倍。例如，一般玻璃的抗压强度介于 $500 \sim 2000 MPa$，而抗张强度则为 $40 \sim 120 MPa$。

(3) 玻璃的弹性　在低温下和常温下，玻璃基本上是服从虎克定律的弹性体。

玻璃的弹性主要指弹性模量 E、剪切模量 G、泊松比 P 和体积压缩模量 K。一般玻璃的弹性模量为 $4.41 \times 10^{10} \sim 8.82 \times 10^{10} Pa$。玻璃的弹性模量由它的化学组成所决定，同时受到温度和热处理的影响。

(4) 玻璃的脆性　材料在受力过程中没有发生塑性变形就断裂的现象叫脆性。在常温下玻璃是典型的脆性体，破坏时不发生任何变形。完全服从虎克定律。玻璃的脆性由它的化学组成所决定，同时受到温度和热处理的影响。

(5) 玻璃的硬度　玻璃的硬度决定于化学组成，同时受到温度和热处理的影响。多铅的或含碱性氧化物高的玻璃，硬度较小。石英玻璃和含有 $10\% \sim 12\%$ B_2O_3 的硼酸盐玻璃硬度最大，各种氧化物成分对玻璃硬度提高作用大致为：$SiO_2 > B_2O_3 > MgO$、ZnO、$BaO > Al_2O_3 > R_2O > Na_2O > PbO$。

(6) 玻璃的热膨胀性　玻璃的热膨胀是由于温度上升时造成玻璃质点热振动的振幅增加，导致质点间距增大，使玻璃呈现的膨胀现象。

玻璃的热膨胀系数大小主要决定于组成玻璃的氧化物中各阳离子和氧离子之间的引力 $f = 2Z/a^2$，Z 为阳离子的原子价，a 为正负离子的中心距离。f 越大，膨胀越小；反之，则越大。石英玻璃的 $Si-O$ 键力强大，所以石英玻璃的膨胀系数最小。R^+-O 的键力弱小，随着 R_2O 的引入和 R^+ 半径的增大，f 不断减弱，以致膨胀系数不断增大。RO 的作用和 R_2O 相类似，它们对膨胀系数的影响比 R_2O 小。

(7) 玻璃的电学性质　在常温下一般玻璃是电绝缘材料。但是，随着温度的升高，玻璃的导电性迅速提高，特别是在转变温度 T_g 点以上，电导率迅速提高，到熔融状态后，玻璃变成良导体。例如，一般玻璃的电导率，在常温下是 $10^{11} \sim 10^{13} \Omega \cdot m$，而在熔融状态下降至 $10^{-2} \sim 3 \times 10^{-3} \Omega \cdot m$。

玻璃的电导率随组成而改变，影响特别显著的是碱性氧化物，碱性氧化物含量越多，电导率就越高。其中影响最大的是 Na^+，其次为 Li^+ 及 K^+。在等分子含碱量时，同时含有两种碱金属氧化物的玻璃比只含一种碱金属氧化物的玻璃具有较小的电导率，这一规律称为玻璃中的混合碱效应。二价碱土金属氧化物对电导率的影响较一价碱金属氧化物小，其影响随原子半径增大而减少。

玻璃介电损耗在很大程度上也可根据电导率来判断，凡含有能增加玻璃电导率的成分，

如大量碱金属氧化物成分的玻璃，介电损耗大，各种工业玻璃的 $\tan\delta$ 一般为 $0.0002\sim$ 0.01，石英玻璃 $\tan\delta$ 最小，为 0.0002。

（8）玻璃的折射率 一般玻璃的折射率为 $1.5\sim1.75$。平板玻璃的折射率为 $1.52\sim$ 1.53。它与玻璃成分、密度、温度、热历史有密切关系。

密度大，结构致密，玻璃折射率大。石英玻璃密度小，具有较小的折射率。BaO、PbO 折射率高。

温度升高玻璃的折射率增大。当玻璃内存在应力时，会产生双折射现象，随着应力的消除，双折射也会消除。

（9）玻璃的反射、吸收、透过 从玻璃表面反射出去的光强度与入射光强度之比称为反射率 R。它决定于玻璃表面光滑程度及光的入射角。通常入射角增加，反射率也增大。玻璃对光的表面反射导致光损失，使透过率降低。为了减少反射，可采取表面化学处理或涂膜等方法。

入射到玻璃上的可见光中的一部分被选择吸收，玻璃就着色，并呈现出与被吸收光互补的颜色。如果玻璃对任何波长的光都有同样的吸收，与此透过率相应的呈现白色、灰色至黑色。白色、灰色及黑色不呈现色彩，被称为无彩色。

（10）玻璃的化学稳定性

① 玻璃的侵蚀 玻璃的化学稳定性是指玻璃抵抗气体（包括大气在内）或水、酸、碱、盐类及其他化学试剂溶液侵蚀破坏的能力。

a. 水对玻璃的侵蚀 玻璃受水侵蚀时，玻璃中的金属离子浸出，发生离子交换，水化形成 $Si[OH]_4$，形成硅酸凝胶，形成 SiO_2 薄膜，称为"保护膜层"。

普通硅酸盐玻璃中含有 RO、R_2O_3 等，具有一定的抗水侵蚀能力。

b. 酸对玻璃的侵蚀 除氢氟酸外，一般的酸并不直接与玻璃起反应，它是通过水的作用侵蚀玻璃。浓酸对玻璃的侵蚀能力低于稀酸。

高碱玻璃的耐酸性小于耐水性，高硅玻璃的耐酸性大于耐水性，普通硅酸盐玻璃碱含量较高，如 R_2O 含量一般为 14%（质量分数）左右，因而耐酸性小于耐水性。

c. 碱对玻璃的侵蚀 硅酸盐玻璃一般不耐碱，碱对玻璃的侵蚀是通过 OH^- 破坏硅氧骨架使 SiO_2 溶解在溶液中。所以，在玻璃侵蚀过程中，不形成硅酸凝胶薄膜，而使玻璃表面层全部脱落。

d. 玻璃的风化 玻璃置于空气中，受到空气中水汽、CO_2、SO_3 等侵蚀。它们往往比水溶液具有更大的侵蚀性。对玻璃的侵蚀，先是以离子交换为主的释碱过程，后来逐步过渡到以破坏网络为主的溶蚀过程。通常，将上述过程称为风化。

置于大气中的硅酸盐玻璃，在长期堆放、运输过程中常因水气的侵蚀而风化，呈现雾状白斑、虹彩、贴片等现象。

② 影响玻璃化学稳定性的因素

a. 玻璃组成的影响 硅氧含量越多，硅氧四面体 $[SiO_4]$ 互相连接程度越大，玻璃的化学稳定性越高。在硅酸盐玻璃中，随着碱金属氧化物含量的增加，结构网络断裂越多，使化学稳定性下降。当以二价、三价、四价的氧化物取代硅酸盐玻璃中的 Na_2O 时，玻璃的化学稳定性大大提高，其中以 SiO_2、Al_2O_3、ZrO_2 最为显著。

b. 温度与热处理的影响 各种试剂对玻璃的侵蚀速度随着温度的升高而迅速增加。

当玻璃在通常炉气中退火时，其化学稳定性随着退火时间的增长和退火温度的提高而增加。

c. 表面状态的影响 玻璃侵蚀首先从表面进行。新断口的表面化学稳定性最低。可以用表面处理的方法（采用无机、有机涂膜）来改变玻璃的表面状态，以提高玻璃的化学稳定性。

4.4 普通玻璃配合料制备

4.4.1 玻璃组成的设计和确定

玻璃的科学研究，特别是性质和组成依从关系的研究，为玻璃组成的设计提供了重要的理论基础。实际设计玻璃组成应遵循如下原则：

① 根据玻璃组成-结构-性质的依从关系，设计的玻璃组成需满足预定性能要求；

② 根据相图和形成图设计的玻璃组成成玻倾向大，析晶倾向小，同时满足不同成型工艺的要求；

③ 需对初步设计的基础玻璃组成进行必要的性能调整；

④ 经反复试验、性能测试后确定合理的玻璃组成。

4.4.2 配合料计算

根据所设计玻璃成分和所用原料的化学成分可以进行配合料的计算。进行配合料计算时，应认为原料中的气体物质在加热过程中全部分解逸出，而且分解后的氧化物全部转入玻璃成分中。随着对制品质量要求的不断提高，必须考虑各种因素对玻璃成分的影响，例如，氧化物的挥发、耐火材料的溶解、原料的飞损、碎玻璃的成分等，从而在计算时对某些组分作适当的增减以保证设计成分。

4.4.2.1 配合料计算中的几个工艺参数

（1）纯碱挥散率 纯碱挥散率指纯碱中未参与反应的挥发、飞散量与总量的比值，即：

$$纯碱挥散率 = \frac{纯碱挥散量}{纯碱用量} \times 100\% \tag{2-4-2}$$

它是一个实验值，它与加料方式、熔化方法、熔制温度、纯碱的本性（重碱或轻碱）等有关。在池窑中飞散率一般在 $0.2\% \sim 3.5\%$。

（2）芒硝含率 芒硝含率指芒硝引入的 Na_2O 与芒硝和纯碱引入的 Na_2O 总量之比，即：

$$芒硝含率 = \frac{芒硝引入的 \ Na_2O}{芒硝引入的 \ Na_2O + 纯碱引入的 \ Na_2O} \times 100\% \tag{2-4-3}$$

芒硝含率随原料供应和熔化情况而改变，一般掌握在 $5\% \sim 8\%$。

（3）煤粉含率 煤粉含率指由煤粉引入的固定碳与芒硝引入的 Na_2SO_4 之比，即：

$$煤粉含率 = \frac{煤粉 \times C \ 含量}{芒硝 \times Na_2SO_4 \ 含量} \times 100\% \tag{2-4-4}$$

煤粉的理论含率为 4.2%。根据火焰性质、熔化方法来调节煤粉含率。在生产上一般控制在 $3\% \sim 5\%$。

（4）萤石含率 萤石含率指由萤石引入的 CaF_2 量与原料总量之比，即：

$$萤石含率 = \frac{萤石 \times CaF_2 \ 含量}{原料总量} \times 100\% \tag{2-4-5}$$

它随熔化条件和碎玻璃的储存量而增减，在正常情况下，一般在 $18\% \sim 26\%$。

4.4.2.2 计算步骤

第一步先进行粗算，即假定玻璃中全部 SiO_2 和 Al_2O_3 均由硅砂和砂岩引入；CaO 和

MgO 均由白云石和菱镁石引入；Na_2O 由纯碱和芒硝引入。在进行粗算时，可选择含氧化物种类最少、或用量最多的原料开始计算。

第二步进行校正。例如，在进行粗算时，在硅砂和砂岩用量中没有考虑其他原料引入的 SiO_2 和 Al_2O_3，所以应进行校正。

第三步把计算结果换算成实际配料单。

4.4.2.3 配料计算实例

（1）玻璃的设计成分 见表 2-4-10。

表 2-4-10 玻璃的设计成分 单位：%

SiO_2	Al_2O_3	Fe_2O_3	CaO	MgO	Na_2O	SO_3	总计
72.4	2.1	<0.2	6.4	4.2	14.5	0.2	100

（2）各种原料的化学成分 见表 2-4-11。

表 2-4-11 各种原料的化学成分 单位：%

原料	含水量	SiO_2	Al_2O_3	Fe_2O_3	CaO	MgO	Na_2O	Na_2SO_4	CaF_2	C
硅砂	4.5	89.70	5.12	0.34	0.44	0.16	3.66	—	—	—
砂岩	1.0	98.76	0.56	0.10	0.14	0.02	0.19	—	—	—
菱镁石	—	1.73	0.29	0.42	0.71	46.29	—	—	—	—
白云石	0.3	0.69	0.15	0.13	31.57	20.47	—	—	—	—
纯碱	1.8	—	—	—	—	—	57.94	—	—	—
芒硝	4.2	1.10	0.29	0.12	0.50	0.37	41.47	95.03	—	—
萤石	—	24.62	2.08	0.43	51.56	—	—	—	70.28	—
煤粉	—	—	—	—	—	—	—	—	—	84.11

（3）配料的工艺参数与所设数据

纯碱挥散率　　3.10%；　　　　玻璃获得率　　82.5%；

碎玻璃掺入率　20%；　　　　　萤石含率　　　0.85%；

芒硝含率　　　15%；　　　　　计算基础　　　100kg 玻璃液；

煤粉含率　　　4.7%；　　　　　计算精度　　　0.01。

配合料含水量为 4%，低于 30% 的 CaF_2 与 SiO_2 反应，生成 SiF_4 而挥发，具体计算如下：

① 萤石用量的计算 根据玻璃获得率得原料总量为：

$$\frac{100}{0.825} = 121.21 \ (\text{kg})$$

设萤石用量为 X kg，根据萤石含率得：

$$0.85\% = \frac{X \times 0.7028}{121.21} \qquad X = 1.47 \ (\text{kg})$$

引入 1.47kg 萤石将带入的氧化物量为：

SiO_2　　　$1.47 \times 24.62\% - 0.12 = 0.24$ （kg）

Al_2O_3　　$1.47 \times 2.08\% = 0.03$ （kg）

Fe_2O_3　　$1.47 \times 0.43\% = 0.01$ （kg）

CaO　　　 $1.47 \times 51.56\% = 0.76$ （kg）

$$-SiO_2 \qquad\qquad = -0.12 \text{ (kg)}$$

上式中的 $-SiO_2$ 是 SiO_2 的挥发量，按下式计算：

$$SiO_2 + 2CaF_2 \xlongequal{\quad} SiF_4\uparrow + 2CaO$$

设 SiO_2 的挥发量为 X kg，SiO_2 的相对分子质量为 60.09，CaF_2 的相对分子质量为 78.08，则：

$$X = 60.09 \times 1.47 \times 70.28\% \times 30\% \times \frac{1}{2 \times 78.08} = 0.12 \text{ (kg)}$$

② 纯碱和芒硝用量的计算　设芒硝引入量为 X kg，根据芒硝含率得下式：

$$\frac{X \times 0.4147}{14.5} = 15\%,\ X = 5.24 \text{ (kg)}$$

芒硝引入的各氧化物量见表 2-4-12。

表 2-4-12　由芒硝引入的各氧化物量　　　　　单位：kg

SiO₂	Al₂O₃	Fe₂O₃	CaO	MgO	Na₂O
0.06	0.02	0.01	0.03	0.02	2.18

$$\text{纯碱用量} = \frac{14.5 - 2.18}{0.5794} = 21.26\text{kg}$$

③ 煤粉用量　设煤粉用量为 X kg，根据煤粉含率得：

$$\frac{X \times 0.8411}{5.24 \times 0.9503} = 4.7\%,\ X = 0.28 \text{ (kg)}$$

④ 硅砂和砂岩用量的计算　设硅砂用量为 X kg，砂岩用量为 Y kg，则：

$$0.897X + 0.9876Y = 72.4 - 0.24 - 0.06 = 72.1$$
$$0.0512X + 0.0056Y = 2.10 - 0.03 - 0.02 = 2.05$$

得 $X = 35.60$ (kg)；$Y = 40.68$ (kg)

由硅砂和砂岩引入的各氧化物量见表 2-4-13。

表 2-4-13　由硅砂和砂岩引入的各氧化物量　　　　单位：%

原料	SiO₂	Al₂O₃	Fe₂O₃	CaO	MgO	Na₂O
硅砂	31.93	1.82	0.12	0.16	0.06	1.30
砂岩	40.18	0.23	0.04	0.06	0.01	0.08

⑤ 白云石和菱镁石用量的计算　设白云石用量为 X kg，菱镁石用量为 Y kg，则：

$$0.3157X + 0.0071Y = 6.4 - 0.76 - 0.03 - 0.16 - 0.06 = 5.39$$
$$0.2047X + 0.4629Y = 4.2 - 0.02 - 0.06 - 0.01 = 4.11$$

得 $X = 17.04$ (kg)；$Y = 1.34$ (kg)。

由白云石和菱镁石引入的各氧化物量见表 2-4-14。

表 2-4-14　由白云石和菱镁石引入的各氧化物量　　　单位：%

原料	SiO₂	Al₂O₃	Fe₂O₃	CaO	MgO
白云石	0.12	0.03	0.02	5.38	3.49
菱镁石	0.02	—	0.01	0.01	0.62

⑥ 校正纯碱用量和挥散量　设纯碱理论用量为 X kg，挥散量为 Y kg，则：

$$0.5794X = 14.5 - 2.18 - 1.30 - 0.08$$

$$X = 18.88 \text{（kg）}$$

$$\frac{Y}{18.88 + Y} = 0.031$$

$$Y = 0.61 \text{（kg）}$$

⑦ 校正硅砂和砂岩用量　设硅砂用量为 X kg，砂岩用量为 Y kg，则：

$$0.8970X + 0.9876Y = 72.4 - 0.24 - 0.06 - 0.12 - 0.02 = 71.96$$

$$0.0512X + 0.0056Y = 2.10 - 0.03 - 0.02 - 0.03 = 2.02$$

$$X = 34.96 \text{(kg)}, Y = 41.11 \text{(kg)}$$

⑧ 把上述计算结果汇总成原料用量表（见表 2-4-15）。

⑨ 玻璃获得率的计算

$$玻璃获得率 = \frac{100}{120.97} = 82.7\%$$

⑩ 换料单的计算

已知条件：碎玻璃掺入率为 20%；各种原料含水量见表 2-4-15，配合料含水量为 4%；混合机容量为 1200kg 干基。计算如下：

1200kg 中硅砂的干基用量为：

$$[1200 - (1200 \times 20\%)] \times 28.9\% = 277.44kg$$

$$硅砂的湿基用量 = \frac{277.44}{1 - 4.5\%} = 290.51kg$$

同理可计算其他原料，结果见表 2-4-15。

表 2-4-15　原料用量表

原料	用量 /kg	质量分数 /%	SiO_2 用量 /%	Al_2O_3 用量 /%	Fe_2O_3 用量 /%	CaO 用量 /%	MgO 用量 /%	Na_2O 用量 /%	SO_3 用量 /%	含水量 /%	干基 /kg	湿基 /kg
硅砂	34.96	28.9	31.36	1.79	0.12	0.15	0.06	1.28	—	4.5	277.44	290.51
砂岩	41.11	34	40.60	0.23	0.04	0.06	0.01	0.08	—	1.0	326.4	329.69
白云石	17.04	14.1	0.112	0.03	0.02	5.38	3.49	—	—	0.3	135.36	135.76
菱镁石	1.34	1.1	0.02	—	0.01	0.01	0.62	—	—	—	10.56	10.56
纯碱	18.92	16.1	—	—	—	—	—	10.96	—	1.8	154.56	157.39
挥散	0.61	—	—	—	—	—	—	—	—	—	—	—
芒硝	5.24	4.3	0.06	0.02	0.03	0.02	0.02	2.18	—	4.2	42.24	44.09
萤石	1.47	1.2	0.24	0.03	0.76	—	—	—	—	—	11.52	11.52
煤粉	0.28	0.23	—	—	—	—	—	—	—	0.21	2.21	2.79
合计	120.97	100	72.4	2.1	6.4	4.2	4.2	14.5	0.2	—	960.29	982.34
碎玻璃	—	—	—	—	—	—	—	—	—	—	—	240
总计	—	—	—	—	—	—	—	—	—	—	—	1222.34

4.4.3　配合料制备要求

4.4.3.1　配合料的质量要求

保证配合料的质量要求是加速玻璃熔制和提高玻璃质量，防止产生缺陷的基本措施。对配合料的主要要求是：

① 构成配合料的各种原料均应有一定的粒度组成，即同一种原料应有适宜粒度，不同原料间保持一定的粒度比，以保证配合料的均匀度、熔制速度、玻璃液均匀度，提高混合质量，防止配合料的分层。

② 配合料中应具有一定水分，使水在石英颗粒原料表面上形成水膜，5%的纯碱和芒硝溶于水膜中，有助于加速熔化。

③ 为了有利于玻璃液的澄清和均化，配合料需有一定的气体率。

$$气体率=\frac{逸出气体量}{配合料总量}\times100\%$$

对钠钙硅酸盐玻璃，气体率为 15%～20%。

④ 必须混合均匀，以保证玻璃液的均匀性。配合料的制备过程中，大部分原料都必须经过破碎、筛分，而后经称量、混合，制成配合料。

4.4.3.2　配合料的质量控制

配合料的质量是根据其均匀性与化学组成的正确性来评定的。在设计和生产上应考虑的一些质量控制如下：

① 原料成分的控制；

② 原料水分的控制；

③ 原料颗粒度的控制；

④ 称量精度的控制；

⑤ 混合均匀度的控制；

⑥ 分料（分层）的控制；

⑦ 粉料的飞料、沾料、剩料、漏料的控制。

4.5　玻璃体的缺陷

玻璃经熔化、成形、退火后得到各种玻璃制品。制备各种玻璃制品的工艺过程对其质量与性能有重要影响，因此，必须严格控制工艺过程，尽可能防止缺陷的产生，主要有：气泡（气体夹杂物）、结石（结晶夹杂物）等。

4.5.1　气泡

玻璃制品中存在气泡不仅影响制品的外观质量，更重要的是影响玻璃的透明性和机械强度。因此，它是一种值得注意的玻璃体缺陷。

4.5.1.1　气泡的大小与形状

按气泡尺寸大小可以分为灰泡（直径<0.8mm）和气泡（直径>0.8mm）。气泡有球形、椭圆形及线状，制品成型过程中易造成气泡变形。

4.5.1.2　气泡的种类与成因

（1）一次气泡　配合料在熔制过程中，由于发生一系列化学反应和挥发物的挥发，放出大量气体，生成气泡。通过澄清作用，大部分气泡逸出，但还有部分气泡没有被排出，残留于玻璃液中，形成一次气泡（配合料残留气泡）。此外，配合料粒度不均匀，澄清剂用量不足，配合料和碎玻璃投料温度低，熔化、澄清温度低，澄清时间短，窑内气体介质组成不当等，都可能产生一次气泡。

一次气泡产生的主要原因是澄清不良，通过适当提高澄清温度和调节澄清剂用量，降低窑内气体压力，降低玻璃与气体界面上的表面张力等可促使气体逸出。

（2）二次气泡　造成二次气泡（再生泡）的原因有物理的和化学的两种。玻璃液澄清后，处于气液平衡状态，此时玻璃液中不含气泡。如果降温后的玻璃液又一次升温超过一定限度，原溶解于玻璃液的气体由于温度升高引起溶解度降低，析出十分细小、数量很多、均匀分布的二次气泡，这是物理原因产生的气泡。化学上的原因则与玻璃的化学组成和使用原料有关。

控制稳定的熔制温度制度，更换玻璃化学组成注意逐步过渡，合理控制窑内气氛与窑压，可以在一定程度上避免二次气泡的产生。

（3）耐火材料气泡　玻璃与耐火材料之间发生的物理化学作用，会产生许多气泡。这是由于耐火材料本身有一定气孔率，与玻璃液接触后，由于毛细管作用，玻璃液进入耐火材料空隙中，空隙中的气体被排到玻璃液中。还原法烧成或熔铸的耐火材料，由于耐火材料表面与气体存在的碳素的燃烧形成气泡。

4.5.2　结石

结石（stone）是玻璃体内最危险的缺陷。它破坏了玻璃制品的外观与光学均匀性。同时由于结石与玻璃基体热膨胀系数不同而产生局部应力，会大大降低玻璃制品的机械强度和热稳定性，甚至会使制品自行炸裂。根据结石产生的原因，将其分为三类。

4.5.2.1　配合料结石

配合料结石是配合料中未熔化的颗粒组分，大多数情况下是石英颗粒，也有其他组分，如氧化铬、锡石、氧化铝等。常见的结石是方石英和鳞石英。

4.5.2.2　耐火材料结石

耐火材料受到侵蚀剥落或高温时与玻璃液作用，其碎屑及作用后的新矿物夹杂在玻璃制品中形成耐火材料结石。其滴落物夹带到制品中，也可形成耐火材料结石。

4.5.2.3　析晶结石

玻璃在一定温度范围内，由于本身析晶而产生的结石称为析晶结石，也称为"失透"。

玻璃长期停留在有利于晶体形成和生长的温度范围，玻璃中化学组分不均匀的部分，是使玻璃产生析晶的主要因素。

4.6　普通玻璃制品的生产

玻璃制品种类繁多，根据不同用途，选择不同的组成和生产工艺，制造出满足不同性能要求的产品。

4.6.1　瓶罐玻璃

4.6.1.1　瓶罐玻璃的化学组成与分类

表 2-4-16 列出了几种瓶罐玻璃的组成。除医药用瓶与化工用瓶由于对化学稳定性有特殊要求需采用硼硅酸盐玻璃外，绝大多数瓶罐玻璃以 Na_2O-CaO-SiO_2 为基础，引入适量 Al_2O_3、MgO，以改善玻璃析晶倾向，增强化学稳定性、机械强度和改善玻璃成形性质。瓶罐玻璃组成根据使用要求、成形方法、工艺特点、原料供应而有所区别。

4.6.1.2　对瓶罐玻璃的基本要求

要求瓶罐玻璃熔化良好、均匀，尽可能避免各种玻璃缺陷；玻璃要满足成形要求；具有一定的化学稳定性，避免与盛装物发生作用；制品要有一定的热稳定性和机械强度。

4.6.1.3　玻璃瓶罐的生产工艺特点

玻璃瓶罐一般均采用连续作业的池窑生产。表 2-4-17 列出了不同组成的玻璃瓶罐使用的池窑特点和成形方法。

表 2-4-16　几种瓶罐玻璃的组成　　　　　单位：%

名称	SiO$_2$	Al$_2$O$_3$	B$_2$O$_3$	Fe$_2$O$_3$	CaO	MgO	BaO	ZnO	Na$_2$O/K$_2$O	Cr$_2$O$_3$	MnO$_2$
绿色啤酒瓶	68.0	3.6	—	0.51	8.5	2.3	1.0	—	1.57	0.07	0.09
棕色啤酒瓶	66.3	5.8		0.7	6.6	2.2	—		15.5/—	—	2.7
酒瓶	71.5	3.0		0.06	7.5	2.0	—		15.0/—		
汽水瓶	65.0	8.0		0.50	11.0	1.00	0.30		11.0		
盐水瓶	74.5	4.5	2.4		5.8	—			12.8		
试剂瓶	74.0	4.8	6.0		3.7	—			11.50		
盛酸瓶	77.7	2.12	0.48	0.05	3.21	0.73	—		14.6/0.96		
药用瓶(硫碳茶色)	71.0	4.0		0.30	7.5	2.0	0.1		15.20		
文教用瓶	72.0	6.0			5.5	0.5	0.5		15.5		
化妆品瓶	75.0	2.5			5.5	0.5	0.5	1.5	14.5		
雪花膏瓶(含氟乳浊玻璃)	64.0	5			8.2	—	—	F 9.4	13.4		
美国 1977 平均组成	72.15	2.13		0.11	10.06	0.91	0.08	SrO 0.04	13.83/0.57	SO$_3$ 0.14	
日本无色瓶罐	72.1	1.80		0.10	5.60	4.20	0.30		15.6		

表 2-4-17　玻璃瓶罐使用的池窑和成形方法

组成性质	大致组成/%	熔窑特点	成形方法
低碱高钙的短性玻璃	R$_2$O 12.5～13 RO 11.5～12.5 SiO$_2$＋R$_2$O$_3$ 74.5～76.5	纵火焰换热式或马蹄焰蓄热式池窑	人工吹制
长性玻璃	R$_2$O 14～14.5 RO 10～11.5 SiO$_2$＋R$_2$O$_3$ 74～75	纵火焰换热式或马蹄焰蓄热式池窑	半机械化制瓶机生产
接近于人工吹制组成	R$_2$O 12～13 RO 11～13 SiO$_2$＋R$_2$O$_3$ 74～75	纵火焰换热式或马蹄焰蓄热式池窑	真空吸料制瓶机械成形,从池窑直接吸料,吸料温度高,不致析晶
含碱量高,含碱土氧化物较低的长性玻璃	R$_2$O 15～16 RO 7～10 SiO$_2$＋R$_2$O$_3$ 74～76	马蹄焰或横火焰蓄热室或金属换热器池窑	滴料供料的自动制瓶机成形

生产玻璃瓶罐用的池窑尺寸与结构取决于产量、玻璃颜色和成形方法。熔化池深度取决于玻璃的透热性,熔化无色玻璃窑池较深,熔化深色玻璃窑池较浅。熔化温度提高,池窑可以加深。

玻璃瓶罐通常采用自动制瓶机成形。自动制瓶机种类繁多,按供料方式可分为真空吸料式和滴料供料式两大类。

玻璃瓶罐成形后,将瓶罐送入连续作业式退火炉进行退火,再进行加工和增强处理,得到符合使用要求的玻璃瓶罐制品。当前玻璃瓶罐生产的最大改革是玻璃瓶的轻量化。

4.6.2　器皿玻璃

4.6.2.1　器皿玻璃的化学组成

表 2-4-18 列出了常用器皿玻璃（ware glass）与晶质玻璃的组成。可以是派勒克斯玻璃 Na$_2$O-B$_2$O$_3$-SiO$_2$ 系统的组成,也可采用铅硅酸盐无碱玻璃的组成。

4.6.2.2　对器皿玻璃的基本要求

要求器皿玻璃具有高的透明度、白色或鲜艳的颜色,具有一定的热稳定性、化学稳定性和机械强度。器皿玻璃对原料含铁量有一定要求,如表 2-4-19 所示。

表 2-4-18 常用器皿玻璃与晶质玻璃的组成 单位：%

玻璃	SiO$_2$	Al$_2$O$_3$	B$_2$O$_3$	PbO	BaO	ZnO	CaO	MgO	Na$_2$O/K$_2$O	其他
中国吹制杯	74.3	1.4	0.3	—	—	0.6	6.5	1.4	15.3/—	
中国压制杯	74.5	1.5	0.3	—	0.5		6.5	1.5	15/—	
中国机制高脚酒杯	72.21	1.7	—	—	3.77		6.6	—	14.99/1.35	
美国压-吹法吹杯机（哈特福特28型机）	73.0	1.5	—	—	—		6.46	3.8	15.0	
中国人工成型	75.24	—	0.52	0.47		0.74	4.95	—	17.17/0.90	
中国人工成型	75.5	1	0.50		1	1	5		14/1.5	
日本玻璃器皿	72.5	0.15	1.0		3.4		6.8		14.90/1.30	
前苏联钢化器皿	71.0	1.65	—		0.52		9.22	2.76	13.91/0.65	SO$_3$ 0.28 Fe$_2$O$_3$ 0.022
国外咖啡壶与烘烤器皿	81	2	13						4.0	
国外火焰加热烹饪器皿	55.3	22.6	7.4				4.7	8.5	0.6/0.4	
捷克乳白耐热炒锅	74.0	—	12.4			8.5			3.0/—	其他 1.5
国外耐碱液洗涤餐具	65	1.7	0.5	4.6	2.5	2.5	8.0		3.9/10.1	Li$_2$O 0.4
捷克钾钙晶质	76.65	—	—				5.55		2.6/15.20	
捷克钾钙晶质	73.32		1.05		1.13		4.96		5.04/14.10	
前苏联低铅晶质	66.0		8.0	8.0	2.5				4.9/10.6	
联邦德国低铅晶质	62.5		2.99	18.8					3.47/12.24	
捷克低铅晶质	66.11		17.85				0.5		1.61/13.36	
中国中铅晶质	58.40			25.3					2.41/14.05	
捷克中铅晶质	59.24		0.8	24.35		0.96			2.5/12.47	
美国中铅晶质	56.0		0.2	29.0					2.0/13.0	
前苏联中铅晶质	58.5		1.0	24.0		1.0			2.0/13.5	
联邦德国全铅晶质	56.64		—	30.64	1.15				13.52	
瑞典全铅晶质	53.3		0.4	31.4	0.8				1.0/12.2	
罗马尼亚全铅晶质	53	—	—	33					1.0/13	
前苏联钡晶质	58				18	5.0			3.0/16.0	
前苏联混合型晶质	53		10.0	17.0	3.0				2.5/14.5	
前苏联锆晶质	64				4.7				3.0/12.6	ZrO$_2$ 6.2

表 2-4-19 各国器皿玻璃中的含铁量（Fe$_2$O$_3$） 单位：%

国际市场标准	日本	捷克	前苏联
0.015～0.02	0.01～0.015	0.015	0.02～0.04

4.6.2.3 器皿玻璃的生产工艺特点

由于对器皿玻璃的质量要求较高，必须在熔制过程中加以保证，要选择适当的窑型、合理的工艺制度及优质耐火材料。

熔化器皿玻璃的窑炉有坩埚窑、日池窑和连续式池窑。铅晶质玻璃采用闭口坩埚熔制，火焰温度 1550℃，熔制时间 12～14h，澄清结束时坩埚温度为 1350～1370℃，成形温度 1150～1250℃。

日池窑（间歇式池窑）也是器皿玻璃常用的窑型，适合熔化多种玻璃。日池窑的缺点是火焰直接接触玻璃，配合料受火焰气氛影响，尤其是颜色玻璃的色泽不易控制。日池窑成形部采用机械搅拌混合器，以提高玻璃质量。

机械成形大量制品采用连续式池窑。出料量为 23～85t/d，熔化率可达 1.5t/(m^2·d)。

利用连续池窑可以熔化离子着色玻璃，熔化温度 1440～1450℃。熔化好的玻璃液经流液洞到成形室。熔制含氟乳浊玻璃时为防止氟的过量挥发，采用电熔。电熔窑的热量利用合理，上部温度很低，不超过 200℃，热损失小，热效率高，挥发量小，熔化率很高。

通过各项经济指标分析比较，全电熔最为合理。如用电极通电加热，电极附近玻璃液温度为 1370℃时，熔化池上部温度仅为 130℃左右，玻璃液表面有几厘米的配合料冷凝层，阻止配合料挥发，玻璃成分稳定，环境污染小。铅晶质玻璃窑池壁耐火材料采用电熔锆刚玉质，以抗 PbO 侵蚀。

玻璃器皿品种多，形状各异，所以成形方法也不同，有自由成形、吹制、压制、压吹、离心浇注等方法。

玻璃器皿成形后，还要进行一系列的加工与修饰，如研磨、抛光、饰刻、彩饰等，以美化制品和提高艺术性。加工与修饰是玻璃器皿生产中的一个重要工序。

4.6.3　平板玻璃

平板玻璃是产量最大、用途最广的一类玻璃制品，并具有不断向多品种及多功能方向发展的特性。

机制平板玻璃自 20 世纪问世以来，其制造方法基本有两种，即窗玻璃法和压延、磨光玻璃法。窗玻璃法，即用有槽、无槽、平拉法以及旭法生产平板玻璃。这种玻璃具有自然光泽的表面，但由于成形方法固有的原因，使制得的玻璃具有波筋和条纹等缺陷而限制了玻璃的广泛应用。压延、磨光玻璃法是指玻璃液经钢辊（上下两个）滚压成形、退火的玻璃，再经研磨抛光制得机械磨光玻璃。这种研磨、抛光的玻璃表面平整而无波筋，质量优良，曾被广泛用于高级建筑和汽车玻璃。以上两种制造平板玻璃的方法称为传统工艺。自 1957 年英国皮尔金顿发明浮法玻璃（float glass）生产工艺，使其生产质量可与磨光玻璃相媲美，拉制速度数倍乃至数十倍于传统工艺，生产成本却相差无几。之后，世界上玻璃工业发达国家向英国购买专利，纷纷建立了浮法生产线，浮法玻璃取代了昂贵的磨光玻璃，并逐步取代平板玻璃传统工艺，成为世界上生产平板玻璃最先进的工艺方法。

我国平板玻璃工业在改革开放以后得以快速发展，近几年平板玻璃需求量出现减少趋势。据数据统计分析，近两年平板玻璃年产量近 8 亿重量箱，其中浮法玻璃占平板玻璃总量的 80% 以上。

浮法工艺具有产量高、质量好、品种多、规格大、效率高、易操作管理和经济效益好等优点。各国均致力于发展浮法技术。表 2-4-20 列出了各国浮法玻璃生产的各项指标。

表 2-4-20　各国浮法玻璃生产的各项指标

国家及公司	熔化量/(t/d)	熔化率 /[t/(m²·d)]	热耗 /(kJ/kg 玻璃)	熔窑寿命/年	耗锡量 /(g/重量箱)
美国 PPG 公司	500	2.75	6395～6981	8～10	1
日本旭玻璃公司	500	＞2.00	7106	8～9	1
英国皮尔金顿公司	500	2.7	5998	8～10	1
中国	500	1.5～1.7	7524～8360	3～5	6

4.6.3.1　平板玻璃的组成

表 2-4-21 列出了一些实用平板玻璃的成分。在确定平板玻璃化学组成时，要求易于熔化和澄清，制品有良好的化学稳定性，保存与使用中不发霉，成形温度范围析晶倾向性小，玻璃料性要短，有较快的硬化速度，以适应高速成形。

表 2-4-21　一些实用平板玻璃成分

玻璃制品名称	玻璃成分/%								
	SiO_2	B_2O_3	Al_2O_3	Fe_2O_3	CaO	MgO	PbO	Na_2O/K_2O	SO_3
平板玻璃(有槽)	72.0~73.0	—	0.5~2.3	0.1~0.22	6.52~8.0	3.0~4.2	—	14.5~15.5	
平板玻璃(无槽)	72.1~72.4	—	1.3~1.9	0.15~0.20	7.5~9.8	3.1~4.0	—	14.3~14.5	
平板玻璃(平拉)	72.0		0.6	0.05~0.21	8.0~10.1	4.2	—	13.0	
平板玻璃(压延)	70.8~72.5	—	0.94~1.1	0.07~0.10	8.0~10.5	3.34~4.2	—	13.6/0.6	0.38
平板玻璃(浮法)	72~72.2	—	1.3~1.5	0.17	8.2~8.9	2.9~4.0	—	13.4~14.6	0.3

表 2-4-21 所列的平板玻璃化学组成主要有 SiO_2、Al_2O_3、CaO、MgO、R_2O，其质量百分比随成形方法不同而略有差异。浮法玻璃成形具有高速的特点，要求玻璃性短，硬化快，因此，浮法玻璃采用高钙低碱成分。平拉法由于有自由液面成形和高速拉引的特点，而采用快硬的短性玻璃，玻璃组成中 CaO 含量高，Na_2O 含量减少。有槽引上法由于利用槽子砖成形，对玻璃成分的析晶性能有更严格的限制，要求析晶性能要特别低，析晶温度要低，晶体成长速度要慢，析晶温度范围要小等，组成中可以降低 CaO，增加 MgO，即采用高镁成分。无槽引上法采用引砖成形，需硬化较快、料性短的玻璃组成，即增加玻璃中 CaO 含量，降低 Na_2O 含量。

4.6.3.2　平板玻璃生产工艺特点

平板玻璃生产一般采用连续作业的蓄热式横火焰窑熔制，要求窑内各项热工制度非常稳定并且易于调整，如要求窑内温度稳定、泡界线稳定、窑压稳定、液面稳定等。

浮法生产工艺中，在锡槽中进行成形。成形阶段的玻璃液黏度、表面张力等流变性能必须严格控制，以适应成形的各个阶段。成形大致过程是：冷却至 1100℃ 左右的玻璃液在重力作用下从熔窑尾部经流槽不断流入锡槽，熔融锡液承托起玻璃液，为玻璃带成形提供了良好的物理界面。在重力、表面张力及拉引力的作用下，玻璃液摊开成玻璃带，向锡槽尾部拉引，经抛光、拉薄、硬化、冷却后被引上过渡辊台，辊台辊子转动，把玻璃带拉出锡槽，进入退火窑。玻璃带离开锡槽时的温度大约为 600℃。在锡槽内由于表面张力的作用，处于高温状态的玻璃液，在黏度为 $10^{2.7}~10^{3.2}$ Pa·s 范围，完成抛光过程。玻璃厚度的控制是浮法生产平板玻璃的关键。没有外力作用时，表面张力和重力达到平衡，玻璃带达到平衡厚度 6~7mm。生产厚玻璃，在锡槽摊平抛光区设石墨挡边器来控制玻璃厚度。

由于锡液具有熔点低、沸点高、蒸气压低、密度大、不易挥发等优点，故在浮法玻璃成形中锡液是良好的浮抛介质，其主要作用是承托和抛光玻璃。锡的污染会导致玻璃产生许多缺陷，因此，必须在锡槽中按一定比例通入 N_2、H_2 等还原性惰性气体，以避免锡的氧化或与硫反应。

对辊法成形特点是在熔窑末端引上室内平行设置一对向外反向旋转的辊子。玻璃从这对辊子之间的缝隙由石棉辊向上拉引，形成原板。对辊上部两侧设有冷却器，以加快玻璃带的冷却与硬化。鼓形可回转的辊子以相反方向从内向外缓缓回转，能防止玻璃液在辊子之间停止不动而产生析晶，以保证玻璃液处于不结晶状态。

平拉法成形是在玻璃熔窑末端设置浅引上室，玻璃带从引上室玻璃液自由表面被拉引，经水冷却辊冷却，黏度增加，玻璃被连续拉引形成带状，玻璃板垂直上升到 60cm 左右高的位置，在此经加热软化的玻璃板借助转向辊将玻璃板弯成水平方向，送进退火窑。

压延玻璃是利用水平连续压延法，能大量生产。从玻璃熔窑末端流液口连续地流出玻璃液，通过用水冷却的上下一对辊子之间，未冷却的玻璃液被压延辊压延成一定厚度的玻璃板

（厚度通过调整两辊间隙改变），随两辊回转玻璃板被向前拉引，经输送辊道进入退火窑，徐冷到室温。夹丝玻璃也用压延法生产。

4.6.4 仪器玻璃

4.6.4.1 仪器玻璃的化学组成与分类

表 2-4-22 和表 2-4-23 列出了国际著名仪器玻璃的化学成分与性能。仪器玻璃包括实验室仪器玻璃、医用玻璃等。

表 2-4-22 国际著名仪器玻璃化学成分

类别	牌号	化学成分/%							
		SiO_2	Al_2O_3	B_2O_3	CaO	BaO	ZnO	K_2O	Na_2O
高硅氧玻璃	Vycor	96	0.3	3	—	—	—	—	—
高硼硅玻璃	Pyrex-7740	80.5	2.0	12.5	—	—	—	—	4.5
高铝硼玻璃	Supremax	54	21	10	5	MgO 10	—	—	—
中性硼硅仪器玻璃	G-20	76	5	9	0.4	3.6	—	1.2	5.3
中性硼硅安瓿玻璃	KG-N-51A	74.7	5.6	9.6	0.9	2.2	—	0.5	6.4
温度计玻璃	Jena16Ⅲ	67.5	2.5	2	7	—	7	—	14

表 2-4-23 国际著名仪器玻璃性能

类别	牌号	各种性能							
		热膨胀系数 0~300℃ /($10^{-7}℃^{-1}$)	抗热冲击 ΔT/℃	密度 /(g/cm³)	软化点 /℃	抗水 /级	抗酸 /级	抗碱 /级	用途
高硅氧玻璃	Vycor	8	800	2.18	1500	Ⅰ	Ⅰ	Ⅰ	高耐热仪器
高硼硅玻璃	Pyrex-7740	32	260	2.27	820	Ⅰ	Ⅰ	Ⅱ	烧器及各种仪器
高铝硼玻璃	Supremax	33	250	2.52	970	Ⅰ	Ⅲ	Ⅲ	燃烧管
中性硼硅仪器玻璃	G-20	49	200	—	790	Ⅰ	Ⅰ	Ⅰ	一般仪器
中性硼硅安瓿玻璃	KG-N-51A	50	200	—	795	Ⅰ	Ⅰ	Ⅰ	安瓿
温度计玻璃	Jena16Ⅲ	90	110	2.59	708	Ⅲ	—	—	温度计

4.6.4.2 对仪器玻璃的基本要求

要求仪器玻璃有良好的化学稳定性，主要是指具有较好的耐酸、碱和水的侵蚀抵抗性。按标准 YBB00342004、YBB00352004 和 YBB00362004 所规定的方法测试后，仪器玻璃的分级标准如表 2-4-24 所列。

表 2-4-24 玻璃抗化学侵蚀分类

项目	方法	单位	一级	二级	三级	四级	五级
抗酸	YBB00342004	mg/100cm²	0~0.7	0.7~1.5	>1.5	—	—
抗碱	YBB00352004	mg/100cm²	0~75	75~150	>150	—	—
抗水	YBB00362004	mL/g	0~0.1	0.1~0.2	0.2~0.85	0.85~2.0	2.0~3.5

要求玻璃抗热冲击性好，即玻璃对冷热急变的抵抗能力强。同时要求玻璃机械强度高，弹性好，脆性低，硬度高，使用温度高，即有较高的软化温度及良好的工艺性能。根据仪器

玻璃的各种不同用途和制造工艺选择不同成分，以满足不同的使用要求。

4.6.4.3　仪器玻璃的生产工艺特点

高硅氧玻璃是含 SiO_2 高达 96％以上的玻璃，是利用玻璃组成的 B 区易于分相的特点来制造的。

首先选取 Na_2O-B_2O_3-SiO_2 系统 B 区域中适当组成（图 2-4-3），按普通方法熔制成玻璃，而后在 600℃ 左右对其进行热处理，使其分相，成为富 Na_2O-B_2O_3 相和富 SiO_2 相。分相后的玻璃经退火处理，再用 3mol/L HCl 和 2.5mol/L H_2SO_4 进行酸处理，浸出富 Na_2O-B_2O_3 相，洗去反应生成物，成为富 SiO_2 相的

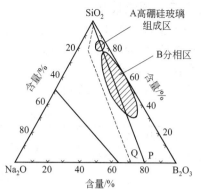

图 2-4-3　Na_2O-B_2O_3-SiO_2 系统玻璃

多孔质玻璃，再经 1200℃ 左右的烧结，制成高硅氧玻璃制品。

高硅氧玻璃制造过程中要注意基础玻璃成分的选择，保证经热处理后可以得到符合分相要求的玻璃。其典型成分如表 2-4-25 所列。

表 2-4-25　高硅氧玻璃成分及退火温度

编号	化学成分/%					退火温度/℃	处理办法
	SiO_2	B_2O_3	Al_2O_3	Na_2O	K_2O		
1	96.3	2.9	0.4	＜0.2	＜0.2	910	酸处理
2	98.5	1.0	0.5	0.01		1130	酸处理后再经蒸汽处理

高硅氧玻璃可以代替石英玻璃制作耐热器皿、复杂形状仪器、高压水银灯管和溴钨灯等。

高硼硅仪器玻璃是指含 SiO_2＞78％、B_2O_3＞10％的仪器玻璃。玻璃中酸性氧化物含量大大超过碱性氧化物，玻璃具有明显的酸性。玻璃中 B_2O_3 含量高，结构十分稳定的 Al_2O_3 可以降低分相与析晶，组成中原则上不含二价金属氧化物。这种玻璃具有低的热膨胀系数，热稳定性好。对水和酸的侵蚀抵抗能力强，但抗碱性差。它属于最好的耐热仪器玻璃之一，广泛用来制作各种耐热玻璃仪器。

由于高硼硅仪器玻璃的成分和结构不同于一般钠钙硅酸盐玻璃，所以其生产工艺有特殊要求，它的熔化温度可达 1680℃，工作温度可达 1250℃。这样高的熔化和成形温度要求生产中采取一系列措施，如选择适当的澄清剂，使用高质量耐火材料，采用电辅助加热和全电熔技术等。使用电辅助加热后，火焰温度在 1690℃ 时，玻璃液温度可达 1700℃，使玻璃可以很好地熔化与澄清。

高硼硅仪器玻璃生产中还存在硼挥发、玻璃液分层和易分相等问题，因此，必须严格控制生产工艺，以达到高硼硅仪器玻璃的使用要求。

此外，由于高硼硅仪器玻璃抗碱性能较差，不能满足使用要求，在要求玻璃的抗酸、抗碱、抗水性能都较好的场合，硼硅酸盐中性玻璃发挥了较好的作用，如医用安瓿、注射器等。

综上所述，根据各种玻璃制品的用途和组成不同，生产工艺各有特点，从配料、熔化、成形、退火到深加工都有不同要求。必须根据它们的特点选择合适的组成，严格控制生产工艺，以制造出合乎各种使用要求的玻璃制品。

4.6.5 颜色玻璃

在玻璃配合料中加入着色剂，经熔制和热处理后可以得到各种不同色调的颜色玻璃。

颜色玻璃具有悠久的历史，在21世纪得到了迅速发展和广泛应用。颜色的产生是物质与光作用的结果。物质显示颜色的根本原因在于光吸收和光散射。物质吸收光的波长与呈现颜色的关系如表2-4-26所示。

表 2-4-26　被吸收光的颜色和观察到的颜色

吸收光		观察到的颜色	吸收光		观察到的颜色
波长/nm	颜色		波长/nm	颜色	
400	紫色	绿黄色	530～559	淡黄绿色	紫色
430	蓝绿色	黄色	559～571	黄绿色	紫色
430～460	绿蓝色	黄橙色	571～580	黄色	紫蓝色
460～482	蓝色	橙色	580～587	黄橙色	紫蓝色
482～487	紫蓝色	橙红色	587～597	橙色	蓝色
487～493	黄紫色	红色	597～620	红橙色	绿蓝色
493～530	绿色	玫瑰色	620～675	红色	蓝绿色

注：被吸收光的颜色与观察到的颜色互称补色，互为补色的两种光合在一起就是自然光。

根据物质结构的观点，物质之所以能吸收光，是由于原子中的电子（主要是价电子）受到光能的激发，从能量较低（E_1）的能级跃迁至能量较高（E_2）的能级，即从基态跃迁至激发态所至。只要基态和激发态之间的能量差（$E_2 - E_1 = h\nu$）处于可见光的能量范围时，相应波长的光就被吸收，从而呈现颜色。

玻璃着色剂大体分为离子着色剂（过渡金属离子与稀土金属离子），硫、硒及其化合物类分子着色剂，金属胶体着色剂等。它们的着色机理不同，所显示的玻璃颜色也各有特点。常用的玻璃着色剂列于表2-4-27。

表 2-4-27　玻璃着色剂

原料	产生的颜色	
	在氧化条件下	在还原条件下
硫化镉	无	黄色
硫化镉与硒	无	宝石红色(重热时)
氧化钴	紫蓝色	紫色、蓝色
氧化铜(蓝色)	带绿的蓝色	带绿的蓝色
氧化亚铜	带绿的蓝色	宝石红色(重热时)
氧化铈与氧化钛	黄色	黄色
氧化铬	黄绿色	翠绿色
金	宝石红色(重热时)	
氧化铁	黄绿色	蓝绿色
二氧化锰	紫水晶色至绛紫色	无
氧化铵	紫色	紫色
氧化镍	紫色,在K_2O玻璃中;棕色,在Na_2O玻璃中	紫色,在K_2O玻璃中;棕色,在Na_2O玻璃中
硒	不定	桃红色
硫	无	黄色至琥珀色
铀	黄色,带绿色荧光	绿色,带荧光

4.7 玻璃的深加工

玻璃制品成形后，大部分还需进行进一步加工，以得到符合要求的制品。玻璃制品的加工可以分为冷加工、热加工和表面处理三大类。

4.7.1　冷加工

通过机械方法改变玻璃制品的外形和表面状态，称为冷加工。基本方法有研磨抛光、切割、喷砂、钻孔和切削。下面重点介绍研磨抛光加工。

研磨抛光加工是两个不同的工序，统称磨光。经研磨、抛光后的玻璃制品，称为磨光玻璃。玻璃的研磨是磨盘与玻璃作相对运动，磨料在磨盘负载下对玻璃表面进行划痕与剥离的机械作用，并使玻璃产生微裂纹。磨料用水既有冷却作用，又与玻璃新生表面发生水解作用，生成硅胶，有利于剥离，具有一定的化学作用。

玻璃研磨时，主要为机械作用，磨料硬度必须大于玻璃硬度。主要磨料有刚玉、天然金刚砂或石英砂。影响玻璃研磨的主要工艺因素为磨料硬度、粒度，磨料悬浮液的浓度和给料量，研磨盘转速与压力、磨盘材料、玻璃化学组成等。

常用抛光材料有红粉（氧化铁）、氧化铈、氧化铬、氧化锆等。影响玻璃抛光过程的主要工艺因素是抛光材料的性质、浓度、给料量、抛光盘转速与压力、环境温度、玻璃温度、抛光悬浮液性质、抛光盘材质等。

4.7.2　热加工

热加工对器皿玻璃、仪器玻璃十分重要。通过热加工一方面可以进行成形，另一方面也可以改善制品性能及外观质量。

利用玻璃黏度随温度改变的特性以及表面张力与热导率，可以对玻璃制品进行热加工。首先把制品加热到一定温度，随温度升高，玻璃黏度变小；玻璃热导率小，采用局部加热，在需要热加工的地方使局部变形、软化，甚至熔化流动，以进行切割、钻孔、焊接等加工；利用玻璃的表面张力，使玻璃表面趋向平整，制品可以进行火抛光和烧口。对玻璃制品进行热加工时，要防止玻璃析晶。焊接时，二者热膨胀系数要"匹配"。同时，经过热加工的制品，应缓慢冷却，防止炸裂或产生大的永久应力。有些制品还需进行二次退火。

玻璃制品热加工的主要方法有烧口、火抛光、火焰切割或钻孔、焊接。

4.7.3　玻璃的表面处理

玻璃的表面处理可归纳为三大类。第一是形成玻璃的光滑面或散光面，通过表面处理控制玻璃表面的凹凸，例如器皿玻璃的化学蚀刻、玻璃的化学抛光等。第二，改变玻璃表面的薄层组成，改善表面性质，以得到新的性能，如表面着色、改善玻璃的化学稳定性等。第三，进行表面涂层，如镜子的镀银、表面导电玻璃、憎水玻璃等。

4.7.3.1　玻璃的化学蚀刻

玻璃的化学蚀刻是用氢氟酸溶掉玻璃表面层的硅氧膜，根据残留盐类的溶解度的不同，而得到有光泽表面或无光泽毛面。蚀刻后玻璃的表面性质决定于氢氟酸与玻璃作用后所生成的盐类性质、溶解度大小、结晶的大小，以及是否容易从玻璃表面清除。若反应物不断被清除，腐蚀作用均匀，可以得到非常光滑或有光泽的表面。反应产物溶解度小，则得到粗糙无光泽的表面；结晶大，使表面无光泽。玻璃的化学组成影响蚀刻表面的性质。如玻璃中含氧化铅较多，则会形成细粒的毛面；含氧化钡，则形成粗粒的毛面；含氧化锌、氧化钙或氧化铬，则呈中等粒状毛面。蚀刻液的组成也影响蚀刻表面。蚀刻液中如含有能溶解反应所生成盐类的成分，如硫酸，则可得到光泽的表面。蚀刻液可在 HF 中加入 NH_4F、KF 与水制成。

4.7.3.2　化学抛光

像化学蚀刻一样，是利用氢氟酸破坏玻璃表面原有的硅氧膜，生成一层新的硅氧膜，使玻璃得到很高的光洁度与透光度。化学抛光的方法有两种：一种是单纯的化学侵蚀作用；另一种是化学侵蚀和机械研磨相结合。前者大多用于玻璃器皿，后者用于平板玻璃。化学研磨是在玻璃表面添加磨料和化学侵蚀剂，化学侵蚀生成氟硅酸盐，通过研磨而去除，使化学抛光的效率大为提高。

4.7.3.3　表面着色

玻璃表面着色（扩散着色）即在高温下用着色离子的金属、熔盐、盐类糊膏涂覆在玻璃表面上，使着色离子与玻璃中的离子进行交换，扩散到玻璃表层中，使玻璃表面着色；有些金属离子还需要还原为原子，原子集聚成胶体而着色。通常把着色离子的盐类加入填充剂（载体-ZrO_2、黏土等）、黏结剂（糊精、阿拉伯胶、松节油等）配成糊状物，涂于玻璃表面，再放在马弗炉中进行热处理。

此外，还可利用表面金属涂层制造反射镜、热反射玻璃、膜层导电玻璃、保温瓶等。

建筑玻璃深加工的产品主要有：钢化玻璃、夹层玻璃、中空玻璃、镀膜玻璃等，此外，还有镜子玻璃、蒙砂玻璃、冰花玻璃、喷砂玻璃等。

为了提高平板玻璃的强度，对退火玻璃进行热钢化（物理钢化），即把玻璃加热到一定温度，在冷却介质中急剧均匀冷却，玻璃内外层产生很大的温度梯度，所产生的应力由于玻璃处于黏滞流动状态而被松弛，使之有温度梯度而无应力状态。当玻璃温度梯度消失，原松弛应力转为永久应力，玻璃表面产生一层压应力，因此使玻璃强度增大。

4.8　特种玻璃

特种玻璃又叫新型玻璃，是指除日用玻璃以外的，采用精制、高纯或新型原料，采用新工艺在特殊条件下或严格控制形成过程制成的一些具有特殊功能或特殊用途的玻璃。它们是在普通玻璃所具有的透光性、耐久性、气密性、形状不变性、耐热性、电绝缘性、组成多样性、易成型性和可加工性等优异性能的基础上，通过使玻璃具有特殊的功能，或将上述某项特性发挥至极致，或将上述某项特性置换为另一种特性，或牺牲上述某些性能而赋予某项有用的特性之后获得的。

特种玻璃是高新技术领域中不可缺少的材料，特别是光电子技术开发的基础材料。通信光纤已经作为实现通信技术革命的主角，在现行的信息高速公路中起着其他材料无法起到的作用。在今后的几年内，激光玻璃、功能光纤、光记忆玻璃、集成电路（IC）光掩模板、光集成电路用玻璃，以及电磁、磁光、光电、声光、压电、非线性光学玻璃、高强度玻璃及生物化学等功能玻璃将有大幅度的发展，某些特种玻璃已经得到了广泛应用，而大部分特种玻璃虽具有广泛的应用前景，但还处于研究开发之中。本节在对特种玻璃进行概述的基础上，简要地介绍几种特种玻璃。

4.8.1　光导纤维

光导纤维是一种能够导光、传像的玻璃纤维，简称光纤。它具有传光效率高、聚光能力强、信息传输量大、分辨率高、抗干扰、耐腐蚀、可弯曲、保密性好、资源丰富、成本低等一系列优点。目前已有可见光、红外线、紫外线等导光、传像制品问世，并广泛应用于通信、计算机、交通、电力、广播电视、微光夜视及光电子技术等领域。其主要产品有通信光纤、非通信光纤、光学纤维面板、微通道板等。

通信光纤是利用光波导原理，由高折射率玻璃芯料和低折射率玻璃皮料组成的复合纤维。代表性的通信光纤有阶跃型、梯度折射率型和单模光纤。通信光纤传输的信息量比普通铜线传输的电信号量高上千倍，在提高通信容量的同时，可以节省大量日趋枯竭的铜资源，所以，通信光纤也是一种理想的环境友好材料。目前，通信光纤使用的主要是石英玻璃。要调节纤芯和皮层玻璃的折射率，可以在纤芯玻璃中掺入 Ge、P 等提高折射率的成分，或者在皮层玻璃中掺入 B、F 等降低折射率的成分。

4.8.2 激光玻璃

用玻璃作为激光工作物质的特点是：可以广泛改变化学组成和制造工艺以获得许多重要的性质，如荧光性、高热稳定性、小的膨胀系数、负的温度折射系数、高度光学均匀性，以及容易得到各种尺寸和形状、价格低廉等。

激光玻璃由基质玻璃和激活离子构成。激光玻璃的各种物理化学性质主要取决于基质玻璃，而它的光谱特性主要由激活离子决定，但它们之间也存在相互联系和影响，在新型激光玻璃的研究开发中，两者之间的相互关系非常重要。直到 20 世纪 80 年代中期，基质玻璃体系主要是硅酸盐、磷酸盐和氟磷酸盐，近年来氟化物激光玻璃的研究十分活跃，它是一类优异的激光基质材料。氟化物玻璃的声子能量较低，因此无辐射跃迁很小，这一特性在转换激光的开发中尤为有利。激光玻璃的激活离子主要是稀土离子，如 Nd^{3+}、Yb^{3+}、Er^{3+}、Tm^{3+} 和 Ho^{3+} 等。

激光玻璃中最重要的是钕玻璃，其辐射光谱与氙灯的辐射光谱非常一致，提高了光泵效率。表 2-4-28 列举了不同钕离子激光玻璃的性能。

表 2-4-28 钕离子激光玻璃的组成与特性

玻璃类别	玻璃体系举例	受激发射截面积 σ /10^{-20} cm^2	发光波长 λ_P/nm	线宽 Δ_{eff}/nm	荧光寿命 τ_r/μs	I	II	III	IV	V
硅酸盐	SiO_2-Al_2O_3-Li_2O-Na_2O-CaO	0.9～3.6	1057～1065	34～43	170～1090	A	C	A	C	C
硼酸盐	B_2O_3-Al_2O_3-Na_2O-BaO	2.1～3.2	1054～1063	34～38	270～450	B	B	B	B	C
磷酸盐	P_2O_5-Al_2O_3-$Li_2O(K_2O)$-$ZnO(BaO)$	2.0～4.8	1052～1057	22～35	250～530	B	B	B	B	B
锗酸盐	GeO_2-BaO-Na_2O	1.7～2.4	1060～1063	36～40	330～460	A	D	A	C	C
碲酸盐	TeO_2-WO_3-Li_2O	3.0～5.1	1057～1088	26～31	140～240	D	A	C	D	C
氟磷酸盐	P_2O_5-AlF_3-MgF_2-CaF_2-SrF_2-BaF_2	2.2～4.3	1049～1056	27～34	310～570	C	A	B	A	B
氟化铍基	BeF_2-AlF_3-KF-CaF_2	1.6～4.0	1047～1050	19～28	460～1030	C	A	C	B	A
氟化锆基	ZrF_4-AlF_3-LaF_3-BaF_2-NaF	2.0～3.0	1049	26～27	430～450	D	A	D	B	A
氟化铋基	$BiCl_3$-$ZnCl_2$	6.0～6.3	1062～1064	19～20	180～220	D	D	D	D	C

注：I—耐热冲击性；II—非线性折射率；III—化学稳定性；IV—热光系数；V—透光区域。A、B、C、D 表示性能的优劣，A 为最好，D 为最差。

4.8.3 微晶玻璃

微晶玻璃是 20 世纪 50 年代发展起来的新型玻璃。它与传统玻璃不同，利用加入晶核或紫外辐照等方法使玻璃内成晶核，再经过热处理使晶核长大，成为一种受控结晶过程，形成玻璃与某些晶体共存的材料，也有人称为玻璃陶瓷。

微晶玻璃从外观分为透明微晶玻璃与不透明微晶玻璃。透明微晶玻璃须使析出晶体尺寸比可见光的波长小或使晶相和玻璃相有相近的折射率，光通过时不产生光的散射。

微晶玻璃熔制温度较高，一般要 $1500\sim1600℃$，成形后需先进行热加工或冷加工（因为微晶玻璃晶化后玻璃硬度很大，给加工带来困难），然后结晶化热处理，其热处理温度制度有等温温度制度与阶梯温度制度。

微晶玻璃的密度小，致密无气孔，不透水，不透气，具有较高的机械强度和耐磨性，良好的电学性能、化学稳定性、热稳定性。在航天、导弹、光学、电子学、热学等方面有着广泛用途。传统的微晶玻璃中以 $Li_2O\text{-}Al_2O_3\text{-}SiO_2$ 及 $MgO\text{-}Al_2O_3\text{-}SiO_2$ 系统使用最普遍，前者在玻璃中形成 β-锂辉石及 β-石英固熔体，具有低膨胀系数，可作望远镜及炊具，而结晶成 Li_2O、SiO_2 及 $Li_2O\cdot2SiO_2$ 的后者可作光刻和电子工业基板及掩膜板。镁铝硅系统析出堇青石为主晶相，这类玻璃具有良好的高频微波透过性和耐高温急变性能，可作为导弹雷达的天线罩。

4.8.4 光致变色玻璃

受紫外线或日光照射后，玻璃由于在可见光谱区产生吸收而自动变色，光照停止又恢复到原来的透明状态，具有这种性质的玻璃叫作光致变色玻璃（或光色玻璃）。许多有机物和无机物均具有光致变色性能，但光致变色玻璃可以长时间反复变色而无疲劳（老化）现象，且机械强度好、化学性能稳定、制备简单，可获得稳定的形状复杂的制品。

目前，作为太阳镜等得到应用的光致变色玻璃，是含有卤化银的铝硼硅酸盐玻璃或铝磷酸盐玻璃。除此之外，含卤化镉（或卤化铜）的铝硼硅酸盐玻璃，某些含 $TlCl$ 的玻璃，含 CdO 的玻璃，以及掺低价稀土离子的碱硅酸盐玻璃等也具有光致变色效应，但目前它们的光致变色特性都比含卤化银的玻璃差。含卤化银光致变色玻璃的典型配方见表 2-4-29。

表 2-4-29　光致变色玻璃的成分和特性

成分及特性		分析成分/%				
		1	2	3	4	5
化学成分	SiO_2	10.3	10.7	10.7	10.0	10.3
	Al_2O_3	27.3	28.4	28.2	25.5	27.3
	P_2O_5	36.5	38.1	37.8	36.3	36.5
	Na_2O	6.1	6.4	5.0	6.6	4.9
	K_2O	9.2	9.6	7.5	9.0	7.3
	CaO	4.1	6.7	4.2	4.0	4.1
	BaO	6.3	—	—	6.5	6.1	6.3
	TiO_2	—	—	—	1.2	1.2
	ZrO_2	—	—	—	2.0	2.1
	Ag_2O	0.13	0.12	0.13	0.12	0.10
	CuO	0.036	0.033	0.041	0.036	0.032
	Cl	0.33	0.41	0.38	0.29	0.51
	Br	0.41	0.38	0.40	0.28	0.54
特性	暗化[①]	0.477	0.428	0.286	0.437	0.264
	半退色[②]	15	70	8	12	6
	处理温度[③]	625	582	630	630	620

① 吸光度样品厚度 2mm；② 吸光度变成 1/2 所需时间，s；③ 析出卤化银时的热处理温度。

特种玻璃种类繁多，还有石英、声光、光电、磁光、超声延迟、半导体、多孔、防辐射、耐辐射、剂量计玻璃等多种特种玻璃。

思　考　题

1. 简述玻璃的定义及其通性。
2. 简述玻璃脆性的定义。
3. 玻璃的性质有哪些？有何共同特性？
4. 玻璃的特征温度有哪些？每个特征温度的作用是什么？对应的黏度是多少？
5. 论述玻璃组成、结构、性能之间的关系。
6. 玻璃体的缺陷有哪几类？简述其形成原因。
7. 简要说明玻璃与非晶体材料的异同。
8. 玻璃的加工分哪几种？不同加工的特点是什么？
9. 碱金属离子降低玻璃黏度的主要因素是什么？试举例说明。
10. 玻璃着色分几大类？简述物质的着色机理。
11. 影响玻璃化学稳定性的因素有哪些？
12. 普通玻璃和特种玻璃的差异是什么？列举 1～2 个你所熟悉的特种玻璃，并简述其应用和发展。

第5章 耐火材料

耐火材料是高温行业的基础材料，在各种热工设备和高温容器中作为抵抗高温作用的结构材料和内衬，主要应用于钢铁、有色金属、建筑材料、石油化学和机械等工业领域。它与高温技术的发展有密切关系，二者相互依存，互为促进，共同发展。在一定条件下，耐火材料的质量对高温技术的发展起关键作用。耐火材料在节能方面也做出了重要贡献，如各种优质隔热耐火材料、陶瓷换热器、无水冷滑轨、陶瓷喷射管和高温涂料等，都对高温技术的节能起到了重要作用。

不同种类的耐火材料由于组成、结构的差异和生产工艺的不同，表现出不同的基本特性。高温作业部门均要求耐火材料具备抵抗高温热负荷的性能，但由于各种工业窑炉用途和使用条件不同，甚至在同一炉窑的不同部位，工作条件也不尽一致，因此，对耐火材料的要求也有所差别。在一般工作条件下，对耐火材料的性能概括地提出以下几方面要求：

① 具有相当高的耐火度，能抵抗高温热负荷作用，不软化，不熔融。

② 要求材料具有高的体积稳定性，残存收缩及残存膨胀要小，无晶型转变及严重体积效应，能抵抗高温热负荷作用，体积不收缩和仅有均匀膨胀。

③ 具有相当高的常温强度和高温热态强度，高的荷重软化温度，高的抗蠕变性，能抵抗高温热负荷和重负荷的共同作用，不丧失强度，不发生蠕变和坍塌。

④ 有好的耐热震性，能抵抗温度急剧变化或受热不均的影响，不开裂，不剥落。

⑤ 具有良好的抗渣性，能抵抗熔融液、尘和气的化学侵蚀，不变质，不蚀损。

⑥ 具有相当高的密实性和常温、高温下的耐磨性，能抵抗火焰和炉料、料尘的冲刷、撞击和磨损，表面不损耗。

⑦ 具有低的蒸气压和高的化学稳定性，能抵抗高温真空作业和气氛变化的影响，不挥发，不损坏。

⑧ 外形整齐，尺寸准确，质优价廉，便于运输、施工和维修等。

⑨ 对有特殊要求的耐火材料还应考虑其导热性、导电性及透气性等。

耐火材料的质量取决于其性质，它是评价制品质量的标准。正确合理地选用耐火材料，也是以其性质作为重要依据的。

5.1 耐火材料的分类、组成、结构和性质

耐火材料的传统定义是耐火度不低于1580℃的无机非金属材料。随着科学技术的发展，各个国家制订和完善了耐火材料的标准。美国标准（ASTM C71—2008 Standard

Terminology Relating to Refractories）定义耐火材料为：根据其化学和物理性质，可以用它来制作暴露在温度高于 1000℉ （538℃） 环境中的结构与器件的非金属材料。日本标准（JIS R2001—1985 Glossary of Terms Usedin Refractory）规定耐火材料为：能在 1500℃ 以上温度下使用的定形耐火材料以及最高使用温度为 800℃ 以上的不定形耐火材料、耐火泥浆与耐火隔热砖。中国标准 GB/T 18930—2002《耐火材料术语》沿用了国际标准化组织制订的标准（ISO 836：2001 Terminology for Refractories），将耐火材料定义为：物理和化学性质适宜于在高温环境下使用的非金属材料，但不排除某些产品可含有一定量的金属材料。虽然各国规定的定义不同，但是也有相同的地方，即耐火材料是用作高温窑炉等热工设备以及工业用高温容器和部件的材料，并能承受相应的物理化学变化及机械作用。

5.1.1　耐火材料的分类

耐火材料的种类很多，为了便于研究、生产和选择，通常按其共性与特性划分类别。其中按材料的化学矿物组成分类是一种常用的基本分类方法，但也常按材料的制造方法、材料的性质、材料的形状尺寸、材料的应用等来分类，详细分类见表 2-5-1。

表 2-5-1　耐火材料的分类

分类标准	耐火材料的类型
化学矿物组成	氧化硅质耐火材料、硅酸铝质耐火材料、镁质耐火材料、白云石质耐火材料、橄榄石质耐火材料、尖晶石质耐火材料、含碳质耐火材料、含锆质耐火材料、特殊耐火材料等
制造方法 热处理方式 材料化学性质 材料密度	天然矿石、人造制品（块状制品和不定形耐火材料） 不烧制品、烧成制品、熔铸制品等 酸性耐火材料、中性耐火材料、碱性耐火材料等 轻质耐火材料和重质耐火材料
耐火度	普通耐火制品（耐火度 1580～1770℃）、高级耐火制品（耐火度 1770～2000℃）、特级耐火制品（耐火度 2000℃ 以上）
材料形状尺寸	标准砖、异形砖、特异形砖、管、耐火器皿等
材料应用领域	焦炉用耐火材料、高炉用耐火材料、炼钢炉用耐火材料、连铸用耐火材料、有色金属冶炼用耐火材料、水泥窑用耐火材料、玻璃窑用耐火材料、陶瓷窑用耐火材料等

5.1.2　耐火材料的组成与结构

耐火材料的性质取决于其中的物相组成、分布及各相的特性，即决定于制品的化学矿物组成。当原料确定即化学组成一定时，可以采取适当的工艺方法来获得具有某种特性的物相组织和某种组织结构等，在一定程度上提高制品的工作性质。

5.1.2.1　耐火材料的组成

（1）化学组成　化学组成即耐火材料的化学成分，它是耐火制品的最基本特征之一。耐火材料是非均匀体，有主、副成分之分。通常将其基本成分称为主成分，而将其他部分称为副成分。副成分又按有意添加以提高制品某方面性能的成分，或是无意、不得已带入的无益或有害成分，分别称为添加成分及杂质成分。

主成分通常是高熔点耐火氧化物、复合矿物或非氧化物的一种或几种。主成分是构成耐火制品的主体，它的性质和数量直接决定了耐火制品的性能。耐火材料按其主成分的化学性质可以分为三类：酸性耐火材料、中性耐火材料和碱性耐火材料。

杂质成分则是指由于原料纯度有限而被带入或生产过程中混入的，对耐火制品性能具有不良影响的部分。一般说来，K_2O、Na_2O 及 FeO 或 Fe_2O_3 都是耐火材料中的有害杂质成分。此外，碱性耐火材料（RO 为主成分）中的酸性氧化物（RO_2）及酸性耐火材料中的碱性氧化物都被视为有害杂质，它们在高温下具有强烈的熔剂作用。这种作用使得共熔液相生成温度降低，生成的液相量增加，而且随着温度升高液相量增长的速度加快，从而严重影响了耐火制品的高温性能。

添加成分往往是为弥补主成分在使用性能或生产性能以及作业性能某方面的不足而使用的，常被称为结合剂、矿化剂、稳定剂、烧结剂、减水剂、抗水化剂、抗氧化剂、促凝剂和膨胀剂等，添加成分种类繁多，是当前耐火材料行业研究的重点对象。它们的共同特点是：加入量很少、能明显地改变耐火制品的某种功能或特性、对该制品的主性能无严重影响。

通过化学成分分析的数据，按所含成分的种类和数量，可以判断制品或原料的纯度以及制品的化学特性。

（2）矿物组成　耐火制品是矿物组成体，制品的性质是其组成矿物和微观结构的综合反映。因此，在分析制品的组成对其性质的影响时，单纯从化学组成出发分析考察问题是不够全面的，应进一步观察其化学矿物组成。耐火材料在其化学成分固定的条件下，由于成分分布的均匀性和加工工艺的不同，使制品组成中的矿物种类、数量、晶粒大小、结合状态不同，这种微观结构的不同，造成制品的性能差异。例如，SiO_2 含量相同的硅质制品，因 SiO_2 在不同工艺条件下可形成结构和性质不同的两种矿物——鳞石英和方石英，使制品的某些性质会有差别。即使制品的矿物组成一定，但随矿相的晶粒大小、形状和分布情况的不同，亦会对制品性质产生显著的影响。耐火材料的矿物组成一般分为主晶相、次晶相和基质相三类。

主晶相是指构成材料结构的主体，熔点较高，是对材料的性质起支配作用的一种晶相。耐火材料主晶相的性质、数量、分布和结合状态直接决定制品的性质。许多耐火制品，如莫来石砖、刚玉砖、方镁石砖、尖晶石砖、碳化硅耐火制品等，皆以其主晶相命名。

次晶相又称第二晶相或第二固相，是指耐火材料中在高温下与主晶相和液相并存的，一般其数量较少，是对材料高温性能的影响较主晶相为小的第二种晶相。如以方镁石为主晶相的镁铬砖、镁铝砖、镁硅砖和镁钙砖等分别含有的镁铬尖晶石、镁铝尖晶石、镁橄榄石和硅酸二钙等皆为次晶相。耐火材料中次晶相的存在对耐火材料的结构，特别是对高熔点晶相间的直接结合，起到了高温相连接补充作用，从而对其抵抗高温作用也往往有所裨益。与普通镁砖相比，上述耐火制品中这些次晶相的存在，使制品的荷重软化温度都有所提高。许多依矿物组成命名的耐火材料，如莫来石刚玉砖、刚玉莫来石砖，就是以其主晶相和次晶相复合命名的。前者为主晶相，后者为次晶相。

基质是指在耐火材料大晶体间隙中存在的，或由大晶体嵌入其中的那部分物质，也可认为是大晶体之间的填充物或胶结物。对由一些骨料组成的耐火材料而言，其间的填充物也称为基质。基质既可由细微结晶体构成，也可由玻璃相构成或由两者的复合物构成。如镁砖、镁铬砖、镁铝砖等碱性耐火材料中的基质是由结晶体构成的；硅砖、硅酸铝质耐火材料中的基质多是由玻璃相构成的。

基质是主晶相或主晶相和次晶相以外的物相，往往含有主成分以外的全部或大部分杂质。因此，这些物相在高温下易形成液相，从而使制品易于烧结，但有损于主晶相间的结合，危害耐火材料的高温性质。当基质在高温下形成液相的温度低、液相的黏度低和数量较多时，耐火制品的生产和其性质实质上受基质所控制。欲提高耐火材料的质量，必须提高耐火材料基质的质量，减少基质的数量，改善基质的分布，使其在耐火材料中由连续相孤立为非连续相。

5.1.2.2　耐火材料的显微结构

耐火材料只有利用一定化学组成的原料，通过一定的生产工艺，才能形成预期的矿物组成。然而，即便耐火材料中矿物相的种类、数量基本相当，但结晶大小、晶体间及晶体与基质间的分布状态差别较大，即其显微结构差别较大，因而性能亦有较大差异。耐火材料的显微结构对于耐火材料性能的影响是至关重要的。

耐火材料按其主晶相和基质的成分可分为两大类：一是含有晶相和玻璃相的耐火材料，如硅砖、黏土砖。玻璃相的形成主要是由于高温液相黏度较大，冷却过程中析晶较难；二是仅含晶相的耐火材料，如镁砖等碱性耐火材料，其高温液相黏度较小，冷却过程易析晶。

若主晶相是由硅酸盐玻璃相结合起来的，按主晶相和基质的分布状态，其显微结构可分为两类，如图 2-5-1 所示。一类是液相数量较多或对主晶相润湿良好，主晶相被玻璃相包围起来［图 2-5-1(a)］，形成基质连续、主晶相不连续结构，如熟土砖；另一类是液相数量较少或对主晶相润湿不良，不是主晶相完全被基质包围，而是主晶相将基质孤立，主晶相与主晶相有接触点［图 2-5-1(b)］，形成主晶相连续、基质不连续结构，如硅砖。

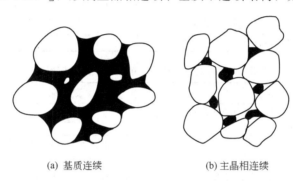

(a) 基质连续　　　　　　　　　　(b) 主晶相连续

图 2-5-1　耐火制品的显微结构示意图

5.1.3　耐火材料的性质

耐火材料的质量取决于其性质，耐火材料的性质是评价制品质量的标准。它主要是指其结构性能、热学性能、力学性能和使用性能等。

5.1.3.1　结构性能

耐火材料的结构性能包括气孔率、吸水率、透气度、气孔尺寸及气孔孔径分布、体积密度和真密度等。它们是评价耐火材料质量的重要指标。耐火材料的结构性能与原料、制造工艺等有关，包括原料的种类、配比、粒度、混合、成型、干燥及烧成条件等。各结构性能的定义和测试标准见表 2-5-2。

5.1.3.2　热学性能

耐火材料的热学性能包括比热容、热导率和热膨胀等。它们是衡量制品能否适应具体热过程需要的依据，是从事热工设备设计所需要的基本数据。耐火材料的热学性能与其制造所用原料、工艺、化学成分、晶体结构和显微结构等密切相关。各热学性能的定义和测试标准见表 2-5-3。

5.1.3.3　力学性能

耐火材料的力学性能是指耐火材料在外力作用下，抵抗形变和破坏的能力。耐火材料在使用和运输过程中会受到各种外界作用力如压缩力、拉伸力、剪切力、摩擦力或撞击力的作用而变形甚至损坏，因此检验不同条件下耐火材料的力学性能，对于了解它抵抗破坏的能力，探讨它的损坏机理，寻求提高制品质量的途径、办法，具有重要的意义。耐火材料的力学性能指标有耐压强度、抗折强度、黏结强度、高温蠕变性和弹性模量等。各力学性能的定义和测试标准见表 2-5-4。

表 2-5-2　耐火材料结构性能定义及其测试标准

性能名称	定义	测试标准(参考标准)
气孔率	耐火制品所含气孔体积与制品总体积的百分比	GB/T 2997—2000 致密定形耐火制品体积密度、显气孔率和真气孔率试验方法
体积密度	耐火制品的质量与其总体积(包括气孔)的比值	GB/T 2998—2001 定形隔热耐火制品体积密度和真气孔率试验方法 YB/T 5200—1993 致密耐火浇注料显气孔率和体积密度试验方法
真密度	耐火制品的质量与其真体积(不包括气孔体积)之比	GB/T 5071—2013 耐火材料　真密度试验方法
吸水率	耐火制品全部开口气孔所吸收的水的质量与干燥试样的百分比	GB/T 2999—2002 耐火材料　颗粒体积密度试验方法
透气度	耐火制品允许气体在压差下通过的性能	GB/T 3000—1999 致密定形耐火制品透气度试验方法
气孔孔径分布	耐火制品中各种孔样的气孔所占气孔总体积的百分率	YB/T 118—1997 耐火材料　气孔孔径分布试验方法

表 2-5-3　耐火材料热学性能定义及其测试标准

性能名称	定义	测试标准(参考标准)
比热容	1kg 耐火材料温度升高 1℃ 所吸收的热量	GB/T 3140—2005 纤维增强塑料平均比热容试验方法
热膨胀性	耐火制品在加热过程中的长度变化	GB/T 7320—2008 耐火材料　热膨胀试验方法 GB/T 5990—2006 耐火材料　导热系数试验方法(热线法)
热导率	单位时间内.在单位温度梯度下,单位面积试样所通过的热量	GB/T 22588—2008 闪光法测量热扩散系数或导热系数 YB/T 4130—2005 耐火材料导热系数试验方法(水流量平板法)

表 2-5-4　耐火材料力学性能定义及其测试标准

性能名称	定义	测试标准(参考标准)
耐压强度	耐火材料在一定温度下单位面积上所能承受的极限载荷	GB/T 5072—2008 耐火材料　常温耐压强度试验方法 GB/T 5072—2008 耐火材料　常温耐压强度试验方法 YB/T 2208—1998 耐火浇注料　高温耐压强度试验方法
抗折强度	试样单位面积承受弯矩时的极限折断应力,又称抗弯强度	GB/T 3001—2007 耐火材料　常温抗折强度试验方法 GB/T 3002—2004 耐火材料　高温抗折强度试验方法
粘接强度	两种材料粘接在一起时,单位界面之间的粘接力	GB/T 22459.4—2008 耐火泥浆　第 4 部分:常温抗折粘接强度试验方法
高温蠕变性	耐火制品在高温下受应力作用随着时间变化而发生的等温形变	GB/T 5073—2005 耐火材料　压蠕变试验方法
弹性模量	材料在外力作用下产生的应力与伸长或压缩弹性形变之间的关系,亦称杨氏模量,其数值为试样横截面所受正应力与应变之比	GB/T 10700—2006 精细陶瓷弹性模量试验方法　弯曲法 GB/T 22315—2008 金属材料弹性模量和泊松比试验方法

5.1.3.4　使用性能

　　耐火材料在实际使用过程中都要遭受高温热负荷作用,故耐火材料的使用性质实质上是表征其抵抗高温热负荷作用,同时还受其他化学、物理化学及力学作用而不易损坏的性能。因此,耐火材料的这些性质不仅可用于判断材质的优劣,还可根据使用时的工作条件,直接考察其在高温下的适用性。耐火材料的使用性质主要包括:耐火度、荷重软化温度、重烧线变化率、抗热震性、抗渣性、抗酸性、抗碱性、抗氧化性、抗水化性和抗 CO 侵蚀性等。各使用性能的定义和测试标准见表 2-5-5。

表 2-5-5　耐火材料使用性能定义及其测试标准

性能名称	定义	测试标准(参考标准)
耐火度	耐火材料在无荷重时抵抗高温作用而不熔化的性能	GB/T 7322—2007 耐火材料　耐火度试验方法 GB/T 5989—2008 耐火材料　荷重软化温度试验方法(示差升温法)
荷重软化温度	耐火制品在持续升温条件下承受恒定载荷产生变形的温度	YB/T 370—1995 耐火制品荷重软化温度强度试验方法(非示差-升温法) YB/T 2203—1998 耐火浇注料荷重软化温度强度试验方法(非示差-升温法)
重烧线变化率	烧成的耐火制品再次加热到规定的温度,保温一定时间,冷却到室温后所产生的残余膨胀和收缩	GB/T 5988—2007 耐火材料　加热永久线变化试验方法 YB/T 376.1—1995 耐火制品抗热震性试验方法(水急冷法)
抗热震性	耐火制品对温度迅速变化所产生损伤的抵抗性能,也称为热震稳定性、抗温度急变性、耐急冷急热性等	YB/T 376.2—1995 耐火制品抗热震性试验方法(空气急冷法) YB/T 376.3—2004 耐火制品抗热震性试验方法　第 3 部分:水急冷-裂纹判定法 YB/T 2206.1—1998 耐火浇注料抗热震性试验方法(压缩空气流急冷法) YB/T 2206.2—1998 耐火浇注料抗热震性试验方法(水急冷法) YB/T 4018—1991 耐火制品抗热震性试验方法
抗渣性	耐火材料在高温下抵抗炉渣侵蚀和冲刷作用的能力	GB/T 8931—2007 耐火材料　抗渣性试验方法
抗酸性	耐火材料抵抗酸侵蚀的能力	GB/T 17601—2008 耐火材料　耐硫酸侵蚀性试验方法
抗碱性	耐火材料在高温下抵抗碱侵蚀的能力	GB/T 14983—2008 耐火材料　抗碱性试验方法
抗氧化性	含碳耐火材料在高温氧化气氛下抵抗氧化的能力	GB/T 17732—2008 致密定形含碳耐火制品试验方法
抗水化性	碱性耐火材料在大气中抵抗水化的能力	ASTM C456—2013 碱性砖和异形砖抗水化性试验方法 ASTM C544—2013 重烧菱镁矿或方镁石颗粒水合作用试验方法 ASTM C492—2013 粒状重烧耐火白云石水合作用试验方法
抗 CO 侵蚀性	耐火材料在 CO 气氛中抵抗开裂或崩解的能力	ASTM C288 耐火材料抗 CO 试验方法

5.2　耐火材料的生产过程

　　耐火材料的品种和质量取决于耐火材料的原料和生产工艺。在原料确定的情况下,耐火材料的生产工艺方法与制度是否正确与合理,对耐火制品的质量影响极大。耐火材料特定性能的控制,必须通过特定的工艺手段来实现。因此,耐火材料的生产者必须精于此道;使用者欲能正确选用具有某一特性的耐火材料,使其物尽其用,也必须对耐火材料的生产工艺有所了解。定形烧成耐火制品的生产工艺流程一般包括:原料的选择与加工、坯料的制备、成型、干燥和烧成。

5.2.1　原料的选择和加工

　　原料的质量是耐火材料质量的基本保证,要发展优质高效的耐火制品,必须有纯净的、质量均一和性质稳定的原料。

5.2.1.1　原料的选择

耐火材料最基本的性能是耐高温，作为耐火原料必须具备稍高于耐火材料要求的耐火性能。耐火材料是耐火度不低于 1580℃ 的无机非金属材料。耐火度是高温无负荷条件下不熔融软化的性能。它与原材料的熔点有密切的关系，一般熔点稍高于耐火度（极个别低于耐火度或相等）。因此，从化学观点讲，凡具有高熔点的单质、化合物都可以做耐火材料的原料；从矿物学观点讲，凡是高耐火度的矿物，都可以做耐火材料的原料。熔点高于 2000℃ 的元素中，除碳以外，其他数量都不大，而且只有碳具有生产耐火材料的实际意义。化合物中，熔点最高的是碳化物、氮化物和氧化物。除此之外，某些硅酸盐、铝酸盐及尖晶石型化合物的熔点也比较高。

选择哪种原始物质生产耐火材料，除了考虑耐火性能等技术要求外，还必须考虑技术经济条件。首先是具备耐火原料条件的原始物质在自然界的储存量；其次，耐火材料生产选用原料，应该在保证制品质量的前提下，以价格便宜为主要条件。

5.2.1.2　选矿与提纯

决定矿物资源利用价值的标准，可归纳为以下几点：储量丰富，具备开采条件，可满足供应，质量波动不大，可以比较稳定地供应原矿，杂质含量符合技术要求，技术经济指标合理。但是，完全符合上述标准的天然矿床甚少，如果开始时仅开采富矿，则贫矿量势必与日俱增，时间长了会造成矿山利用上的困难。另外，必须根据综合利用的原则，考虑低品位矿和贫矿的利用方法。为此，需要进行选矿处理，把原矿中含有的混合物和杂质去掉，将其中有用的矿物富集起来。

选矿是利用多种矿物的物理和化学性质的差别，将矿物集合体的原矿粉碎并分离出多种矿物加以富集的操作。现代非金属矿物的选矿方法有机械法、物理化学法、纯化学法、电气法等。采用哪种选矿方法，首先取决于矿物中各种矿物的物理性质，例如矿物的颗粒大小和形状、相对密度、滚动摩擦与滑动摩擦、润湿性、电磁性质、溶解度、加热时的性状等。

5.2.1.3　原料的煅烧

除特殊要求外，很少有全生料的耐火制品。原料燃烧时产生一系列物理化学反应，形成瘠化剂，作为坯料，能改善制品的成分及其组织结构，保证制品的体积稳定及其外形尺寸的准确性，提高制品的性能。

将原料进行煅烧，可以实现耐火材料的活化烧结。早期的活化烧结是通过球磨来降低物料粒度，提高比表面积和增加缺陷的办法实现的。用活性烧结制备的制品，体积密度高、气孔率低、而且经长时间保温其残余收缩小，这种制品在高温状态下相当稳定。但是，单纯依靠机械粉碎来提高物料的分散度效果是有限的，而且能量消耗大大增加。于是，开辟了新的途径，例如用化学法提高物料活性，研制降低烧结温度、促进烧结的工艺方法，提出了轻烧活化，即轻烧-压球（或制坯）-死烧。轻烧的目的在于活化，如菱镁矿加热后，在 600℃ 出现等轴晶系方镁石，650℃ 出现非等轴晶系方镁石，等轴晶系方镁石逐渐消失，850℃ 完全消失。这些 MgO 晶格，由于缺陷较多、活性高，在高温下加强了扩散作用，促进了烧结。

有的原料，如软质耐火黏土作为黏合剂，虽不经燃烧，但若含水过多，应经干燥，以便破碎和分级。

5.2.1.4　原料的破粉碎

原料破粉碎的目的是按照配料要求制成不同粒级的颗粒及细粉，以便于调整成分，进行级配，使多组间混合均匀，便于相互反应，并尽可能获得致密的或具有一定粒状结构的制品坯体。

　　工厂中的破粉碎工序与原料选择一样，是制备高质量产品的关键，对制品性质有直接影响。另外，从成本核算的角度看，破粉碎设备所消耗的动力所占比例很大，为了节约能源，降低成本，必须重视破粉碎工序。一般控制进厂原料最大粒度，原料进厂后先粗碎至 20～40mm，粗碎设备一般根据进厂原料粒度，选用不同规格和型号的颚式破碎机。再将颚式破碎机粗碎后的原料破碎到极限颗粒小于 5mm（中碎），中碎设备可选用圆锥破碎机、辊式破碎机、反击式破碎机等。细磨是将颗粒破碎到小于 0.1mm 的细粉。生产普通耐火制品所用的颗粒料皆为中碎以后所获得的产品。经中碎后的颗粒状产品，需依粒度粗细分级，以便合理配料，通常多以筛分方法将颗粒分级。对粉状料常以风选法分级，或采用小于某一粒径达到的百分数来控制细粉的粒度。

5.2.2 坯料的制备

5.2.2.1 配料

　　耐火材料的配料是将各种不同品种、组分和性质的原料以及将各级粒度的熟料颗粒按一定比例进行配合的工艺。配料包括各种原料组成配比和粒度级配，各种原料的配合是为了获得一定性质的制品；粒度的配合是为了获得最紧密堆积的或特定粒状结构的坯体。

　　各种原料的配合依材料的品种和性质的要求而定，不同制品各有特点。对烧结制品、不烧制品和不定形耐火材料，各种颗粒的熟料或其他瘠性料与各种结合剂的配合是配料中的重要一环。任何结合剂的选用及其加入量皆应严格控制，应保证其既有利于制品的生产，又不会对制品的性质带来危害。

　　各级粒度的颗粒配合对砖坯的致密度影响极大。只有使各级粒度颗粒的堆积体达到最紧密的程度，才能得到致密的制品。粒度级配影响产品结构、烧结、设计形状和尺寸，是耐火材料生产中非常重要的一道工序。欲使多级不同粒度的颗粒组成的堆积体密度得到提高，首先，应尽可能使最大粒径颗粒保持高配位数的堆积方式。其次，下一级颗粒以尽可能高的配位数在大颗粒形成的空隙中堆积填充。再次，下一级颗粒在大颗粒空隙中堆积形成的空隙由更细的颗粒填充，如此逐级填充即可获得最紧密堆积。

　　同粒径的粒状颗粒堆积体的空隙率为 41%～45%，当多级配合超过 4 级时，空隙率变化不显著，而且为了简化工艺，普通烧结制品的粒度组成一般为 3 级。通常为获得高密度的制品，并避免由这种级配组成的泥料产生颗粒偏析且便于制品的烧结，常采取细粉量较多的配合，如粗：中：细＝(4～6)：(2～1)：(3～4)，即"两头大，中间小"。

　　耐火制品生产配料中，颗粒的最大粒径称为临界粒径。临界粒径根据制品形状的复杂程度、断面尺寸大小或成型的方法以及对其组织结构和性质的要求而定。一般而言，形状复杂、断面小者，临界粒径应小；适当提高临界粒径，对制品的耐热震性有利；近于标准形状的普通烧结制品，临界粒径一般控制在 2～3.5mm。

5.2.2.2 混炼

　　混炼是按配料要求，将各种物料准确称量后，制成各组分、各种颗粒均匀分布的泥料，并使泥料实现预密实化，各种物料实现良好结合的加工过程。

　　根据物料的组分和性质，采取适当的混炼设备与方法，使各种物料通过对流、扩散和剪切等作用达到泥料均化和颗粒料与结合剂等的互相结合。既使泥料获得良好的成形性能，又避免泥料中颗粒的再破碎和某些物料的散失或在混炼过程中发生显著反应变质。

　　混炼是逐步进行的，混炼时通常先加入粗颗粒，然后加水或泥浆、纸浆废液，混合 1～2min 后，再加细粉。耐火材料的配料中瘠性料所占比重很大，所以提高泥料的可塑性，改善其成形性能是很重要的。简单的塑化处理方法之一是困料（陈腐），即将经初混的泥料在一定温度、湿度的条件下储放一定时间，然后再经二次混炼，以改善泥料的质量。

大部分泥料混炼在常温下进行，部分以焦油、树脂等作结合剂的泥料需在一定的加热温度下混炼。加热混炼采用颗粒预热后，加入常温混炼设备，再加入细粉和结合剂混炼，依靠颗粒料的蓄热使泥料保持一定的温度。加热混炼较先进的工艺是在泥料混炼过程中采用对泥料自动加热的混炼设备进行混炼。

5.2.3　成型

成型的目的是使泥料制成具有一定形状和适当密度与强度的砖坯。对烧结制品和不烧砖，砖坯的致密度决定着制品的致密度，从而影响制品的物理性能、力学性能和使用性质。因此，成型是这类耐火材料生产中很重要的一道工序。

砖坯成型方法很多，主要依泥料的性质、制品形状和对制品性质的要求而定。如对有流动性的泥料，采用注浆成型；对有可塑性的泥料，采用可塑法成型；对有触变性的泥料，经振动成型；对含水量较低（3%～6%）的半干泥料，采用半干压成型或捣打成型；干粉料用等静压成型等。对普通烧结制品和不烧砖，最普遍采用的方法为半干压成型，借助外力排除大部分空气，将泥料中的各级颗粒重新分布，使其致密化。对形状复杂的大型制品也常采用可塑法、振动法或捣打法。

半干压成型后砖坯的密实度，除受泥料组成与性质影响以外，也受压制外力、增压速度和加压时间等压制制度所控制。压制方法与制度不当，易使砖坯出现缺陷，如开始加压压力过大过快，气体未及时排出，易产生层裂。烧结产品成型后的坯体经干燥、烧成后，气孔排除，体积密度进一步增加。不烧制品成型后，经低温热处理，坯体中结合剂等部分可挥发成分逸出，制品气孔率增大，体积密度减小，因而不烧产品对成型坯体性能要求更高。一般不烧产品均采用大吨位压砖机压制成型。近年来，振动和压制联合成型方法受到越来越多生产企业的重视。

5.2.4　干燥

许多成型后的砖坯含水量较高，强度较低，不便堆码和烧成，必须经干燥后排出其中的游离水分，强度得到提高，才可装车入窑。有些成型后含水量已很低的砖坯，虽可码放适当高度，直接入窑，但入窑后也必须首先经过干燥阶段。

与陶瓷产品的干燥一样，由于耐火制品砖坯在干燥过程中往往产生收缩，且坯体强度较低，切忌砖坯表面干燥速率不当，以免造成开裂、鼓爆等缺陷。干燥多采用隧道干燥器，也可采用室式干燥器和电热干燥。

5.2.5　烧成

烧成是绝大多数烧结耐火材料生产的最后一道工序，也是关系制品质量最重要的工序。烧成的目的是使砖坯在高温下发生一系列物理化学反应，形成一定高温稳定的物相和结构，定型、气孔排除，并获得有相当高的密度、强度和其他各种性能的制品。一般烧结制品在烧成过程中，除可能排出残余水分外，其中全部或部分物相可能首先发生矿物的分解和新矿物的形成，有的晶体可能发生晶型转变。随着温度的提高，可能发生固相反应、液相形成、新晶体形成和晶体长大，完成固相烧结和液相烧结。

耐火制品的烧成制度，即升温速率、最高烧成温度及保温时间、冷却速率以及气氛等，对制品内物相和结构的形成有明显影响，从而对制品的性质影响极大。应根据砖坯在高温下可能发生的化学和物理变化及变化速率与程度，如各组分间发生何种化学反应和伴有何种附加效应，及其在变化中可能产生的内应力以及砖坯在烧成过程中的强度等情况，采取相应的方法与工艺制度。另外，也应与制品的形状和尺寸相对应。

耐火材料通常在隧道窑和间歇式窑中进行无压烧成，前者生产效率及热效率较高；后者工艺灵活，适应性强。

5.2.6 耐火材料生产的特殊过程

5.2.6.1 不烧砖

不烧砖是不经烧成而能直接使用的耐火制品。烧成前的生产工艺与烧结制品基本相同，只是不烧砖中各种粒状和粉状料的结合，不是由物料经高温烧结完成的，而主要是靠加入的化学结合剂的作用实现的，所以也称为化学结合耐火砖。

5.2.6.2 不定形耐火材料

不定形耐火材料是由合理级配的粒状和粉状料同结合剂或再加少量增塑剂、促硬剂、缓硬剂或其他外加剂等，按一定比例共混合的不经成型和烧成而直接供使用的耐火材料。此种材料的生产工艺，以各种原料的配制并使其均化为中心环节。此种混合料在用以筑成构筑物时，施工方法与技术对构筑物的性能影响很大，应根据不定形耐火材料混合料的工艺特性，采用相应的施工方法，主要有捣打、喷涂、投射、涂抹和浇注等方法。

5.2.6.3 熔铸耐火制品

将耐火原料在电弧炉或矿热炉中熔融，然后将熔体浇注到耐火铸模内铸造成型。因为流体的流动性要好，一般浇注温度须在 $1900 \sim 2000^{\circ}C$。浇铸后，要将铸口除掉，经过几天的缓冷，以防止冷却中出现裂纹，铸块最后经过退火和表面加工便成为制品。熔化的方法有还原熔融法和氧化熔融法，熔铸耐火制品目前主要是电熔锆莫来石砖、锆刚玉砖以及熔融石英砖等，一般用来砌筑玻璃池窑的炉底。

5.3 Al_2O_3-SiO_2 系耐火材料

Al_2O_3-SiO_2 系耐火材料是以 Al_2O_3 和 SiO_2 为基本化学组成的耐火材料。根据制品中 Al_2O_3 和 SiO_2 的含量，Al_2O_3-SiO_2 系耐火材料可分为以下四类：硅质耐火材料、半硅质耐火材料、黏土质耐火材料和高铝质耐火材料，广泛应用于冶金、建材、有色玻璃等工业领域。

5.3.1 Al_2O_3-SiO_2 系耐火材料的物理化学基础

Al_2O_3-SiO_2 系耐火材料属于 Al_2O_3-SiO_2 二元系统内的不同组分比例的耐火材料系列。其主要化学组成是 Al_2O_3 和 SiO_2，还有少量起熔剂作用的杂质成分，如 TiO_2、Fe_2O_3、CaO、MgO、R_2O 等。图 2-5-2 是 Al_2O_3-SiO_2 二元系统相图。从图中可以看出随材料中 Al_2O_3/SiO_2 比值的不同，晶相组成发生变化，所得到的耐火材料制品的品种、性能及用途也不同。在 $1470^{\circ}C$ 以上时，系统内存在三个晶相和一个液相，晶相为方石英、莫来石和刚玉。莫来石是 Al_2O_3 含量为 $71.8\% \sim 77.5\%$ 的固溶体，是此系统中唯一的二元化合物。方石英的熔点为 $1713^{\circ}C$，莫来石的熔点为 $1850^{\circ}C$，刚玉的熔点为 $2050^{\circ}C$。

在石英-莫来石系统中，存在的固相为莫来石和方石英。莫来石数量随 Al_2O_3 含量的增高而增多，熔融液相数量相应减少。从熔融曲线（液相线）看出：当系统中 Al_2O_3 含量低于 15% 时液相线陡直，当成分略有波动时，完全熔融温度明显地改变。因此，从共熔点

组成到 Al_2O_3 含量为 15％范围内的原料，不能作为耐火材料使用。系统中 Al_2O_3 含量大于 15％至莫来石组成点的一段范围内，液相线平直，成分的少量波动不会引起完全熔融温度的太大变化，且随 Al_2O_3 含量增多而提高。从平衡相图中看出，温度由 1595℃ 上升到 1700℃ 左右，液相线较陡，液相量随温度升高而增加的速度较慢。1700℃ 以上时，液相线较平，液相量随温度升高迅速增加。这一特征决定了黏土制品的荷重软化温度不太高而荷重软化温度范围宽的基本特点。此外，从共熔点到 Al_2O_3 含量为 5.5％范围内的原料，由于液相线极陡，只要 Al_2O_3 含量稍有增加，出现液相的温度就会剧烈下降，因此不适合作为耐火材料使用。

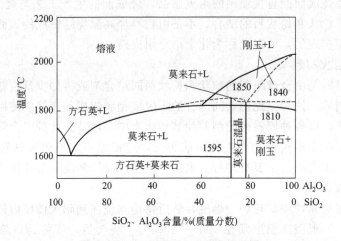

图 2-5-2 Al_2O_3-SiO_2 二元系统相图

在莫来石-刚玉系统中，Al_2O_3 含量越高，刚玉量也越多。因此，属于这一系统中的高铝制品，具有比黏土制品高得多的耐火性质。

综上所述，Al_2O_3-SiO_2 系统中，在高温下的固、液相的数量及其比例、共熔温度的高低、完全熔融温度以及液相数量随温度升高的增长速度等因素决定着制品的高温性质。因此，可凭借理论上的分析来判断制品的耐火性质。

5.3.2　氧化硅质耐火材料

氧化硅质耐火材料是指以 SiO_2 为主要成分，且其含量在 93％以上的耐火制品。主要有硅砖、不定形硅质耐火材料及石英玻璃制品。

硅质耐火材料是典型的酸性耐火材料，其矿物组成为鳞石英、方石英、少量残存石英和高温形成的玻璃质等共存的复相组织。硅质耐火材料对酸性炉渣抵抗能力强，但受碱性渣强烈侵蚀；荷重软化温度高；残余膨胀保证了砌筑体具有良好的气密性和结构强度；耐磨、导热性好；热震稳定性低，耐火度不高，因此限制了它的广泛应用。硅砖主要用于焦炉、玻璃熔窑、酸性炼钢炉以及其他热工设备。

5.3.2.1　氧化硅质耐火材料生产的物理化学原理

制造硅质耐火材料的主要原料是硅石（硅质岩石），其主要成分是 SiO_2。SiO_2 在不同的温度下以不同的晶型存在，在一定条件下相互转化。在晶型转变时，伴随较大的体积变化，从而在制品中产生应力。

SiO_2 在常压下有八种形态，即：β-石英、α-石英、γ-鳞石英、β-鳞石英、α-鳞石英、β-方石英、α-方石英和石英玻璃。在生产硅质制品时，希望制品内的 SiO_2 以鳞石英和方石英的形式存在。方石英的熔点是 1713℃，鳞石英的熔点是 1670℃，石英的熔点是 1600℃。因此在制品中，方石英含量增多，有利于提高其耐火度及抗渣性能。但从体积稳定性来看，方石英在晶型转变时，体积变化最大（±2.8%），而鳞石英最小（±0.4%），有较好的体积稳定性。同时，鳞石英具有矛头双晶互相交错成网状结构，从而使制品具有较高的荷重软化温度及机械强度。因此，鳞石英是比较有利的变体。制品内的残余石英在高温使用条件下会继续进行晶型转变，产生较大的体积膨胀而引起结构松散。所以一般希望烧成制品中含有大量的鳞石英，方石英次之，而残余石英越少越好。

石英在高温下转变为鳞石英和方石英，必须要有矿化剂的"矿化"作用，因此，矿化剂几乎是制造硅质制品不可缺少的物质。但矿化剂对制品性能也有不利的一面，即加入矿化剂会降低制品的耐火性。在制造硅砖时，理想的矿化剂应该是既能在高温下促进石英的转化，又对制品性能影响很小，而且比较经济和容易获得。在硅砖的实际生产中，广泛采用的矿化剂有石灰（CaO）、铁鳞（FeO+Fe$_2$O$_3$）、MnO 以及 FeO 含量高的平炉渣等，其中最常用的是 FeO 和 CaO。虽然 CaO 的矿化作用差，但当原料中有 Al$_2$O$_3$ 等少量杂质时，以 CaO 为矿化剂可在较低的温度（约 1170℃）开始出现液相。因此，CaO 仍旧是一种较强的矿化剂。石灰往往是以石灰乳的形式加入，由于石灰乳具有黏性，它能使松散的硅砖泥料粘接在一起，产生一定的塑性，有利于成型和提高砖坯强度。

5.3.2.2　硅砖

硅砖是指以 SiO$_2$ 含量不低于 97% 的硅石（主要矿物是石英）为原料，加入少量矿化剂，经一系列工序加工而制成的硅质耐火材料。硅砖与其他耐火材料的生产工艺不同之处在于：原料不经煅烧，直接经破碎、粉碎后配用；需加入矿化剂，生产中采用的矿化剂主要有轧钢皮（铁鳞）、平炉渣、硫酸渣、软锰矿等。我国多用轧钢皮作矿化剂，对轧钢皮的要求是 Fe$_2$O$_3$+FeO>90%，需经球磨使粒度大于 0.5mm 的不超过 1%～2%，小于 0.088mm 的不小于 80%。石灰是以石灰乳的形式加入坯料中的，烧成前它起结合剂的作用，结合砖坯内的石英颗粒，增加坯体干燥强度；烧成过程中起矿化剂作用，促进石英的转变。对石灰的要求是应含有 90% 以上的活性 CaO，CaCO$_3$+MgCO$_3$ 不应超过 5%，Al$_2$O$_3$+Fe$_2$O$_3$+SiO$_2$ 不超过 5%，石灰的块度应不小于 50mm，小块（<5mm）含量不超过 5%，大块内部与表面的颜色应相同，不应掺有熔渣、灰分等杂质，也可采用硅酸盐水泥代替石灰作结合剂使用。

5.3.2.3　石英玻璃制品

熔融石英制品是以石英玻璃为原料而制得的再结合制品。SiO$_2$ 含量大于 99.5% 的熔融石英的膨胀系数为 0.54×10^{-6}℃$^{-1}$，它具有热震稳定性好、耐化学侵蚀（特别是酸和氯）、耐冲刷、高温强度大、能抵抗高温下有害杂质的侵入等优点，常用作陶瓷匣钵、棚板等窑具。其烧成时收缩小，因此可以制得尺寸精确的制品。缺点是在 1100℃ 以上长期使用时，会向方石英转变（即高温析晶），促使制品产生裂纹和剥落。

在制造工艺过程中应特别注意石英玻璃中的杂质含量、分散度、烧成温度和保温时间对石英玻璃结晶化的影响。

5.3.3　半硅质耐火材料

半硅砖的 Al$_2$O$_3$ 含量为 15%～30%，SiO$_2$ 含量大于 65%，它是一种半酸性的耐火制品。半硅砖一般用含石英砂的耐火黏土、叶蜡石以及耐火黏土或高岭土选矿的尾矿作原料。

半硅砖具有不太大的膨胀特性，这种微量膨胀的性质有利于提高砌体的整体性，减弱熔渣对砌体的侵蚀；它的另一特点是当高温熔渣与砖表面接触后，会在砖的表面产生一层黏度很大的釉状物质（熔渣与制品作用形成的 SiO_2 含量很高的熔融物，厚度为 $1\sim2mm$），堵塞了气孔，阻止熔渣继续向砖内渗透，形成一层保护层，从而提高了砖的抗侵蚀能力。

半硅砖所用的原料储量大，价格较低，可代替二、三等黏土砖，使用范围较广。由于半硅砖对酸性炉渣具有良好的抵抗性，并具有较高的高温结构强度、体积比较稳定，它主要用于砌筑焦炉、酸性化铁炉、冶金炉烟道及盛钢桶内衬等。

白泡石是一种天然的耐火材料，我国四川、贵州、湖北等地盛产这种矿石。产地不同，成分稍有差异，其主要组成 SiO_2 含量为 $73\%\sim90\%$，Al_2O_3 含量为 $7.6\%\sim21\%$。它是一种半酸性耐火材料。白泡石主要晶相为石英，石英呈均匀的颗粒状，硅铝酸盐和碳酸盐粘接在一起，如高岭石常是白泡石中石英颗粒的胶结物。

白泡石的耐火度波动在 $1650\sim1730℃$，含铁量较大的黄色白泡石的耐火度为 $1560℃$，白泡石的荷重软化温度为 $1570\sim1630℃$，密度为 $2.51\sim2.61g/cm^3$，真密度为 $2.06\sim2.61g/cm^3$。白泡石的热膨胀系数比一般耐火材料大，$1m$ 长的白泡石加热至 $1200℃$，其膨胀量可达 $10mm$ 以上。白泡石在不同方向上的热膨胀数值并不相同，甚至可相差 1 倍以上。因此，白泡石砖在砌筑时必须留膨胀缝。但是经过 $1450℃$ 烧结的熟白泡石热膨胀系数极小，砖体体积无明显变化。

白泡石耐玻璃液侵蚀性较好，在 $1450℃$ 下抗无碱玻璃侵蚀的性能仅次于石英砖。在 $1300℃$ 下使用抗侵蚀性能更好，使用寿命可达一年以上。因此，在玻璃池窑熔化部位使用时应考虑强制冷却。目前，有些小型玻璃窑用它砌筑池壁和池底，或用在池窑拉丝通路口等。

5.3.4　黏土质耐火材料

黏土质耐火材料是用天然的各种黏土作原料，将一部分黏土预先煅烧成熟料，并与部分生黏土配合制成 Al_2O_3 含量为 $30\%\sim46\%$ 的耐火制品，属于弱酸性耐火材料，主要制品有黏土砖和不定形耐火材料。黏土砖采用半干压成型，在 $1250\sim1350℃$ 烧成，对于 Al_2O_3 含量高的制品在 $1350\sim1380℃$ 烧成，烧成气氛为氧化气氛，生产简便，价格便宜，应用广泛。一般按耐火度的高低，将黏土质耐火制品划分为四个等级：特等（耐火度不低于 $1750℃$）；一等（耐火度不低于 $1730℃$）；二等（耐火度不低于 $1670℃$）；三等（耐火度不低于 $1580℃$），黏土耐火制品的性质在较大范围内波动，表 2-5-6 为各等级黏土砖的几项主要性能。

表 2-5-6　黏土砖的理化指标

制品名称	牌号	Al_2O_3 /%	Fe_2O_3 /%	耐火度 /℃	显气孔率 /%	常温耐压强度 /MPa	荷重软化温度 /℃	热导率 / [W/ (m·K)]	重烧线变化 (1450℃，2h) /%
黏土砖	ZGN-42	42	1.6	1750	15	58.8	1450	$3.01+2.1\times10^{-3}t$	$0\sim-0.2(3h)$
	GN-42	42	1.7	1750	16	49.0	1430		$0\sim-0.3(3h)$
	RN-42	42		1750	24	29.4	1400		$0\sim0.4$
	RN-40	40		1730	24	24.5	1350		$0\sim-0.3(1350℃)$
	RN-36	36		1690	26	19.6	1300		$0\sim-0.5(1350℃)$
	N-1			1750	22	29.4	1400		$+0.1\sim-0.4(1400℃)$

黏土质耐火材料的性质及高温性能取决于制品的化学组成，其耐火度、高温耐压强度、荷重软化温度随 Al_2O_3 含量增加而提高，杂质的存在会使这些性能降低。在黏土制品的高温体积稳定性方面，制品长期在高温下使用，会产生残余收缩，一般为 $0.2\%\sim0.7\%$，不超过 1%。

黏土质耐火材料耐热震性较好，普通黏土砖 1100℃ 水冷循环次数达 10 次以上，熟料制品达 50～100 次或更高。黏土质耐火材料属弱酸性耐火材料，因此能抵抗弱酸性渣的侵蚀，对强酸性和碱性炉渣抵抗能力较差。提高制品的致密度，降低气孔率，能提高制品的抗渣性能。增大 Al_2O_3 的含量，抗碱侵蚀能力提高，随 SiO_2 含量的增加，抗酸性渣的能力增强。

黏土质耐火材料用途广泛，凡无特殊要求的砌体均可使用黏土砖，因此，它广泛用于高炉、热风炉、均热炉、退火炉、烧结炉、锅炉、浇钢系统以及其他热工设备，尤其适用于温度变化较大的部位。

5.3.5　高铝质耐火材料

Al_2O_3 含量大于 48％ 的硅酸铝质耐火材料统称为高铝质耐火材料。按 Al_2O_3 含量的多少划分为三个等级：Ⅰ 等（$Al_2O_3 > 75\%$），Ⅱ 等（Al_2O_3 60％～75％），Ⅲ 等（Al_2O_3 48％～60％）。根据矿物组成可分为：低莫来石质（包括硅线石质）及莫来石质（Al_2O_3 48％～71.8％），莫来石-刚玉质及刚玉-莫来石质（Al_2O_3 71.8％～95％），刚玉质（Al_2O_3 95％～100％）。

随着制品中 Al_2O_3 含量的增加，莫来石和刚玉成分的数量也增加，玻璃相相应减少，制品的耐火性随之提高。从图 2-5-2 可知，当制品中 Al_2O_3 含量小于 71.8％ 时，制品中唯一的高温稳定晶相是莫来石，且随 Al_2O_3 含量增加而增多。对于 Al_2O_3 含量在 71.8％ 以上的高铝制品，高温稳定晶相是莫来石和刚玉，随 Al_2O_3 含量增加，刚玉量增多，莫来石减少，相应地提高制品的高温性能。

由于高铝质耐火材料中的 Al_2O_3 含量超过高岭石的理论组成，所以，其使用性质较黏土质耐火材料优异，如较高的荷重软化温度和高温结构强度，以及优良的抗渣性能等。高铝质耐火材料的荷重软化温度是一项重要性质。试验结果表明它随制品中 Al_2O_3 含量的增加而提高。Al_2O_3 含量低于莫来石理论组成时，制品中平衡相为莫来石-玻璃相。莫来石含量随 Al_2O_3 含量的增加而增加，荷重软化温度也相应提高。

高铝质耐火制品的耐热震性比黏土质耐火制品差，850℃ 水冷循环 3～5 次。这主要是由于刚玉的热膨胀性较莫来石高，而无晶型转化之故。而且Ⅰ、Ⅱ 等高铝质耐火制品耐热震性比Ⅲ 等高铝质耐火制品差些。在生产上，通常采取调整泥料颗粒组成的办法改善制品的颗粒结构特性，从而改善其耐热震性。近年来，在高铝质制品的配料中加入一定数量的合成堇青石（$2MgO \cdot 2Al_2O_3 \cdot 5SiO_2$），制造高耐热震性的高铝质制品，取得了明显的效果。

高铝质耐火材料的抗渣性也随 Al_2O_3 含量的增加而提高。降低杂质含量，有利于提高抗侵蚀性。高铝质制品与黏土制品相比，具有良好的使用性能，因此比黏土制品具有较长的使用寿命，成为目前建材工业应用较广泛的耐火材料之一。水泥窑的烧成带、玻璃熔窑的某些部位，以及高温隧道窑都采用高铝砖作窑衬。

5.4　碱性耐火材料

碱性耐火材料是指以碱性氧化物如 MgO 和 CaO 为主要成分的耐火制品，主要品种有镁砖、镁硅砖、镁铝砖、镁铬砖、白云石砖、镁白云石砖及镁橄榄石砖等。一般把镁铝砖、镁铬砖也称作尖晶石砖。从化学特性看，它们都属于碱性物质，对碱性炉渣的侵蚀抵抗能力强。因此各种碱性炼钢炉的炉衬一般都采用这类制品。有色冶金中炼钢、镍、铝的鼓风炉、反射炉等也用这类制品。

5.4.1 镁质耐火材料

镁质耐火材料是指以镁石作原料，以方镁石为主晶相，MgO 含量在 80%～85% 以上的耐火材料。其产品分为冶金镁砂和镁质制品两大类。依化学组成及用途的不同，有马丁砂、普通冶金镁砂、普通镁砖、镁硅砖、镁铝砖、镁钙砖、镁碳砖及其他品种等。镁质耐火材料是碱性耐火材料中最主要的制品，耐火度高，对碱性渣和铁渣有很好的抵抗性，是一种重要的高级耐火材料。主要用于平炉、氧气转炉、电炉及有色金属熔炼等。

5.4.1.1 镁质耐火材料生产的物化基础

(1) 镁质耐火材料的主晶相　镁质耐火材料的主成分是氧化镁，主晶相是方镁石。许多镁质耐火材料制品中还含有硅酸盐、尖晶石或其他成分。

① 方镁石　多由煅烧碳酸镁制得，有的国家也从海水中提取。方镁石是 MgO 的唯一结晶形态，属等轴晶系，NaCl 型结构。其晶格常数和真密度分别随煅烧温度的升高而减小和提高。其化学活性随煅烧温度的升高而降低。镁质耐火材料的主晶相是由化学活性较低的方镁石（也称烧结镁石或死烧镁石）构成的。镁质耐火制品中 MgO 含量越多，说明制品中方镁石含量越多。

较低温度（如 1000℃）煅烧得到的方镁石，晶格常数较大，晶体缺陷多，活性极高，极易与水或大气中的水分进行水化反应，即 $MgO + H_2O \longrightarrow Mg(OH)_2$，并伴有很大的体积效应，不宜直接作为耐火材料使用。

② 镁方铁矿　也称为方镁石富氏体。当 MgO 与铁介质或在还原气氛下与铁的氧化物接触时，在此 MgO-FeO 系统中（见图 2-5-3），由于 Mg^{2+} 和 Fe^{2+} 的离子半径相近，故极易互相置换，形成连续固溶体 [(Mg, Fe)O]，称之为镁方铁矿。在此种情况下构成镁质耐火材料的主晶相。镁方铁矿的真密度随铁固溶体量增加而提高。MgO 吸收大量的 FeO 而不生成液相。如 MgO、FeO 质量比各占 50%，开始出现液相的温度为 1850℃，完全液化温度超过 2000℃。所以镁质耐火材料对含铁炉渣有良好的抵抗能力。

(2) 镁质耐火材料的结合相　镁质耐火制品的高温性质，除了取决于主晶相方镁石以外，还受其间的结合相控制。若结合相为低熔点物相，则制品在高温下抵抗热、重负荷和耐侵蚀性能会显著降低；反之，若结合相以高熔点晶相为主，则上述性能改善。若主晶相间无异组分存在，主晶相间直接结合，则制品的上述性能会显著提高。而且，方镁石间结合相的种类和存在状态，还影响制品的其他使用性能。因此，研究和探讨结合相和结合状态及其对镁质耐火制品性能的影响和质量的控制意义重大。

① 铁酸镁　当方镁石与铁的氧化物在氧化气氛中（如在空气中）接触时，方镁石与 Fe_2O_3 在 600℃ 即开始形成铁酸镁（镁铁尖晶石，$MgO \cdot Fe_2O_3$，简写为 MF）。当温度提高到 1200～1400℃ 反应就更加活跃。铁酸镁具有尖晶石类（$R^{2+}O \cdot R_2^{3+}O_3$）结构，故又称镁铁尖晶石。在空气中 $MgO-Fe_2O_3$ 系统相图如图 2-5-4 所示。铁酸镁的分解温度为 1720℃，在方镁石中的溶解度随温度升高而增加。从图 2-5-4 可看出，即使 MgO 吸收大量的 Fe_2O_3 后耐火度仍很高，所以，镁质耐火材料抗铁炉渣能力好，这是其他耐火材料无法相比的。

② 镁铝尖晶石　在镁质耐火材料中，由于天然原料菱镁矿中不可避免地含有 Al_2O_3 杂质，有时为改善镁质耐火材料基质的高温性能，可以人为地加入含有 Al_2O_3 的组分。当 Al_2O_3 同方镁石在 1500℃ 附近共存时，如在镁质耐火材料烧成过程中或在高温下使用时，即可经固相反应形成镁铝尖晶石（$MgO \cdot Al_2O_3$，简写为 MA）。若所用原料为 γ-Al_2O_3，则此种反应在 γ-Al_2O_3 转向 α-Al_2O_3 的温度下（约 1000℃）就可急速地进行。

$MgO-Al_2O_3$ 系统状态图见图 2-5-5，从图 2-5-5 中可见，方镁石与尖晶石在约 1500℃

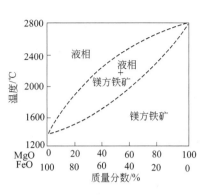

图 2-5-3 MgO-FeO 系统相图

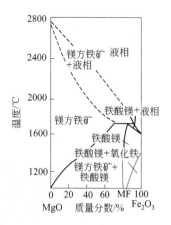

图 2-5-4 MgO-Fe₂O₃ 系统相图

以上有明显互溶，并形成固溶体，且随温度的升高溶解量增加。在 1995℃，MgO 可溶 Al₂O₃16％，但 MA 可溶 MgO 10％左右。虽然 MgO 与 MA 的低共熔温度为 1995℃，但 MgO 溶解 Al₂O₃ 或当 MA 溶解 MgO 形成固溶体后，出现液相的温度皆高于 MgO 和 MA 两相的最低共熔点。当固溶 Al₂O₃ 的 MgO 从高温下冷却时，MA 也可由 MgO 晶体内沉析于表面，并伴有体积效应。

③ 镁铬尖晶石　在镁质耐火材料中，主要是在镁铬砖中，除含有方镁石等矿物外，还含有镁铬尖晶石（MgO·Cr₂O₃，简写作 MK）。此种尖晶石与方镁石的相关系如 MgO-Cr₂O₃ 二元系统图所示（图 2-5-6）。在自然界中很少有纯镁铬尖晶石，因其多与其他金属离子构成复合尖晶石，一般形式为（Mg，Fe）O·（Cr，Al，Fe）₂O₃。MgO-MK 最低共熔温度大于 2300℃。MK 与 MgO 在高温互溶，溶解量随温度升高而增大，随冷却而沉析，但溶解的起始温度和溶解最高量不尽相同。在 1600℃ 时 MgO 可溶 Cr₂O₃10％ 以上，在 2350℃附近可溶 Cr₂O₃ 达 40％，介于 MF 和 MA 之间。

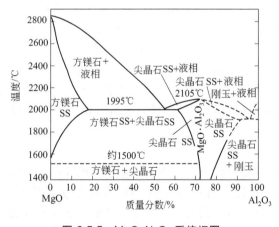

图 2-5-5　MgO-Al₂O₃ 系统相图

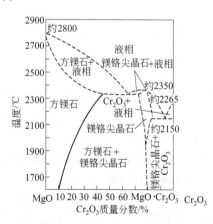

图 2-5-6　MgO-Cr₂O₃ 系统相图

④ 硅酸盐相　在镁质天然原料菱镁矿中往往还含有 CaO 和 SiO₂ 等杂质，故在镁质耐火材料中与方镁石共存的还有一些硅酸盐相。这些硅酸盐相可由 MgO-CaO-SiO₂ 三元系统图（图 2-5-7）看出。在 MgO-CaO-SiO₂ 三元系统中，按共存的平衡关系，与方镁石共存的硅酸盐相依系统中的 CaO/SiO₂ 比值不同而异。如图 2-5-7 中Ⅲ、Ⅳ、Ⅴ 和表 2-5-7 所示。

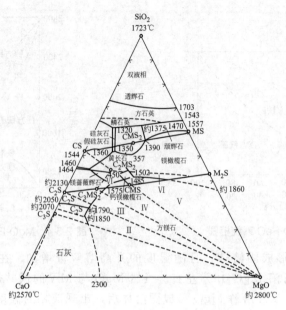

图 2-5-7　MgO-CaO-SiO₂ 系统相图

表 2-5-7　与方镁石共存的硅酸盐矿物

CaO/SiO₂	分子比	0	0~1.0	1.0	1.0~1.5	1.5	1.5~2.0	2.0
	质量比	0	0~0.93	0.93	0.93~1.4	1.4	1.4~1.87	1.87
硅酸盐矿物		M₂S	M₂S-CMS	CMS	CMS-C₃MS₂	C₃MS₂	C₃MS₂-C₂S	C₂S

　　由表 2-5-7 可见，当系统中的 CaO/SiO_2 比由 0 到 2 时，与方镁石共存的硅酸盐分别为镁橄榄石（$2MgO \cdot SiO_2$，简写 M_2S）、钙镁橄榄石（$CaO \cdot MgO \cdot SiO_2$，简写 CMS）、镁蔷薇辉石（$3CaO \cdot MgO \cdot 2SiO_2$，简写 C_3MS_2）和硅酸二钙（$2CaO \cdot SiO_2$，简写 C_2S）。其中钙镁橄榄石熔点较高，为 1890℃，M_2S-MgO 最低共熔温度为 1860℃；钙镁橄榄石在1498℃即分解熔融；镁蔷薇辉石在 1575℃分解熔解；硅酸二钙熔点最高为 2130℃，C_2S-MgO 共熔温度为 1800℃。因而，当 CaO/SiO_2 比值远小于 1（质量比远小于 0.93）或≥2（质量比≥1.87）时，由于与方镁石共存的是高熔点的镁橄榄石或硅酸二钙，故存在此种硅酸盐相的镁质制品在高温下出现液相的温度很高；而当 CaO/SiO_2 比在 1~2（质量比在0.93~1.87）时，由于存在易熔的钙镁橄榄石和镁蔷薇辉石，镁质制品出现的液相温度很低，远低于方镁石的熔点。

5.4.1.2　镁质耐火材料的主要品种及生产

　　镁质耐火制品的一般生产过程是以较纯净的菱镁矿或由海水、盐湖水等提取的氧化镁为原料，经高温煅烧制成烧结镁石（硬烧镁石、死烧镁石），或经电熔制成电熔镁石等熟料，然后将熟料破碎、粉碎，依制品品种经相应配料，再依次经坯料制备、成型、干燥和烧成等工艺过程成为制品。主要品种有：

　　（1）普通镁砖　是以烧结镁石为原料，经 1500~1600℃ 烧结而制成，含 MgO 91％左右，是以硅酸盐结合的镁质耐火制品。为防止生成 FeO-MgO 固溶体，使氧化铁生成 MF，既能促进制品烧结，又不显著降低耐火性能，故一般采用弱氧化气氛烧成。

　　（2）镁铝砖　以烧结镁石为主要原料，加入适量富含 Al_2O_3 的原料（如高铝矾土或生、熟料均可），经 1580~1620℃ 的温度烧结而成，含 MgO 85％左右、Al_2O_3 5％~10％，是以方镁石为主晶相，由镁铝尖晶石结合的镁质耐火制品。

（3）镁铬砖 由 40%～80% 的烧结镁砂和 20%～60% 铬铁矿，在 1650℃ 烧制而成。镁铬砖也可用电熔浇铸，生产熔铸镁铬砖。其主晶相为方镁石，结合相为镁铬尖晶石。镁铬砖在烧成过程中，气氛对其结构影响很大。氧化气氛下很多尖晶石进入与方镁石形成的固溶体中，而铬铁矿中的 FeO 则被氧化，氧化气氛引起方镁石的晶粒长大和沉析尖晶石的增加；还原气氛则使金属氧化物还原为铁-铬金属。

（4）镁硅砖 是以高硅镁石经高温煅烧成镁硅砂作为原料，经 1620～1650℃ 烧制而成的，含 SiO_2 5%～11%，CaO/SiO_2 分子比≤1。它是由镁橄榄石（$2MgO \cdot SiO_2$）结合的镁质耐火材料。

（5）镁钙砖 以高钙的烧结镁石为原料，经 1600～1680℃ 烧制而成，含 CaO 6%～10%，CaO/SiO_2 分子比≥2，主晶相为方镁石。它是由硅酸三钙和硅酸二钙结合的镁质耐火材料。

（6）直接结合镁砖 以高纯烧结镁砂为原料，经烧结制成，含 MgO 在 95% 以上，是方镁石晶粒间直接结合的镁质耐火材料。

（7）镁碳砖 以烧结镁石或电熔镁石为主要原料，并加入适量石墨和含碳的有机结合剂，经高压成型制成，含 C 在 10%～40%，是碳结合的镁质耐火制品。

（8）不烧结镁质制品及不定形镁质耐火材料等 以镁质耐火材料为主体的免烧和不定形耐火材料。

5.4.2 白云石质耐火材料

以白云石作为主要原料生产的碱性耐火材料称为白云石质耐火材料。按其化学组成，白云石耐火材料可分为两类：

（1）含有游离石灰的白云石质耐火材料，矿物组成为：MgO、CaO、C_3S、C_4AF、C_2F（或 C_3A）。因其组成中含有难于烧结的活性 CaO，极易吸潮分化，故又称为不稳定或不抗水化的白云石质耐火材料。

（2）不含游离 CaO 的白云石质耐火材料，其矿物组成为 MgO、C_3S、C_2S、C_4AF、C_2F（或 C_3A）。组成中 CaO 全部呈结合态，不会因水化而分散，因而也称为稳定性或抗水性白云石质耐火材料。

白云石质耐火材料主要用作碱性氧气转炉炉衬。从化学组成看，经历了杂质由高到低的阶段，在工艺上由不烧到轻烧至高温烧成。目前，普遍的倾向是发展低杂质含量、高 MgO 含量的合成白云石砖。

5.4.2.1 白云石砖

白云石砖是由煅烧烧过的白云石砂制成的耐火材料制品。通常含氧化钙（CaO）40% 以上，氧化镁（MgO）35% 以上，还含有少量的氧化硅（SiO_2）、氧化铝（Al_2O_3）、三氧化二铁（Fe_2O_3）等杂质。

白云石砖按生产工艺可分为：焦油（沥青）结合不烧砖、轻烧油浸砖和烧成油浸砖。白云石砖含游离 CaO，在空气中易于水化崩裂，不宜长期存放。

白云石砖广泛用于碱性转炉，用作转炉炉衬的主要是焦油结合白云石砖和焦油结合镁质白云石砖。有些工厂在易损部位使用轻烧油浸和烧成油浸镁质白云石砖。欧洲和日本等转炉主要使用焦油结合热处理的烧成油浸的白云石砖和镁质白云石砖。此外，烧成油浸镁质白云石砖还用作某些炉外精炼包的内衬。

5.4.2.2 镁白云石砖

镁白云石砖属于半稳定性质的白云石耐火材料，含一定数量的游离 CaO，以钙的硅酸盐为主要结合成分，具有较强的抗渣性、高的荷重软化温度和较高的高温机械强度。

5.4.3 镁橄榄石质耐火材料

以镁橄榄石 $2MgO \cdot SiO_2$（简写成 M_2S）作为主要组成的耐火材料称为镁橄榄石质耐火材料。材料中的 MgO 含量为 35%～55%，$m(MgO)/m(SiO_2)=0.94～1.33$。

在镁橄榄石质耐火材料中除主要结晶相 M_2S（含量 65%～75%）外，还有相当数量（约 15%）的铁酸镁及其他矿物。M_2S 的结晶颗粒很大并形成结构骨架。其他矿物不是以结合物形式存在，而是以包裹体的形式存在于镁橄榄石晶体的裂缝之中。因此，镁橄榄石质耐火材料的性质主要取决于镁橄榄石的性质。

纯净的镁橄榄石熔点为 1890℃，是 MgO-SiO₂ 系统中唯一稳定的耐火相。镁橄榄石具有很高的荷重软化温度，加镁砂的制品开始变形温度可达 1650～1700℃，甚至更高。镁橄榄石制品抵抗熔融氧化铁作用的能力较强，但对 CaO 的抵抗作用较弱，抵抗黏土质及高铝质物料的能力更弱。其抗热震性较普通镁砖好，其缺点是气孔率高，在气氛变化条件下使用时结构易松散等。镁橄榄石耐火材料主要应用于平炉蓄热室格子砖、铸锭用砖、加热炉炉底，在炼钢炉中也有较好的使用效果。

5.5 锆质耐火材料

含锆耐火材料制品是以氧化锆、锆英石为原料制造的耐火材料制品。含锆耐火材料通常具有较高的熔融温度，化学稳定性强而且特别耐金属熔体、炉渣和玻璃液的侵蚀，而且由于 ZrO_2 的相变增韧使含锆耐火材料通常具有良好的抗热震能力。因此，含锆耐火材料一般用于高温关键部位，如冶金工业中的盛钢桶、流钢槽、连铸用定径水口、浸入式水口和长水口的渣线部位等，玻璃熔窑的熔化部、上部结构、侧墙、隔墙、流液洞等，水泥回转窑过渡带、悬浮预热器以及陶瓷工业的高温窑具等。

含锆耐火材料制品分为锆英石制品、氧化锆制品和锆质熔铸制品等。

5.5.1 锆英石耐火材料

锆英石质耐火材料是以天然锆英石砂（$ZrSiO_4$）为原料制得的耐火制品。它属于酸性耐火材料，其抗渣性强，热膨胀率较小，热导率随温度升高而降低，荷重软化点高，耐磨强度大，热震稳定性好，已成为各种工业领域中的重要材料。

锆英石质耐火材料有以单一锆英石烧结制成的锆英石砖，还有以锆英石为主要原料，加入适当的烧结剂（最常用的是耐火黏土）制成的锆质砖。为了改善锆英石砖的性能，还有加入其他成分（如高铝矾土、电熔刚玉或氧化铬等）的特殊锆英石砖。

生产锆英石质耐火材料可以采用半干法、泥浆浇注法或挤压法等。由于锆英石原料本身无塑性并在高温下分解，在生产中对结合剂、粒度配合和烧成条件等方面必须采取与其相适应的工艺。通常，工业用的锆英石原料为砂粒状，粒度约为 0.1～0.2mm，不能直接用来制砖，必须将其粉碎后使用。为了便于调整制品的颗粒组成和减少烧成收缩，一般采用两步的生产方法，即将锆英石砂和细粉预先制成团块，经煅烧后再将烧块粉碎至适当粒度使用。锆英石团块应在低于锆英石的分解温度下煅烧。

生产锆英石砖时，为了使砖坯达到足够的密度，必须选择适宜的颗粒组成。如制造盛钢桶用锆英石铸口砖时，采用 $0.5\sim1.5mm$ $45\%\sim50\%$ 和 $<0.088mm$ $55\%\sim50\%$ 或 $0.5\sim2mm$ 50% 和 $<0.088mm$ 50% 的配料有较好的效果。

为使砖坯有足够的强度，需加入有机结合剂，采用半干压法成型。由于锆英石本身烧结性能差，而过高的烧成温度又会引起其显著分解，因此，砖坯在烧成时需特别注意，通常以 $1550\sim1600℃$ 烧成。至于锆英石坩埚和其他管状材料，可用注浆法和挤压法制得。用石膏模浇注成型时，所用泥浆至少含 88% 的固体料。用挤压法成型时，须加入黏结剂，使坯体有足够强度。在锆英石砖料中加入少量黏土，可以大大改善成型性能，提高干燥和烧成后制品的密度以及降低烧成温度。

锆英石砖的耐火度和荷重软化点均较高，热膨胀率小，受熔渣的化学侵蚀不易溶解。但其抗侵透性（抗浸润性）差，熔渣可通过气孔向砖内部侵透，同时与分解了的锆英石粒子发生反应，形成变质层，使砖组织崩坏。为了提高锆英石砖的使用效果，必须降低其熔渣的侵透性，改进方法为：①通过调整颗粒组成和改变成型方法来制取气孔率和透气性低的制品，不过用此方法制成的制品，难免会使其热震稳定性降低；②向砖内加入某些加入物，提高砖与熔渣作用生成物的黏性。

5.5.2　氧化锆耐火材料

氧化锆主要是从含锆矿石中提炼出来的，工业常用锆英石（$ZrO_2 \cdot SiO_2$）精矿提取二氧化锆，较纯的氧化锆粉末呈现黄色或灰色，高纯的氧化锆粉末呈白色，熔点为 $2667℃$。

氧化锆有三种晶型：立方相（c）、四方相（t）和单斜相（m）。氧化锆低温为单斜晶系（m），密度 $5.65g/cm^3$；高温为四方晶系（t），密度 $6.10g/cm^3$；更高温度下转变为立方晶系（c），密度 $6.27g/cm^3$。其转化关系如下：

$$m\text{-}ZrO_2 \underset{}{\overset{1170℃}{\rightleftharpoons}} t\text{-}ZrO_2 \underset{}{\overset{2370℃}{\rightleftharpoons}} c\text{-}ZrO_2$$

二氧化锆单斜相与四方相之间的可逆转化伴随有 $7\%\sim9\%$ 的体积变化，造成氧化锆制品烧成时容易开裂，用纯的 ZrO_2 难以制成坚固致密而又不开裂的制品。所以在制造 ZrO_2 制品时，必须进行稳定化处理。ZrO_2 的稳定化是将具有立方晶型、金属离子半径与 Zr^{4+} 相当的氧化物（例如 CaO，CeO_2，MgO，Y_2O_3）与 ZrO_2 形成连续固溶体，这种固溶体通过快冷以亚稳态保持到室温，不再发生相变的过程。通过形成无固态相变的立方晶型固溶体，明显减小体积效应，减少膨胀系数，稳定晶型，减少热应变能，避免氧化锆制品出现裂纹。上述加入的氧化物称为稳定剂。

氧化锆坩埚用于熔炼铂、铑、铱等贵重金属及合金，用作 $2000℃$ 以上的高温炉衬。氧化锆不被熔融铁所润湿，可用作盛钢桶、流钢槽的内衬和连铸的水口材料。氧化锆棒体可作为发热元件，用于氧化气氛下 $2000\sim2200℃$ 的高温炉。氧化锆固体电解质可作为快速测定钢液、铜液及炉气中氧含量的测氧探头及高温燃料电池的隔膜等。此外，稳定氧化锆可用作火焰喷涂或等离子喷涂料。

5.5.3　锆质熔铸耐火材料

熔铸耐火材料指原料及配合料经高温熔化后浇铸成一定形状的制品。熔铸耐火制品的一般生产工艺为：原料制备和加工、配料、混合加工、熔融、浇铸成形、热处理、机械加工。

以精选的锆英石矿砂或锆英石砂经脱硅处理的产品和工业氧化铝为原料，首先将粉状原料混合制成料球，在电弧炉内经 $2000℃$ 左右熔化，然后将熔液浇注入砂模或金属模内成形，经热处理和机械加工而成熔铸刚玉耐火制品。这种制品用于直接与金属液和熔渣接触处，是抵抗侵蚀的良好材料，是玻璃熔窑受侵蚀最严重的关键部位不可缺少的材料，也用于金属冶炼炉和容器中受渣蚀严重之处。但是，此种材料不宜用于 900～1150℃ 范围内温度频繁变化的部位。此种材料也可用烧结法生产。同理，也可生产锆莫来石砖。几种含锆耐火材料的主要技术指标见表 2-5-8。

表 2-5-8　几种含锆耐火制品的主要技术性能指标

项目	锆英石砖	烧结锆刚玉砖	熔铸锆刚玉砖
主要化学成分/%	ZrO_2 38～65 SiO_2 28～52	ZrO_2 10～20 Al_2O_3 70～80	ZrO_2 33～40；Al_2O_3 45～51 SiO_2 10～16
主要矿物组成	锆英石	刚玉、斜锆石	斜锆石、刚玉
耐火度/℃	1825～1850		
气孔率/%	8～25（总）	15～23	0.1～0.15
体积密度/(g/cm³)	2.7～4.25	2.92～2.93	3.4～3.7
线膨胀率(1000℃)/%	0.3～0.6		0.7～0.8
常温耐压强度/MPa	25～430	13.7～22.7(抗折强度)	＞300
荷重软化温度/℃	1400～1750		＞1700
残存线收缩率(1500℃,2h)/%	0～+2		
耐热震性	好	很好	较好
抗渣性	好	好	耐熔融玻璃液侵蚀性好

5.6　含碳耐火材料

含碳质耐火材料是指由碳化物为主要组成的耐火材料，属中性耐火材料。其中，以无定形碳为主要组成的称为碳素耐火材料；以结晶型石墨为主要组成的称为石墨耐火材料；以 SiC 为主要组成的称为碳化硅耐火材料。含碳耐火制品的主要性能见表 2-5-9。

表 2-5-9　含碳耐火制品的主要性能

项目		碳砖	碳化硅石墨砖	氧化物结合碳化硅砖	氮化物结合碳化硅砖	再结晶碳化硅砖
主要化学成分/%		C 94～99	SiC 20～80 石墨 60～30	SiC 约85 SiO_2 10	SiC 70～80 Si_3N_4 15～25	SiC 约100
主要矿物组成		无定形碳	α-碳化硅 石墨	α-碳化硅	α-碳化硅 α-氮化硅	α-碳化硅
耐火度/℃　　≥		3000	—	1800	—	—
气孔率/%		＜24	10～22	13～16	10～18	0.5～32
体积密度/(g/cm³)		1.5～1.8	1.9～2.2	2.55～2.62	2.5～2.8	2.1～3.3
比热容/[kJ/(kg・℃)]		0.837		$0.963+0.146×10^{-3}t$		$0.963+0.146×10^{-3}t$
热导率/[W/(m・K)]		$30.51+20.93×10^{-3}t$	—	$(209.34～104.67)×10^{-3}t$		$(371.69～0.343)t+1151×10^{-5}t^2$
平均热膨胀系数	温度/℃	—	—	20～900	20～1200	20～900
	$10^{-6}℃^{-1}$	5.2～5.8		2.93	3.8	2.93～4.8
常温耐压强度/MPa		30～60	＞40	100～120	＞100	68.6～3700
荷重软化温度/℃		不软化	＞1600	1800	＞1600	＞1700
耐热震性/次		＞25		＞30	好	50～150
抗渣性		极好,易氧化			好,抗氧化	很好
最高使用温度/℃		2000				1800

5.6.1　碳素耐火材料

主要品种是碳砖，因其尺寸较普通耐火制品大，常称碳块。其他品种有供砌筑块和捣固内衬用的碳素糊。

原料是低灰分（小于 8％）的无烟煤和灰分少、强度高、挥发分少而无水的煤焦、煤沥青和石油沥青焦。为使坯料具有良好的可塑性，可加入适量的石墨。结合剂采用含碳较高的有机物，如采用软化点为 65～70℃的中温焦油沥青，并混入部分煤焦油，加入量为 15％～20％。坯料经混炼后在热态下成型，然后冷却定型。在隔绝空气的情况下烧成，烧成温度为 1000～1300℃，在隔绝空气的情况下缓慢降温。冷却后按所需尺寸进行机械加工即得产品。

碳砖含游离碳≥94％～99％，其余为灰分。气孔率为 15％～25％，常温耐压强度为 30～60MPa。这种无定形碳是不熔的，仅在 3500℃升华，在常温下是稳定的和呈化学惰性的。在高温下燃烧生成 CO 和 CO_2，故只要高温下不和氧接触，它就具有很高的高温强度，抵抗高温热负荷能力强，长期使用不软化。碳砖导热性好，耐热震性好。

碳砖可用于高温下受化学溶液、熔融金属和熔渣侵蚀的部位，还可用于温度急剧变化之处。不宜用于高温下与氧化性气体和水蒸气接触之处。此制品电阻率较低，可作为电导体。碳糊是用石油焦、沥青焦或无烟煤、冶金焦为原料，经破碎、粉碎和分级后按要求配料，结合剂常用软化点为 65～75℃的中温沥青，混合料经混炼即制成碳糊。

5.6.2　石墨耐火材料

是以石墨为主要原料和主要组成的耐火制品。主要品种为石墨黏土制品，还有石墨碳化硅等制品。

石墨黏土制品是以石墨、耐火黏土熟料和可塑性耐火黏土为原料，经配料、多次混料及困料，采用可塑法或半干压法及等静压成型，埋在碳匣钵中，或在强还原气氛下，或对制品表面涂氧化保护层后烧成的，烧成温度为 1000～1150℃。主要品种有石墨黏土坩埚、蒸馏罐、铸钢用塞头砖、水口砖以及盛钢桶砖等。制品有较高的强度，相当高的耐金属液和熔渣侵蚀的能力，热膨胀性较低，导热性较高，耐热震性较强。故可作为直接接触熔融金属的耐火材料。石墨制品还用于浮法玻璃窑的平板限制器部位。

为提高石墨制品的耐高温能力，以 SiC 代替熟料，以焦油沥青代替结合剂黏土，并经焦化处理，制成石墨碳化硅制品、石墨碳化硅和碳的复合制品。由此种 SiC-C 系材料制成连续铸钢用浸入式水口，使用效果好。另外，还可制成 Al_2O_3-C 系、ZrO_2-C 系制品。

5.6.3　碳化硅质耐火材料

SiC 耐火制品是以碳化硅为原料和主晶相的耐火材料。目前，其主要品种有以下几类：黏土和氧化物结合 SiC 制品、碳结合 SiC 制品、氮化物结合 SiC 制品、自结合和再结晶 SiC 制品。另外，还有半碳化硅制品。

这类制品的性质主要取决于碳化硅的性质，还取决于结合剂和粘接形式（因结合剂将瘠性料 SiC 粘接成整体）。

5.6.3.1　黏土和氧化物结合的碳化硅制品

用耐火的可塑性较强的耐火黏土（10％～15％）与 SiC（50％～90％）以及其他瘠性耐火材料配合，加亚硫酸纸浆废液或糊精等作结合剂，以生产黏土耐火制品的方法制成。在氧化气氛下，经 1350～1400℃烧成。

在配料中可用纯净 SiO_2 细粉代替结合黏土，其他生产方法同上。在坯体烧成时，SiO_2 组分在 SiC 颗粒表面形成薄膜，将 SiC 颗粒结合为整体。

此种制品可用于陶瓷匣钵、棚板等窑具及焦炉碳化室的耐火材料，还可用作炼铁高炉炉腰、炉腹和炉身内衬，金属液的出液孔砖和输送金属液的通道砖和管砖，各种加热炉内衬和换热器管材等。

5.6.3.2　氮化硅结合的碳化硅制品

此种制品是由氮化硅（Si_3N_4）将 SiC 晶粒结合为整体而构成的耐火制品。Si_3N_4 是一种耐高温的材料，在 1900℃ 分解为氮和被氮所饱和的硅熔融物。Si_3N_4 有两种晶型：低温型 α-Si_3N_4 和高温型 β-Si_3N_4。在低于 1400℃ 时能生成 α 型，在较高温度下生成 β 型，加热时约在 1500℃ 发生 $\alpha \rightarrow \beta$ 型转化。通常用反应烧结法，在 1400℃ 左右制成者为 α 和 β 的混合体（工业氮化硅）。本文除标明外，Si_3N_4 即指 α 和 β 型混合体。

Si_3N_4 常温和高温耐压强度高，荷重软化温度高达 1800℃ 以上。Si_3N_4 强度高、硬度大，是一种耐磨材料。导热性较高，是一种耐热性很强的材料，也是一种耐酸液、耐金属液和熔渣侵蚀的材料。高温条件下，Si_3N_4 在氧气或水蒸气作用下可被氧化并析出方石英。其耐氧化温度可达 1400℃，在还原性气氛中最高使用温度可达 1870℃。

以 Si_3N_4 作为结合剂生产 SiC 制品，一般皆采用反应烧结的方法，特别是多采用硅氮直接反应法。此法是将小于 $44\mu m$ 的 SiC 细粉与细粉状硅混合，经成型制成多孔坯体，在电炉中于 1300～1350℃ 条件下，充 N_2，坯体在 N_2 中加热反应生成 Si_3N_4（$3Si + 2N_2 \Longrightarrow Si_3N_4$）。由于与 SiC 形成强力结合的氮化键，从而将 SiC 颗粒结合为坚固的整体。坯体的形状在氮化前后几乎没有变化，因而可生产形状很规整的产品。此种制品可以完全代替氧化物结合的碳化硅制品，用于各种高温设备中，而且适用于工作温度更高、重负荷更大、温度急剧变化更大的条件。

5.6.3.3　自结合和再结晶的碳化硅制品

自结合 SiC 耐火制品是指原生的 SiC 晶体之间由次生的 SiC 晶体结合为整体的制品。再结晶 SiC 耐火制品是原生的 SiC 晶体经过再结晶作用而结合为整体的制品。

自结合碳化硅耐火制品按 SiC/C，将 SiC 和石油焦配合，一般控制 C 含量约占 15%～30%。若 SiC 颗粒较粗，应少加，反之应多加。然后将混合料挤压或等静压制成多孔坯体，坯体的气孔应与 Si 加 C 形成次生 SiC 的量相适应，以能形成次生 SiC 连续相为宜。由于坯体在常温下无可塑性和结合强度，成形前应在 SiC 与石油焦的混合料中加少量有机结合剂，如糊精、淀粉或其他树脂乙醇溶液等，制成可塑性混合料。最后，将坯体于 1950℃±20℃ 下，在氩气中用熔融硅浸渍。根据制品尺寸，经过一定时间（如小型制品经 2～4h），碳溶于熔融物中，熔融硅定向扩散，硅碳直接反应，生成次生碳化硅。在此烧结条件下，硅还与碳发生多相反应，也生成次生碳化硅，从而使坯体烧结。自结合碳化硅制品也可以采用固相反应烧结法，但一般需加入适量外加剂，以促进反应及烧结。一般在 2000～2200℃ 中性气氛下烧结。

再结晶碳化硅耐火制品多利用常压烧结法制成高密度制品。首先向碳化硅细粉中加入少量添加剂，如 0.3%～0.8% 的硼和 1.5% 的碳或 1.1% 左右的铝和碳，混合后经浇注或等静压或半干压成型制成坯体。然后，将坯体置于氩气或还原气氛中，在大气压力下，经 1950～2100℃ 高温处理，使坯体在无液相的条件下，通过 SiC 在凸面颗粒处蒸发，而在凹面及平坦表面颗粒的共生作用，使制品达到烧结。当坯体中有添加剂时，易形成固溶体，使碳化硅晶界能降低，促进物质迁移，加速烧结。如加硼和碳，硼与碳形成 B_4C，并与 SiC 再形成 Si (C，B)，促进 SiC 烧结，使 SiC 晶体间生成 SiC 再结晶连生体，烧结成为坚实的坯体。此种制品可广泛用于受高温和承受重负荷以及受磨损和有强酸和熔融物侵蚀的部位。如用于热处理的电加热炉、均热炉和加热炉的烧嘴及滑轨，各种高温焙烧炉内的辊道和高负重窑具，马弗窑内衬和匣钵等。其中再结晶 SiC 制品使用效果尤为突出。

5.6.3.4　半碳化硅制品

半碳化硅制品中 SiC 含量在 50% 以下。它可以分为黏土熟料 SiC 制品、高铝 SiC 制品、莫来石 SiC 制品、锆英石 SiC 制品等。由于这类制品含有 50% 以下的 SiC，其热震稳定性、导热性和强度显著提高。目前工业中使用较多的是黏土熟料 SiC、高铝 SiC 和刚玉 SiC 制品。

5.6.4　碳复合耐火材料

将耐火的氧化物与石墨等碳质原料以及一定的结合剂与外加剂制成的复合材料称为碳复合材料。石墨具有熔渣对其湿润性差、线膨胀系数小与导热性能好等优点，将石墨与一些耐火氧化物制成碳复合耐火材料，会明显提高耐火材料的抗熔渣侵蚀性与抗热震性。因此，此类材料在 20 世纪 70 年代开始研制以来，得到迅速发展，并广泛应用于冶金工业，满足了钢铁冶金新设备、新工艺对耐火材料提出的日益苛刻的要求。如镁炭砖广泛应用于炼钢转炉、电炉等领域，炉外精炼、钢包、滑动水口与连铸浸入式水口也大多采用碳复合耐火材料，如镁炭砖、铝炭砖、铝镁炭砖、镁钙炭砖、铝锆炭砖。铁水预处理及高炉出铁沟广泛采用 Al_2O_3-SiO_2-C 质材料。

5.7　不定形耐火材料

不定形耐火材料是由合理级配的粒状和粉状料与结合剂共同组成的不经成型和烧成而直接供使用的耐火材料。通常，对构成此种材料的粒状料称骨料，对粉状料称掺合料，对结合剂称胶结剂。这类材料无固定的外形，可制成浆状、泥膏状和松散状，因而也通称为散状耐火材料。用此种耐火材料可构成无接缝的整体构筑物，故还称为整体耐火材料。不定形耐火材料的种类很多，可依所用耐火物料的材质分类，也可按所用结合剂的品种分类。按工艺特性划分的各种不定形耐火材料的主要特征如表 2-5-10 所示。

表 2-5-10　不定形耐火材料的主要特征

种类	主 要 特 征
浇注料	以粉粒状耐火物料与适当结合剂和水等配成，具有较高流动性，多以浇注或（和）振实方式施工，结合剂多用水硬性铝酸钙水泥，用绝热的轻质材料制者称轻质浇注料
可塑料	由粉粒状耐火物料与黏土等结合剂和增塑剂配成，呈泥膏状，在较长时间内具有较高可塑性。施工时可轻捣或压实，经加热获得强度
捣打料	以粉粒状耐火物料与结合剂组成的松散状耐火材料，以强力捣打方式施工
喷射料	以喷射方式施工，分湿法施工和干法施工两种，因主要用于涂层和修补其他炉衬，而分别称为喷涂料和喷补料
投射料	以投射方式施工
耐火泥	以细粉状耐火物料和结合剂组成，有普通耐火泥、气硬性耐火泥、水硬性耐火泥和热硬性耐火泥之分，加适当液体制成的膏状和浆状混合料，常称为耐火泥膏和耐火泥浆，用于涂抹之用时，也称为涂抹料

不定形耐火材料的化学和矿物组成主要取决于所用粒状和粉状耐火材料，还与结合剂的品种和数量有密切关系。由不定形耐火材料构成的构筑物或制品的密度主要与组成材料及其配比有关，同时，在很大程度上取决于施工方法和技术。一般而言，与相同材质的烧结耐火制品相比，多数不定形耐火材料由于成型时所加外力较小，在烧结前甚至烧结后的气孔率较高；在烧结前构筑物或制品的某些性能可能因产生某些化学反应而有所变动，有的中温强度

可能稍有降低；由于结合剂和其他非高温稳定材料的存在，其高温下的体积稳定性可能稍低；由于其气孔率较高，有的还因结合剂的影响，可能耐侵蚀性较低，但耐热震性一般较高。

5.7.1 浇注耐火材料

浇注料是一种由耐火材料制成的粒状和粉状材料。使用这种耐火材料时要加入一定量的结合剂和水分。它具有较高的流动性，适用于以浇注方法施工。为改善其性能，还可另加塑化剂、减水剂、促硬剂等。由于其基本组成、施工和硬化过程与土建工程中用的混凝土相同，故也常称之为耐火混凝土。

5.7.1.1 浇注料用的瘠性耐火原料

（1）粒状料　可由各种材质的耐火原料制成。以硅酸铝质熟料和刚玉材料用得最多，其他如硅质、镁质、铬质、锆质和碳硅质材料也常用，根据需要而定。也可用轻质多孔材料和纤维耐火材料制成。

一般以烧结良好的吸水率为 $1\%\sim5\%$ 的烧结材料作为粒状料，可获得较高的强度。

（2）粉状料　常采用与粒状料材质相同但等级更优良者作为粉状料，以使浇注料的基质与粒状料的品质相当。粉状料的粒度应合理，其中应含一定数量粒度为数微米的超细粉。

为避免在高温下基质的收缩与粒状料的膨胀之间产生较大的变形差而引起内应力，造成结合层之间产生裂纹，降低耐侵蚀性，应尽量选用热膨胀系数较小的粒状料。在构成基质的组分中应加入适量的膨胀剂。

5.7.1.2 浇注料用的结合剂

结合剂是浇注耐火材料中不可缺少的重要组分。在未经高温烧结前，结合剂将瘠性物料粘接为整体，并使构筑物或制品具有一定强度。

可作为不定形耐火材料结合剂的物质很多。按其化学成分可分为无机和有机结合剂两种。按其硬化特点可分为气硬性、水硬性、热硬性和陶瓷结合剂。浇注料所用的结合剂多为具有自硬性或加少量外加剂即可硬化的无机结合剂。使用最广泛的是高铝水泥、水玻璃和磷酸盐。

（1）高铝水泥　是制造浇注料的主要结合剂，也可用以配制喷射料和投射料及耐火泥，不宜同易水化的碱性瘠性料配合。

（2）水玻璃　化学式为 $Na_2O \cdot nSiO_2$ 或 $Na_2O \cdot nSiO_2 \cdot xH_2O$。模数 n 越大，粘接能力越强。不定形耐火材料用的水玻璃多是黏稠状液体，相对密度为 $1.30\sim1.40$，模数为 $2.0\sim3.0$。水玻璃除不宜与极易水化的白云石类材料配合外，与其他任何瘠性材料都可配制成各种不定形耐火材料，但由水玻璃结合的不定形耐火材料，不宜水浸和受潮。

（3）磷酸及磷酸盐结合剂　用磷酸与一些耐火材料接触后反应生成的酸式磷酸盐，如磷酸与黏土质或高铝质耐火材料反应形成 $Al(H_2PO_4)_3$ 或直接使用这类酸式盐作结合剂，因其具有相当的胶凝性，可将一些不定形耐火材料粘接成为坚强的整体，故应用最为广泛。在配制不定形耐火材料时都可用磷酸铝。特别是酸性和中性瘠性料，由磷酸铝结合或与其他结合剂配制成复合结合剂，可制成特性优良的不定形耐火材料结合体。

5.7.1.3 浇注料的配制与施工

浇注料的各种原料确定以后，首先要经过合理的配合，再经搅拌制成混合料，有的混合料需困料。按混合料的性质采取适当方法浇注成形并养护，最后将已硬化的构筑物，经正确的烘烤处理后投入使用。

5.7.1.4　浇注料的性质

（1）强度　浇注料中粒状料的强度一般要高于结合剂硬化体的强度及其与颗粒之间的结合强度，故浇注料的常温强度实际上取决于结合剂硬化体的强度，高温强度也受结合剂的控制。

（2）耐高温性能　若所用粒状和粉状料具有良好的耐火性，而结合剂熔点既高又不致与耐火物料发生反应形成低熔物，则浇注料必定具有相当高的耐火性。若所用粒状和粉状料的材质一定，则浇注料的耐高温性在相当大的程度上受结合剂所控制。通常，浇注料中结合剂量增加则浇注料的耐火度及硬化后的高温体积稳定性、抗渣性降低。浇注料的耐热震性比同材质的烧结制品优越，这是因为浇注料硬化体能吸收或缓冲热应力和应变之故。

5.7.2　可塑耐火材料

可塑耐火材料又叫可塑料，是一种在较长时间内具有较高可塑性、呈软泥膏状的不定形耐火材料。它是由合理级配的颗粒和细粉并加入适当的结合剂、增塑剂和水充分混炼而成。颗粒和细粉可用各种耐火原料制备，一般占总量的 70%～85%，使用最广泛的是硅酸铝质耐火原料。结合剂多用黏土和其他化学结合剂（水玻璃、硫酸、硫酸铝等）。

可塑耐火材料的凝结硬化程度也主要取决于结合剂的作用。为了改进原软质黏土作结合剂的可塑料在施工后硬化缓慢和强度低的缺点，常用气硬性和热硬性结合剂。磷酸铝是使用最广泛的一种热硬性结合剂，施工后，经干燥可获得很高的强度。

可塑耐火材料在高温下具有良好的烧结性和较高的体积稳定性。在硬化前可塑性较高，硬化后具有一定的强度。目前，可塑耐火材料广泛应用于各种工业窑炉的捣打内衬，也用作热工设备内衬的局部修补。

5.7.3　其他不定形耐火材料

不定形耐火材料的种类很多，除前述耐火混凝土和可塑料以外，广泛使用的其他品种还有捣打料、喷射料和投射料以及耐火泥。

5.7.3.1　捣打料

捣打料是一种呈松散状的以强力捣打方法进行施工成形的不定形耐火材料。主要由耐火原料制成的级配合理的颗粒和细粉，以及适量的结合剂或胶结剂组成。

捣打料中粒状料所占比例很高，而结合剂和其他组分所占比例很低，甚至全部由粒、粉料组成。故粒状和粉状料的合理级配是重要的环节。粒、粉料的材质根据使用要求选定。无论采用何种材质，由于捣打料主要用于与熔融物直接接触之处，要求粒、粉必须具有高的体积稳定性、致密性和抗渣性，必要时还要求具有绝缘性。通常，都采用经高温烧结或熔融的材料。结合剂根据粒、粉料的材质和使用要求选定，可以用硅酸钠、硅酸乙酯、硅胶、镁盐（氯化盐、硫酸盐和磷酸盐）以及有机沥青、树脂、软质黏土、磷酸、磷酸铝等。在捣打料中不用各种水泥作结合剂。

捣打料的耐火性和耐熔融物侵蚀的能力，可通过选用优质耐火原料，采用正确配比和强力捣实而获得。与耐火浇注料和可塑料相比，高温下它具有较高的稳定性和抗渣性。捣打料可在常温下施工，主要用于与熔融物料直接接触的部位作炉衬材料。

5.7.3.2　喷射料和投射料

喷射料是以喷射方式进行施工的散状耐火材料。主要由合理级配的粒状和粉状耐火原料以及适当的结合剂组成。粒、粉料的材质根据使用要求而定。喷射料采用以压缩空气为动力的喷射机具进行喷射施工，主要用于在冷态下修补和修筑炉衬，也适用于热态下修补炉衬。

喷射料的附着性是其重要性质之一。影响附着性的最主要的因素是混合料本身的黏结性，黏结性好的混合料附着性强。喷射料的耐火性、抗渣性与材质有关。与耐火浇注料相比，由于喷射施工可使构筑物的密度得到提高，因而抗渣性也较高。

投射料的组成和性质与喷射料相同，只是将喷射施工法改为高速运转（以 50～60m/s 的线速度）的投射机具，直接将混合物投射于基底之上，构成结构致密的构筑物。

5.7.3.3 耐火泥

耐火泥是由粉状物料和结合剂组成的供调制泥浆用的不定形耐火材料。主要用作砌筑耐火砖砌体的接缝和涂层材料。

耐火泥具有良好的流动性和可塑性，便于施工，硬化后应具有必要的黏结性，以保证与砌体或基底结为整体，使之具有抵抗外力和耐熔渣侵蚀的作用；应具有与砌体或基底材料相同或相当的化学组成，以免不同材质间发生危害性化学反应，避免从耐火泥处首先蚀损；应有与砌体或基底材料相近的热膨胀性，以免互相脱离，使耐火泥层破裂；体积要稳定，以保证砌体和保护层的整体性和严密性。

耐火泥的配制主要是制备和选用粉状料和结合料。粉料可选用材质与砌体或基底材料相同或相近的各种烧结充分的熟料和其他体积稳定的耐火原料，将其制成细粉。通常根据粉料的材质将耐火泥分为黏土质、高铝质、硅质和镁质等。粉料的粒度依使用要求而定。其极限粒度一般小于 1mm，有的还小于 0.5mm 或更细，按砖缝或涂层厚度而定，一般不超过最小厚度的 1/3。

制造普通耐火泥用的结合剂为塑性黏土。欲要求耐火泥在常温和中温下具有较快的硬化速度和较高的强度，同时又要求其在高温下仍具有优良性质，应掺入适当的化学结合剂，配制成化学结合耐火泥或复合耐火泥。化学结合耐火泥中依结合剂的凝结硬化特点分为气硬性、水硬性和热硬性三种耐火泥，其结合剂分别为水玻璃、水泥和磷酸。

耐火泥浆硬化后，除在各种温度下都具有较高强度外，还具有收缩小、接缝严密、抗渣性强的特点，因而广泛用于各种工业窑炉砌筑的接缝材料或涂料。

5.8 轻质耐火材料

轻质耐火材料又称保温材料或隔热耐火材料，是指气孔率高、体积密度低、热导率低的天然或人工制造的耐火材料，其特点是具有多孔结构（气孔率一般为 40%～85%）和高的隔热性。

轻质耐火材料有多种分类方法：

（1）**按体积密度分类** 体积密度为 0.4～1.3g/cm³ 的为轻质耐火材料；低于 0.4g/cm³ 的为超轻质耐火材料。

（2）**按使用温度分类** 使用温度在 600～900℃为低温隔热材料；900～1200℃为中温隔热材料；超过 1200℃的为高温隔热材料。

（3）**按制品形状分类** 一种是定形的轻质耐火砖，包括黏土质、高铝质、硅质以及某些纯氧化物轻质砖等；另一种是不定形轻质耐火材料，如轻质耐火混凝土等。

工业窑炉砌体蓄热损失和炉体表面散热损失，一般约占燃料消耗的 24%～45%。用热导率低、热容量小的轻质砖做炉体材料，可节省燃料消耗；同时，由于窑炉可以快速升温和冷却，故能提高设备生产效率；还能减轻炉体质量，简化窑炉构造，提高产品质量，降低环境温度，改善劳动条件。

轻质耐火材料的缺点是气孔率较大，组织疏松，抗渣性能差，熔渣会很快地侵入砖体气孔内，使之碎裂，不能用于直接接触熔渣和液态金属的部位；力学强度低、耐磨性能差、热稳定性不好、不能用于承重结构，也不宜用于与炉料接触、磨损严重的部位；多用作窑炉的隔热层、内衬或保温层。

5.8.1 轻质耐火材料的生产方法

（1）燃尽加入物法 这是目前制造轻质耐火制品常用的方法，可用以生产轻质黏土砖、轻质高铝砖和轻质硅砖等。主要加入物为锯末、木炭、煤粉等，也有的加入聚氯乙烯空心球。泥料含水量为 25%～35%。为改善其成型性能，混合好的泥料，须经困料；成型采用可塑法；料坯经干燥，在 500～1000℃氧化气氛中，将可燃物完全燃尽，最后在 1250～1300℃下烧成。与其他生产方法相比，制品体积密度较大，一般为 1.0～1.3g/cm^3；强度较高，使用温度可达 1350～1400℃。

（2）泡沫法 泡沫法主要用于生产轻质高铝砖。首先，将由高铝熟料、结合黏土或再加锯末组成的混合料加水，制成含水 25%～30%的浆状泥料，送入打泡机中制造泡沫，混合均匀，然后用泡沫饱和的泥浆进行浇注，连同模子一起干燥，在 1300～1350℃下烧成。最后进行烧制品修整，保证其尺寸准确。这种制品气孔率高，体积密度一般为 0.9～1.01g/cm^3。

泡沫法采用的起泡剂主要是松香皂溶液，稳定剂用水胶和钾明矾调制而成。

（3）化学法 这种方法是利用加入物在泥浆中发生化学反应产生气泡来实现的，如在泥浆中加入白云石和硫酸，就可发生化学反应产生气泡。其反应式为：

$$MgCa(CO_3)_2 + 2H_2SO_4 \longrightarrow MgSO_4 + CaSO_4 + 2H_2O + 2CO_2 \uparrow$$

再如，将有外加物的泥浆再加入促凝剂半水石膏（CaSO$_4$·0.5H$_2$O），然后注入模中，在模中产生气泡，体积膨胀。促凝剂的加入量以浆料膨胀升到模子指定位置凝固完毕为宜。连模一起干燥。脱模后，在 1240～1300℃烧成制品。

（4）多孔材料法 用天然的硅藻土或人造的黏土泡沫熟料、氧化铝或氧化锆空心球等多孔原料制取轻质耐火材料。

5.8.2 几种主要轻质耐火材料及性能

（1）轻质硅砖 是以硅石为原料，采用燃尽加入物法或化学法制成的含 SiO$_2$ 在 91%以上的多孔轻质砖，也可制成不烧制品。

轻质硅砖的一些性能与致密硅砖相接近，但其体积密度为 0.9～1.10g/cm^3；耐压强度较低，为 1.96～5.83MPa；导热性较低，350℃时热导率 3.49～4.19W/(m·K)；耐热震性有所提高；高温下有微小的残余膨胀，1450℃时的膨胀率小于 0.2%。

（2）轻质黏土砖 是含 Al$_2$O$_3$ 在 30%～46%的具有多孔结构的轻质耐火制品，是采用可塑泥料燃尽加入物或泥浆泡沫法或化学法制成的多孔制品。

轻质黏土砖的体积密度为 0.75～1.20g/cm^3；耐压强度 0.98～5.88MPa；300℃时热导率为 0.795～2.93W/(m·K)；使用温度一般为 900～1250℃；最高使用温度为 1200～1400℃。

（3）轻质高铝砖 系指 Al$_2$O$_3$ 含量在 48%以上，主要由莫来石与玻璃相，或刚玉相与玻璃相组成的具有多孔结构的耐火制品。其性能优于轻质硅砖和轻质黏土砖。

轻质高铝砖的气孔率为 66%～76%；体积密度为 0.4～1.35g/cm^3；耐压强度为 1.45～7.84MPa；350℃和 500℃时热导率分别为 0.2～0.5W/(m·K) 和 2.9～5.82W/(m·K)；

重烧线变化小；耐热震性较好。可以长期在 1250～1350℃下使用，最高使用温度为 1350～1650℃。当 Fe_2O_3 和 SiO_2 含量很少时，能抵抗 H_2、CO 等还原性气体的作用。用轻质高铝砖砌筑的窑炉内可以通入氢、氮、甲烷等保护性气体，使被处理的工件不氧化。轻质高铝砖是加热炉、退火炉用的优质节能型筑炉材料。

采用工业氧化铝及高铝矾土等原料生产的轻质高铝砖和轻质刚玉砖，耐火度高达 1800℃，最高使用温度可达 1650℃。

（4）轻质混凝土 轻质混凝土是用轻质骨料和粉料，加胶结剂、外加剂，按一定数量比例配合制成混合料，直接浇注成的具有多孔结构的整体式炉衬或制成的多孔制品。它除具有混凝土的特性外，还具有绝热、保温和体轻等轻质材料所具有的性能，并有一定的承重能力。目前，这种材料发展较快，应用较广。轻质混凝土的性能主要与轻质骨料、粉料及胶结剂的性能和用量有关。

加气耐火混凝土是用耐火材料、胶结剂和外加剂按比例配合，采用化学法制造的具有多孔结构的耐火混凝土。它具有强度高、导热能力低、体积密度小和使用温度较高等优点。

（5）其他轻质制品及性能

① 硅藻土制品 是用天然硅藻土为原料制成的。天然硅藻土是藻类有机物腐败后形成的一种松软多孔矿物，具有良好的绝热性能。主要成分为 SiO_2，主要杂质有 MgO、Al_2O_3、Fe_2O_3 和 CaO 等。硅藻土制品的体积密度为 $0.45～0.68g/cm^3$，气孔率＞72%；耐压强度低，约为 $0.39～6.8MPa$；400℃时热导率为 $0.19～0.938W/(m \cdot K)$；耐火约 1280℃，最高使用温度为 900～1000℃。

② 膨胀蛭石 是一种铁、镁质含水硅酸盐类矿物，其组成为 $(Mg，Fe)_3 \cdot H_2O \cdot (Si，Al，Fe)_4 \cdot O_{10} \cdot 4H_2O$。具有薄片状结构，层间含水 5%～10%，受热后体积膨胀，形如蠕动水蛭，取名蛭石。体积膨胀率为 10～30 倍。膨胀后的体积密度为 $0.1～0.3g/cm^3$；吸水率达 40%；常温热导率为 $0.523～0.628W/(m \cdot K)$；耐火度为 1300～1370℃，使用温度为 900～1000℃。

③ 石棉 是一种具有纤维状结构，可分剥成微细而柔软的纤维的总称。常用石棉为蛇纹石石棉（温石棉），其化学组成为 $3MgO \cdot 2SiO_2 \cdot 2H_2O$，并含有少量 Fe、Al、Ca 等杂质。纤维轴向抗张强度可达 294MPa，加热到 600～700℃时结构水全部逸出，强度降低，进而变脆、粉化和剥落，1500℃时纤维熔融。

石棉制品热导率为 $1.21～3.02W/(m \cdot K)$，介电性良好；具有耐热、耐碱、绝热、绝缘和防腐等性能，可制成各种型材。最高使用温度为 500～550℃，长期使用温度应低于 500℃。

④ 珍珠岩制品 珍珠岩是酸性玻璃质火山熔岩。将天然珍珠岩在 400～500℃下脱水后急热至 1150～1380℃，体积急剧膨胀，得到体积密度为 $0.04～0.065g/cm^3$，热导率为 $0.523W/(m \cdot K)$ 的膨胀珍珠岩绝热材料。其耐火度为 1280～1360℃，安全使用温度为 800℃。膨胀珍珠岩制品具有化学稳定性好、绝热、隔声、防火、阻燃等特性。

⑤ 水渣和矿渣棉 水渣是将冶金熔渣用冷水冲入水池急冷后得到的轻而疏松的散粒状物料。矿渣棉是将熔融高炉渣用高压蒸汽喷射成雾状，冷却后制成的纤维状渣棉。它们的主要特点是能耐高温、热导率小，可制成疏松多孔的绝热制品，可在 900℃以下使用。

⑥ 漂珠 是由发电厂锅炉燃烧煤粉时产生的高温熔融煤灰骤冷形成的玻璃质球体。质地轻、中空、能漂于水面，故称漂珠。其矿物组成包括玻璃相约 80%～85%，莫来石相

$10\%\sim15\%$，其他 5%。因其主要相组成为玻璃相，故在高温下易析晶，漂珠开始析晶温度一般为 $1100\,^\circ\!C$。漂珠可制成各种绝热制品。它的耐火度为 $1610\sim1730\,^\circ\!C$，软化变形温度 $1200\sim1250\,^\circ\!C$，最高使用温度为 $900\sim1200\,^\circ\!C$。

5.8.3　多孔隔热耐火材料

5.8.3.1　氧化铝空心球及其制品

随着科学技术的发展，新型的空心球材料在国内外已经引起了各方面的注意。在国外已经有玻璃、陶瓷及碳素材质的空心球，并开始应用在许多科学技术领域中。

用此种空心球制成的砖或制品，除了耐高温、保温性能好以外，还具有较好的热震稳定性和较高的强度。因空心球材料的体积密度小、热容小，可以提高高温炉的热效率，缩短生产周期，还能大大减小炉体的质量，能直接作为高温窑炉的内衬。氧化铝空心球及其制品能在 $1800\,^\circ\!C$ 以下长时间使用，在高温下也具有较好的化学稳定性和耐侵蚀性，在氢气气氛下使用非常稳定。

将氧化铝原料用电弧炉熔融至 $2000\,^\circ\!C$ 左右，将熔液倾倒出来，与此同时，用高压空气吹散液流，使熔液分散成小液滴，在空中冷却的过程中，因表面张力作用即成氧化铝空心球。将所得的空心球过筛，除去细粉和大的碎片、颗粒等，再经磁力除铁，用选球机除掉破球，将成品氧化铝空心球包装，即作为成品出厂。

制造氧化铝空心球制品，通常采用 70% 的氧化铝空心球与 30% 的烧结氧化铝细粉，以硫酸铝结合，用木模加压振动成型。坯体经干燥后，采用高温烧成或轻烧成为制品。

氧化铝空心球制品可以直接作为一般高温窑炉、热处理炉及高温电炉的内衬材料。近年来，有的钼丝炉、二硅化钼炉等高温电炉也开始采用氧化铝空心球制品作为内衬材料。氧化铝空心球及其制品除用作高温保温材料外，也可作为耐火混凝土的轻质骨料、填料，以及化工生产中的催化剂载体等。

5.8.3.2　氧化锆空心球及其制品

氧化锆空心球及其制品能在更高温度下使用，且能在 $2200\,^\circ\!C$ 下长时间使用。氧化锆的热导率约为氧化铝的一半，其隔热性能更好，作为高温保温材料，氧化锆空心球及其制品将有很大的发展前途。氧化锆的熔点为 $2700\,^\circ\!C$，是一种高级耐火材料，但在一定的温度下会发生晶型转变，不能稳定地使用。氧化锆稳定化的研究在 1950 年前后就已开始，以后又继续对氧化锆空心球进行了研究。

将锆英石砂与一定量的焦炭、铁屑及稳定剂石灰石在电弧炉中熔融，使氧化锆分离，就能使 50% 以上的氧化锆成为立方晶型。将冷却后的熔块粉碎、磁选及筛分，所得稳定的氧化锆具有如下组成：$ZrO_2 + CaO$ $97\%\sim99\%$；SiO_2 $0.1\%\sim0.7\%$；Fe_2O_3 $0.20\%\sim0.70\%$；TiO_2 $0.30\%\sim1.00\%$。再将稳定的氧化锆在倾注式电弧炉中熔融，熔至一定程度时倾倒熔液，同时用流速为 $30m/s$，压力约为 $0.45MPa$ 的水冲散熔液，则获得氧化锆空心球，再经磁选、选球等工序制取制品。

对于氧化锆空心球的研究试制工作，我国还刚刚开始。一般将氧化锆粉碎并与氧化钙混合，再用三相电弧炉熔融至一定温度，用高压空气喷吹制得质量较好的氧化锆空心球。其堆积密度为 $1.2g/cm^3$ 左右，含 ZrO_2 95.39%，CaO 3.91%。

氧化锆空心球及其制品可以直接作为 $2200\sim2400\,^\circ\!C$ 高温炉的内衬。国外氧化锆空心球及其制品主要用作超高温炉的炉衬材料，以及真空感应炉的充填材料，还可用作连续铸钢出料口耐火材料，或用作陶瓷电容器烧成用耐火垫砖。

5.8.4 纤维隔热耐火材料

5.8.4.1 耐火纤维的性能

耐火纤维是纤维状的耐火材料，是一种新型高效绝热材料。它既具有一般纤维的特性（如柔软，强度高，可加工成棉、绳、带、毡、毯等），又具有普通纤维所没有的耐高温、耐腐蚀性能，并且大部分耐火纤维抗氧化，克服了一般耐火材料的脆性。耐火纤维的生产和应用发展迅速。耐火纤维主要具有以下特性：

（1）耐高温 最高使用温度可达 1250～2500℃。

（2）低热导率 耐火纤维在高温下导热能力很低，热导率很小，如 1000℃ 时，硅酸铝质耐火纤维的热导率仅为黏土砖的 20%，为轻质黏土砖的 38%。

（3）体积密度小 耐火纤维的体积密度仅为 0.1～0.2g/cm³，为一般黏土砖的 1/10～1/20，为轻质黏土砖的 1/5～1/10。

（4）化学稳定性好 除强碱、氟、磷酸盐外，几乎不受其他化学物质的侵蚀。

（5）耐热震性好 无论是耐火纤维材料或是其制品耐热震性都比耐火砖好。

（6）热容量低 耐火纤维材料的热容量只有耐火砖的 1/72，为轻质黏土砖的 1/42。用耐火纤维做窑衬，蓄热损失小，节省燃料，升温快，对间歇式作业窑炉尤为明显。

另外，耐火纤维还具有柔软、易加工、施工方便等特点。

5.8.4.2 耐火纤维的生产方法

耐火纤维的生产方法很多，主要有以下几种：

（1）熔融喷吹法 将原料在高温电炉内熔融，形成稳定的流股引出，用压缩空气或高压蒸汽喷吹成纤维丝。

（2）熔融提炼法和回转法 高温炉熔融物料形成流股，再进行提炼，或通过高速回转的滚筒而形成纤维。

（3）高速离心法 用高速离心机将流股甩成纤维。

（4）胶体法 将物料配制成胶体盐类，并在一定条件下固化成纤维坯体，最后煅烧成纤维。

此外，还有载体法、先驱体法、单晶拉丝法和化学法等。

5.8.4.3 耐火纤维的分类和使用温度

耐火纤维的分类和使用温度如表 2-5-11 所示。

表 2-5-11 无机耐火纤维分类和使用温度

分类标准			材质和使用温度	
天然			石棉 600℃	
非晶质	棉质		玻璃棉<400℃ 人工石棉（岩棉）<400℃ 渣棉<600℃	
	纤维		玻璃质石英纤维 1000～1200℃	
			硅酸铝质纤维	一般制品<1200℃ 添加 Cr₂O₃ 制品 1200～1400℃ 高铝质 1200～1400℃
多结晶			熔融石英纤维<1200℃ 高铝纤维<1400℃ 二氧化锆纤维<1600℃ 钛酸钾质纤维<1100～1200℃ 碳化硼质纤维<1500℃	

分类标准	材质和使用温度
多结晶	碳纤维＜2500℃ 硼纤维＜1500℃
单结晶	碳化硅＜2000℃ 氧化铝＜1800℃ 氧化镁＜1800℃
复合纤维(多相)	钨-硼＜1700℃ 钨-碳化硅＜1900℃ 钨-碳化硼＜1700℃
金属纤维	钢＜1400℃ 碳素钢＜1400℃ 钨＜3400℃ 钼＜2600℃ 铍＜1280℃

5.8.4.4　耐火纤维制品及性能

除冶金工业外，石油化工、电子、机械、交通等部门对耐火纤维的需求越来越迫切。为了简化施工操作和满足使用要求，耐火纤维还可加工成棉、绳、带、毡等各种制品。以硅酸铝纤维制品为例，简介如下。

（1）棉　可作为填充物及隔热材料，直接用于热工设备，也是加工制品的主要原料。纤维长短不齐混杂在一起，体积密度小，填充性能好。

（2）纤维毡　将纤维交错粘压，成为具有一定强度的毡制品。可加结合剂，亦可不加。我国某厂利用加结合剂粘压法，制成了质量较高的纤维毡制品。英国与比利时生产 Triton Kaowool 纤维制品时，采用特殊结合剂，纤维长 25cm 以下，扭转 180°不破坏。

纤维毡可作为高温板材，施工时无需留膨胀缝，毡的宽度通常为 600～900mm 或 1200mm，呈板状或圆筒状，也可根据施工要求确定尺寸。

（3）湿纤维毡　纤维毡用胶状的铝质和硅质无机结合剂浸渍，装入塑料袋中，使其呈湿润状态储存。施工时可根据需要，剪裁、切割成各种不同形状。

（4）纤维带　在硅酸铝纤维中加入 5%～10% 有机纤维或结合剂，或者只加入无机结合剂。前者在常温使用时能保持其强度与挠曲性，后者缺乏挠曲性。生产方法与一般造带法相近，亦用造带机生产。

此外，尚有纤维绳、布、纤维大块及各种形状的产品，还有纤维水泥和纤维喷涂料、捣打料和浇灌料等不定形耐火材料产品。

思　考　题

1. 耐火材料有哪些基本性质？
2. 耐火材料组织结构包括哪些内容？
3. 什么是耐火度？影响耐火度的因素有哪些？
4. 耐火材料与陶瓷的生产过程有何异同？
5. 硅砖生产过程中的矿化剂有哪些？为什么要使用这些矿化剂？

6. 黏土质耐火材料的特点有哪些？

7. 镁质耐火材料的结合相有几种？各有什么特点？

8. 氧化锆有几种晶型？制备氧化锆耐火材料有何注意要点？

9. 含碳耐火材料有哪些类型？各有什么特点？

10. 什么是不定形耐火材料？不定形耐火材料的配料方法有哪些？

11. 不定形耐火材料如何分类，各有哪些特点？

12. 什么是轻质耐火材料？轻质耐火材料有哪些生产方法？

[1] 励杭泉，赵静，张晨.材料导论.北京：中国轻工业出版社，2013.

[2] 齐宝森，吕宇鹏，徐淑琼.21世纪新型材料.北京：化学工业出版社，2011.

[3] 关长斌，郭英奎，赵玉成.陶瓷材料导论.哈尔滨：哈尔滨工程大学出版社，2005.

[4] 李言荣，恽正中.电子材料导论.北京：清华大学出版社，2001.

[5] 李廷希.功能材料导论.长沙：中南大学出版社，2011.

[6] 曹茂盛.纳米材料导论：修订版.哈尔滨：哈尔滨工业大学出版社，2012.

[7] 王培铭.无机非金属材料学.上海：同济大学出版社，1999.

[8] 林宗寿.无机非金属材料工学：第4版.武汉：武汉理工大学出版社，2013.

[9] 李玉平，高朋召.无机非金属材料工学.北京：化学工业出版社，2011.

[10] 沈威等.水泥工艺学.武汉：武汉工业大学出版社，1991.

[11] 康建红，代文治.新型干法水泥工艺设计计算及实用技术.武汉：武汉理工大学出版社，2011.

[12] 张锐，王海龙，许红亮.陶瓷工艺学.北京：化学工业出版社，2013.

[13] 谢志鹏.结构陶瓷.北京：清华大学出版社，2011.

[14] 高濂等.纳米复相陶瓷.北京：化学工业出版社，2014.

[15] 田英良，孙诗兵.新编玻璃工艺学.北京：中国轻工业出版社，2013.

[16] 张锐，许红亮，王海龙等.玻璃工艺学.北京：化学工业出版社，2008.

[17] 卢安贤.新型功能玻璃材料.长沙：中南大学出版社，2005.

[18] 宋希文.耐火材料工艺学.北京：化学工业出版社，2008.

[19] 徐平坤，魏国钊.耐火材料新工艺技术.北京：冶金工业出版社，2005.

[20] 韩行禄.不定形耐火材料.北京：冶金工业出版社，2003.

[21] 许晓海，冯改山.耐火材料技术手册.北京：冶金工业出版社，2000.

[22] 王杰曾，曾大凡.水泥窑用耐火材料.北京：化学工业出版社，2011.

[23] 武丽华，陈福，李慧勤等.玻璃熔窑耐火材料.北京：化学工业出版社，2009.

[24] 胡宝玉，徐延庆，张宏达.特种耐火材料.北京：冶金工业出版社，2004.

[25] 宋少民，王林.混凝土学.武汉：武汉理工大学出版社，2013.

[26] 蒋林华.混凝土材料学：上，下.南京：河海大学出版社，2006.

[27] 冯乃谦，邢锋.混凝土与混凝土结构的耐久性.北京：机械工业出版社，2009.

[28] 姚燕，王玲，田培.高性能混凝土.北京：化学工业出版社，2006.

[29] 姚武.绿色混凝土.北京：化学工业出版社，2006.

[30] Taylor H F W. Cement Chemistry. London：Thomas Telford Publishing; Thomas Telford Services Ltd. 1997.

[31] Lea F M. Chemistry of cement and concrete, 4th ed. London : Arnold; New York : Co-published in North, Central, and South America by J. Wiley. 1998.

[32] Mehta P Kumar, Monteiro Paulo J M. Concrete: microstructure, properties, and materials, 3rd ed. New York: McGraw-Hill. 2006.

[33] Kingery W D, Bowen H K, Uhlmann D R. Introduction to ceramics, 2d ed. New York: Wiley, 1976.

[34] Holland Wolfram, Beall George H. Glass-ceramic technology, 2nd ed. Hoboken New Jersey: Wiley: American Ceramic Society, 2012.

[35] Amavis R. Refractories for the Steel Industry. London and New York: Elsevier Applied Science. 1990.